U0258102

"十三五"国家重点出版物出版规划项目
现代机械工程系列精品教材
安徽省高等学校"十二五"省级规划教材

现代机械工程图学

第3版

主　编　刘　炀
副主编　王　静
参　编　丁必荣　吕　堃　黄笑梅　刘　虹
主　审　董国耀

机械工业出版社

本书根据教育部高等学校工程图学教学指导分委员会2019年修订的《高等学校工程图学课程教学基本要求》，吸取近年来教育改革和计算机图形学发展的新成果，按照现行国家标准，在传统工程图学课程内容的基础上，从教学实际和基本要求出发，结合近年来工程图学教学研究和改革的实践经验，重新组织教学内容，引入计算机二维绘图和三维几何建模，构建了基于三维建模流程的融合式的工程图学框架，形成了新的工程图学教学内容体系。

本书共10章，主要内容包括制图的基本知识和技能、计算机二维绘图与三维几何建模、立体表面上几何元素的投影、切割体与叠加体、组合体的视图与建模、轴测图、机件的常用表达方法、标准件和常用件、零件图、装配图及附录，并在有关章节中融入了基于AutoCAD 2010和Inventor 2010的先进成图技术和机件信息建模技术。

本书可作为高等学校机械类和近机械类各专业的“工程图学”或“机械制图”课程教材，也可供其他类型学校相关专业选用。

图书在版编目（CIP）数据

现代机械工程图学/刘炀主编．—3版．—北京：机械工业出版社，2024.2（2024.10重印）

“十三五”国家重点出版物出版规划项目 现代机械工程系列精品教材 安徽省高等学校“十二五”省级规划教材

ISBN 978-7-111-75001-7

Ⅰ.①现… Ⅱ.①刘… Ⅲ.①机械制图-高等学校-教材 Ⅳ.①TH126

中国国家版本馆CIP数据核字（2024）第025059号

机械工业出版社（北京市百万庄大街22号 邮政编码100037）
策划编辑：徐鲁融 责任编辑：徐鲁融
责任校对：张 薇 封面设计：张 静
责任印制：邓 博
北京盛通数码印刷有限公司印刷
2024年10月第3版第3次印刷
184mm×260mm · 24印张 · 1插页 · 669千字
标准书号：ISBN 978-7-111-75001-7
定价：74.80元

电话服务	网络服务
客服电话：010-88361066	机 工 官 网：www.cmpbook.com
010-88379833	机 工 官 博：weibo.com/cmp1952
010-68326294	金 书 网：www.golden-book.com
封底无防伪标均为盗版	机工教育服务网：www.cmpedu.com

前　言

随着计算机技术的发展，CAD 及三维机械设计软件日趋成熟，为适应高素质创新型人才的培养要求，工程图学课程的教育思想和教学理念发生了深刻变革。编者根据教育部高等学校工程图学教学指导分委员会 2019 年修订的《高等学校工程图学课程教学基本要求》，吸取近年来教育改革和计算机图形学发展的新成果，按照现行国家标准，编写了本书。

本书在传统工程图学课程内容的基础上，从教学实际和基本要求出发，结合了近年来合肥工业大学和兄弟院校的工程图学教学研究和改革实践经验，重新组织教学内容，引入计算机二维绘图和三维几何建模，构建了基于三维建模流程的融合式的工程图学框架，形成了新的工程图学教学内容体系；将传统工程图学教学内容与计算机绘图基础（二维绘图与三维几何建模）内容有机结合起来，增加了计算机绘图和三维建模、徒手绘图训练，加强了学生空间思维能力、图学素质、创新能力和工程意识的培养。同时，我们也编写了《现代机械工程图学习题集　第 2 版》和《现代机械工程图学解题指导　第 2 版》与本书配套使用。

本书的主要特点有：

1. 以融合的方式引入计算机二维绘图和三维几何建模的内容

以工程图学教学体系的完整性为前提，以工程图学教育既定的能力培养为目标，以图学思维教学与训练为主导，以计算机二维绘图和三维建模思想为辅助手段，并基于美国 Autodesk 公司开发的经典二维绘图软件 AutoCAD 2010 和三维机械设计软件 Inventor 2010，以融合的方式引入了先进成图技术和机件信息建模技术，并贯穿于各章。

2. 紧随现行制图标准

各章节均采用现行国家标准《技术制图》《机械制图》以及有关的技术标准。

3. 强调以体为纲的教学理念

为将三维几何建模思想融入传统工程图学内容中，重新组织了部分内容，如将画法几何中的点、线、面的部分与基本体的投影内容融合介绍；将计算机建模内容融合到各相关章节中；换面法不再单独成章，而是在相关章节中介绍。

4. 遵循直观性教学原则

各章节中的图样和例题大部分采用视图与三维立体图对照的方法，使读者更快、更容易地进行学习。

5. 融入党的二十大精神

本书以二维码的形式引入“思政拓展”模块，展示设计图纸百年信物，讲授中国创造历史，讲述大国工匠感人故事，将党的二十大精神融入其中，树立学生的历史自信、文化自信，培育学生的科技自立自强意识，助力培养德才兼备的高素质人才。

6. 贯彻“以学生为中心”教育理念

随着网络技术的发展，线上课程的普及，教材新形态升级相关技术的日趋成熟，为便于学生课前预习和课后复习，贯彻“以学生为中心”教育理念，本书主编制作了知识点讲解微课视频，以二维码的形式配置在相关章节，学生可以利用手机随扫随学。同时，主编主讲的“现代机械工程图学”课程已在安徽智慧教育平台“e会学”上线，为学生创造了计算机端学习的条件。

本书由刘炀担任主编，王静担任副主编。参加各章编写的有（按章节顺序）：刘炀（绪论、第1章、第6章的6.1~6.6节、第7章的7.1~7.5节，附录）、王静（第2章、第5章的5.5~5.7节，第6章的6.7节，第7章的7.6节，第8章的8.8节，第9章的9.7节，第10章的10.7节）、丁必荣（第3章，第4章）、吕堃（第5章的5.1~5.4节，第8章的8.1~8.7节）、黄笑梅（第9章的9.1~9.6节）、刘虹（第10章的10.1~10.6节，10.8~10.9节）。最后由主编统稿。

本书由中国图学学会图学教育专业委员会原主任、北京理工大学董国耀教授主审，审阅人对书稿提出了很多宝贵意见，对此表示衷心感谢！

本书在编写及出版过程中，合肥工业大学工程图学系、合肥工业大学教材发行中心和机械工业出版社给予了大力支持，在此谨致谢忱！

限于编者水平，书中难免会出现错误和不妥之处，敬请广大读者批评指正。

编　者

目录

绪　论

工程图学是研究绘制工程图样的理论、方法和技术的一门技术基础课。本课程以图样为研究对象，研究图样上对产品的功能要求、工艺加工要求、检验要求及其他有关要求的表达方法。设计者通过图样来表达设计对象，制造者通过图样来了解设计要求和制造设计对象，还通过图样来进行技术交流，所以图样被称为是工程技术界的语言。

计算机图形学、计算机辅助设计技术的发展和普及，使设计和制造的理论与技术，工程信息的产生、加工、存储和传递方式，以及人们的思维方式都发生了巨大的转变。传统的人工设计转变为计算机辅助设计，尺规绘图转变为计算机生成二维图样和三维模型，使工程图学课程的教育思想和教学理念发生了深刻变革。

本课程主要学习投影法理论，培养绘制和阅读机械图样的能力、空间思维能力。空间思维能力是工程技术人员进行创新思维和创新设计的基础。

本课程是一门既有系统理论，又有较强实践性的技术基础课，学习的关键在于能力培养，具体有以下几项内容：

1）培养依据正投影法的基本原理，用二维平面图样表达三维空间形体的能力。

2）培养对空间形体的形象思维能力和逻辑思维能力。

3）培养创造性构形设计能力。

4）培养用 CAD 软件进行三维造型设计及绘制机械图样的能力。

5）培养仪器绘图、徒手绘图和阅读机械图样的能力。

6）培养工程意识和贯彻、执行国家标准的意识。

本课程的学习方法：

1）在学习图示理论时，要掌握物体上几何元素的投影规律和作图方法，以便更好地掌握由三维形体到二维图形的转换。

2）实践性强是本课程的一个重要特点，因此学习中应重视实践环节的训练，要多画、多看、多记，要积累简单几何形体的投影资料，掌握复杂形体的各种表达方法，为构形设计打下基础。

3）由二维图形到三维形体的转化是本课程的学习难点，要掌握正确的分析方法。

4）要逐步培养实事求是的科学态度和严肃认真、一丝不苟的工作作风，要遵守国家标准的一切规定。

5）随着计算机技术的飞速发展，在学习仪器绘图技能的同时，还要加强徒手绘图和计算机绘图能力的培养。

第1章 制图的基本知识和技能

1.1 工程制图的一般规定

工程图样是现代工业生产中最基本的技术文件，是进行技术交流的语言。为了便于生产和交流，对工程图样的画法、尺寸注法等内容必须做出统一的规定，这些统一的规定就是国家标准《技术制图》及《机械制图》。国家标准简称“国标”，用代号“GB”表示。本节将简要介绍《技术制图》和《机械制图》标准中有关图纸幅面和格式、比例、字体、图线和尺寸注法等有关内容。

1.1.1 图纸幅面和格式（GB/T 14689—2008）

1. 图纸幅面

图纸幅面是指由图纸宽度与长度组成的幅面。绘制图样时，应优先采用表 1-1 中规定的基本幅面。基本幅面代号有 A0、A1、A2、A3、A4 五种。

表 1-1 基本幅面及图框尺寸（单位：mm）

幅面代号	A0	A1	A2	A3	A4
$B \times L$	841×1189	594×841	420×594	297×420	210×297
a	25				
c	10			5	
e	20		10		

2. 图框格式

图纸四周应用粗实线画出图框。需要装订的图样，其图框的周边尺寸分别用 a 和 c 表示，如图 1-1a、b 所示；不需要装订的图样，其周边尺寸用 e 表示，如图 1-1c 所示。

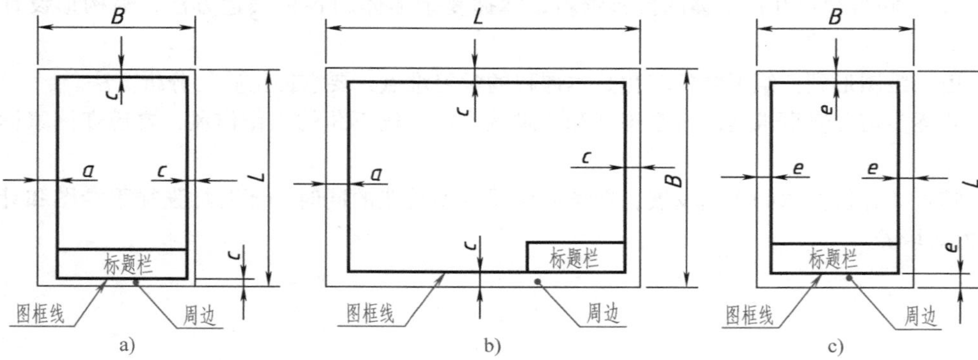

图 1-1 图框格式

3. 标题栏（GB/T 10609.1—2008）

每张图纸上都必须画出标题栏。标题栏的格式和尺寸在GB/T 10609.1—2008中做出了规定。图纸上用来说明图样内容的标题栏，其位置应按图1-1所示方式放置，标题栏的方向应与看图的方向一致。学校制图作业所用的标题栏建议采用图1-2a、b所示的格式。

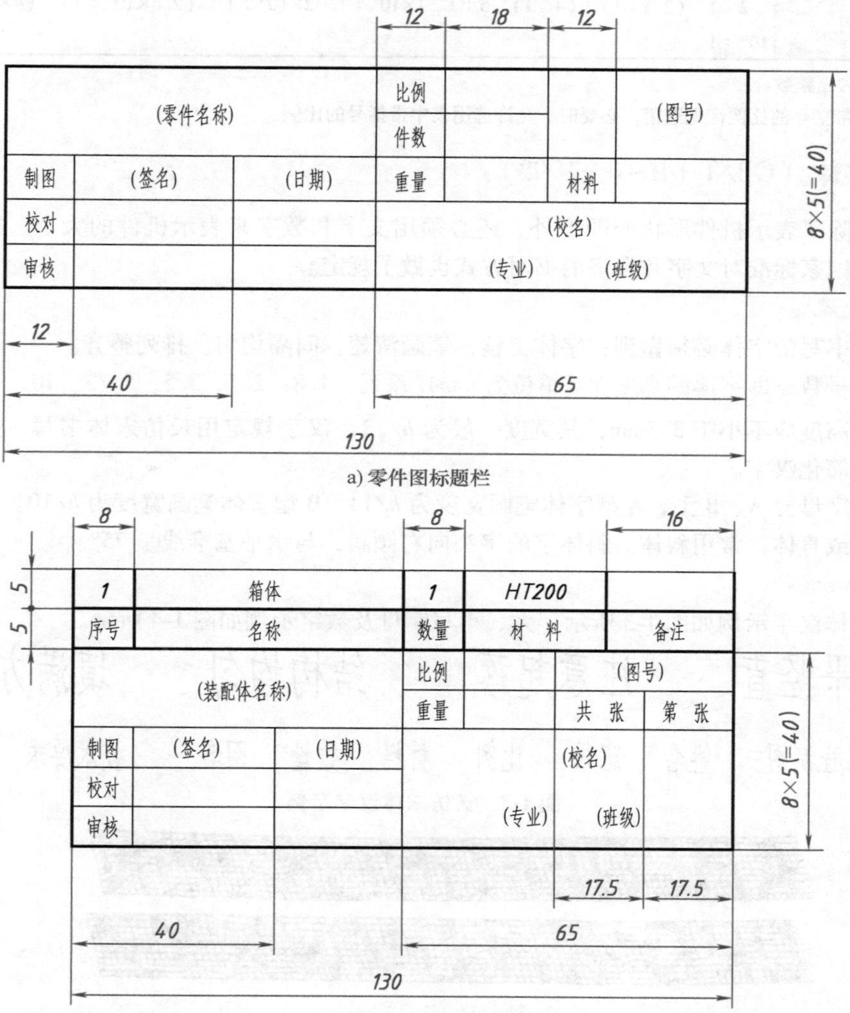

a) 零件图标题栏

b) 装配图标题栏和明细栏

图1-2 零件图和装配图标题栏及明细栏

1.1.2 比例（GB/T 14690—1993）

图样中的比例，是指图中图形与实物相应要素的线性尺寸之比。

绘制图样时，一般应采用表1-2中规定的比例。

图样上各个视图应采用相同的比例，并在标题栏的比例栏中填写。若该图中某个视图需要采用不同的比例时，必须另行标注。

应尽量选用1∶1的比例画图，以便能从图样上得到实物大小的真实概念。当机件不宜用1∶1的比例画图时，可选用缩小或放大的比例绘制，但不论缩小或放大，在标注尺寸时都必须按照机件的实际尺寸标注。

表 1-2　常用的比例

原值比例	1：1
缩小比例	（1：1.5）　1：2　（1：2.5）　（1：3）　（1：4）　1：5　（1：6）　1：1×10^n　（1：1.5×10^n）　1：2×10^n　（1：2.5×10^n）　（1：3×10^n）　（1：4×10^n）　1：5×10^n　（1：6×10^n）
放大比例	2：1　（2.5：1）　（4：1）　5：1　1×10^n：1　2×10^n：1　（2.5×10^n：1）　（4×10^n：1）　5×10^n：1

注：1. *n* 为正整数。

2. 不带括号的比例优先选用，必要时，允许选用表中带括号的比例。

1.1.3　字体（GB/T 14691—1993）

图样中除了表示机件形状的图形外，还必须用文字和数字来表示机件的大小、技术要求和其他内容。国家标准对文字和数字的书写方式也做了规定。

1. 一般规定

图样中书写的字体必须做到：字体工整，笔画清楚，间隔均匀，排列整齐。

字体的号数，即字体的高度 h（单位为 mm）系列：1.8，2.5，3.5，5，7，10，14，20。

汉字的高度应不小于 3.5mm，其宽度一般为 $h/\sqrt{2}$。汉字规定用长仿宋体书写，并采用国家正式公布的简化汉字。

数字和字母分 A、B 型，A 型字体笔画宽度为 $h/14$，B 型字体笔画宽度为 $h/10$。数字和字母可写成斜体或直体，常用斜体。斜体字的字头向右倾斜，与水平基准线呈 75°。

2. 字体示例

长仿宋体汉字示例如图 1-3 所示；大、小写字母及数字示例如图 1-4 所示。

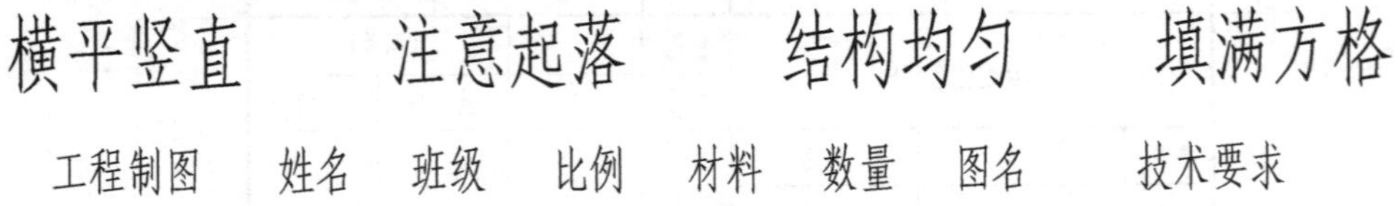

横平竖直　注意起落　结构均匀　填满方格
工程制图　姓名　班级　比例　材料　数量　图名　技术要求

图 1-3　长仿宋体汉字示例

图 1-4　大、小写字母及数字示例

1.1.4 图线（GB/T 4457.4—2002）

在机械制图中常用的各种图线的名称、型式、宽度和一般用途见表1-3；图线应用示例如图1-5所示。

表1-3 图线的名称、型式、宽度和一般用途

图线名称		图线型式	图线宽度	一般用途
实线	粗实线	——— d	d	可见轮廓线，可见棱边线，相贯线，螺纹牙顶线，齿顶圆（线）等
	细实线	———	$d/2$	尺寸线，尺寸界线，剖面线，指引线，过渡线，重合断面的轮廓线等
波浪线		～～～	$d/2$	断裂处的边界线，视图与剖视图的分界线①
细虚线		12d 3d	$d/2$	不可见轮廓线，不可见棱边线
细点画线		24d 3d 0.5d	$d/2$	轴线，对称中心线，分度圆（线），剖切线等
细双点画线		24d 3d 0.5d	$d/2$	相邻辅助零件的轮廓线，可动零件的极限位置的轮廓线，轨迹线，中断线等
双折线		—∧—∧—	$d/2$	断裂处的边界线，视图与剖视图的分界线①

①在一张图样上一般采用一种线型，即采用波浪线或双折线。

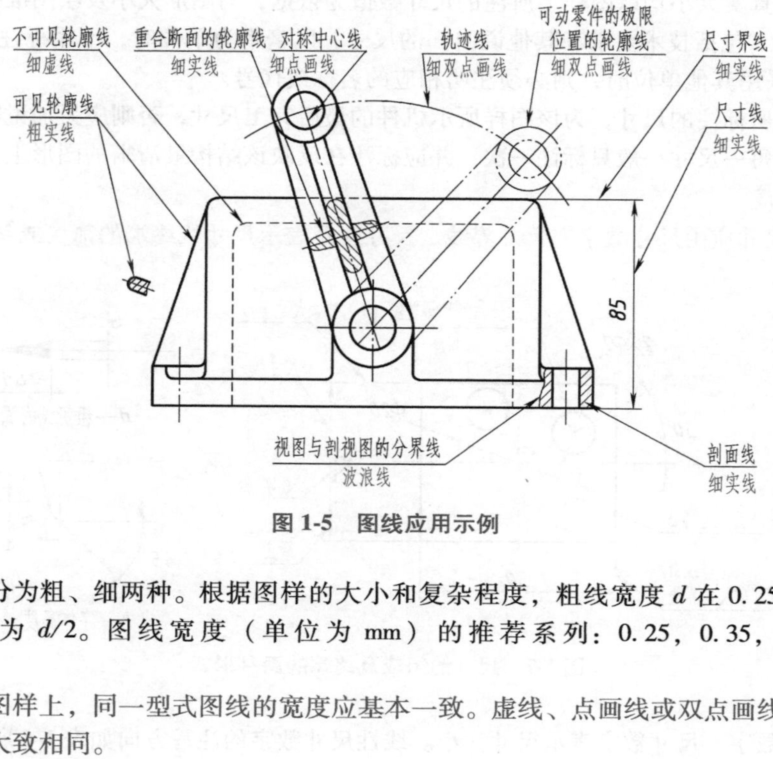

图1-5 图线应用示例

图线宽度分为粗、细两种。根据图样的大小和复杂程度，粗线宽度 d 在0.25～2mm之间选用，细线宽度为 $d/2$。图线宽度（单位为mm）的推荐系列：0.25，0.35，0.5，0.7，1，1.4，2。

在同一张图样上，同一型式图线的宽度应基本一致。虚线、点画线或双点画线各自线段长度和间隔距离应大致相同。

图样中虚线和点画线的画法还应注意以下几点（图1-6）：

1）虚线处于粗实线延长线上时，粗实线应画到分界点，虚线应留有空隙。

2）虚线、点画线、双点画线和其他图线相交或自身相交时，都应在线段处相交，而不应在空隙处或以“点”相交。

3）点画线的点是一段很短的线段，其长度≤0.5d。点画线首末两端应是长画，而不是“点”，并应超出图形2~5mm。

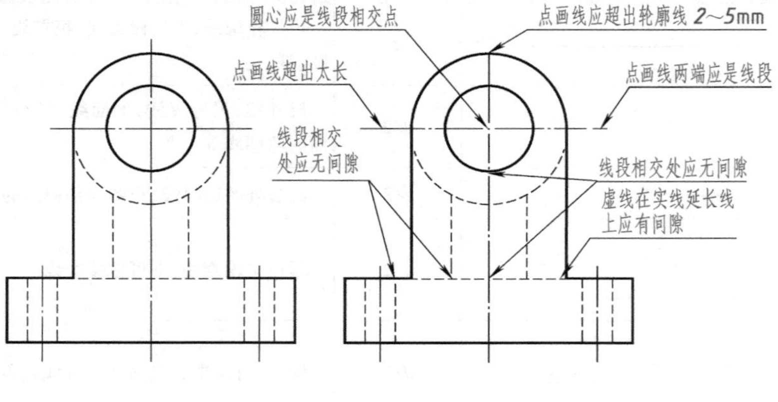

a) 正确　　b) 错误

图1-6　图线画法示例

1.1.5　尺寸注法（GB/T 4458.4—2003）

1. 基本规定

1）机件的真实大小均以图样上所注的尺寸数值为依据，与图形大小及绘图准确性无关。

2）图样中（包括技术要求和其他说明）的尺寸，以毫米为单位时，不用标注计量单位的名称或代号。若采用其他单位时，则必须注明相应的名称或代号。

3）图样中所标注的尺寸，为该图样所示机件的最后完工尺寸，否则应另加说明。

4）机件的每一尺寸一般只标注一次，并应标注在反映该结构最清晰的图形上。

2. 尺寸组成

图样中的尺寸应由尺寸数字、尺寸界线、尺寸线及表示尺寸线终端的箭头或斜线组成，如图1-7所示。

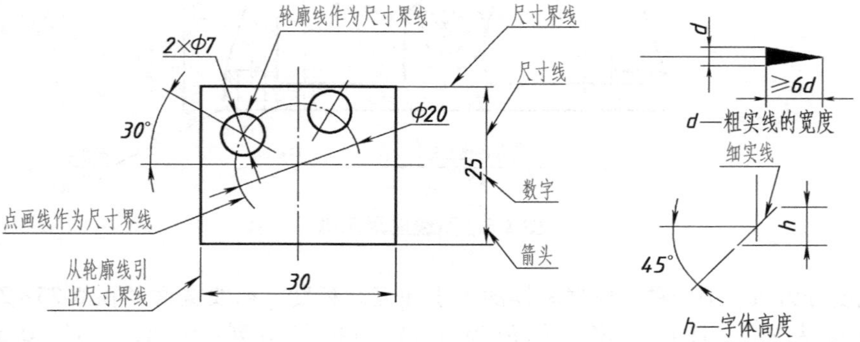

图1-7　尺寸的组成及终端的两种形式

（1）尺寸数字　尺寸数字表示尺寸大小。线性尺寸数字的注写方向如表1-4所示。

(2) 尺寸界线　尺寸界线表示尺寸范围，用细实线绘制。尺寸界线应由图形的轮廓线、轴线或中心线处引出，也可用轮廓线、轴线或中心线作为尺寸界线。尺寸界线一般应与尺寸线垂直，并超出尺寸线末端 2~3mm。

(3) 尺寸线　尺寸线表示尺寸度量的方向，用细实线绘制，其终端应画箭头（或斜线）。箭头和斜线的形式如图 1-7 所示。尺寸线不能用其他图线代替。标注线性尺寸时，尺寸线应与所标注的线段平行。当有几条互相平行的尺寸线时，大尺寸应注在小尺寸的外侧，以免尺寸线与尺寸界线相交。

3. 尺寸标注示例

常见尺寸标注示例见表 1-4。

表 1-4　常见尺寸标注示例

标注内容	标 注 示 例	说　明
线性尺寸的数字方向	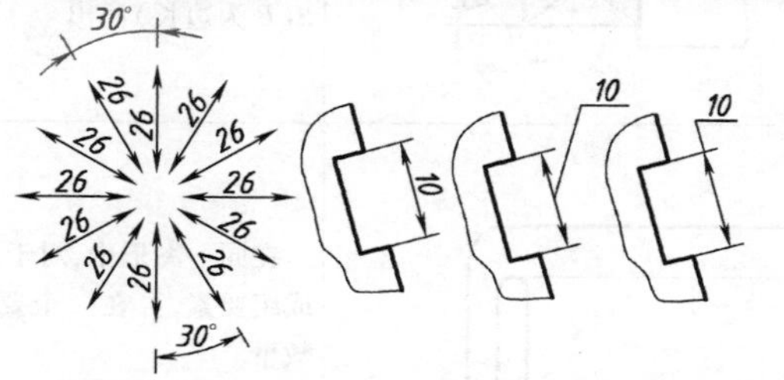	尺寸数字应按左图所示方向注写，并尽可能避免在图示 30°范围内标注尺寸。当无法避免时，应按图所示的形式标注
角度	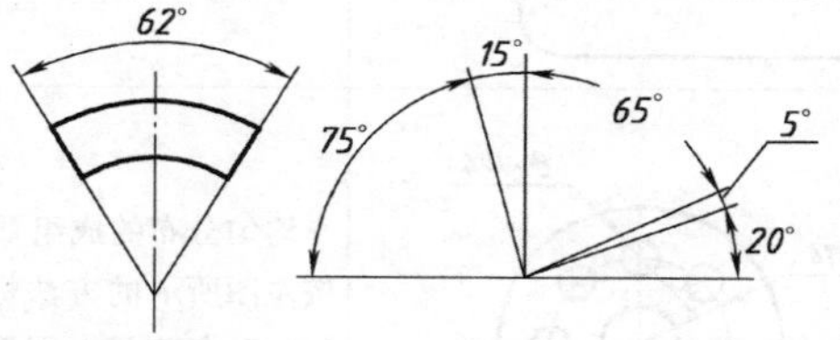	尺寸界线应沿径向引出，尺寸线画成圆弧，圆心是角的顶点。角度数字应一律水平书写，一般注写在尺寸线的中断处
圆	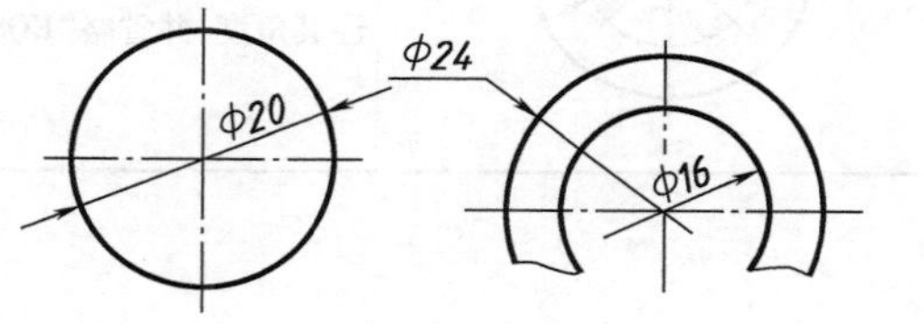	圆或大于半圆的圆弧，应标注直径，在数字前加注符号“ϕ”
圆弧	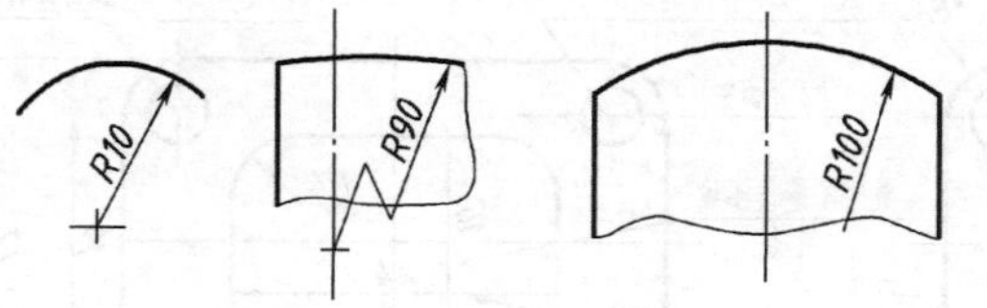	等于或小于半圆的圆弧，应标注半径，在数字前加注符号“R”，如左图 当半径过大或在图纸范围内无法标出其圆心位置时，可按中图标注；若不需标出圆心位置时，则按右图标注
球面	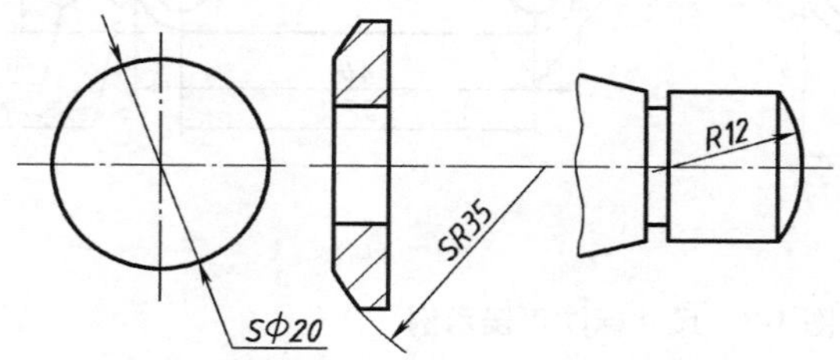	标注球面的半径或直径时，应在“ϕ”或“R”前加注“S”，如左侧两图所示。在不致引起误解时，可省略，如右图中的球面

（续）

标注内容		标注示例	说 明
小尺寸		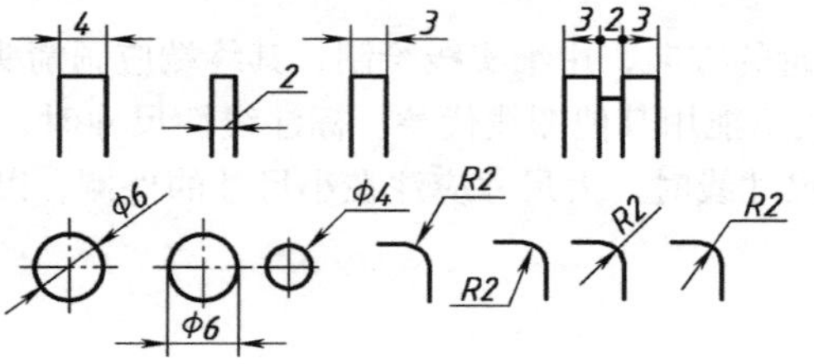	如上排图所示，在没有足够位置时，箭头可画在外面，或用小圆点代替两个箭头；尺寸数字也可写在外面或引出标注。圆和圆弧的小尺寸，可按下排图标注
简化注法	正方形结构	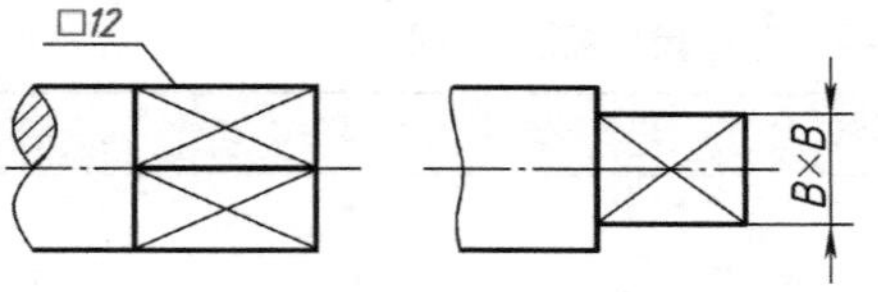	标注剖面为正方形结构的尺寸时，可在正方形边长数字前加注符号“□”，或用 B×B（B 为边长）注出
简化注法	尺寸相同的成组要素	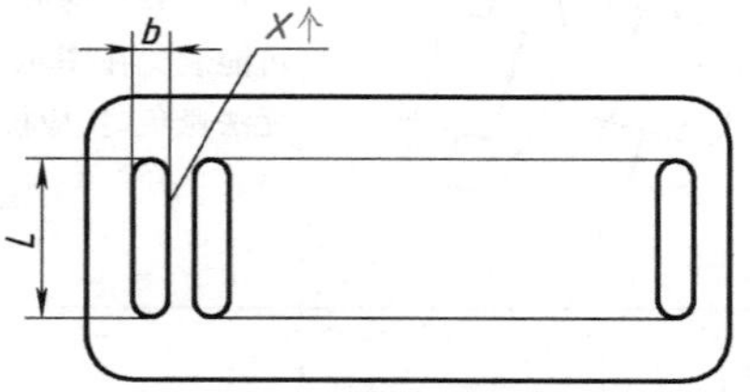	在同一图形中，对于相同尺寸的孔、槽等成组要素，可在一个要素上注出其尺寸和数量
简化注法	均匀分布的成组要素	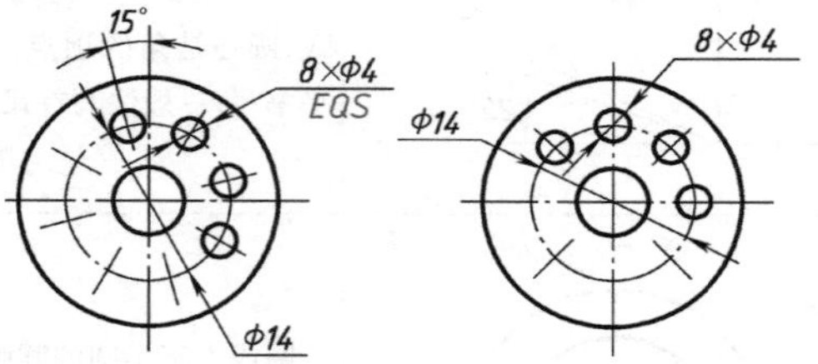	均匀分布的成组要素（如孔等）的尺寸，按左图所示的方法标注；当成组要素的定位和分布情况在图形中已明确时，可不标注其角度，并省略“EQS”，如图所示

图 1-8 所示为尺寸标注正误示例。

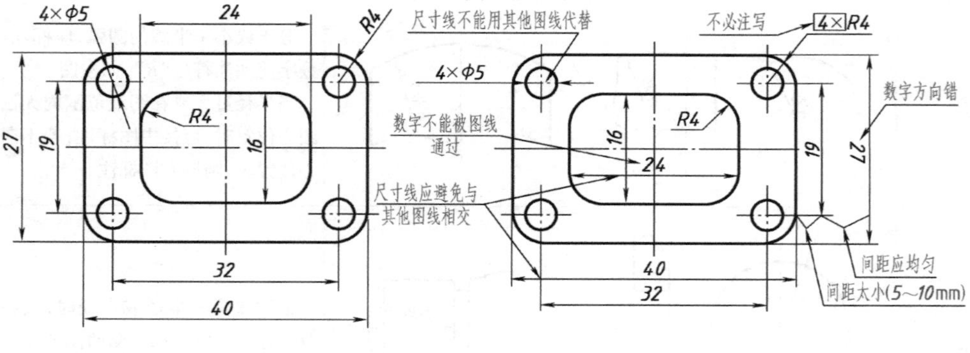

a) 正确　　b) 错误

图 1-8　尺寸标注正误示例

1.2　绘图工具及几何作图

1.2.1　手工绘图常用工具简介

常用的绘图工具和仪器有图板、丁字尺、铅笔、绘图仪器、绘图模板、比例尺等。正确而熟练地使用绘图工具和仪器，不但能保证图样的质量，而且能提高绘图速度。下面介绍最常用的绘图工具和仪器的使用方法。

1. 图板

图板是用来铺放图纸的，它的表面必须平坦、光滑，左右两导边必须平直。绘图时用胶带纸把图纸固定在图板上。

2. 丁字尺

丁字尺是画水平线的长尺。丁字尺由尺头和尺身组成，两者之间连接必须牢固。尺头内侧和尺身的工作边应平直，并且两者必须相互垂直。使用时，左手扶住尺头，使尺头内侧紧靠图板的左导边，尺身处于水平位置，然后，执笔沿尺身工作边画水平线。画线时，笔尖紧靠工作边，笔杆略向右倾斜，自左向右匀速画线。将丁字尺沿图板左导边上下移动，可以画出一系列相互平行的水平线，如图1-9a所示。

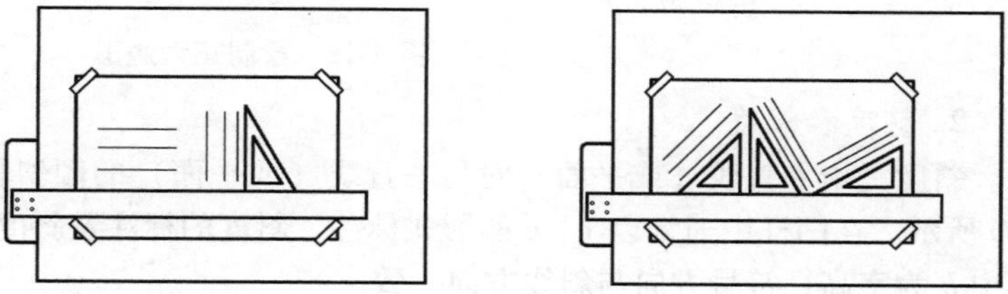

a) 水平线和铅垂线的绘制　　b) 倾斜直线的绘制

图1-9　图板、丁字尺、三角板的配合使用

3. 三角板

三角板有两块，一块是45°的等腰直角三角板，另一块是由60°、30°角组成的直角三角板。它们与丁字尺配合使用，可以画铅垂线和15°倍角的倾斜直线，如图1-9b所示。

4. 圆规

圆规是画圆和圆弧的工具。在使用圆规前，先调整针脚，使针尖略长于铅芯，如图1-10a所示；画较大圆时，应使圆规两脚均与纸面垂直，如图1-10b所示。

5. 分规

分规是用来量取线段和等分线段的工具。分规两脚的针尖在并拢后，应能对齐，如图1-10c所示。

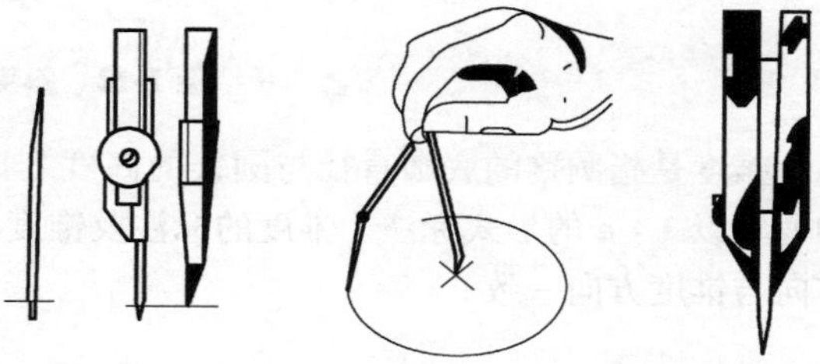

a)　　b)　　c)

图1-10　圆规和分规

6. 绘图铅笔

铅笔主要用于绘图和写字。常采用2B、B、HB、H、2H等绘图铅笔，字母B和H表示铅芯的软硬。“H”或“2H”表示硬铅芯，画底稿时使用；“HB”表示铅芯软硬适中，用以写字、描深细实线、虚线、点画线等；“B”或“2B”表示软铅芯，用以描深粗线。

1.2.2　几何作图

在绘制工程图样时，常会遇到一些平面多边形、圆弧连接等的作图，本节主要介绍常用的几何作图方法。

1. 正六边形

图 1-11a、b 所示分别为用圆规和三角板作圆内接正六边形的方法。

图 1-11c 所示为已知正六边形对边距作正六边形的方法。

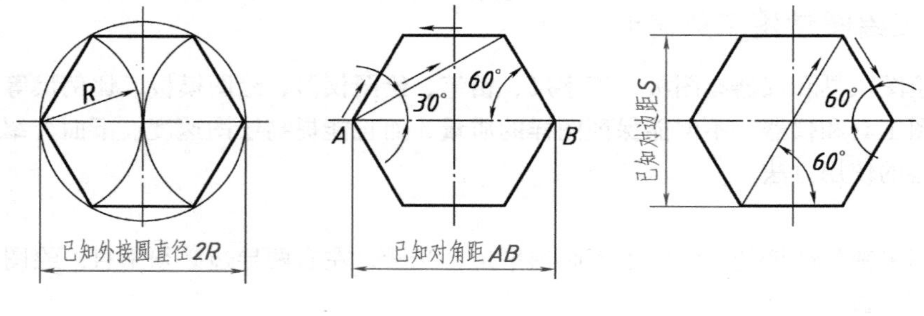

a) b) c)

图 1-11 绘制正六边形

2. 斜度和锥度

斜度是指一直线（或平面）对另一直线（或平面）的倾斜程度，斜度 = $\tan\alpha = H/L$，如图 1-12a 所示。在图样中通常以 1∶n 的形式标注。斜度的标注及斜度符号的画法如图 1-12b、c 所示，其中 h 为字高，符号方向与斜线方向一致。

已知斜度为 1∶6，大端高度为 H，底边长为 S。作图方法：根据斜度方向，任意作一条斜度为 1∶6 的倾斜线 ab，如图 1-12b 所示；过已知点 A 作 ab 的平行线 AB，此线即为所求。

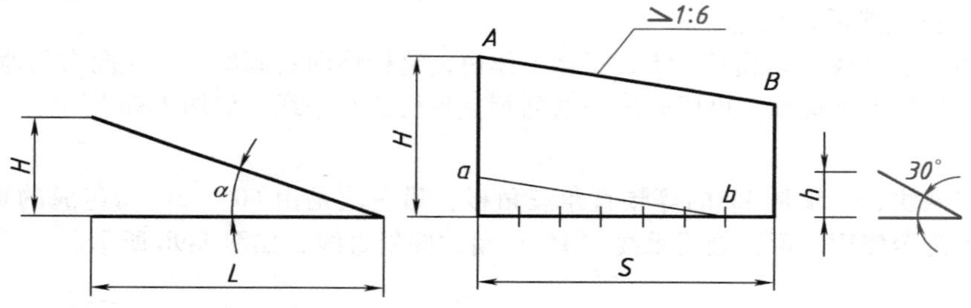

a) b) c)

图 1-12 斜度的画法与标注

锥度是指圆锥的底圆直径与圆锥的高度之比。锥度 = $2\tan\alpha = D/L$，如图 1-13a 所示。在图样中通常以 1∶n 的形式标注。锥度的标注及锥度符号的画法如图 1-13b、c 所示，h 为字高，符号方向与锥度方向一致。

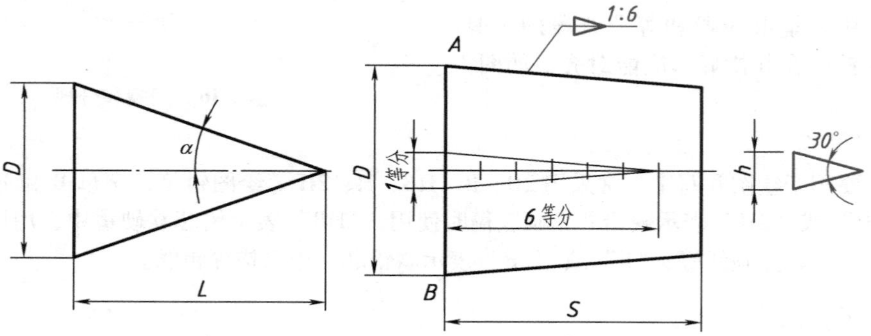

a) b) c)

图 1-13 锥度的画法与标注

已知锥度为1：6，锥体长度为S，大端直径为D。作图方法：根据锥度方向，任意作锥度为1：6的倾斜线，如图1-13b所示；过大端直径两端点A、B作锥度线的平行线，即得所求。

3. 圆弧连接

圆弧连接是指用半径已知的圆弧光滑连接已知直线或圆弧，其作图要点是确定连接弧的圆心位置及切点。

（1）连接两直线　已知两直线AB、AC，连接圆弧半径为R，求连接圆弧的圆心及切点。

作图方法：分别作AB、AC的平行线L_1、L_2，相距均为R，L_1与L_2的交点O即为连接圆弧的圆心。过O点分别作AB、AC的垂线，垂足M、N即是直线与圆弧的切点。以O为圆心、R为半径作圆弧MN即可，如图1-14a所示。

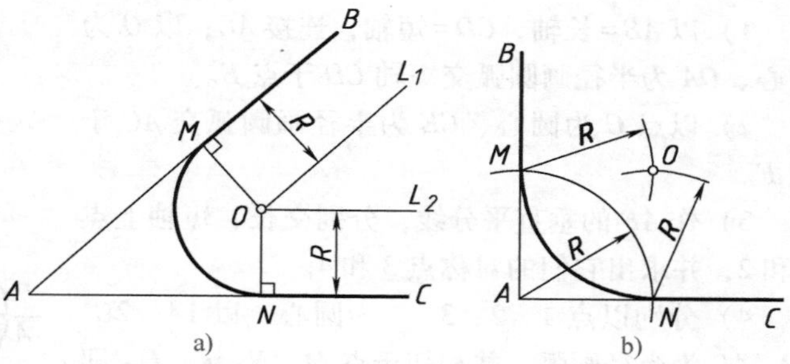

图1-14　用圆弧连接两直线

当AB与AC呈直角时，可以用简便方法完成作图。即以顶点A为圆心、R为半径作圆弧，交AB、AC于M、N，M、N即为切点。分别以M、N为圆心、R为半径作圆弧交于O点，即为连接弧圆心，如图1-14b所示。

（2）连接两圆弧　用圆弧R连接两圆弧R_1、R_2的方式有以下三种：

第一种是外切。用半径为R的圆弧同时外切两圆弧（半径分别为R_1、R_2）的作图方法（见图1-15）：分别以O_1、O_2为圆心，以$R+R_1$和$R+R_2$为半径画弧交于点O，点O即为连接弧圆心；连接OO_1、OO_2分别交圆于点M、N，M、N即为切点。以O为圆心、R为半径作圆弧MN即可。

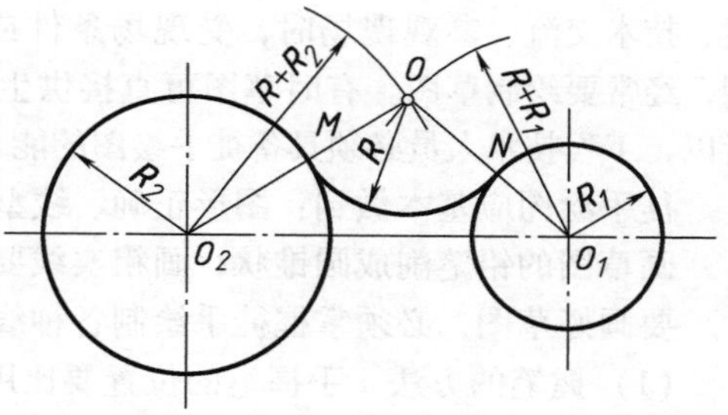

图1-15　用圆弧连接两已知圆弧（外切）

第二种是内切。用半径为R的圆弧同时内切两圆弧（半径分别为R_1、R_2）的作图方法（见图1-16）：分别以O_1、O_2为圆心，以$R-R_1$和$R-R_2$为半径画弧交于点O，点O即为连接弧圆心；连接OO_1、OO_2分别交圆于点M、N，M、N即为切点。以O为圆心、R为半径作圆弧MN即可。

第三种是内、外切。用半径为R的圆弧同时内、外切两圆弧（半径分别为R_1、R_2）的作图方法（见图1-17）：分别以O_1、O_2为圆心，以$R-R_1$和$R+R_2$为半径画弧交于点O，点O即为连

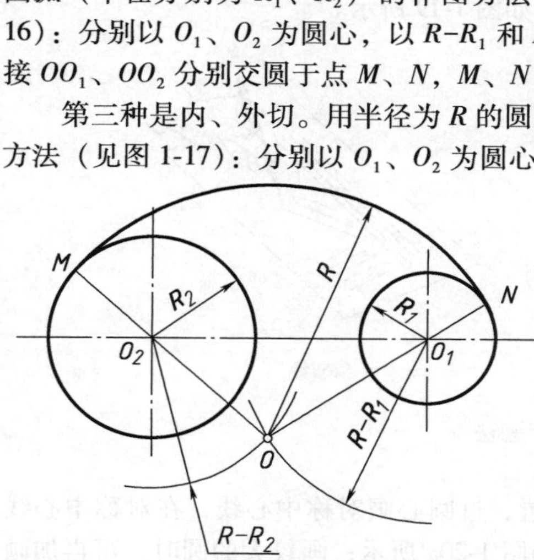

图1-16　用圆弧连接两已知圆弧（内切）

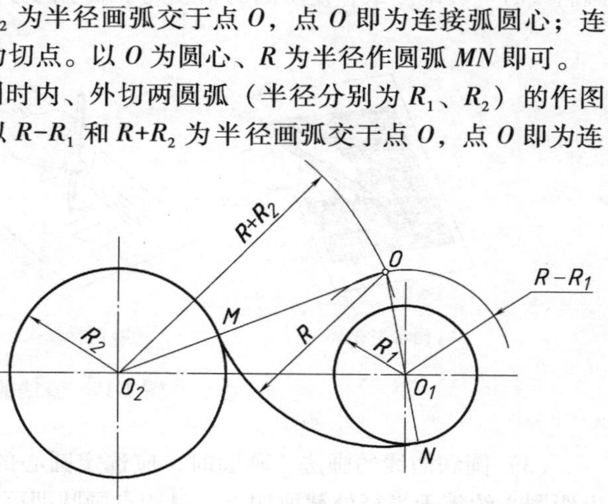

图1-17　用圆弧连接两已知圆弧（内、外切）

接弧圆心；连接 OO_1、OO_2 分别交圆于点 *M*、*N*，*M*、*N* 即为切点。以 *O* 为圆心、*R* 为半径作圆弧 *MN* 即可。

4. 椭圆的画法

图 1-18 所示为四心圆法，这是机械制图中一种较为常用的椭圆近似画法。

作图步骤（见图 1-18）：

1）以 *AB*=长轴，*CD*=短轴，连接 *AC*；以 *O* 为圆心、*OA* 为半径画圆弧交短轴 *CD* 于点 *E*。

2）以点 *C* 为圆心、*CE* 为半径画圆弧交 *AC* 于点 *F*。

3）作 *AF* 的垂直平分线，分别交长、短轴上点 1 和 2，并求出它们的对称点 3 和 4。

4）分别以点 1、2、3、4 为圆心，以 1*A*、2*C*、3*B*、4*D* 为半径画弧，并相切于点 *M*、*N*、*K*、*L*，即得近似椭圆。

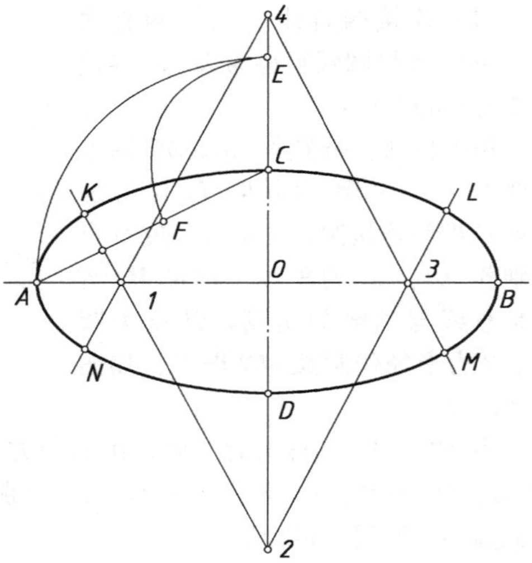

图 1-18　四心圆法画椭圆

1.2.3　徒手绘图

徒手图也称为草图，是凭眼睛观测物体的形状、大小，用徒手绘制的图样。在机器测绘、讨论设计方案、技术交流、参观现场时，受现场条件或时间限制，经常要绘制草图。有时草图可直接供生产使用。所以，工程技术人员必须具备徒手绘图的能力。

徒手绘图应基本做到：图形正确、线型分明、比例匀称、字体工整、图面整洁。

画草图的铅笔削成圆锥状，画粗实线要粗些，画细实线可尖些。

要画好草图，必须掌握徒手绘制各种线条的基本手法。

（1）握笔的方法　手握笔的位置要比用仪器画图时高些，以利于运笔和目测。

（2）直线的画法　画直线时，手腕贴着纸面，铅笔放在线段起点，沿着画线方向移动，眼睛盯着线段终点，以保证图线画直。画水平线时，从左向右运笔；画垂直线时，自上而下运笔；画斜线时可转动图纸，使所画的斜线处于顺手的方向，如图 1-19 所示。

a) 画水平线　　b) 画垂直线　　c) 画斜线

图 1-19　直线的徒手画法

（3）圆和曲线的画法　画圆时，应选定圆心的位置，过圆心画对称中心线，在对称中心线上距圆心约等于半径处截取四点，过四点画圆即可，如图 1-20a 所示；画较大的圆时，可再加画一对十字线，并同样截取四点，过八点画圆即可，如图 1-20b 所示。

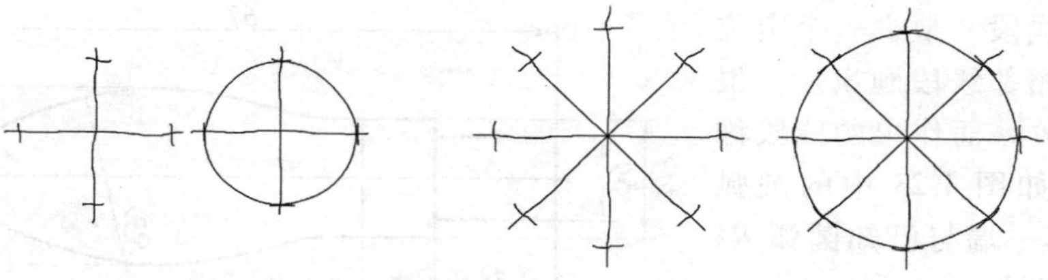

a) 画小圆　　　　b) 画大圆

图 1-20　圆的徒手画法

对于圆角、椭圆及圆弧连接的画法，也是尽量利用与正方形、长方形、菱形相切的特点作图，如图 1-21 所示。

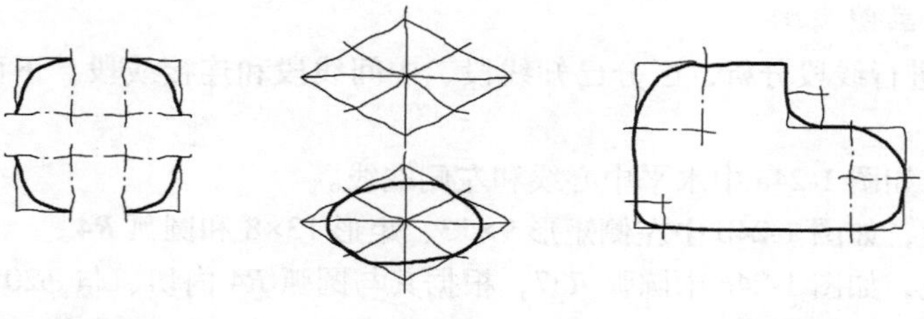

a) 圆角画法　　　　b) 椭圆画法　　　　c) 圆弧连接画法

图 1-21　圆角、椭圆及圆弧连接的徒手画法

1.3　平面图形的尺寸分析及画图步骤

1.3.1　平面图形的尺寸分析

在绘制平面图形前，首先要对图形进行尺寸分析。根据尺寸所起的作用，可以把尺寸分为定形尺寸和定位尺寸两类。

（1）定形尺寸　确定图形中各组成部分形状和大小的尺寸称为定形尺寸。如图 1-22 中的尺寸 44、30、40、23、*R*3、*ϕ*8、*ϕ*10 均是定形尺寸。

（2）定位尺寸　确定图形中各组成部分相对位置的尺寸称为定位尺寸。如图 1-22 中的尺寸 28、24、8 均是定位尺寸。

定位尺寸应以尺寸基准作为标注尺寸的起点。对于平面图形而言，应有上下、左右两个坐标方向的尺寸基准。通常以图形的对称线、圆的中心线以及较长直线作为尺寸基准。图 1-22 所示图形，上下方向的尺寸基准为对称中心线，左右方向的尺寸基准为左侧边线。

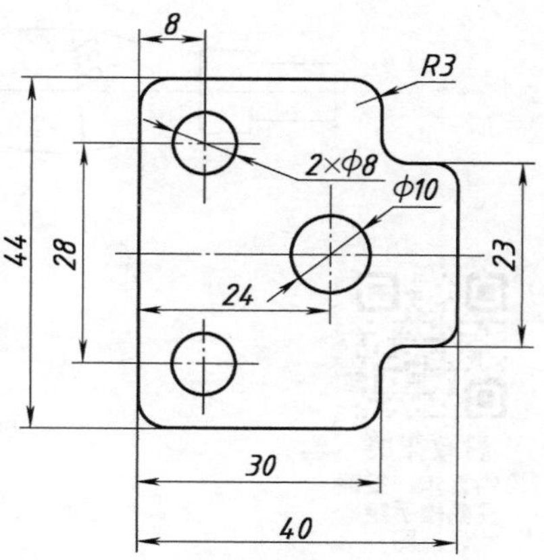

图 1-22　平面图形的尺寸分析

1.3.2　平面图形的线段分析及画图步骤

1. 平面图形的线段分析

平面图形中的线段分为以下三类：

（1）已知线段　图形中定形尺寸和定位尺寸齐全，根据所注尺寸就能直接画出的线段称为已知线段，如图 1-23 中的圆弧 *R*4。

（2）中间线段　缺少一个定位尺寸，必须在相邻线段画出后，根据与其连接的关系而作出的线段称为中间线段，如图1-23中的圆弧*R*37，需根据其一端与已知圆弧*R*4相切的关系来作图。

（3）连接线段　只有定形尺寸，必须在两端相邻线段画出后，根据与其连接关系而作出的线段称为连接线段，如图1-23中的圆弧*R*27，需根据与*R*37相切并通过矩形13×8的端点来作图。

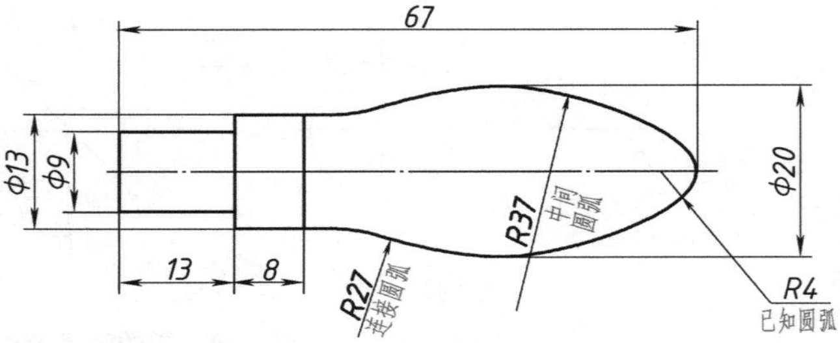

图1-23　平面图形的线段分析

2. 平面图形的画图步骤

在画图前，先进行线段分析，区分已知线段、中间线段和连接线段。下面是图1-23的作图步骤：

1）画基准线，如图1-24a中水平中心线和左侧端线。

2）画已知线段，如图1-24b中左侧矩形9×13、矩形13×8和圆弧*R*4。

3）画中间线段，如图1-24c中圆弧*R*37，根据其与圆弧*R*4内切、与φ20尺寸界线相切的关系确定圆心*O*。

4）画连接线段，如图1-24d中圆弧*R*27。其圆心*O*的确定如图所示。

5）用细实线（可用H铅笔）作出全图，然后用2B铅笔加粗轮廓，用HB铅笔画中心线，标注尺寸，完成全图。

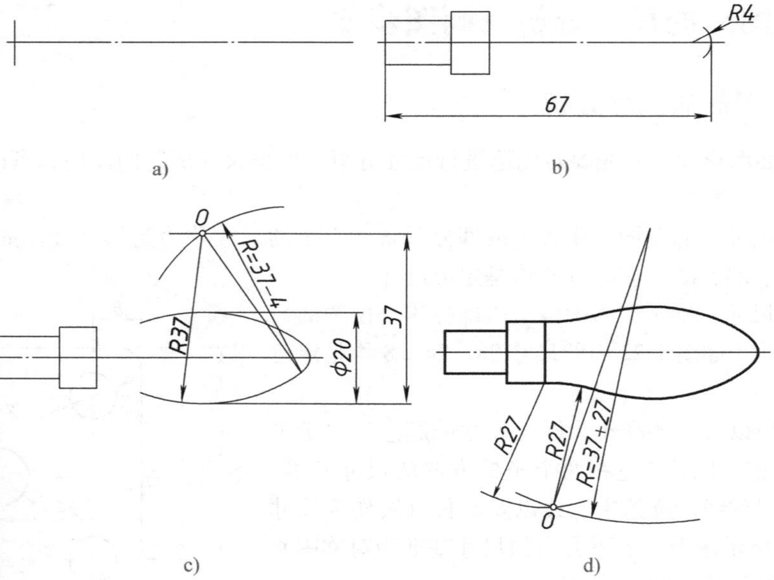

图1-24　平面图形的画图步骤

思政拓展
信物百年：重建黄鹤楼手绘设计图

第2章 计算机二维绘图与三维几何建模

在工程设计领域，当前应用最广泛的通用绘图软件是美国Autodesk公司于20世纪80年代推出的AutoCAD软件。该软件具有功能强大、人机界面友好、适应面广泛等优点，并具有三维造型等功能。Autodesk公司推出的三维造型软件Inventor操作简便，功能全面，与AutoCAD软件兼容性好，受到广大用户的青睐。本章首先介绍用AutoCAD 2010中文版绘制二维工程图的基础方法，然后介绍用Inventor 2010中文版进行三维建模的基础知识。

本章在学习过程中，请注意以下几点说明：

1）鼠标操作："单击"是指点击一次鼠标左键；"双击"是指连续快速点击两次鼠标左键；"右击"是指点击一次鼠标右键；"拖动"是指按住鼠标左键同时移动鼠标。

2）由命令行输入命令时，前一条命令与后一条命令之间用斜线"/"隔开；每条命令后括号"（ ）"内的内容是对命令的说明。

3）符号"→"代表进入下级菜单。例如：文件→新建→向导→高级设置；符号"↓"代表回车，例如：LINE（画线命令）/10，10↓（输入点A的绝对直角坐标）/30，25↓（输入点B的绝对直角坐标）/↓（回车命令）。

2.1 AutoCAD二维绘图

2.1.1 AutoCAD绘图基础

1. 用AutoCAD软件绘制工程图样的步骤

使用AutoCAD软件绘制工程图样的一般步骤如下：

1）启动AutoCAD软件，进入AutoCAD绘图界面。

2）依据对象要求设定绘图区域，设置图层、颜色、线型和线型比例，配置绘图环境。

3）使用绘图命令与编辑命令绘制图样。

4）标注尺寸，填充图案，书写技术要求，填写标题栏。

5）保存文件，打印输出文件。

2. AutoCAD 2010中文版工作界面

启动AutoCAD 2010后，弹出AutoCAD 2010中文版的用户工作界面，如图2-1所示。该工作界面主要由菜单栏、标准工具栏、对象特性工具栏、修改工具栏、绘图工具栏、绘图窗口、命令行和状态栏组成。

（1）绘图窗口　绘图窗口是用户进行绘图的工作区域，如图2-1所示。用户所绘的所有内容都将显示在该区域中。

在绘图窗口中同时显示用户当前使用坐标系的图标，表示了该坐标系的类型，以及X轴、Y轴和Z轴的方向。在绘图窗口的下方有一系列标签，用户可以单击它们，在模型空间和图纸空

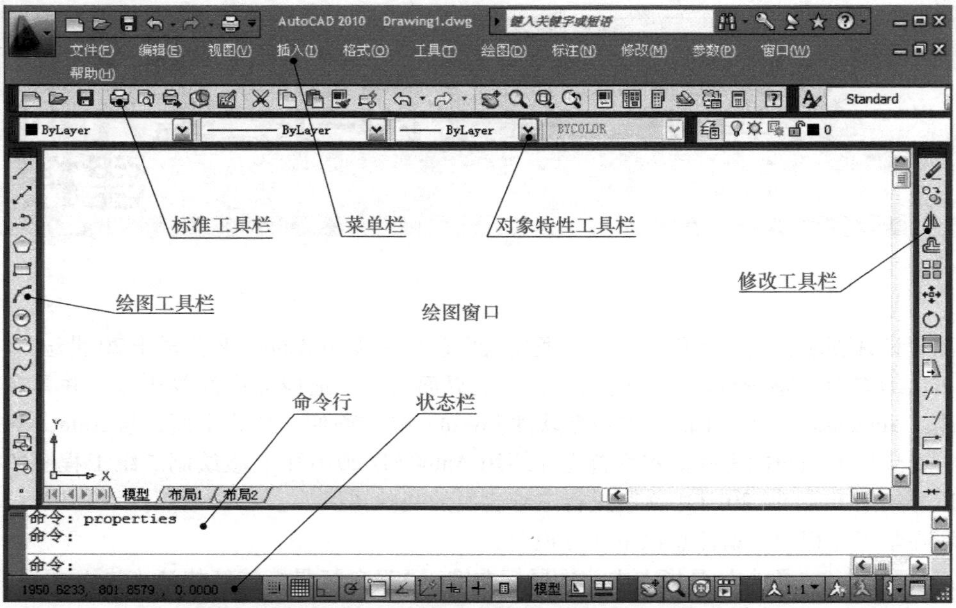

图 2-1 AutoCAD 2010 中文版的用户工作界面

间切换来查看图形的布局视图。

（2）工具栏 AutoCAD 的命令输入方式有命令行输入、单击下拉菜单或工具栏图标等多种。工具栏是一组图标型工具的集合，通过单击图标，可直接调用相关命令。AutoCAD 系统提供了近 40 种已命名的工具栏。系统启动后默认显示的工具栏有四个：

1）标准工具栏：用于管理图形文件和进行一般的图形编辑操作。

2）对象特性工具栏：设置图层、颜色、线型和线型比例。

3）绘图工具栏：主要用于绘制各种二维图形。

4）修改工具栏：主要用于修改已绘制的图形。

这四个工具栏如图 2-2 所示。

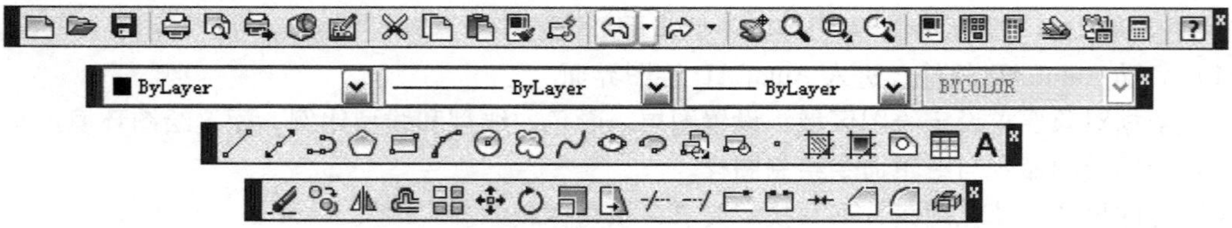

图 2-2 【标准】【对象特性】【绘图】【修改】工具栏

（3）命令行 在默认情况下，命令行位于绘图区的底部，用于输入系统命令或显示命令提示信息。用户在菜单栏和工具栏选择某个命令时，也会在命令行显示提示信息。命令行默认显示三行，可以通过按<F2>键打开或关闭文本窗口，显示执行过的所有命令。命令行如图 2-3 所示。

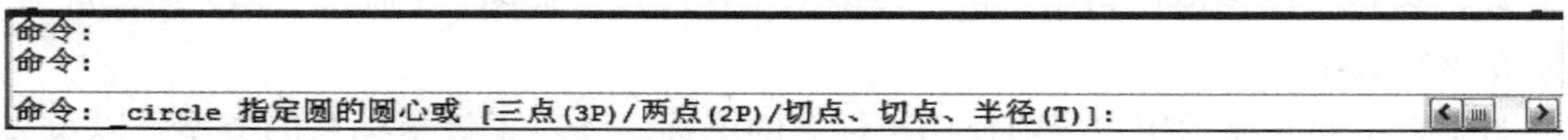

图 2-3 命令行

1）输入命令。系统在不执行任何命令时，命令行提示为“命令:”，此时可以输入命令，按回车键结束命令输入。

2）撤销命令。按键盘上的<Esc>键可以随时终止正在执行的命令，终止后可以输入新命令。

3）命令提示。输入命令并按回车键后，应按照命令提示区的提示操作，分步骤完成该绘图过程。

4）重复命令。如果需要重复执行某个命令时，在确保命令提示行处于“命令:”状态下，直接按回车键即可重复执行刚执行过的命令。

（4）状态栏　状态栏位于命令行的下方，用于显示当前用户的工作状态，如图2-4所示。左侧数字用于显示当前绘图光标所在位置的三维坐标值。默认情况下，用户在 Z 坐标为0的 XY 坐标面绘图。状态栏右侧有10个功能按钮，用于控制辅助绘图功能的开关。状态栏中各按钮的功能见表2-1。

图2-4　状态栏

表2-1　状态栏中各按钮的功能

按钮图标	按钮名称	功　能	开关热键	说　明
	捕捉模式	锁定光标移动的方向及最小位移	〈F9〉	
	栅格显示	在绘图区域范围内显示点阵	〈F7〉	
	正交模式	限制光标只在水平或垂直方向上移动	〈F8〉	
	极轴追踪	角度追踪，按预先设定的角度增量来追踪点，默认值为90°	〈F10〉	
	对象捕捉	使光标精确定位在已绘图形的指定几何点上	〈F3〉	1. 在某按钮上单击右键，可对该按钮功能进行设置 2.“正交”和“极轴”功能互斥：当设置其中一个为“开”时，另一个按钮自动关闭
	对象捕捉追踪	以对象捕捉所定位的点为基点，按预先设定的路径追踪点	〈F11〉	
	UCS	允许或禁止动态UCS（用户坐标系）	〈F6〉	
	动态输入	启用动态输入时，工具栏提示将在光标附件显示信息	〈F12〉	
	显示/隐藏线宽	显示或隐藏图线的线宽		
	快捷特性	开启或关闭快捷显示图形特性		

（5）菜单栏　AutoCAD 2010中文版的菜单栏由【文件】【编辑】【视图】【插入】等下拉菜单组成，这些菜单几乎包含了所有的命令。每个菜单项都包含一级或多级子菜单，用户也可以通过菜单名称后面的热键字母进行操作。菜单栏如图2-5所示。

图2-5　菜单栏

3. 配置绘图环境

（1）绘图界限设置　图形界限是指图形的一个不可见的边框，用户根据所绘图形的大小，使用图形界限来确保按指定比例在指定大小的纸上打印图形，所创建的图形不会超出图纸空间的大小。

如绘制A4图纸的图形界限，命令实现过程如下：

1）选择【格式】菜单中的“图形界限”命令，或在命令行中输入limits。

2）命令行提示“指定左下角点或[开(ON)/关(OFF)]<0.0000,0.0000>:”,↓(按回车键)。

3）命令行提示“指定右上角点<420.0000，297.0000>:”210，297↓。

4）单击【缩放】工具栏中的【全部缩放】按钮，将绘图区域全部显示在屏幕上。

（2）设置栅格和捕捉　单击状态栏的【栅格显示】按钮，打开栅格显示功能，在屏幕界限范围内会出现点阵。栅格在绘图中起度量参考作用，便于判断屏幕局部区域的大小。

设定栅格间距：在【栅格显示】按钮上单击鼠标右键，选择【设置】，打开【草图设置】对话框，进入【捕捉和栅格】选项卡，在栅格间距文本框中输入间距值（默认值为10mm）。

单击状态栏的【捕捉】按钮，打开捕捉功能。捕捉用于控制光标移动时每次移动的最小位移。在【草图设置】对话框的【捕捉和栅格】选项卡中，用户分别在【捕捉X轴间距】和【捕捉Y轴间距】文本框中分别输入X、Y轴方向捕捉间距。

捕捉和栅格设置如图2-6所示。

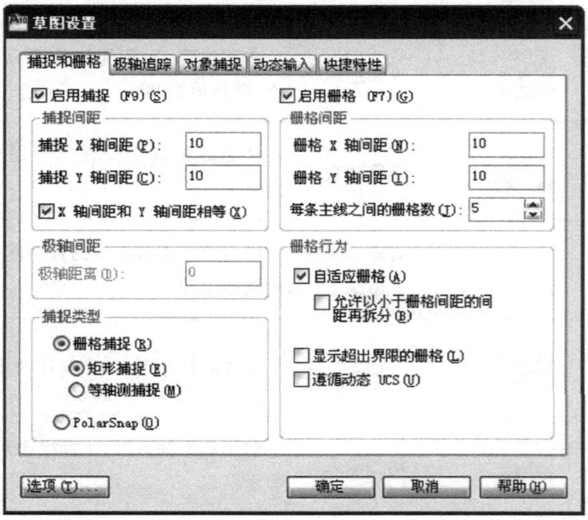

图2-6　捕捉和栅格设置

（3）设置图层　工程图样上有多种图形元素，包括图线、文字、符号等大量的信息，通过图层管理图样信息，使不同性质的图形元素置于不同的图层上，可以使图形信息非常清晰、有序，便于观察，也能给图样的编辑、修改和输出带来方便。AutoCAD中规定每个图层都具有图层名、颜色、线型和线宽等基本属性。

设置图层的功能包括创建新图层、设置图层颜色、线型和线宽等。

1）创建新图层、设置图层颜色和线型。单击【图层工具栏】按钮，弹出【图形特性管理器】对话框，如图2-7所示。单击【新建图层】按钮创建新图层，在图层列表输入新的图层名（如“粗实线”），并按图2-7所示进行各层设置。

图2-7中所示图标的含义：

图标：显示开关，用于控制图层的显示，单击图标后变为，则该图层上的信息将不在屏幕上显示。

图标：冻结开关，单击图标后变为，则图层被冻结，该图层上的信息不可修改也不在屏幕上显示。

图标：锁定开关，单击图标后变为，则图层被锁定，该图层上的信息不可修改，但可以在屏幕上显示。

图标：打印开关，单击图标使其关闭时不打印该图层。

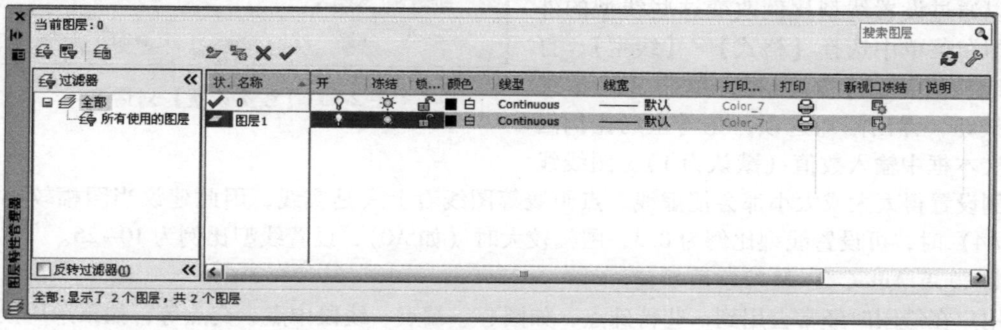

图 2-7 【图形特性管理器】对话框

单击【颜色】列中的颜色块（图 2-7），弹出【选择颜色】对话框（图 2-8），在其中选择一种颜色。推荐选用标准颜色。

单击【线型】列中的线型块（图 2-7），弹出【选择线型】对话框（图 2-9），在列表中单击某线型。若该列表中没有所需线型，则可单击【加载】按钮，打开下拉菜单，选择【加载或重载线型】，加载新的线型。所有图层的线型设置完毕后，单击【确定】按钮。

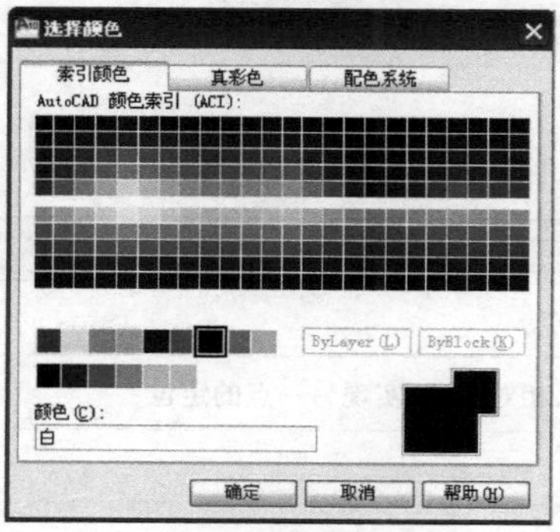

图 2-8 【选择颜色】对话框

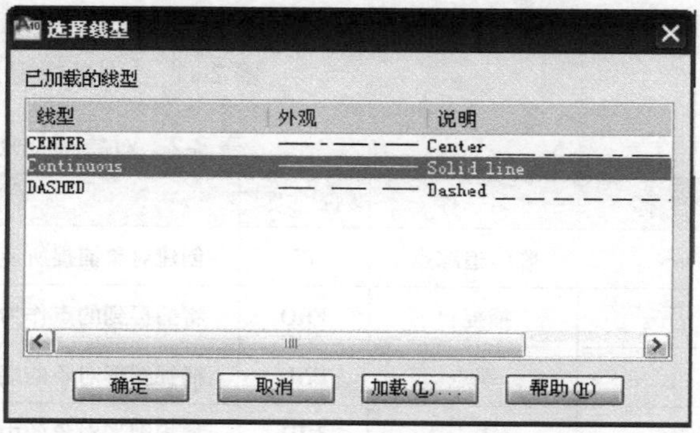

图 2-9 【选择线型】对话框

2）设置线宽。AutoCAD 中，为了提高图形的可读性，用户可以创建粗细不同的图线。图线的设置方法：右击状态栏中的【线宽】按钮，选择【设置】选项，在弹出的【线宽设置】对话框（图 2-10）中进行设置。一般将粗实线设为 0.5mm，其他图线均采用系统默认的线宽 0.25mm。

图 2-10 中各选项的具体说明如下：

【线宽】选项组：用于设定当前的线宽值，也可以改变图形中已有对象的线宽。

【列出单位】选项组：用于设置线宽的单位，有毫米和英寸两种。

【显示线宽】复选框：用于设置是否按照实际线宽来显示图形，用户也可以单击状态栏中的【线宽】按钮来关闭或显示线宽。

【默认】下拉列表框：用于设置默认线宽值，即在关闭线宽显示后系统所显示的线宽。

【调整显示比例】选项组：可以通过调整显示比例滑块来设置线宽的显示比例大小。

图 2-10 【线宽设置】对话框

（4）设置线型比例　虚线、点画线等非连续线型的疏密程度受图限大小的影响，用户可以通过设置线型比例改变这些线型的外观，即在菜单中选择【格式】/【线型】，打开【线型管理器】对话框，单击【显示细节】按钮，弹出附加选项，在【全局比例因子】文本框中输入数值（默认为 1）。图线线型比例设置得太大或太小都会使虚线、点画线等图线看上去是实线，因此建议当图幅较小（如 A3、A4）时，可设置线型比例为 0.3，图幅较大时（如 A0），设置线型比例为 10~25。

4. 使用 AutoCAD 辅助绘图功能

用户在绘图时经常会用到一些特殊点，如圆心、端点、线段中点、交点等，如果采用鼠标拾取的方法，比较困难。为方便地使用 AutoCAD 绘图，可通过对辅助绘图功能的设置，满足用户的特殊需求。辅助功能的设置主要包括对象捕捉工具的设置、对象追踪的设置和极轴的设置等。

（1）对象捕捉工具　对象捕捉是能使光标准确定位于已绘图形对象的某几何点上的工具。利用此工具，用户可以准确地拾取图形对象上的特殊点。

1）对象捕捉工具栏。单击【对象捕捉】工具栏中相应特征点按钮，然后把光标移动到要捕捉对象的特殊点附近，便可捕捉到相应的对象特征点。【对象捕捉】工具栏如图 2-11 所示，各种捕捉模式的名称和功能见表 2-2。

图 2-11 【对象捕捉】工具栏

表 2-2　对象捕捉功能简介

图　标	名　称	选　项	功　　能
	临时追踪点	TT	创建对象捕捉所使用的临时点
	捕捉自	FRO	将捕捉到的点作为基点,输入相对偏移,实现另一点的定位
	端点	END	捕捉图形对象的端点
	中点	MID	捕捉图形对象的中点
	交点	INT	捕捉图形对象的交点
	重影点	APP	捕捉两条交叉直线的重影点
	延伸点	EXT	捕捉直线或圆弧延长线上的点
	圆心	CEN	捕捉(椭)圆或(椭)圆弧的圆心
	象限点	QUA	捕捉圆或椭圆的象限点
	切点	TAN	捕捉(椭)圆或(椭)圆弧的切点
	垂足	PER	捕捉到垂直于线或圆的垂足点
	平行线	PAR	捕捉到与指定线平行的线上的点

（续）

图　标	名　称	选　项	功　　能
	插入点	INS	捕捉图块或文本等的插入点
	节点	NOD	捕捉用画点命令画的点
	最近点	NEA	用于捕捉距离十字光标中心最近的图形对象上的点
	无捕捉	NON	关闭对象捕捉模式
	对象捕捉设置		设置自动捕捉模式

2）使用自动捕捉功能。用户在绘图过程中，会频繁地使用对象捕捉功能。若每次捕捉都选择对象捕捉模式，会降低效率。AutoCAD 提供了自动对象捕捉模式。设定方法：右击状态栏中的【对象捕捉】按钮，选择【设置】选项，弹出图 2-12 所示的【草图设置】对话框，在【对象捕捉】选项卡中可根据需要同时选中多种对象捕捉功能，运行时可以使这些对象捕捉方式同时生效。

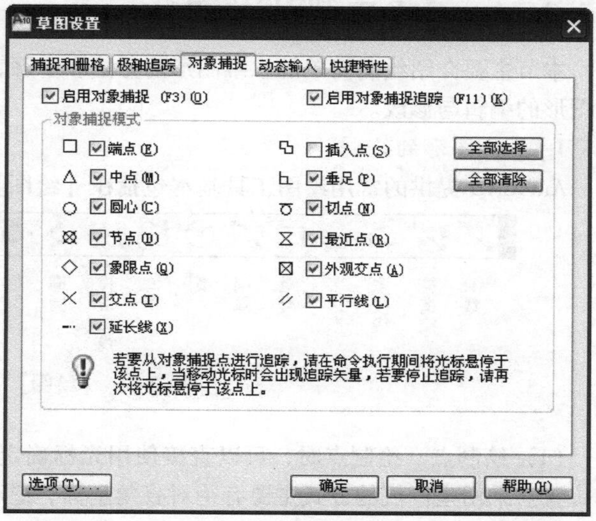

图 2-12　在【草图设置】对话框中设置对象捕捉模式

（2）极轴追踪与对象捕捉追踪　自动追踪是按指定角度或与其他对象的指定关系绘制对象，可分为极轴追踪和对象捕捉追踪两种。

极轴追踪是按预先设定的角度增量来追踪特征点。如果用户事先知道要追踪的方向，即可使用极轴追踪。系统默认角度为 90°，用户也可以自行设定极轴追踪角度。设定方法：单击状态栏的【极轴追踪】按钮，激活极轴追踪功能，在弹出的对话框中的【极轴追踪】选项卡中设置角度（图 2-13）。以在 *XOY* 平面内画直线为例，输入第一点后，只要十字线中心和第一点之间的连线与 *X* 轴正方向的夹角正好等于设定角度或设定角度的整数倍，屏幕上就会出现导航线。此时输入画线长度即可绘制具有指定角度的直线。

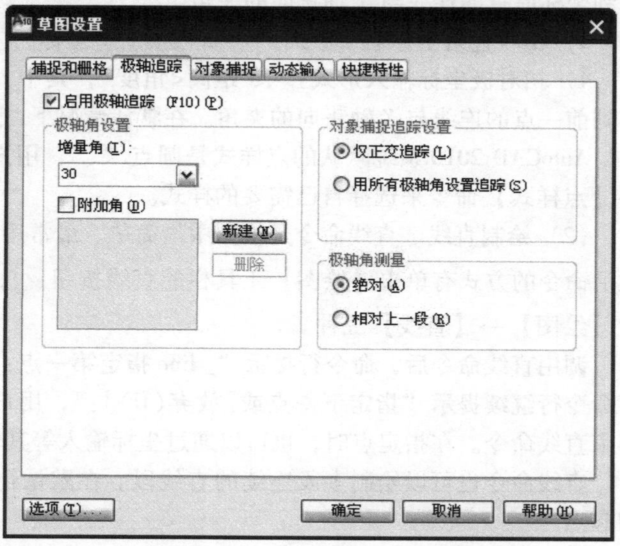

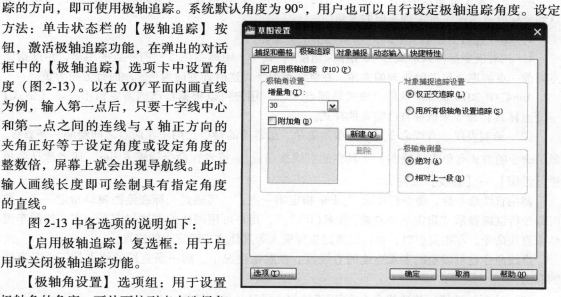

图 2-13　【草图设置】对话框的【极轴追踪】设置

图 2-13 中各选项的说明如下：

【启用极轴追踪】复选框：用于启用或关闭极轴追踪功能。

【极轴角设置】选项组：用于设置极轴角的角度，可从下拉列表中选择角度值，也可以选中【附加角】复选框，单击【新建】按钮设置多个任意角度的附加角。系统在进行极轴追踪时，可以同时追踪增量角和附加角。

【对象捕捉追踪设置】选项组：用于设置对象捕捉追踪模式，有【正交追踪】和【极轴角追踪】两种模式。

对象追踪是以对象捕捉功能所设定的某几类点作为基点来追踪上方（或下方、左方、右方）一定距离的点。如果事先不知道具体追踪方向（角度），但却知道与其他对象的某种特定关系（如相交等），也可以使用对象捕捉功能。在使用对象追踪时，首先按下状态栏的【对象捕捉】按钮，捕捉到一个几何点作为追踪的基点。

2.1.2 AutoCAD工程图样的绘制

本节主要介绍绘制简单的二维图形的方法和步骤，包括点、线类图形、圆类图形等，以及平面图形的编辑与修改。

1. 平面图形的绘制

AutoCAD提供的常用绘图工具基本包括在【绘图】工具栏中，如图2-14所示。

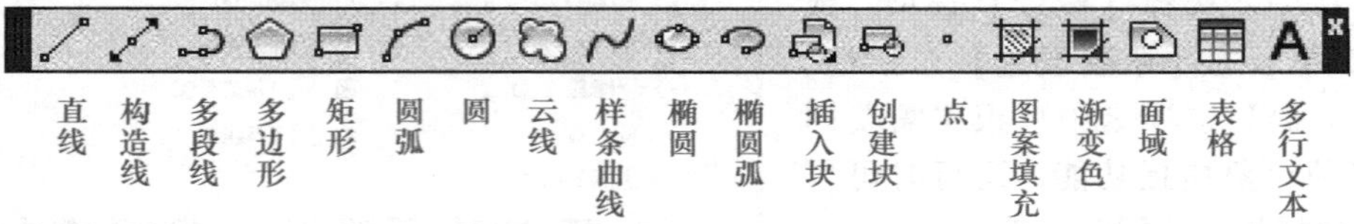

图2-14 【绘图】工具栏

（1）绘制点　绘制点时，可以直接使用光标确定点的位置，也可以采用坐标值输入确定点的位置。采用坐标值的方式主要有绝对直角坐标、绝对极坐标、相对直角坐标和相对极坐标方式四种方法。

1）绝对直角坐标输入形式：“*X*坐标，*Y*坐标”。

2）绝对极坐标输入形式：“距离<角度”，其中，距离指该点到坐标原点的距离，角度指该点到坐标原点的连线与*X*轴正向的夹角。

3）相对直角坐标输入形式：“@*X*坐标，*Y*坐标”。

4）相对极坐标输入形式：“@距离<角度”，其中，距离指该点到前一点的距离，角度指该点到前一点的连线与*X*轴正向的夹角。在默认情况下，逆时针方向为正，顺时针方向为负。

AutoCAD 2010系统默认的点样式是圆点“.”，用户可以根据自己的需要调用菜单【格式】→【点样式】命令来选择自己需要的样式。

（2）绘制直线　直线命令是绘图中最简单、最常用的命令，用于在两点之间绘制一条直线。激活命令的方式有单击【绘图】工具栏的直线按钮，或者在命令行输入line，或者选择菜单栏【绘图】→【直线】三种。

调用直线命令后，命令行提示“_line指定第一点:”，可通过光标在绘图窗口指定一点，此时命令行继续提示“指定下一点或[放弃(U)]:”，用户可用同样的方法指定下一点，按回车键结束直线命令。在指定点时，也可以通过坐标输入等其他方式确定点的位置。

直线命令也可以绘制多段连续的直线段。在默认情况下，前一条直线的终点是下一条直线的起点。

（3）绘制构造线　构造线命令用于绘制无限延长的辅助线。

调用构造线命令后，命令行提示“_xline指定点或［水平(H)/垂直(V)/角度(A)/二等分

(B)/偏移(O)]”，在屏幕上单击指定一点，此时命令行继续提示“指定通过点:”，然后在屏幕上指定要通过的点即可，按回车键结束命令。

构造线命令行各选项的说明如下：

1)【指定点】：即第一个点，为构造线概念上（构造线本身是无限延伸的）的中点。

2)【水平】：创建水平的构造线。

3)【垂直】：创建垂直的构造线。

4)【角度】：可以选择一条参照线，再指定构造线和该线之间的角度，也可创建与 X 轴成指定角度的构造线。

5)【二等分】：可以创建二等分指定角的构造线，此时必须指定等分角度的顶点、起点和端点。

6)【偏移】：可创建平行于指定线的构造线，此时必须指定偏移距离、基线和构造线位于基线的哪一侧。

(4) 多段线　多段线命令用来绘制由若干线段或圆弧组合的图形。

调用多段线命令后，命令行提示“指定起点:”，指定起点后命令行会提示“指定下一个点或[圆弧(A)/半宽(H)/长度(L)/放弃(U)/宽度(W)]:”，指定一点后命令行会接着提示“指定下一个点或[圆弧(A)/半宽(H)/长度(L)/放弃(U)/宽度(W)]:”，直到多段线的终点。

多段线命令行各选项的说明如下：

1)【圆弧】：选择该命令，命令行会提示：“指定圆弧的端点或[角度(A)/圆心(CE)/闭合(CL)/方向(D)/半宽(H)/直线(L)/半径(R)/第二个点(S)/放弃(U)/宽度(W)]:”，即切换至圆弧绘制命令。

2)【半宽】：用于设置多段线的半宽度，即多段线宽度值的一半。

3)【闭合】：用于自动封闭多段线，系统默认以多段线的起点作为闭合终点。

4)【长度】：用于指定绘制直线段的长度。在绘制时，系统将沿着绘制上一段直线的方向接着绘制指定长度的直线段。如果上一个对象是圆弧，则系统会沿着上一段圆弧端点的切线方向绘制直线。

5)【放弃】：用于撤销上一次操作。

6)【宽度】：用于设置多段线宽度。

(5) 矩形　矩形命令用来绘制长方形，通过指定两个对角点，画出矩形。

矩形命令行各选项的说明如下：

1)【倒角】：绘制带有倒角的矩形，此时必须指定两个倒角距离（被切掉的两个角的两个直角边长度）。

2)【标高】：用于指定矩形所在平面的高度，一般用于三维绘图。

3)【圆角】：用于绘制带有圆角的矩形，此时必须指定圆角半径。

4)【厚度】：用于设置矩形厚度，也用于三维绘图。

5)【宽度】：用于设置矩形线宽。

(6) 多边形　多边形命令用来绘制正多边形。

调用多边形命令后，命令行提示“_polygon 输入边的数目<4>:”，要求用户输入多边形边数（默认为4）。输入边数后，命令行提示“指定正多边形的中心点或[边(E)]:”。指定多边形中心后命令行提示“输入选项[内接于圆(I)/外切于圆(C)]<I>:”，默认为内接于圆。最后指定圆的半径，完成多边形的绘制。

(7) 圆、圆弧

1）圆命令用来绘制任意半径的圆形图形。

调用圆命令后，命令行提示“_circle 指定圆的圆心或［三点(3P)/两点(2P)/切点、切点、半径(T)]:”，指定圆心后，接着提示“指定圆的半径或［直径（D）]:”，再指定半径或直径，完成圆的绘制。

画圆的默认方式是确定圆心和半径，还可以选择通过圆周上的两点（2P）、三点（3P）或与其他图形相切等方式画圆。

2）圆弧命令用来绘制圆弧，可以通过指定圆心、端点、起点、半径、角度和方向值等多种组合形式绘制圆弧。

（8）椭圆、椭圆弧　椭圆命令和椭圆弧命令用来绘制任意形状的椭圆和椭圆弧。默认情况下绘制椭圆和椭圆弧的方法：首先指定椭圆的一个轴的两个端点，然后输入另一个半轴的长度即可。

（9）图案填充　当采用剖视图或断面图来表达机件的内部结构时，需要绘制剖面线。剖面线的绘制是通过图案填充命令实现的。

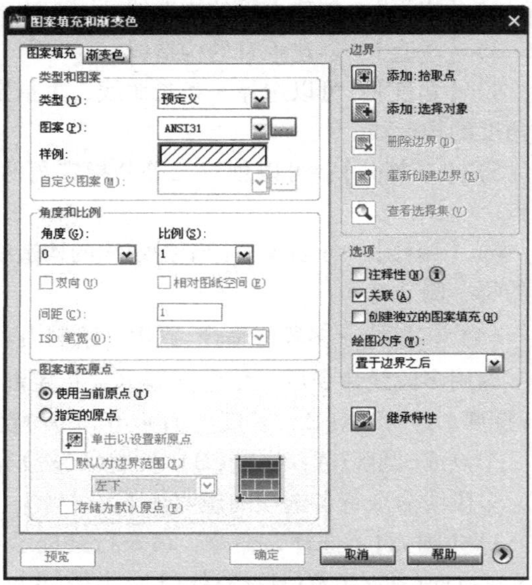

图 2-15 【图案填充和渐变色】对话框

图案填充命令通过以下三个步骤实现剖面线的绘制：

1）激活图案填充命令，弹出图2-15所示对话框。

2）选择要填充的图案，一般机械工程图样选择“ANSI31”，在【图案】下拉列表框中选取。

3）选择要填充的区域，通过单击【添加：拾取点】按钮或【添加：选择对象】按钮返回绘图区域选取，通过单击封闭轮廓内的任意点或轮廓的边线，确定要填充的区域，然后返回对话框，再单击【确定】按钮完成图案填充，如图2-16所示。

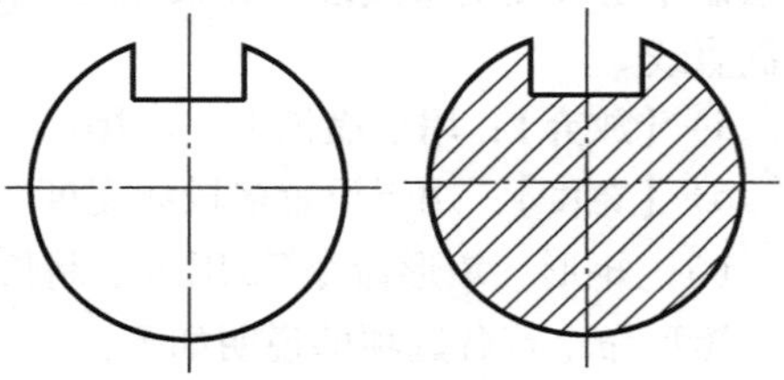

图 2-16　图案填充

（10）图块　在绘制图形时，如果图形中有大量相同或相似的内容，或者所绘制的图形与已有的图形文件相同，则可以把要重复绘制的图形创建成图块，并根据需要为图块创建属性，指定图块的名称、用途等信息，在需要时直接插入它们，从而提高绘图效率。

1）激活命令。图块分为两种，分别是内部块和外部块。内部块只能在当前图形文件中使用，不能在其他图形中调用。内部块的创建使用BLOCK命令或单击图标，弹出图2-17所示的【块定义】对话框。

外部块是将图形对象变成一个新的、独立的图形文件，与其他图形文件没有区别，它既可以在当前图形中使用，也可以作为图块插入到其他图形中。外部块的创建使用WBLOCK命令，弹出【写块】对话框，如图2-18所示。

2）创建图块。内部块的创建：在【块定义】对话框首先输入要创建的块的名称，然后指定图块的插入基点，默认情况下是坐标原点，也可以在【拾取点】下方的【X】【Y】【Z】文本框中输入其他点的坐标，或者直接通过【拾取点】按钮指定位置，作为基点。然后通过【选择对象】按钮返回绘图工作区选择要创建的块对象，最后单击【确定】按钮，完成创建。

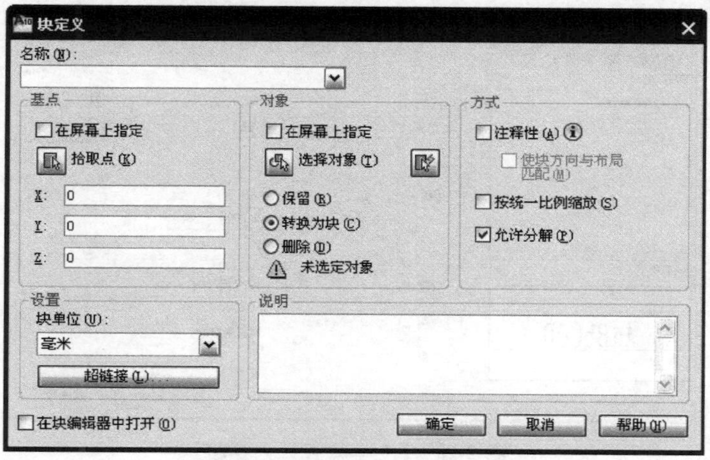

图 2-17 【块定义】对话框

外部块的创建：在【写块】对话框中，用同样的方法指定图块的插入基点，选择要创建的块对象，然后在【文件名和路径】中指定外部块的保存路径和文件名，最后单击【确定】按钮，完成块的创建。

3）插入图块。激活【插入块】命令，弹出【插入】对话框，如图 2-19 所示。在【名称】下拉列表框选择图块，通过【比例】选项组指定块的缩放比例，通过【旋转】选项组确定块插入时旋转的角度，单击【确定】按钮，完成图块的插入。

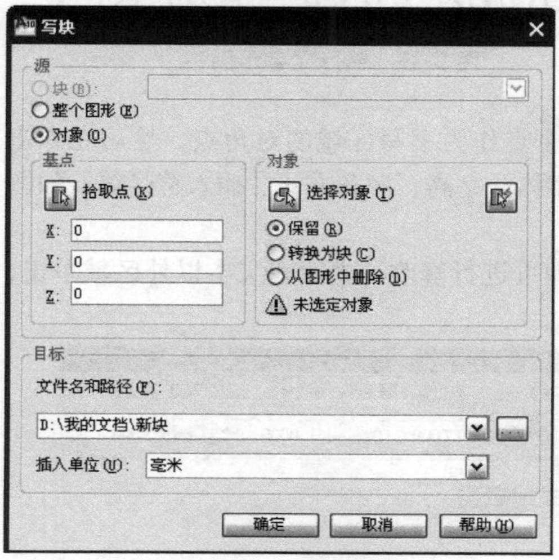

图 2-18 【写块】对话框

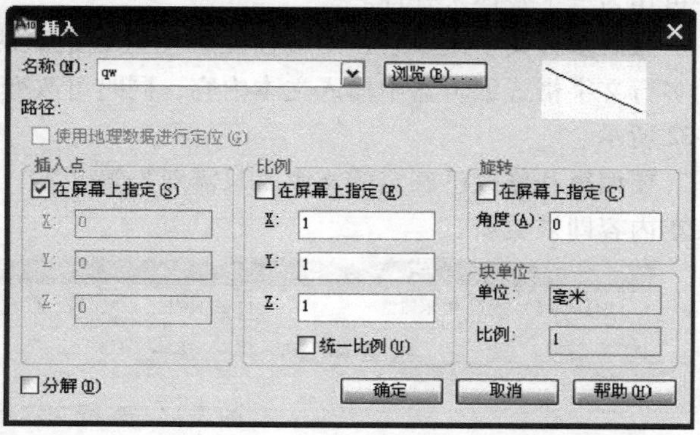

图 2-19 【插入】对话框

（11）多行文本　在机械工程图样中，需要通过技术要求、装配说明等文字注释来标注图样中的一些非图形信息，因此文字对象是工程制图中不可缺少的组成部分。

1）创建文字样式。调用菜单【格式】→【文字样式】命令，弹出【文字样式】对话框，如图 2-20 所示。

在对话框中单击【新建】按钮，在弹出的对话框中为将要设置的文字样式命名，单击【确定】按钮返回，然后分别在【字体】【大小】和【效果】选项组中设置字体格式和文字高度等，

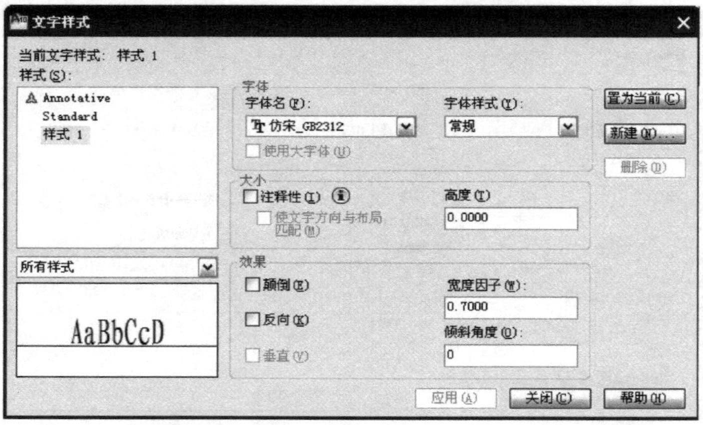

图 2-20 【文字样式】对话框

可以通过预览框浏览设置效果，设置完成后单击【应用】按钮，然后关闭对话框。

2）创建单行文本。单行文本命令（DTEXT）用于创建一行文字，创建的每行文字都是独立的对象，可以进行重定位、调整格式或其他修改。

DTEXT↓(激活命令)/S↓(更换文字样式)/样式 1↓(文字样式名)/J↓(改变文本对齐方式)/MC↓(正中对齐)/单击确定基点/10↓(输入文字高度)/↓/AutoCAD 2010 工程图学↓(输入示例文本)/↓,结果如图 2-21 所示。

3）创建多行文本。多行文本命令 A 用来创建段落文字，是一种更易于管理的文字对象，可以由两行以上的文字组成。整段文字可作为一个整体来处理。

AutoCAD 2010 工程图学

图 2-21 单行文字示例

激活多行文字命令后，用鼠标在绘图区域拾取两个点作为书写区域的对角点，然后在弹出的多行文字格式编辑器中输入文本内容，同时可改变字体、字高、对齐方式、插入符号等，如图 2-22 所示。

要编辑和修改已确定的文字，只需双击该文本，即可进行修改，之后在文本以外区域单击，文本内容即被更新。

图 2-22 多行文字格式编辑器

2. 平面图形的编辑与修改

绘图命令只能创建一些基本的图形对象，在绘制复杂图样时，经常需要借助于图形编辑命令。AutoCAD 2010 提供的常用编辑命令基本包括在【修改】工具栏，如图 2-23 所示。

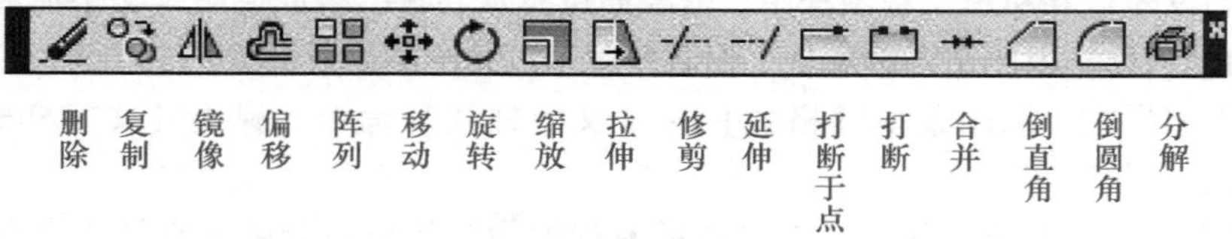

图 2-23 【修改】工具栏

（1）对象选择　用户在对图形进行编辑时首先需选择要编辑的对象。AutoCAD 系统用虚线亮显所选择的编辑对象，这些对象就构成了选择集。选择集可以只是单个对象，也可以包括复杂的对象编组。当激活编辑命令后，系统的光标会由“+”字变成“□”，提示用户指定要编辑的图形对象。

常用的对象选择模式有：

1）直接拾取：移动鼠标将拾取框“□”放在待选对象上，单击。

2）窗口方式：通过建立矩形窗口选择对象。矩形窗口通过光标指定两对角点确定。首先通过鼠标指定矩形框左侧角点，再从左向右拖动光标确定矩形框右侧角点，只有当图形对象全部处于矩形框时才被选中。此时屏幕上显示的方框为蓝色实线框。

3）交叉窗口方式：同样也是建立矩形窗口选择对象，与窗口方式的区别是矩形框两对角点的确定顺序为先指定矩形框的右侧角点，再从右向左确定矩形框的左侧角点，只要图形对象有一部分在矩形框即被选中。此时屏幕上显示的方框为绿色虚线框。

当对象以虚线显示，且线条上有若干小方框时，表示对象已被选中，按回车键结束选择。

（2）删除　绘图过程中如果出现错误或多余的线条，用户可以利用删除命令从图形中去除这些线条。

调用删除命令后，命令行提示“选择对象:”，屏幕的“+”字光标变成拾取框“□”，然后选择要删除的对象，按回车键结束。也可以先选择对象，然后单击工具栏的“删除”按钮。

（3）移动与复制　移动命令用来移动图形对象，使其位置发生变化。复制命令用来将选定对象复制到指定位置。

图 2-24b、c 显示了将图 2-24a 中的圆移动和复制的结果，操作过程如下：

1）移动：激活移动命令/选择圆/右击结束选择/单击确定基点 *A*/移动光标到 *B* 点，单击完成移动，如图 2-24b 所示。

2）复制：激活复制命令/选择圆/右击结束选择/单击确定基点 *A*/移动光标到 *B* 点，单击完成复制/右击结束复制，如图 2-24c 所示。

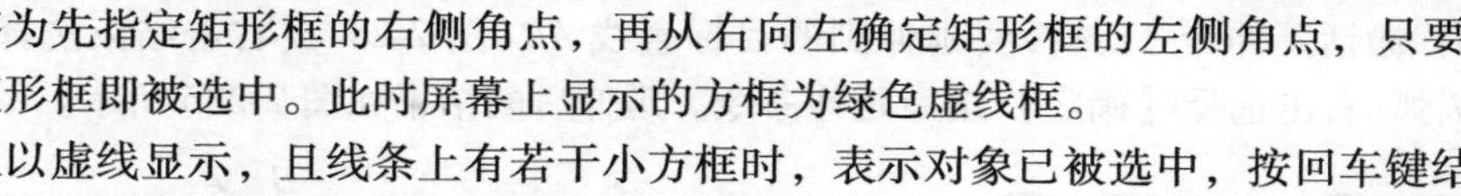

a)　　b)　　c)

图 2-24　移动与复制

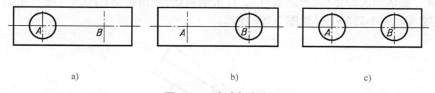

（4）镜像与偏移　镜像命令通过指定一条镜像线来生成已有图形对象的镜像对象。偏移命令用来实现平行复制对象，生成平行线或者同心圆等类似图形。

1）镜像：激活镜像命令/选择镜像对象/右击结束选择/选择镜像线第一点/选择镜像线第二点/↓选择默认（N），不删除原对象。结果如图 2-25b 所示。

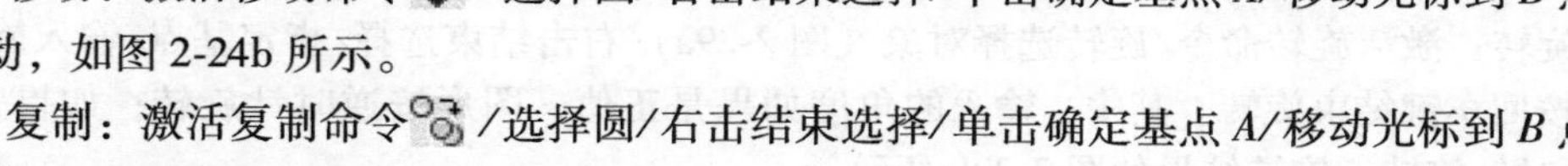

a) 原图　　b) 镜像后

图 2-25　镜像

2）偏移：激活偏移命令/输入偏移距离 5↓/选择偏移对象（弧线）/选择偏移侧（内侧），实现偏移。结果如图 2-26b 所示。

（5）修剪与延伸　修剪命令用来将选定的一个或多个对象，在指定修剪边界某一侧的部分精确地剪切掉。延伸命令用来使指定对象的终点落在指定的某个对象的边界上，圆弧、椭圆弧、直线及射线等对象都可以被延伸。

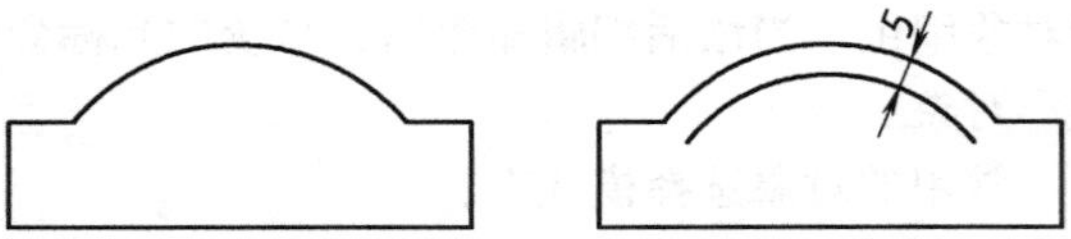

a) 原图　　b) 偏移后

图 2-26　偏移

1）修剪：激活修剪命令/选择图 2-27a 中两圆作为修剪边界/选择要剪掉的部分（两圆相交的两段短弧）/右击选择【确定】结束修剪。修剪后的结果如图 2-27b 所示。

2）延伸：激活延伸命令/选择要延伸到的目标直线 AB（图 2-28a）/右击结束选择/选择要延伸的直线与圆弧/右击选择【确定】结束延伸命令。延伸后的结果如图 2-28b 所示。

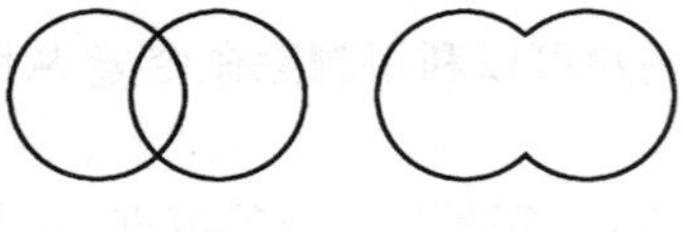

a) 原图　　b) 修剪后

图 2-27　修剪

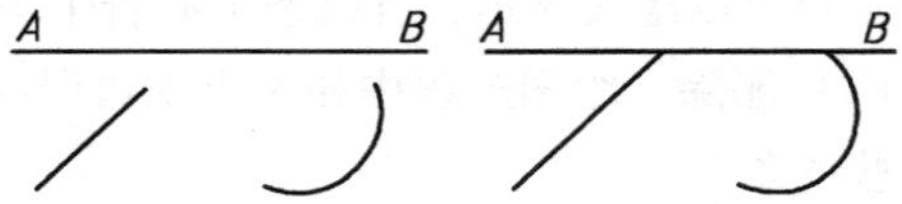

a) 原图　　b) 延伸后

图 2-28　延伸

（6）旋转与缩放　旋转命令用来将对象绕基点旋转指定的角度。缩放命令用来将对象按指定的比例相对于基点进行尺寸缩放。

1）旋转：激活旋转命令/旋转选择对象（图 2-29a）/右击结束选择/指定基点/输入旋转角度（30°）/按回车键结束旋转。其中，输入的角度如果是正值，图形按逆时针旋转；如果是负值，图形按顺时针旋转。旋转结果如图 2-29b 所示。

2）缩放：激活缩放命令/选择缩放对象/右击结束选择/指定基点/0.7（输入缩放比例）/按回车键结束缩放。缩小后的图样如图 2-29c 所示。

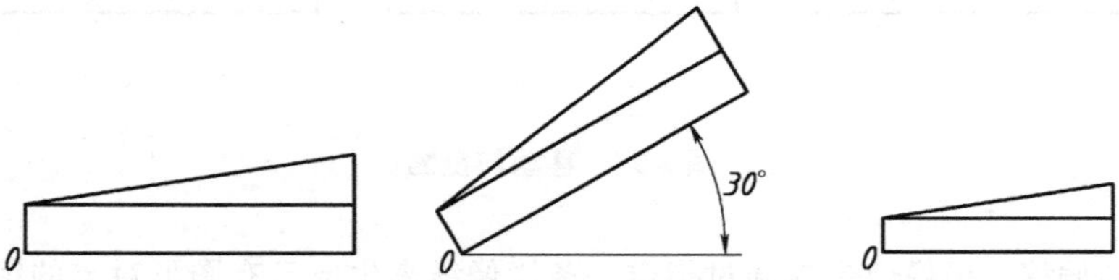

a) 原图　　b) 旋转 30°　　c) 缩小

图 2-29　旋转与缩放

（7）倒直角与倒圆角

1）倒直角：激活倒直角命令/D（指定距离）↓/4（第一个倒角距离）/8（第二个倒角距离）/选择第一条边 P_1/选择第二条边 P_2。倒直角结果如图 2-30b 所示。

2）倒圆角：激活倒圆角命令/R（圆角半径）↓/5（半径值）/选择第一条边 P_1/选择第二条边 P_2。倒圆角结果如图 2-30c 所示。

（8）阵列　阵列命令用来按矩形或环形复制指定对象。

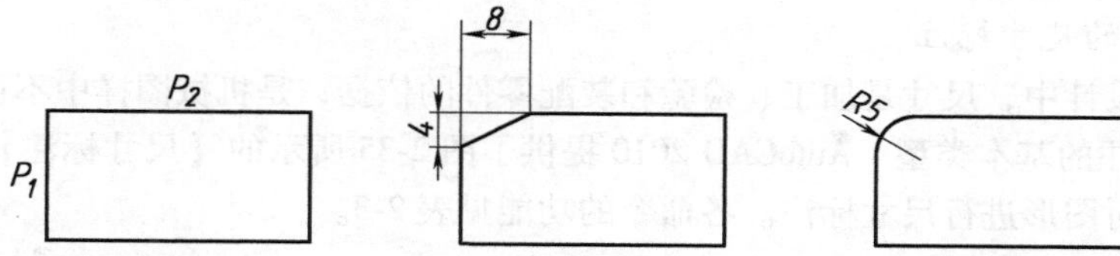

a) 原图　　b) 倒直角　　c) 倒圆角

图 2-30　倒直角与倒圆角

1）矩形阵列：激活阵列命令，弹出【阵列】对话框（图 2-31）/选择【矩形阵列】/在【行数】和【列数】文本框中均输入“4”/在【行偏移】和【列偏移】文本中均输入 20/在【阵列角度】文本中输入 30/单击【选择对象】按钮拾取阵列对象/右击结束选择/单击【确定】按钮完成图 2-32 所示矩形阵列。

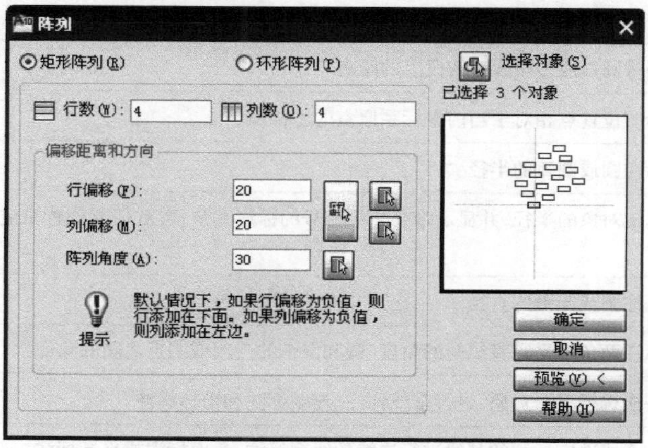

图 2-31　【阵列】对话框（一）

图 2-32　矩形阵列

2）环形阵列：激活阵列命令，弹出【阵列】对话框（图 2-33）/选择【环形阵列】/输入或拾取【中心点】/在【项目总数】和【填充角度】文本中分别输入 6 和 360/单击【选择对象】按钮拾取阵列对象/右击结束选择/单击【确定】按钮完成图 2-34 所示环形阵列。

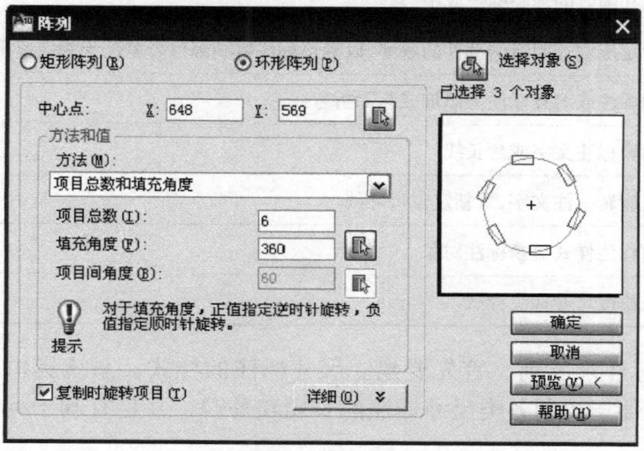

图 2-33　【阵列】对话框（二）

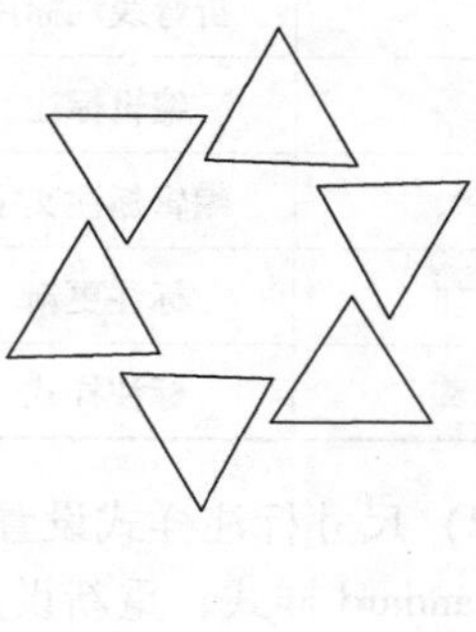

图 2-34　环形阵列

3．平面图形的尺寸标注

在平面图形设计中，尺寸是加工、检验和装配零件的依据，是机械图样中不可缺少的内容。

（1）尺寸标注的基本类型　AutoCAD 2010 提供了图 2-35 所示的【尺寸标注】工具栏，通过工具栏的各命令对图形进行尺寸标注。各命令的功能见表 2-3。

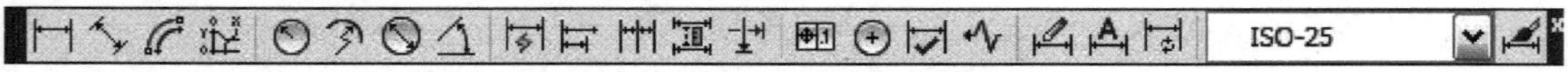

图 2-35　【尺寸标注】工具栏

表 2-3　尺寸标注工具栏命令的功能

图　　标	名　　称	功　　能
	线性标注	用于标注图形对象的线性距离或长度，包括水平、垂直和旋转三种标注类型
	对齐标注	创建与延伸线的原点对齐的线性标注
	弧长标注	用于测量圆弧或多段线弧线段上的距离
	坐标标注	用于标明位置点相对于当前坐标系原点的坐标值
	半径标注	用于标注圆或圆弧的半径
	折线标注	测量选定对象的半径，并显示带有半径符号的标注文字，可从任意位置指定尺寸线的原点
	直径标注	用于标注圆或圆弧的直径
	角度标注	用于标注两条不平行直线间的角度、圆和圆弧的角度或三点之间的角度
	快速标注	通过一次选择多个对象，进行基线标注、连续标注和坐标标注
	基线标注	从上一个或选定标注的基线进行连续的线型标注、角度标注或坐标标注
	连续标注	从上一个或选定标注的第二尺寸界线进行连续的线性标注、角度标注或坐标标注
	等距标注	用来调整线型标注或角度标注之间的间距
	折断标注	在标注或延伸线与其他对象交叉处折断或恢复标注和延伸线
	公差标注	创建包含在特征控制框中的几何公差
	圆心标记	创建圆和圆弧的圆心标记或中心线
	检验标注	用于指定应检查制造的部件的频率，以确保标注值和部件公差位于指定范围内
	折弯线性标注	在线型标注或对齐标注上添加或删除折弯线
	编辑标注	用来编辑标注文字或延长线
	编辑标注文字	移动或旋转标注文字，重新定位尺寸线
	标注更新	用当前标注样式更新标注对象
	标注样式	创建或修改尺寸标注样式

（2）尺寸标注样式设置　用户在标注尺寸前，首先要建立尺寸标注的样式，系统提供了默认的 standard 样式，重新设定标注样式便于控制各类尺寸标注的布局和外观，并且有利于标注的修改。

选择菜单【格式】→【尺寸样式】或单击标注工具栏按钮，弹出图 2-36a 所示的【标注

样式管理器】对话框，单击【新建】按钮，在弹出的【创建新标注样式】对话框的【新样式名】文本框中输入样式名“type001”，单击【继续】按钮，弹出【修改标注样式】对话框，如图2-36b所示。

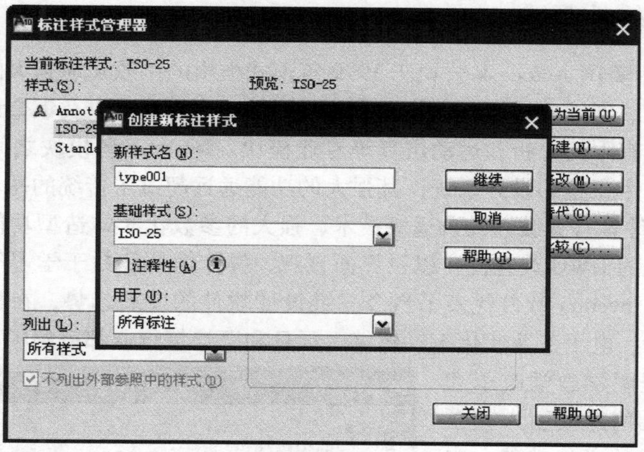

a)【标注样式管理器】对话框

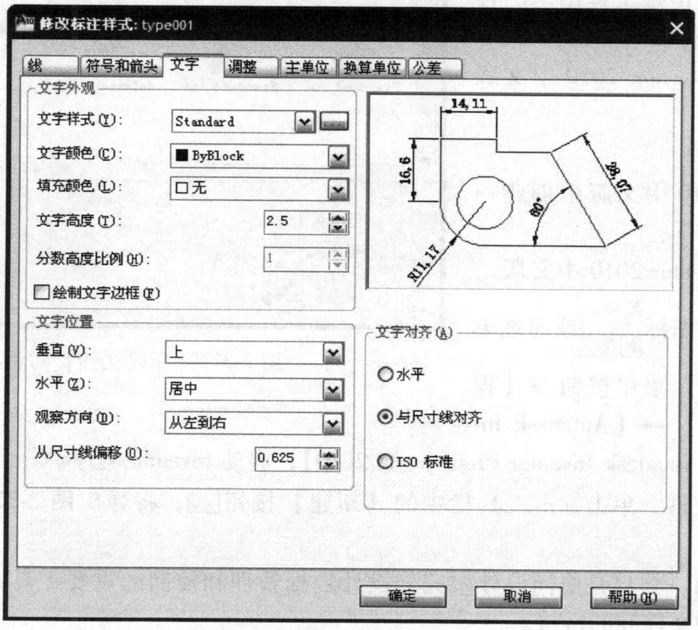

b)【修改标注样式】对话框

图 2-36　设置尺寸标注样式

在【修改标注样式】对话框中依次设置尺寸样式的【线】【符号和箭头】【调整】以及【文字】等选项卡中的选项，设置完成后单击【确定】按钮返回【标注样式管理器】对话框，关闭【标注样式管理器】对话框结束设置，标注样式控制下拉列表中会增加名为“type001”的尺寸样式。

2.2 Inventor 三维建模

2.2.1 Inventor 软件概述

Inventor 软件是由美国 Autodesk 公司于 1999 年正式推出的一款功能强大的设计软件系统，其组成主要有零件建模、部件建模、工程图和表达视图等基本模块，以及钣金设计、焊接设计、管路设计、布线设计、有限元分析和运动仿真等专业模块。Inventor 各模块之间共享数据且相互关联，为用户提供了一个完整的设计系统，其强大的功能远远超过了传统的基于特征的造型系统。

由于 Inventor 软件具有突破性的自适应技术、强大的参数化实体造型功能、非凡的大型装配处理性能、业界领先的 DWG 兼容性，以及界面直观、操作简便和易于学习等特点，受到广大工程设计人员的青睐。Inventor 软件代表了当今三维设计软件的发展趋势，在机械、航空航天、汽车、船舶、工业设计、电子工业、化工、建筑、玩具和医疗等行业都得到了广泛的应用。

从国内、外工程图学教学改革和实践来看，将三维几何建模引入教学是工程图学学科发展的必然趋势。本书基于 Inventor2010 中文版，将三维几何建模技术融入传统工程图学的各章节。

下面先简介 Inventor 2010 中文版的基础内容。

图 2-37 【新建文件】对话框

1. 创建新文件

在 Inventor 2010 中文版中创建一个新文件的步骤如下：

（1）启动 Inventor 2010 中文版　可以通过双击桌面图标  或通过单击 Windows【开始】菜单按钮→【程序】→【Autodesk】→【Autodesk Inventor 2010】→【Autodesk Inventor Professional 2010】，启动 Inventor 程序。

（2）创建新文件　单击标准工具栏中的【新建】按钮，将弹出图 2-37 所示的【新建文件】对话框。

（3）创建项目　项目是协同设计中完善设计数据管理和控制的重要工具，它能够合理地组织相关文件并维护文件间的链接。

创建项目的具体步骤如下：

1）单击【新建文件】对话框中的【项目】按钮 项目... ，将弹出图 2-38 所示的【项目】对话框。

2）在【项目】对话框中单击【新建】按钮，将弹出图 2-39 所示的【Inventor 项目向导】对话框。

3）在【Inventor 项目向导】对话框中设置项目类型、名称和所在目录，单击【完成】按钮，在返回的【项目】对话框中选中刚新建的项目名称，单击【应用】和【完成】按钮。

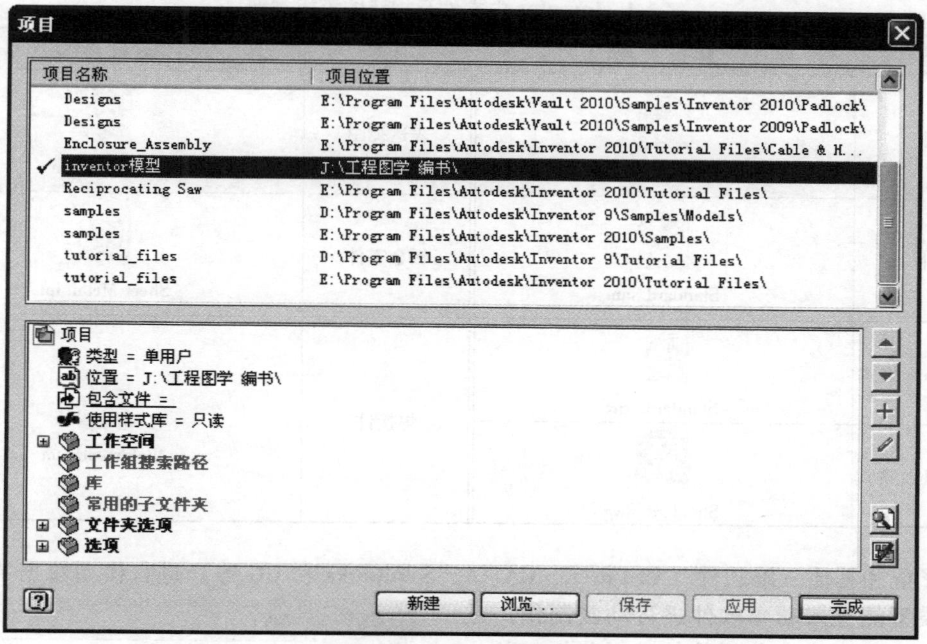

图 2-38 【项目】对话框

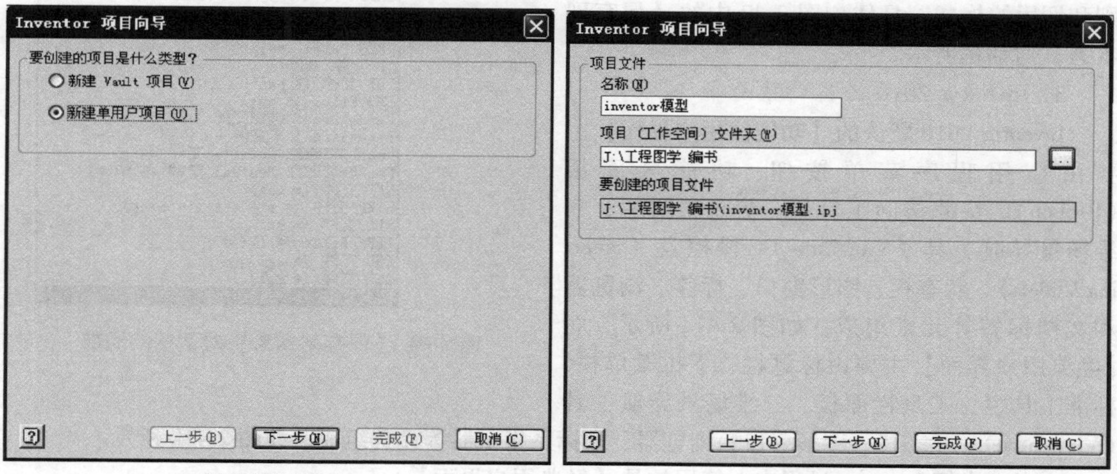

a) 设置项目类型　　　b) 设置项目名称、所在目录

图 2-39 【Inventor 项目向导】对话框

(4) 选择模板　在返回的【新建文件】对话框中选择要建立的文件制式和文件模板，从而创建出一个新文件。

2. Inventor 中的文件类型

从 Inventor 2010 的【新建文件】对话框中可知存在三种制式，即【默认】【English】(英制)和【Metric】(米制)，每种制式下又有相应的模板类型供选择，如图 2-39 所示。Inventor 中文件及相应的模板类型见表 2-4。

表 2-4　Inventor 中文件及相应的模板类型

文件类型		模 板 类 型	文件类型	模 板 类 型
零件		Standard. ipt	表达视图	Standard. ipn
部件		Standard. iam	钣金零件	Sheet Metal. ipt
工程图	idw 格式	Standard. idw	焊接件	Weldment. iam
	dwg 格式	Standard. dwg		

为了能和其他三维软件（如 Pro/E、CATIA、Solidworks 和 UG 等）进行模型数据共享和交换，使模型能导入动画软件进行动画制作，方便模型导入仿真应力分析软件进行分析，以及便于和其他一些软件进行数据共享和交换，Inventor 允许将制作出的模型保存为其他软件能识别和调用的格式，具体如图 2-40 中的【保存副本为】对话框所示。

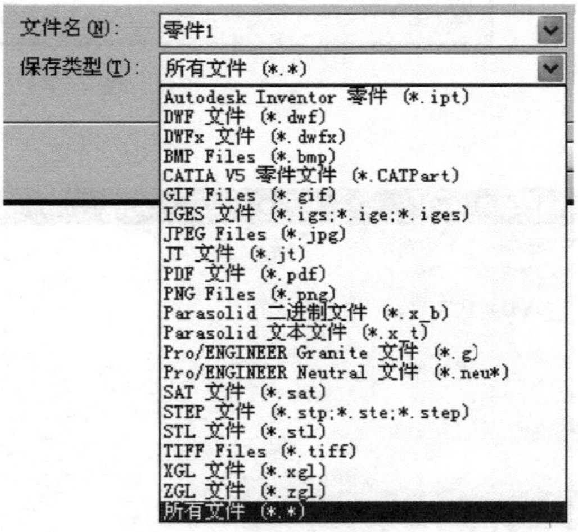

图 2-40　【保存副本为】对话框的局部

3. Inventor 2010 的窗口界面

Inventor 2010 默认的【功能区用户界面】主要由应用程序菜单按钮、功能区面板（Ribbon）、快速访问工具栏、信息工具栏、三维场景导航工具（ViewCube）、操控盘（SteeringWheels）、状态栏、图形窗口、标签、浏览器和文档标签等元素组成，如图 2-41a 所示。而【经典用户界面】主要由标题栏、下拉菜单栏、标准工具栏、工具栏面板、三维场景导航工具（ViewCube）、状态栏、图形窗口、浏览器、坐标系指示器等元素组成，如图 2-41b 所示。

本书在讲解 Inventor 过程中，使用的是【经典用户界面】。

（1）标题栏　标题栏由位于最左边的软件图标及标题和位于最右边的最小化按钮、最大化按钮/恢复按钮及关闭按钮所组成。其中标题以“正在使用的 Inventor 版本号-［图形名称］”的方式显示。

（2）标准工具栏　标准工具栏中的内容会随着当前的绘图环境变化而变化。图 2-42 所示为在零件环境下的标准工具栏，图中列出了工具栏中各按钮的名称。有些按钮旁边有▾，表示其为嵌套按钮，当单击后会弹出按钮组供选择。

1）文件操作工具中包含了常见的新建、打开和保存等对文件操作的命令。

2）视图显示工具的图标、含义及作用见表 2-5。

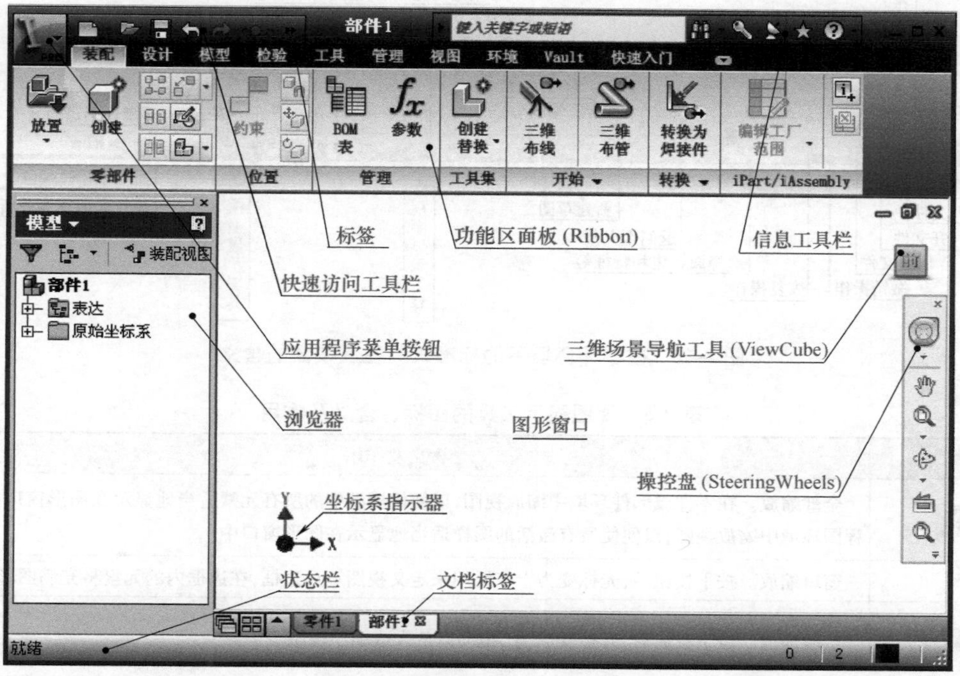

a) 默认的【功能区用户界面】

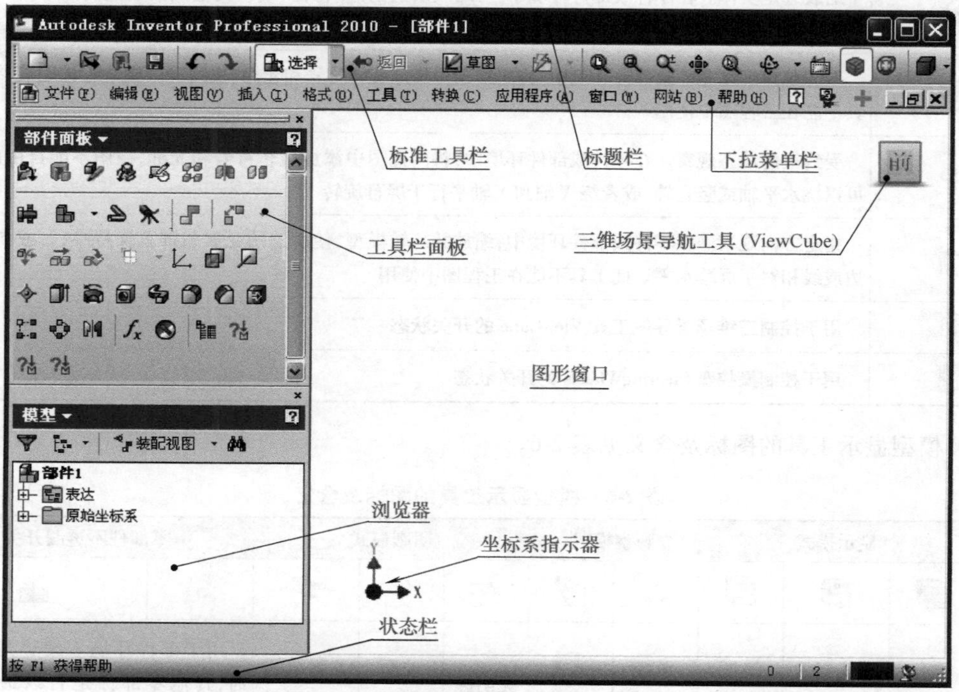

b)【经典用户界面】

图 2-41　Inventor 2010 的用户界面

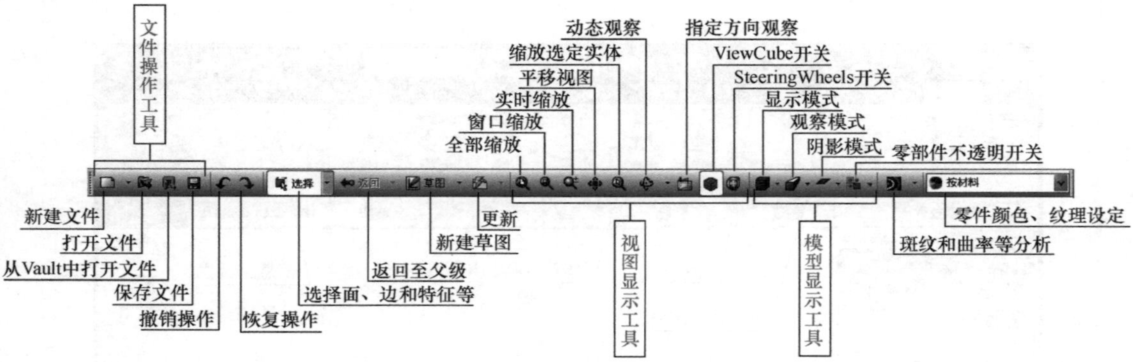

图 2-42　在零件环境下的标准工具栏及按钮的含义

表 2-5　视图显示工具的图标、含义及作用

图　标	含义及作用
	全部缩放。在零件或部件环境中缩放视图,以便使模型中的所有元素适当地显示在图形窗口中;在工程图环境中缩放视图,以便使所有激活的图样适当地显示在图形窗口中
	窗口缩放。按下按钮后,光标变为十字线用来定义视图矩形边框,在边框内的元素将充满图形窗口
	实时缩放。按下按钮后,光标变成 ,拖动以放大或缩小视图
	平移视图。按下按钮后,光标变成“手”形,拖动以平移视图
	缩放选定实体。在零件或部件环境中,可缩放所选的边、特征、线或其他元素以充满图形窗口。此工具不能在工程图中使用
	动态观察。在零件或部件环境中,将向视图中添加旋转符号和光标,视图可以绕中心标记旋转。此工具不能在工程图中使用
	受约束的动态观察。在零件或部件环境中,将向视图中添加旋转符号和光标,视图不能自由旋转,但可以绕水平轴或竖直轴,或者绕 X 轴和 Y 轴平行于屏幕旋转
	指定方向观察。在零件或部件环境中,缩放并旋转模型,使所选的元素与屏幕保持平行,或使所选的边或线相对于屏幕水平。此工具不能在工程图中使用
	用于控制三维场景导航工具 ViewCube 的开关状态
	用于控制操控盘 SteeringWheels 的开关状态

3）模型显示工具的图标及含义见表 2-6。

表 2-6　模型显示工具的图标及含义

	显示模式			观察模式		阴影模式			零部件不透明开关	
图标										
含义	着色显示	带线框的着色显示	线框显示	平行模式	透视模式	无阴影	地面阴影	X 射线的地面阴影	用于部件环境下编辑某零部件时,其他零部件是否以透明方式显示	

4）其他工具的图标及含义见表 2-7。

表 2-7 其他工具的图标及含义

图标	选择实体 选择组 特征优先 选择面和边 选择草图特征 选择线框	返回	草图		新建斑纹分析(Z) 新建拔模分析(D) 新建曲率分析(C) 新建曲面分析(S) 新建截面分析(S)	按材料 按材料 暗蓝色 白色 白色（浅光） 波纹纸板 玻璃
含义	选择实体、特征或其他图元	返回到父级或顶端	创建二维或三维草图	更新模型和工程图	对曲面等进行相关分析	设置模型的纹理及颜色

（3）下拉菜单栏　利用下拉菜单可以访问命令、文档等内容，从中选择一个菜单会展开菜单列表，用户可以选择相应的命令并即可执行。菜单有下列三种类型：

1）命令后跟有▸，表示该命令下还有下一级子菜单。

2）命令后跟有“...”，表示执行该命令将打开一个对话框。

3）命令呈现灰色，表示该命令在当前状态下不可使用。

（4）工具栏面板　工具栏面板中的内容也会随着当前的绘图环境变化而变化。常见的有草图面板、零件特征面板、部件面板和工程图视图面板等。面板中按钮的具体含义详见后面的章节。

（5）浏览器　在不同环境下，浏览器中显示的内容也不同。如在零件环境下，浏览器中主要记录原始坐标系、各个特征的次序、与特征相关的草图等内容。

（6）三维场景导航工具（ViewCube）　使用三维场景导航工具（ViewCube），可以观察模型的“前、后、上、下、左、右、轴测”等各个视图，如图 2-43 所示；将光标放在 ViewCube 上时，按住鼠标左键可以任意旋转模型；也可以在 ViewCube 上右击来设定与观察相关的操作。

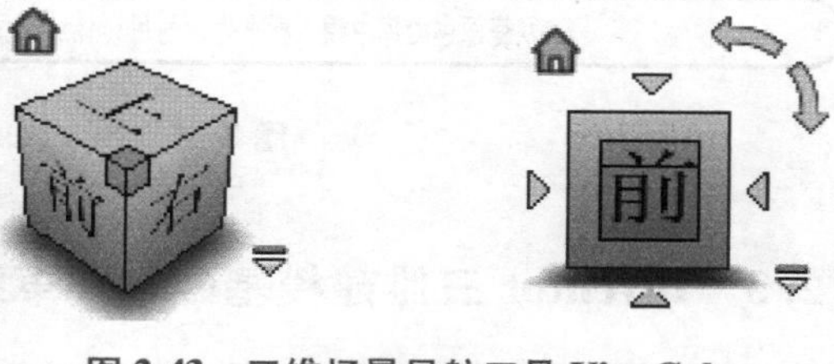

图 2-43　三维场景导航工具 ViewCube

（7）操控盘（SteeringWheels）　操控盘（SteeringWheels）划分为不同部分的追踪菜单，如图 2-44 所示。操控盘上的每个按钮代表一种导航工具，用户可以用不同方式平移、缩放或操作模型的当前视图。操控盘将多个常用导航工具整合到一个单一界面中，从而节省了操作时间。另外，利用右键快捷菜单可以对操控盘的外观和行为进行设置。

（8）坐标系指示器、图形窗口和状态栏　坐标系指示器用于指示当前状态下的系统坐标系，由 X、Y、Z 三根轴线组成。

图形窗口是界面中的主要空间，所有绘图结果都反映在这个窗口中。在图形窗口中右击会弹出快捷菜单，从中可以方便、快速地重复和调出与当前环境相适应的命令。

状态栏左边是对某些命令执行过程中进行一些提示；状态栏右边的容量计数器显示资源使用情况，包括开启文档中的文件数量、打开文件的数量和内存使用率等。

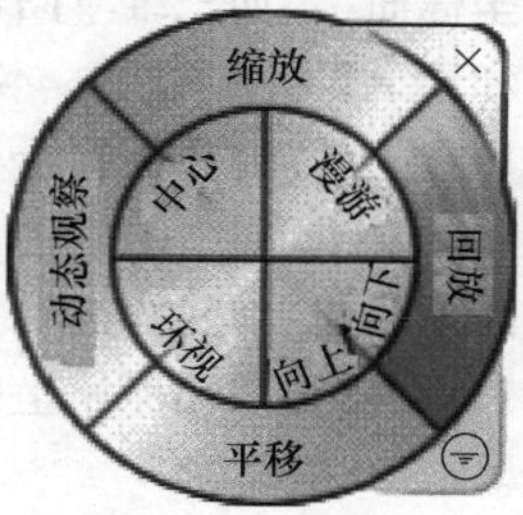

图 2-44　操控盘（SteeringWheels）

2.2.2 Inventor 三维几何建模流程

Inventor 中三维几何建模流程如图 2-45 所示。在 Inventor 中，特征是构成组合体和零件三维几何模型的基本单元。特征可分为草图特征、定位特征和放置特征。各零件（包括自建的、从资源中心库调用的、利用设计加速器创建的等）之间通过添加约束可生成装配体。基于零件或装配体的三维几何模型和定制的工程图模板，在工程图环境下可生成符合国家标准的二维工程图、表达视图、渲染图及装配动画等。

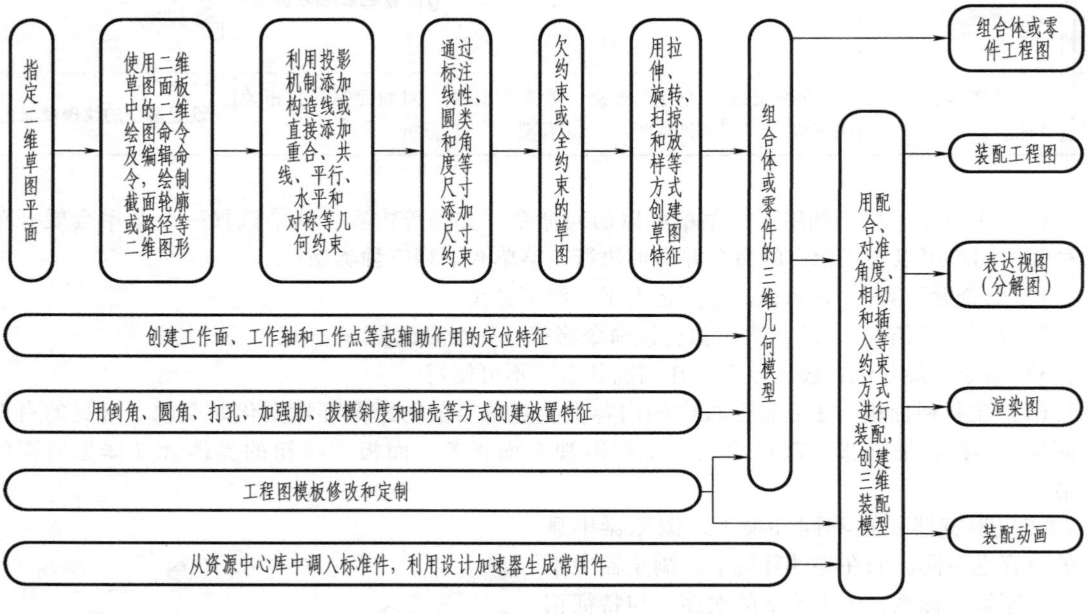

图 2-45 Inventor 中三维几何建模流程

2.2.3 Inventor 三维建模基础——草图

草图是在大部分三维设计软件中进行造型的基础，大多数零件的创建都是从绘制草图开始的。草图可以用作绘制特征的截面轮廓和创建特征时所需的几何图元，也可以利用它进行产品的概念设计。

在 Inventor 中，草图有二维草图和三维草图之分。在创建二维草图时，必须先确定草图所依附的平面，即草图坐标系确定的坐标面。这种平面可以是一种“可变的、可关联的、用户自定义的坐标面”。而三维草图常用作三维扫掠特征、放样特征的三维路径，在复杂零件造型、电线电缆和管道设计中常用。本书中若未加说明，后面所述的“草图”均指二维草图。

1. 创建草图的原则和步骤

（1）创建草图的原则　为提高创建草图的效率，并为以后的建模及装配做好准备，在创建草图时应养成良好的习惯，尽量遵循以下原则：

1）尽可能采用原始坐标系的原点、坐标轴和坐标平面的投影作为所绘制图形的中心和对称线。

2）绘制草图时应先以接近实际大小的线条画出轮廓的大致形状，接着再添加几何约束和尺寸约束。如果绘制的轮廓大小与实际轮廓相差较大时，在添加约束时很可能会导致轮廓扭曲变形。

3）在草图中添加几何约束和尺寸约束时，应优先使用几何约束。

4）生成实体的草图应为不自交叉的封闭轮廓，不封闭的截面轮廓通常用来生成面。

5）应使最终的草图处于全约束状态。

（2）创建草图的一般步骤

1）选择草图所依附的平面，并投影坐标原点。草图依附的平面一般是系统的原始坐标面、新建工作面和已建特征上的某个面。注意：当新建一个新零件时，Inventor 会默认在 *XY* 系统坐标平面上创建一个草图，并自动转到草图环境中。

2）绘制并编辑图线，完成该草图的大致轮廓。

3）向草图中添加几何约束，接着添加尺寸约束。

4）检查草图是否已处于全约束状态。

5）完成该草图。

2. 草图环境概述

（1）草图环境界面及草图参数设置　当创建或编辑草图时，所处的工作环境就是草图环境。如图 2-46 所示，草图环境下的界面主要由标准工具栏、二维草图面板、浏览器、草图图形窗口等要素组成。创建草图时，草图图标显示在浏览器中。由草图创建特征时，浏览器中会显示特征图标，该特征图标下还嵌套有草图图标。当在浏览器中指向某个草图图标时，将会在图形窗口中亮显该草图。

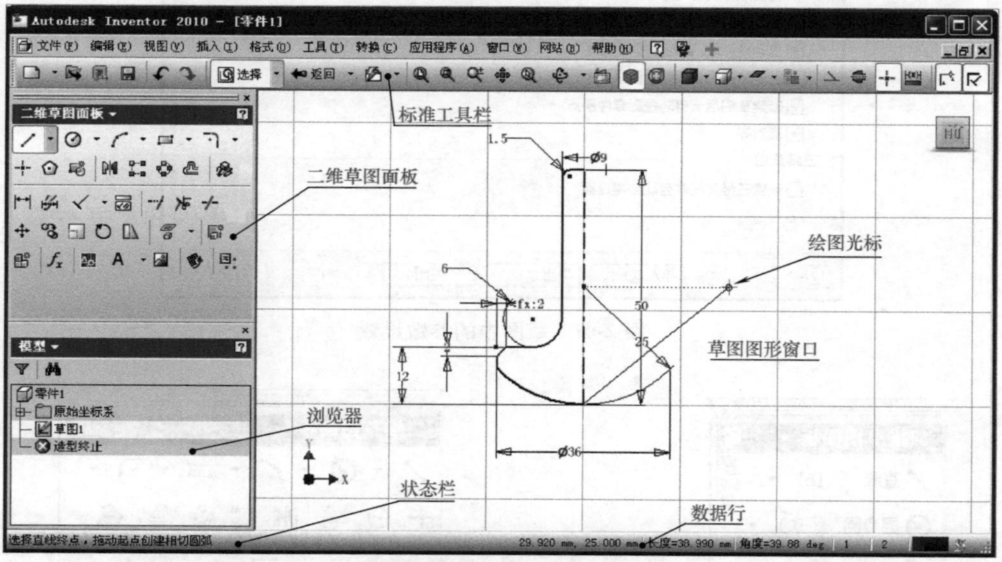

图 2-46　草图环境下的界面

根据个人使用软件的习惯，在 Inventor 中可以通过设置【工具】下拉菜单下的【应用程序选项】对话框中的【草图】选项卡，或修改模板文件来控制草图里的具体参数，如网格线是否显示、过约束时系统是否警告、是否在尺寸创建时对其编辑、新建草图后是否自动投影原点等，如图 2-47 所示。另外，在【工具】下拉菜单下的【文档设置】对话框中的【草图】选项卡里，可以对网格参数和线宽显示等进行设置。

（2）二维草图面板　针对不熟悉 Inventor 的用户，二维草图面板在默认情况下会同时显示图标和注释文本，并在一些常用命令的文字后附上了其快捷键，如图 2-48a 所示。用户可以在二维草图面板内右击，选择【显示图标的注释文本】，如图 2-48b 所示，使二维草图面板为图标形式显示状态，以使操作更加快捷，如图 2-48c 所示。

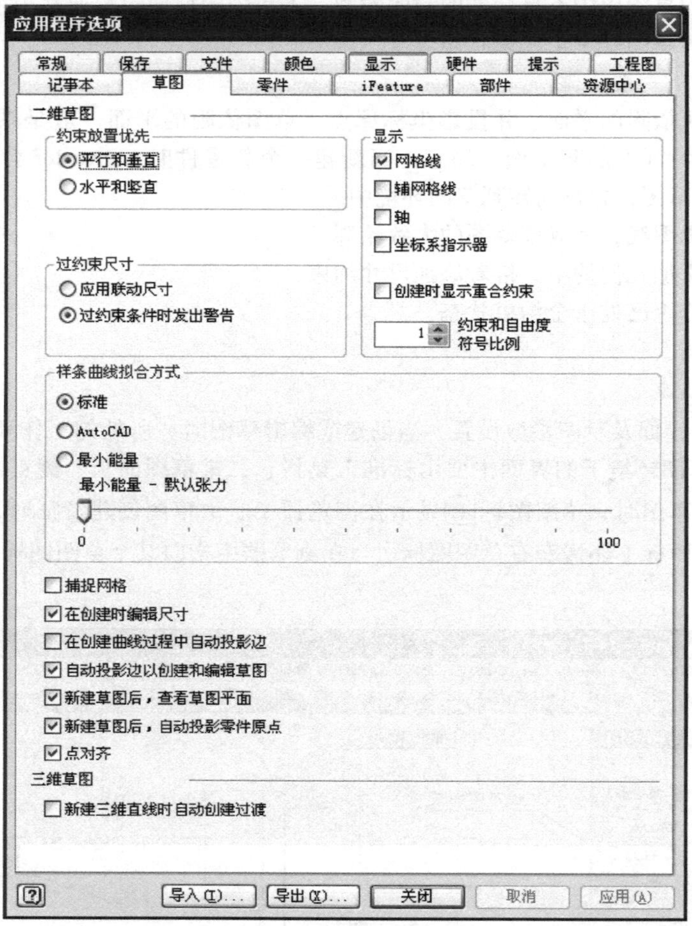

图 2-47　草图中的参数设置

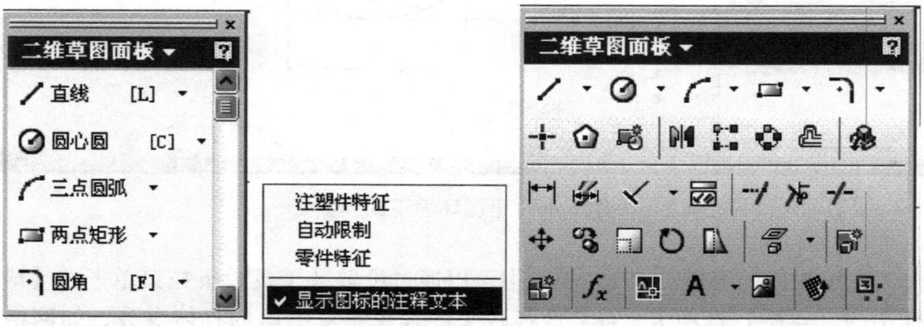

a) 以图标和注释文本方式显示　b) 选择显示方式　c) 以图标形式显示

图 2-48　二维草图面板

若某一图标后跟有▾，单击此处后可以选择更多同类型工具。

(3) 草图环境下的工具栏　在草图环境下，Inventor 的标准工具栏中会多出草图样式工具 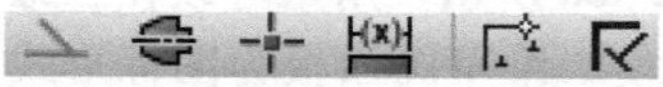，其含义和用途见表 2-8。

表 2-8　Inventor 草图环境下草图样式工具的含义和用途

图　标	含义和用途
	构造线和普通轮廓线的切换按钮。构造线主要用于辅助轮廓线的定形和定位，其显示为细点画线样式。使用时，可在画线前按下按钮，则其后画出的图线为构造线。也可以将某条已有图线选中后，单击按钮，以完成线型转换
	中心线和普通轮廓线的切换按钮。中心线主要用作回转轴线，其显示为点画线。使用方法同上
	中心点和草图点的切换按钮。中心点用于为孔特征创建孔中心，孔特征会自动在二维草图中选择孔中心点；而一般草图点用于帮助定位草图几何图元。使用方法同上。绘制草图时此功能一般为常开状态
	联动（参考）尺寸和普通尺寸的切换按钮。联动尺寸不能进行编辑，但普通尺寸可以编辑。在过约束草图中，必须先将其他尺寸转换为联动参数或删除某些尺寸或约束，才能将联动尺寸转为普通尺寸。联动尺寸不会约束草图，但在圆括号中的尺寸可以反映几何图元的当前值。使用方法同上
	约束推断开关按钮。按钮按下后，即启用约束推断，在绘制图线时系统会自动推断可能存在的约束并提示。绘制草图时此功能一般为常开状态
	约束继承开关按钮。按钮按下后，即启用约束继承，这时系统会对自动推断的约束保守持续性。当关闭约束推断时自动禁用约束继承，但是在关闭约束继承时可启用约束推断。绘制草图时此功能一般为常开状态

在草图环境下，右击标准工具栏或菜单栏，可调出 Inventor 精确输入工具栏和草图特性工具栏，如图 2-49 所示。这两个工具栏分别用于通过输入点的坐标值来定位点，对草图图线的颜色、线型和线宽进行设置。

a) Inventor 精确输入工具栏

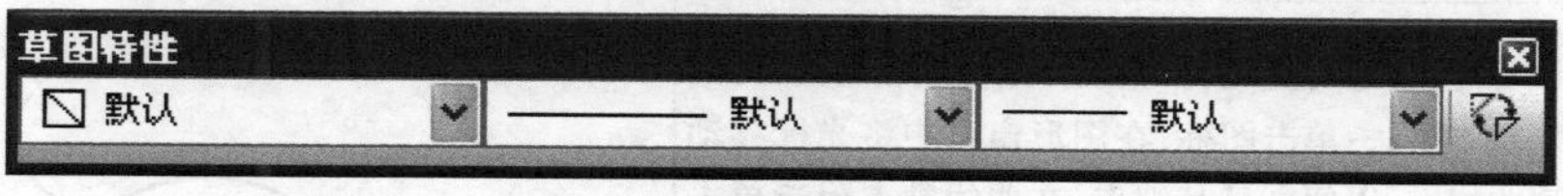

b) 草图特性工具栏

图 2-49　草图环境下的其他工具栏

3. 绘制几何图元

在二维草图面板中，绘制草图几何图元的常用工具的图标、说明和图例见表 2-9。

表 2-9　绘制草图几何图元的常用工具的图标、说明和图例

类型	图标	说　明	图　例
直线		功能：创建线段以及与几何图元相切或垂直的圆弧 基本用法：单击图标，在图形窗口中单击确定直线的起点，再次单击，设置第二个点，以结束直线段绘制。继续单击，创建连续的线段，或双击，结束线段的绘制。若要创建圆弧，单击并按住直线或圆弧的端点，然后拖动预览圆弧，释放鼠标按键，结束圆弧绘制	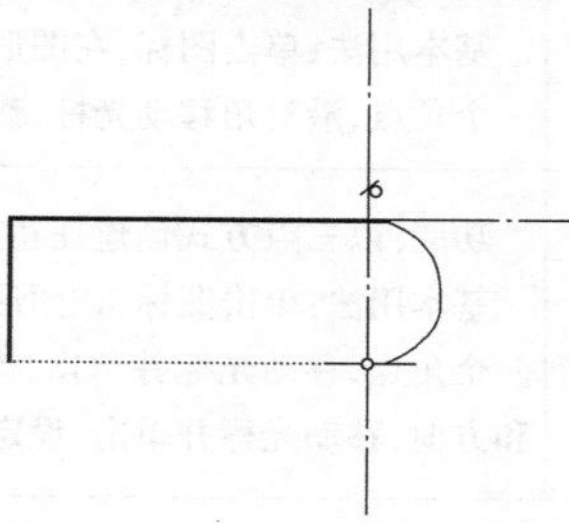

（续）

类型	图标	说　　明	图　　例
样条曲线		功能：按 NRBUS 算法创建二维样条曲线 基本用法：单击图标，在图形窗口中单击，设定第一个点或选择现有的点，继续单击，在样条曲线上创建更多点。双击样条曲线的最后一个点，或右击再选择“创建”以结束样条曲线绘制	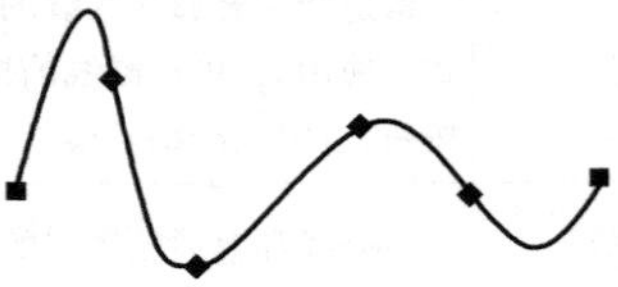
圆心圆		功能：以圆心和半径的方式创建圆 基本用法：单击图标，在图形窗口中单击，设置圆心；移动鼠标，预览圆半径，然后再次单击以创建圆	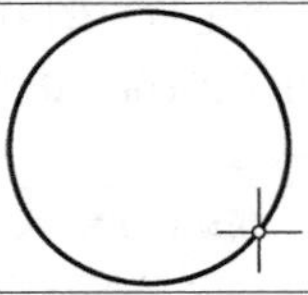
相切圆		功能：以与三条直线都相切的方式创建圆 基本用法：单击图标，在图形窗口中单击一条直线，设置圆的第一条切线，单击另一条直线，设置第二条切线，将光标移至第三条直线上方，预览此圆，单击第三条直线，创建与三条直线都相切的圆	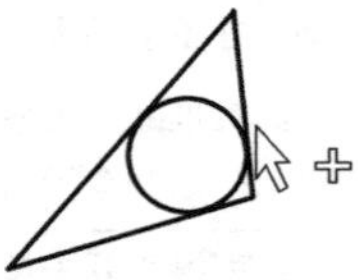
椭圆		功能：以中心点、长轴和短轴的方式创建椭圆 基本用法：单击图标，在图形窗口中单击，创建椭圆中心点，沿第一轴的方向移动光标并单击，设置此轴的方向和长度。移动光标，预览第二轴的长度，然后单击，创建椭圆	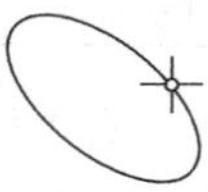
三点圆弧		功能：以三点方式创建圆弧 基本用法：单击图标，在图形窗口中单击，创建圆弧起点，移动光标并单击，设置圆弧终点，移动光标，预览圆弧方向，然后单击，设置圆弧上一点	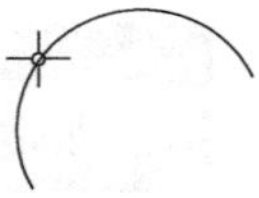
相切圆弧		功能：创建与直线、圆弧或样条曲线相切的圆弧 基本用法：单击图标，在图形窗口中将光标移动到曲线上，以便亮显其端点，在曲线端点附近单击以便从亮显端点处开始画圆弧，移动光标预览圆弧并单击，设置其端点	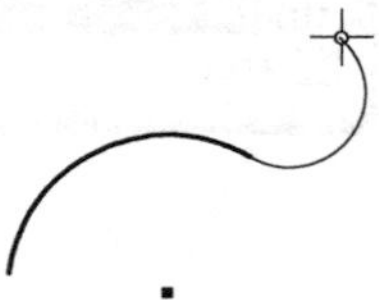
圆心圆弧		功能：以圆心、起点和终点的方式创建圆弧 基本用法：单击图标，在图形窗口中单击，创建圆弧中心点，并设置圆弧的半径和起点，移动鼠标预览圆弧方向，再单击，设置圆弧终点	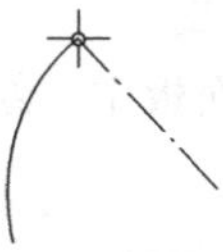
两点矩形		功能：以两点方式创建与坐标轴平行的矩形 基本用法：单击图标，在图形窗口中单击，设定第一个角点，沿对角移动光标，然后单击设定第二点	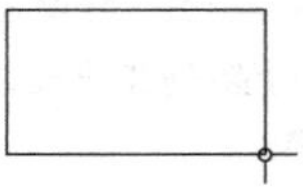
三点矩形		功能：以三点方式创建任意方向的矩形 基本用法：单击图标，在图形窗口中单击，设定第一个角点，移动光标并单击，设定第一条边的长度和方向，移动光标并单击，设定相邻边的长度	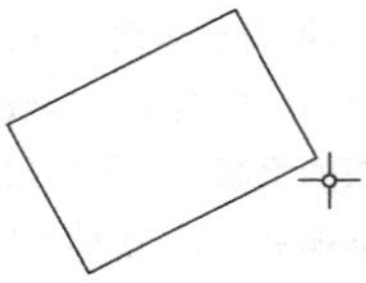

（续）

类型	图标	说　　明	图　　例
圆角		功能：在直线拐角或两直线相交处放置指定半径的圆弧来为拐角（顶点）添加圆角，圆弧相切于圆角所修剪或延伸的曲线 基本用法：单击图标，在弹出界面中键入圆角半径。界面中的 = 为相等约束，按下该按钮后，此次操作所有圆角半径只有唯一的驱动尺寸，否则各圆角有各自的驱动尺寸。若被倒圆角的图线有公共端点，则选定这个端点即可；若没有公共端点，则需要分别选择这两条图线	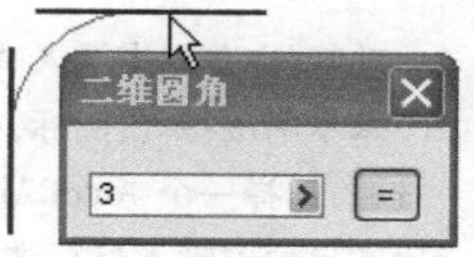
倒角		功能：在草图中两条直线或两条非平行线的拐角或交点处放置倒角 基本用法：单击图标，在弹出界面中选择倒角类型并键入参数值，对两相交直线进行倒角。其中，倒角可指定为等距离、不同距离或分别指定距离和角度。界面中的 = 为相等约束。按下该按钮后，此次操作所有倒角的距离和角度只有唯一的驱动尺寸，否则各倒角有各自的驱动尺寸	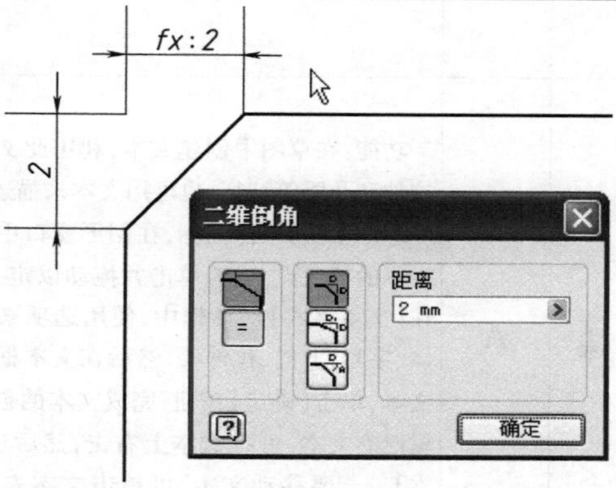
点或中心点		功能：创建草图点或中心点 基本用法：单击图标，在图形窗口中单击以放置点，利用标准工具栏中的 ╋，可以在创建草图点和中心点之间切换	
多边形		功能：以内接或外切方式创建边数小于120的正多边形 基本用法：单击图标，在弹出界面中选择创建的方式并键入正多边形的边数，单击图形窗口，确定中心点，移动鼠标并单击，确定其方向和大小，最后单击【完成】按钮	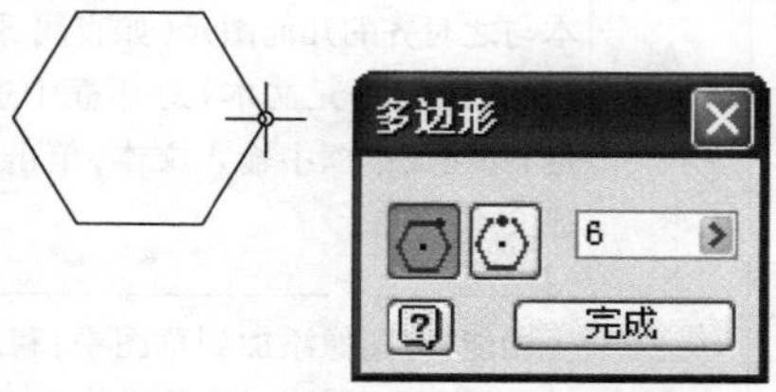
创建块		功能：将选定的几何图元创建草图块，使用其分组几何图元，以便在设计中轻松地重复使用 基本用法：单击图标，在弹出界面中选择为草图块选取几何图元，并选取草图块插入点，输入草图块名称和描述，单击【确定】按钮。创建草图块后，便可以将块放置到二维草图中。在激活二维草图的情况下，从浏览器中的“块”文件夹中选择草图块并拖动到图形窗口中，释放鼠标按键，便在草图中插入了块	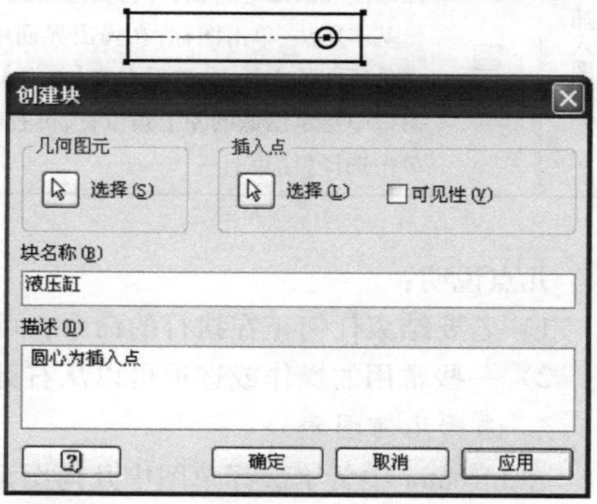

（续）

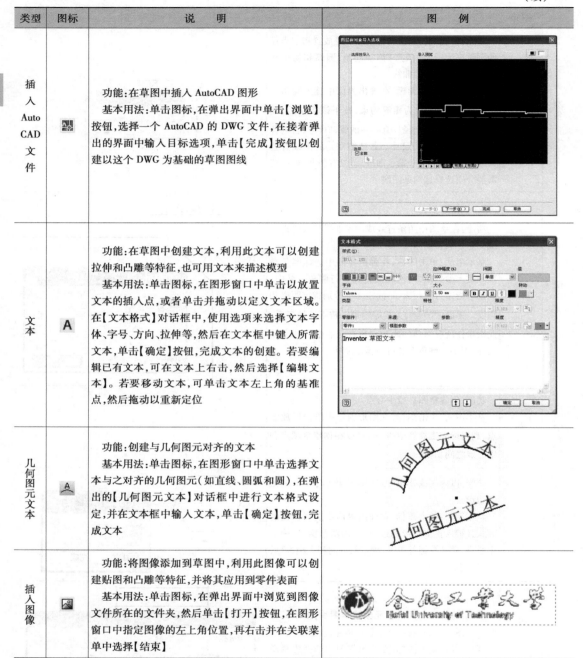

类型	图标	说　明	图　例
插入AutoCAD文件		功能:在草图中插入 AutoCAD 图形 基本用法:单击图标,在弹出界面中单击【浏览】按钮,选择一个 AutoCAD 的 DWG 文件,在接着弹出的界面中输入目标选项,单击【完成】按钮以创建以这个 DWG 为基础的草图图线	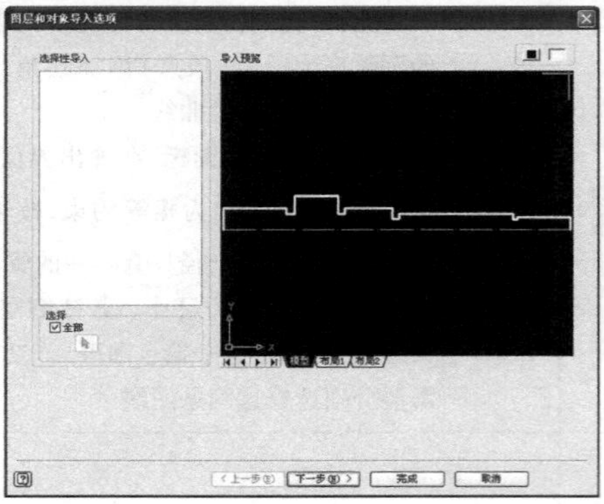
文本	A	功能:在草图中创建文本,利用此文本可以创建拉伸和凸雕等特征,也可用文本来描述模型 基本用法:单击图标,在图形窗口中单击以放置文本的插入点,或者单击并拖动以定义文本区域。在【文本格式】对话框中,使用选项来选择文本字体、字号、方向、拉伸等,然后在文本框中键入所需文本,单击【确定】按钮,完成文本的创建。若要编辑已有文本,可在文本上右击,然后选择【编辑文本】。若要移动文本,可单击文本左上角的基准点,然后拖动以重新定位	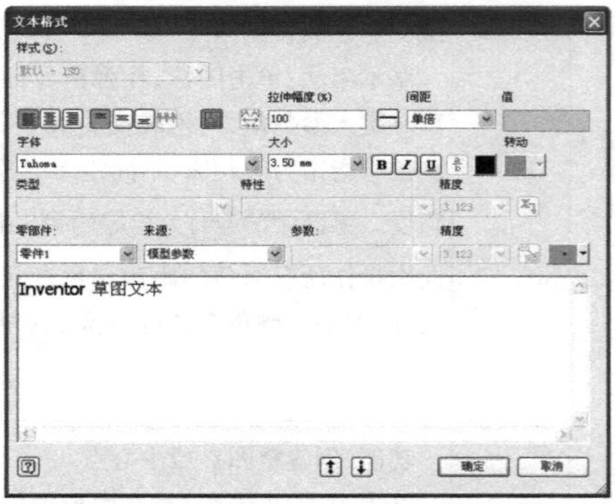
几何图元文本		功能:创建与几何图元对齐的文本 基本用法:单击图标,在图形窗口中单击选择文本与之对齐的几何图元(如直线、圆弧和圆),在弹出的【几何图元文本】对话框中进行文本格式设定,并在文本框中输入文本,单击【确定】按钮,完成文本	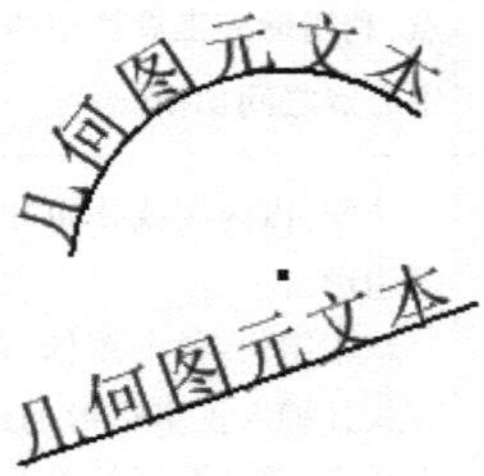
插入图像		功能:将图像添加到草图中,利用此图像可以创建贴图和凸雕等特征,并将其应用到零件表面 基本用法:单击图标,在弹出界面中浏览到图像文件所在的文件夹,然后单击【打开】按钮,在图形窗口中指定图像的左上角位置,再右击并在关联菜单中选择【结束】	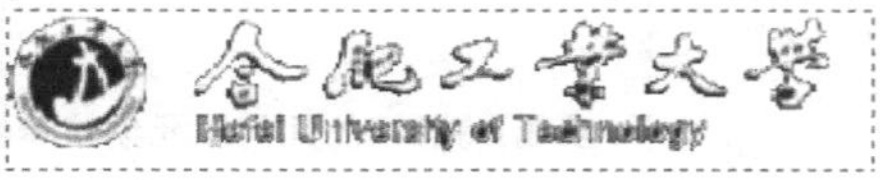

几点说明:

1）若要结束任何正在执行的命令，可按<Esc>键。

2）一些常用的操作或选项可以从右键快捷菜单中迅速调出。

4. 选择几何图元

在 Inventor 中关于选择草图中几何图元的方法见表 2-10。

表 2-10 选择草图中几何图元的方法

类型	说　明
单选	将光标放在图形窗口中的图元上，当被选对象呈醒目显示状态时，单击拾取
多选	按住<Ctrl>键或<Shift>键不放，连续进行多次单选
包含窗选	将光标定位在图形窗口中的空白处，单击确定窗口的一个左侧角点，向右拖动光标，松开鼠标键以确认窗口范围，将选中并亮显被矩形范围完全包含的图元
相交窗选	将光标定位在图形窗口中的空白处，单击确定窗口的一个右侧角点，向左拖动光标，松开鼠标键以确认窗口范围，将选中并亮显被矩形范围完全包含和与窗口相交的图元
去除已选图元	按住<Ctrl>键或<Shift>键不放，再次单击此图元
取消全部选择	单击图形窗口中的空白处

5. 利用投影创建几何图元

要想利用不在当前草图中的几何图元，可以将其投影到当前草图中。此时，投影结果与原始几何图元之间具有关联性，投影结果会随着原始几何图元的变化而变化。

（1）投影几何图元　在当前的草图中，可以将模型几何图元（如边和顶点）、回路、定位特征或其他草图中的几何图元通过投影创建与被投影几何图元相关联的新几何图元。通过投影所创建的几何图元可用于约束当前草图中的其他图元，也可以直接作为创建特征时的截面轮廓或草图路径使用。

投影几何图元的方法：首先依附某一平面创建一个草图，接着单击投影几何图元图标，再单击要投影的几何图元。如图 2-50 所示，在新建的草图中，将圆柱的上、下底圆及前、后转向轮廓线进行了投影。另外，可在【工具】下拉菜单【应用程序选项】里的【草图】选项卡中，对是否在新建草图时自动投影原点和所选面的边进行设置，如图 2-51 所示。

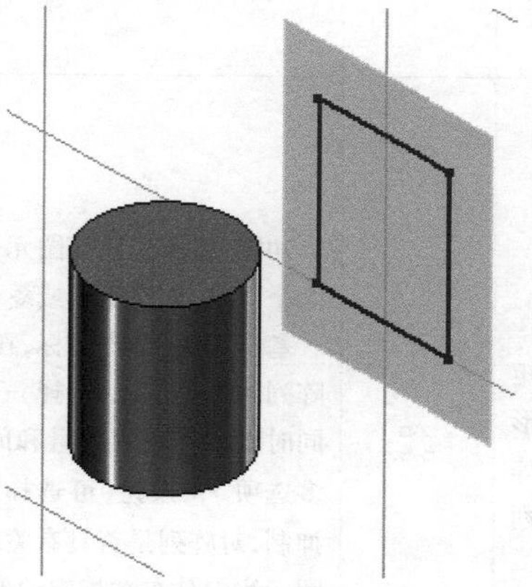

图 2-50　投影几何图元

（2）投影剖切边　若当前草图所在平面与现有零件结构截切，通过投影剖切边可将此截交线求出，并投影到草图中。但如果当前草图所在平面与现有零件结构处于不截切状态，系统将会提示错误。

投影剖切边的方法：首先依附某一与现有零件结构截交的平面创建一个草图，再单击投影剖切边图标。如在图 2-52 中，将圆柱与当前草图所在平面的截交线投影到了草图中。

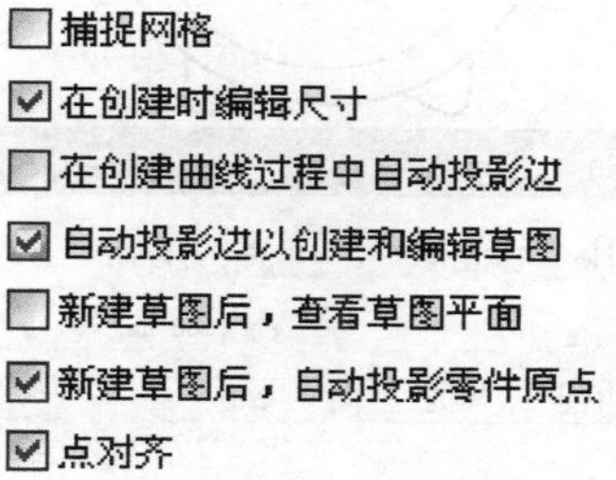

图 2-51　设置自动投影

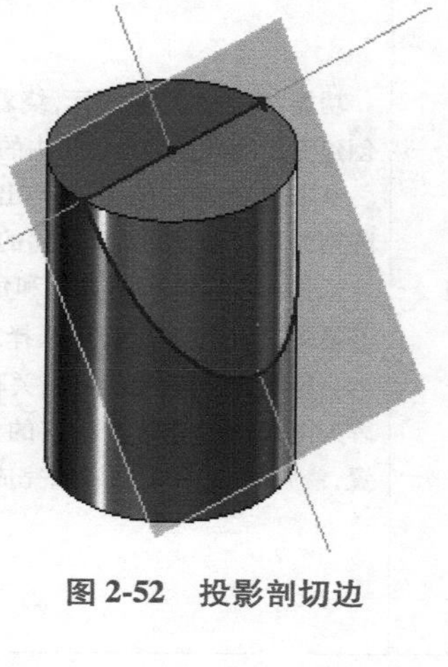

图 2-52　投影剖切边

6. 编辑几何图元

在二维草图面板中，编辑几何图元的常用工具的图标、说明和图例见表 2-11。

表 2-11　编辑几何图元的常用工具的图标、说明和图例

类型	图标	说　明	图　例
镜像		功能:在草图中创建几何图元的轴对称图元 基本用法:单击图标,在弹出界面中选择要镜像的几何图元,并设定镜像线,单击【应用】按钮。草图几何图元会以镜像线为轴进行镜像,相同约束自动应用到镜像的双方。在镜像完毕后,如果删除或编辑了某些图元,其余的图元仍然保持对称	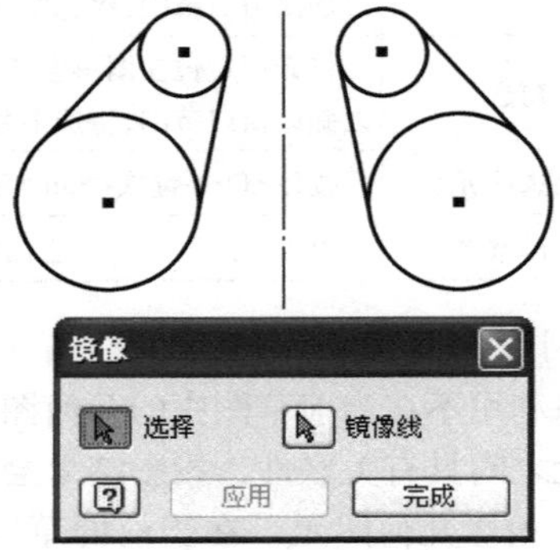
矩形阵列		功能:将所选几何图元,沿着某一方向或某两个方向,创建矩形或菱形阵列 基本用法:单击图标,在弹出界面中选择要阵列的几何图元,选择一个或两个阵列方向,同时设定阵列的数量和间距。另外,点开更多选项 >> 按钮,可选择对某阵列图元进行抑制,对阵列是否具有关联性、是否将被阵列图元均匀分布在指定的距离内进行设置,最后单击【确定】按钮,完成阵列	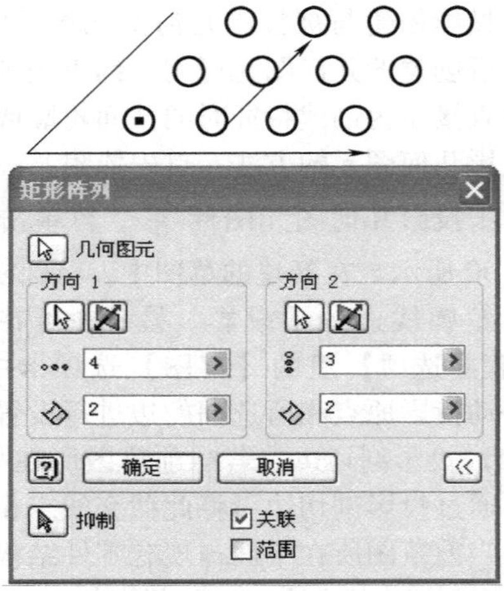
环形阵列		功能:将所选几何图元,绕着某一中心点,创建完整的或在一定包角内的环形阵列 基本用法:单击图标,在弹出界面中选择要阵列的几何图元,选择阵列的旋转轴(中心点),同时设定阵列的数量和角度。另外,点开更多选项 >> 按钮,可选择对某阵列图元进行抑制,对阵列是否具有关联性、是否将被阵列图元均匀分布在指定的角度内进行设置,最后单击【确定】按钮,完成阵列	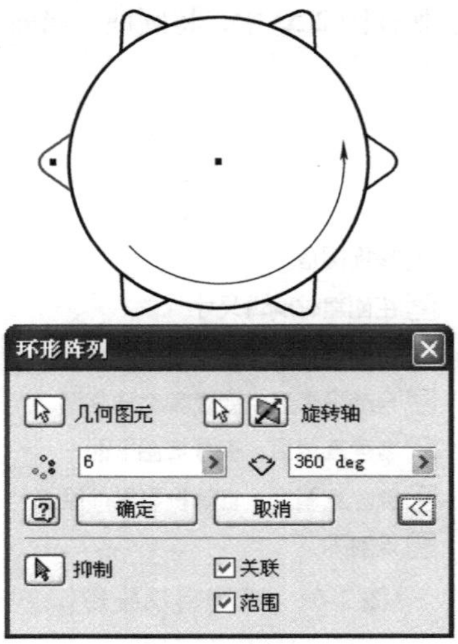

（续）

类型	图标	说　明	图　例
偏移		功能：创建与几何图元的法向距离处处相等、构成片段一一对应并等距的新几何图元 基本用法：单击图标，选择要偏移的几何图元，在要偏移的方向上移动光标，然后单击以创建新的等距几何图元。默认情况下为自动选择回路（端点连在一起的曲线），并将偏移曲线约束为与原曲线距离相等。若要偏移一个或多个独立曲线，或者要忽略等长约束，则可右击并清除【选择回路】和【约束偏移量】的复选标记	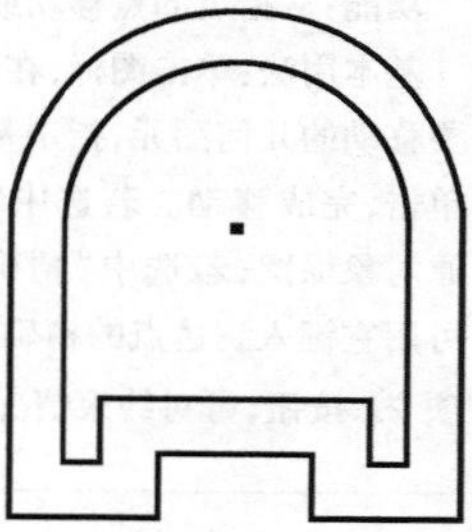
延伸		功能：延伸几何图元，以清理草图或将开放的截面轮廓封闭 基本用法：可不选择边界进行延伸，方法是单击图标，在要延伸的几何图元上停留光标以预览延伸，然后单击此图元完成操作；也可选择边界进行延伸，方法是按住<Ctrl>键，选择边界，松开<Ctrl>键，在要延伸的几何图元上停留光标以预览延伸，然后单击此图元完成操作。另外还可以右击，将命令切换到【修剪】或【分割】命令	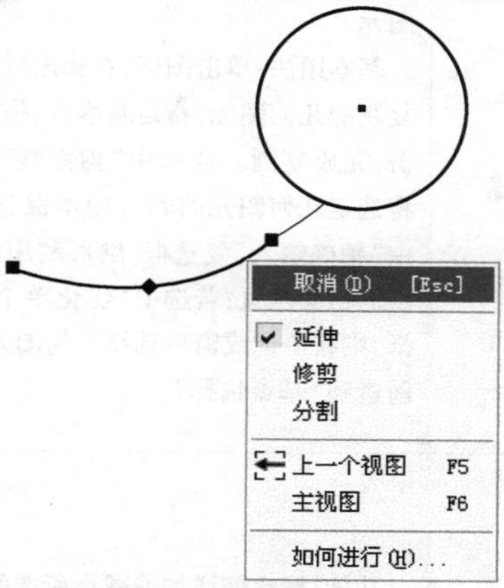
修剪		功能：修剪或删除几何图元，以清理草图 基本用法：可不选择边界进行修剪，方法是单击图标，在要修剪的几何图元上停留光标，以动态虚线方式预览修剪，然后单击此图元完成操作；也可选择边界进行修剪，方法是按住<Ctrl>键选择边界，松开<Ctrl>键，在要修剪的几何图元上停留光标，以动态虚线方式预览修剪，然后单击此图元完成操作。另外还可以右击，将命令切换到【延伸】或【分割】命令	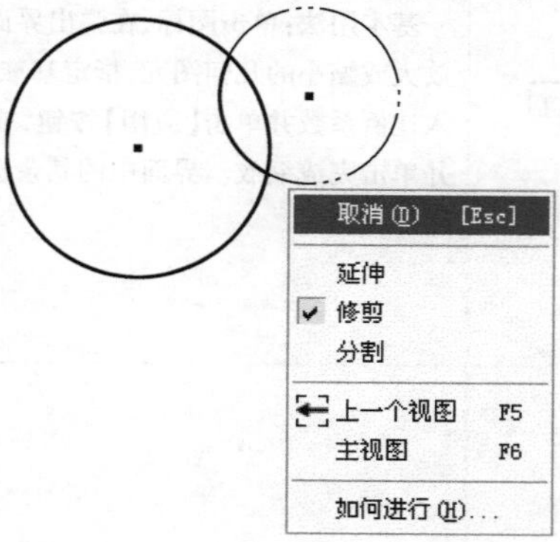
分割		功能：将几何图元在离光标最近的与其他几何图元的交点处分割成两部分 基本用法：单击图标，在要分割的几何图元上停留光标，这时会以最近的与其他几何图元交点亮显方式预览分割结果，然后单击此图元，完成操作。分割后的几何图元尺寸保持不变，且被分割成的两段都将继承原实体的“水平”“竖直”“平行”“垂直”和“共线”约束。“等长”和“对称”约束将在必要时断开	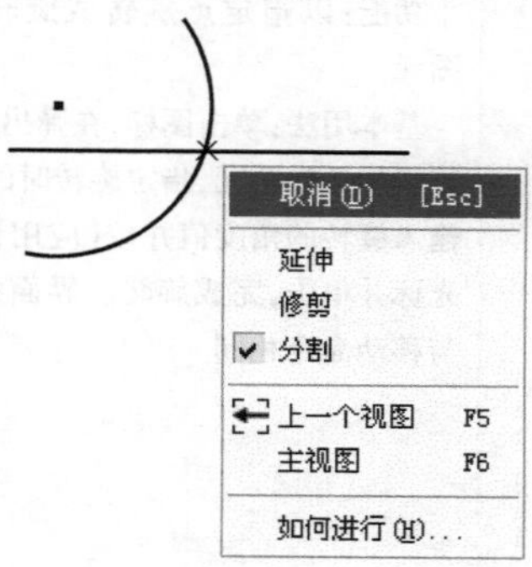

（续）

类型	图标	说　　明	图　　例
移动		功能：从指定的点移动或复制几何图元 基本用法：单击图标，在弹出的界面中选择要移动的几何图元，指定基准点，拖动光标并单击，完成移动。若选中"复制"复选框，则原对象保留；若选中"精确输入"复选框，则可用它键入到达点的精确位置。点开更多选项 >> 按钮，可对约束情况进行设置	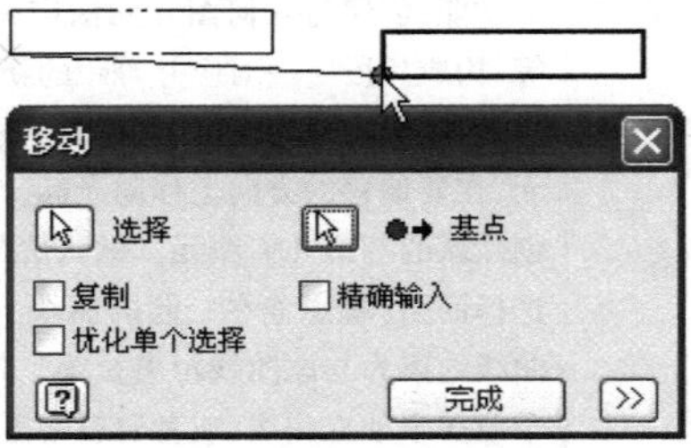
复制		功能：从指定的点一次或多次复制几何图元 基本用法：单击图标，在弹出界面中选择要复制的几何图元，指定基准点，拖动光标并单击，完成复制。若选中"剪贴板"复选框，则将选定几何图元的临时副本保存起来；若选中"精确输入"复选框，则可利用它键入到达点的精确位置；若选中"优化单个选择"复选框，则在单选或窗口选择几何图元后，将自动前进到"基点选择"	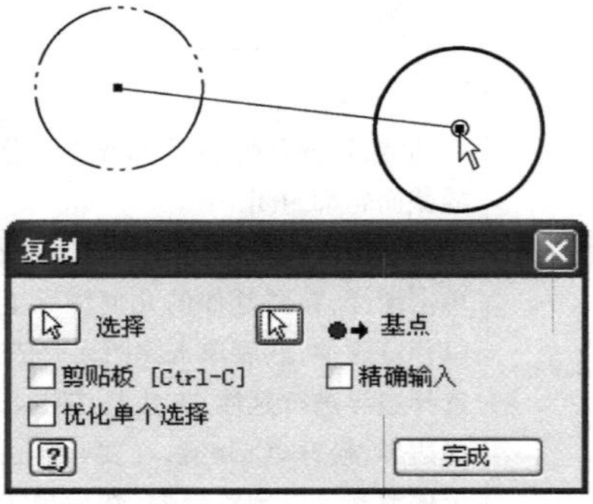
缩放		功能：按比例增加或减小所选的几何图元 基本用法：单击图标，在弹出界面中选择要放大或缩小的几何图元，指定基准点，直接输入比例系数并单击【应用】按钮，或拖动光标并单击完成缩放。界面中的其余选项与复制命令相同	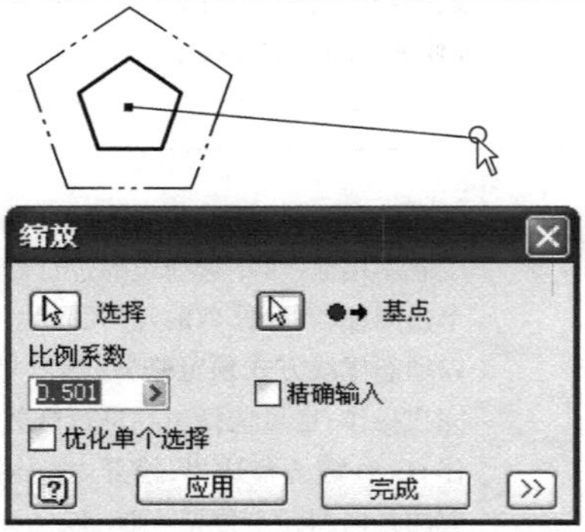
旋转		功能：以指定点旋转或旋转并复制几何图元 基本用法：单击图标，在弹出界面中选择要旋转的几何图元，指定旋转时的中心点，直接输入旋转的角度值并按【应用】按钮，或拖动光标并单击，完成旋转。界面中的其余选项与移动命令相同	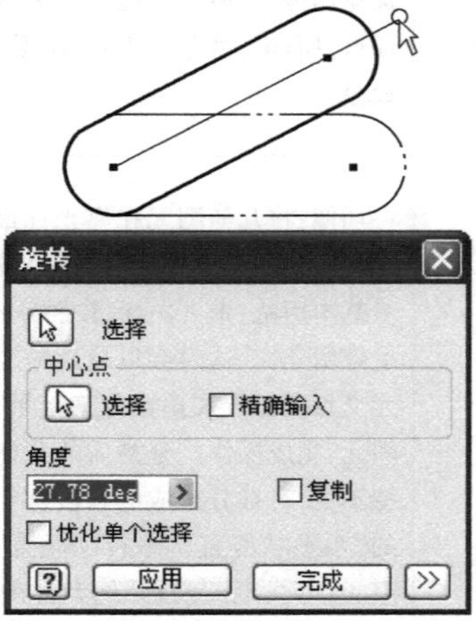

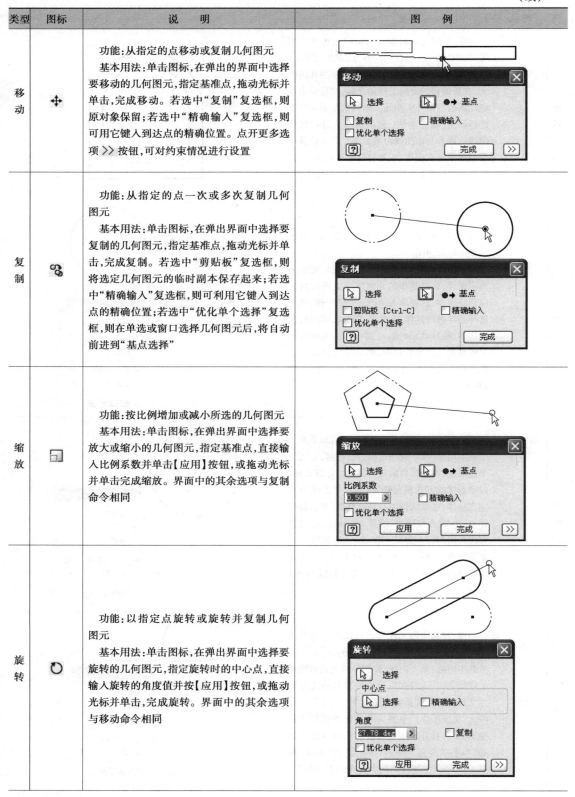

（续）

类型	图标	说　明	图　例
拉伸		功能：对所选几何图元拉伸或移动 基本用法：单击图标，在弹出界面中选择要拉伸的几何图元，指定基准点，拖动光标并单击，完成拉伸。选择拉伸几何图元时一般为相交窗口的方式。界面中的其余选项与移动命令相同	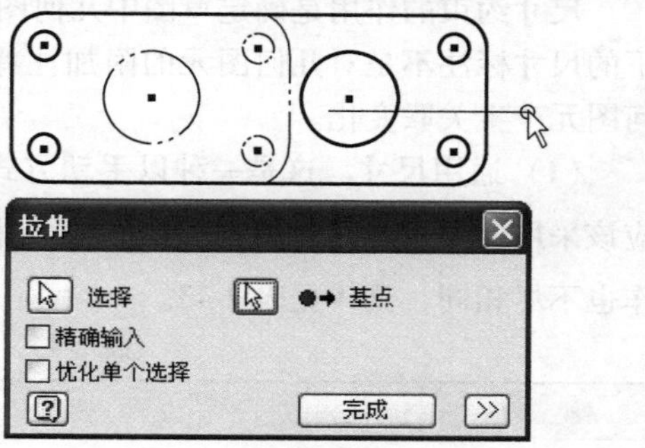

7. 草图几何约束

（1）添加几何约束　在草图环境下，若打开“约束推断”和“约束继承”，Inventor会在创建几何图元时自动感应并推理新、老几何图元之间的几何关系，在附近动态显示相关的几何约束标记。如果符合绘图意图，可拾取确认，以添加它们之间的几何约束。可通过右键快捷菜单中的约束选项...设置是否对某种几何约束自动进行感应推理。

另外，在绘制好的几何图元中，也可在后期用手动添加几何约束。方法是在二维绘图面板中，单击几何约束按钮旁边的▾，选择要添加的几何约束类型，再选择要添加到的几何图元。Inventor中的草图几何约束类型见表2-12。

表2-12　Inventor中的草图几何约束类型

类型	垂直	平行	相切	平滑	重合	同心	共线	等长	水平	竖直	固定	对称
图标												

（2）查看和删除几何约束　若要查看草图中某个图元存在的几何约束，可单击二维绘图工具栏中的图标，然后选择要查看的几何图元。若要显示或隐藏所有的几何约束，可在右键快捷菜单中设置（也可按<F8>键或<F9>键）。

在显示出的几何约束中，若想查看某个约束与哪几个几何图元相关，可将光标悬停在这个几何约束的图示符上，如图2-53a所示的平行约束。但若要显示重合约束图示符，需将光标悬停在黄色的重合约束点□上面，如图2-53b所示。另外，对于某种几何约束类型是否可见，可通过右键快捷菜单中的约束可见性...进行设置。

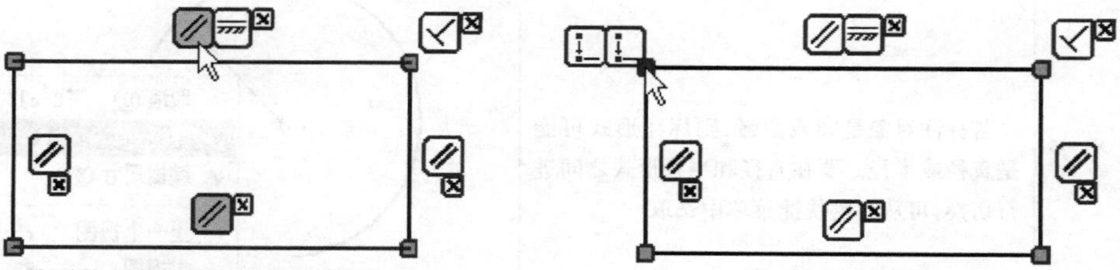

a) 查看某个约束附着于何几何图元上　　b) 查看重合约束

图2-53　查看草图几何约束

若要删除某个几何约束，可单击选择后，按下<Delete>键（或右击并选择“删除”）。

8. 草图尺寸约束

尺寸约束的作用是确定草图中几何图元的大小和尺寸。与 AutoCAD 不同，Inventor 草图环境下的尺寸标注不是对几何图元的附加注释，而是对其起着驱动的作用，即尺寸值的改变会使几何图元产生关联变化。

（1）通用尺寸　这是一种以手动方式来添加尺寸约束，也是大部分设计人员表达设计思路应该采用的方式。其使用方法是单击通用尺寸图标，根据所要标注的尺寸类型的不同，其操作也不尽相同，具体见表 2-13。

表 2-13　不同尺寸类型的标注方法

类　型	说　明	图　例
线性水平、竖直标注	若标注对象为单个直线或两点，则选定此直线或分别选定这两点，移动光标，将动态拉出水平或竖直尺寸，在合适的位置单击以创建此通用尺寸。在通用尺寸命令尚未结束时，要修改已标注的尺寸，可单击此尺寸（如果通用尺寸命令已结束，可双击此尺寸），在弹出的对话框中输入尺寸值，单击按钮，确认修改（以下同）	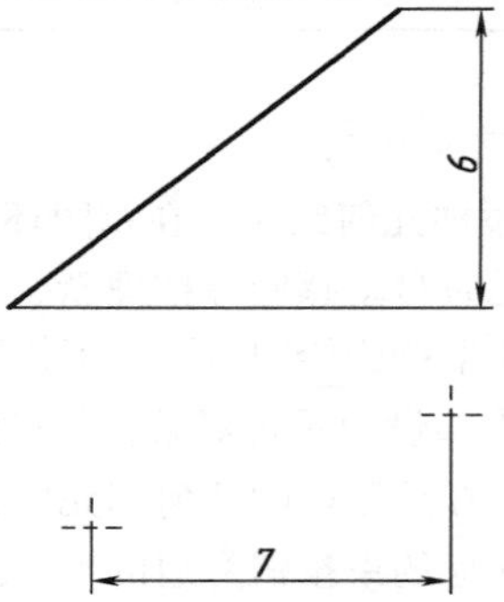
线性对齐标注	在标注线性尺寸时，可通过选择右键快捷菜单中的“对齐（A）”，然后移动光标，单击确定尺寸动态显示的位置，从而创建与线性方向平行的对齐尺寸	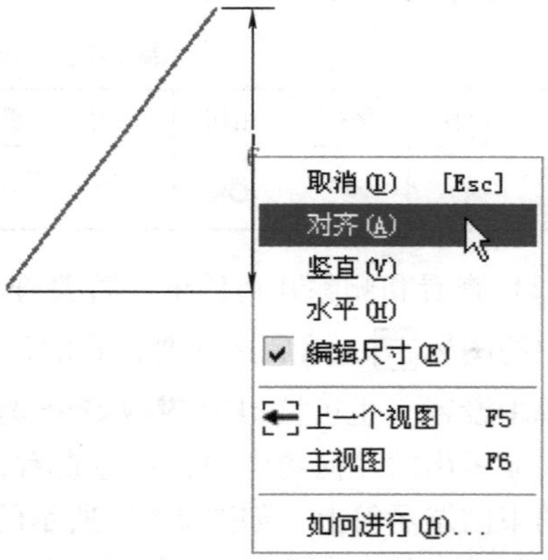
直径、半径标注	若标注对象是圆或圆弧，则标注形式可能是直径或半径。要在直径和半径形式之间进行切换，可从右键快捷菜单中选取	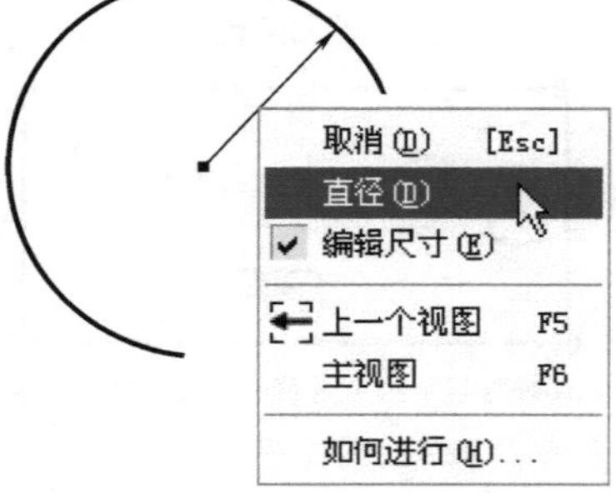

（续）

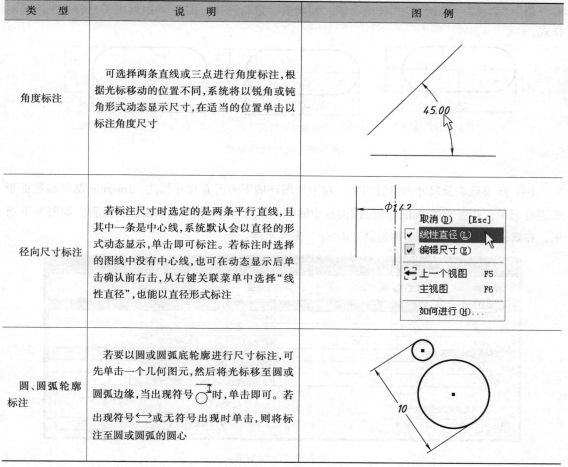

类　型	说　明	图　例
角度标注	可选择两条直线或三点进行角度标注，根据光标移动的位置不同，系统将以锐角或钝角形式动态显示尺寸，在适当的位置单击以标注角度尺寸	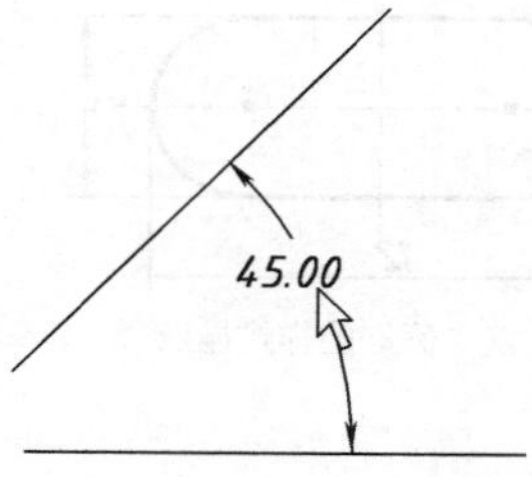
径向尺寸标注	若标注尺寸时选定的是两条平行直线，且其中一条是中心线，系统默认会以直径的形式动态显示，单击即可标注。若标注时选择的图线中没有中心线，也可在动态显示后单击确认前右击，从右键关联菜单中选择“线性直径”，也能以直径形式标注	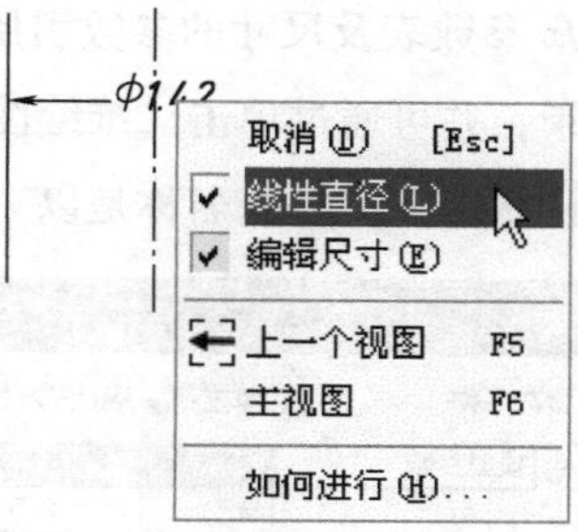
圆、圆弧轮廓标注	若要以圆或圆弧底轮廓进行尺寸标注，可先单击一个几何图元，然后将光标移至圆或圆弧边缘，当出现符号时，单击即可。若出现符号或无符号出现时单击，则将标注至圆或圆弧的圆心	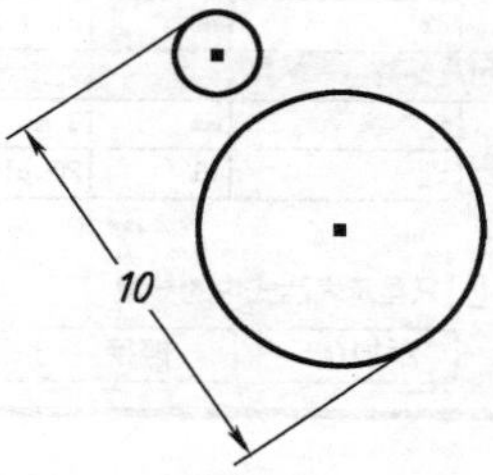

（2）自动标注尺寸　Inventor 提供了一种草图上所选的几何图元自动应用缺少的尺寸和约束的功能，即自动标注尺寸。其用法是单击图标，在弹出的界面中选择要标注的“曲线”（几何图元），并设置是否要对尺寸和约束同时标注，单击【应用】按钮即可完成，如图 2-54a 所示。如果一个草图完全依靠自动标注尺寸功能进行尺寸约束，往往与原有的设计意图相差较远。图 2-54b 所示为自动标注生成的尺寸，与图 2-54c 所示实际要标注的尺寸完全不同。但自动标注尺寸功能可以帮助检查当前草图中缺少的约束数量，如图 2-54a 所示。

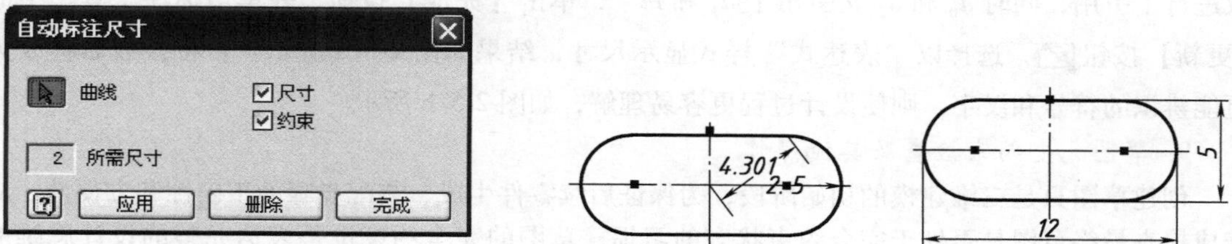

a）【自动标注尺寸】对话框　　b) 自动标注生成的尺寸　　c) 实际所需的标注

图 2-54　自动标注尺寸

（3）尺寸显示样式　要更改尺寸显示样式，可在图形窗口中右击，然后在【尺寸显示】中对“值”“名称”“表达式”“公差”或“精确值”进行选择。图2-55中列出了三种常见的显示样式。

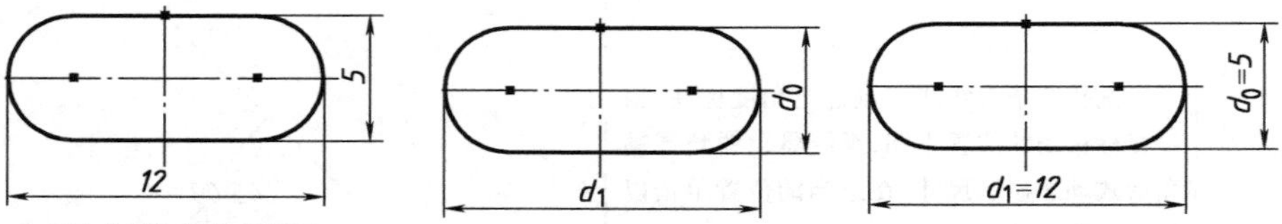

a) 以“值”的样式显示　b) 以“名称”的样式显示　c) 以“表达式”的样式显示

图2-55　尺寸显示样式

（4）*fx* 参数表及尺寸的参数引用　对于草图环境下的所有尺寸标注，Inventor都以参数的形式进行记录，并可通过单击二维绘图面板中的图标 f_x，将 *fx* 参数表调出进行查看，如图2-56所示。在默认状态下，参数名称是以“*d*×××”来表示的。

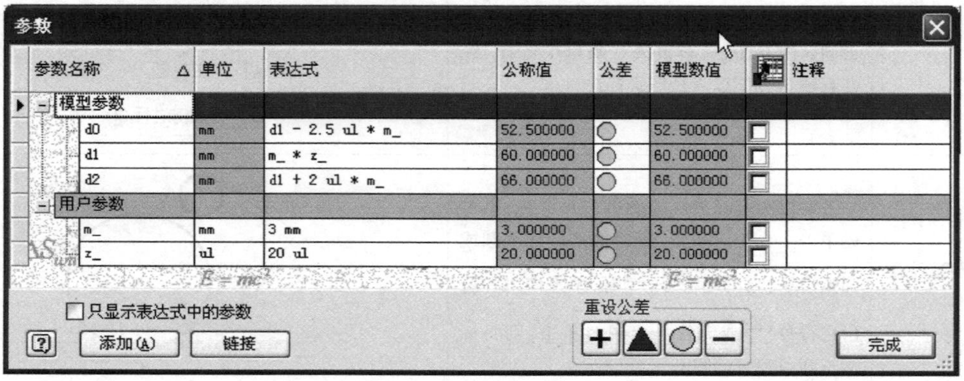

参数名称	单位	表达式	公称值	公差	模型数值		注释
模型参数							
d0	mm	d1 - 2.5 ul * m_	52.500000		52.500000		
d1	mm	m_ * z_	60.000000		60.000000		
d2	mm	d1 + 2 ul * m_	66.000000		66.000000		
用户参数							
m_	mm	3 mm	3.000000		3.000000		
z_	ul	20 ul	20.000000		20.000000		

图2-56　*fx* 参数表

由于Inventor提供了计算表达式和用户自定义参数功能，草图中的尺寸可以引用本草图、其他草图或特征等所用到的参数，也可以自定义用户参数并对其引用，并且可以运用“+”“-”“*”“/”和“（）”等运算符生成计算表达式，这样整个模型的参数之间具有了很强的关联性，体现出了Inventor参数化设计的特性。如图2-57a所示，新建一个草图，将系统中的原点进行投影，并以此为圆心画出三个圆，然后打开 *fx* 参数表，如图2-56所示。在界面中单击【添加】按钮，自定义两个用户参数 *m_* 和 *z_*，并设置单位和数值，模型参数中的 d_1 对用户定义参数进行了引用，同时 d_0 和 d_2 又引用了 d_1 和 *m_*，单击【完成】按钮，并单击标注工具栏中的【更新】按钮，选择以“表达式”样式显示尺寸，结果如图2-57a所示。若将参数名称改为更能辨识的符号和汉字，则使设计过程更容易理解，如图2-57b所示。

9. 草图完全约束检查及其他操作

创建草图只是三维建模的初始阶段，为保证后续零件生成、装配步骤的正确性和方便性，应养成检查最终草图是否处于完全约束状态的习惯。草图的完全约束也是表达完整的设计思维的基本要求。在草图环境中，有以下几个方法进行检查：

1）通过前述的【自动标注尺寸】命令所弹出对话框中的提示来检查。

2）通过状态栏中是否出现“全约束”字样来检查。

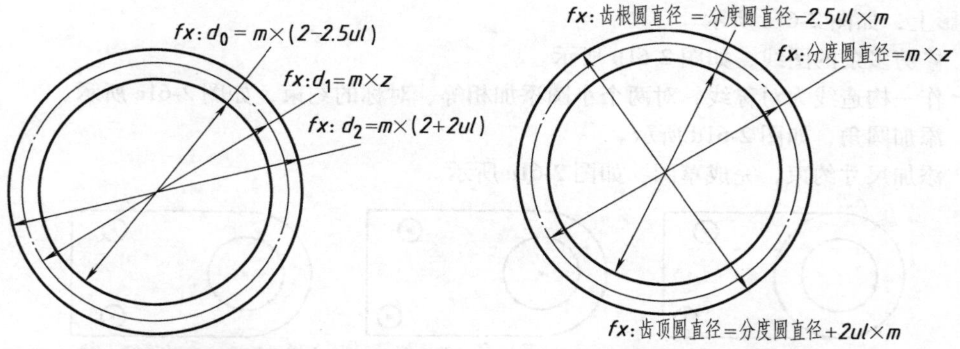

a) 以“表达式”的样式显示参数引用　　b) 更改参数名称后的草图

图 2-57　尺寸的参数引用

3）通过所创建几何图元的颜色反馈来检查。不同“颜色方案”下的几何图元处于完全约束状态时的颜色也不同，如在“表达视图”下为蓝色。

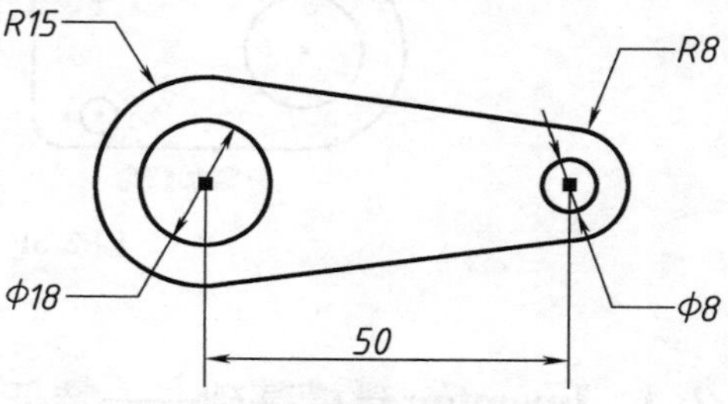

图 2-58　绘制草图举例（一）

在浏览器中，选中某草图后利用其右键快捷菜单，可以对草图进行删除、可见性等操作。

10. 绘制草图举例

【例 2-1】　绘制图 2-58 所示的草图。

【分析】　按照先画大致轮廓，整理后再添加几何约束和尺寸约束的顺序进行。

【绘图步骤】　1）画左右的同心圆，左侧圆心位于原点的投影上，如图 2-59a 所示。

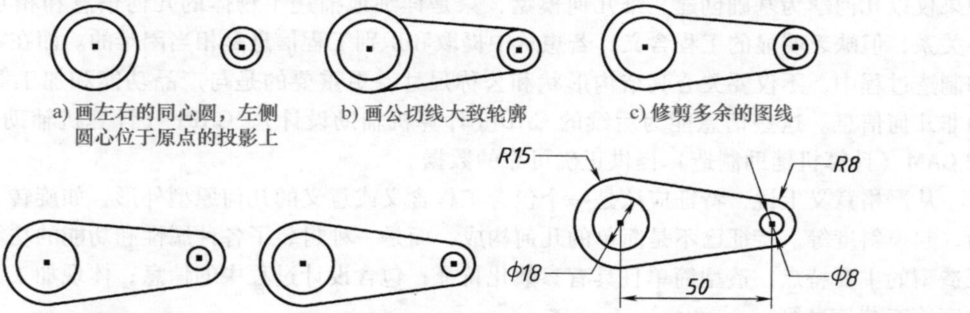

a) 画左右的同心圆，左侧圆心位于原点的投影上　　b) 画公切线大致轮廓　　c) 修剪多余的图线

d) 添加相切约束　　e) 添加左右圆心的水平约束　　f) 添加尺寸约束，完成草图

图 2-59　图 2-58 的绘图步骤

2）画公切线的大致轮廓，如图 2-59b 所示。

3）修剪多余的图线，如图 2-59c 所示。

4）添加相切约束，如图 2-59d 所示。

5）添加左右圆心的水平约束，如图 2-59e 所示。

6）添加尺寸约束，完成草图，如图 2-59f 所示。

【例 2-2】　绘制图 2-60 所示的草图。

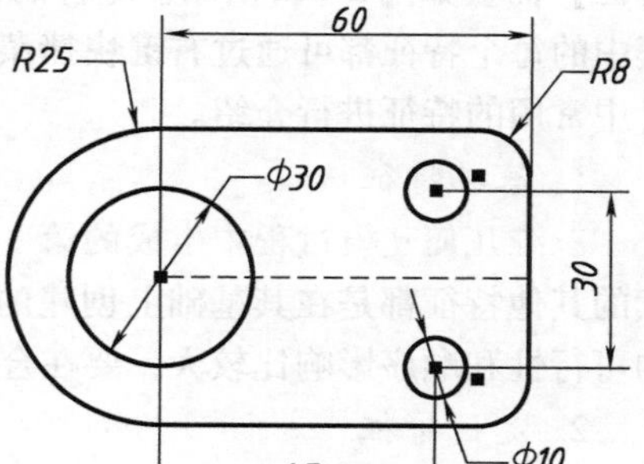

图 2-60　绘制草图举例（二）

【分析】　按照先画大致轮廓，整理后再添加几何约束和尺寸约束的顺序进行。

【绘图步骤】　1）画大致轮廓形状，左侧圆心位于原点的投影上，如图2-61a所示。

2）修剪多余的图线，如图2-61b所示。

3）作一构造线为对称线，对两个小圆添加相等、对称的约束，如图2-61c所示。

4）添加圆角，如图2-61d所示。

5）添加尺寸约束，完成草图，如图2-61e所示。

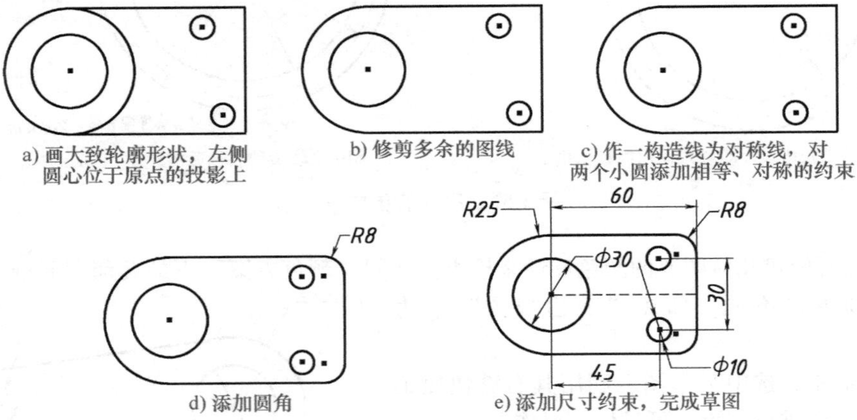
a) 画大致轮廓形状，左侧圆心位于原点的投影上
b) 修剪多余的图线
c) 作一构造线为对称线，对两个小圆添加相等、对称的约束
R8
d) 添加圆角
R25
60
R8
ϕ30
30
45
ϕ10
e) 添加尺寸约束，完成草图

图2-61　图2-60的绘图步骤

2.2.4　Inventor建模基础——特征

特征作为参数化和变量化软件的主要技术特点之一，是零件造型过程中不可缺少的步骤。如果仅以几何学为基础创建三维几何模型，只是详细地描述了物体的几何信息和相互之间的拓扑关系，但缺乏明显的工程含义，若想从中提取和识别工程信息是相当困难的。而在零部件设计和制造过程中，不仅要关心其结构形状和公称尺寸，更重要的是与产品功能和加工等密切相关的非几何信息。这些信息能为后续的CAD（计算机辅助设计）、CAPP（计算机辅助工艺规划）和CAM（计算机辅助制造）提供正确可靠的数据。

从严格意义上说，特征应该是一个包含工程含义或意义的几何原型外形，如旋转、打孔、倒角、起模斜度等。特征已不是简单的几何构成，而是一种封装了各种属性和功能的功能要素。特征造型的主要特点：造型简单且具有参数化特征；包含设计过程中的信息；体现加工方法和加工次序等工艺信息等。

在Inventor中，可将特征大致分为基础特征、定位特征、草图特征和放置特征四种。【零件特征】面板如图2-62a所示。零件的全部特征均显示在浏览器的模型特征树中（图2-62b），对于其中的每个特征都可通过右键快捷菜单对其进行删除、编辑和抑制等操作。下面对一些机械设计中常用的特征进行介绍。

1. 基础特征

三维几何建模过程中生成的第一个特征称为基础特征。基础特征应当是一个草图特征。后续的其他特征都是在其基础上创建的，从而逐步生成复杂的模型。基础特征的选择对后续特征的可行性和顺序影响比较大，要在合理分析模型的结构特点和加工等因素的基础上加以选择。

2. 定位特征

定位特征是一种辅助特征，其作用是为后继的特征提供定位和约束，属于非实体构造元素。定位特征包括工作面、工作轴和工作点。在Inventor零件及装配环境下的浏览器中默认存在一个

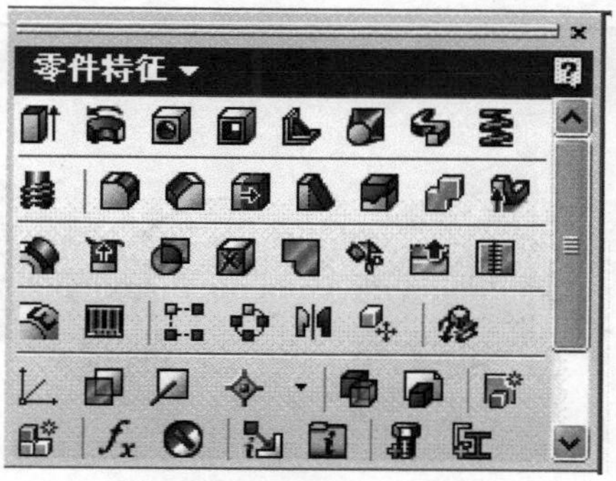

a)【零件特征】面板

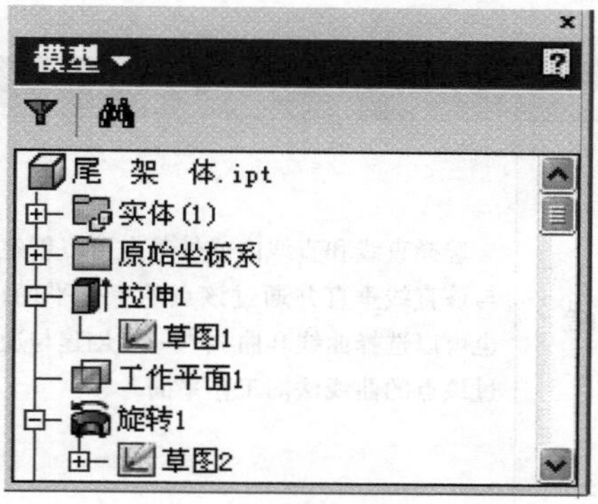

b) 浏览器

图 2-62 零件环境中的工具栏面板和浏览器

原始坐标系，其中包含三个工作平面（*YZ* 平面、*XZ* 平面和 *XY* 平面）、三个工作轴（*X* 轴、*Y* 轴和 *Z* 轴）和一个工作点（原点）。可通过选中后的右键关联菜单使其变得可见。

（1）工作平面　工作平面是一个无限大的被参数化的构造平面，且需附着于某个特征或图元。每个工作平面都有自己内在的坐标系，并用颜色区分其正、反面，可以隐藏或显示，可以调整其显示范围，也可以修改其名称。

工作平面在建模过程中的主要作用：作为草图所依附的平面；用于创建工作轴或工作点；作为特征的终止平面；作为分割零件的分割面；作为剖切观察的剖切平面；作为零部件装配约束的参考平面；作为驱动基准；作为创建其他工作平面的参考面等。

工作平面的创建方法：单击零件特征面板中的工作平面图标，然后根据不同的条件进行创建，具体见表 2-14。

表 2-14 创建工作平面的常用方法

类　型	说　明	图　例
基于原始坐标系	基于原始坐标系，可创建与系统中的某个工作平面平行的工作平面，方法是选定某系统工作平面，然后拖动（也适用于特征上的平面），在弹出的对话框中输入距离并确认；也可以创建包含某系统工作轴并与系统工作平面成一定夹角的工作平面，方法是选定某系统工作平面，再单击某工作轴，在弹出的对话框中输入夹角并确认	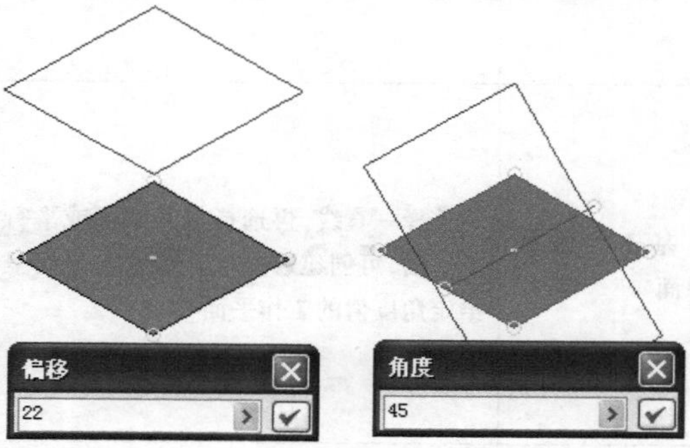
基于不共线的三点	连续拾取三个点（如端点、交点、中点和工作点等），则创建通过这三点的工作平面，并且其 *X* 轴正向从第一点指向第二点，*Y* 轴正向过第三点与 *X* 轴正向垂直	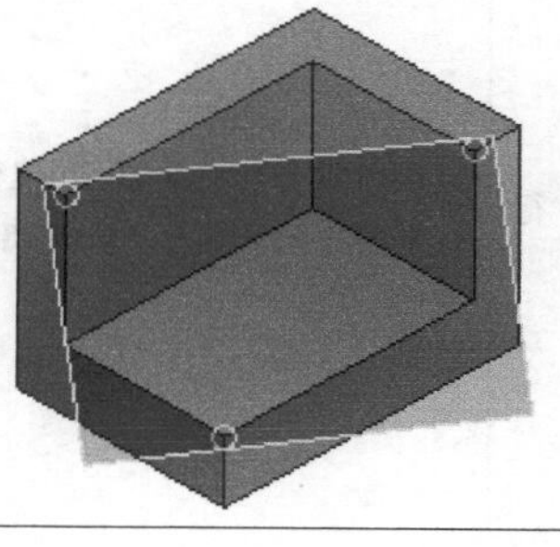

（续）

类　型	说　明	图　例
基于点和线	选择直线和直线内或外某点可以创建与该直线垂直并通过该点的工作平面；也可以选择曲线和曲线内一点创建与通过该点的曲线法向工作平面	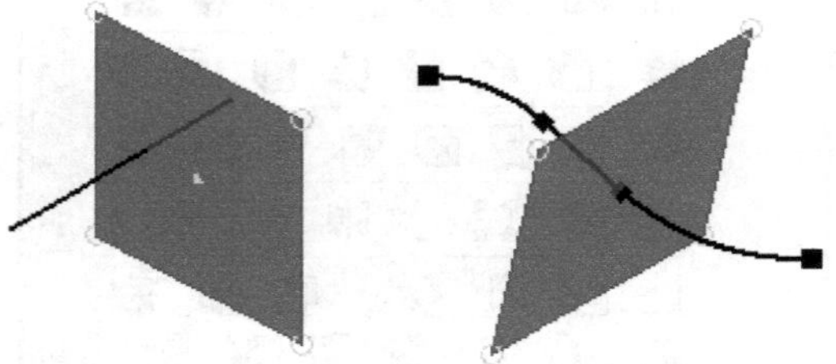
基于两共面直线	选择两共面直线(棱边或工作轴)，可创建包含这两条直线的工作平面	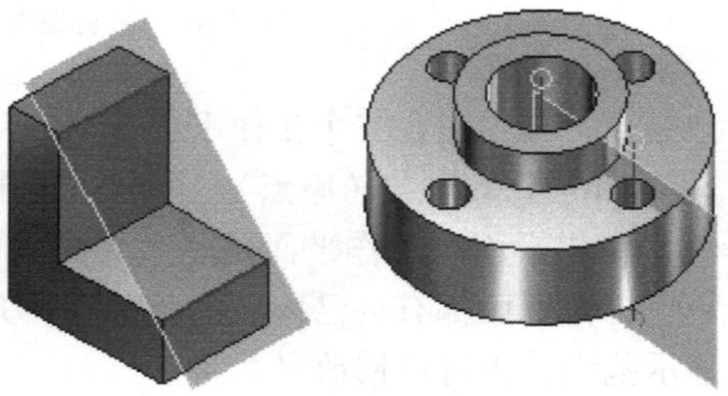
基于点和平面	选择一点，再选择某平面，可创建通过该点并与平面相平行的工作平面	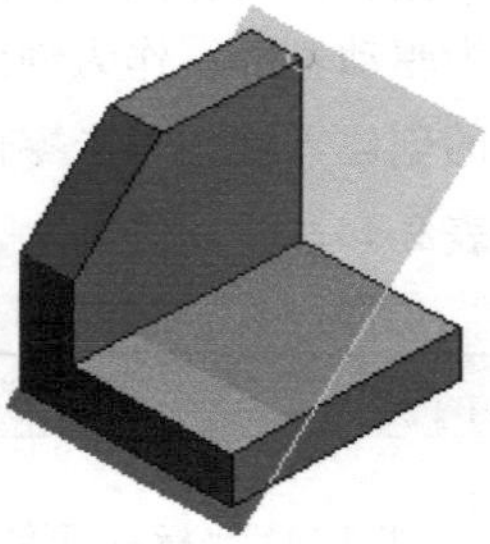
基于直线和平面	选择一直线，再选择与其共面或平行的平面，可创建通过该直线并与平面呈给定角度值的工作平面	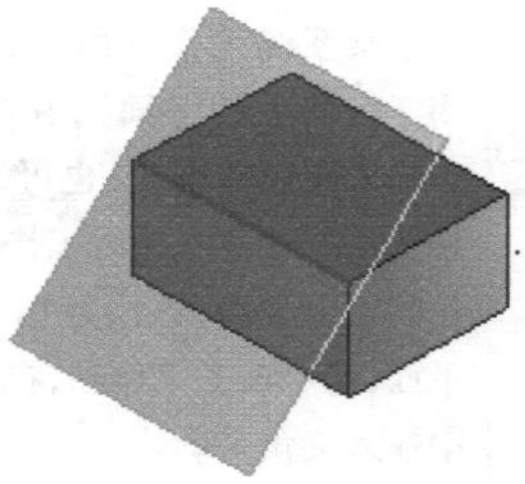
基于两平行平面	选择两平行平面，可创建位于这两平行平面之间且到两平面距离相等的工作平面	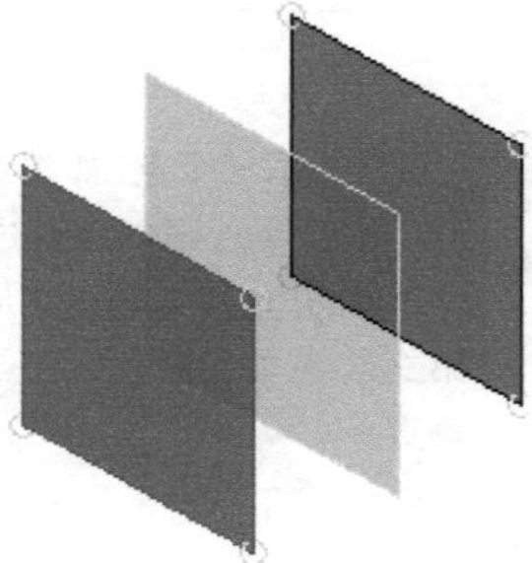

（续）

类　型	说　明	图　例
基于直线（或平面）和回转曲面	选择回转曲面和与回转曲面轴线平行的直线或平面，可创建通过该直线并与曲面相切的工作平面，或创建与该平面平行且与曲面相切的工作平面	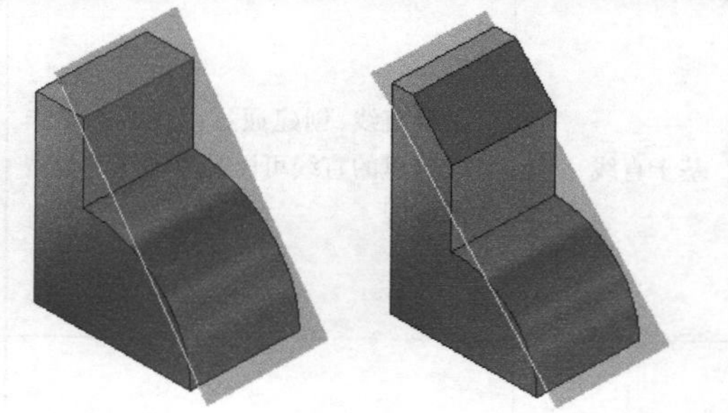
基于圆柱面（或圆锥面）和其上的点（或直线）	选择圆柱面（或圆锥面）和其上面的一点或直线，可创建通过该点或直线且与圆柱面（或圆锥面）相切的工作平面	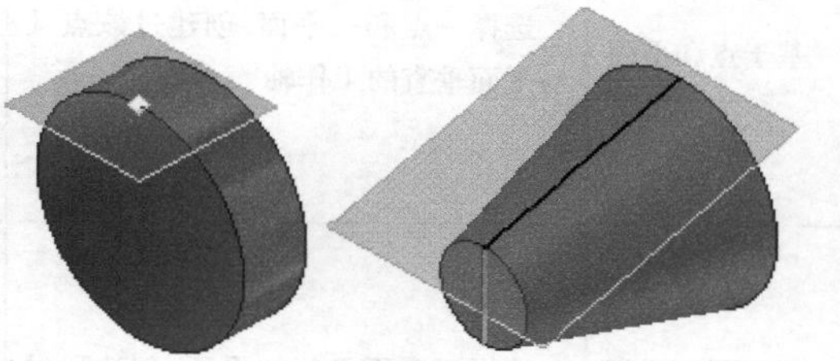

在选择点、线和面等几何图元时，往往会因为彼此重合而难以选中，这时可以从右键快捷菜单中选择 **选择其他(O)...**，或者把光标置于被选择对象上并停留一段时间，屏幕上将出现 ，单击其中的左右方向符号，当要选择的几何图元亮显时，单击中间的绿色方框，即可选中。

另外，工作平面和与其所依附的几何图元是相关联的，即当所依附的几何图元的参数发生改变后，工作平面也会发生与之相适应的改变。

（2）工作轴　工作轴是一个无限长的构造线，且需依附于某个几何图元。每个工作轴都定义了方向，可以隐藏或显示，可以调整其显示长短，也可以修改其名称。和工作平面一样，工作轴与其所依附的对象间也具有关联性。

工作轴的主要作用：辅助工作平面和工作点的创建；利用其在草图中的投影，对草图几何图元进行定位或作为轮廓线；作为旋转特征或扫掠特征的轴线；作为零部件装配约束的基准；作为对称线、中心线或两个旋转特征轴线间的距离标记；为环形阵列和三维草图等提供参考等。

工作轴的创建方法：单击零件特征面板中的工作轴图标 ，然后根据不同的条件进行创建，具体见表2-15。

表2-15　创建工作轴的常用方法

类　型	说　明	图　例
基于两点	选择两个点，创建通过这两点的工作轴。这里的点可以是草图中的点、工作点、模型上棱边端点或中点、两棱边的交点等	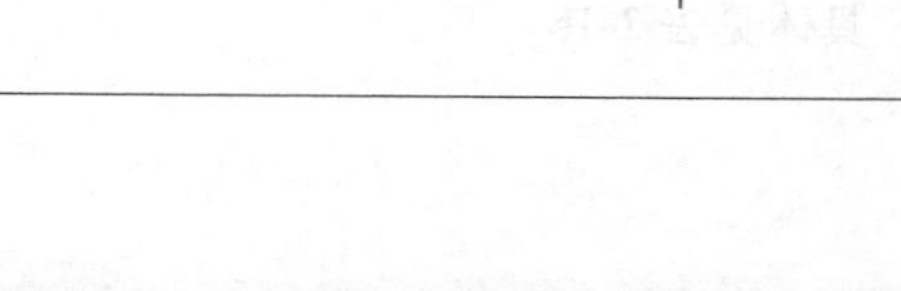

（续）

类　型	说　明	图　例
基于直线	选择直线，创建通过该直线的工作轴。这里的直线可以是草图线和模型中的棱线	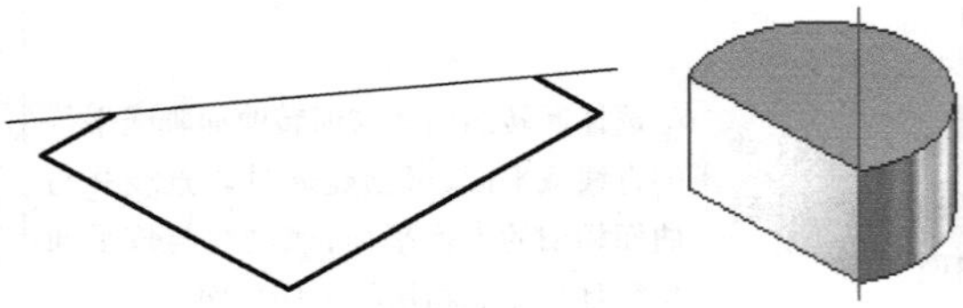
基于点和平面	选择一点和一平面，创建过该点且与平面垂直的工作轴	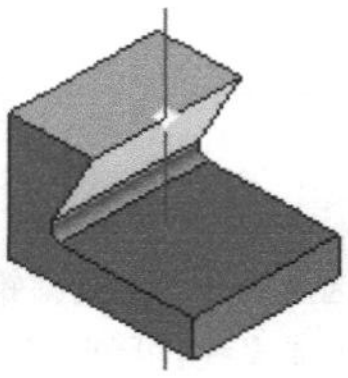
基于两不平行平面	选择两个不平行的平面，创建通过这两个平面交线的工作轴	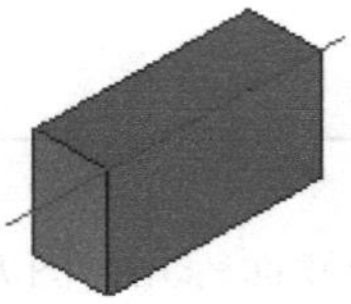
基于回转曲面	选择某回转曲面，创建通过该回转曲面回转轴线的工作轴	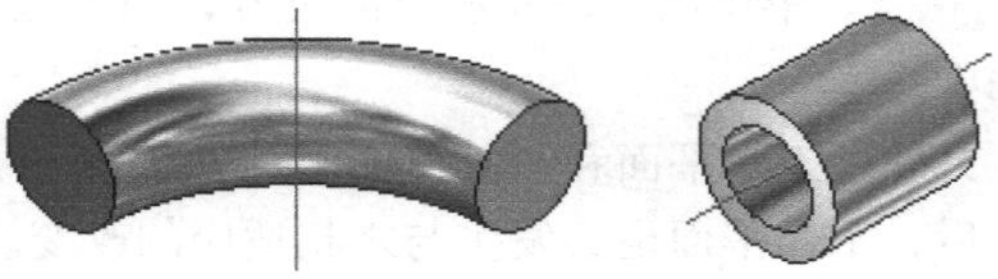
基于平面和面内或与其平行的直线	选择一平面和此面内一条直线或与其平行的直线，创建通过此直线并在平面内或与平面平行的工作轴	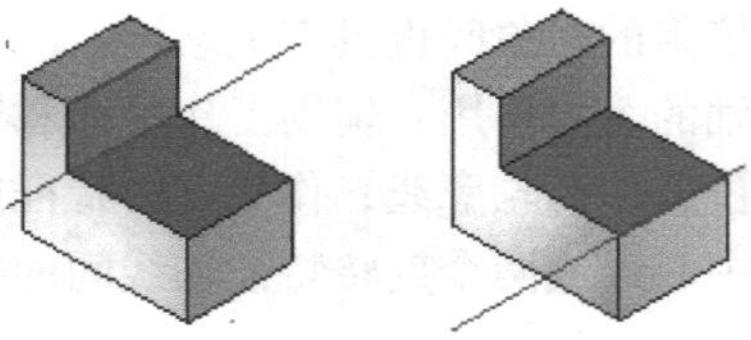

（3）工作点　工作点是一个没有大小、只有三维位置的构造点。每个工作点都可以隐藏或显示，也可以修改其名称。和工作平面一样，工作点和与其所依附的对象间也具有关联性。

工作点的主要作用：用于创建工作轴和工作平面；利用其在草图中的投影作为草图几何图元的参考点；用来定义坐标系；标记轴和阵列中心；作为零部件装配约束的基准；作为三维草图参考等。

工作点的创建方法：单击零件特征面板中的工作点图标，然后根据不同的条件进行创建，具体见表2-16。

表 2-16　创建工作点的常用方法

类　型	说　明	图　例
基于现有点	选择一个现有的、Inventor 可感知的点（如草图中草图点、图线的端点和中点等；模型上棱边的端点和中点等），创建工作点	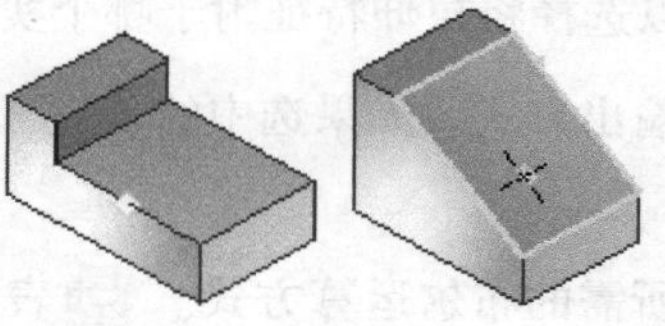
基于两线的交点	选择两条相交直线，创建这两条直线交点处的工作点	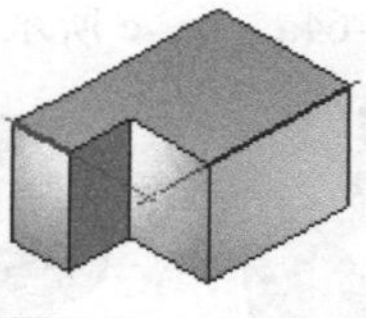
基于线和面的交点	选择一条直线和一平面或曲面，创建线和面交点处的工作点	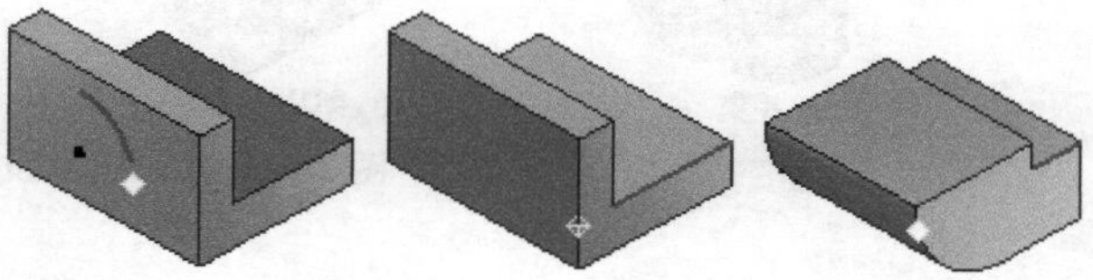
基于三个面交点	选择三个面，创建这三个面交点处的工作点	

另外，Inventor 提供了创建固定工作点的功能，其作用主要用于构造空间曲线。固定工作点的创建方法：单击零件特征工具面板中的，再选择可被感知的点，在弹出的【三维移动/旋转】对话框中指定固定工作点的空间坐标，或拖动坐标符号，以确定固定工作点的位置。固定工作点一旦确定下来，其在空间位置保持不变。

（4）显示和编辑定位特征　定位特征被创建后，将会在浏览器中出现该定位特征的标识符，通过右键快捷菜单可以控制其显示状态、删除、编辑和重新定义。

3. 草图特征

草图特征是在已有草图的基础上创建的，包括拉伸、旋转、打孔、扫掠、螺旋扫掠和放样等。

（1）拉伸特征　拉伸特征是通过为草图截面轮廓添加深度的方式创建的特征。特征的形状是由截面轮廓、拉伸范围和拉伸角度控制的。

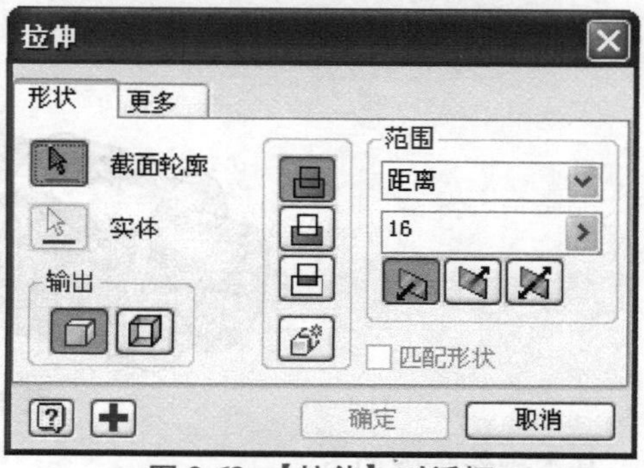

图 2-63　【拉伸】对话框

基本操作步骤如下：

1）单击零件特征面板中的拉伸特征按钮，弹出图 2-63 所示的【拉伸】对话框。

2）指定截面轮廓。如果草图中的截面轮廓只有一个，将被自动选中；如果草图中有多个截面轮廓，可选择其中的一个或多个。如果选中的截面轮廓是开放的，则该轮廓将被拉伸成曲面；如果选中的截面轮廓是封闭的，则可以选择拉伸结果是实体或曲面。

3）选择特征依附的实体。如果当前仅存在一个实体，则无需选择；若存在多个实体，可单击按钮，以选择将拉伸特征附于哪个实体中。

4）选择输出方式。如果选中的是，则将轮廓拉伸为实体；如果选中的是，则将轮廓拉伸为曲面。

5）选择所需的布尔运算方式。表示并集，表示差集，表示交集。这三种布尔运算的结果示例如图 2-64a、b、c 所示。

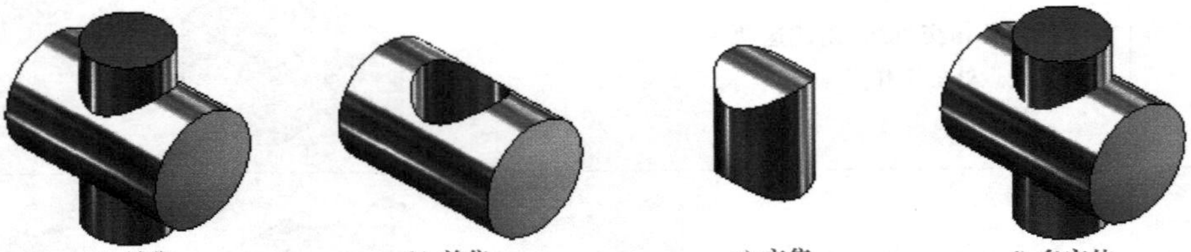

a) 并集　　b) 差集　　c) 交集　　d) 多实体

图 2-64　布尔运算及多实体

6）选择是否以新建实体方式进行拉伸。如果被按下，则表示将生成多实体，如图 2-64d 所示。

7）选择拉伸范围。拉伸范围的确定方式有五种："距离""到表面或平面""到""从表面到表面"和"贯通"。

8）选择拉伸方向。拉伸方向可选正向、反向和双向对称三种。

9）必要时，可在【更多】选项卡中选择替换方式为"最短"及指定拉伸的角度。

10）各选项都设置完成后单击【确定】按钮，完成拉伸特征的创建。

（2）旋转特征　旋转特征是通过一个或多个草图截面轮廓绕轴线旋转从而创建的特征，如图 2-65 所示。

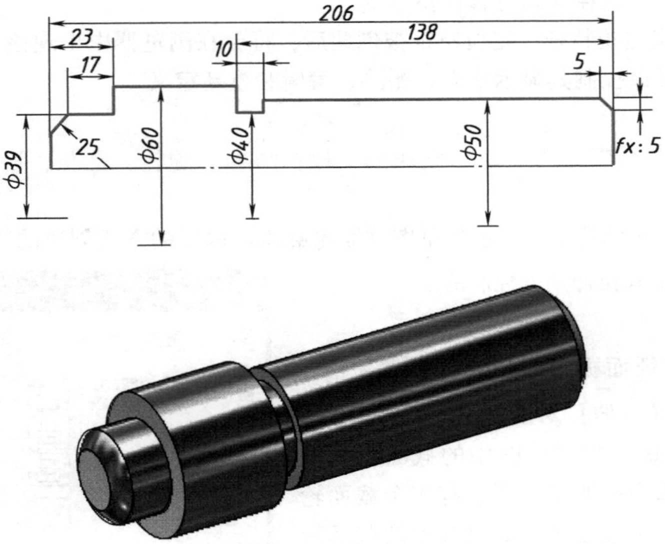

图 2-65　旋转特征

基本操作步骤如下：

1）单击零件特征面板中的旋转特征按钮，弹出图 2-66 所示的【旋转】对话框。

2）指定截面轮廓。如果选中的截面轮廓是开放的，则将被旋转成曲面；如果选中的截面轮廓是封闭的，则可以选择旋转结果是实体还是曲面。

3）指定旋转轴。如果草图中只有一条中心线，则自动被选择为旋转轴线；否则需对轴线进行手动选择。

4）选择旋转范围。旋转范围的确定方式有四种：“角度”“到”“从表面到表面”“全部”。

5）其余的参数设置与拉伸特征类似。

6）各选项都设置完成后单击【确定】按钮，完成旋转特征的创建。

（3）打孔特征　打孔特征用于在零部件表面创建参数化直孔、沉头孔、倒角孔或螺纹孔等特征。图 2-67 所示为带倒角的螺纹孔。

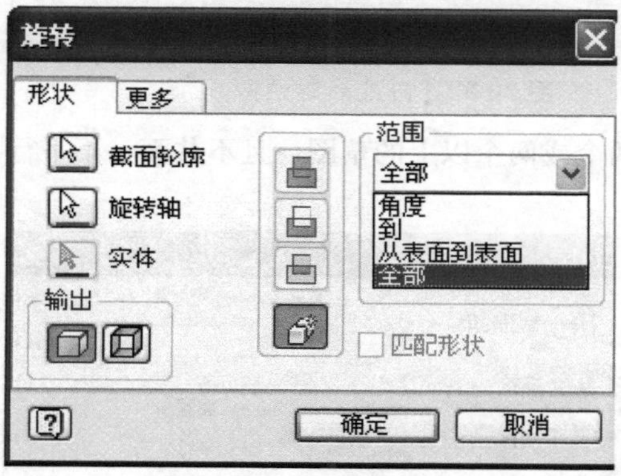

图 2-66　【旋转】对话框

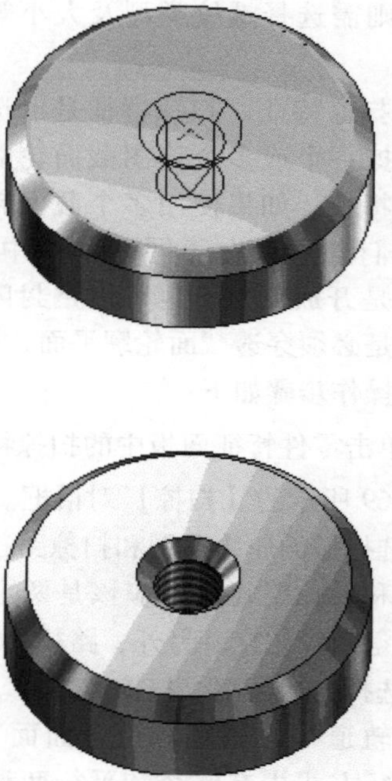

图 2-67　打孔特征示例

基本操作步骤如下：

1）单击零件特征面板中的打孔特征按钮，弹出图 2-68 所示的【打孔】对话框。

2）选择放置类型。放置类型有“从草图”“线性”“同心”“参考点”四种。“从草图”是通过草图中的孔中心点或者其他可以创建孔特征的端点来定位孔的中心；“线性”是通过在现有特征的平面上指定与两个相交棱边的距离来定位孔的中心；“同心”是通过平面上圆边的圆心或圆柱的轴线面来定位孔的中心；“参考点”是通过指定某个工作点并根据轴、边或工作平面确定方向来定位孔的中心。其中后三种类型都不必在打孔前准备草图。

3）设置孔口类型和参数。孔口类型有直孔、沉头孔、沉头平面孔（即锪平孔）、倒角孔四种。选定类型后，在预览图像的参数框里输入相应的参数值。

4）设置孔底类型和参数。孔底可以是平底或锥底。若是锥底，可通过输入数值来确定其角度。

5）选择终止方式。终止方式有给定孔深的“距离”方式、穿透所有面的“贯通”方式和到某个面的“到”方式三种。再通过按钮调整打孔的正反向。

6）设置孔类型和详细参数。孔类型有不带螺纹的简单孔、与选定的紧固件配合的配合孔、螺纹孔、锥螺纹孔四种。如果是配合孔，则需选择紧固件的标准、类型和尺寸以及孔配合的类型；如果是螺纹孔，则需选择螺纹的类型、大小、规格、精度、是否为全螺纹和旋向；如果是锥螺纹孔，则需选择螺纹类型及大小等参数。

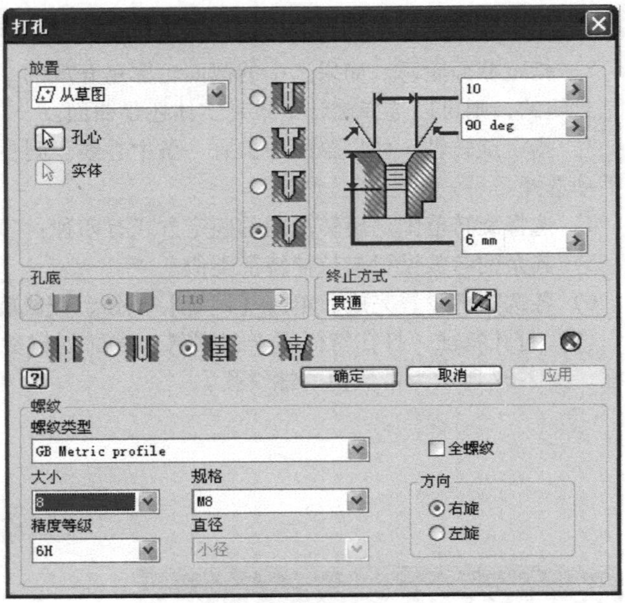

图 2-68 【打孔】对话框

（4）扫掠特征　扫掠特征是沿选定路径扫掠一个或多个草图截面轮廓来创建的特征。如果使用多个截面轮廓，则它们必须存在于同一草图中。路径可以是开放回路，也可以是封闭回路，但是必须穿透截面轮廓平面，即要求最少有两个或两个以上的草图，且不共面、不平行。

基本操作步骤如下：

1）单击零件特征面板中的扫掠特征按钮，弹出图2-69所示的【扫掠】对话框。

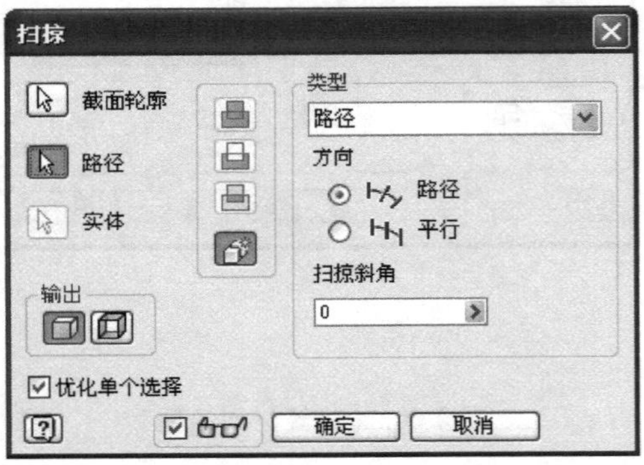

图 2-69 【扫掠】对话框

2）选择截面轮廓草图和扫掠路径草图。截面轮廓草图和扫掠路径草图应该是两个草图，且不共面，在空间应相交。另外，路径只能有一条。

3）选择扫掠类型。扫掠类型有“路径”“路径和引导轨道”“路径和引导曲面”三种方式。其中，路径方式中有路径和平行两种方向，若选择路径方向则可设定扫掠斜角；路径和引导轨道方式中的引导轨道用于控制扫掠截面轮廓的缩放和扭曲；路径和引导曲面方式中的引导曲面用于控制扫掠截面轮廓的扭曲。扫掠的各种类型如图2-70所示。

a) 沿路径方向　b) 沿路径带斜角　c) 沿平行方向　d) 路径和引导轨道　e) 路径和引导曲面

图 2-70 扫掠的各种类型

4）其余的参数设置与拉伸特征类似。

5）各选项都设置完成后单击【确定】按钮，完成扫掠特征的创建。

（5）螺旋扫掠特征　螺旋扫掠特征是扫掠特征的一个特例，它是以扫掠路径为螺旋线创建的特征，如弹簧、圆柱体上的真实螺纹和发条等，如图2-71所示。

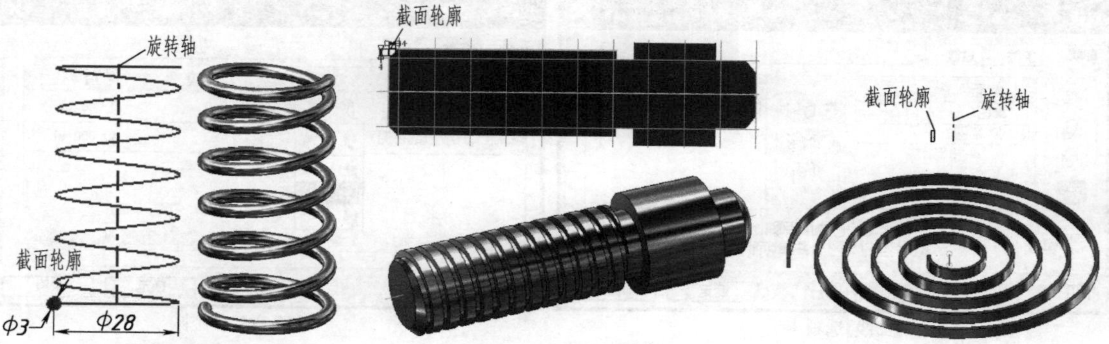

a) 近似圆柱弹簧　　b) 圆柱体上的真实螺纹　　c) 涡卷弹簧

图 2-71　螺旋扫掠特征

基本操作步骤如下：

1）单击零件特征面板中的螺旋扫掠特征按钮，弹出图 2-72 所示的【螺旋扫掠】对话框。

2）设置【螺旋形状】选项卡中的内容。选择截面轮廓、旋转轴、正反向和螺旋方向等参数，如图 2-72a 所示。

3）设置【螺旋规格】选项卡中的内容。选定创建的类型，类型可以是“螺距和转数”“转数和高度”“螺距和高度”“平面螺旋”四种；再对与类型相适应的参数进行设置，如图 2-72b 所示。

4）设置【螺旋端部】选项卡中的内容。端部有自然和平直两种。如果选择平直类型，则可设定弹簧支承圈的包角大小，如图 2-72c 所示。

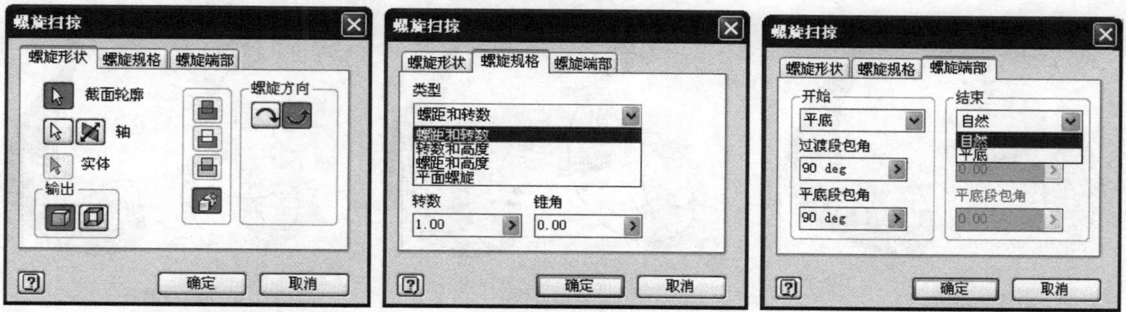

a)【螺旋形状】选项卡　　b)【螺旋规格】选项卡　　c)【螺旋端部】选项卡

图 2-72　【螺旋扫掠】对话框

5）各选项都设置完成后单击【确定】按钮，完成螺旋扫掠特征的创建。

（6）放样特征　放样特征是通过对多个截面轮廓（称为截面）进行过渡，并将它们转换成截面轮廓或零件表面之间的平滑形状来创建的特征。截面可以是二维草图或三维草图中的曲线、模型边或面回路。放样形状可以通过轨道、中心线和点映射进一步优化，以控制形状并防止扭曲。对于开放放样，一个或两个终止截面可以是尖锐点或相切点。对于多截面、多轨道的放样，截面与轨道必须严格相交。

基本操作步骤如下：

1）单击零件特征面板中的放样特征按钮，弹出图 2-73 所示的【放样】对话框。

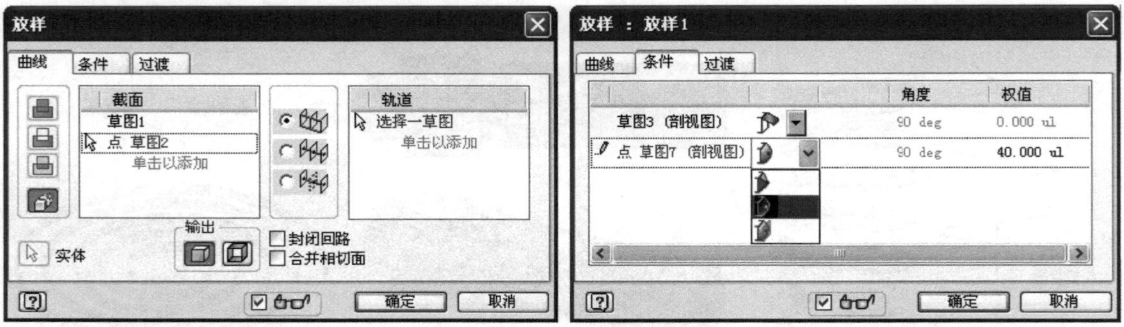

a)【曲线】选项卡　　b)【条件】选项卡

图 2-73　【放样】对话框

2）设置【曲线】选项卡中的内容。重点是指定截面和轨道。其中轨道类型有沿轨道、沿中心线和面积放样三种。默认的无轨道放样如图 2-74a 所示。轨道是指定截面之间二维曲线、三维曲线或模型边，必须与每个截面相交，且必须在第一个和最后一个截面上（或在这些截面之外）终止。一个草图中只能有一条轨道，如图 2-74b 所示。中心线是一种与放样截面成法向的轨道类型，中心线无需穿透截面轮廓范围，且只能选择一条，如图 2-74c 所示。面积放样允许控制沿中心线放样的指定点处的横截面面积，它将显示放样中心线上所选的每个点的截面尺寸，双击或使用“截面尺寸”指引线上的关联菜单，在弹出的对话框中可设置放置点、选定点的面积和比例以及确定放置点的位置，如图 2-74d 所示。

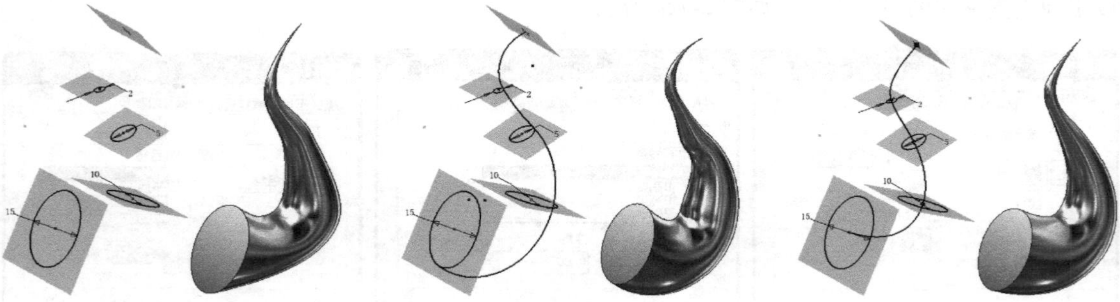

a) 无轨道放样　　b) 轨道放样　　c) 中心线放样

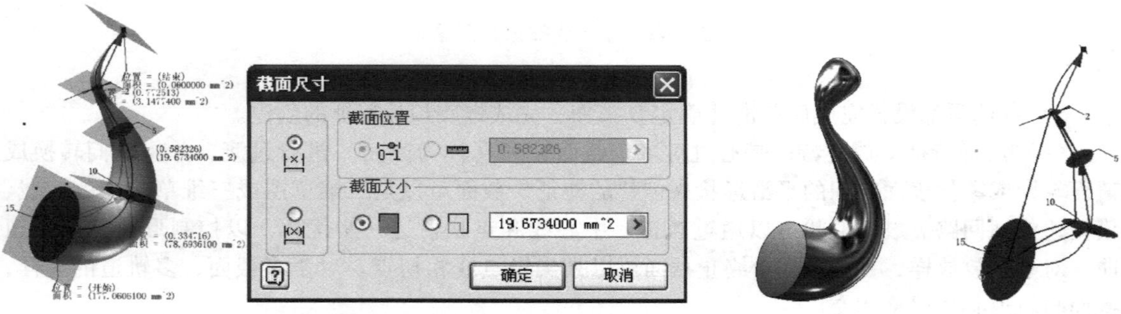

d) 面积放样及截面尺寸设置对话框　　e) 赋权值的点相切放样　　f) 映射调整

图 2-74　放样特征

3）设置【条件】选项卡中的内容。选定某草图，可对放样结果进一步控制，默认为无特殊约束条件的自由状态。若选中的图线是二维草图，可设定其角度和权值等方向条件；若选中的是点，可设置其为尖锐点、相切或与平面相切，并进行角度和权值等设定，如图 2-74e 所示在点处设置权值为 20 的相切条件。

4）设置【过渡】选项卡中的内容。将其中的自动映射关闭，可调整个截面的映射点，对放样过程中的意外扭转进行控制，如图 2-74f 所示。

5）各选项都设置完成后单击【确定】按钮，完成放样特征的创建。

4. 放置特征

放置特征是指基于已有特征生成的特征，如倒角、圆角、螺纹、抽壳、加强筋、分割、阵列和镜像等。创建此类特征时不需要草图，通常只需提供特征的位置和尺寸。下面介绍几种常用的特征。

（1）倒角特征　倒角特征是基于现有特征中的棱边，使零件的边生成斜角的特征。

基本操作步骤如下：

1）单击零件特征面板中的倒角特征按钮，弹出图 2-75 所示的【倒角】对话框。

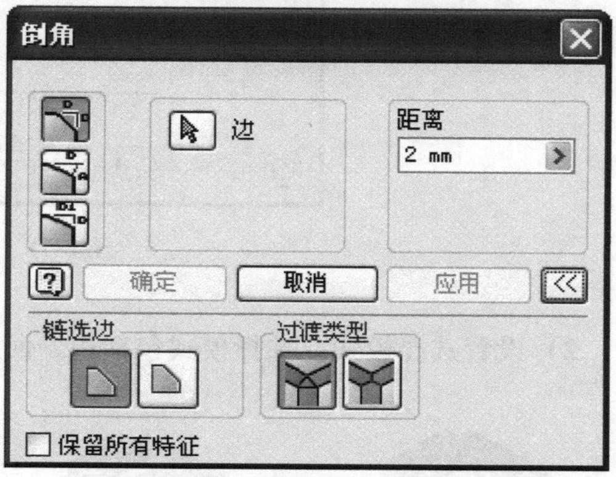

图 2-75 【倒角】对话框

2）设置倒角的方式和参数。倒角方式可在单个距离、距离和角度以及两个距离三种中进行选择。选择方式后再输入与之相适应的参数值。

3）根据不同的倒角方式，选择倒角的边、参考面和方向等。

4）更多选项 ≪ 的设置。单击该按钮后，进行“链选边”和“过渡类型”设置。选择“链选边”后，若遇到带有相切的连续边时，将对这些相切的几个边同时进行倒角，如图 2-76 所示。“过渡类型”有“过渡”和“无过渡”两种，用于定义三条倒角边相交于拐角时拐角的外观，如图 2-77 所示。

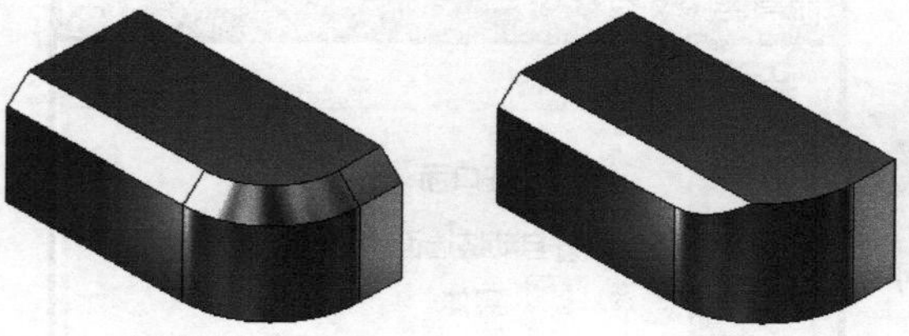

a) 链选边　　b) 单独选边

图 2-76　链选边

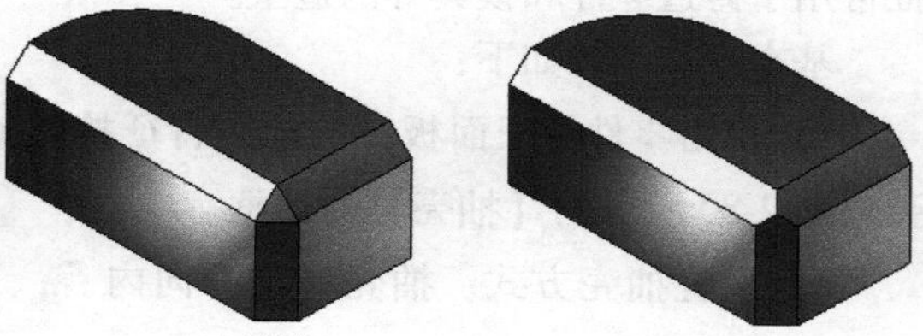

a) 过渡　　b) 无过渡

图 2-77　过渡类型

5）各选项都设置完成后单击【确定】按钮，完成倒角特征的创建。

（2）圆角特征　圆角特征是基于现有特征中的棱边，使零件的边生成曲面的特征。Inventor 中关于圆角特征的规则比较复杂，包括等半径、变半径和过渡圆角。这里只介绍机械设计中最常用的等半径圆角的使用。

基本操作步骤如下：

1）单击零件特征面板中的圆角特征按钮，弹出图 2-78 所示的【圆角】对话框。

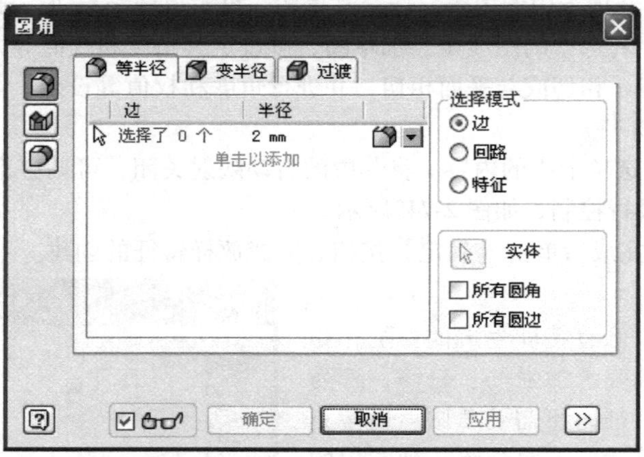

图 2-78 【圆角】对话框

2）设置选择模式。选择模式包括边、回路和特征。圆角特征中的选择模式如图 2-79 所示。

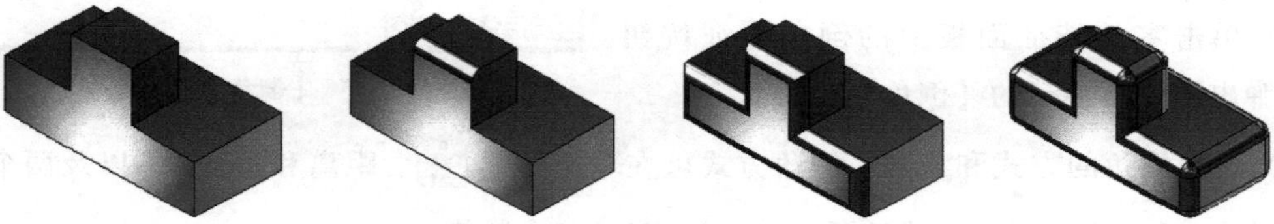

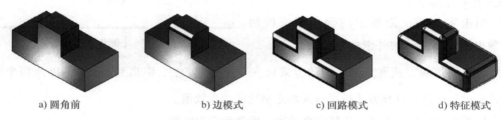

a) 圆角前　　b) 边模式　　c) 回路模式　　d) 特征模式

图 2-79 圆角特征中的选择模式

3）设置半径大小并选择边。

4）各选项都设置完成后单击【确定】按钮，完成圆角特征的创建。

(3) 抽壳特征　抽壳特征是从零件内部去除材料，创建具有指定厚度空腔的特征。抽壳特征常用于铸造零件和模具等的造型。

图 2-80 【抽壳】对话框

基本操作步骤如下：

1）单击零件特征面板中的抽壳特征按钮，弹出图 2-80 所示的【抽壳】对话框。

2）设置抽壳方式。抽壳方式有向内、向外和双向三种。

3）设定是否自动链选面，并指定开口面。开口面是指不参与抽壳，在其上面开口的平面或曲面。

4）输入厚度值，此时零件的壁厚相同。如果需要，可以单击 >> 为特定壳壁指定不同的厚度。

5）各选项都设置完成后单击【确定】按钮，完成抽壳特征的创建。抽壳过程如图 2-81 所示。

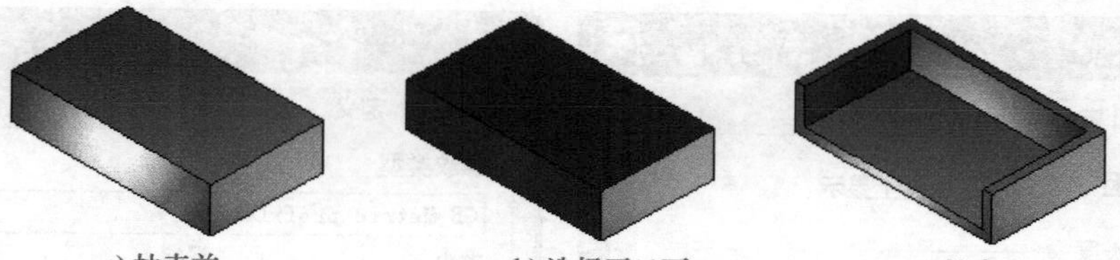
a) 抽壳前　　b) 选择开口面　　c) 抽壳后

图 2-81　抽壳过程

（4）加强筋特征　加强筋特征是通过指定开口的草图线创建铸件和模具中常见的板状或肋状加强筋的特征。

基本操作步骤如下：

1）单击零件特征面板中的加强筋特征按钮，弹出图 2-82 所示的【加强筋】对话框。

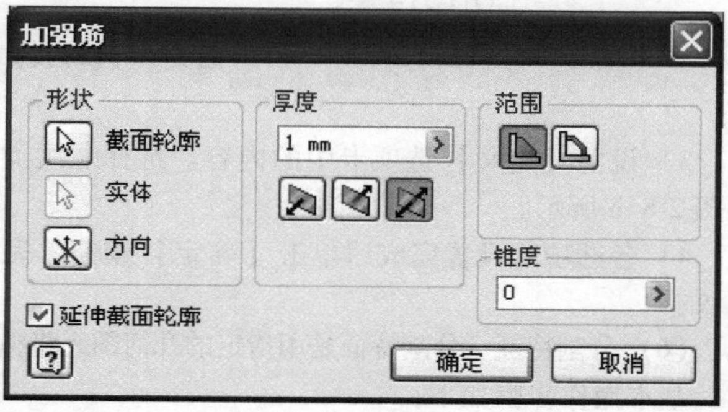

图 2-82　【加强筋】对话框

2）选择截面轮廓。这里的轮廓并不是截面，而是筋脊形状的开口草图线，如图 2-83a 所示。

3）选择方向。单击，然后在图形窗口中选择加强筋的发展方向，根据动态显示的反馈，单击确认，如图 2-83b 所示。

4）输入加强筋的厚度值，并选择厚度的方向。

5）选择范围是到表面或平面或有限的，并在需要时可设定锥度（加强筋的起模斜度）和是否延伸截面轮廓以与现有面相交。

6）各选项都设置完成后单击【确定】按钮，完成加强筋特征的创建，如图 2-83c 所示。

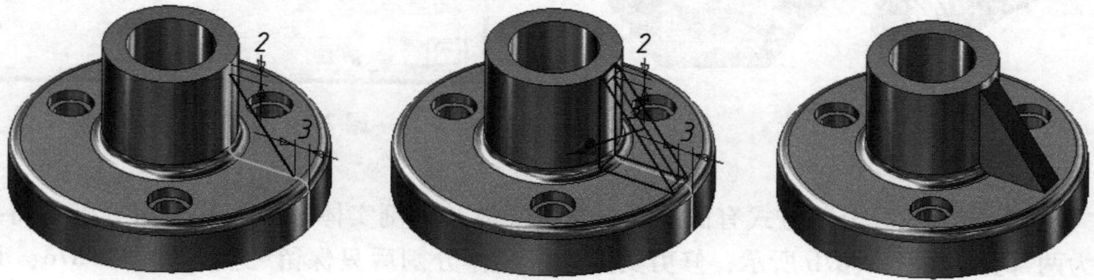

a) 草图　　b) 选择草图线，指定厚度和方向　　c) 完成后

图 2-83　加强筋特征

（5）螺纹特征　螺纹特征是对圆柱体或圆锥体的表面创建指定格式螺纹的特征。为减少系统的运算量，Inventor 中的螺纹特征并不是真实的几何结构，而是用对表面进行贴图的形式进行简化的。

基本操作步骤如下：

1）单击零件特征面板中的螺纹特征按钮，弹出图 2-84 所示的【螺纹】对话框。

2）设置【位置】选项卡中的内容。指定螺纹所在的面，并选择是否在模型上显示；设定是否为全螺纹，若不是，则需输入偏移量和长度，同时选择螺纹生长方向，如图 2-84a 所示。

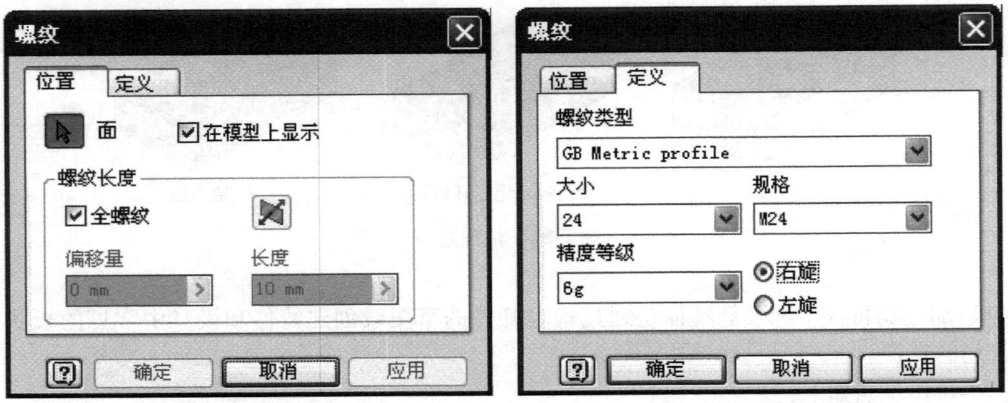

a)【位置】选项卡　　b)【定义】选项卡

图 2-84 【螺纹】对话框

3）设置【定义】选项卡中的内容。选择螺纹类型、大小、规格、精度等级和旋向等参数，如图 2-84b 所示。

4）各选项都设置完成后单击【确定】按钮，完成螺纹特征的创建，如图 2-85 所示的圆柱螺纹。

（6）分割特征　分割特征是用指定的几何图元将整个零件或零件中的某个面进行分割的特征。

基本操作步骤如下：

1）单击零件特征面板中的分割特征按钮，弹出图 2-86 所示的【分割】对话框。

图 2-85　螺纹特征

图 2-86 【分割】对话框

2）指定分割方式。分割方式有面分割、修剪实体和分割实体三种。其中面分割是将指定的面分割为两部分，如图 2-87b 所示；修剪实体是将实体分割后只保留一侧，如图 2-87c、d 所示；分割实体是将实体分割为两个独立的实体，如图 2-87e 所示。

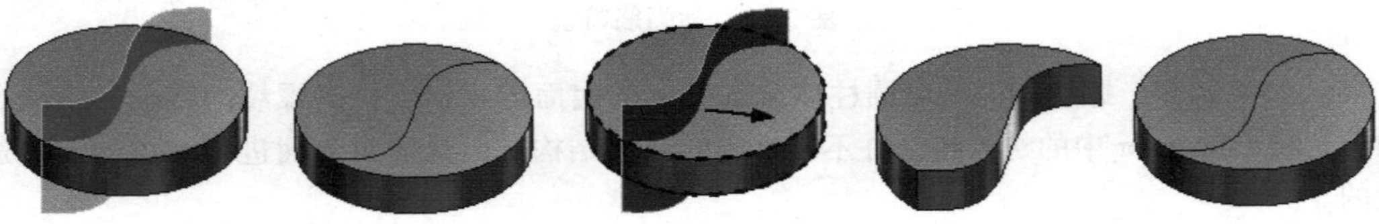

a) 分割前　b) 面分割　c) 修剪实体的动态显示　d) 修剪实体的结果　e) 分割实体

图 2-87　分割方式

3）指定分割工具。分割工具可能是曲面、工作平面、曲线和草图线等。

4）对于面分割，需指定一个或多个被分割的面；对于修剪实体需指定去除部分的方向。

5）各选项都设置完成后单击【确定】按钮，完成分割特征的创建。

（7）矩形阵列特征　矩形阵列特征是通过指定方向和间距等参数，按矩形或沿着指定的路线将选定特征复制一定数量的特征。

基本操作步骤如下：

1）单击零件特征面板中的矩形阵列特征按钮，弹出图2-88所示的【矩形阵列】对话框。

2）指定阵列对象的种类，可在特征或实体中选择，并选定需要阵列的对象。

3）指定阵列的方向，并进行数量和尺寸等参数的设置。可以指定一个或两个阵列方向，如图2-89所示。阵列尺寸的类型有三种：设定相邻两个阵列成员距离值的“间距类型”、在指定长度上均布给定数量的“距离类型”和沿曲线并按其长度均布给定数量的“曲线长度类型”。如果选择曲线长度类型，可单击≫进行阵列的初始位置调整，如图2-90所示。

4）各选项都设置完成后单击【确定】按钮，完成矩形阵列特征的创建。

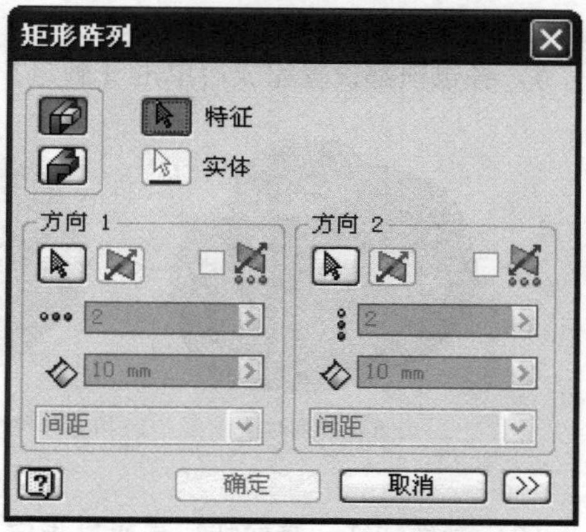

图2-88　【矩形阵列】对话框

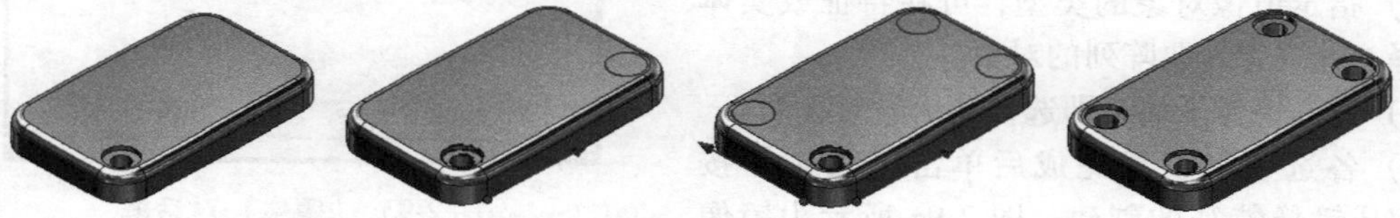

a）阵列前　　b）指定特征和方向1及参数　　c）指定方向2及参数　　d）阵列后

图2-89　指定两个方向的矩形阵列特征

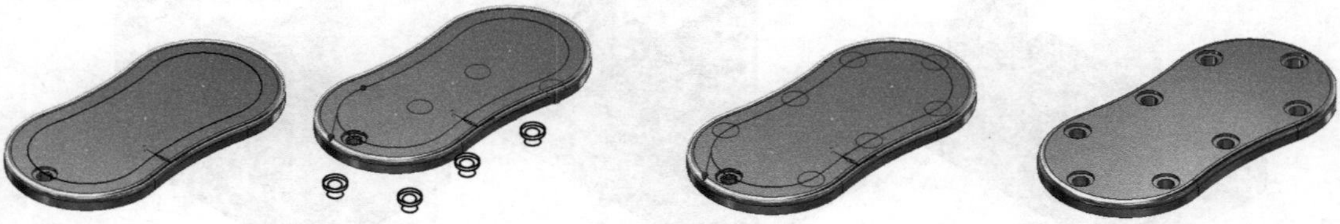

a）阵列前　　b）指定特征及参数，并以曲线为方向图　　c）单击【≫】按钮，设定起始位置　　d）阵列后

图2-90　沿曲线均布特征的矩形阵列特征

（8）环形阵列特征　环形阵列特征是通过指定旋转轴，以圆弧或环形排列的形式将选定特征复制一定数量的特征。

基本操作步骤如下：

1）单击零件特征面板中的环形阵列特征按钮，弹出图2-91所示的【环形阵列】对话框。

2）指定阵列对象的种类，可在特征或实体中选择，并选定需要阵列的对象，如图2-92a所示。

3）设置阵列旋转轴并设定其方向。

4）输入放置的数量和包含的角度或角度增

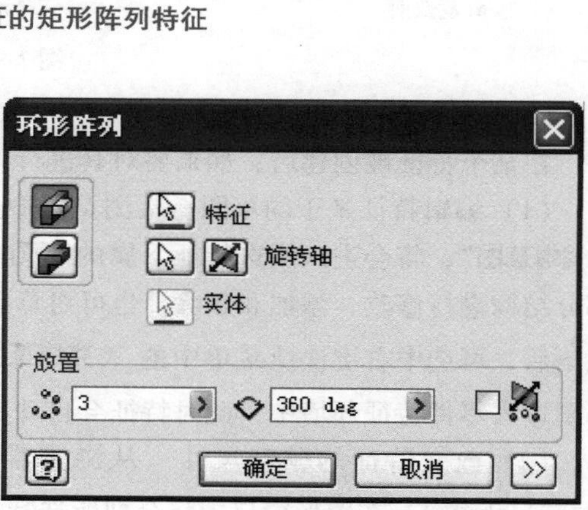

图2-91　【环形阵列】对话框

量，并指定是否为反向，如图 2-92b 所示。

5）各选项都设置完成后单击【确定】按钮，完成环形阵列特征的创建，如图 2-92c 所示。

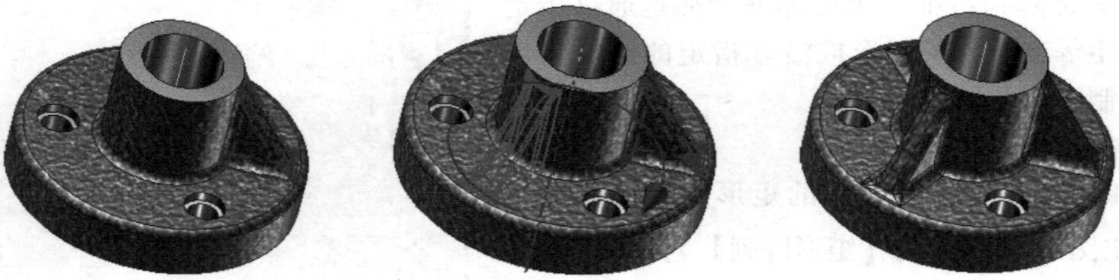

a) 选定阵列对象　　b) 指定阵列的旋转轴、方向和放置参数　　c) 阵列后

图 2-92　环形阵列特征

（9）镜像特征　镜像特征是通过指定对称面，将被镜像对象以等长距离在对称面的另一侧生成与其成对称结构的特征。

基本操作步骤如下：

1）单击零件特征面板中的镜像特征按钮，弹出图 2-93 所示的【镜像】对话框。

2）指定镜像对象的类型，可在特征或实体中选择，并选定需要阵列的对象。

3）选择镜像平面，即选择结构的对称面。

4）各选项都设置完成后单击【确定】按钮，完成镜像特征的创建。图 2-94 所示为镜像特征示例。

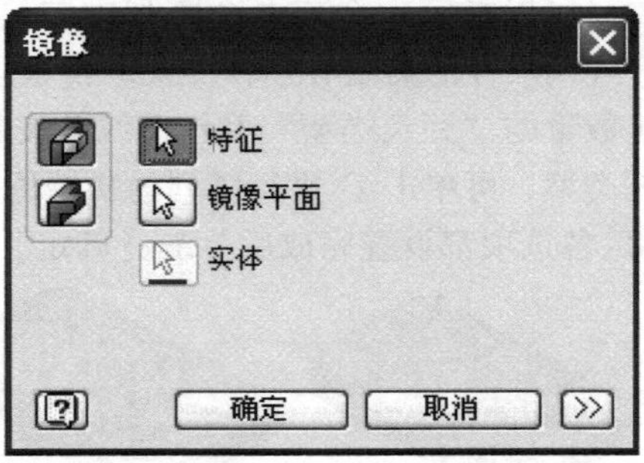

图 2-93　【镜像】对话框

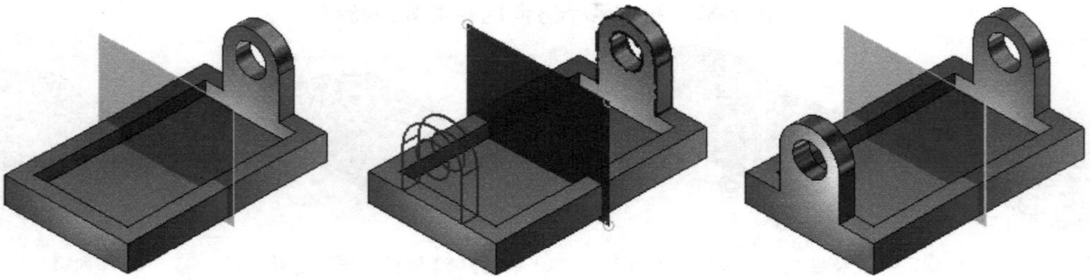

a) 镜像前　　b) 选择镜像对象和镜像平面　　c) 镜像后

图 2-94　镜像特征

5. 特征的编辑

在某个特征被创建后，如果要对其进行编辑，可选择以下方式。

（1）编辑特征基于的草图　从浏览器中选中要编辑的草图特征，在其右键快捷菜单中选择"编辑草图"，将会进入所选特征下属的草图中。然后利用二维绘图面板中的各工具对该草图的部分结构进行修改、添加和删除，也可对草图中的驱动尺寸和几何约束等进行编辑。当草图编辑完毕后，可选中右键快捷菜单中的"完成草图"，或单击系统工具栏中的更新按钮，以退出草图进入零件特征环境中，此时特征会自动更新。

（2）改变特征的驱动尺寸　从浏览器中选中要编辑的特征，在其右键快捷菜单中选择"显示尺寸(M)"，在图形窗口中将会把所选特征的全部尺寸显示出来，双击某个尺寸就可以对其尺寸值进行修改。修改完毕后，单击系统工具栏中的更新按钮，特征将会按修改后的尺寸进行更新。

（3）修改特征对话框中的参数　在浏览器中双击某特征，或从浏览器中选中要编辑的特征，在其右键快捷菜单中选择“编辑特征”，将会弹出与所选特征相适应的特征对话框，然后根据需要在其中进行参数修改。修改完毕后单击【确定】按钮，特征将会按修改后的参数进行自动更新。

（4）修改特性对话框中的内容　从浏览器中选中要编辑的特征，在其右键快捷菜单中选择“特性(P)”，将会弹出与所选特征相适应的【特征特性】对话框，在其中可对该特征的名称、抑制、自适应和特征颜色等进行编辑，如图 2-95a 所示。

如果在图形窗口中选中特征中的某个面，并在其右键快捷菜单中选择“特性(P)”，将会弹出图 2-95b 所示的【面特性】对话框，在其中可以对所选面的颜色进行设置。

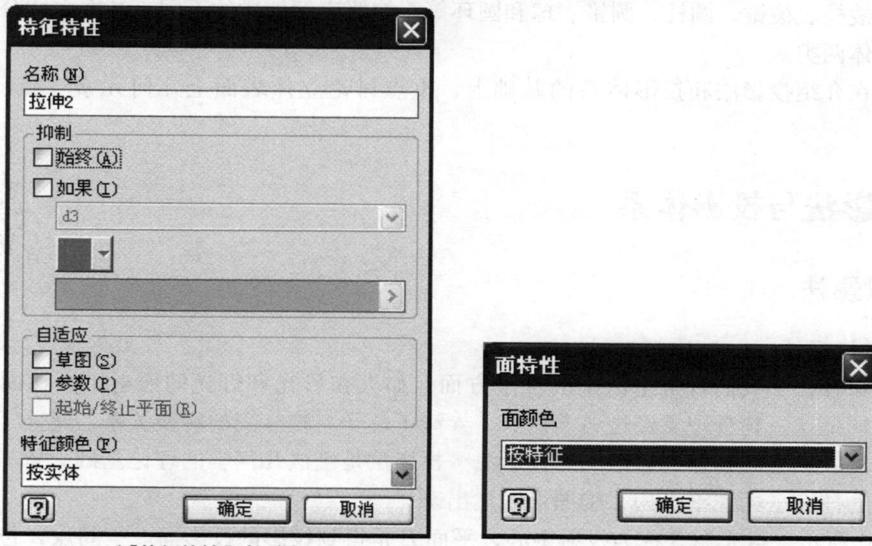

a)【特征特性】对话框　　b)【面特性】对话框

图 2-95　特性对话框

（5）调整特征创建次序及察看整个造型过程　如果在浏览器中先创建的特征需要用到其后创建特征中某些几何图元的投影，可以将后创建特征用鼠标向上拖动到先创建特征之前，以进行特征的次序调整，但需注意后创建特征应与先创建特征是否为同级或父辈级。

如果要对整个造型过程进行察看，可在浏览器中将造型终止拖动到基础特征之前，然后再逐级向下拖动。

提示：计算机绘图操作演示见附录 D。

思政拓展
中国创造：大跨径拱桥技术

第3章
立体表面上几何元素的投影

立体是由内、外表面构成的实体。形状复杂的立体可以看成是由形状简单的立体按一定方式组合而成的。我们常把一些形状简单、形成也简单、工程中又经常使用的单一几何形体称为基本立体，如棱柱、棱锥、圆柱、圆锥、球和圆环等。按照表面性质的不同，基本立体分为平面立体和曲面立体两类。

本章将在介绍投影法和投影体系的基础上，重点讨论立体表面上几何元素（点、线、面）的投影。

3.1 投影法与投影体系

3.1.1 投影法

1. 投影法概述

投影现象存在于我们日常生活中的各个方面，如人在日光和灯光的照射下，地面上就会产生影子。人们把这一物理现象经过科学抽象，弄清了影子与物体间的转换关系，建立了一种实用的、用投影图表达空间物体的方法——投影法。投影法是画法几何学的理论基础，依靠它可以将空间的三维物体在平面图纸上用二维图形表达出来。

如图 3-1 所示，点光源 S 称为投射中心，平面 P 是得到投影的投影面。空间点 A 位于投射中心 S 和投影面 P 之间，点 A 在平面 P 上的投影为点 S 和点 A 连线的延长线与投影面 P 的交点 a 处，Sa 为投射线。同理，投射中心 S 和空间点 B 的连线与投影面 P 的交点即为空间点 B 在投影面 P 上的投影 b。

光源发出投射线通过物体，向选定的平面进行投射，并在该面上得到图形的方法称为投影法。同时可以看出，光源、空间物体和投影面构成了投影法中必不可少的三要素。需要指出：空间点用大写字母表示，而得到的投影用同名的小写字母表示。

2. 投影法的分类

按投射线的性质不同，投影法可分为中心投影法和平行投影法两类。

（1）中心投影法　投影线均交汇于一点的投影法称为中心投影法，如图 3-2 所示。所得到的投影称为中心投影或透视投影。

由于中心投影的大小会随着投射中心、空间物体和投影面三者之间的距离变化而变化，故不具有唯一性，通常不能反映空间物体的真实大小，可度量性较差。但中心投影的立体感较强，可用于建筑上透视图的绘制。

（2）平行投影法　若将投射中心移至无穷远处，则投射线可近似看成平行，这种投射线相互平行的投影法称为平行投影法。根据投射线与投影面的倾角不同，平行投影法又分为斜投影法和正投影法。

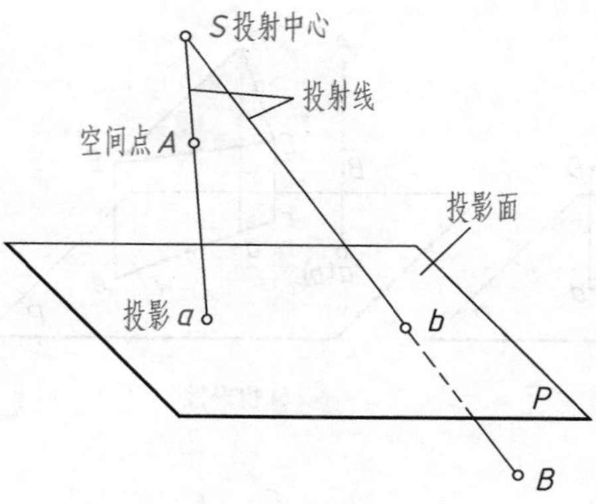

图 3-1　投影法

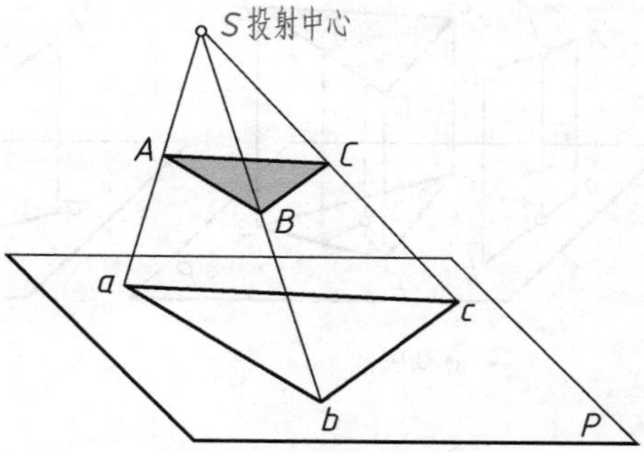

图 3-2　中心投影法

1）斜投影法：投射线与投影面相倾斜的平行投影法，如图 3-3 所示。

2）正投影法：投射线与投影面相垂直的平行投影法，如图 3-4 所示。

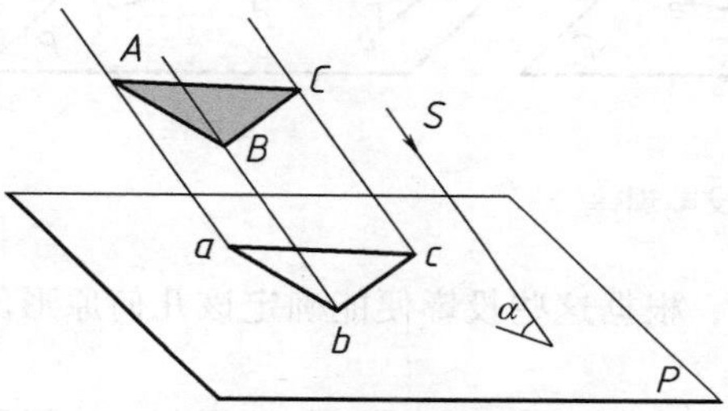

图 3-3　斜投影法

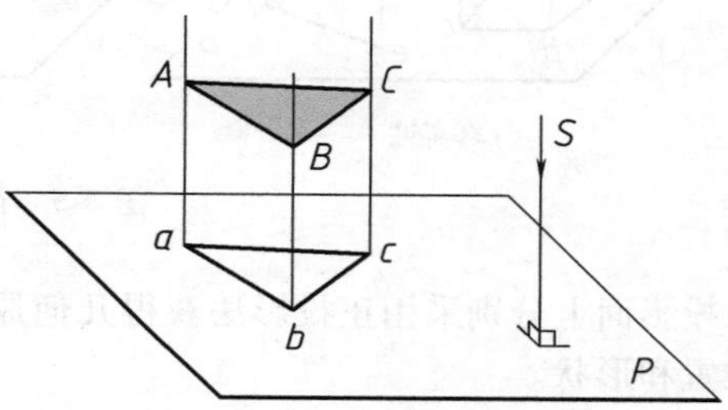

图 3-4　正投影法

平行投影法中物体与投影面的距离对投影的大小没有影响。其中，正投影法的投影线与投影面的夹角为 90°，投影具有唯一性，度量性好，故在工程中应用最广。本书后面章节中若不加说明，“投影”都是指正投影。

3. 正投影法的投影规律

投影法主要研究的是空间几何原形与其投影间的对应关系，找出它们之间内在的规律性。只有充分理解和应用这些规律，才能更好地读图和看图。正投影法中的基本投影规律主要有：

（1）从属性　若空间点属于直线或平面，则点的投影属于此直线或平面的同面投影，如图 3-5a 中的 *I* 点和 *II* 点。

（2）平行性　若两空间直线平行，则这两直线在同一投影面的投影也平行，如图 3-5b 所示。

（3）积聚性　若空间直线或平面与投影面垂直，则其投影积聚为点或直线，如图 3-5c 所示。

（4）真实性　若空间直线或平面与投影面平行，则其投影反映实长或实形，如图 3-5d 所示。

（5）类似性　若空间直线或平面与投影面既不垂直也不平行，则直线的投影仍为直线，平面的投影为其类似形，如图 3-5e 所示。

（6）定比性　若空间点在直线上，则点把空间直线分的比例与点的投影把直线的同面投影分的比例相等；若两空间直线平行，则这两条直线的实长之比与它们的投影之比相等，如图 3-5f 所示。

用初等几何的知识可以证明上述各投影规律。

4. 工程上常用的投影图

（1）多面正投影图（图 3-6）　多面正投影图采用相互垂直的两个或两个以上的投影面，在

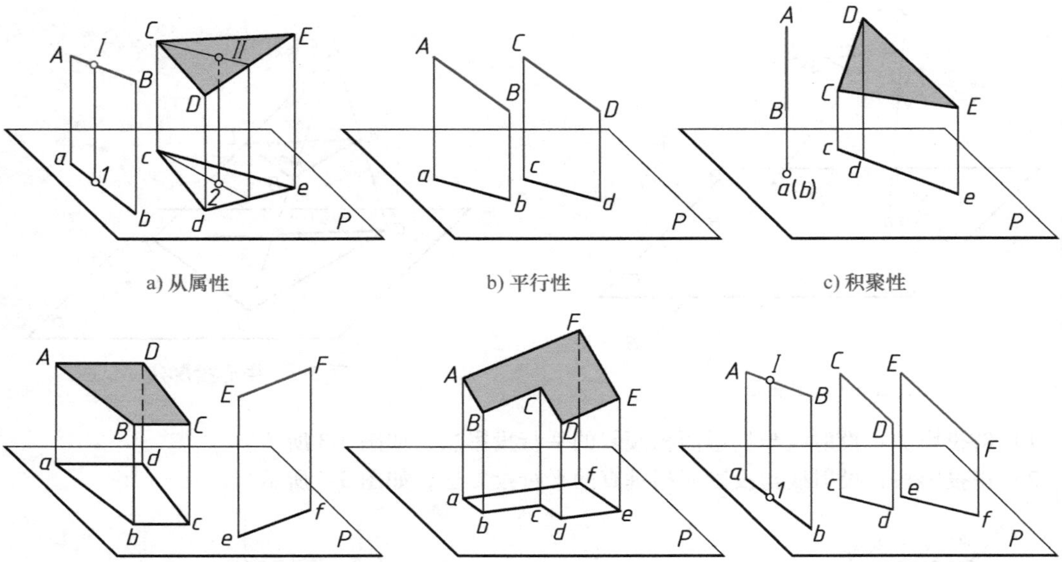

a) 从属性　　b) 平行性　　c) 积聚性

d) 真实性　　e) 类似性　　f) 定比性

图 3-5　正投影法的投影规律

每个投影面上分别采用正投影法获得几何原形的投影，根据这些投影便能确定该几何原形的空间位置和形状。

在应用正投影图时，一般将几何体的主要平面摆放成与相应的投影面相互平行，这样画出的投影图能反映出这些平面的实形，所以正投影图的度量性较好，而且作图也较简便，如图 3-6b 所示。多面正投影图在机械制造行业和其他工程部门中被广泛采用。但多面正投影图也存在立体感较差的缺点，需要经过训练才能熟练掌握。

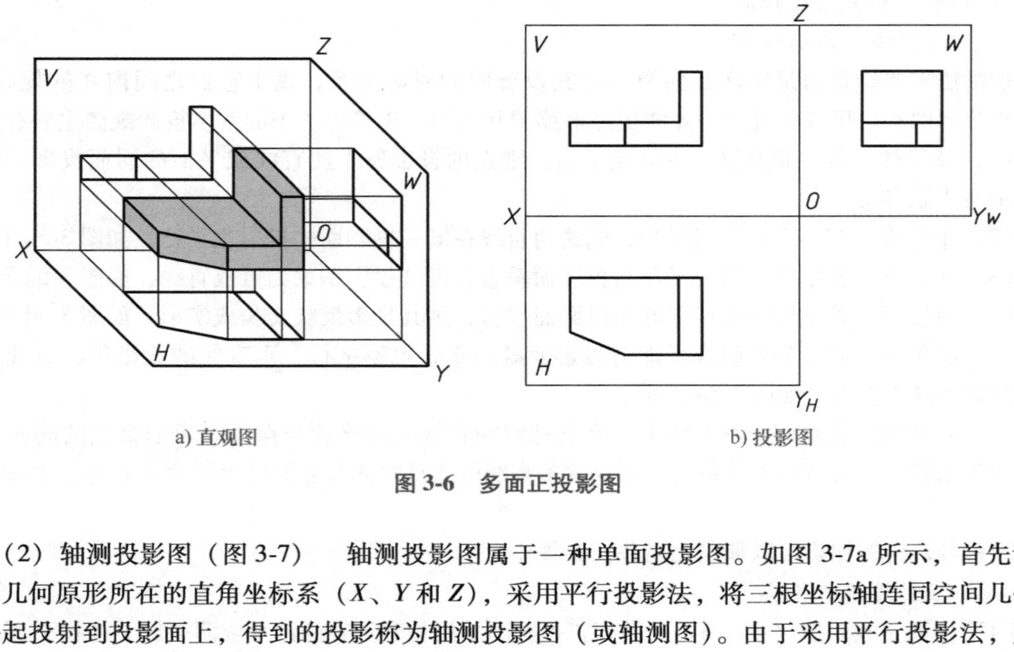

a) 直观图　　b) 投影图

图 3-6　多面正投影图

（2）轴测投影图（图 3-7）　轴测投影图属于一种单面投影图。如图 3-7a 所示，首先设定空间几何原形所在的直角坐标系（X、Y 和 Z），采用平行投影法，将三根坐标轴连同空间几何原形一起投射到投影面上，得到的投影称为轴测投影图（或轴测图）。由于采用平行投影法，所以空间平行的直线，投影后仍平行。采用轴测投影图时，由于将坐标轴对投影面放置成一定的角度，使得投影图上同时反映出几何体长、宽、高三个方向上的形状，增强了立体感，但作图较繁且度量性差，常作为工程图样中的辅助图样。

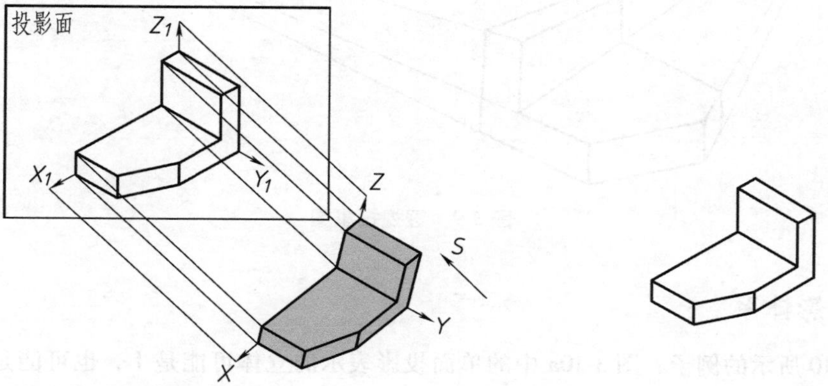

a) 轴测投影图的形成　　b) 轴测图

图 3-7　轴测投影图

（3）标高投影图（图 3-8）　标高投影图是采用正投影法获得空间几何元素的投影之后，再用数字标出空间几何元素对投影面的距离，以在投影图上确定空间几何元素的几何关系。如图3-8 所示，图中一系列标有数字的曲线称为等高线。标高投影图常用来表示不规则曲面，如地形和船舶、飞行器、汽车曲面等。

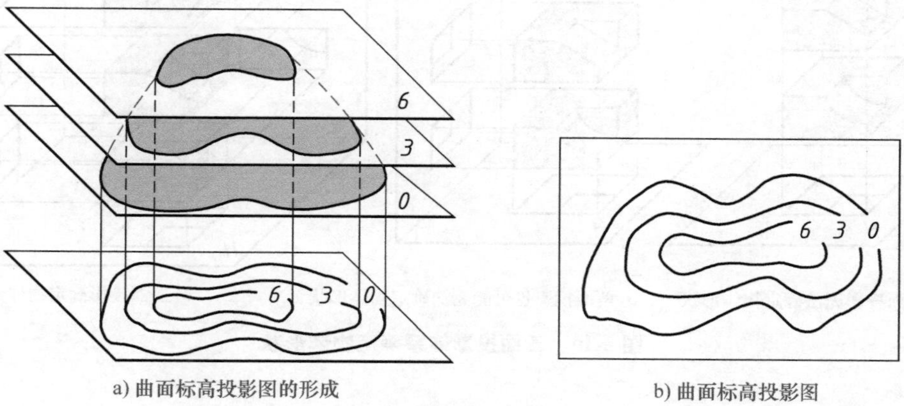

a) 曲面标高投影图的形成　　b) 曲面标高投影图

图 3-8　标高投影图

（4）透视投影图（图 3-9）　透视投影图（又称透视图），是用中心投影法将物体投射在单一投影面上所得到的图形。透视投影图由于采用中心投影法，所以空间平行的直线，有的在投影后就不平行了。

透视图与照相成影的原理相似，图像接近于视觉映像。其实，透视图正是归纳了人的单眼观看物体时，在视网膜上成像的过程（人的眼睛也就相当于透视投影的投射中心）。故透视图形象逼真，常用作建筑设计方案比较、工艺美术、宣传广告和展览之用，但是透视图的作图过程复杂且度量性差。

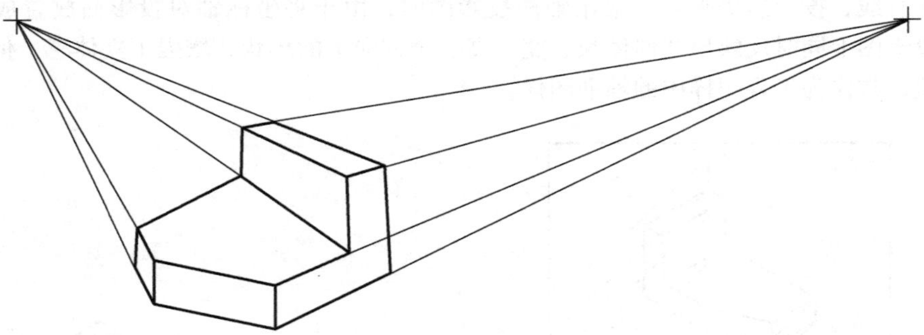

图 3-9　透视投影图

3.1.2　投影体系

如图 3-10 所示的例子，图 3-10a 中的单面投影表示的立体可能是Ⅰ，也可能是Ⅱ或Ⅲ；同样，这三个立体在图 3-10b 中的两面投影也相同；但在图 3-10 中的第三面投影却有区别。由此可见，单面投影无法确定立体的几何形状，两面投影也可能无法确定立体的几何形状，这就需要引入三面投影体系。

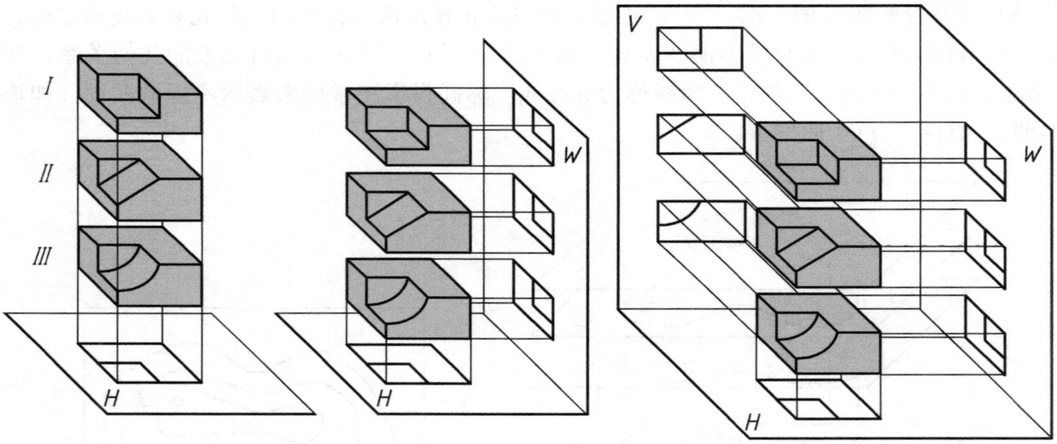

a) 单面投影无法确定物体形状　b) 两面投影也可能无法确定物体形状　c) 三面投影确定物体形状

图 3-10　三面投影体系确定物体形状

1. 三面投影体系的建立

三面投影体系要求三个投影面两两垂直，一般按图 3-11a 所示的位置放置。

2. 相关术语

(1) 投影面

水平放置的投影面称为水平投影面，用字母 *H* 表示，简称 *H* 面；

正对着观察者的投影面称为正立投影面，用字母 *V* 表示，简称 *V* 面；

与 *H* 面和 *V* 面都垂直的投影面称为侧立投影面，用字母 *W* 表示，简称 *W* 面。

(2) 投影轴　三面投影体系中的投影轴有三个：

H 面和 *V* 面的交线，用 *OX* 表示，简称 *X* 轴；

H 面和 *W* 面的交线，用 *OY* 表示，简称 *Y* 轴；

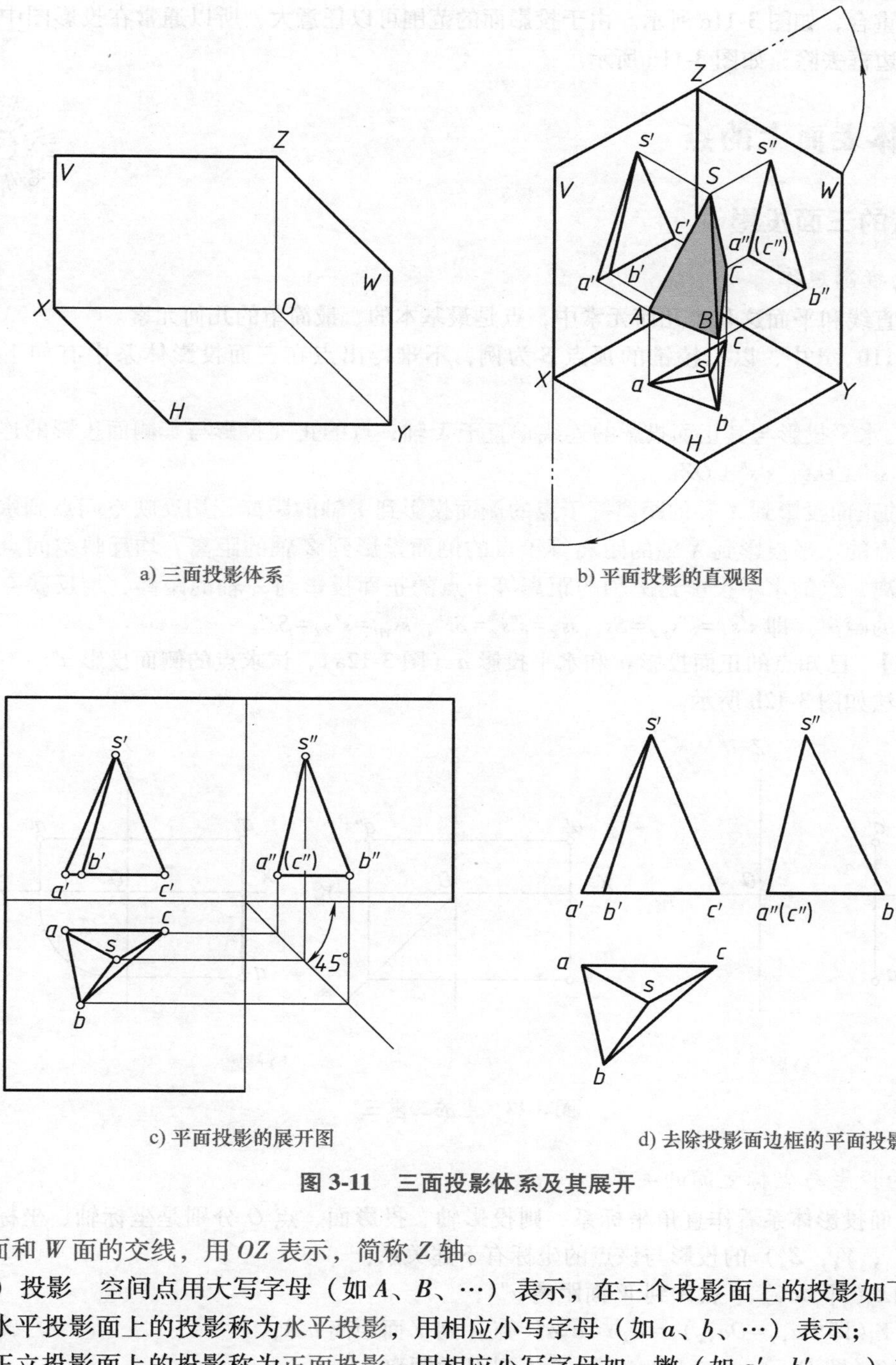

a) 三面投影体系　　b) 平面投影的直观图

c) 平面投影的展开图　　d) 去除投影面边框的平面投影

图 3-11　三面投影体系及其展开

V 面和 W 面的交线，用 OZ 表示，简称 Z 轴。

（3）投影　空间点用大写字母（如 A、B、…）表示，在三个投影面上的投影如下：

在水平投影面上的投影称为水平投影，用相应小写字母（如 a、b、…）表示；

在正立投影面上的投影称为正面投影，用相应小写字母加一撇（如 a′、b′、…）表示；

在侧立投影面上的投影称为侧面投影，用相应小写字母加两撇（如 a″、b″、…）表示。

3. 三面投影体系的展开

以图 3-11b 中的三棱锥为例，它由一个底面和三个侧棱面组成。其中，底面与 H 面平行，底面上的边 AC 垂直于 W 面，侧棱面中的 SAC 面与 W 面垂直，要将空间几何原形的三面投影的实际大小在二维图纸上表达，需要对三面投影体系进行展开。展开的方法：V 面保持不动，H 面绕 X 轴向下转 90°，W 面绕 Z 轴向右后方转 90°，如图 3-11b 中的箭头方向所示。展开后，H 面和 W

面均与 V 面重合，如图 3-11c 所示。由于投影面的范围可以任意大，所以通常在投影图中将限制投影范围的边框去除，如图 3-11d 所示。

3.2　立体表面上的点

3.2.1　点的三面投影

1. 点的投影规律

在点、直线和平面这几个几何元素中，点是最基本的、最简单的几何元素。

在图 3-11b、d 中，以三棱锥的顶点 S 为例，不难得出点在三面投影体系中有如下的投影特性：

1）点的水平投影与其正面投影的连线垂直于 X 轴；点的正面投影与其侧面投影的连线垂直于 Z 轴。即 $ss' \perp OX$，$s's'' \perp OZ$。

2）点的正面投影到 X 轴的距离等于点的侧面投影到 Y 轴的距离，均反映空间点到水平投影面的距离；点的水平投影到 X 轴的距离等于点的侧面投影到 Z 轴的距离，均反映空间点到正立投影面的距离；点的水平投影到 Y 轴的距离等于点的正面投影到 Z 轴的距离，均反映空间点到侧立投影面的距离。即 $s's_X = s''s_{YW} = Ss$，$ss_X = s''s_Z = Ss'$，$ss_{YH} = s's_Z = Ss''$。

【例 3-1】　已知点的正面投影 a' 和水平投影 a（图 3-12a），试求点的侧面投影 a''。

作图方法如图 3-12b 所示。

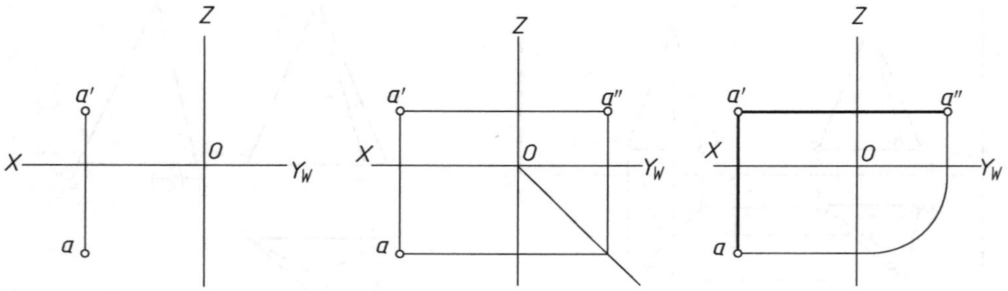

a) 题目　　　　b) 解题

图 3-12　点的二求三

2. 点的投影与坐标之间的关系

若将三面投影体系看作直角坐标系，则投影轴、投影面、点 O 分别是坐标轴、坐标面、原点。点 $A(X_A, Y_A, Z_A)$ 的投影与该点的坐标有下述关系：

X 坐标 X_A（即 Oa_X）= 点 A 到 W 面距离 $a''A$；

Y 坐标 Y_A（即 $Oa_{YH} = Oa_{YW}$）$= a_Xa = a_Za'' =$ 点 A 到 V 面距离 $a'A$；

Z 坐标 Z_A（即 Oa_Z）$= a_Xa' = a_{YW}a'' =$ 点 A 到 H 面距离 aA。

点的一个投影可以反映空间点的两个坐标，因此，当空间点 A 由坐标（X，Y，Z）给定后，就可作出点 A 的三面投影；反之，亦然。

图 3-13 所示是位于 V 面、H 面和 OX 轴上的三点 B、C、D 的直观图和投影图，由图可看出其坐标和投影具有下述特征：

1）投影面上的点有一个坐标为零，在该投影面上的投影与其空间点重合，其他两投影分别在相应的投影轴上（如点 B、点 C）。

2）投影轴上的点有两个坐标为零，在该轴上有两个投影与其空间点重合，其余的一个投影落在原点 O 上（如点 D）。

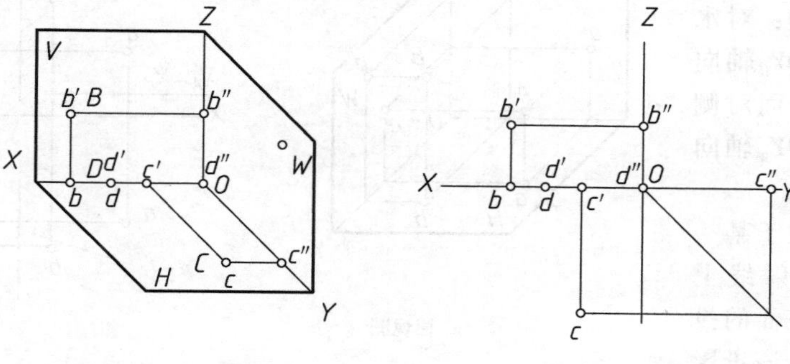

a) 直观图　　b) 投影图

图 3-13　投影面和投影轴上的点

【例 3-2】 已知点 A 的坐标为（15，10，20），点 B 的坐标为（20，0，10），点 C 的坐标为（0，15，0），分别求 A、B、C 三点的投影图。

【解】 步骤如下：

1）画两条互相垂直的细实线作为投影轴，标上相应的字母，再作一条与投影轴呈 45°的细实线为作图辅助线。

2）从原点出发，沿 OX 轴向左量取 15mm 得一点，定为 a_X，过该点作 OX 轴的垂线，如图 3-14a 所示。

3）在该垂线上，从 a_X 出发向上量取 20mm 得一点，定为 a'，向下量取 10mm 得一点，定为 a，如图 3-14b 所示。

4）由点 A 的两投影（a，a'），用“二求三”的方法作图即可得点 A 的第三投影 a''，如图 3-14 c 所示。

B、C 两点的作图过程与点 A 类似，如图 3-14d 所示。

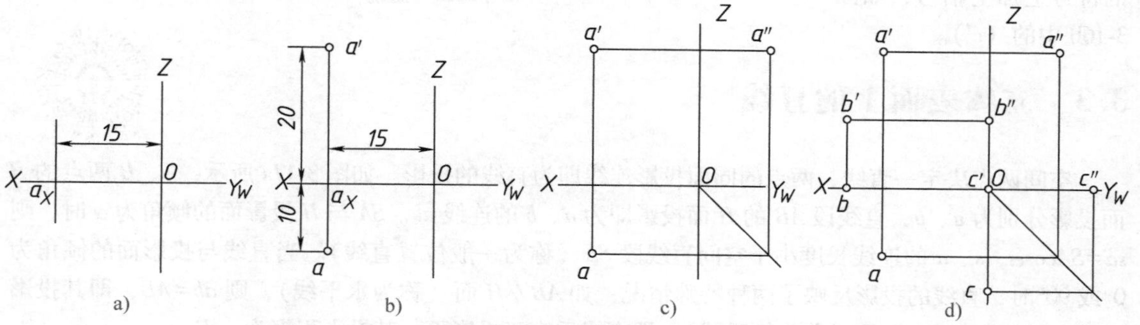

a)　b)　c)　d)

图 3-14　由给定的点的坐标值求点的投影图

3.2.2　两点的相对位置与重影点

空间两点的相对位置是指它们的左右、前后及上下之间的关系，一般由 X、Y、Z 三个方向上的坐标差来判断。

如图 3-15 所示，因为 $X_A>X_B$，$Y_A<Y_B$，$Z_A<Z_B$，所以点 A 在点 B 的左、后、下方。它们之间在这三个方向上的坐标差，即为这两点对投影面 W、V、H 的距离差。若已知两点的相对位置及

其中一个点的投影，就能作出另一个点的投影。

需要注意的是：对水平投影而言，沿 OY_H 轴向下移动代表向前；而对侧面投影而言，沿 OY_W 轴向右移动也代表向前。

当空间两点位于某一投影面的一条投射线上时，则此两点在该面的投影必重合，称之为该投影面的重影点，如图 3-16 所示。从相对位置分析，点 C 在点 A 之后 Y_A-Y_C处，因为 $X_A=X_C$，$Z_A=Z_C$，所以点 C 与点 A 无左右距离差和上下距离差，点 C 在点 A 的正后方，正面投影相重合，点 A 和点 C 称为对正面的重影点。

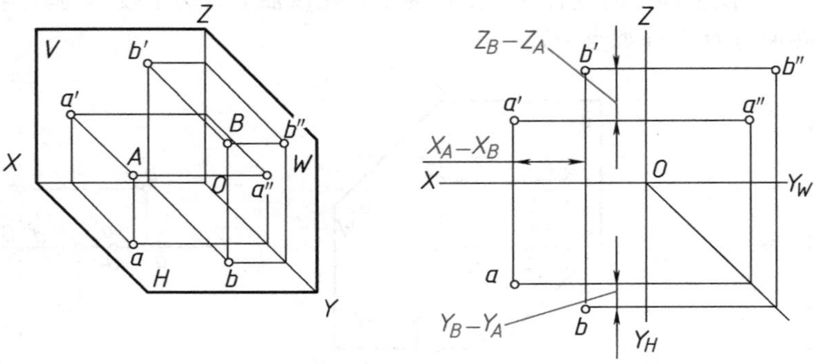

a) 直观图　　b) 投影图

图 3-15　两点的相对位置

对 V 面、H 面、W 面的重影点的可见性判断，分别应是前遮后、上遮下、左遮右。图 3-16 中由于点 A 位于点 C 正前方，因此 V 面投影 a' 可见，c' 被遮而不可见。如需表明可见性，则在不可见投影的符号上加上括号，如图 3-16b 中的（c'）。

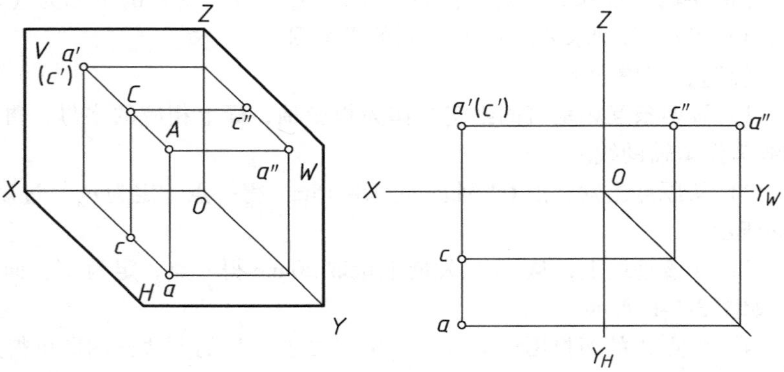

a) 直观图　　b) 投影图

图 3-16　重影点

3.3　立体表面上的直线

空间两点决定一直线，两点的同面投影连线即为直线的投影。如图 3-17a 所示，A、B 两点的 H 面投影分别为 a、b，直线段 AB 的 H 面投影即为 a、b 的连线 ab。SA 与 H 投影面的倾角为 α 时，则 $sa=SA\cos\alpha$，s、a 的连线长度小于空间直线段 SA（称为一般位置直线）。当直线与投影面的倾角为 0°或 90°时，直线的投影反映了两种特殊情况：如 $AB/\!/H$ 面（称为水平线），则 $ab=AB$，即其投影反映实长；如 $AC\perp W$ 面（称为侧垂线），即直线垂直于投影面，其投影积聚为一点。

3.3.1　各种位置的直线

位于三面投影体系中的直线，相对于投影面有三种不同的位置：一般位置、平行位置和垂直位置。处于后两种位置的直线，称为特殊位置直线。

1. 一般位置直线

当直线与三个投影面均倾斜时，称为一般位置直线，如图 3-18 所示。直线两端点 A、B 的各同面投影连线 ab、$a'b'$、$a''b''$分别为直线 AB 的水平投影、正面投影和侧面投影。直线与投影面

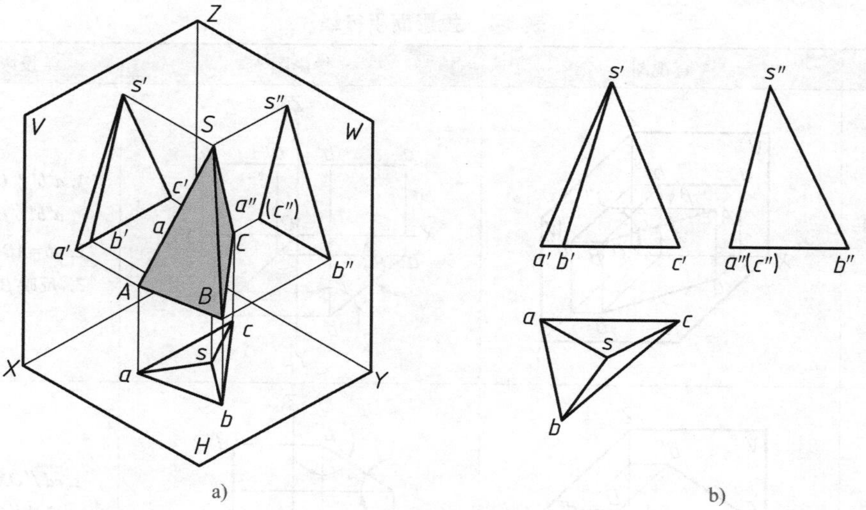

图 3-17 直线的投影

H、V、W 的倾角分别记为 α、β、γ，则 $ab=AB\cos\alpha<AB$，$a'b'=AB\cos\beta<AB$，$a''b''=AB\cos\gamma<AB$。由图 3-18 可知，直线 AB 的投影与投影轴的夹角，并不等于直线 AB 对投影面的夹角。

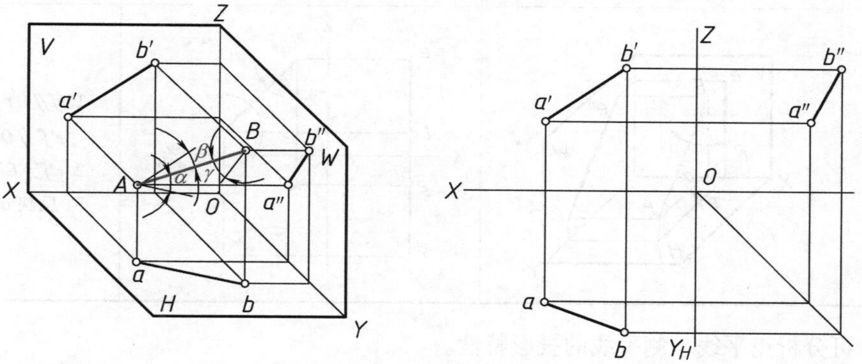

图 3-18 一般位置直线的投影

一般位置直线的投影特性为：

1）一般位置直线的三个投影都倾斜于投影轴。

2）一般位置直线的三个投影长度均小于线段的实长。

3）投影与投影轴的夹角不反映直线对投影面的夹角。

2. 投影面的平行线

当直线仅平行于某一投影面时（与另两投影面倾斜），则得到投影面的平行线，把平行于 H 面、V 面、W 面的直线分别称为水平线、正平线、侧平线。表 3-1 列出了三种投影面平行线的直观图、投影图和投影特性。

以表 3-1 中的水平线 AB 为例，分析如下：

直线 $AB /\!/ H$ 面，其水平投影 $ab=AB$，反映实长，ab 与 OX 轴、OY_H 轴的夹角分别反映直线 AB 与 V 面、W 面的倾角 β、γ 的真实大小。

$AB /\!/ H$ 面，其上各点 Z 坐标相等，正面投影 $a'b' /\!/ OX$，侧面投影 $a''b'' /\!/ OY_W$，投影到轴线的距离反映直线 AB 到 H 面的距离；$a'b'=AB\cos\beta$，$a''b''=AB\cos\gamma$，均小于直线 AB 的实长。

表 3-1　投影面平行线

直线的位置	直观图	投影图	投影特性
平行于 *H* 面（水平线）	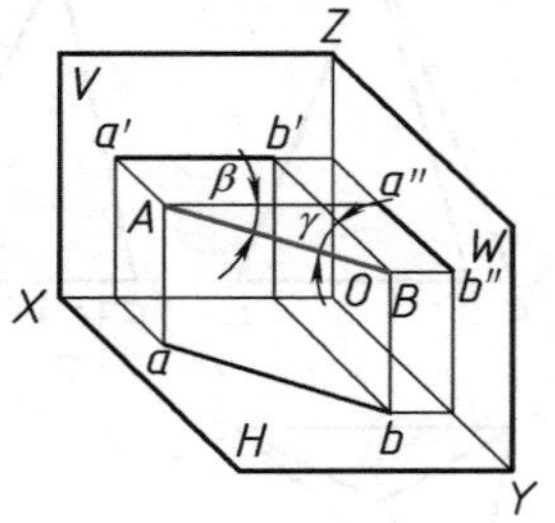	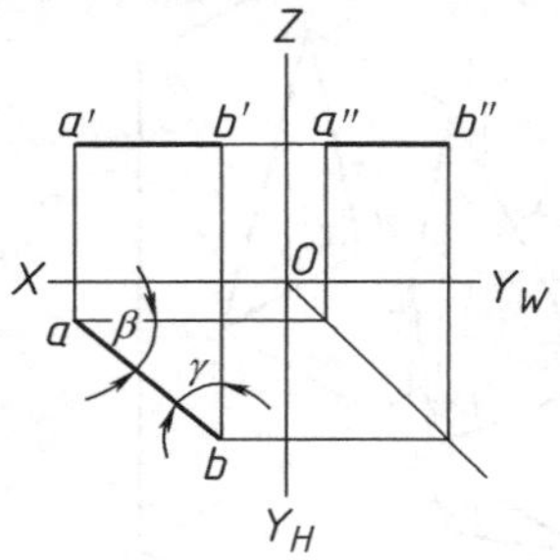	1. $a'b' // OX$ $a''b'' // OY_W$ 2. $ab = AB$ 3. 反映 β、γ 角
平行于 *V* 面（正平线）	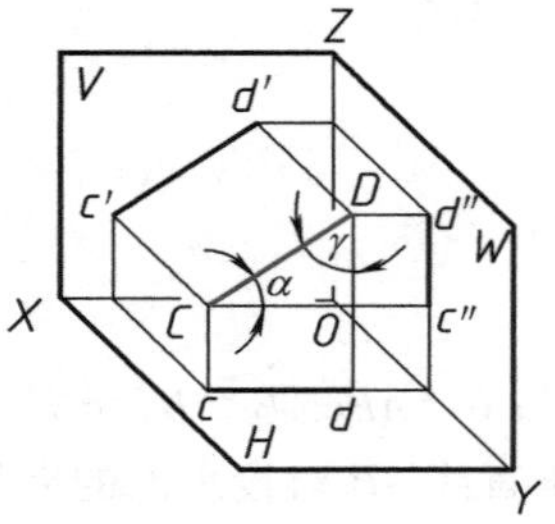	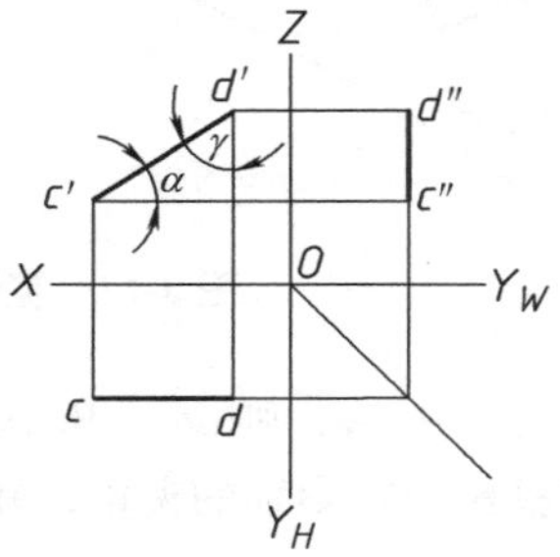	1. $cd // OX$ $c''d'' // OZ$ 2. $c'd' = CD$ 3. 反映 α、γ 角
平行于 *W* 面（侧平线）	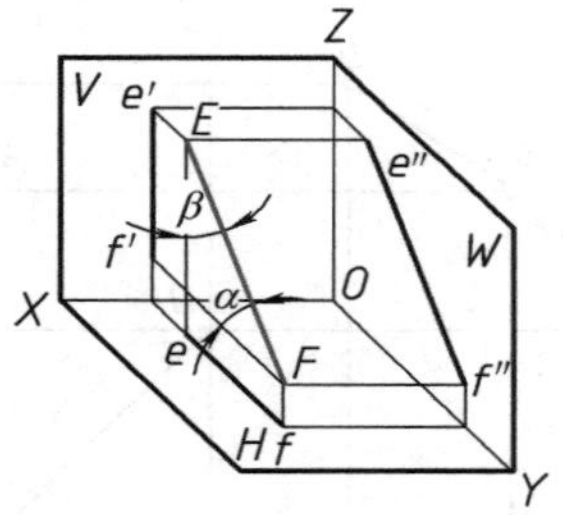	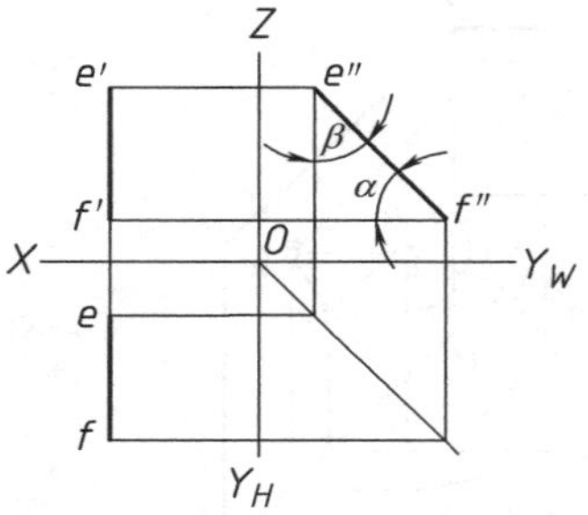	1. $ef // OY_H$ $e'f' // OZ$ 2. $e''f'' = EF$ 3. 反映 α、β 角

同理，可分析正平线、侧平线的投影特性。

由表 3-1 可概括出投影面平行线的投影特性如下：

1）在所平行的投影面上的投影反映实长，它与投影轴的夹角，分别反映直线与另两投影面的真实倾角。

2）另外两投影平行于相应的投影轴，长度缩短。

3. 投影面的垂直线

当直线垂直于一个投影面时（必定同时平行另两个投影面），则得到投影面的垂直线，把垂直于 *H* 面、*V* 面、*W* 面的直线分别称为铅垂线、正垂线、侧垂线。表 3-2 列出了三种投影面垂直线的直观图、投影图和投影特性。

以表 3-2 中的铅垂线为例，分析如下：

直线 $AB \perp H$ 面，其水平投影 ab 必积聚为一点；又直线 $AB // V$ 面、直线 $AB // W$ 面，正面投影 $a'b' = AB$，且 $a'b' // OZ$ 轴，侧面投影 $a''b'' = AB$，且 $a''b'' // OZ$ 轴。

同理，可分析正垂线、侧垂线的投影特性。

由表 3-2 可概括出投影面垂直线的投影特性如下：

1）在所垂直的投影面上的投影积聚为一点。

2）另外两投影均反映实长，且平行于同一根投影轴。

表 3-2 投影面垂直线

直线的位置	直观图	投影图	投影特性
垂直于 *H* 面（铅垂线）	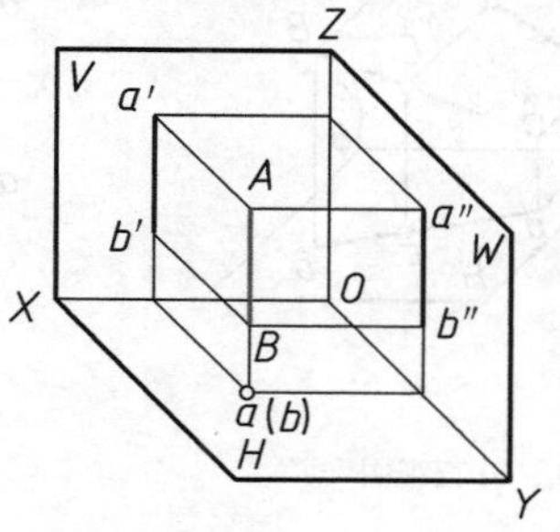	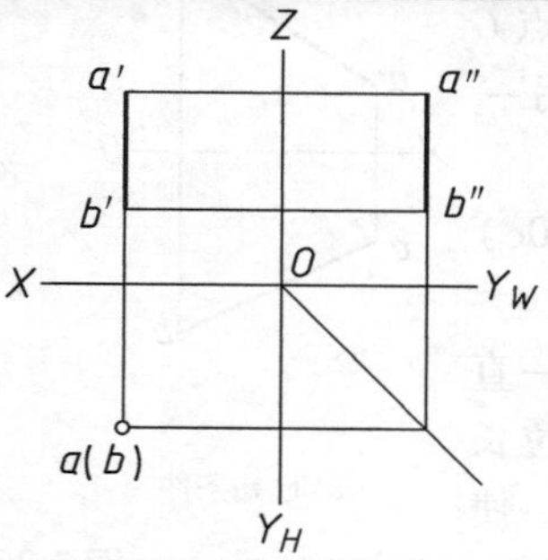	1. ab 积聚成一点 2. $a'b' \perp OX$ $a''b'' \perp OY_W$ 3. $a'b'=a''b''=AB$
垂直于 *V* 面（正垂线）	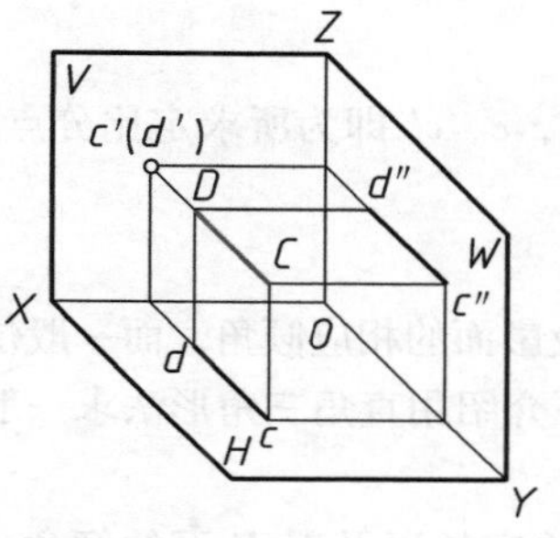	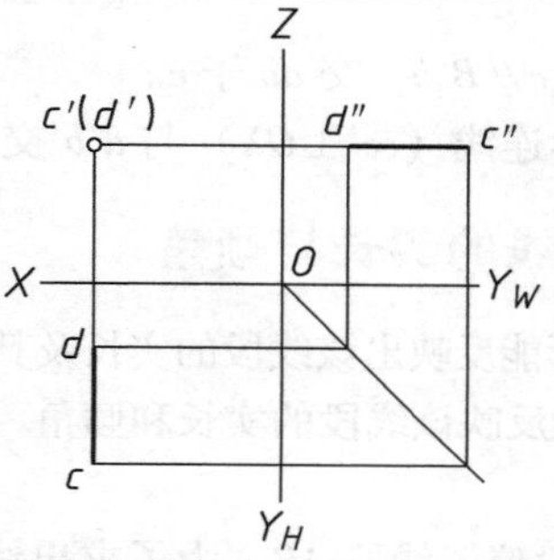	1. $c'd'$ 积聚成一点 2. $cd \perp OX$ $c''d'' \perp OZ$ 3. $cd=c''d''=CD$
垂直于 *W* 面（侧垂线）	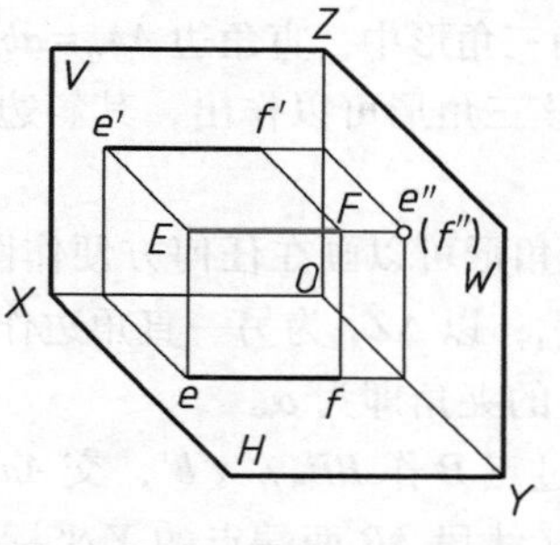	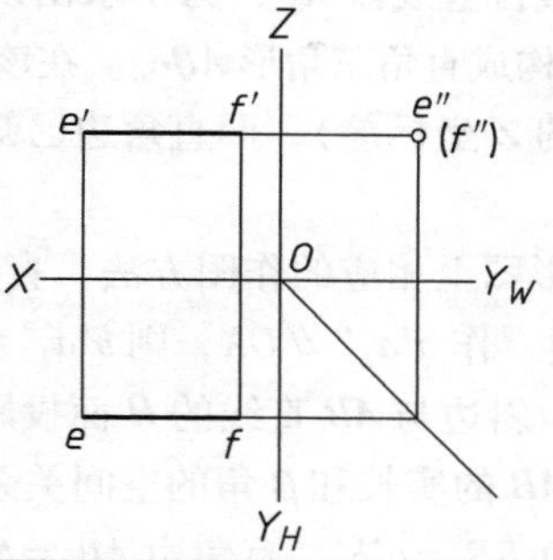	1. $e''f''$ 积聚成一点 2. $ef \perp OY_H$ $e'f' \perp OZ$ 3. $ef=e'f'=EF$

3.3.2 直线上的点

属于直线上的一点，其投影必在直线的同面投影上。如图 3-19 中的直线 *AB* 上的点 *C*，其投影 *c* 在直线的投影 *ab* 上；直线 *DE* 上的点 *F*，其投影 *f* 在直线的投影 *de* 上，由于 *DE* 为 *H* 面的垂直线，故其投影重合在一处，*f* 也重合在投影 *de* 上。

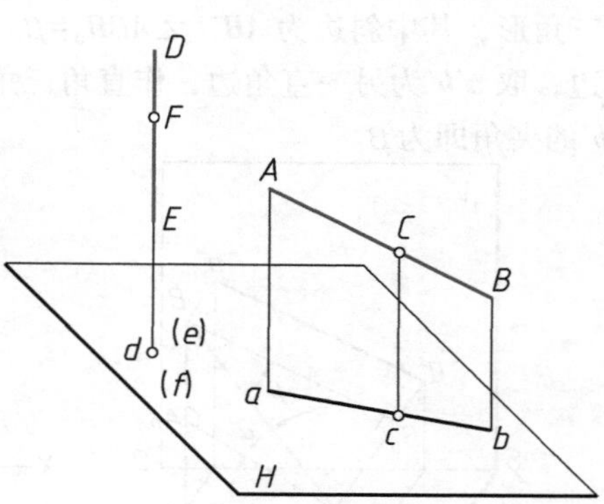

图 3-19 直线上的点的投影

因直线 *AB* 上的点 *A*、*B*、*C* 的同面投射线均互相平行，所以 $AC:CB=ac:cb$。

直线上的点的投影特性为：

1）点在直线上，其投影在直线的同面投影上，且符合点的投影规律。

2）点分线段之比，在投影后保持不变，即 $AC:CB=ac:cb$（图 3-19）。

【例 3-3】 在直线 *AB* 的投影图上作出分线段 *AB* 为 3∶2 的点 *C* 的两面投影 c、c'（图 3-20）。

【解】 根据直线上点的投影特性，可先把 AB 的任一投影分为3∶2，得点 C 的一个投影，再作出另一投影。

作图过程（图3-20c）如下：

1）过投影 a 任作一直线，在其上量取5个单位长度，得点 B_0，再取点 C_0，使 $aC_0 : C_0B_0 = 3 : 2$；

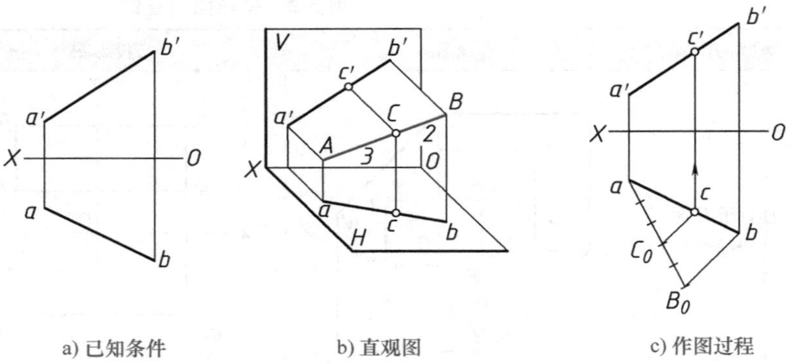

图3-20 作分线段 AB 为3∶2的分点 C

2）连接 bB_0，作 $C_0c /\!/ B_0b$，交 ab 于 c。

3）由投影 c 作投影连线（$cc' \perp OX$）与 $a'b'$交于 c'，c、c' 即为所求定比分点 C 的两投影。

3.3.3 一般位置直线的实长与倾角

特殊位置直线的投影能反映出该线段的实长及其对投影面的相应倾角，而一般位置直线的三面投影均不能反映该线段的实长和倾角。以下介绍用直角三角形法求一般位置线段的实长和倾角。

图3-21a 中给出一般位置线段 AB，为了求出线段的实长以及对 H 面的倾角 α，过端点 A 作 $AA_0 /\!/ ab$，交 Bb 于 A_0，构成直角三角形 ABA_0。在该直角三角形中，直角边 $AA_0 = ab$，直角边 $BA_0 = \Delta Z_{AB}$（线段 AB 两端点的 Z 坐标差），两直角边已知，该三角形可以作出，其斜边即为空间的 AB 线段，$\angle BAA_0 = \alpha$。

图3-21b 所示为投影图上相应的作图方法，直角三角形可以画在任何方便作图的地方。图中直接利用 ab 为一直角边，作 $a'a_1' /\!/ OX$，则 $b'a_1' = \Delta Z_{AB}$；以 ΔZ_{AB} 为另一直角边作出直角三角形，则斜边即为 AB 的实长，斜边与 AB 直线的 H 面投影 ab 的夹角即为 α。

图3-21a 同时表明 AB 的实长和 β 角的空间关系：过点 B 作 $BB_0 /\!/ a'b'$，交 Aa' 于 B_0，在直角三角形 ABB_0 中，直角边 $BB_0 = a'b'$，直角边 $AB_0 = \Delta Y_{BA}$（线段 AB 两端点的 Y 坐标差），故可作出该三角形，其中斜边为 AB，$\angle ABB_0 = \beta$。相应的投影图如图3-21c 所示，图中直接取 ΔY_{BA} 为一直角边，取 $a'b'$ 为另一直角边，作直角三角形，则斜边即为 AB 的实长，斜边与 AB 直线的 V 面投影 $a'b'$ 的夹角即为 β。

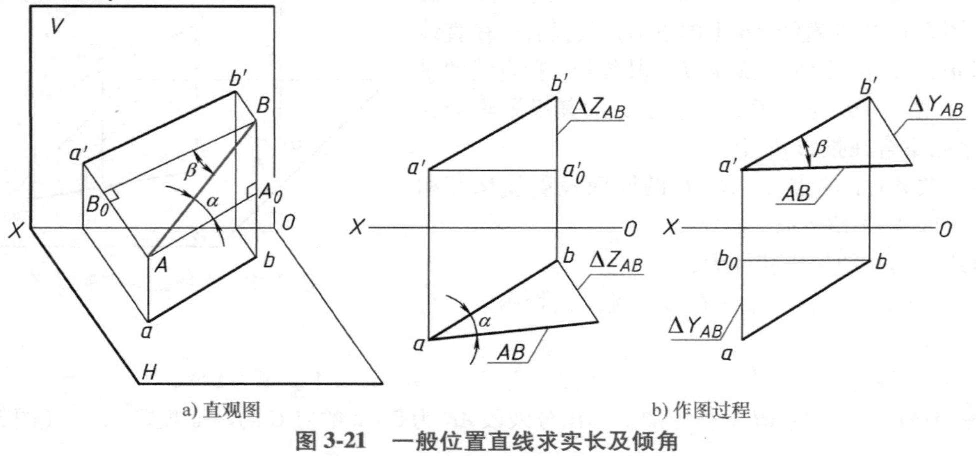

图3-21 一般位置直线求实长及倾角

读者可自行分析线段 AB 的实长和 γ 角的空间关系及图解方法。

归纳直角三角形法的作图要点如下：

1）以线段在某投影面上的投影为一直角边。

2）以线段两端点相对该投影面的坐标差为另一直角边，作直角三角形。

3）斜边等于空间线段实长，斜边与线段投影的夹角等于线段与该投影面的倾角。

需特别注意的是：欲求一般位置直线对三个投影面的倾角，必须作三个直角三角形分别求取。

【例 3-4】 已知△ABC 的投影，试求出其实形（图 3-22）。

【解】 先求出三角形各边实长，作图确定三角形的实形。从投影图上判断，AC 边为正平线，故 $a'c'$ 等于其实长，不用再求；用直角三角形法分别求出 AB 边的实长和 BC 边的实长。用三段实长作成的三角形 ABC 即为所求。

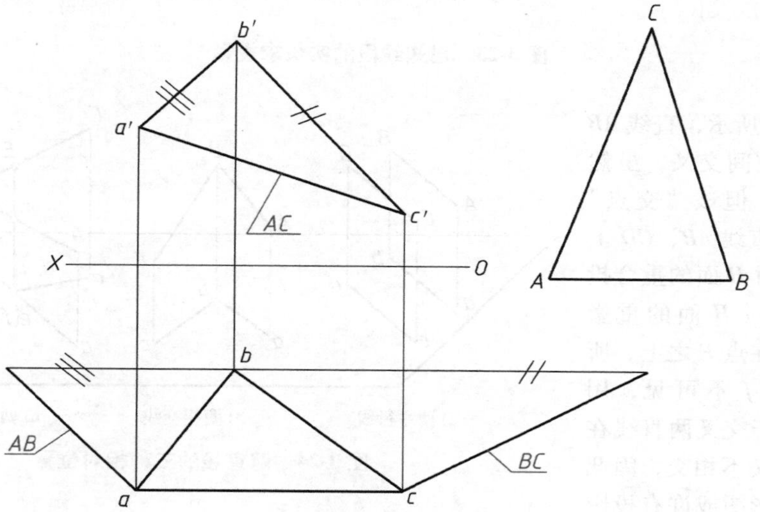

图 3-22 求三角形 ABC 的实形

【例 3-5】 已知线段 AB 的实长、正面投影 $a'b'$，以及 A 点水平投影 a，补全线段的水平投影 ab（图 3-23a）。

【解】 只要确定 B 点水平投影 b，即可作出 ab。根据已知条件，用直角三角形法，有两种作图方式确定 b。如图 3-23b 所示以 AB 的实长及 $a'b'$ 作直角三角形 $A_0b'a'$，其中 A_0a' 为 A、B 两点的 Y 坐标差，以此确定 $b(b_1)$，有两解。或者，如图 3-23c 所示，以 AB 的实长及 ΔZ_{AB} 作直角三角形 $A_0b'B_0$，其中另一直角边 A_0B_0 等于 ab，以此也可确定 $b(b_1)$，同样有两解。

3.3.4 两直线的位置关系

空间两直线的相对位置有三种：平行、相交、交叉（既不平行又不相交，也称异面）。

如图 3-24a 所示，将两平行直线 AB、CD 向 H 面作正投影，由于它们与投射线所形成的两平面 $ABba$ 与 $CDda$ 互相平行，显然 AB 与 CD 在 H 面上的投影一定平行，即 $ab \parallel cd$，同理可证明 $a'b' \parallel c'd'$，$a''b'' \parallel c''d''$。

如图 3-24b 所示，直线 AB 与直线 CB 交于点 B，点 B 是两直线的共有点，则 b 应同时位于 ab 和 bc 上，即为两直线的水平投影的交点 b。同理可证明 b'、b'' 也应分别是这两直线正面投影和侧面投影的交点。由于 b、b'、b'' 是点 B 的三面投影，应符合点的投影特性，即投影连线垂直于投影轴。

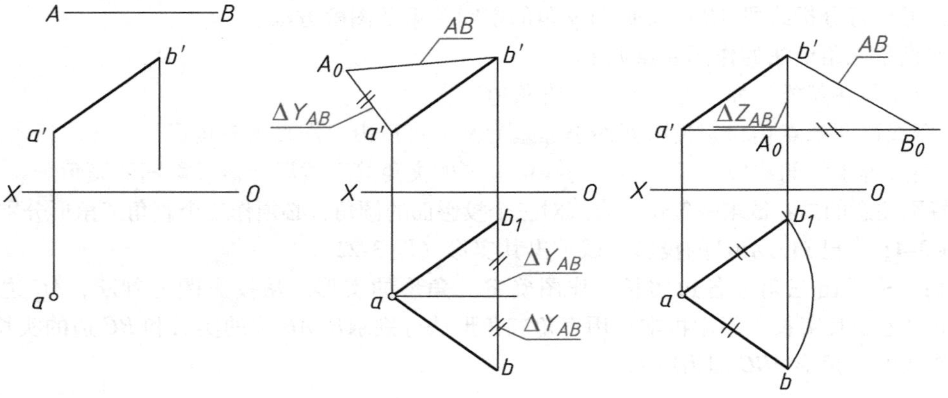

a)　　　　b)　　　　c)

图 3-23　已知线段的实长求投影

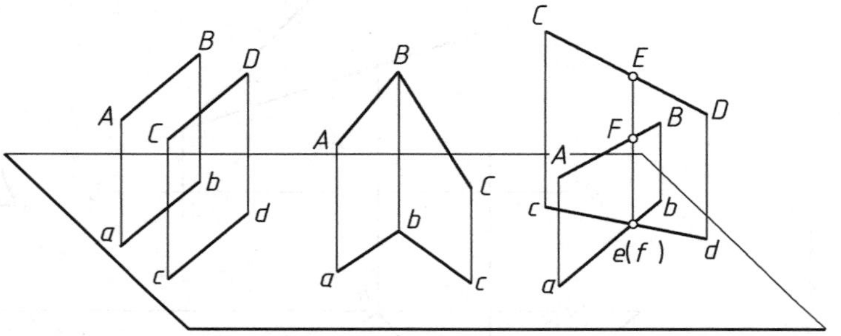

a) 两平行线　　b) 两相交线　　c) 两交叉线

图 3-24　两直线的三种相对位置

如图 3-24c 所示，直线 *AB* 与直线 *CD* 在空间交叉，虽然 *ab* 与 *cd* 相交，但该“交点”却是分别位于直线 *AB*、*CD* 上的点 *E*、点 *F* 对 *H* 面的重合投影。*e*、*f* 称为对 *H* 面的重影点。由于点 *E* 在点 *F* 之上，所以 *e* 可见，而 *f* 不可见，用 (*f*) 表示。由于交叉两直线在空间既不平行又不相交，因此它们的三面投影图或许有投影相交的情况，但该“交点”不符合点的投影特性；或许三面投影图有一个或两个相交的情况，而另两个或一个投影成平行或无交点状。由此说明交叉两直线的投影既不符合平行两直线的投影特性，又不符合相交两直线的投影特性。

表 3-3 为三种相对位置直线的投影图和投影特性。

表 3-3　两直线相对位置的投影特性

位置	平行两直线	相交两直线	交叉两直线
投影图	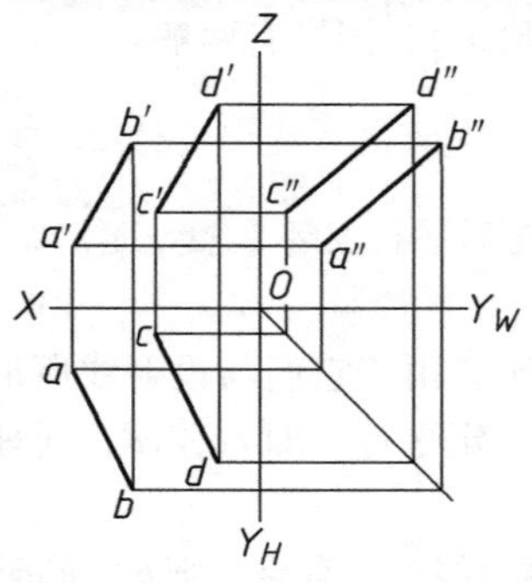	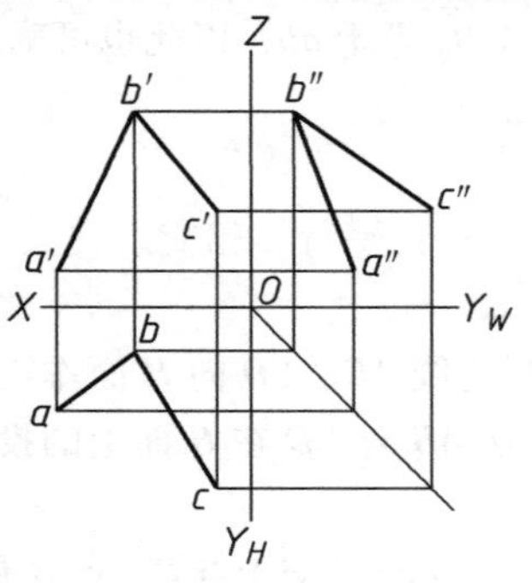	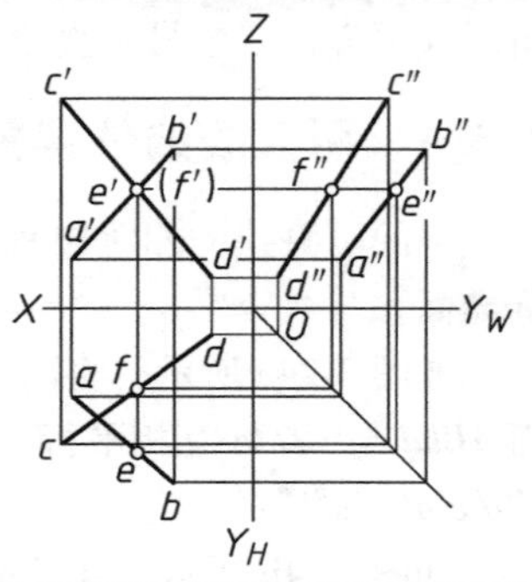
投影特性	三对同面投影分别相互平行	三对同面投影都相交，且交点符合点的投影规律	既不符合平行两直线又不符合相交两直线的投影规律

表3-3中交叉两直线重影点的可见性，可用“上遮下、前遮后、左遮右”来判断。如V面重影点：直线AB上的点E在直线CD上的点F之前，则正面重影点e'可见，f'不可见。

当两直线中有投影面垂直线时，它们相互间的相对位置表现出哪些投影特性，请读者自行分析。

【例3-6】 如图3-25和图3-26所示，判断两直线的相对位置。

【解】 在图3-25所示的情况下，两直线均为侧平线时只有两个投影，不能说明这两条侧平线在空间是否平行，通常应添加W面，作出直线AB、CD的侧面投影。若$a''b''/\!/c''d''$，则$AB/\!/CD$；若$a''b''$不平行于$c''d''$，则AB和CD交叉。作图结果如图3-25b所示，可判断AB和CD交叉。该题的关键是判断AB、CD是否共面（如平行或相交，则共面），增加侧面投影，交叉两直线的特点就显现出来。是否还有别的方法来判断两直线是否共面？请读者自行思考。

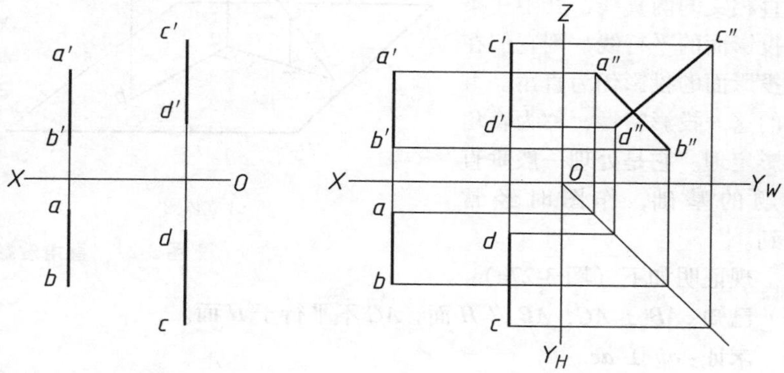

a) 已知条件　　b) 作图过程

图3-25　判断两直线的相对位置（一）

在图3-26所示的情况下，由于两直线同面投影不平行，所以空间两直线不平行。

在两面投影体系中，如果直线的投影不与投影连线重合，则可直接由两投影来判断。而该例中的直线AB为侧平线，ab、$a'b'$均与投影连线重合，因此应同图3-25一样添加W面，作出侧面投影，再根据投影特性来判断AB、CD是相交还是交叉。这是一种思路。

而在此，可以用另一种思路来判断。若直线AB、CD相交，则交点只有一个，且为直线AB、CD所共有；若交叉，则在某一投影面上的“交点”必为两直线上某两点对该投影面的重影点。据此，可以判断正面投影中的“交点”或水平投影中的“交点”是否是两直线的共有点。

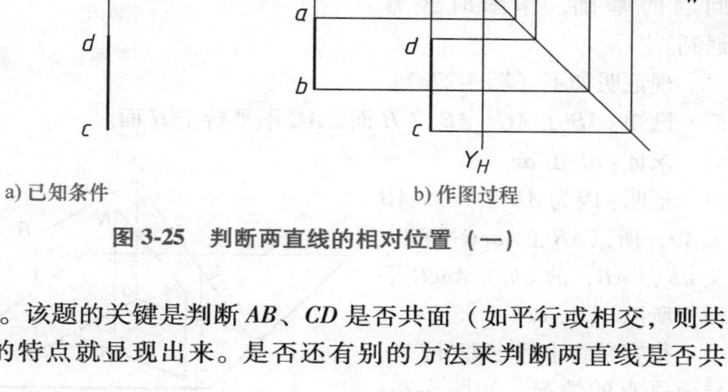

a) 已知条件　　b) 作图过程

图3-26　判断两直线的相对位置（二）

作图过程如图3-26b所示：

1）在$a'b'$、$c'd'$相交处，定出直线AB上的点E的正面投影e'。

2）由“点分线段成定比”的投影特性，求出直线AB上点E的水平投影e。

由于e不在ab、cd的相交处，故直线AB上的点E不属于直线CD。所以直线AB、CD交叉。

3.3.5　直角投影定理

如果角的两边同时平行于某个投影面，则两边在该面上投影的夹角反映该角的真实角度；如果两边倾斜于某一投影面，则投影不能反映夹角的真实大小。但是，如果垂直相交的两直线，其中一条是投影面的平行线，则它们在该投影面的投影仍为直角。直角的这一投影特性，称为直角投影定理。它是处理一般垂直问题的基础，作图时经常遇到。

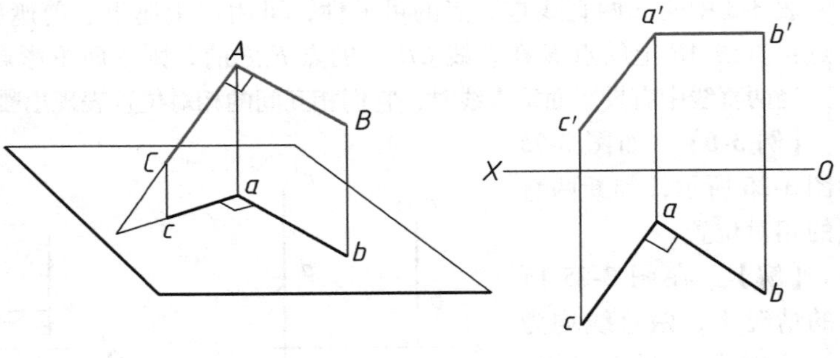

a) 立体图　　b) 相应投影图

图 3-27　直角投影定理

现证明如下（图 3-27a）：

已知：$AB \perp AC$，$AB \parallel H$ 面，AC 不平行于 H 面。

求证：$ab \perp ac$。

证明：因为 $AB \perp AC$，$AB \perp Aa$，所以 $AB \perp AacC$ 平面；又 $ab \parallel AB$，故 $ab \perp AacC$ 平面，所以 $ab \perp ac$。

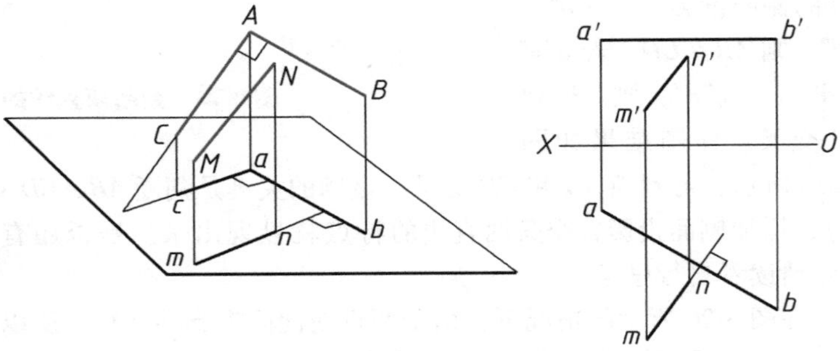

a) 立体图　　b) 相应投影图

图 3-28　两直线交叉垂直

很容易将上述定理推广到异面垂直的情况。如图 3-28a 所示，交叉两直线 $AB \perp MN$，且 $AB \parallel H$ 面，MN 不平行于 H 面，过直线 AB 上任一点 A 作直线 $AC \parallel MN$，则 $AC \perp AB$。由上述证明可知，$ab \perp ac$。$AC \parallel MN$，则其投影 $ac \parallel mn$，故 $ab \perp mn$。同理，可证明直角投影定理的逆命题也是正确的，称为直角投影逆定理：如果空间两直线在某投影面的投影为直角，且其中有一条直线是该投影面的平行线，那么这两条直线相互垂直。

【例 3-7】 已知水平线 AB 及正平线 CD，试过定点 E 作它们的公垂线（图 3-29a）。

【解】 如图 3-29b 所示，过点 E 的水平投影 e 作 $ef \perp ab$，过点 E 的正面投影 e' 作 $e'f' \perp c'd'$。$EF(ef,\ e'f')$ 即为所求的公垂线。因为根据直角投影定理，必有 $EF \perp AB$ 及 $EF \perp CD$。

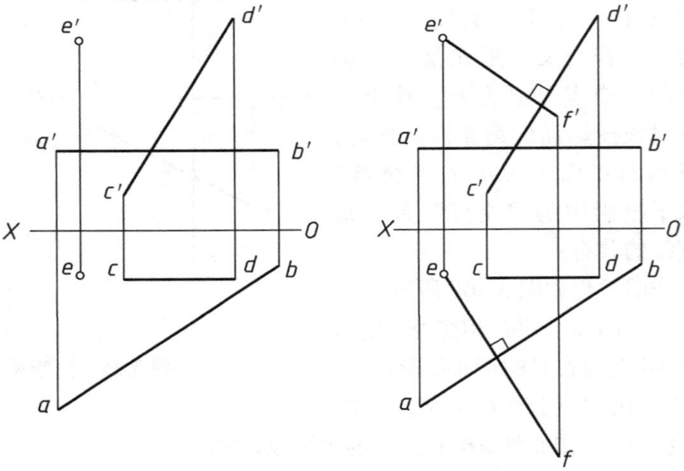

a)　　b)

图 3-29　作公垂线

应该指出，这里的公垂线 EF 与两已知直线均不相交。投影图中同一投影面上的投影的交点并非交点的投影，而是重影点的投影。

【例 3-8】 试过点 A 作一直角三角形 ABC。已知一条直角边 BC 处于已知水平线 MN 上，另一直角边为 AB，且知 $AB:BC=3:2$（图 3-30a）。

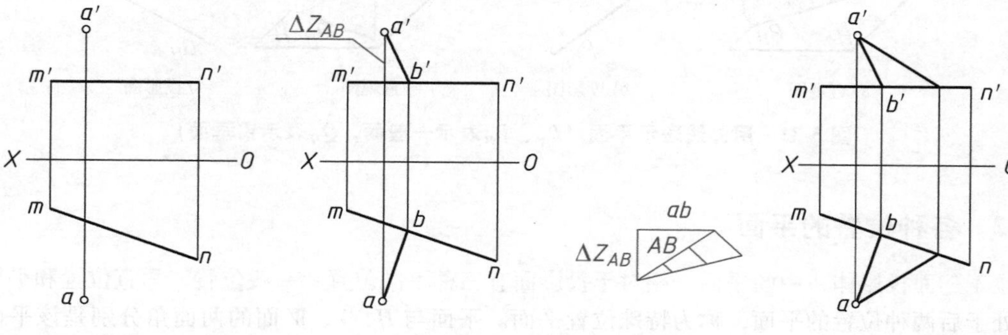

a)　　b)　　c)　　d)

图 3-30　作直角三角形

【解】 利用直角投影定理，过点 A 作一线段 AB 与直线 MN 垂直相交于 B 点（图 3-30b）。

利用直角三角形法求出线段 AB 的实长，并将它三等分（图 3-30c）。在直线 MN 的水平投影 mn 上取 $bc=2AB/3$，得 c，作出 c'，$\triangle ABC$ 即为所求（图 3-30d）。本题有两解，图中只示出一解。

3.4　立体表面上的平面

3.4.1　平面表示方法

平面的投影常用确定该平面的点、直线或平面图形等几何元素的投影来表示，如图 3-31 所示。

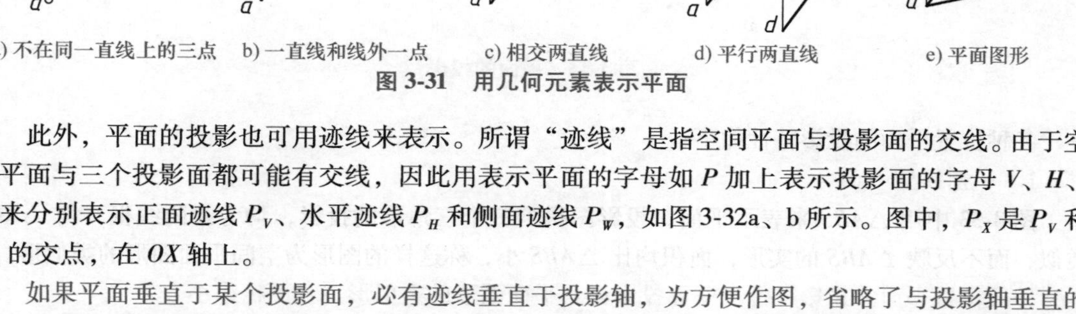

a) 不在同一直线上的三点　b) 一直线和线外一点　c) 相交两直线　d) 平行两直线　e) 平面图形

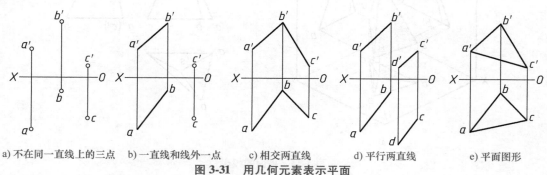

图 3-31　用几何元素表示平面

此外，平面的投影也可用迹线来表示。所谓“迹线”是指空间平面与投影面的交线。由于空间平面与三个投影面都可能有交线，因此用表示平面的字母如 P 加上表示投影面的字母 V、H、W 来分别表示正面迹线 P_V、水平迹线 P_H 和侧面迹线 P_W，如图 3-32a、b 所示。图中，P_X 是 P_V 和 P_H 的交点，在 OX 轴上。

如果平面垂直于某个投影面，必有迹线垂直于投影轴，为方便作图，省略了与投影轴垂直的迹线，而用与该投影面相交的一条迹线来表示。为区别起见，一般这类平面迹线用一条细实线并在两端加画两段粗短线来表示，如图 3-32d 所示。

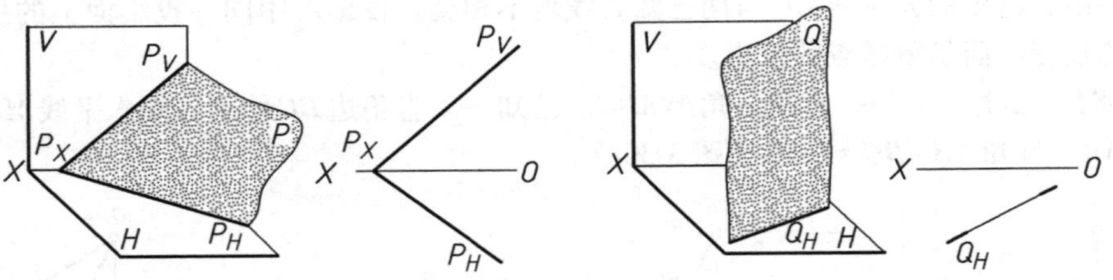

a) 直观图　b) 投影图　c) 直观图　d) 投影图

图 3-32　用迹线表示平面（P_V、P_H表示一般面，Q_H表示铅垂面）

3.4.2　各种位置的平面

位于三面投影体系中的平面，相对于投影面有三种不同位置：一般位置、垂直位置和平行位置。处于后两种位置的平面，称为特殊位置平面。平面与 *H*、*V*、*W* 面的两面角分别是该平面对投影面 *H*、*V*、*W* 的倾角 α、β、γ。平面平行于投影面，对该面的倾角为零；垂直于投影面，对该面的倾角为 90°。

当平面与三个投影面均倾斜时，称为一般位置平面，如图 3-33 所示三棱锥的侧面 *SAB*。当平面仅与一个投影面垂直（与另两个投影面均倾斜）时，称为投影面的垂直面，如图 3-33 所示三棱锥的侧面 *SAC*。垂直于 *H* 面，称之为铅垂面；垂直于 *V* 面，称之为正垂面；垂直于 *W* 面；称之为侧垂面。平行于投影面的平面称为投影面的平行面，如图3-33 所示三棱锥的底面 *ABC*。平行于 *H* 面，称为水平面；平行于 *V* 面，称为正平面；平行于 *W* 面，称为侧平面。

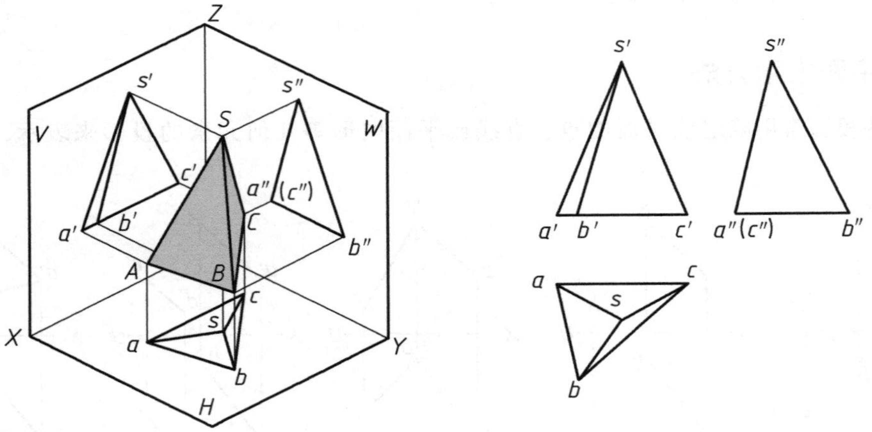

a)　b)

图 3-33　平面的投影

各种位置平面的投影特性如下：

1. 一般位置平面

图 3-33 中用 △*ABS* 来表示平面，投影图得到三个三角形的投影，均为封闭线框，与 △*ABS* 类似，而不反映 △*ABS* 的实形，面积均比 △*ABS* 小，称这样的图形为空间平面图形的类似形。

一般位置平面的投影特性：三面投影都是平面图形的类似形，且面积缩小。

2. 投影面垂直面

表 3-4 列出了三种投影面垂直面的直观图、投影图和投影特性。

表 3-4　投影面垂直面的投影特性

平面的位置	直观图	投影图	投影特性
垂直于 *H* 面 （铅垂面）	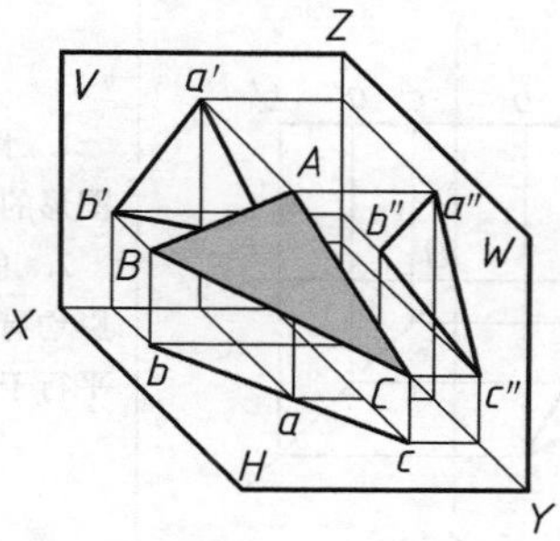	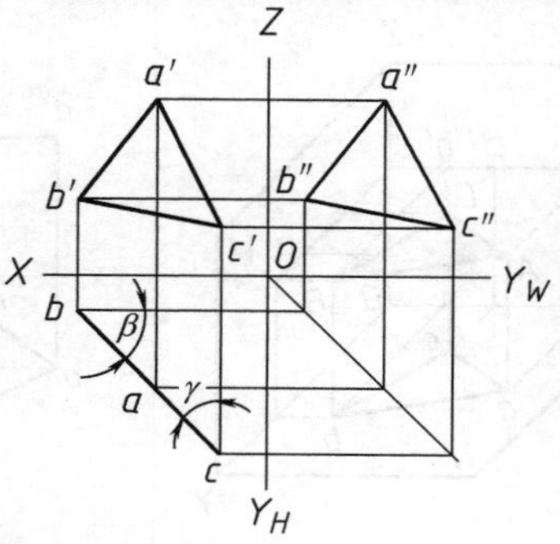	1. 水平投影积聚成一直线，且反映与 *V* 面、*W* 面的夹角 β、γ 2. 其他两面投影为平面图形的类似形
垂直于 *V* 面 （正垂面）	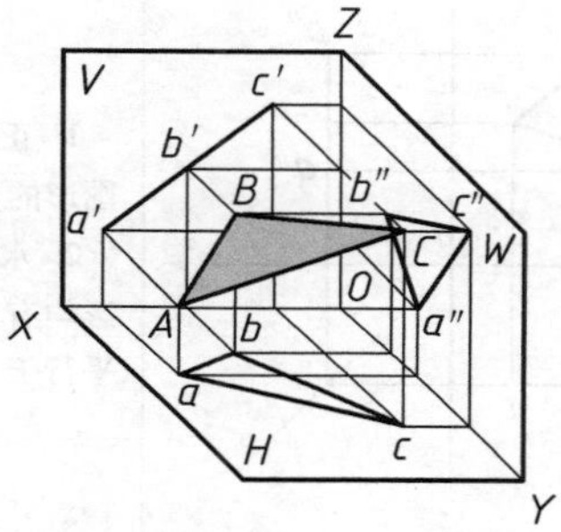	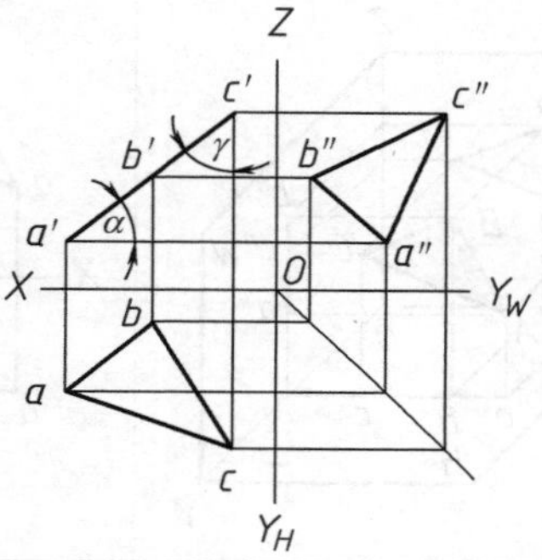	1. 正面投影积聚成一直线，且反映与 *H* 面、*W* 面的夹角 α、γ 2. 其他两面投影为平面图形的类似形
垂直于 *W* 面 （侧垂面）	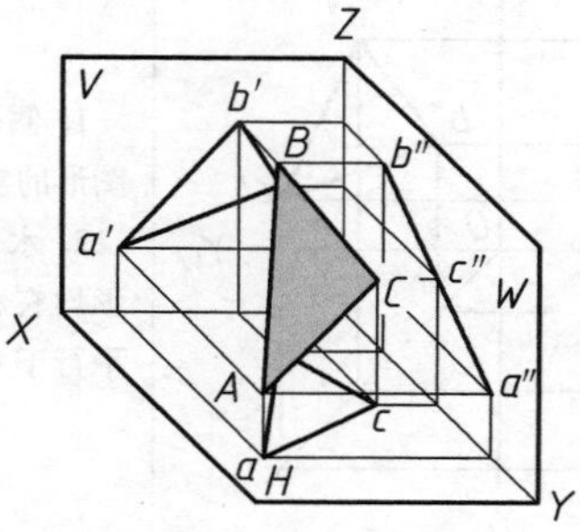	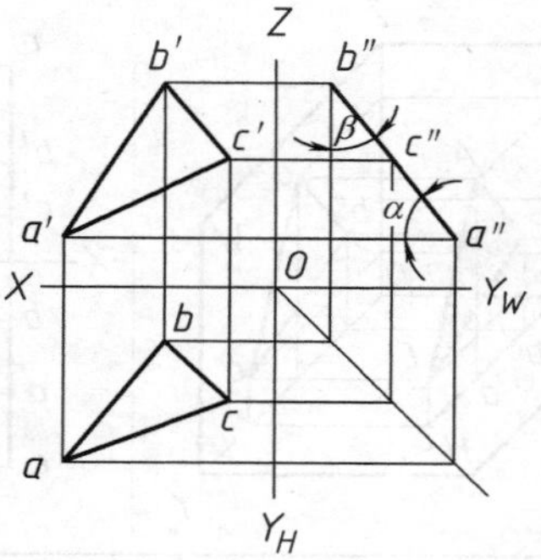	1. 侧面投影积聚成一直线，且反映与 *H* 面、*V* 面的夹角 α、β 2. 其他两面投影为平面图形的类似形

现以表 3-4 中的铅垂面为例，分析如下：

因为 $\triangle ABC \perp H$ 面，所以其水平投影 abc 在一条直线上，且 $\triangle ABC$ 与 *V* 面、*W* 面的夹角可在此投影上直接反映；同时因为 $\triangle ABC$ 倾斜于 *V* 面、*W* 面，所以它的正面投影和侧面投影仍是 $\triangle a'b'c'$ 和 $\triangle a''b''c''$，都是类似形，且面积缩小。

同理可分析正垂面、侧垂面的投影特性。

由表 3-4 可概括出投影面垂直面的投影特性如下：

1）在所垂直的投影面上的投影积聚成直线，它与投影面的夹角分别反映平面对另两投影面的真实倾角。

2）在另外两个投影面上的投影为空间平面图形的类似形，且面积缩小。

3. 投影面平行面

表 3-5 列出了三种投影面平行面的直观图、投影图和投影特性。

表 3-5　投影面平行面的投影特性

平面的位置	直观图	投影图	投影特性
平行于 *H* 面（水平面）	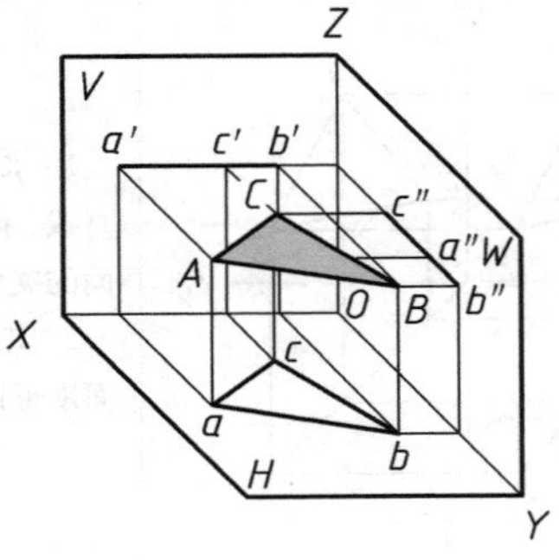	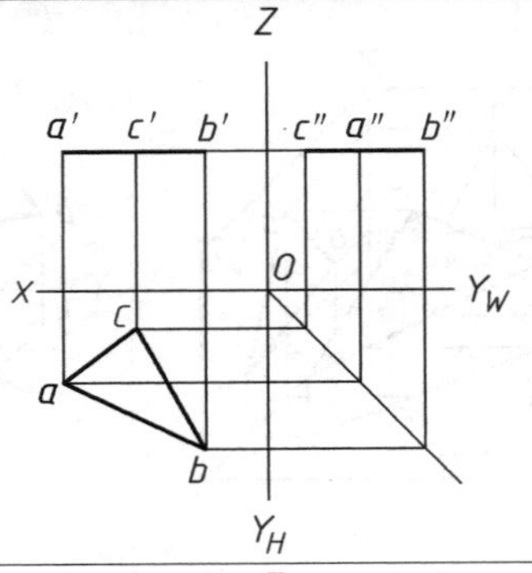	1. 水平投影反映平面图形的实形 2. 正面投影和侧面投影均有积聚性，且分别平行于 *OX* 轴和 OY_W 轴
平行于 *V* 面（正平面）	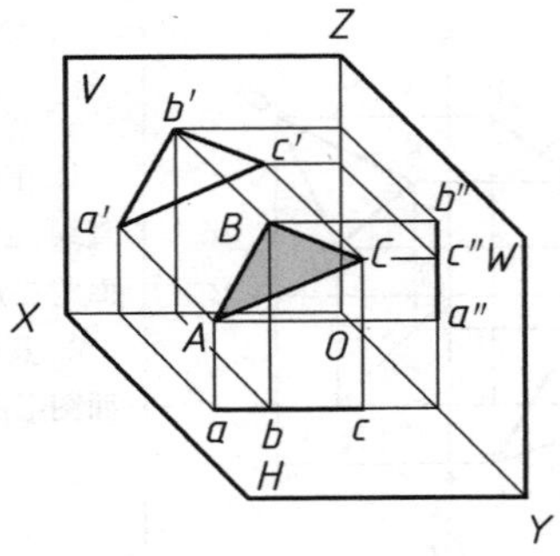	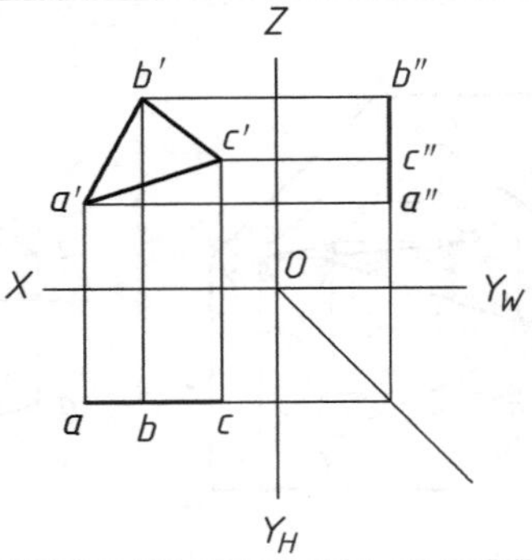	1. 正面投影反映平面图形的实形 2. 水平投影和侧面投影均有积聚性，且分别平行于 *OX* 轴和 *OZ* 轴
平行于 *W* 面（侧平面）	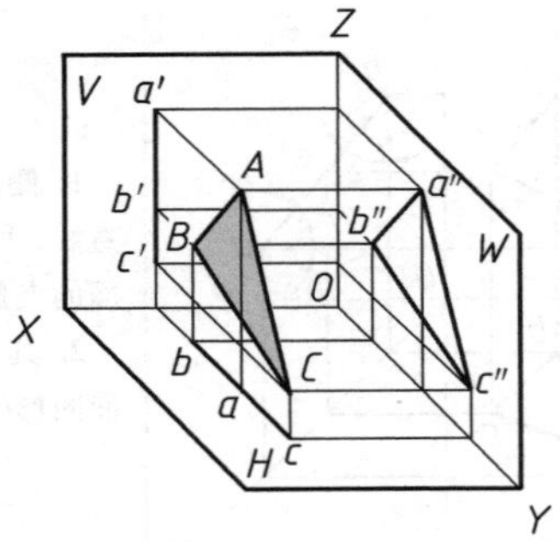	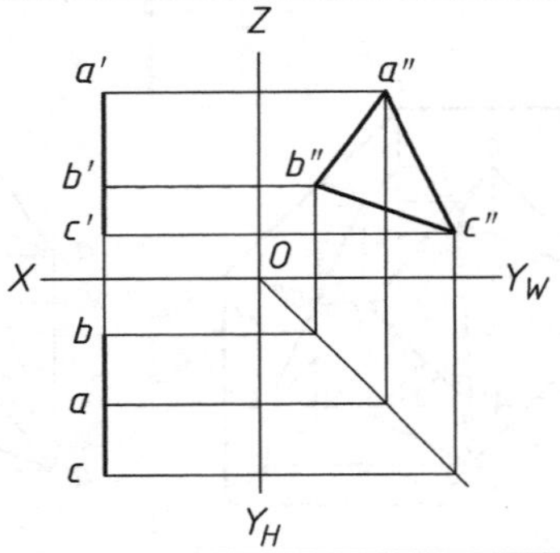	1. 侧面投影反映平面图形的实形 2. 水平投影和正面投影均有积聚性，且分别平行于 OY_H 轴和 *OZ* 轴

现以表 3-5 中的水平面为例，分析如下：

因为 $\triangle ABC \parallel H$ 面，所以其水平投影 *abc* 反映实形；同时因为 $\triangle ABC$ 与 *V* 面、*W* 面垂直，所以它的正面投影和侧面投影分别积聚成直线，且由于平面上各点的 *Z* 坐标相等（平行于 *H* 面），因此这两个积聚性投影还平行于相应的投影轴 *OX*、OY_W。

同理可分析正平面、侧平面的投影特性。

由表 3-5 可概括出投影面平行面的投影特性如下：

1）在所平行的投影面上的投影反映实形。

2）另外两个投影面上的投影分别积聚成直线，且平行于相应的投影轴。

3.4.3　平面上的点和直线

点和直线在平面上的几何条件是：

1）点在平面上，则该点必在属于这个平面的一条直线上。

2）直线在平面上，则该直线必定通过属于这个平面上的两点；或者通过该平面上的一个点，且平行于属于这个平面上的另一条直线。

如图3-34a所示，在三棱锥侧面*SAB*的两条棱线*SA*、*SB*上有两点Ⅰ、Ⅱ，则直线ⅠⅡ必定在侧面*SAB*上。如果点*K*在直线ⅠⅡ上，则点*K*也在侧面*SAB*上。直线ⅡⅢ∥*AB*，则直线ⅡⅢ也在侧面*SAB*上。

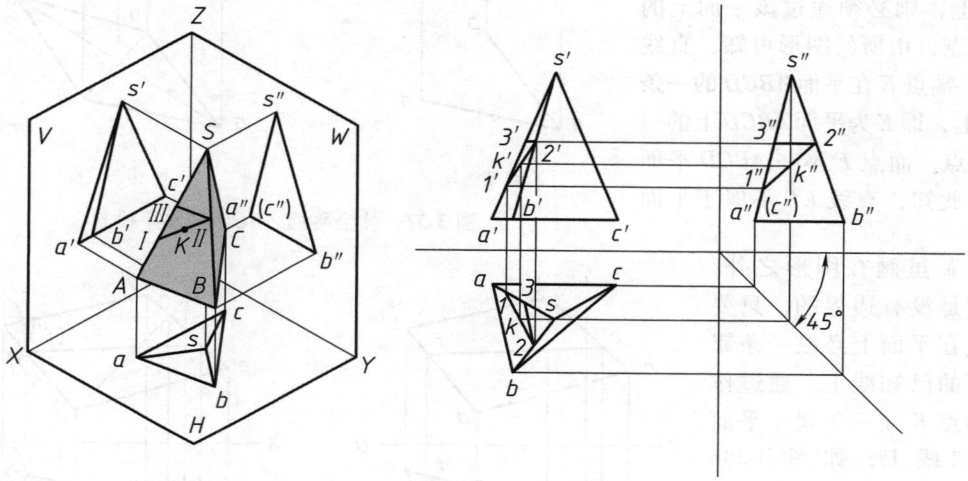

a)　　　　b)

图3-34　平面上的点和直线

特殊位置平面由于在其所垂直的投影面上的投影积聚成直线，所以这类平面上的点和直线在该平面所垂直的投影面上的投影位于平面有积聚性的投影或迹线上，如图3-35所示。

属于平面上的线可能处于一般位置，也可能处于特殊位置，比如平面上的水平线、正平线和侧平线，它们是属于平面上的对投影面处于平行位置的线，如图3-36所示为属于平面*ABC*上的水平线*AD*。请读者自行分析诸如图3-36中这类平面上的特殊位置线的投影特性。

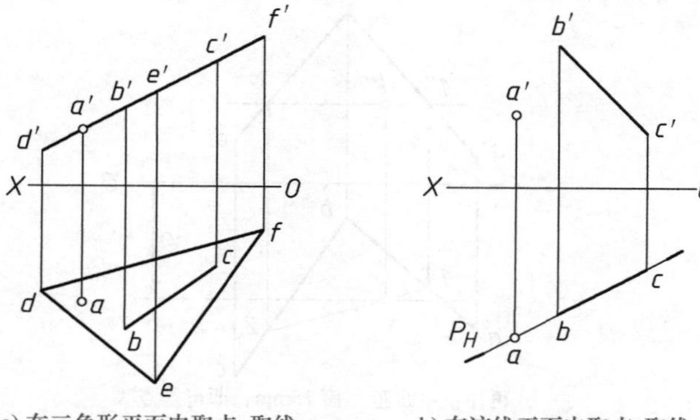

a) 在三角形平面内取点、取线　　b) 在迹线平面内取点、取线

图3-35　在有积聚性投影的平面内取点、取线

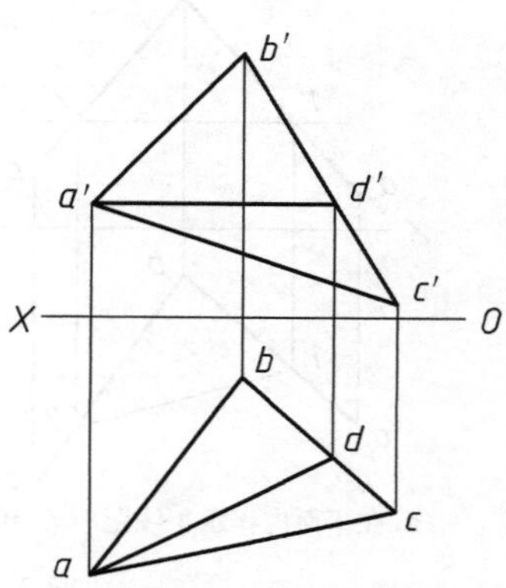

图3-36　平面上的水平线

【例3-9】　已知平面*ABCD*的正面投影和部分水平投影，试补全平面*ABCD*的水平投影（图3-37）。

【解】　该题的关键是*A*、*B*、*C*、*D*四点由于位于同一平面内，因此只需在由*ABD*组成的平

面内确定第四个点 C 即可。具体作图过程如图 3-37b 所示。

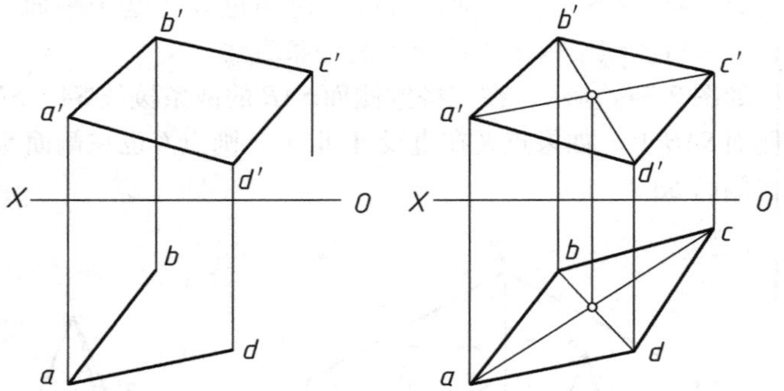

a) 已知条件　　b) 作图过程

图 3-37　补全平面 *ABCD* 的水平投影

【例 3-10】 判断直线 *EF* 和点 *K* 是否在平面 *ABCD* 上（图 3-38）。

【解】 如果直线 *EF* 在平面 *ABCD* 上，则必须通过该平面上的两已知点，由所给图形可知，直线 *EF* 的一端点 *E* 在平面 *ABCD* 的一条边 *AB* 上，即 *E* 为平面 *ABCD* 上的一个已知点，而点 *F* 不在 *ABCD* 平面上，由此知，直线 *EF* 不属于平面 *ABCD*。

点 *K* 虽画在图形之外，但平面是没有边界的，只要符合点在平面上必在一条属于平面的已知线上。通过作图可知点 *K* 在一条属于平面的已知线上，如图 3-38b 所示。

因此判断：直线 *EF* 不在平面 *ABCD* 上，而点 *K* 在平面 *ABCD* 上。

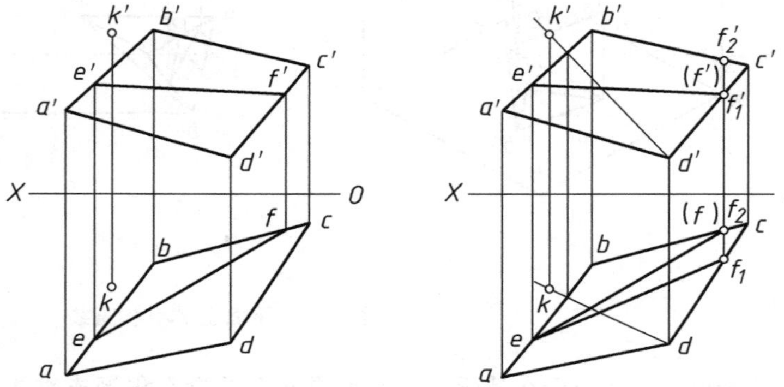

a) 已知条件　　b) 作图过程

图 3-38　判断直线 *EF* 和点 *K* 是否在平面 *ABCD* 上

【例 3-11】 已知平面（由相交两直线 *AB*、*BC* 给定）的两投影，试在其上取一点 *K*，使点 *K* 在 *H* 面之上 10mm，在 *V* 面之前 15mm，如图 3-39 所示。

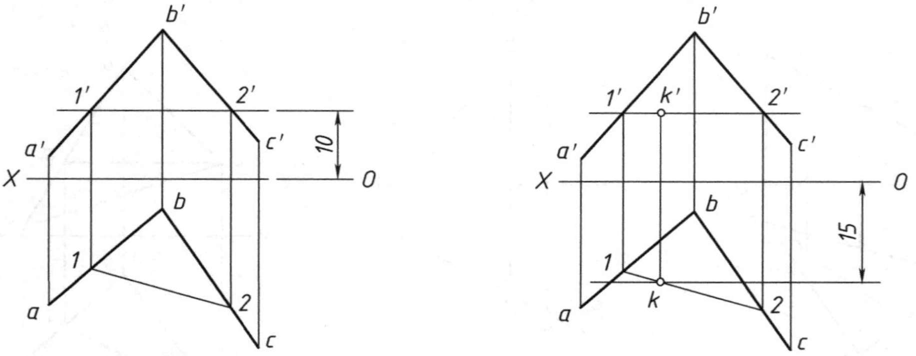

a) 在平面内作水平线距 *H* 面 10mm　　b) 再作正平线距 *V* 面 15mm，即可得点 *K*

图 3-39　在给定平面内作一特定要求的点 *K*

【解】 既在平面上又距 *H* 面 10mm 的所有点，必在平面上且距 *H* 面 10mm 的一条水平线上，为此先作距 *H* 面 10mm 的水平线 Ⅰ Ⅱ，得其两面投影 12 和 1′2′（图 3-39a）；该题同时要求距 *V* 面 15mm，如果只满足这一条件，同样应得到一条距 *V* 面 15mm 的正平线。但同时须满足上述两个条件，则必然是水平线和正平线的交点，即如图 3-39b 所示，得 *K* 点。

3.5 几何元素的相对位置

3.5.1 平行问题

1. 直线与平面平行

如图 3-40 所示，当平面为投影面的垂直面时，只要直线的投影与平面的具有积聚性的投影平行，或直线也为该投影面的垂直线时，则直线与平面必定平行。

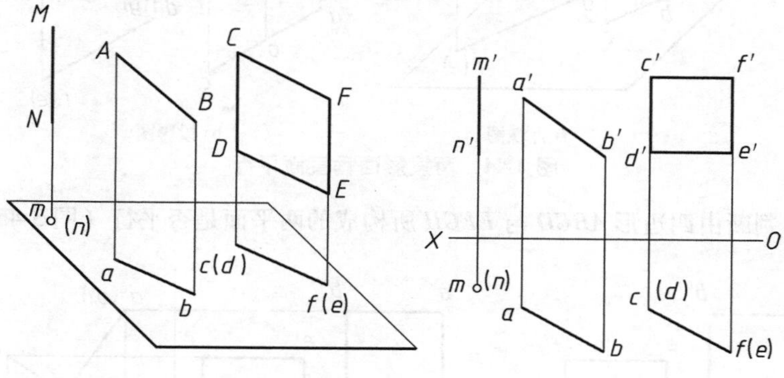

a) 直观图　　b) 投影图

图 3-40　直线与投影面垂直面相平行

而在一般情况下，根据平行的几何条件，当面外一直线与面内一直线对应平行，则面外直线必定平行这个平面，如图 3-41 所示。

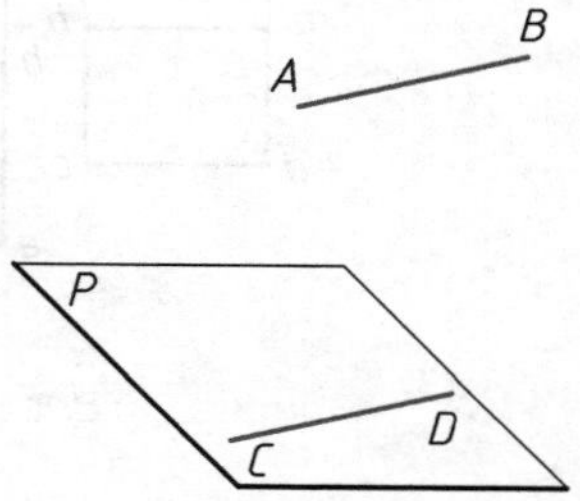

图 3-41　直线与平面平行

【例 3-12】 过点 *K* 作一水平线平行于 △*ABC* 所在平面（图 3-42）。

【解】 过点 *K* 可以作无数条平行于平面 *ABC* 的直线，其中必有且仅有一条是水平线，该水平线应平行于平面 *ABC* 内的水平线。作图：直线 *EF* 即为所求。

2. 平面与平面平行

平面与平面平行的几何条件：如果一平面内的相交两直线分别平行于另一平面内的相交两直线，则这两个平面相互平行，如图 3-43 所示。

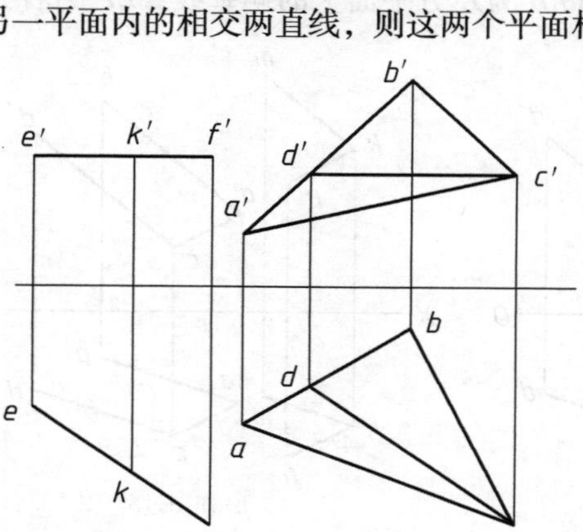

图 3-42　过已知点作已知平面的水平线

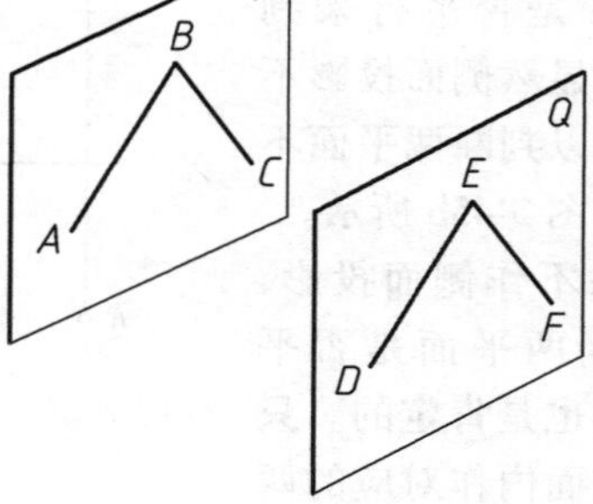

图 3-43　两平面平行

特殊情况时，当两平面同为某一投影面的垂直面，只要它们的积聚性投影平行，则两平面必定平行，如图 3-44 所示。

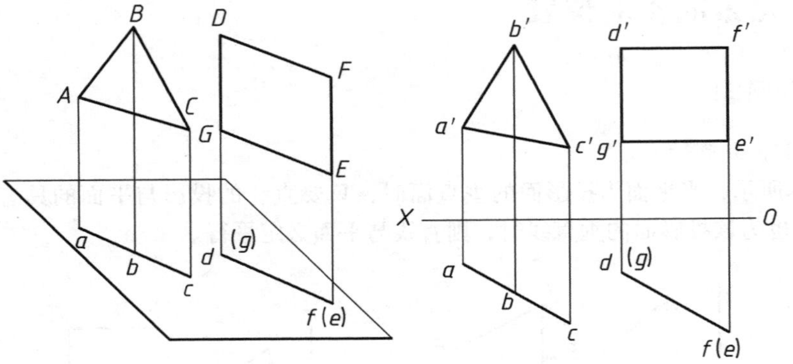

a) 直观图　　b) 投影图

图 3-44　两投影面垂直面平行

【例 3-13】 判断由四边形 *ABCD* 与 *EFGH* 所构成的两平面是否平行（图 3-45a）。

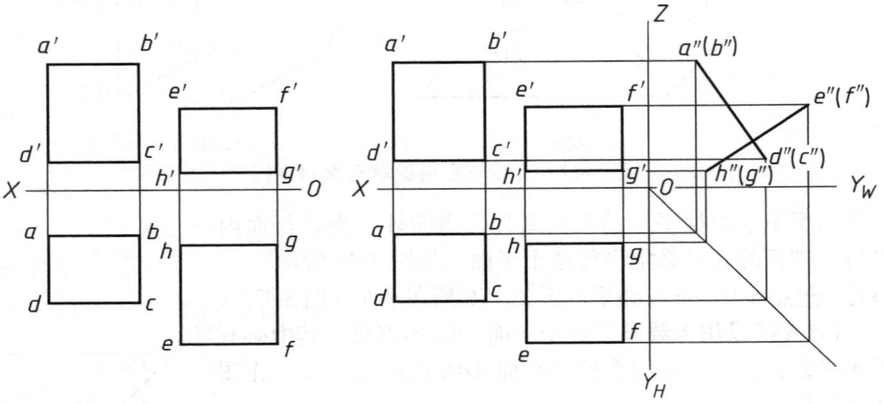

a) 已知条件　　b) 作图过程

图 3-45　判断两平面是否平行

【解】 由于所给两四边形平面上都有侧垂线，如 *AB* 为左方平面上的侧垂线，*EF* 为右方平面上的侧垂线，因此，先作出两平面的侧面投影（必定积聚为直线），再看侧面投影是否平行来判断，该题显然侧面投影不平行，所以判断两平面不平行，如图 3-45b 所示。

如果不作侧面投影，能否判断两平面是否平行？答案也是肯定的。只要在两平面内作对应的两相交直线，再判断它们是否平行即可。请读者自行练习。

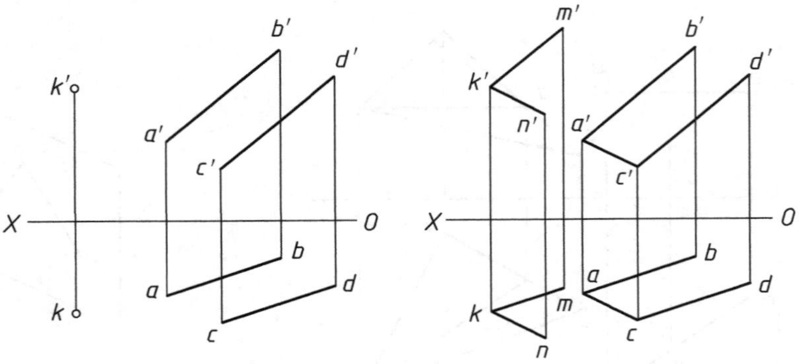

a) 已知条件　　b) 作图过程

图 3-46　过已知点作已知平面的平行面

【例 3-14】 过点 *K* 作一平面与 *AB*、*CD* 两平行线所组成的平面平行（图 3-46a）。

【解】 所作平面可以由过点 *K* 的一对相交直线表示，这两条相交直线应该分别平行于已知平面内的两条相交直线。*KM*、*KN* 所组成的平面即为所求，如图 3-46b 所示。

3.5.2 相交问题

1. 与投影面垂直的直线与平面相交

直线与平面相交必产生一个交点，该点是平面与直线的共有点。

如图 3-47a 所示，当处于一般位置的直线与垂直于投影面的平面相交时，平面有积聚性的投影与直线的同面投影的交点，就是所求共有点的一个投影。另一个投影可利用从属性，在直线的另一投影上直接找到，如图 3-47b 所示。

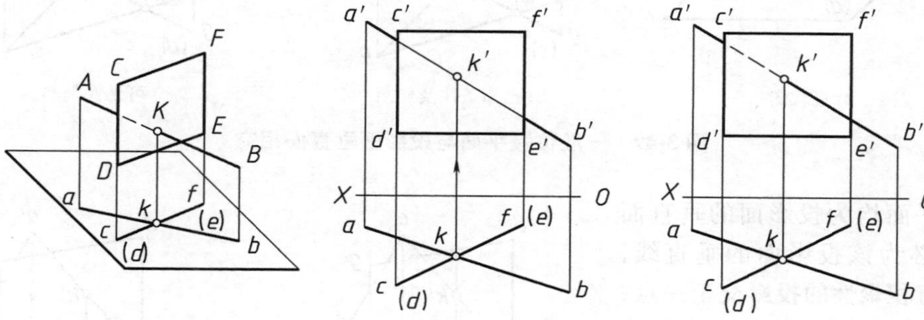

a) 直观图　　b) 已知条件及作图　　c) 可见性判别

图 3-47　直线与投影面垂直面相交

当直线为投影面的垂直线时，它与一般位置平面的交点同样可利用直线的积聚性投影来求，如图 3-48 所示。铅垂线 *EF* 与一般平面 △*ABC* 相交，其交点的水平投影 *k* 必与 *EF* 的积聚性投影 *ef* 重合。同时点 *K* 也是平面 △*ABC* 上的点，利用面上找点，就可作出点 *K* 的正面投影。

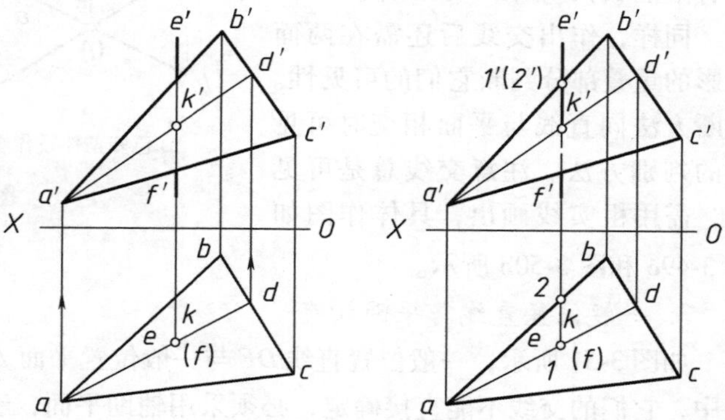

a) 已知条件及作图　　b) 可见性判别

图 3-48　铅垂线与一般位置面的交点

上述图中，直线上有被平面遮挡的部分，必须在投影图中予以表示（画成虚线）。为此可用“上遮下、前挡后”的直观方法予以判断，或可利用重影点来判断。如图 3-47c 所示，由于 *CDEF* 平面的左边在 *AB* 线段之前，因此正面投影中的 $a'k'$ 的一部分被平面 *CDEF* 所遮，用虚线表示。而在图 3-48b 中，利用线段 *EF* 与平面上 *AB* 线的重影点 Ⅰ、Ⅱ 来判断线段 *EF* 中的 *EK* 段处在 *AB* 线之前，因此画成可见（粗实线），而交点 *K* 到 *F* 这一段的一部分因在平面之后，画成不可见（虚线）。由此可见，交点 *K* 为直线可见与不可见部分的分界点。

2. 与投影面垂直的平面与平面相交

平面与平面相交必产生交线，该交线一定是两平面的共有线。

如图 3-49a 所示，当处于一般位置的平面与垂直于投影面的平面相交时，平面有积聚性的投影与一般平面上任意两直线（如 *AB*、*BC*）的同面投影的交点（如 *k*、*l*），就是交线上两点的同面投影，再找出另一投影面上的两投影（如 k'、l'），同面投影连线即得交线的两投影，如图 3-49b 所示。

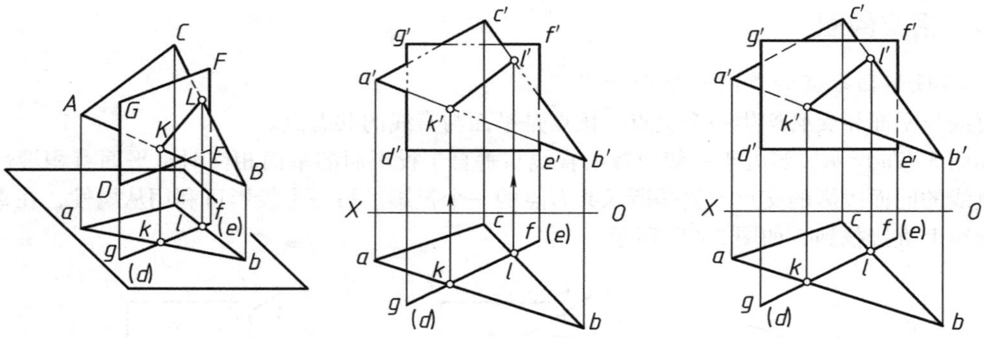

a) 直观图　　b) 已知条件及作图　　c) 可见性判别

图 3-49　一般位置平面与投影面垂直面相交

当两平面均为投影面的垂直面时，交线必为该投影面的垂直线，两平面具有积聚性的投影交于一点，该点即为交线的积聚性投影，交线的另一投影可在两平面投影的重合部分作出（此时将两平面限定在一个有限区域），如图 3-50a 所示。

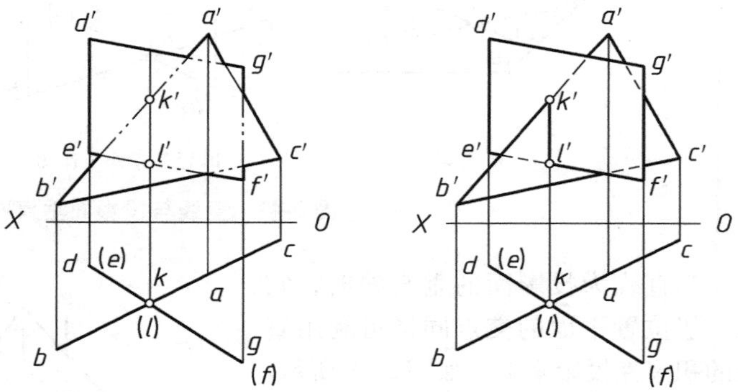

a) 已知条件及作图　　b) 可见性判别

图 3-50　两铅垂面的交线

同样，作出交线后还需在两面投影的重叠部分判断它们的可见性。判断方法同直线与平面相交时可见性的判别方法。注意交线总是可见的，需用粗实线画出，具体作图如图 3-49c 和图 3-50b 所示。

3. 一般位置直线与平面相交

如图 3-51 所示，一般位置直线 *DE* 与一般位置平面 △*ABC* 相交，由于均没有积聚性，在投影图中，它们的交线不能直接确定，必须采用辅助平面，经过一定的作图过程，才能求得。

作图思路：先包含直线 *DE* 作一辅助平面 *P*，求出平面 *P* 与已知平面 △*ABC* 的交线 *MN*，为便于上述作图，辅助平面 *P* 应选用特殊位置平面；交线 *MN* 与直线 *DE* 同在辅助平面 *P* 内，必相交于点 *K*，因为直线 *MN* 属于平面 △*ABC*，故点 *K* 是直线 *DE* 和 △*ABC* 的共有点，即为所求交点。

在投影图中，可归纳为以下三个作图步骤：

1）包含 *DE* 作辅助平面 *P*，图 3-51b 中，所作辅助平面为铅垂面，P_H 与 *de* 重合。

2）求辅助平面 *P* 与平面 △*ABC* 的交线 *MN*。

3）*MN* 与 *DE* 交于点 *K*，点 *K* 即为所求交点。

求出交点 *K* 之后，还应通过取重影点，分别判别直线 *DE* 的水平投影及正面投影的可见性，如图 3-51c 所示。

4. 一般位置平面与平面相交

一般位置平面与平面相交可以由以下两种方法求解其交线问题。

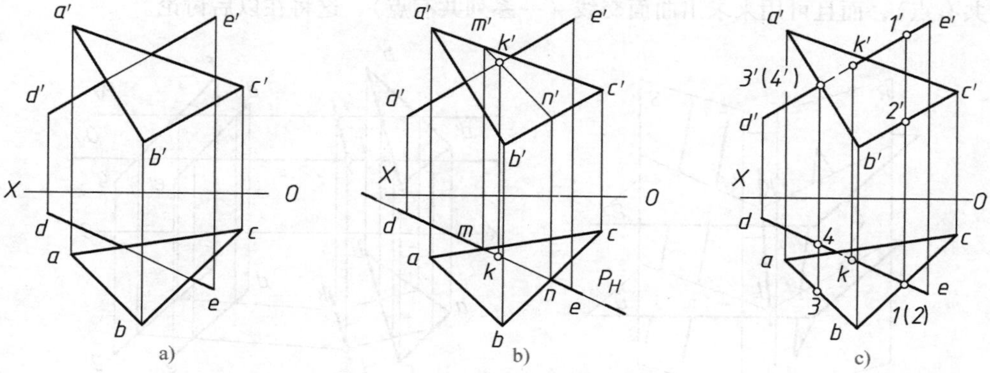

图 3-51　一般位置直线与平面相交

（1）用直线与平面求交点的方法求两平面的共有点　对两个一般位置的平面来说，同样也可用属于一平面的直线与另一平面求交点的方法来确定共有点。但直线与一般位置平面的交点必须经前述的三个作图步骤才能作出。

如图 3-52a 所示，已知两个一般平面 △*ABC* 和 △*DEF*，为求出它们的交线，可分别求出属于 △*DEF* 的线段 *DE* 和 *DF* 与 △*ABC* 的两个交点 *K*、*L*，连线 *KL* 就是所求两个三角形平面的交线。由于 *DE*、*DF* 以及 △*ABC* 均处在一般位置。因此每次求线、面的交点时，均应采用前面所述辅助平面法的三个作图步骤，如图 3-52b 所示，分别包含直线 *DE*、*DF* 作辅助正垂面（P_V 及 Q_V），求出交点 *K*、*L*，连线 *KL* 即为所求。

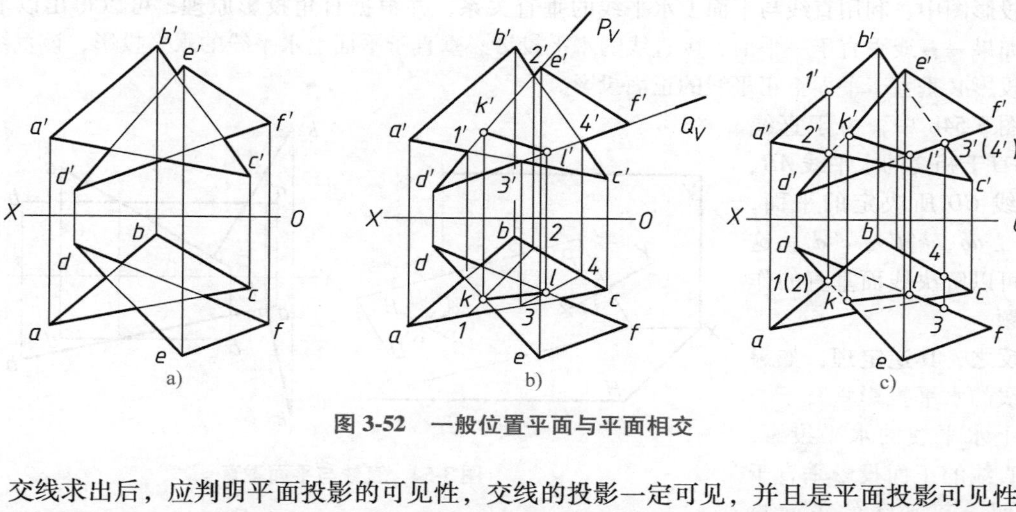

图 3-52　一般位置平面与平面相交

交线求出后，应判明平面投影的可见性，交线的投影一定可见，并且是平面投影可见性的分界线，利用重影点 Ⅰ、Ⅱ 和 Ⅲ、Ⅳ，分别判断正面投影和水平投影的可见性，如图 3-52c 所示。

（2）用三面共点法求交线　图 3-53a 所示是用三面共点法求两平面共有点的几何原理，图中已给两平面 *R* 和 *S*。为求该两平面的共有点，取任意辅助平面 *P*，它与 *R*、*S* 两平面分别相交于直线 ⅠⅡ 和 ⅢⅣ，而 ⅠⅡ 和 ⅢⅣ 的交点 *K* 为三面所共有，当然是 *R*、*S* 两平面的共有点。同理，作辅助平面 *Q* 可再找出一个共有点 *L*。*KL* 即为 *R*、*S* 两平面的交线。图 3-53b 所示为相应投影图。

辅助平面 *P*、*Q* 是任意取的，为了作图方便，应取特殊位置面为辅助面，这里取的是水平面。若取正平面或其他特殊位置平面，则作图过程也是一样的。

用三面共点法求共有点是画法几何基本作图方法之一，该方法不但可用来求出平面的交线

（两个共有点），而且可用来求出曲面交线（一系列共有点），这将在以后讨论。

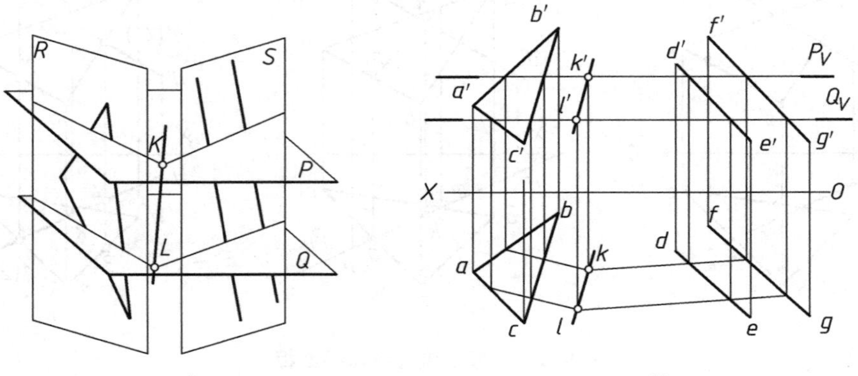

a)　　　　　　　　　　b)

图 3-53　三面共点法求一般位置平面与平面相交

3.5.3　垂直问题

1. 直线与平面垂直

直线与平面垂直的充要条件：如果一直线垂直于一平面内两条相交直线，则此直线垂直于该平面。

如果一直线垂直于一平面，则此直线必垂直于该平面内一切直线，如图 3-54a 所示。

投影图中，利用直线与平面上水平线的垂直关系，并根据直角投影原理，可以得出以下定理：如果一直线垂直于一平面，则直线的水平投影必垂直于平面上水平线的水平投影，该直线的正面投影必垂直于平面上正平线的正面投影。

图 3-54b 中，由于直线 *KL* 垂直于相交的水平线 *AB*、正平线 *CD* 所决定的平面，故 $kl \perp ab$、$k'l' \perp c'd'$。这样，可以解决线面垂直的作图问题。

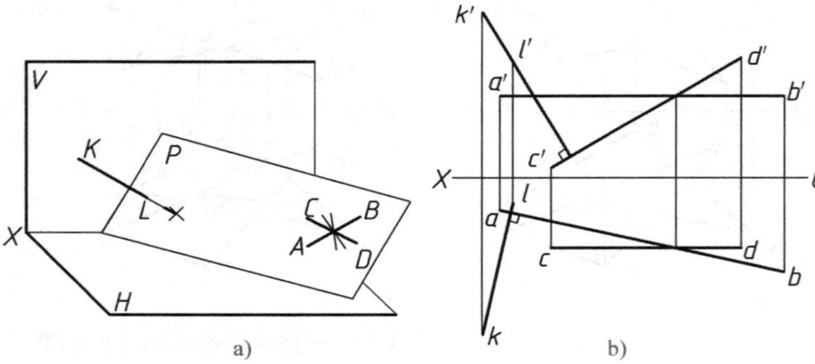

a)　　　　　　　　　　b)

图 3-54　直线与平面垂直

反之，其逆定理：如果一直线的水平投影垂直于一平面上水平线的水平投影，同时直线的正面投影垂直于该平面上正平线的正面投影，则此直线必垂直于该平面。此逆定理可以用来解决线面垂直的判别问题。

根据以上定理可以在投影图上解决下列三个基本问题。

1）过定点作直线垂直于定平面。如图 3-55a 所示，过 *M* 点作直线垂直于△*ABC* 所确定的平面。

先在已知△*ABC* 上任作一正平线 *AE* 和水平线 *CF*，用以确定垂线的方向，然后过 m' 作 $m'n' \perp a'e'$，过 m 作 $mn \perp cf$，则 *MN*（mn，$m'n'$）即为所求，如图 3-55b 所示。

必须指出的是：在一般情况下，所作垂线与平面上的水平线和正平线是不相交的，如图 3-55 所示。如果要求垂线与平面的交点（即垂足），还必须用上一节一般直线与一般平面求交点的方

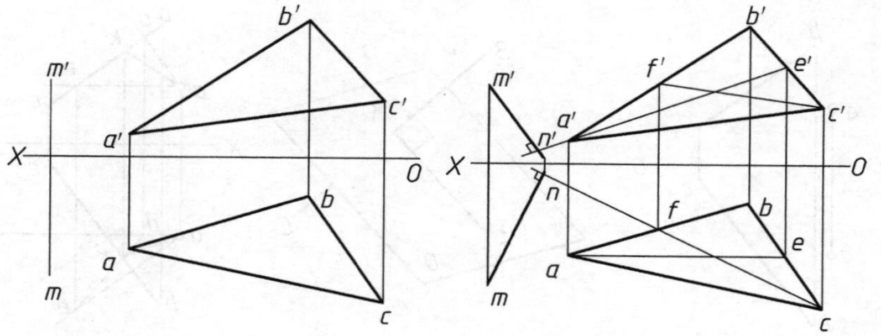

a)　　b)

图 3-55　过定点作直线垂直于定平面

法，通过作图求出。但是，当平面为特殊位置平面时，所作垂线也为特殊位置直线，且平面有积聚性，垂足可直接求得，如图 3-56 所示。

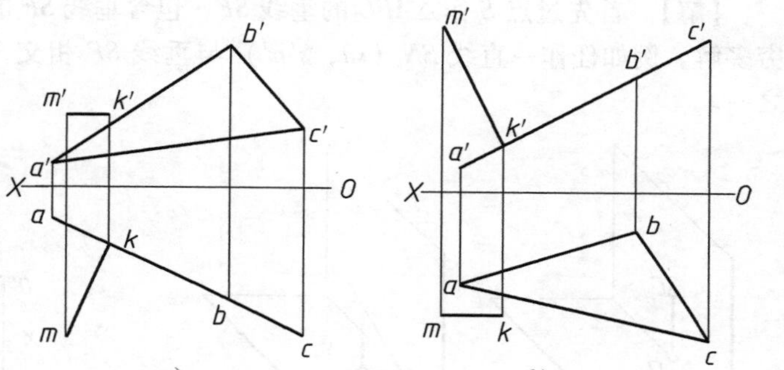

a)　　b)

图 3-56　特殊平面垂直线

2）过定点作平面垂直于定直线。这是一个与上面相反的问题。如图 3-57a 所示，过 *A* 点作平面垂直于已知直线 *MN*。

经过 *A* 点作正平线 *AB*，使 $a'b' \perp m'n'$；再过 *A* 点作水平线 *AC*，使 $ac \perp mn$，则 *AB* 和 *AC* 两相交直线所确定的平面即为所求，如图 3-57b 所示。

3）过定点作直线垂直于一般直线。这是两个一般位置直线的垂直问题。如图 3-58a 所示，由初等几何可知：所求直线一定位于过 *A* 点且垂直于直线 *BC* 的平面 *Q* 上，垂足 *K* 就是直线 *BC* 与平面 *Q* 的交点（图 3-58 b）。图 3-58c 所示是其投影图。

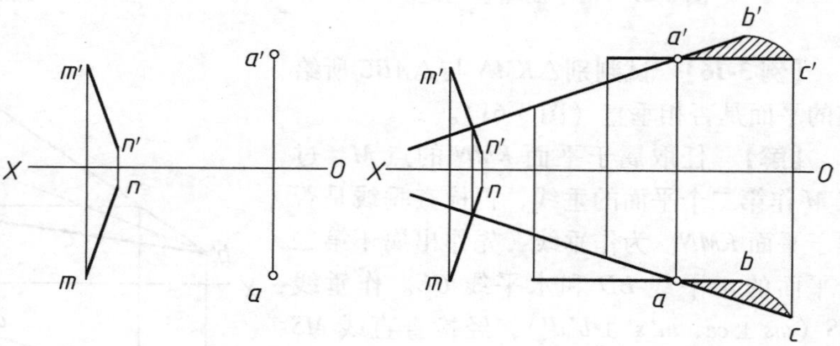

a)　　b)

图 3-57　过定点作平面垂直于定直线

上述三个基本问题在后面的作图中经常应用，必须熟练掌握。

2. 两平面互相垂直

由初等几何知道，若一直线垂直于一平面，则包含此直线的所有平面都垂直于该平面。反之，如两平面互相垂直，则由属于第一个平面的任意一点向第二个平面所作的垂线一定属于第一个平面。如图 3-59 所示，点 *C* 是属于第一个平面的点，直线 *CD* 是第二个平面的垂线。图 3-59a 中直线 *CD* 属于第一个平面，所以两平面相互垂直，图 3-59b 中直线 *CD* 不属于第一个平面，所以两平面不垂直。

【例 3-15】　过定点 *S* 作平面垂直于△*ABC* 平面（图 3-60）。

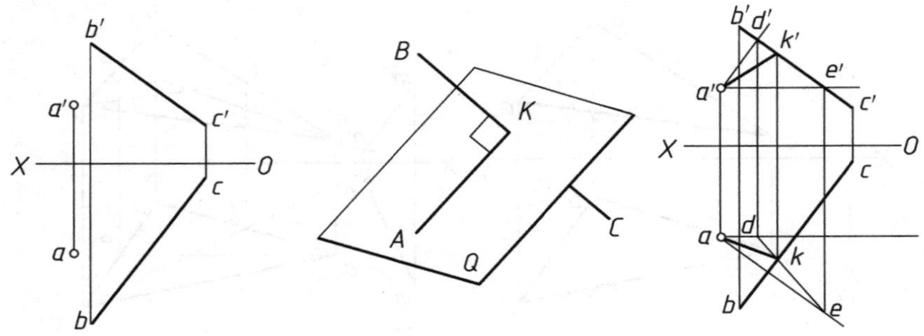

a)　　　　b)　　　　c)

图 3-58　过定点作直线垂直于一般直线

【解】　首先过点 S 作△ABC 的垂线 SF，包含垂线 SF 的一切平面均垂直于△ABC。本题有无穷多解。例如任作一直线 SN（sn，$s'n'$）与垂线 SF 相交，则 SF 与 SN 所确定的平面便是其中之一。

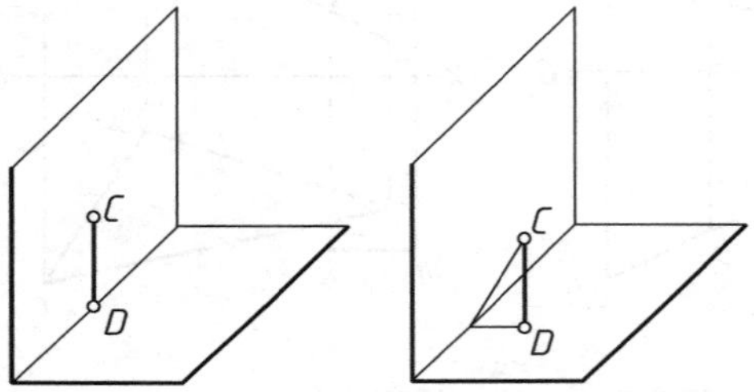

a)　　　　b)

图 3-59　两平面垂直判定

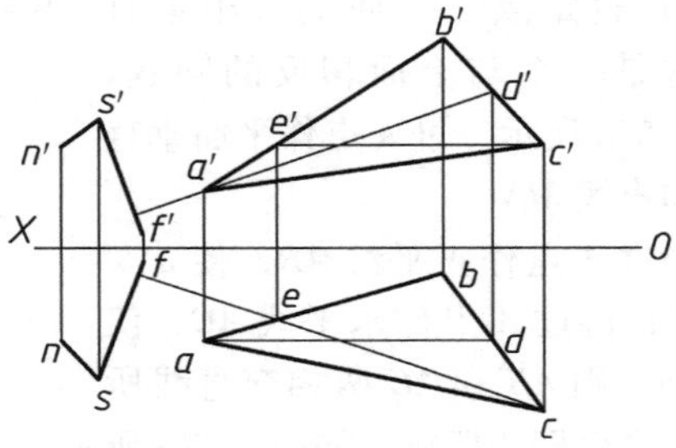

图 3-60　过定点作已知平面的垂直面

【例 3-16】　试判别△KMN 与△ABC 所给定的平面是否相垂直（图 3-61）。

【解】　任取属于平面 KMN 的点 M，过点 M 作第二个平面的垂线，再检查垂线是否属于平面 KMN。为作垂线，先作出属于第二个平面的正平线 BD 和水平线 CE。作垂线 MS（$ms \perp ce$，$m's' \perp b'd'$），经检查直线 MS 不属于平面 KMN，故两平面不垂直。

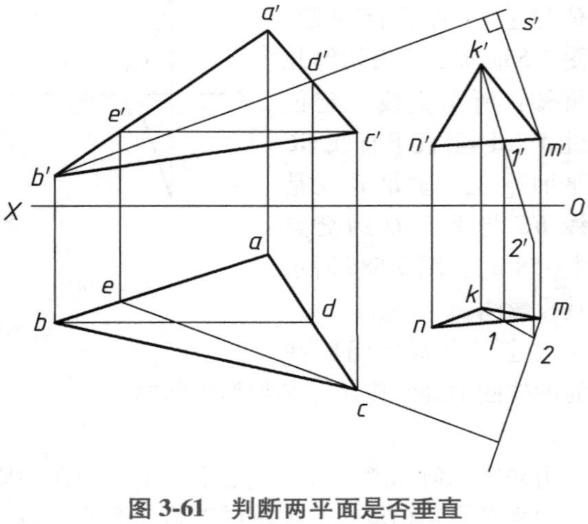

图 3-61　判断两平面是否垂直

3.5.4　综合问题

1. 空间几何元素定位问题

【例 3-17】　过点 K 作直线与△CDE 所给定的平面平行，并与直线 AB 相交（图 3-62a）。

【解】　分析：欲过定点 K 作一直线平行于已知平面△CDE，有无穷多解。这些直线的轨迹为一过 K 点且平行于△CDE 的平面 Q（图 3-62 b）。欲使所作的直线与直线 AB 相交，但 Q 面上只有唯一点属于直线 AB 与平面 Q 的交点 S。因此，KS 为所求的唯一直线。

作图：1）过点 K 作平面平行于已知平面△CDE（图 3-62c）。为此，作直线 KF（kf，$k'f'$）和 KG（kg，$k'g'$）对应平行于 CE（ce，$c'e'$）和 CD（cd，$c'd'$）。相交两直线 KF 和 KG 确定一平面。

2）作出直线 AB 与 KF 和 KG 所确定平面的交点。因该平面处于一般位置，故利用过直线 AB 的辅助铅垂面 P_H，求得交点 S（s，s'）。

3）连接点 K（k，k'）和 S（s，s'），直线 KS 即为所求。

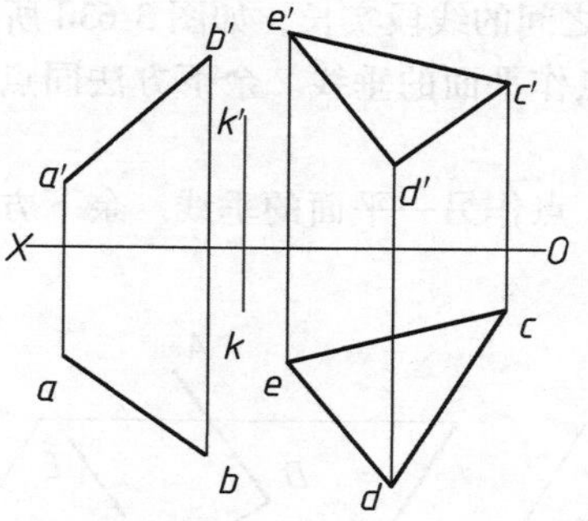

a)

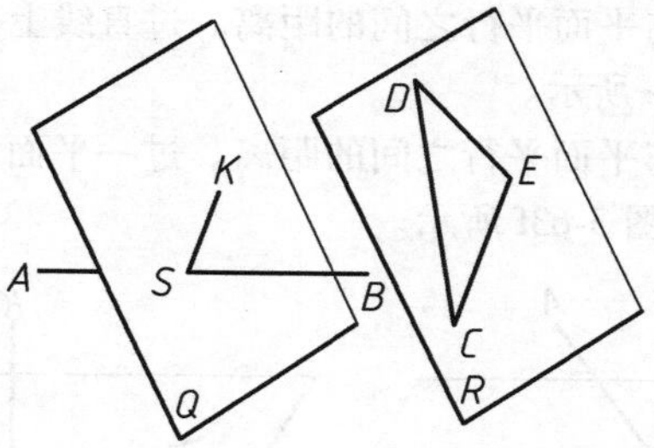

b)

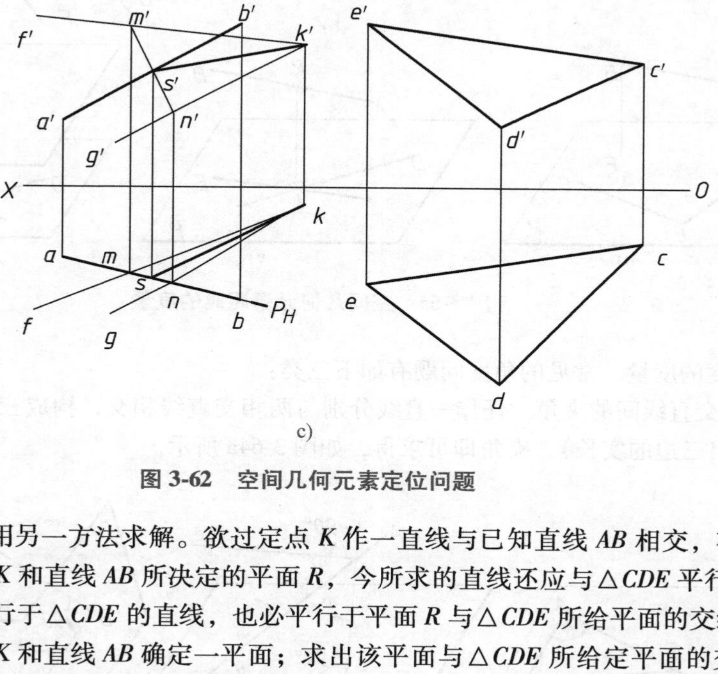

c)

图 3-62　空间几何元素定位问题

讨论：本题还可用另一方法求解。欲过定点 K 作一直线与已知直线 AB 相交，有无穷多解。这些直线的轨迹为点 K 和直线 AB 所决定的平面 R，今所求的直线还应与△CDE 平行。则此直线一定属于平面 R 且平行于△CDE 的直线，也必平行于平面 R 与△CDE 所给平面的交线 MN。因此可得求解步骤：使点 K 和直线 AB 确定一平面；求出该平面与△CDE 所给定平面的交线 MN；过点 K 引直线 KS 平行于所作的交线 MN，直线 KS 即为所求。显然，其答案与前述方法一致，读者可以试作其投影图。

2. 空间几何元素度量问题

空间几何元素度量问题主要是解决空间几何元素的距离和角度问题，其主要基础是根据直角投影定理作平面的垂线或直线的垂面，并求其实长或实形。

（1）距离的度量　常见的距离问题有如下几类：

1）点到点之间的距离。求两点之间线段的实长（直角三角形法）。

2）点到直线之间的距离。过点作平面垂直于直线，求出垂足，再求点与垂足之间的线段实长，如图 3-63a 所示。

3）点到平面之间的距离。过点作平面的垂线，求出垂足，再求点与垂足之间的线段实长，如图3-63b所示。

4）直线与直线平行之间的距离。过一直线上任一点作另一直线的垂线，余下方法同点到直线的距离，如图3-63c所示。

5）直线与交叉直线之间的距离。包含一直线作一平面平行于另一直线，在另一直线上任取一点，过点作平面的垂线，求出垂足，再求点与垂足之间的线段实长，如图3-63d所示。

6）直线与平面平行之间的距离。过直线上任一点作平面的垂线。余下方法同点到平面的距离，如图3-63e所示。

7）平面与平面平行之间的距离。过一平面上任一点作另一平面的垂线。余下方法同点到平面的距离，如图3-63f所示。

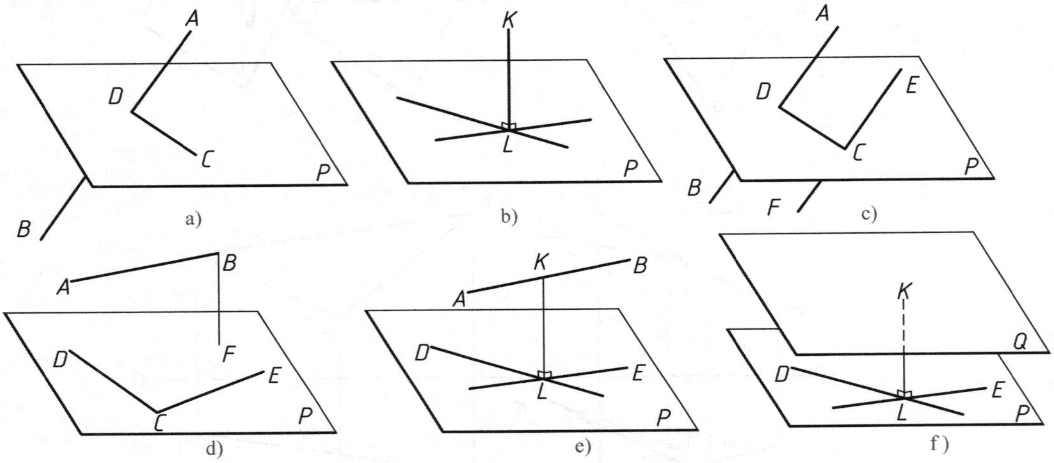

图3-63　空间几何元素距离的度量

（2）角度的度量　常见的角度问题有如下三类：

1）两相交直线间的夹角。任作一直线分别与两相交直线相交，构成三角形，求三角形的实形（分别求出三边的实长），夹角即可求得，如图3-64a所示。

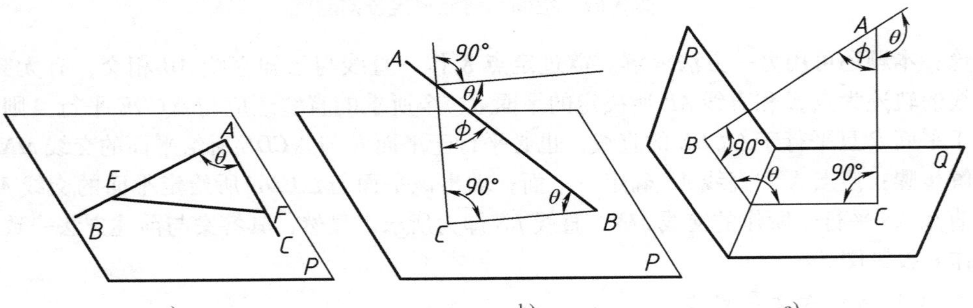

图3-64　空间几何元素角度的度量

2）直线与平面的夹角。直线和它在平面上的投影所夹的锐角，称为直线与面的夹角。过直线上任一点作平面的垂线，求出直线与垂线的夹角（方法同两相交直线的夹角）的余角，余角即为所求，此法又称余角法，如图3-64b所示。

3）两平面间的夹角。两平面间的夹角就是两平面两面角的平面角。在空间任取一点，分别作两平面的垂线，求出两垂线间的夹角（方法同两相交直线间的夹角）的补角，补角即为所求，此法又称补角法，如图3-64c所示。

【例3-18】 求M点到△ABC平面的距离（图3-65a）。

【解】 本题实质是垂直的第一个问题。作出垂线后，用辅助平面法求出垂线与△ABC平面的交点（即垂足），再用直角三角形法求出线段的实长即可。作图过程如图3-65b所示。

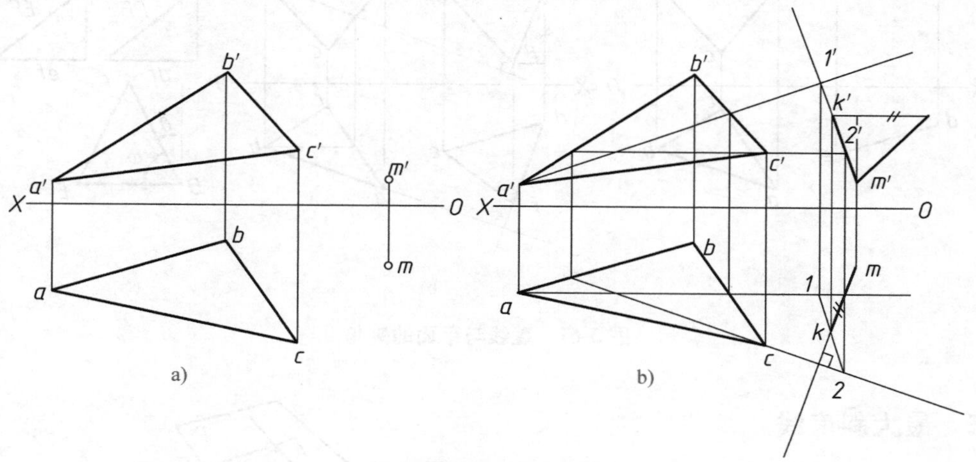

a) b)

图3-65 点到平面的距离

【例3-19】 求两平行直线AB、CD间的距离（图3-66a）。

【解】 本题的空间几何关系前面已做分析。作图步骤如下：

1）如图3-66b所示，过直线AB上任一点A作直线CD的垂面，该垂面以正平线AF、水平线AE表示，$a'f' \perp c'd'$，$ae \perp cd$。

2）如图3-66c所示，通过作包含直线CD的辅助正垂面P，求直线CD与上述AEF垂面的交点K（k，k'）。

3）连接AK（ak，$a'k'$），用直角三角形法求AK的实长，即为所求两平行直线间的距离。

【例3-20】 求直线DE与△ABC平面的夹角θ（图3-67a）。

【解】 本题的空间几何关系前面已做分析。作图步骤如下：

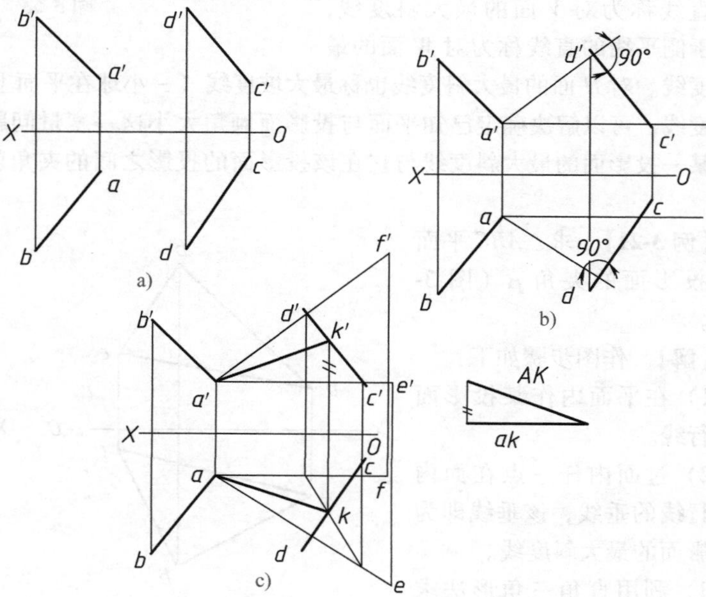

a) b) c)

图3-66 两平行线间的距离

1）自直线DE上任意点D，作△ABC平面的垂线DF；为此，在△ABC中作正平线BⅠ（$b1$，

$b'1'$)，已给出 AB 为水平线，作 $d'f' \perp b'1'$，$df \perp ab$，如图3-67b所示。

2）在直线 DF 上适当取 F 点，构成△DEF，以直角三角形法分别求出 DF、EF 的实长，水平线 DE 的实长等于 de，以三边实长作△DEF 的实形，如图3-67c所示。

3）作∠EDF 的余角 θ，即为所求直线 DE 与△ABC 平面的夹角。

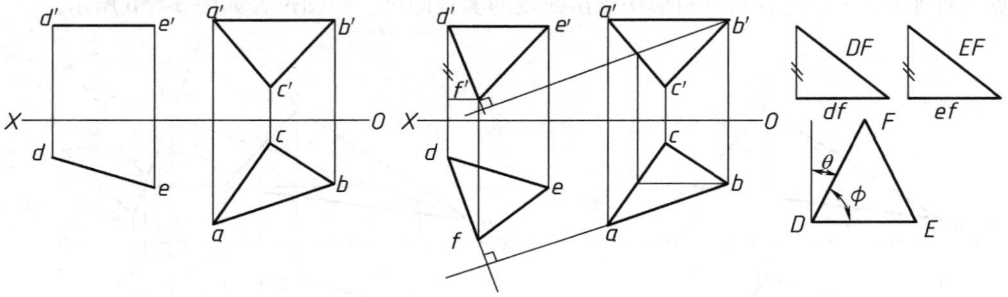

图3-67 直线与平面的夹角

3.5.5 最大斜度线

给定平面内垂直于该平面内投影面平行线的直线称为该平面的最大斜度线。其中，垂直于水平线的直线称为对 H 面的最大斜度线，垂直于正平线的直线称为对 V 面的最大斜度线，垂直于侧平线的直线称为对 W 面的最大斜度线。对 H 面的最大斜度线也称最大坡度线（一小球在平面上的自由滚动路线）。利用作最大斜度线，可以解决确定已知平面与投影面倾角大小这一度量问题。由图3-68可知，给定平面中对某一投影面的最大斜度线与它在该投影面的投影之间的夹角就等于给定平面与该投影面的倾角。

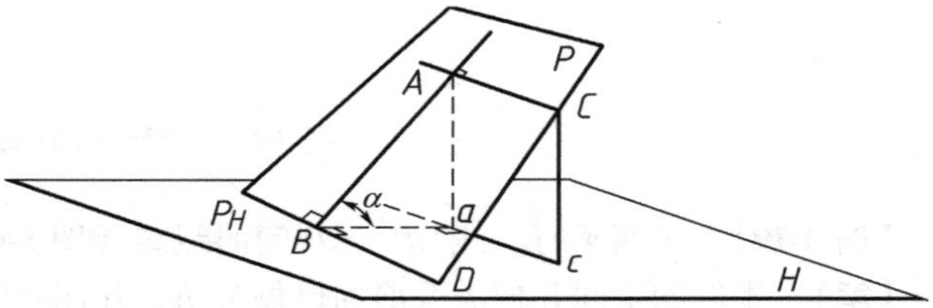

图3-68 最大斜度线

【例3-21】 求△ABC 平面与正投影面的夹角 β（图3-69a）。

【解】 作图步骤如下：

1）在平面内作某投影面的平行线。

2）过面内任一点在面内作平行线的垂线，该垂线即为该投影面的最大斜度线。

3）利用直角三角形法求该最大斜度线对正投影面的倾角即为平面与正投影面的夹角 β（图3-69b）。

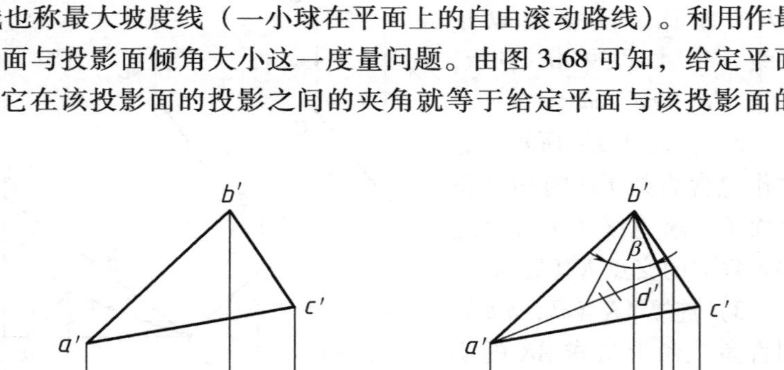

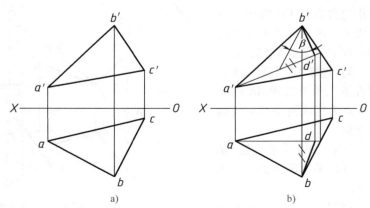

图3-69 求解平面与 V 面的倾角

【例3-22】 已知△ABC 平面与正投影面的夹角为45°，补全其水平投影（图3-70a）。

【解】 由已知条件可知 BC 是正平线，过 A 点作 $AE \perp BC$，则 AE 是△ABC 平面对 V 面的最大斜度线，其对 V 面的倾角 $\beta=45°$，所以△$Y_{AE}=a'e'$，由此可求解出其水平投影（图 3-70b），本题有两解。

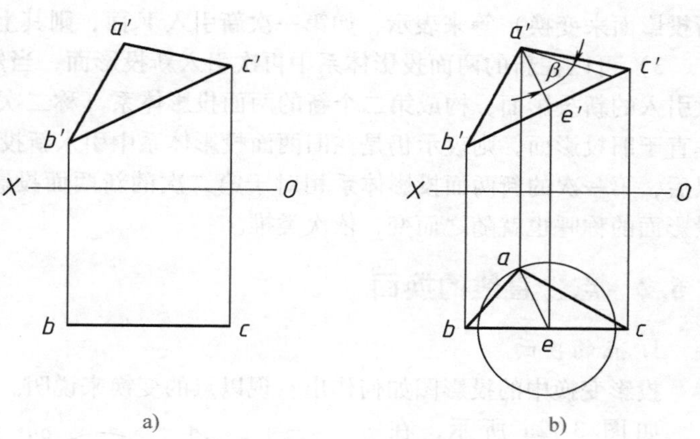

图 3-70 补全平面的水平投影

3.6 换面法

3.6.1 换面法的概念

由前面所学内容可知，当空间的直线和平面相对于投影面处于一般位置时，则它们的投影既不反映真实大小，也不具有积聚性；当它们和投影面处于特殊位置时，则它们的投影有的反映真实大小，有的具有积聚性。由此可知，当要解决一般位置几何元素的度量或定位问题时，如能把它们由一般位置转变成为特殊位置，问题就往往容易获得解决。投影变换正是研究如何改变空间几何元素对投影面的相对位置或改变投射方向，以达到简化解题的目的。

为了达到上述投影变换的目的，方法很多，人们采取的基本方法有以下三种：

1）空间几何元素的位置保持不变，用新的投影面来代替旧的投影面，使空间几何元素对新投影面的相对位置变成有利于解题的位置，然后找出其在新投影面上的投影。这种方法称为换面法。

2）投影面保持不动，使空间几何元素绕某一轴旋转到有利于解题的位置，然后找出其旋转后的新投影，这种方法称为旋转法（读者自学）。

3）空间几何元素和投影面都保持不动，采用斜角投影使空间几何元素投射到原体系的某一投射面上的投影具有积聚性，有利于解题，这种方法称为斜投影法（读者自学）。

如图 3-71 所示，在 V/H 两面投影体系中有一般位置直线 AB，要求其实长和对 H 面的夹角 α。若设一个新投影面 V_1 平行于直线 AB 且垂直于 H 面，则在 V_1/H 两面投影体系中，直线 AB 就成为 V_1 面的平行线，作出直线 AB 在 V_1 面的投影 $a_1'b_1'$，就可在 V_1 面上直接反映直线 AB 的实长和倾角 α，此时新的投影面 V_1 取代了旧的投影面 V，与被保留的投影面 H 构成了新的两面投影体系。

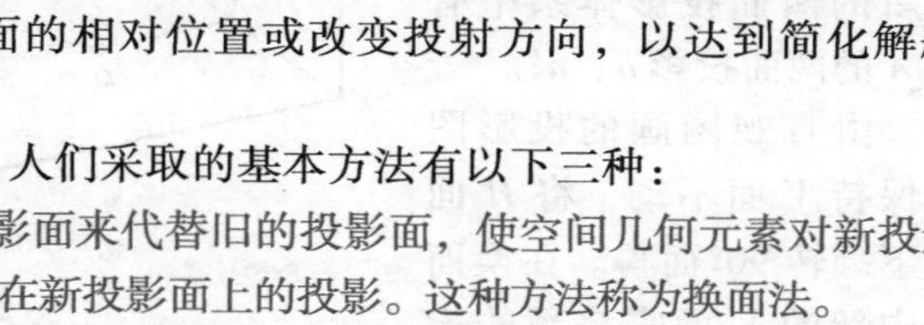

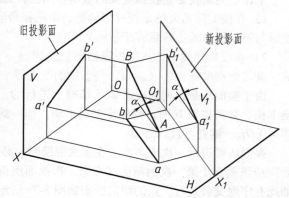

图 3-71 直线在 V/H、V_1/H 中的投影

现做如下约定：

1）新引入的投影面必须垂直于原两面投影体系中的某一个投影面，构成新的两面投影体系。

2）新投影面简称“新面”，与其垂直的投影面称“不变投影面”，被新面替代的投影面称“旧投影面”，原两面投影体系中的投影轴称为“旧投影轴”，新面与不变投影面的交线称为“新投影轴”，这些投影面上的投影就称为“新投影”“不变投影”和“旧投影”，新投影用被替代的旧投影面上的投影字母加上下脚标 1（表示第一次引入新投影面来变换）、2（表示第二次引入新投影面来变换）等来表示，如第一次新引入 V_1 面，则其上点的投影为 a_1'、b_1' 等。

3）可以在新的两面投影体系中再次引入新投影面，当然再次引入的新投影面应垂直于第一次引入的新投影面，构成第二个新的两面投影体系（称二次变换）。如果再次引入的新投影面是垂直于旧投影面，则表示仍是在旧两面投影体系中引入新投影面，仍属第一次变换。第二次变换以后，第一次的新两面投影体系相对于第二次的新两面投影体系就成为旧的两面投影体系，各投影面的称呼也就随之而变，依次类推。

3.6.2 点、直线的换面

1. 点的换面

投影变换中的投影图如何作出？现以点的变换来说明。

如图 3-72a 所示，在 V/H 两面投影体系中有点 A 及其两面投影 a、a'。现设一个新投影面 $V_1 \perp H$，构成另一个两面投影体系 V_1/H，在新的两面投影体系中有点 A 的两面投影 a、a_1'。

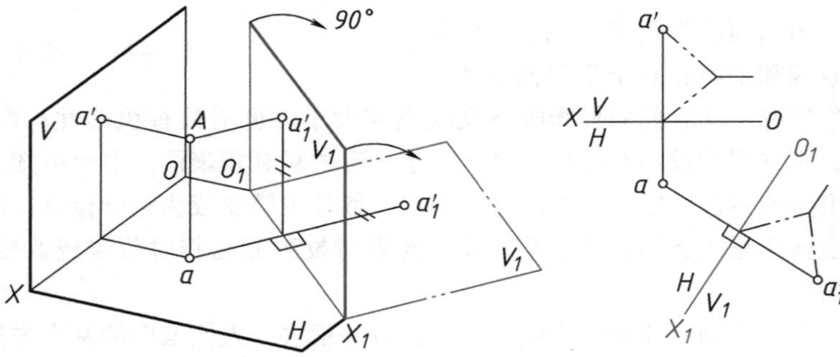

a) 直观图　　b) 投影图

图 3-72　点在 V/H、V_1/H 中的投影

由直观图画的投影图是保持 V 面不动，将 H 面向下翻转 90°而得。在换面法中新的 V_1 面需绕新的投影轴 O_1X_1 翻转 90°，与保留的 H 面重合。再与 H 面一起绕 OX 轴旋转 90°。此时，a、a_1' 连线必然垂直于新轴 O_1X_1，而 a_1' 到新轴 O_1X_1 的距离同样反映空间点 A 到 H 面的距离，如图 3-72b 所示。

求作点的新投影是投影变换的基本作图法，总结如下：

1）在按实际需要确定新投影轴后，由所保留的点的投影作垂直于新投影轴的投影连线（新投影与不变投影的连线垂直于新轴）。

2）在投影连线上，从新投影轴向新投影面一侧量取点被更换的投影到旧投影轴之间的距离，就得到点的新投影（新投影到新轴的距离等于旧投影到旧轴的距离）。

由于换面法是在两面投影体系基础上进行的，一次只更换一个投影面。如上述换面就是更换 V 面。如需更换 H 面，则保持 V 面不动，作一新投影面 H_1 垂直于 V 面，则构成新的两面投影体系 V/H_1。读者可自行练习。

换面法可进行一次或多次。在多次变换时，必须遵照 3.6.1 节中的有关约定，第二次的“新面”应该垂直于第一次的新面（在第二次换面所得的两面投影体系中被称为“不变投影面”），如此有序地交替进行。点的两次换面如图 3-73 所示。

换面时的投影图和新轴是如何画出的，要根据解题情况来确定。投影图中轴与投影的相对位置关系决定了几何元素在两面投影体系中的位置，设计几何元素在两面投影体系中的适当位置，用投影图来解决几何元素的度量问题，此处不再赘述。

2. 直线的换面

直线在换面法中的存在三种基本情况：

情况一：通过一次换面，可将一般位置直线变换成新投影面平行线。此时新投影轴应平行于直线不被更换的投影。

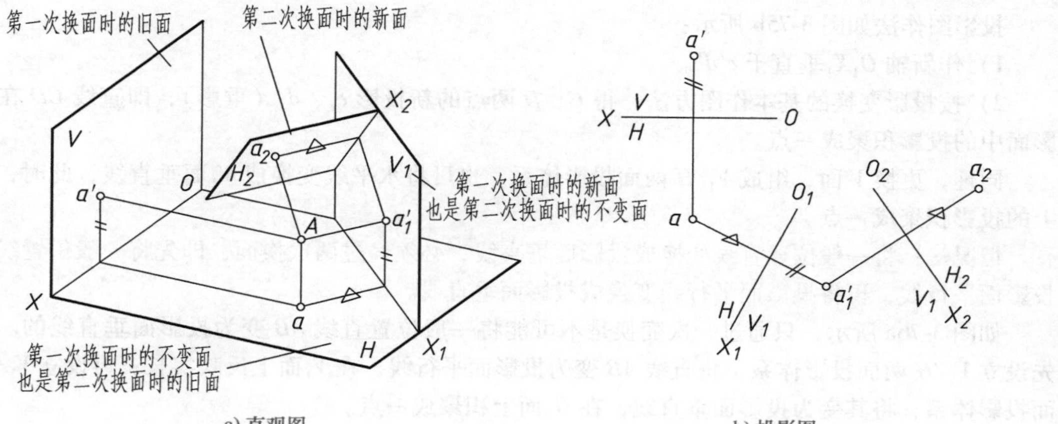

a) 直观图　　b) 投影图

图 3-73　点的两次换面

在图 3-71 中，新设立的 V_1 面平行于直线 AB，在新的两面投影体系中就可反映直线 AB 的实长及对 H 面的夹角 α。作图过程如图 3-74 所示：

1）在适当位置作新轴 $O_1X_1 /\!/ ab$（应特别注意：在设置新投影轴时，应使几何元素在新投影体系中的两投影分别位于新轴两侧，以利于解题）。

2）分别过 a、b 作 O_1X_1 轴的垂线。

3）根据新投影到新轴的距离等于旧投影（a'，b'）到旧轴（OX）的距离，得 a_1'、b_1'。$a_1'b_1'$ 与 O_1X_1 的夹角即为直线 AB 与 H 面的夹角 α，$a_1'b_1'$ 反映 AB 的实长。

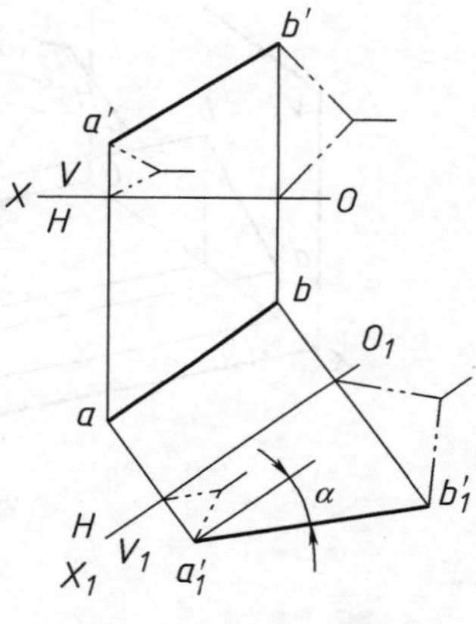

图 3-74　将一般位置线变换为投影面平行线

同理，更换 H 面，组成 V/H_1 两面投影体系，可将一般位置线变换成 H_1 面的平行线，此时，a_1b_1 反映直线 AB 的实长，a_1b_1 与 O_1X_1 的夹角即为直线 AB 对 V 面夹角 β。读者可自行变换。

情况二：通过一次换面，可将投影面平行线变换成新投影面的垂直线。此时新投影轴应垂直于直线反映实长的那个投影。

如图 3-75a 所示，在 V/H 投影体系中有正平线 CD，现设立新投影面 H_1，使其垂直于直线 CD 且垂直于 V 面，则构成新的两面投影体系 V/H_1，在新投影体系中，直线 CD 为 H_1 面的垂直线。

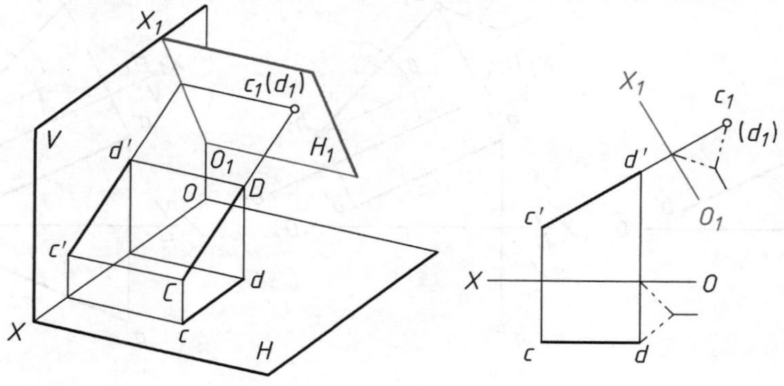

a) 直观图　　b) 投影图

图 3-75　将投影面平行线变换为投影面垂直线

投影图作法如图 3-75b 所示：

1）作新轴 O_1X_1 垂直于 $c'd'$。

2）按投影变换的基本作图方法，得 C、D 两点的新投影 c_1、d_1（重影），即直线 CD 在新投影面中的投影积聚成一点。

同理，更换 V 面，组成 V_1/H 两面投影体系，也可将水平线变换成 V_1 面垂直线，此时，V_1 面上的投影积聚成一点。

情况三：将一般位置直线变换成投影面垂直线，必须经过两次换面，即先将一般位置线变为投影面平行线，再将投影面平行线变换成投影面垂直线。

如图 3-76a 所示，只通过一次变换是不可能将一般位置直线 AB 变为投影面垂直线的。为此先设立 V_1/H 两面投影体系，将直线 AB 变为投影面平行线，在 V_1 面上反映实长；再设立 V_1/H_2 两面投影体系，将其变为投影面垂直线，在 H_2 面上积聚成一点。

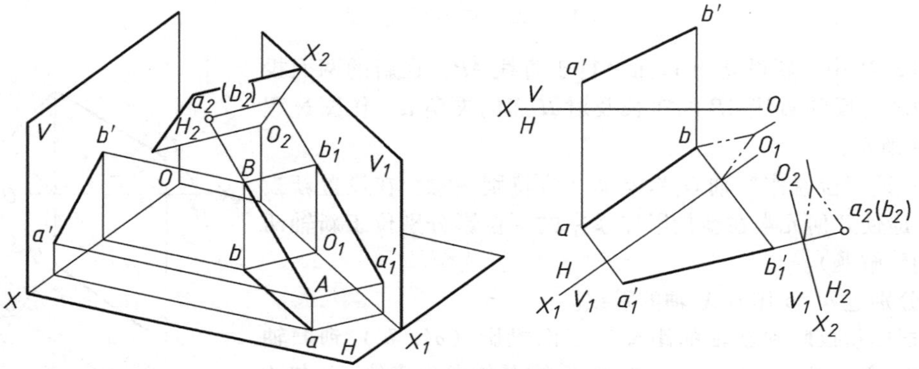

a) 直观图　　　　b) 投影图

图 3-76　将一般位置线变换为投影面垂直线

投影图作图如图 3-76b 所示：

1）作 $O_1X_1 /\!/ ab$，按投影变换基本作图方法得 $a_1'b_1'$。

2）作 $O_2X_2 \perp a_1'b_1'$，量取 ab（第一次换面中的保留投影，也是第二次换面中被更换的投影）到 O_1X_1 轴的距离等于新投影（第二次换面后的投影）到 O_2X_2 轴的距离，得 a_2b_2。

【例 3-23】 已知点 B 在点 A 的后方，直线 AB 对 V 面的倾角 $\beta=45°$，求 ab（图 3-77a）。

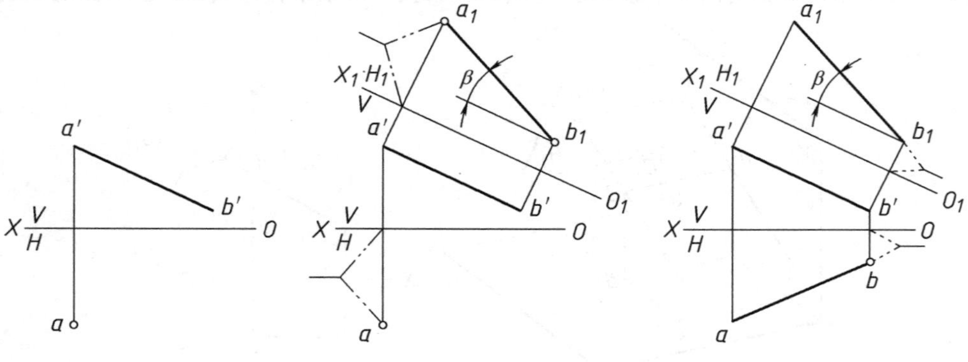

a) 已知条件　　　　b) 作 a_1b_1　　　　c) 作 ab

图 3-77　利用换面法反求投影作图

【解】 由于已知倾角β，所以应将直线AB变换成V/H_1两面投影体系中H_1面的平行线，利用在该面上的投影能反映倾角β来作出a_1b_1，再由V/H_1两面投影体系中点B的两投影b'、b_1，反求原体系V/H中的b，从而求得ab。

具体作法如图3-77b、c所示：

1）作$O_1X_1 /\!/ a'b'$，由a'、a作出a_1。在V/H_1两面投影体系中，由a_1向后作与O_1X_1呈45°角的直线，与过b'且垂直于O_1X_1的投影连线交于b_1。

2）在V/H两面投影体系中，由b'作投影连线（$\perp OX$），量取b_1到O_1X_1轴的距离等于水平投影b到OX轴的距离而得b，连接ab即得所求。

3.6.3 平面的换面

1. 一般位置平面变换成新投影面的垂直面

如图3-78a所示，若要将一般位置平面△ABC变换成V_1面的垂直面，需在△ABC上任取一条H面的平行线，例如AD，将新面V_1放在与AD垂直同时与H面垂直的位置，就可将V/H中的一般位置平面△ABC，变换成V_1/H中的V_1面垂直面，$a_1'b_1'c_1'$积聚成直线。投影图中，新投影轴O_1X_1应与△ABC上平行于H面的直线AD的投影ad垂直。

投影图作法如图3-78b所示：

1）在△ABC上作水平线AD，得投影$a'd'$、ad。

2）作新轴$O_1X_1 \perp ad$，确定新投影面V_1，按投影变换的方法求得点A、B、C的新投影a_1'、b_1'、c_1'，连成一线，即得△ABC在V_1面上的积聚性投影$a_1'b_1'c_1'$。它与O_1X_1轴之间的夹角反映△ABC与H面的真实倾角α。

如需求△ABC对V面的倾角β，应在△ABC上取正平线，新投影面H_1垂直于这条正平线，将△ABC变换成H_1面的垂直面，积聚性投影$a_1b_1c_1$与新投影轴的夹角即为△ABC对V面的真实倾角β。读者可自行作图练习。

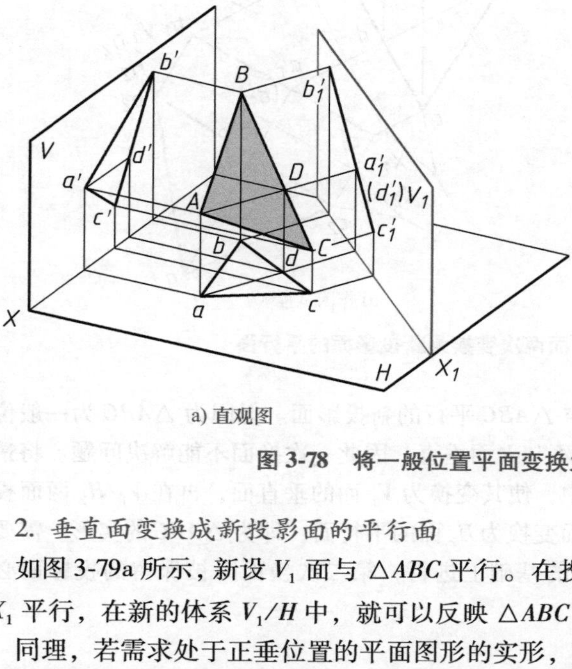

a) 直观图

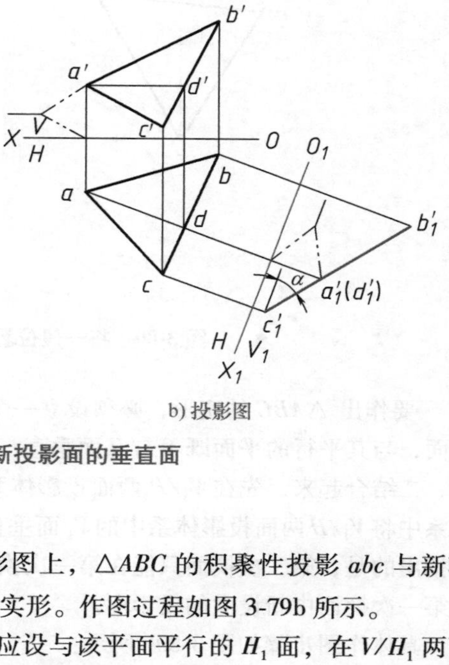

b) 投影图

图3-78 将一般位置平面变换为新投影面的垂直面

2. 垂直面变换成新投影面的平行面

如图3-79a所示，新设V_1面与△ABC平行。在投影图上，△ABC的积聚性投影abc与新轴O_1X_1平行，在新的体系V_1/H中，就可以反映△ABC的实形。作图过程如图3-79b所示。

同理，若需求处于正垂位置的平面图形的实形，则应设与该平面平行的H_1面，在V/H_1两面投影体系中，平面图形就在H_1面上反映实形。读者可自行作图练习。

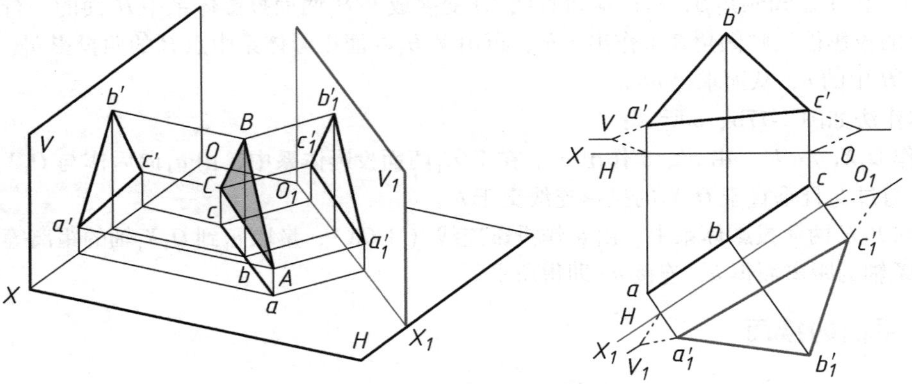

a) 直观图　　　　b) 投影图

图 3-79　将投影面垂直面变为新投影面的平行面

3. 一般位置平面变换成新投影面的平行面

如图 3-80a 所示，已知 *V/H* 两面投影体系中处于一般位置的 △*ABC* 的两面投影，要求作出 △*ABC* 的实形 。

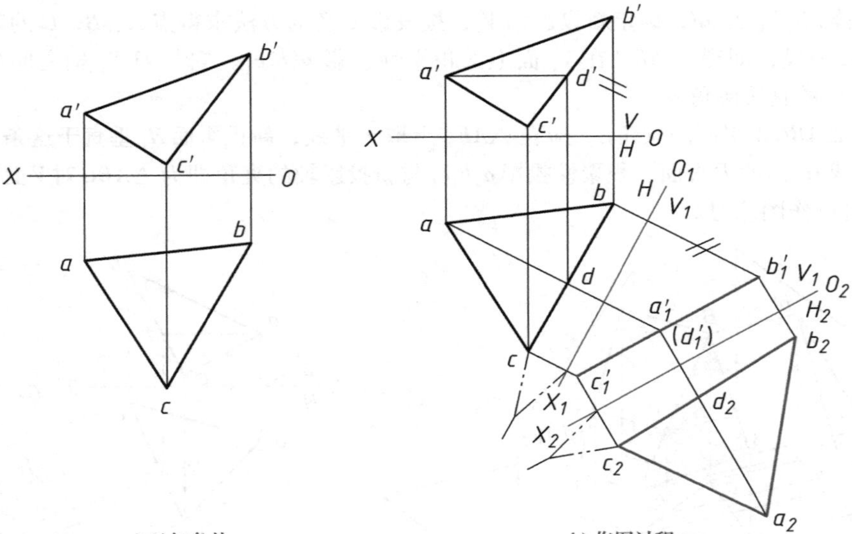

a) 已知条件　　　　b) 作图过程

图 3-80　将一般位置平面两次变换为新投影面的平行面

要作出 △*ABC* 的实形，必须设立一个与 △*ABC* 平行的新投影面。但因为 △*ABC* 为一般位置平面，与其平行的平面既不与 *H* 面垂直，也不与 *V* 面垂直，因此一次换面不能解决问题。将情况一、二结合起来，先在 V_1/H 两面投影体系中，使其变换为 V_1 面的垂直面，再在 V_1/H_2 两面投影体系中将 V_1/H 两面投影体系中的 V_1 面垂直面变换为 H_2 面的平行面，即为 △*ABC* 的实形。需要再次指出的是，第二次换面只能在第一次换面的基础上进行，第二次换面时被保留的投影面必定是第一次换面中新设立的投影面。

具体作图步骤如图 3-80b 所示：

1）在 *V/H* 两面投影体系中作 △*ABC* 上的水平线 *AD* 的两投影 $a'd'$ 和 ad，再作 $O_1X_1 \perp ad$，变

换后得 $\triangle ABC$ 在 V_1/H 两面投影体系中的积聚性投影 $a_1'b_1'c_1'$。

2）作 $O_2X_2 \parallel a_1'b_1'c_1'$，由 V_1/H 两面投影体系中的两投影 abc 和 $a_1'b_1'c_1'$ 变换出 $a_2b_2c_2$，即得 $\triangle ABC$ 的实形 $\triangle a_2b_2c_2$。

当然也可在 $\triangle ABC$ 中取正平线，先将 $\triangle ABC$ 变成 V/H_1 两面投影体系中的 H_1 面的垂直面，再将其变为在 V_2/H_1 两面投影体系中 V_2 面的平行面，同样得 $\triangle ABC$ 的实形。具体作图请读者自行练习。

【例 3-24】 已知等腰三角形 ABC 所在平面与 V 面的夹角 $\beta = 30°$，底边 BC 为正平线，其上的高 AD 实长为 L，求作等腰三角形 ABC 的两面投影（只作一解），如图 3-81a 所示。

【解】 根据题意，可设立新的 H_1 面，在 V/H_1 两面投影体系中，将等腰三角形 ABC 变换为 H_1 面的垂直面，反映 $\beta = 30°$。此时 BC 上的高 AD 也为 H_1 面的平行线，在 H_1 面上反映实长 L，故可在 H_1 面上得到顶点 A 的投影 a_1。由投影变换的基本作图法，根据对应关系，即可在 V/H 两面投影体系中作出 a'、a。具体作图步骤如图 3-81b、c 所示：

1）作 $O_1X_1 \perp b'c'$，在 H_1 面上得 BC 的积聚性投影 $c_1(b_1)$。$c'b'$ 的中点即为 d'。d_1 与 (b_1)、c_1 重合。

2）过 $b_1(c_1、d_1)$ 作与 O_1X_1 呈 30° 的直线，取 d_1a_1 等于 L，得 $\triangle ABC$ 在 H_1 面上的积聚性投影 $a_1b_1c_1$。

3）返回在 V/H 两面投影体系中求得 a'、a（利用 $a'd' \parallel O_1X_1$ 轴的性质）。连接 $a'b'$、$a'c'$、ab、ac，即得 $\triangle ABC$ 的两面投影。

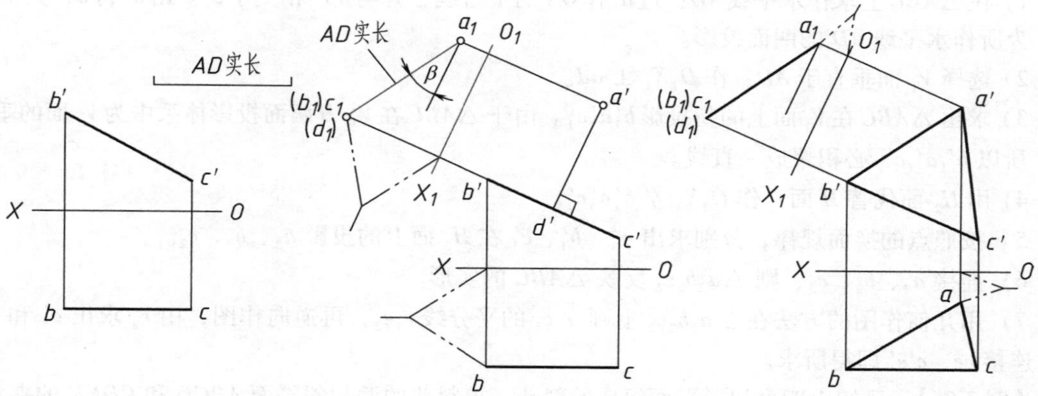

a) 已知条件　　b) 求 AD　　c) 完成全图

图 3-81　作等腰 $\triangle ABC$ 的两面投影

3.6.4 换面法的应用

换面法是一种简化解题的方法。以上六种基本作图是基础，关键在于合理选取新轴和运用点的换面规律，细心作图。解题时，应认真分析空间几何要素间的相互关系，选择最佳方案，合理确定新轴；换面求新投影时，注意将所有几何要素一起变换，以保持空间几何元素间原有的相对位置。

【例 3-25】 已知 $\triangle ABC$ 的两面投影（图 3-82a），求 $\angle C$ 的平分线及其投影。

【解】 由于 $\triangle ABC$ 为一般位置平面，它在 H 和 V 面上的投影均不反映实形，所以要求 $\triangle ABC$ 平面上 $\angle C$ 的角平分线，必须先将 $\triangle ABC$ 经二次换面后变为新投影面的平行面。参

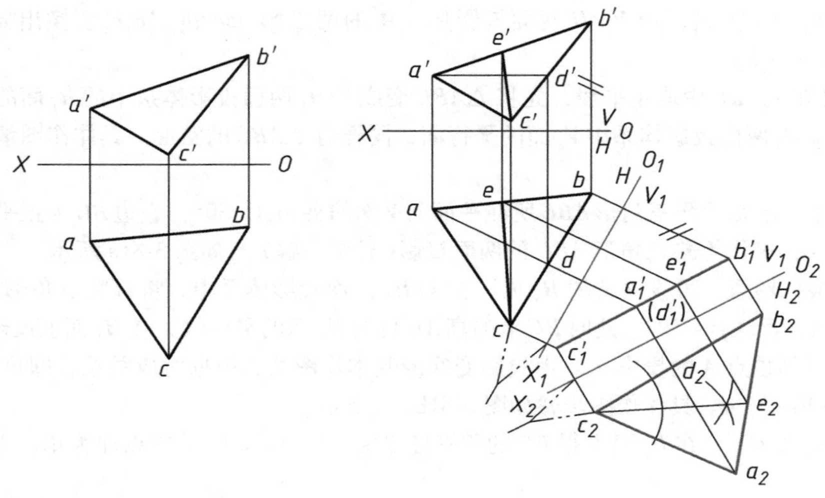

图 3-82　求△ABC 中∠C 的平分线及其投影

考图 3-80 的作图过程，继续在 $\triangle a_2b_2c_2$ 上求 $\angle C$ 的角平分线及投影（图 3-82b），作图步骤如下：

1）在 $\triangle ABC$ 上求作水平线 AD：过 a' 作 OX 的平行线，并与 $b'c'$ 相交于 d'。由 d' 得 d，则 ad、$a'd'$ 为所作水平线 AD 的两面投影。

2）选择 V_1 面垂直于 AD：作 $O_1X_1 \perp ad$。

3）求出 $\triangle ABC$ 在 V_1 面上的新投影 $b'_1a'_1c'_1$。由于 $\triangle ABC$ 在 V_1/H 两面投影体系中为 V_1 面的垂直面，所以 $b'_1a'_1c'_1$ 必积聚成一直线。

4）用 H_2 面代替 H 面：作 $O_2X_2 \parallel b'_1a'_1c'_1$。

5）按照点的换面规律，分别求出 a'_1、b'_1、c'_1 在 H_2 面上的投影 a_2、b_2、c_2。

6）连接 a_2、b_2、c_2，则 $\triangle a_2b_2c_2$ 反映 $\triangle ABC$ 的实形。

7）用几何作图的方法在 $\triangle a_2b_2c_2$ 上画 $\angle c_2$ 的平分线 c_2e_2，再逆向作图，由 e_2 求出 e'_1 和 e、e'，连接 ce、$c'e'$ 即得所求。

【例 3-26】 已知由四个梯形平面组成的料斗，求料斗的两相邻平面 $ABCD$ 和 $CDEF$ 的夹角 θ（图 3-83a）。

【解】 当两平面同时垂直于投影面时，它们在该投影面上的投影均积聚为直线，两积聚直线的夹角，就反映出空间两平面的夹角（图 3-83b）。但要使两平面同时变为新投影面的垂直面，就必须把它们的交线变换为新投影面的垂直线。图 3-83a 中所给两梯形平面的交线 CD 是一般位置直线，故需两次换面，才能达到目的。作图步骤如下（图 3-83c）：

1）第一次换面将交线 CD 变为新投影面的平行线。为此取 $O_1X_1 \parallel cd$，并作出两梯形平面上各顶点的新投影 a'_1、b'_1、c'_1、d'_1、e'_1、f'_1。

2）第二次换面将交线 CD 由投影面平行线变换为投影面垂直线。为此取 $O_2X_2 \perp c'_1d'_1$（此时旧轴应为 O_1X_1），并作出两梯形平面各顶点在第二次变换后的新投影 a_2、b_2、c_2、d_2、e_2、f_2。经两次换面后，平面 $ABCD$ 和 $CDEF$ 的新投影 $a_2b_2c_2d_2$ 和 $c_2d_2e_2f_2$ 均积聚为两条直线，此两直线的夹角就是两梯形侧面 $ABCD$ 和 $CDEF$ 的夹角 θ。

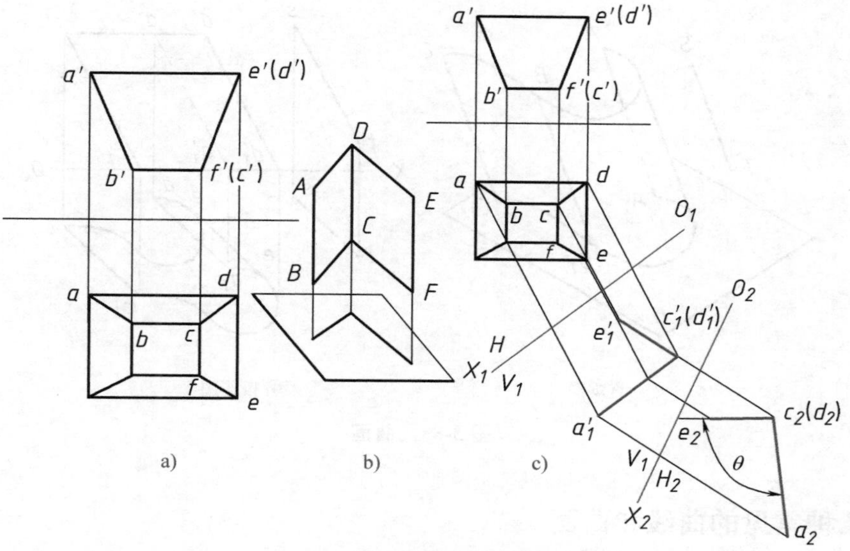

图 3-83 求料斗两相邻面的夹角

3.7 立体表面上的曲线与曲面

3.7.1 概述

1. 曲线

曲线的形成一般有三种方式：①不在一条直线上的点的运动轨迹；②一系列直线或曲线的包络线；③两曲面（或一平面与一曲面）相交的交线。

曲线一般分成平面曲线和空间曲线两大类。平面曲线上所有点都在同一平面上，如圆、椭圆、抛物线、双曲线、渐开线以及任一曲面与平面的交线。空间曲线上的点不都在同一平面上，如圆柱螺旋线等。

曲线的投影一般仍为曲线，如图 3-84 所示。但对于平面曲线来说，当曲线所在的平面垂直或平行于投影面时，曲线的投影积聚成一条直线或反映曲线的实形。

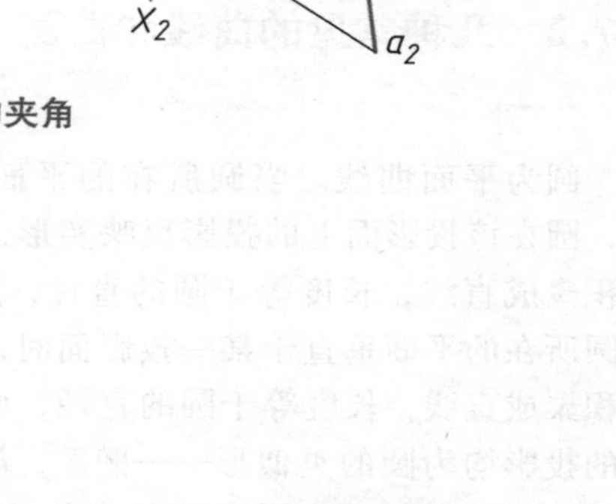

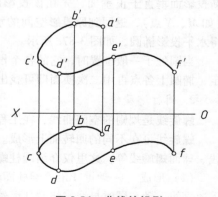

图 3-84 曲线的投影

2. 曲面

曲面可以看作是由一条动线在空间连续运动的轨迹所形成的。形成曲面的动线称为母线，母线在曲面上的任一位置称为素线。

如果母线按一定规律运动，则形成规则曲面，其中控制母线运动的点、线、面分别称为定点、导线、导面。如图 3-85a 所示，*ST* 为直导线，*ABC* 为曲导线，AA_1 称为直母线，BB_1 称为素线。母线可以是直线，也可以是曲线，由此形成的曲面称为直线面或曲线面。特别要指出的是，投影图中的 $d'd_1'$ 和 ee_1 为曲面的正面投影和水平投影上的轮廓线，随曲面位置的变化而改变，曲面上的素线在投影图中一般不作表示，如图 3-85b 所示。

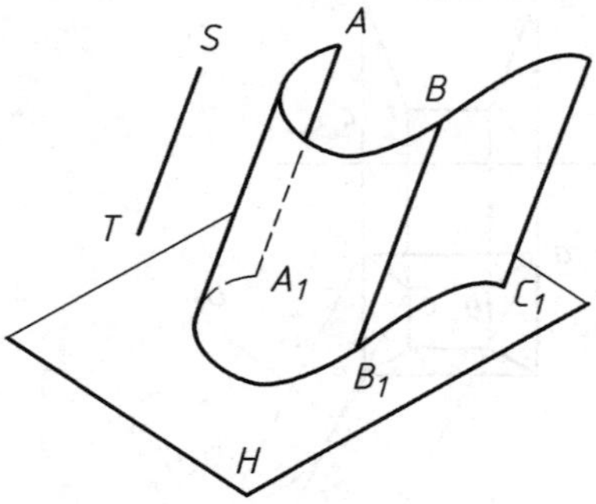

a) 直观图

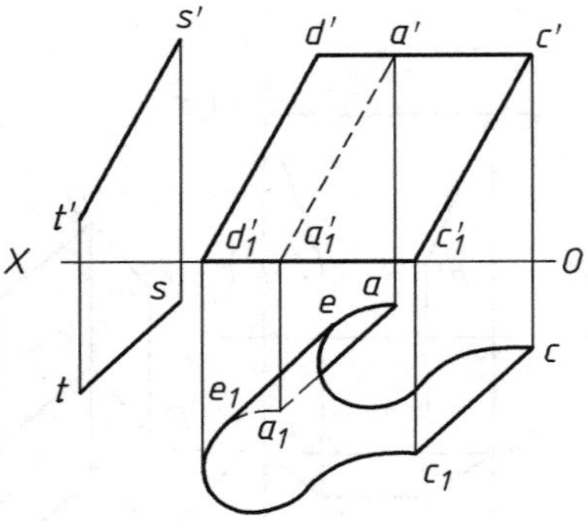

b) 投影图

图 3-85　曲面

3.7.2　几种常见的曲线和曲面

1. 圆

圆为平面曲线。当圆所在的平面平行于投影面时，圆在该投影面上的投影反映实形，而其他两投影都积聚成直线，长度等于圆的直径，如图 3-86 所示；当圆所在的平面垂直于某一投影面时，圆在该面的投影积聚成直线，长度等于圆的直径，而其他两投影面上的投影均为圆的类似形——椭圆，*H* 面上的椭圆的长轴是圆上平行于投影面 *H* 的直径 *AB* 的投影，短轴是圆上与直径 *AB* 垂直的直径 *DE* 的投影，如图 3-87 所示（图中 *de*∥*OX* 轴）。

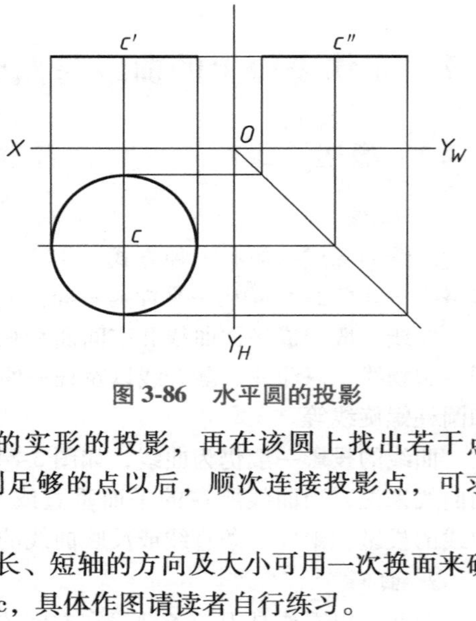

图 3-86　水平圆的投影

在图 3-87 中，如果想求出水平投影椭圆上除长、短轴端点以外的其他点，可用换面法来作图，即作一新投影面垂直于正垂面，先在该投影面上作出反映圆的实形的投影，再在该圆上找出若干点（如 *M*、*N* 点），返回到原投影空间的水平投影上。找到足够的点以后，顺次连接投影点，可求得水平投影椭圆，如图 3-87c 所示。

当圆处于一般位置时，它的各个投影均为椭圆，其长、短轴的方向及大小可用一次换面来确定，椭圆上各点再用二次换面即可找出，方法同图 3-87c，具体作图请读者自行练习。

2. 圆柱螺旋线

螺旋线是规则的空间曲线，在工程技术中应用较广泛。

螺旋线可在不同的回转面上形成。根据回转面的不同，螺旋线可分为圆柱螺旋线、圆锥螺旋线、球面螺旋线等，这里仅介绍圆柱螺旋线。

（1）形成　一动点 *A* 沿着圆柱面（圆柱面是母线为直线且平行于轴线的回转面）上的母线做等速直线运动，同时母线又绕圆柱面轴线做等速旋转运动，点 *A* 的这种复合运动的轨迹称为圆柱螺旋线，如图 3-88a 所示，点 *A* 在圆柱面上的运动轨迹 A_0、A_1、A_2、…的连线即为圆柱螺旋线。

（2）基本要素　螺旋线所在的圆柱面称为导圆柱面。动点 *A* 所在的母线的旋转方向可分为逆时针旋转和顺时针旋转两种，因而可产生右旋螺旋线和左旋螺旋线。右旋螺旋线的特点是可见部分自左向右升高，如果用右手握住圆柱面，则四指弯曲方向为动点旋转方向，拇指指向方向

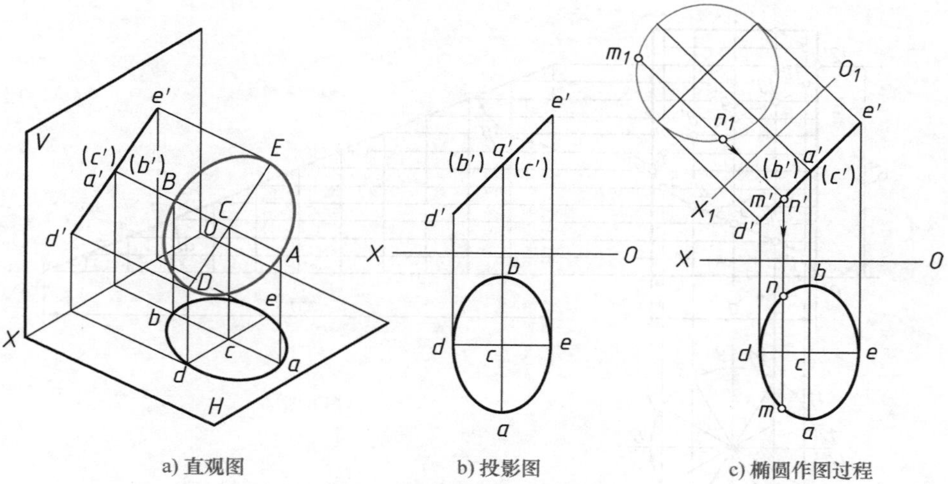

a) 直观图　　b) 投影图　　c) 椭圆作图过程

图 3-87　正垂圆的投影

为动点上升方向。左旋的特点与右旋相反，可用左手握住圆柱面来判断，如图 3-88b 所示。母线旋转一周，动点上升的高度称为导程。显然，导圆柱的直径大小、母线的旋转方向及动点上升的高度，这三者如有变化，就会得到不同的螺旋线。人们把导圆柱直径、旋向和导程作为确定螺旋线的三个基本要素。

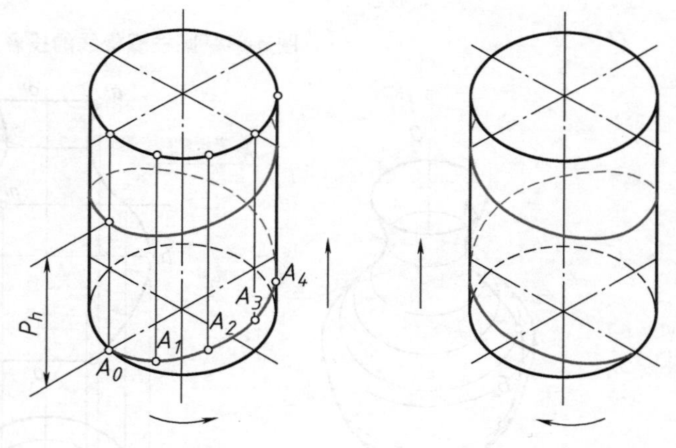

a) 右旋　　b) 左旋

图 3-88　圆柱螺旋线

(3) 投影　先作出导圆柱面的投影。如图 3-89a 所示，此时轴线为铅垂线。然后将水平投影的圆和轴向（铅垂方向）的导程分为相同的 n 等份（图中 $n=12$），由水平投影圆周上各等分点向上作垂线，由导程上各等分点 0，1，2，…，12 作水平线，得相应的交点 0′，1′，2′，…，12′，即为螺旋线正面投影上的点，光滑连接即为螺旋线正面投影，水平投影与导圆柱面的水平投影重合，为圆，如图 3-89a 所示。

(4) 展开　根据螺旋线形成规律，动点在水平方向和垂直方向都做等速运动，因此圆柱螺旋线展开为一条直线，它是以圆柱底圆周长 πd 和导程 P_h 为两直角边的直角三角形的斜边，在一个导程内，圆柱螺旋线长度等于$\sqrt{d^2+P_h^2}$，如图 3-89b 所示。

3. 回转面

母线（可以是直线、曲线）绕一轴线（导直线）旋转一周，所形成的曲面，称为回转面，如图 3-90a 所示为一母线为曲线的回转面。任何回转面，不论其母线的形状如何，用垂直于轴线的平面截切时，所得交线总是圆。

回转面的投影图作法应遵循曲面的投影图作法的基本原则，即需作出决定该曲面的几何要素，如母线、定点、导线、导面等的投影，还应注意：一是由于母线回转一周，首尾相接，形成一光滑曲面，因此无法表现母线的投影；二是回转面的导直线只有一条，就是其回转轴线，在投

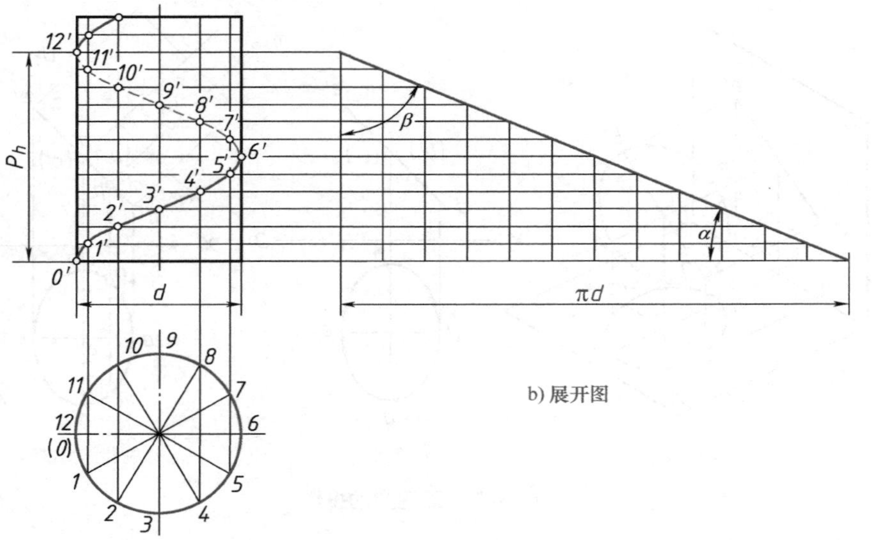

a) 投影图　　b) 展开图

图 3-89　圆柱螺旋线的投影及展开

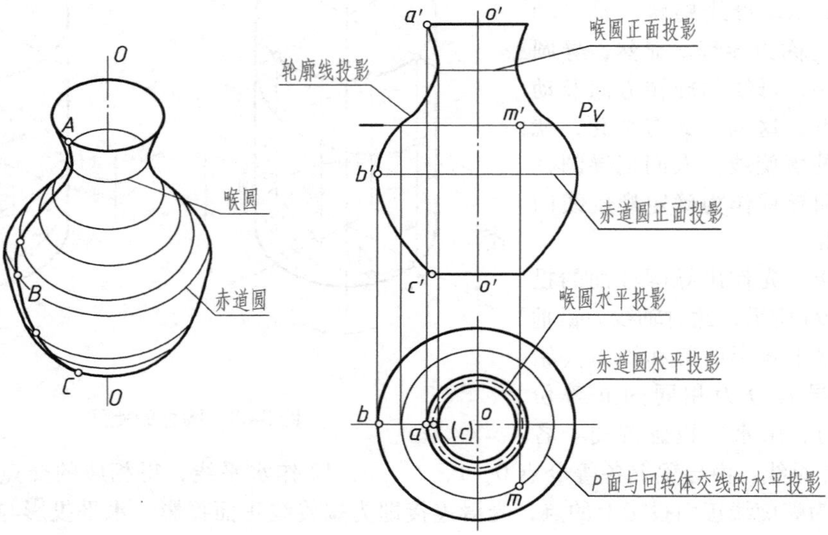

a) 直观图　　b) 投影图

图 3-90　曲线回转面

影图中用点画线加以表示，回转轴线的积聚性投影一般用垂直相交的两条点画线的交点表示；最后还需要画出曲面的轮廓线，以确定曲面的范围，如图 3-90b 所示。

在回转面上找点、找线的作图，一般利用作轴线的正截面，使其与回转面相交所得的回转圆（纬线圆）来求找，如图 3-90b 所示，回转面上有一点 M，已知其正面投影 m'，作其水平投影 m。具体作法：过点 M 作辅助平面 P 垂直于轴线，使平面 P 与回转面相交得一纬线圆，画出这个圆的水平投影，就可在其上定出 M 点的水平投影 m。

思政拓展
精神的追寻：女排精神

4

第 4 章 切割体与叠加体

组合体可以由基本体经过叠加和切割而形成，切割体与叠加体的投影是学习组合体的基础。本章在介绍基本体及其表面上点、线的投影基础上，重点讨论切割体与叠加体的投影。

4.1 基本体的投影

4.1.1 平面立体的投影

所有表面均是平面多边形的立体称为平面立体，常见的有棱柱和棱锥两种。平面立体各表面的交线称为棱线，棱线间的交点称为顶点。所以平面立体投影的实质就是组成其各平面投影的集合，也可以归结为各条棱线和顶点的投影。

1. 棱柱的投影

（1）棱柱的形成　如图 4-1 所示，棱柱是由一个平面多边形沿着某一不与其平行的直线拉伸一段距离 L 而形成的。原平面多边形和与其平行的面称为底面，其余各面称为侧棱面，两相邻的侧棱面之间的交线称为侧棱线，各侧棱线长度相等且相互平行。如果侧棱线与底面垂直，则称为直棱柱；如果侧棱线与底面不垂直，则称为斜棱柱。

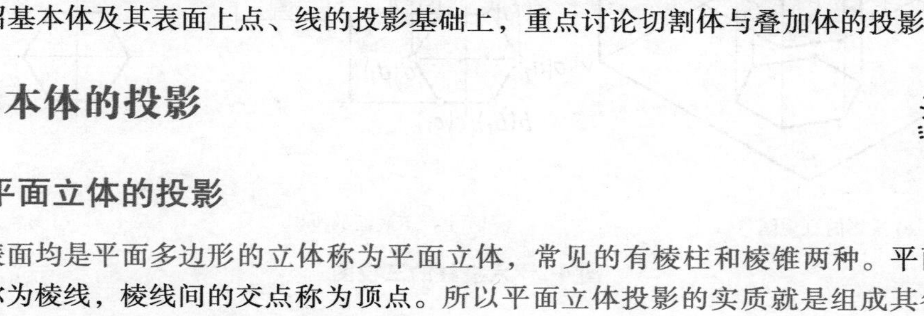

a) 六棱柱　　b) 五棱柱

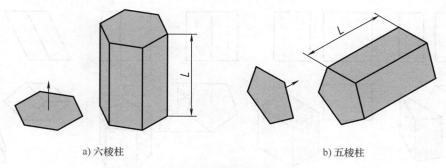

图 4-1　棱柱的形成

（2）棱柱的三视图　以图 4-2 中的正六棱柱为例，它是由上、下底面和六个侧棱面组成的。其中，上、下底面与 H 面平行，六个侧棱面均与 H 面垂直，最前和最后两个侧棱面与 V 面平行。画三视图时应按如下步骤进行：

1）在三个视图中用细点画线将正六棱柱的对称线绘出，以确定视图的位置。

2）根据“三等”规律，绘制上、下底面的投影。上、下底面在俯视图中的投影形状为一正六边形并重合，在主视图和左视图中的投影都积聚成与投影轴平行的两条直线，直线的间距为六棱柱的高，长度根据“三等”规律绘制，如图 4-2b 所示。

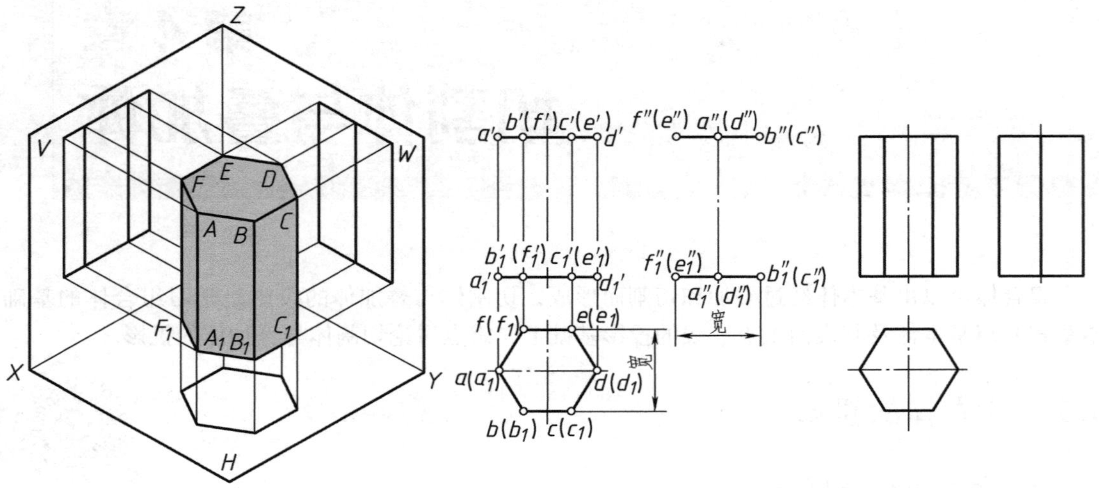

a) 投影的直观图　　b) 上、下底面的投影　　c) 最终的三视图

图 4-2　六棱柱的三视图

3）绘制出各条侧棱线的投影。显然，六条侧棱线均与 H 面垂直，故在俯视图中的投影积聚在正六边形的六个顶点上，在主视图和左视图中的投影为反映棱柱高的直线段。并且在主视图中，侧棱线 FF_1、EE_1 分别和 BB_1、CC_1 的投影重合；在左视图中，侧棱线 CC_1、EE_1、DD_1 分别和侧棱线 BB_1、FF_1、AA_1 的投影重合；故各条被挡住的棱线的投影不画出虚线。此时，构成六棱柱的所有平面和直线均已绘出，即六棱柱的三视图已完成，如图 4-2c 所示。

图 4-3 列出了其他一些棱柱的三视图，绘图步骤与上述步骤相同。需要特别注意的是，不可见的轮廓线用细虚线绘出，以及“宽相等”的灵活运用，如图 4-3c 所示。

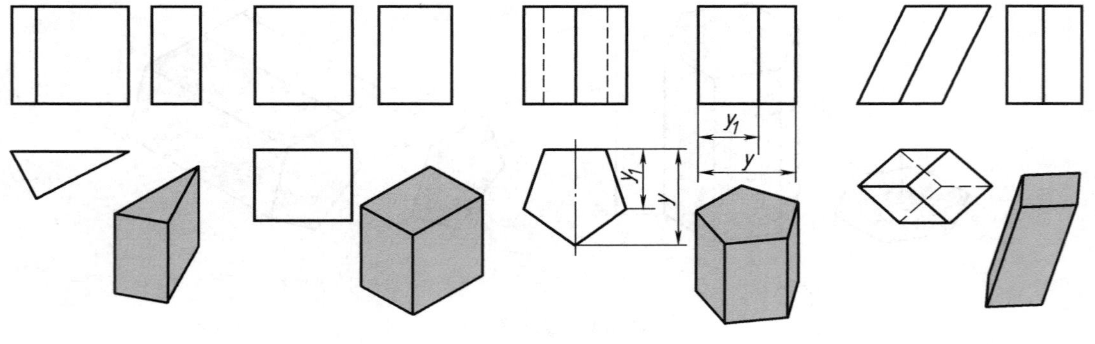

a) 三棱柱　　b) 四棱柱　　c) 五棱柱　　d) 斜四棱柱

图 4-3　常见棱柱的三视图

（3）棱柱表面上点、线的投影　平面立体取点的方法可以归结为在相应的平面上取点。如果立体表面为特殊位置平面，可利用积聚性求点的其他投影；如果立体表面是一般位置平面，则表面上的点取自属于该面的直线。

如图 4-4a 所示，已知正六棱柱的三面投影，表面上 M、N 两点的正面投影 m'、(n')，直线 AB 的正面投影 $a'b'$，求点 M、N、直线 AB 的其余两面投影。

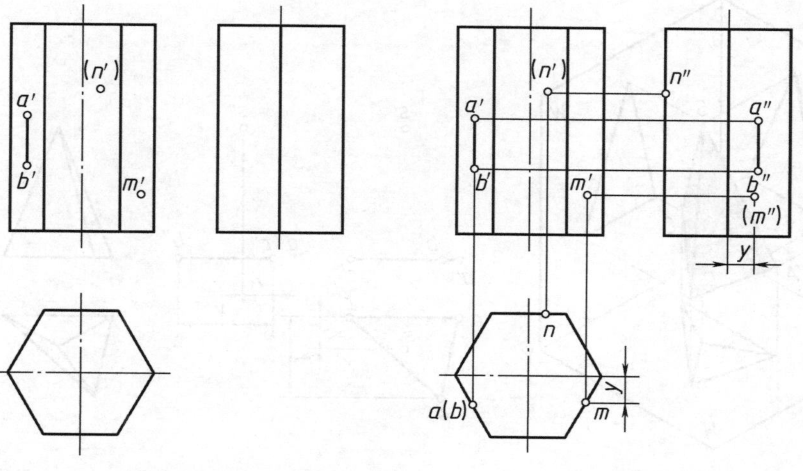

a) 已知条件　　　　　　b) 作图过程

图 4-4　棱柱表面上点、线的投影

分析：由于投影 m' 可见，故 M 点在右前方棱面上，该面水平投影具有积聚性；由于投影（n'）不可见，故 N 点位于正后方的棱面上，该面为一正平面，其水平投影及侧面投影都具有积聚性；同理可得直线 AB 在左前方棱面上。求解结果如图 4-4b 所示。

立体表面上点的可见性判别如下：

若点所在平面的投影可见，则点的投影可见；若平面的投影积聚成直线，则点的投影也可见。

2. 棱锥的投影

（1）棱锥的形成　如图 4-5 所示，棱锥是由一个平面多边形沿着某一不与其平行的直线，各边按相同线性比例拉伸（称为“线性变截面拉伸”）而形成的。原平面多边形称为底面，其余各面称为侧棱面，两相邻的侧棱面之间的交线称为侧棱线，各侧棱线均相交于同一点，即锥顶。

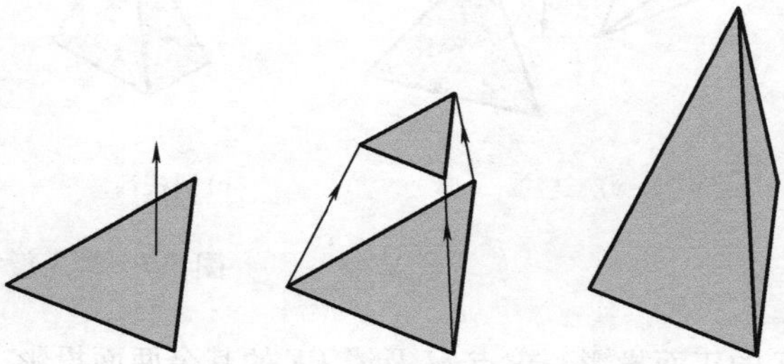

图 4-5　棱锥的形成

（2）棱锥的三视图　以图 4-6 中的三棱锥为例，它是由一个底面和三个侧棱面组成的。其中，底面与 H 面平行，底面上的边 AC 垂直于 W 面，侧棱面中的 SAC 面与 W 面垂直，画三视图时应按如下步骤进行：

1）根据“三等”规律，绘制底面和锥顶的投影。底面在俯视图中的投影具有真实性，反映其实形，在主视图和左视图中积聚为与投影轴平行的直线；绘制锥顶投影时要注意应符合“宽相等”的规律，如图 4-6b 所示。

2）绘制出各条侧棱线的投影。显然，各条侧棱线的端点在上一步骤中均已绘出，这里只需在三视图中将底面上的各顶点的投影与锥顶的投影连接即可。此时构成此三棱锥的所有平面均已绘出，即三棱锥的三视图已完成，如图 4-6c 所示。

图 4-7 列出了其他一些棱锥的三视图，绘图步骤与上述步骤相同。

（3）棱锥表面上点、线的投影　如图 4-8a 所示，已知正四棱柱三面投影及表面上点 M、线

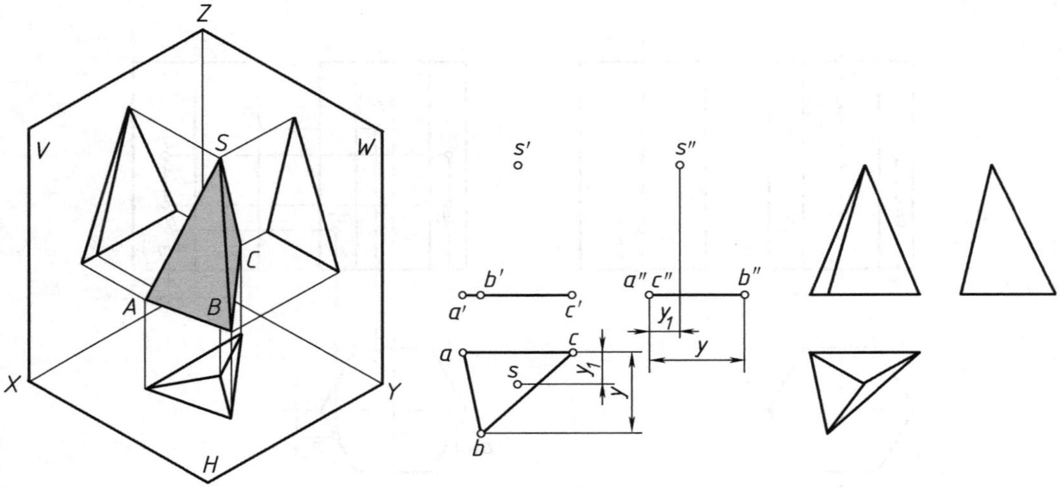

a) 投影的直观图　　b) 底面和锥顶的投影　　c) 最终的三视图

图 4-6　三棱锥的三视图

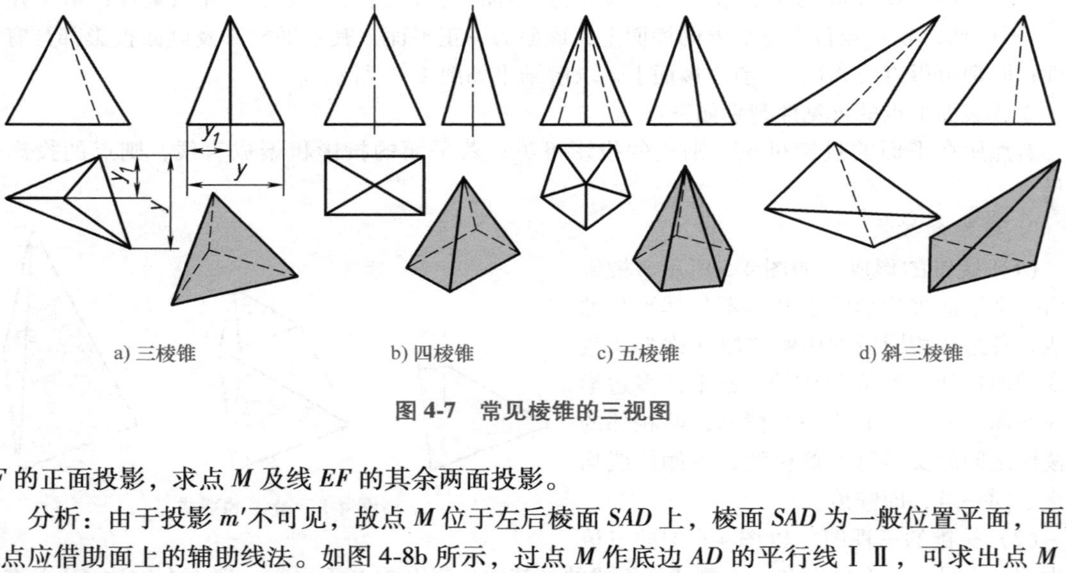

a) 三棱锥　　b) 四棱锥　　c) 五棱锥　　d) 斜三棱锥

图 4-7　常见棱锥的三视图

EF 的正面投影，求点 *M* 及线 *EF* 的其余两面投影。

分析：由于投影 *m′* 不可见，故点 *M* 位于左后棱面 *SAD* 上，棱面 *SAD* 为一般位置平面，面上取点应借助面上的辅助线法。如图 4-8b 所示，过点 *M* 作底边 *AD* 的平行线ⅠⅡ，可求出点 *M* 的另外两个投影。直线 *EF* 的端点 *E* 在左前棱面 *SAB* 上，端点 *F* 在右前棱面 *SBC* 上，不在同一平面上，故线 *EF* 是由两条直线组成的折线，组成折线的两条线段的共有点（转折点）在两个面的交线（棱线）上（记为 *G* 点），分别求出 *E*、*F*、*G* 三点的另外两个投影，判断可见性后连线，求解结果如图 4-8b 所示。

4.1.2　曲面立体的投影

工程上常见的曲面立体是回转体，最基本的回转体有圆柱、圆锥、圆球和圆环等，它们的特点是由回转面和平面或完全由回转面构成。

回转体中的回转面是由母线（直线或曲线）绕某一轴线回转而形成的，回转面的形状取决于母线的形状及母线与轴线的相对位置。母线绕轴线回转时在曲面上任意位置的线称为素线。

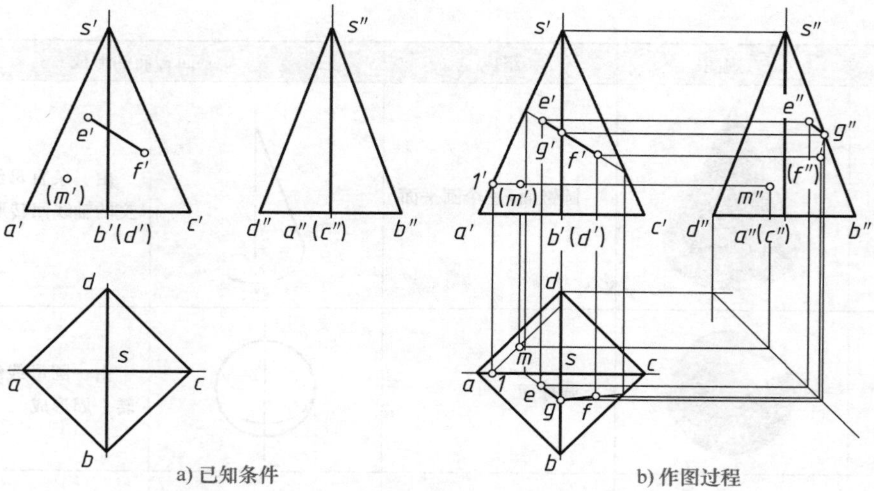

a) 已知条件　　b) 作图过程

图 4-8　棱锥表面上点、线的投影

母线上任一点绕轴线回转一周所形成的轨迹称为纬圆，纬圆的半径是该点到轴线的距离，纬圆所在的平面垂直于轴线。

绘制回转体投影时，非常重要的一点是画出回转面上转向轮廓线的投影。如图 4-9 所示，转向轮廓线是投射线与曲面相切的切点的集合，其投影常常是投影图中曲面投影的可见与不可见的分界线。需要注意：回转面在三个视图中的投影是曲面上不同位置转向轮廓线的投影。

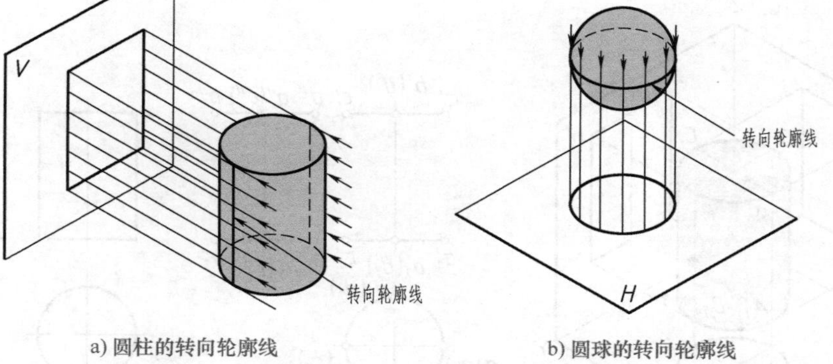

a) 圆柱的转向轮廓线　　b) 圆球的转向轮廓线

图 4-9　转向轮廓线的概念

常见基本回转体的形成见表 4-1。

表 4-1　常见基本回转体的形成

	直观图	组成	回转面的形成	
圆柱		圆柱面+两个圆平面		由一条直母线绕与它平行的轴线回转形成

（续）

	直观图	组成	回转面的形成	
圆锥	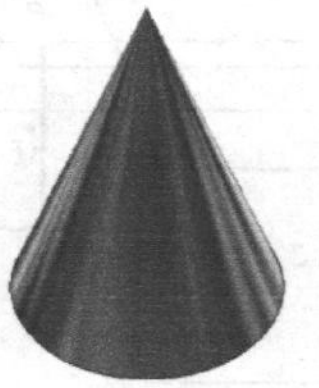	圆锥面+一个圆平面		由一条直母线绕与它相交的轴线回转形成
圆球		圆球面	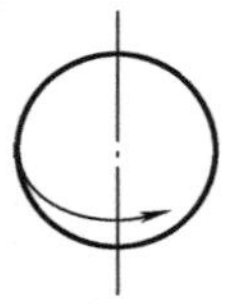	由一圆母线绕其直径旋转一周形成
圆环		圆环面	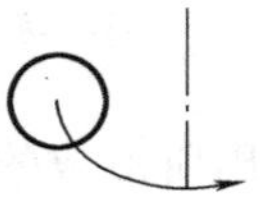	由一圆母线绕与它共面但不过圆心的轴线旋转形成

1. 圆柱

（1）圆柱的投影　画圆柱三视图时，一般使它的轴线垂直于某个投影面，如图 4-10a 所示。此时，圆柱的两个底面均平行于 H 面，轴线和圆柱面均垂直于 H 面。画三视图时应按如下步骤进行：

1）用细点画线在三视图中画出轴线及圆的两条对称中心线，将视图位置确定下来。

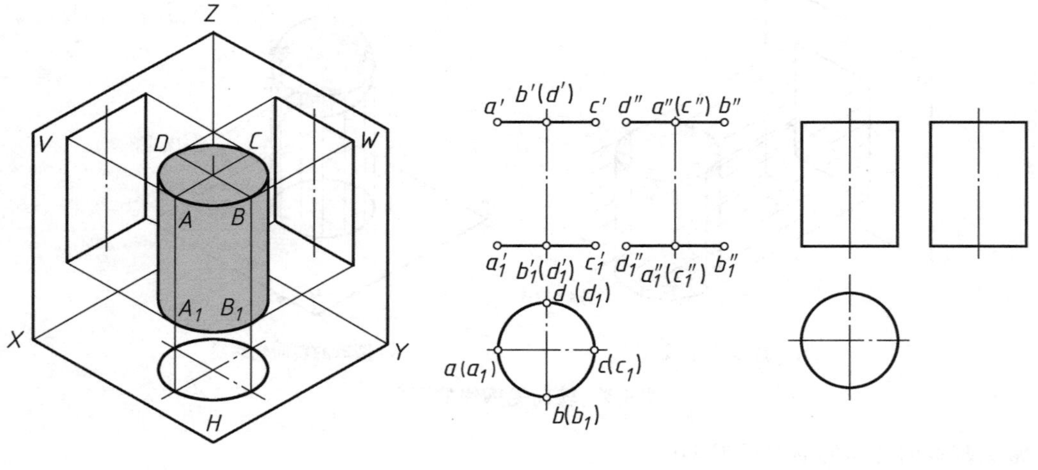

a) 投影的直观图　　b) 底面的投影　　c) 最终的三视图

图 4-10　圆柱的三视图

2）绘制圆柱的上、下底面的投影。由于上、下底面均平行于 H 面，故在俯视图中的投影为其实形，即为圆；在主视图和左视图中的投影分别为两条平行于投影轴的直线，且直线间的距离为圆柱的高，如图 4-10b 所示。

3）绘制圆柱面的投影。由于圆柱面垂直于 H 面，故在俯视图中的投影积聚为一圆，与圆柱上、下底面在俯视图中的投影重合；在主视图中的投影用其最左和最右的转向轮廓线（即 AA_1 和

CC_1）的投影表示，而这两条转向轮廓线均垂直于 H 面，故其在 V 面上的投影反映其实长（即圆柱的高），且与 X 轴垂直；在左视图中的投影用其最前和最后的转向轮廓线（即 BB_1 和 DD_1）的投影表示，而这两条转向轮廓线均垂直于 H 面，故其在 W 面上的投影反映其实长（即圆柱的高），且与 Y 轴垂直。该圆柱最终的三视图如图 4-10c 所示。

图 4-11 列出了不同位置圆柱的三视图，绘图步骤与上述步骤相同。注意：当底面与投影面倾斜时，其投影为椭圆。

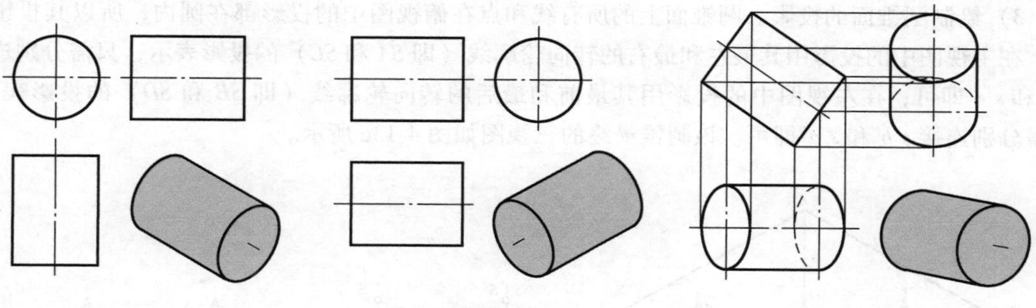

a) 轴线垂直于 V 面　　b) 轴线垂直于 W 面　　c) 斜置圆柱

图 4-11　一些不同位置圆柱的三视图

（2）圆柱表面上点、线的投影　如图 4-12a 所示，已知圆柱的三面投影及其表面上点 M、线 AB 的正面投影，求点 M 及线 AB 的其余两面投影。

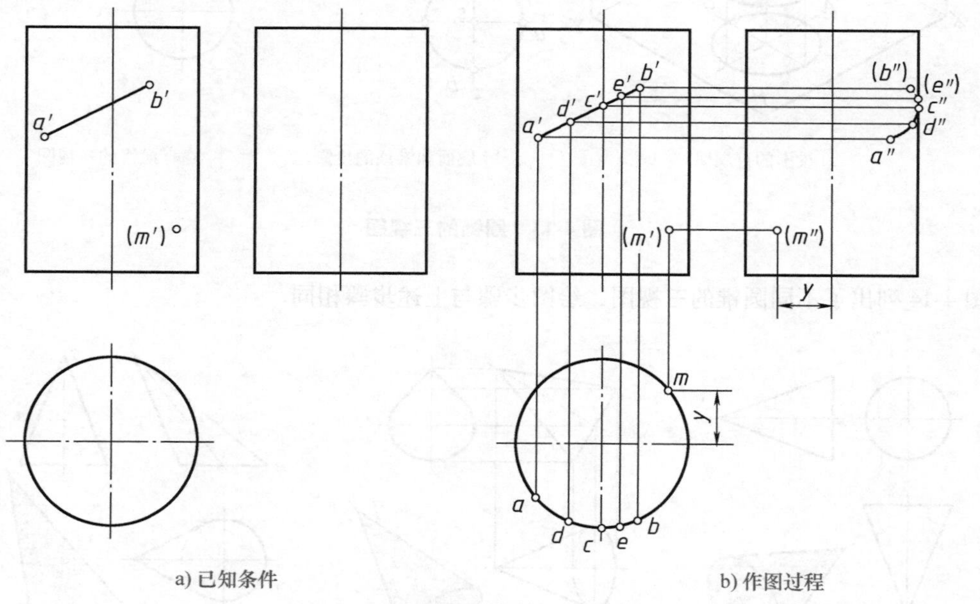

a) 已知条件　　b) 作图过程

图 4-12　圆柱表面上点、线的投影

分析：由于圆柱的轴线是铅垂线，圆柱面的水平投影积聚为圆，故点 M 的水平投影必在圆周上，从而进一步可求出其侧面投影。线 AB 与圆柱的轴线不平行，所以是一条曲线，线上所有点的水平投影必在圆周上，具体求解时可先求出特殊点（A、B、C）的另外两面投影，再求解出一般点（D、E）的另外两面投影，判别可见性后光滑连线，即可得出线 AB 的另外两面投影。求解结果如图 4-12b 所示。

2. 圆锥

（1）圆锥的投影　画圆锥的三视图时，一般也使其轴线垂直于某个投影面，如图 4-13a 所示。此时，圆锥的底面平行于 *H* 面，轴线与 *H* 面垂直。画三视图时应按如下步骤进行：

1）用细点画线在三视图中画出轴线及圆的两条对称中心线，将视图位置确定下来。

2）绘制圆锥底面和锥顶的投影。由于底面均平行于 *H* 面，故在俯视图中的投影为其实形，即为圆；在主视图和左视图中的投影分别为一条平行于投影轴的直线，如图 4-13b 所示。

3）绘制圆锥面的投影。圆锥面上的所有线和点在俯视图中的投影都在圆内，所以其投影为圆；在主视图中的投影用其最左和最右的转向轮廓线（即 *SA* 和 *SC*）的投影表示，只需分别连接 $s'a'$和 $s'c'$即可；在左视图中的投影用其最前和最后的转向轮廓线（即 *SB* 和 *SD*）的投影表示，只需分别连接 $s''b''$和 $s''d''$即可。该圆锥最终的三视图如图 4-13c 所示。

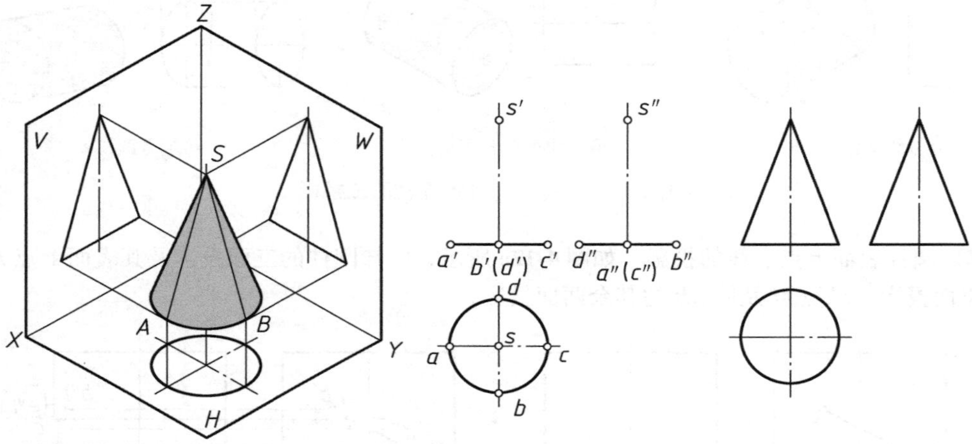

a) 投影的直观图　　b) 底面和锥顶的投影　　c) 最终的三视图

图 4-13　圆锥的三视图

图 4-14 列出了不同圆锥的三视图，绘图步骤与上述步骤相同。

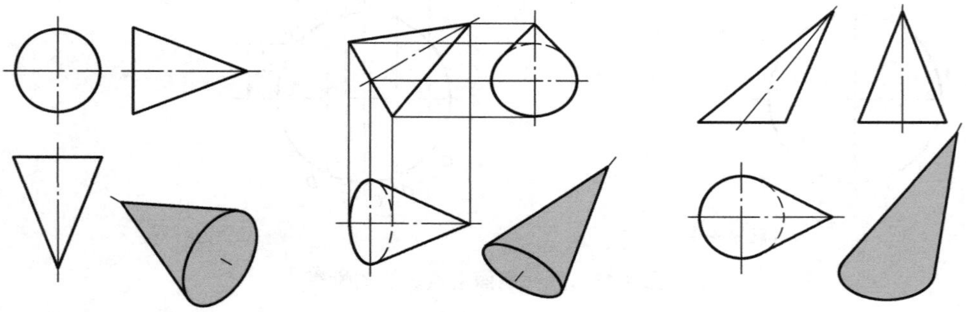

a) 轴线垂直于 *V* 面　　b) 底面垂直于 *V* 面　　c) 斜圆锥

图 4-14　一些不同圆锥的三视图

（2）圆锥表面上点的投影　如图 4-15 所示，已知圆锥面上 *A* 点的正面投影，求作 *A* 点的其余两面投影。

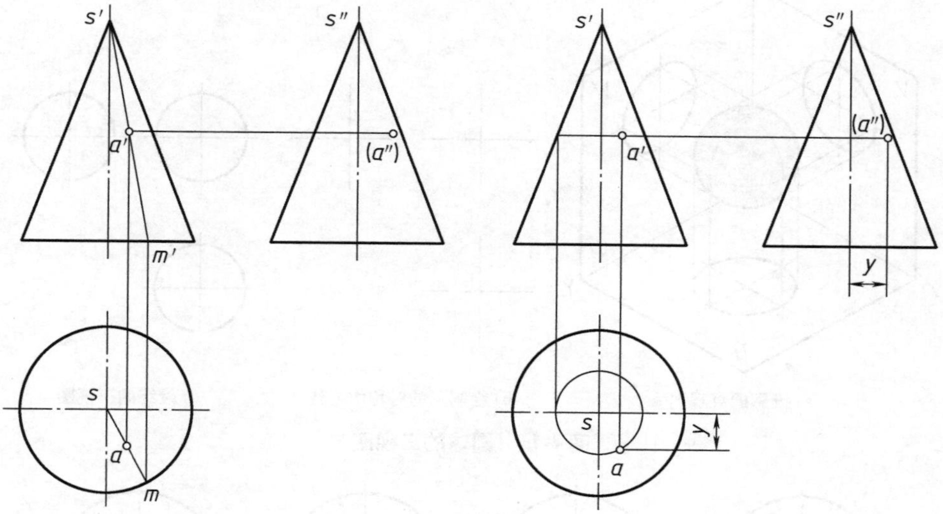

a) 辅助素线法

b) 辅助纬圆法

图 4-15　圆锥表面上点的投影

分析：由于圆锥面的三个投影均没有积聚性，因此在锥面上取点，应取自锥面上的辅助线，通常采用的辅助线有辅助素线和辅助纬圆两种。

1）辅助素线法：如图 4-15a 所示，将 *A* 点放在素线 *SM* 上，完成素线 *SM* 的三面投影，则可以求出 *A* 点的其余两面投影。

2）辅助纬圆法：如图 4-15b 所示，在锥面上作过 *A* 点的辅助纬圆，该圆为一水平圆。通过 a'作轴线的垂线与轮廓素线相交，该线段即为包含 *A* 点的纬圆的正面投影，其长度等于辅助纬圆直径的实长；作出辅助纬圆的水平投影，a'可见，在前半纬圆上，进而可以求解出 *A* 点的其余两面投影。

3. 圆球

（1）圆球的投影　圆球无论向哪个投影面进行投射，其投影均为圆，如图 4-16 所示。画三视图时应按如下步骤进行：

1）用细点画线在三个视图中画出圆的对称中心线，将视图位置确定下来。

2）画圆球面的投影。即分别在三个视图中画圆，其直径均等于圆球的直径，但要注意三个视图中圆的含义不相同，不能认为它们是球面上同一个圆的三个投影。其中，主视图中的圆是圆球的前、后转向轮廓线的投影，俯视图中的圆是圆球上、下转向轮廓线的投影；左视图中的圆是圆球左、右转向轮廓线的投影。圆球最终的三视图如图 4-16c 所示。

（2）圆球表面上点的投影　如图 4-17 所示，已知圆球面上 *A* 点的正面投影，求作 *A* 点的其余两面投影。

分析：由于圆球的三面投影均没有积聚性，圆球面上也不可能作出直线，故圆球面上取点应该通过包含点的辅助纬圆作图。如图 4-17a 所示，在球面上作通过 *A* 点的辅助水平纬圆，该圆的水平投影反映实形，另外两面投影积聚。

作图过程：过 a'作 *X* 轴的平行线，与圆球的轮廓素线相交，即为辅助圆的正面投影。在水

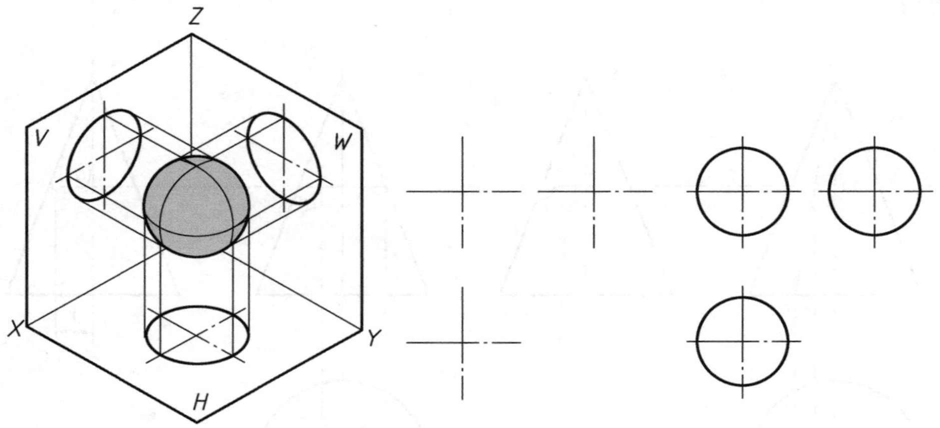

a) 投影的直观图　　b) 绘制圆的对称中心线　　c) 最终的三视图

图 4-16　圆球的三视图

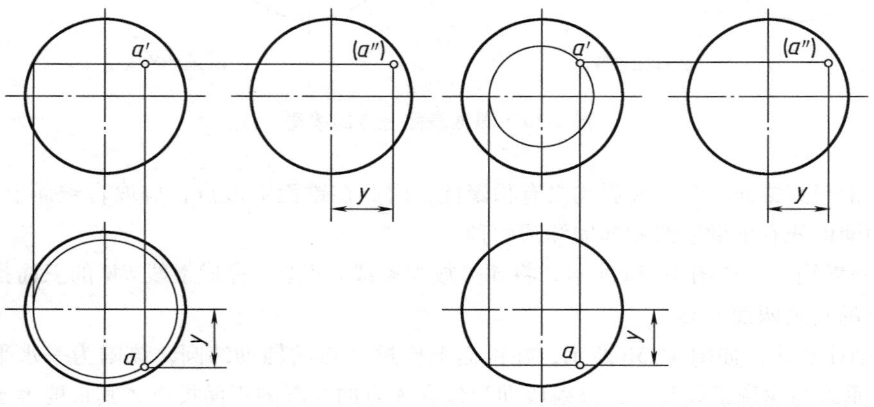

a) 辅助水平纬圆　　b) 辅助正平纬圆

图 4-17　圆球表面上点的投影

平投影中作出反映该圆实形的水平投影，a'可见，在圆球的前半部分，所以在前半水平纬圆上取 a，进而求解出 a''，由于 A 点在上、右半球，所以 a 可见，a''不可见。如图 4-17b 所示，在球面上作通过 A 点的辅助正平纬圆，也可以求作出 A 点的其余两面投影。通过 A 点作侧平纬圆，也可求点的其余两面投影，请读者自行分析。

4. 圆环

（1）圆环的投影　如图 4-18a 所示的圆环直观图，其轴线垂直于 H 面。由圆母线外半圆弧 ABC 回转面形成的回转面称为外环面，由圆母线内半圆弧 ADC 回转面形成的回转面称为内环面，内、外环面相交处的圆称为分界圆。圆母线上任一点在回转时的运动轨迹均为一个圆，称为纬圆。其中，母线圆上 B 点和 D 点绕成的圆分别是圆环面上直径最大和最小的圆，分别称为最大圆和最小圆。画三视图时应按如下步骤进行：

1）用细点画线在三个视图中画出轴线、圆的对称中心线和圆母线的中心轨迹，将视图位置确定下来，如图 4-18b 所示。

2）画圆环面的投影。对于俯视图而言，最大圆和最小圆为圆环面的转向轮廓线，它们将圆环面分为上、下两半，这两个圆均与 H 面平行，故在俯视图中的投影均为其实形。在主视图中，

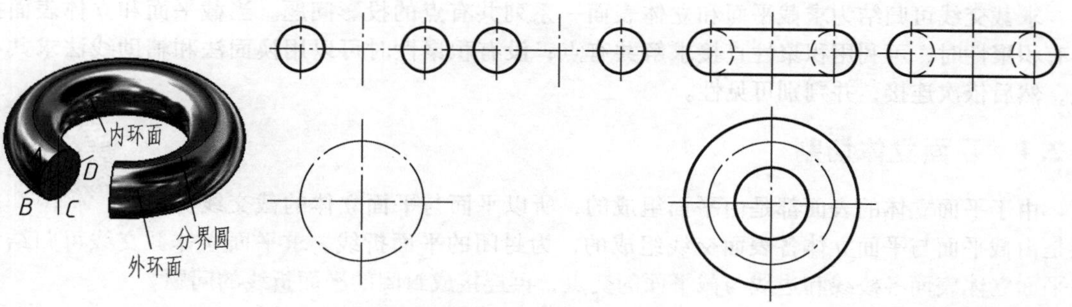

a) 直观图　b) 绘制轴线和圆的对称中心线　c) 最终的三视图

图 4-18　圆环的三视图

外环面的前面一半可见，后面一半不可见，而内环面均不可见，外环面的转向轮廓线的投影为粗实线的半圆，内环面的转向轮廓线的投影为细虚线的半圆，上、下两条水平线是内、外环面分界圆的投影。该圆环最终的三视图如图 4-18c 所示。

（2）圆环表面上点的投影　如图 4-19a 所示，已知圆球面上点 A 的正面投影，求作点 A 的水平投影。

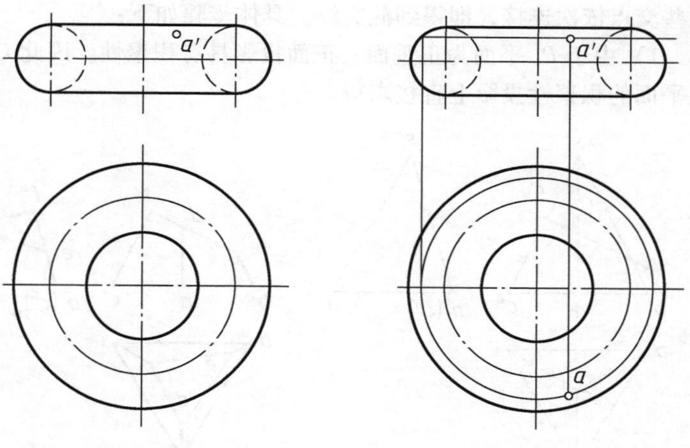

a) 已知条件　b) 作图过程

图 4-19　圆环表面上点的投影

分析：与圆球类似，圆环的三面投影均没有积聚性，圆环面上也不可能作出直线，故圆环面上取点应该通过包含点的辅助纬圆作图。作图过程如图 4-19b 所示。

4.2　切割体的投影

平面截切立体时，立体表面与平面相交所产生的交线，称为截交线，用来截切的平面称为截平面，截交线围成的平面图形，称为截形或截断面，如图 4-20 所示。由于被截切立体的形状、截平面数量和截切位置的不同，截交线的形状、性质和求法也不同，但截交线都具有以下两个基本性质：

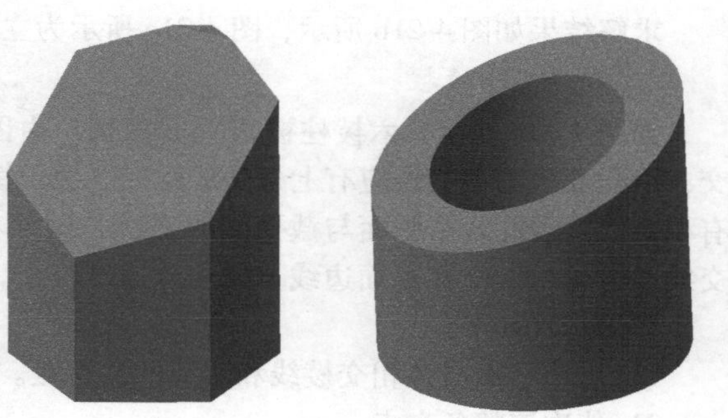

图 4-20　平面与立体相交

（1）封闭性　由于立体和截平面相交部分具有一定的范围，所以截交线一定是封闭的平面折线或平面曲线。

（2）共有性　截交线是截平面与被截切立体的共有线，所以截交线上的每一点都是截平面与立体表面的共有点。

求截交线可归结为求截平面和立体表面一系列共有点的投影问题。当截平面和立体表面投影有积聚性时，可利用积聚性直接求解共有点；没有积聚性时可以用换面法和辅助线法求共有点，然后依次连接，并判别可见性。

4.2.1　平面立体切割

由于平面立体的表面都是由平面组成的，所以平面与平面立体的截交线实际上是由截平面与平面立体各表面交线组成的，为封闭的平面折线。求平面立体截交线可归结为求平面立体表面各棱线和边线与截平面的交点，再连接成封闭的平面折线的问题。

1. 平面截切棱锥

图 4-21a 所示为 P_V 平面与三棱锥截交的情况，截交线为封闭折线 *DE-EF-DF*。由图中看出 *D*、*E*、*F* 点实际上是三条棱线与截平面 P_V 的交点，每段折线是截平面与棱面的交线。所以求出这些交点依次连接，即得到截交线。具体步骤如下：

1）由于 P_V 平面为正垂面，正面投影具有积聚性，因此 *D*、*E*、*F* 点的正面投影 d'、e'、f' 可从平面的积聚性投影上直接求得。

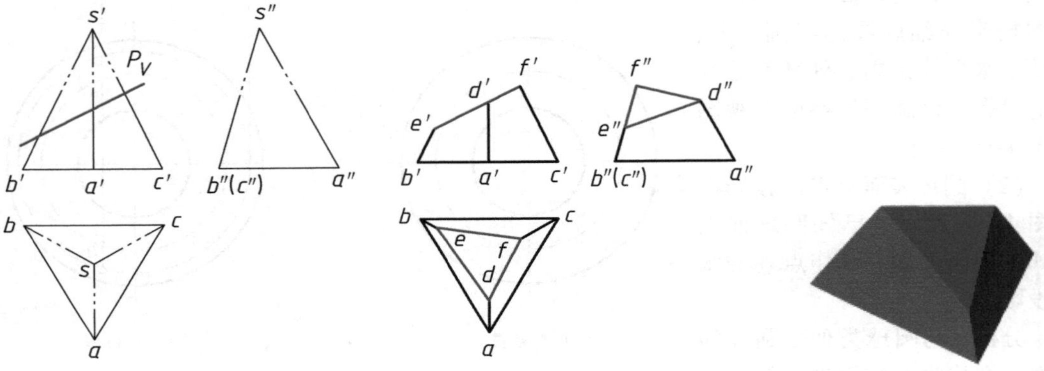

a)　　b)　　c)

图 4-21　平面截切三棱锥

2）根据直线上取点的方法，由 d'、e'、f' 对应求得 *D*、*E*、*F* 各点的水平投影（和侧面投影）。

3）连接各点的同面投影，并根据各连接线所位于棱面的位置，判别其可见性。

求解结果如图 4-21b 所示，图 4-21c 所示为立体图。

2. 平面截切棱柱

如图 4-22a 所示，六棱柱被正垂面截切。由图可知正垂面与六棱柱的六个侧面和顶面都相交，因此要求的截交线应有七条交线组成。由于棱柱处于铅垂位置，棱柱的侧面均在水平面上具有积聚性，因此六个侧面与截平面的交线与侧面在水平投影面的积聚性投影相重合，与顶面的交线通过求出两个在顶面边线上的交点连接得到。

作图步骤如下：

1）求截平面与各相交棱线和边线的共有点。

2）依次连接各交点。

3）根据可见性处理轮廓线。

3. 带切口的平面立体

【例 4-1】 图 4-23 所示，已知四棱锥被正垂面 *P* 和水平面 *Q* 截切后的正面投影，完成切割

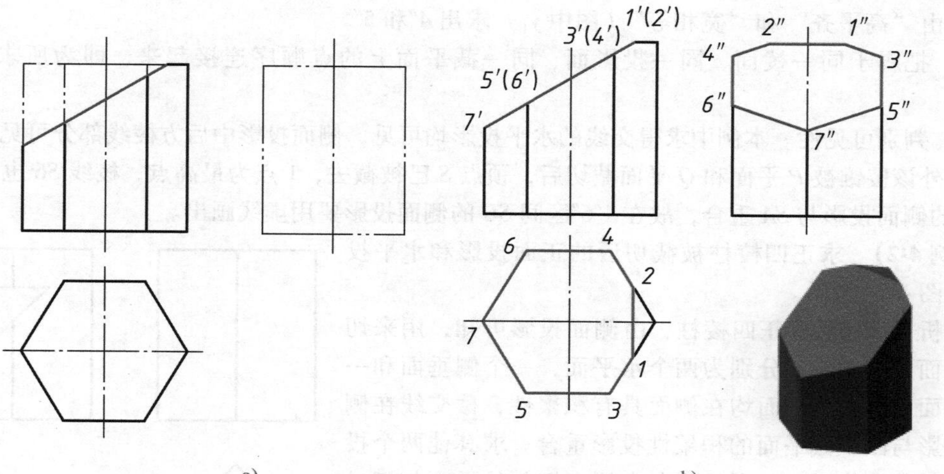

a)　　　　b)

图 4-22　平面截切六棱柱

体的其他投影。

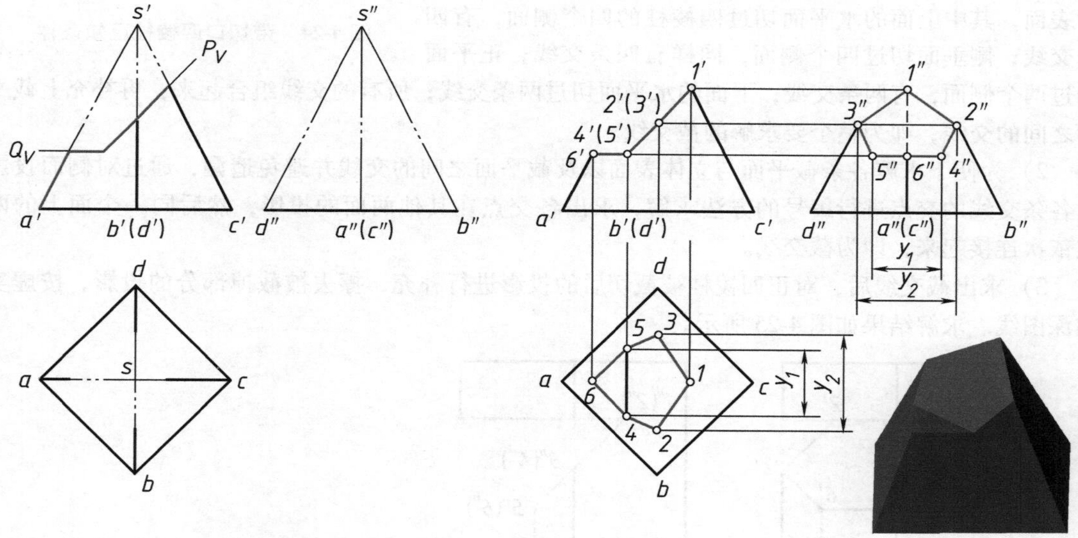

a) 题目　　　　b) 作图

图 4-23　带切口四棱锥

【解】　由于截平面 *P*、*Q* 的正面投影有积聚性，因此截交线的正面投影重合在 *P*、*Q* 的正面投影上。又由于 *Q* 平面的侧面投影也有积聚性，因此 *Q* 平面与四棱锥的交线侧面投影重合在 *Q* 平面的侧面投影上。由正面投影可知截平面 *P* 与四棱锥的四个侧棱面及 *Q* 平面都相交，所以截断面为五边形。截平面 *Q* 只与侧棱面 *SAB*、*SAD* 和 *P* 平面相交，截出的断面为三角形。

作图步骤如下：

1）求出 *P* 平面与棱线 *SC*、*SB*、*SD* 的交点Ⅰ、Ⅱ、Ⅲ的水平投影 1、2、3 和侧面投影 1″、2″、3″，求 2、3 时应由“宽相等”（图中 y_2）求出。

2）求出 *Q* 平面与棱线 *SA* 的交点Ⅵ的水平投影 6 和侧面投影 6″。

3）过 6 分别作直线 64∥*ab*、65∥*ad*。过 4′、5′向水平投影作投影连线交 64、65 于 4、5 两点，再由“高平齐”和“宽相等”（图中 y_1）求出4″和5″。

4）把属于同一棱面、同一投影面、同一截平面上的点顺序连接起来，即为所求切口的投影。

5）判别可见性。本例中求得交线的水平投影均可见，侧面投影中后方棱线部分可见。

另外该棱锥被 *P* 平面和 *Q* 平面截切后，顶点 *S* 已被截去，1点为最高点，棱线 *S*6 也被截去，而 *SC* 的侧面投影与 *SA* 重合，故在1″6″区间 *SC* 的侧面投影要用虚线画出。

【例 4-2】 求正四棱柱被截切后的正面投影和水平投影，如图4-24所示。

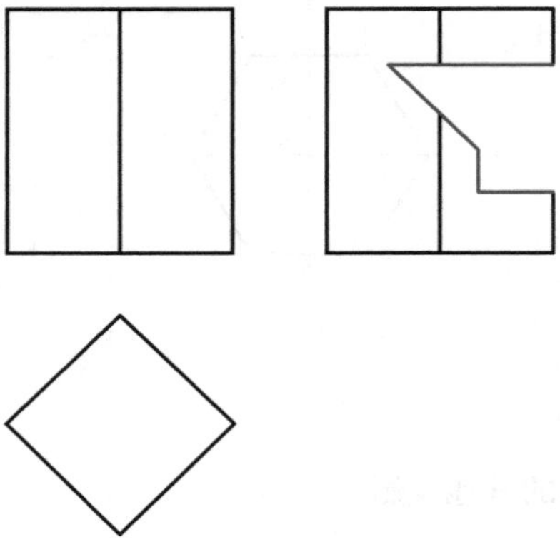

图 4-24 带切口四棱柱已知条件

分析：该棱柱为正四棱柱，由侧面投影可知，用来切割的平面共有四个，分别为两个水平面，一个侧垂面和一个正平面，这四个平面均在侧面具有积聚性，截交线在侧面的投影与四个截平面的积聚性投影重合。求其他两个投影面上的截交线时，分别找到各个用来切割的平面与切过的正四棱柱的表面之间的交线，组合起来即可得到，该截交线为封闭的多边形。

1）首先确定各个用来切割的平面所切过的正四棱柱的表面，其中上面的水平面切过四棱柱的四个侧面，有四条交线；侧垂面切过四个侧面，同样有四条交线；正平面切过两个侧面，有两条交线；下面的水平面切过两条交线；所有的交线组合起来，再补充上截平面之间的交线，即为整个要求解的截交线。

2）为便于求解各条截平面与立体表面以及截平面之间的交线并避免遗漏，通过对侧面投影上各条交线的交点进行编号的方法求解，求出各交点在其他两面的投影，然后同一个面上的两点依次连接起来，即为截交线。

3）求出截交线后，对正四棱柱被截切后的投影进行补充，擦去被截掉部分的投影，按虚实加深图线。求解结果如图4-25所示。

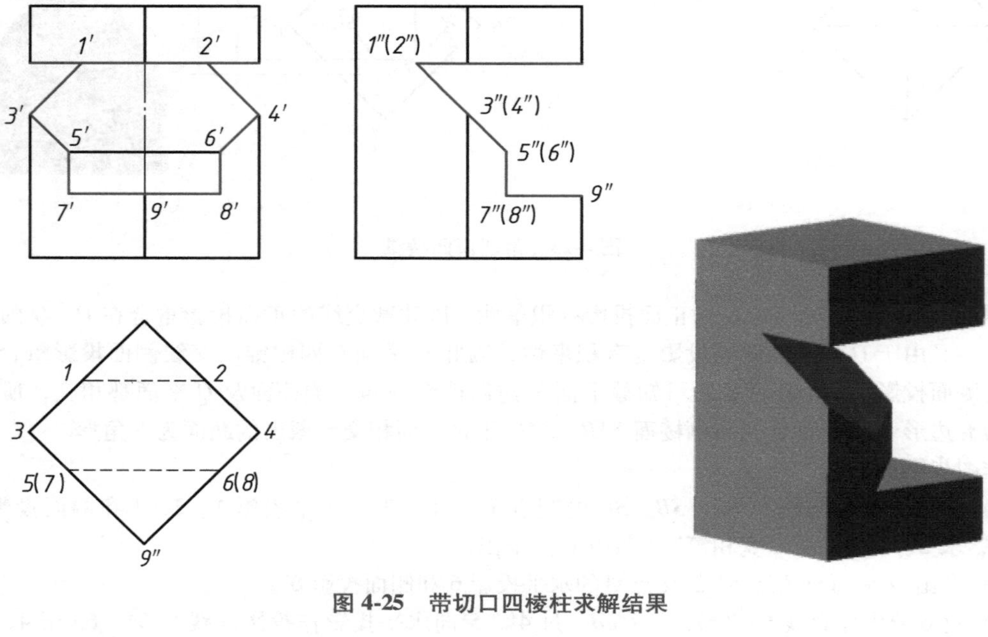

图 4-25 带切口四棱柱求解结果

4.2.2 曲面立体切割

平面与曲面立体相交时，其截交线为封闭的平面曲线，或平面曲线与直线的组合及平面多边形。求曲面立体截交线可以归结为求曲面上的一系列素线或纬圆与截平面的交点的问题。

截交线上的任何一点都可以看成是曲面上的某条素线与截平面的交点。通过求辅助素线或辅助纬圆与截平面的交点可以求出截交线上的点。运用“三面共点”的原理作一系列辅助平面，求出辅助平面分别与立体和截平面的交线，这两条交线的交点即为所求截交线的点。要注意的是，选择辅助平面时，应使辅助平面与曲面立体的投影是简单而易画的圆或直线，以便于作图。

1. 平面截切圆柱

平面与圆柱面相交，根据平面相对圆柱轴线的位置不同，截交线有三种形状，分别是矩形、圆和椭圆，见表4-2。

表4-2 平面截切圆柱

截平面位置	平行于轴线	垂直于轴线	倾斜于轴线
截交线形状	矩形	圆	椭圆
立体图			
投影图	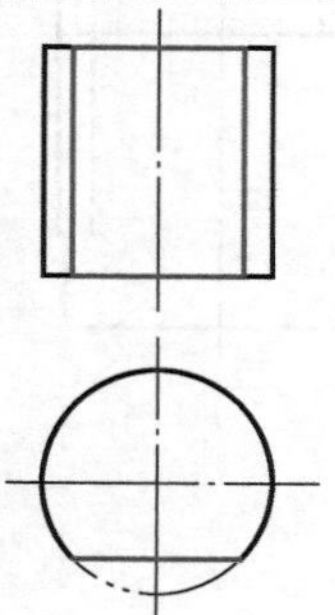	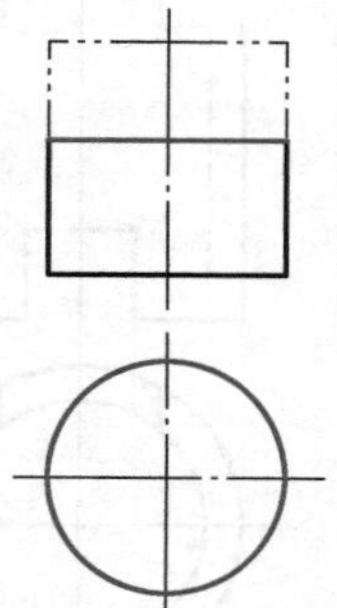	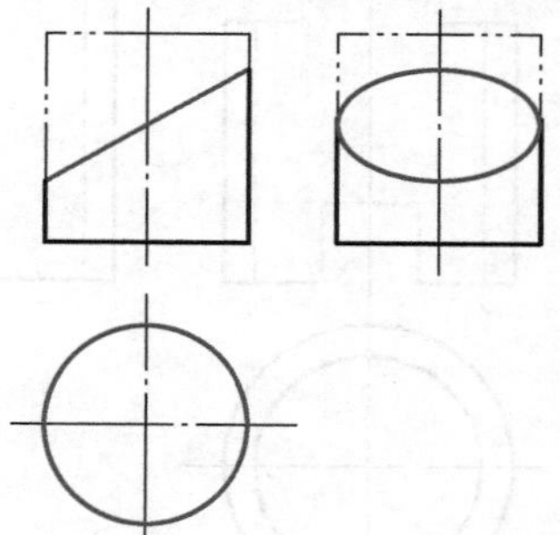

【例4-3】 已知圆柱被截切的正面投影和水平投影，如图4-26所示，试求被切圆柱的侧面投影。

【解】 本例中圆柱上部被切去左右对称的两部分，使用的切割平面为水平面和侧平面，圆柱下部使用两个侧平面和一个水平面切去一个贯通的槽。水平面切割得到的截交线为圆，本例中上下部分水平面切割得到的截交线均为圆的一部分，侧平面切割得到的截交线为矩形。

在需要补画的侧面投影中，水平面切割所得到的圆的投影积聚为一条直线，侧平面切割得到的矩形在侧面反映矩形的实形，圆的积聚性投影与矩形的底边重合在一起，矩形的宽度为图4-26b中ⅠⅡ或ⅢⅣ的长度，矩形的高度为水平面到圆柱的顶面。下部分求解过程类似。

具体求解步骤略。

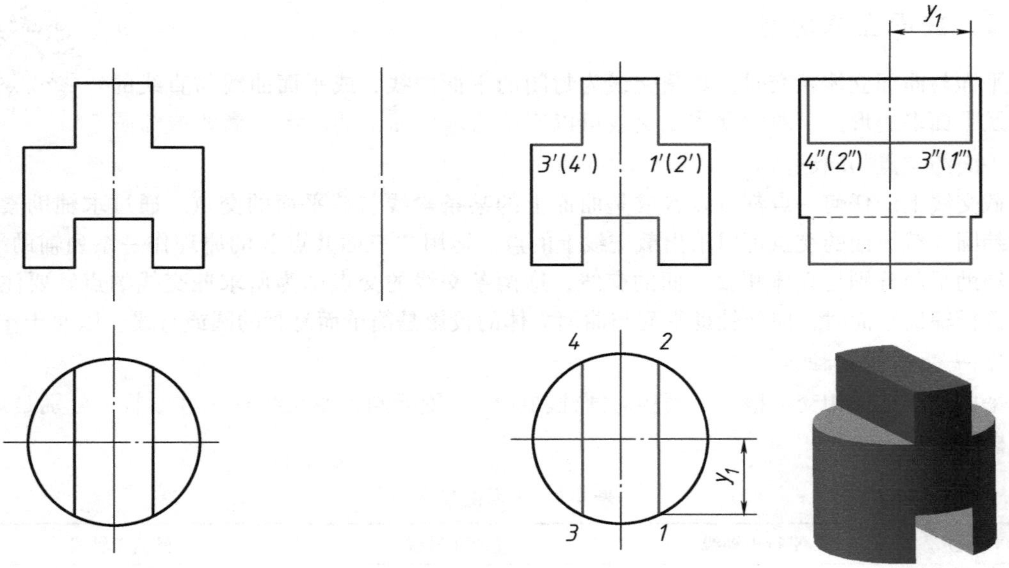

a)　　b)

图 4-26　组合平面截切圆柱

本题中如将圆柱改为圆柱筒，截交线的求法与上述类似，只是要注意截平面与圆柱内表面相交。

【例 4-4】 求圆柱筒被截切后的水平投影和侧面投影，如图 4-27a 所示。

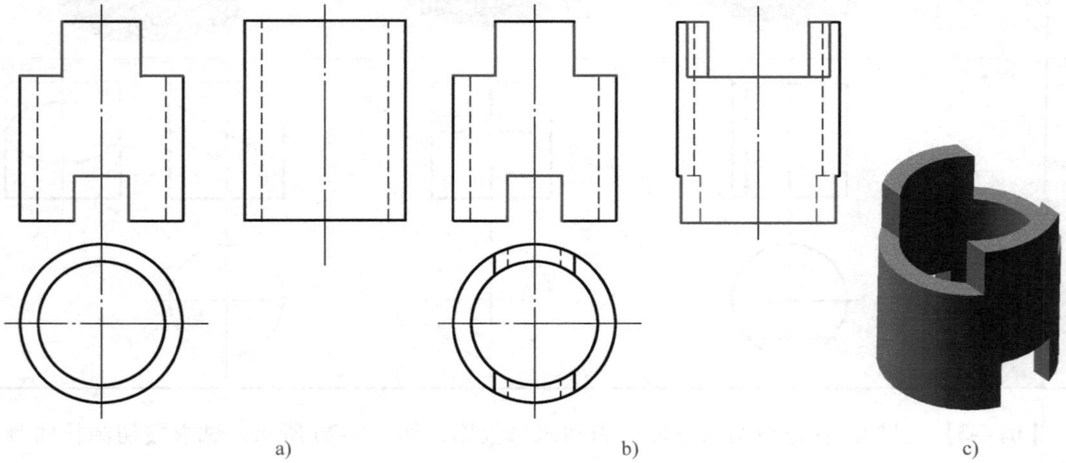

a)　　b)　　c)

图 4-27　组合平面截切圆柱筒（一）

【解】 此为圆柱筒被组合截平面所截切的情况，首先按照上面例题求解出圆柱筒外表面被平面截切后的水平投影和侧面投影，然后利用同样的方法求解出圆柱筒内表面被平面截切后的水平投影和侧面投影。具体求解步骤略。结果如图 4-27b 所示，立体图如图 4-27c 所示。

【例 4-5】 求圆柱筒被截切后的正面投影，并补画完整水平投影，如图 4-28a 所示。

【解】 圆柱筒被两个组合在一起的平面截切，根据侧面投影判定分别为正平面和侧垂面。在求解截交线前要首先根据截平面相对圆柱的轴线来判断截交线的形状。正平面平行于圆柱筒的轴线，因此正平面截切圆柱筒内外表面得到的截交线分别为两条平行于轴线的线段；侧垂面与圆柱轴线相交，截交线为椭圆弧；另外两截平面之间相交，交线为侧垂线，也是截交线的一个部分。

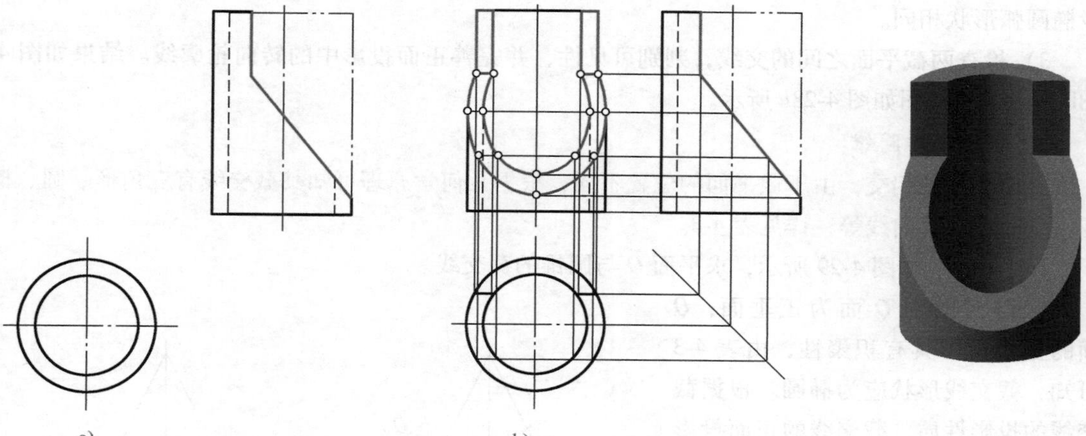

a)　　b)　　c)

图 4-28　组合平面截切圆柱筒（二）

作图步骤如下：

1）求正平面与圆柱筒截切得到的两个矩形，其水平投影具有积聚性可直接求出，正面投影由投影对应关系求出。

表 4-3　圆锥表面截交线

截平面位置	过锥顶	垂直于圆锥轴线	与所有素线相交 $\theta>\alpha$	平行于一条素线 $\theta=\alpha$	平行于两条素线 $\theta=0$ 或 $\theta<\alpha$
截交线形状	三角形	圆	椭圆	抛物线	双曲线
立体图				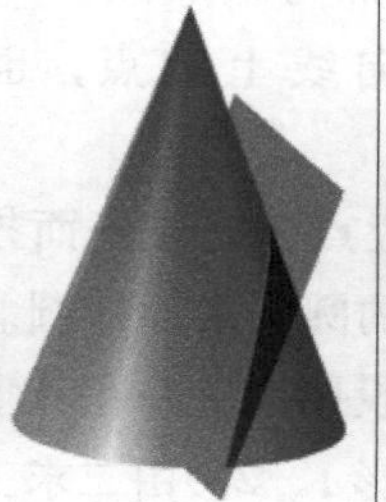	
投影图		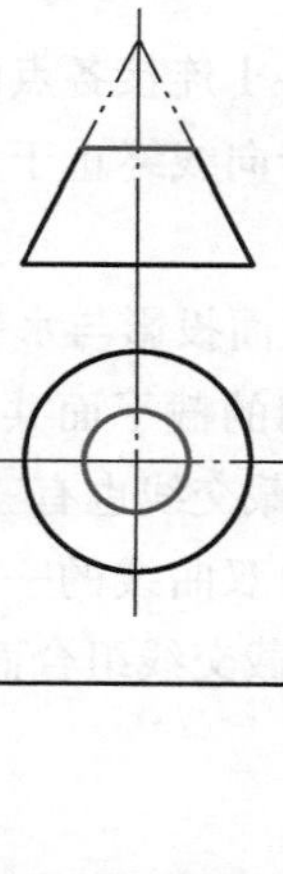	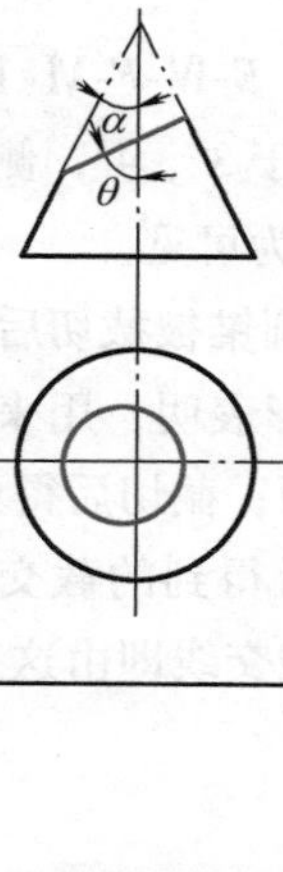	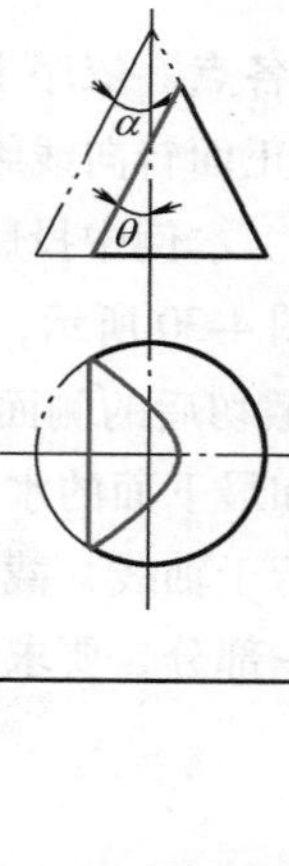	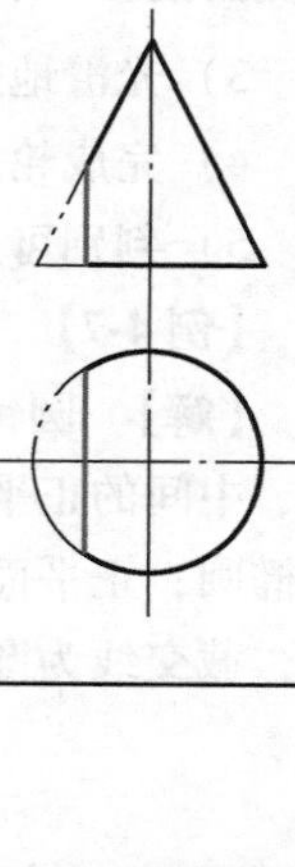

2）求侧垂面与圆柱筒交线，交线为椭圆弧，水平投影分别积聚在同心圆周上，然后根据投影对应关系，通过取点的方法求出正面投影，取点时首先取特殊位置点，如最高点、最低点、最左点、最右点，再适当求一些一般点，然后依次光滑连接各点即可得到正面投影。正面投影的两段椭圆弧形状相同。

3）检查两截平面之间的交线，判别可见性，并完善正面投影中的转向轮廓线。结果如图4-28b所示，立体图如图4-28c所示。

2. 平面截切圆锥

平面与圆锥相交，由于截平面的位置不同，根据几何学原理可知其截交线有三角形、圆、椭圆、抛物线、双曲线等，详见表4-3。

【例4-6】 如图4-29所示，求平面 Q 与圆锥的截交线。

【解】 图中 Q 面为正垂面，Q 面的正面投影具有积聚性，由表4-3可知，截交线形状应为椭圆。根据截交线的投影性质，截交线的正面投影应与 Q_V 垂合，经分析应为 $3'4'$ 线段。利用圆锥面上辅助素线取点法，即可求出各截交点的水平投影。

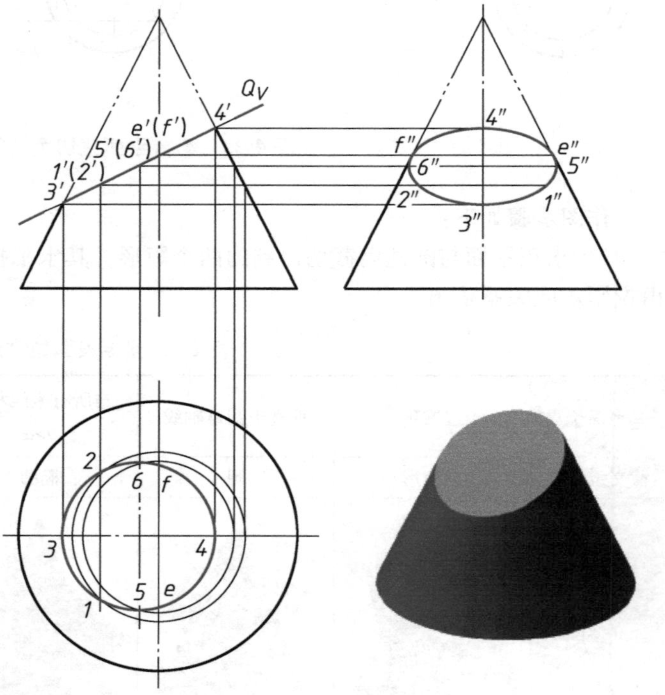

图4-29　正垂面截切圆锥

具体作图步骤如下：

1）求特殊点。Ⅲ、Ⅳ为椭圆的最左点和最右点，也是椭圆的长轴。Ⅲ、Ⅳ的水平投影可对应地得到。正垂短轴的正面投影则积聚为正面投影 $3'4'$ 的中点 $5'$（$6'$）。Ⅴ、Ⅵ同时也是截交线上的最前点与最后点。e'、f' 是侧面投影转向线上的点，也要求出。

2）选取一般点。先在正面投影上作过 $1'$、$2'$ 点的圆锥表面纬圆。作出该纬圆的水平投影圆，并在其上对应地求得水平投影1、2。由二求三求得侧面投影 $1''$、$2''$。

3）光滑地连接各点。依序Ⅰ-Ⅴ-E-Ⅳ-F-Ⅵ-Ⅱ-Ⅲ-Ⅰ连接各点的同面投影。

4）完成轮廓。正面转向线终止于 $3'$、$4'$，侧面转向线终止于 $5''$、$6''$。

5）判别可见性。本例中投影全为可见。

【例4-7】 如图4-30所示，求圆锥被截切后的正面投影与水平投影。

【解】 圆锥被截切后的侧面投影表明，用来截切的截平面共有三个，分别为最上面的侧垂面、中间的正平面和最下面的水平面；截切后得到的截交线也有三部分。侧垂面与圆锥的截交线为椭圆；正平面平行于轴线，截切后得到的截交线为双曲线的一部分；水平面垂直于圆锥的轴线，截交线为圆的一部分，要求的截交线即由这三段截交线组合而成。

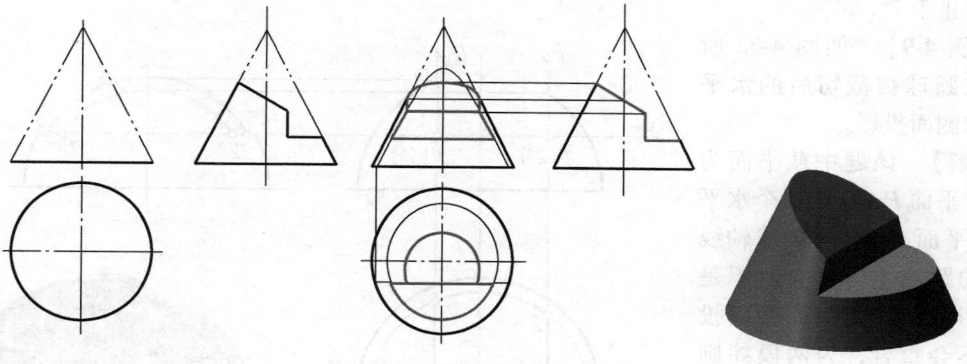

图 4-30　组合平面截切圆锥

作图步骤如下：

1）求水平面截切后得到的圆弧截交线。

2）求正平面截切后得到双曲线截交线。

3）求侧垂面截切后得到椭圆截交线。

4）整理截切后圆锥的轮廓线，判别可见性，完成投影。

3. 平面截切圆球

平面与圆球截交时，其截交线总是圆形。

【例 4-8】　如图 4-31 所示，求正垂面 P 与圆球的交线。

【解】　由于平面 P 是正垂面，故截交线的正面投影与平面 P 重合为一线段 1′2′。待求的是水平投影和侧面投影。

（1）求特殊点　截交线水平投影反映为一椭圆，短轴为 12，长轴为 34，Ⅲ、Ⅳ点的正面投影重合为一点，位于 1′2′的中点。Ⅰ、Ⅱ为截交圆的最右点与最左点，Ⅲ、Ⅳ为截交圆的最前点与最后点。

选取截交线位于球面转向线上之左右可见性分界点Ⅶ、Ⅷ，上下赤道圆上分界点Ⅴ、Ⅵ。利用转向线投影可直接求得Ⅴ、Ⅵ点的另两面投影。而长轴端点Ⅲ、Ⅳ的另两面投影，可用辅助纬圆法求之。

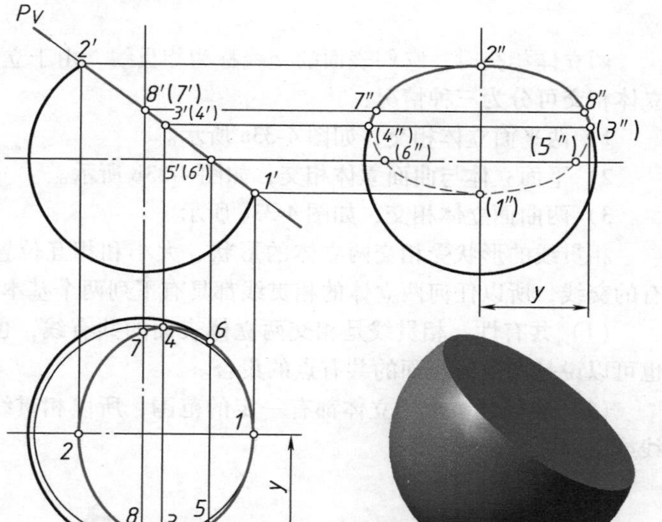

图 4-31　正垂面与圆球截交

（2）求一般位置点　如需要可选取若干一般位置点，用辅助纬圆法求其投影。

（3）连接各点　依次光滑地连接各点的同面投影，即可得到截交线的两椭圆投影。

（4）判别可见性　侧面投影 7″、8″是可见部分与不可见部分的分界点；水平投影则全为可见。

（5）完善轮廓　正面投影转向线终止于 1′、2′，水平投影转向线终止于 5、6，侧面投影转向线终止于7″、8″。

【例4-9】 如图4-32所示，求圆球被截切后的水平投影和侧面投影。

【解】 该题中截平面为两个侧平面P、Q和一个水平面R，平面P、Q与圆球轴线之间的距离不等，因而不是对称切割，截交线的侧面投影也不会重合，为两段纬圆弧（这里要注意纬圆半径的求法）；平面R与半球截交线应为一个水平的纬圆，侧面投影积聚为直线，另外还要求出两截平面间的交线，如ⅠⅡ、ⅢⅣ，最后判别可见性，其中1″2″不可见，应画成虚线。

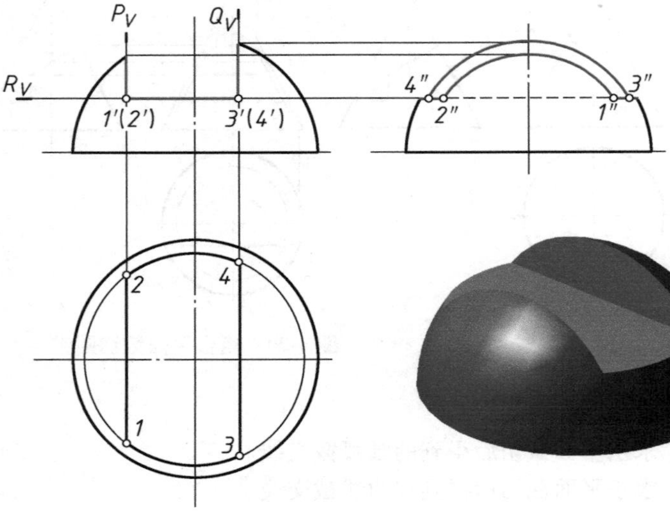

图4-32 组合平面截切圆球

4.3 叠加体的投影

两立体相交时，它们表面的交线称为相贯线。由于立体分为平面立体与曲面立体，故立体与立体相交可分为三种情况：

1）两平面立体相交，如图4-33a所示。

2）平面立体与曲面立体相交，如图4-33b所示。

3）两曲面立体相交，如图4-33c所示。

相贯线的形状受相交两立体的形状、大小和相互位置的影响。由于相贯线是两立体表面共有的交线，所以任何两立体的相贯线都具有下列两个基本特性：

（1）共有性　相贯线是相交两立体表面的共有线，也是相交两立体表面的分界线，相贯线也可以说是两立体表面的共有点的集合。

（2）封闭性　由于立体都有一定的范围，所以相贯线都是封闭的线，一般为封闭的空间折线或空间曲线。

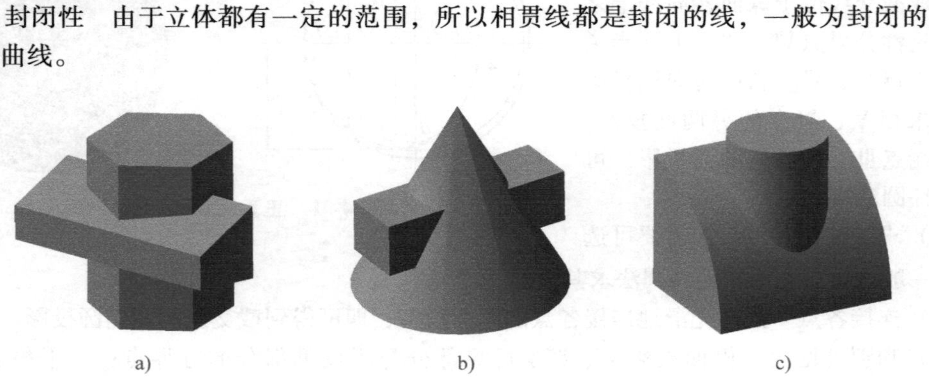

图4-33 立体与立体相交

所以，求相贯线实质上是求两立体表面的一系列共有点，然后依次光滑连接，并判别可见性。一般地说，这些共有点是一个立体的素线与另一立体表面的交点，也称为贯穿点。

4.3.1 平面立体与曲面立体相贯

平面立体与曲面立体相贯时，由于平面立体是由平面组成的，这些平面与曲面立体的相贯线实质就是平面与曲面立体的截交线，整个相贯线是由封闭的若干段平面截交线组成的，而每段连接交点就是平面立体棱线与曲面立体的贯穿点。因此求平面立体与曲面立体的相贯线，可归纳为求平面与曲面立体的截交线和直线与曲面立体贯穿点的问题。举例说明如下：

【例 4-10】 如图 4-34 所示，求三棱柱与圆锥的相贯线。

【解】 （1）分析　从图 4-34 中可以看出三棱柱的棱线均为正垂线，并全相贯到圆锥体内，三棱柱正面投影具有积聚性，相贯线正面投影已知，故只需求出其水平投影和侧面投影。棱面 ACC_1A_1 为水平面，与圆锥的截交线应为纬圆的一部分；棱面 BCC_1B_1 平行于圆锥的一条素线，它与圆锥的截交线为抛物线的一部分；棱面 ABB_1A_1 与圆锥的截交线应为椭圆的一部分，各段截交线相交于棱线上。

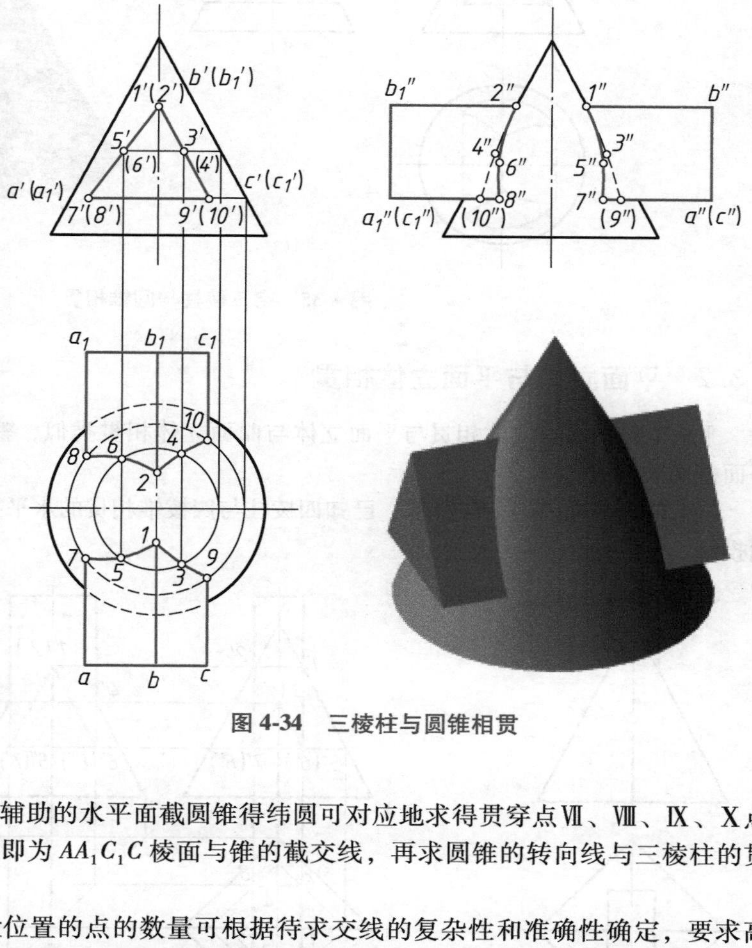

图 4-34　三棱柱与圆锥相贯

（2）求特殊点　先求棱线对于圆锥的贯穿点。BB_1 棱线对于圆锥的贯穿点位于圆锥的最前素线与最后素线上，因此它的水平投影和侧面投影可直接求出。对 AA_1 和 CC_1 棱线，过 AA_1 和 CC_1 作辅助的水平面截圆锥得纬圆可对应地求得贯穿点Ⅶ、Ⅷ、Ⅸ、Ⅹ点的投影。且弧 7-9 和弧 8-10 也即为 AA_1C_1C 棱面与锥的截交线，再求圆锥的转向线与三棱柱的贯穿点，可在图中直接求出。

（3）求一般点　对于一般位置的点的数量可根据待求交线的复杂性和准确性确定，要求高应多选几点，以能确定交线形状为准，本图仅选Ⅲ、Ⅳ、Ⅴ、Ⅵ点为例说明之，即在截平面的积聚性投影上选取 3′、4′、5′、6′得点的第一投影，保证点在截平面上；再包含 3′、4′、5′、6′在圆锥面上作纬圆求取点的第二投影 3、4、5、6，保证点在圆锥面上；最后用二求三求得点的第三投影 3″、4″、5″、6″。

（4）光滑连点并判别可见性　求出相贯线上若干点，依次光滑连接即得相贯线的另两面投影。

接着分析一下相贯线的可见性问题，原则是两立体都可见的表面上的相贯线才可见。只要有一个立体表面不可见，则相贯线就不可见。ACC_1A_1 棱面的相贯线位于棱柱下方，故其水平投影为不可见。对于侧面投影，棱柱和圆锥右部的相贯线为不可见。其余都可见，对不可见的投影用虚线画出。

（5）完善立体轮廓　三棱柱只剩前、后两段，圆锥侧面投影转向线中段被贯去。

在该题中，如果抽去三棱柱变成空心圆锥，实际是空三棱柱与圆锥相贯，相贯线的求法与此相同，且相贯线的形状也相同，但不同的是同一棱面的两贯穿点必须连线，如图4-35所示。

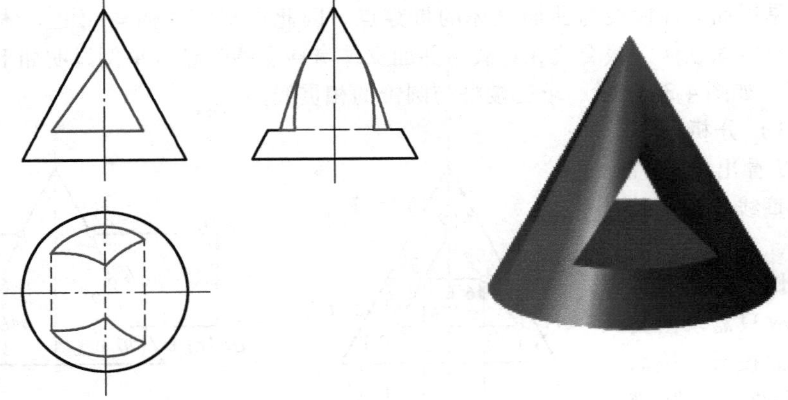

图4-35　空三棱柱与圆锥相贯

4.3.2　平面立体与平面立体相贯

平面立体与平面立体相贯与平面立体与曲面立体相贯类似，整个相贯线是由封闭的若干段平面截交线组成的。

【例4-11】　如图4-36a所示，已知四棱柱与四棱锥相贯的水平投影，补全正面投影并补画侧面投影。

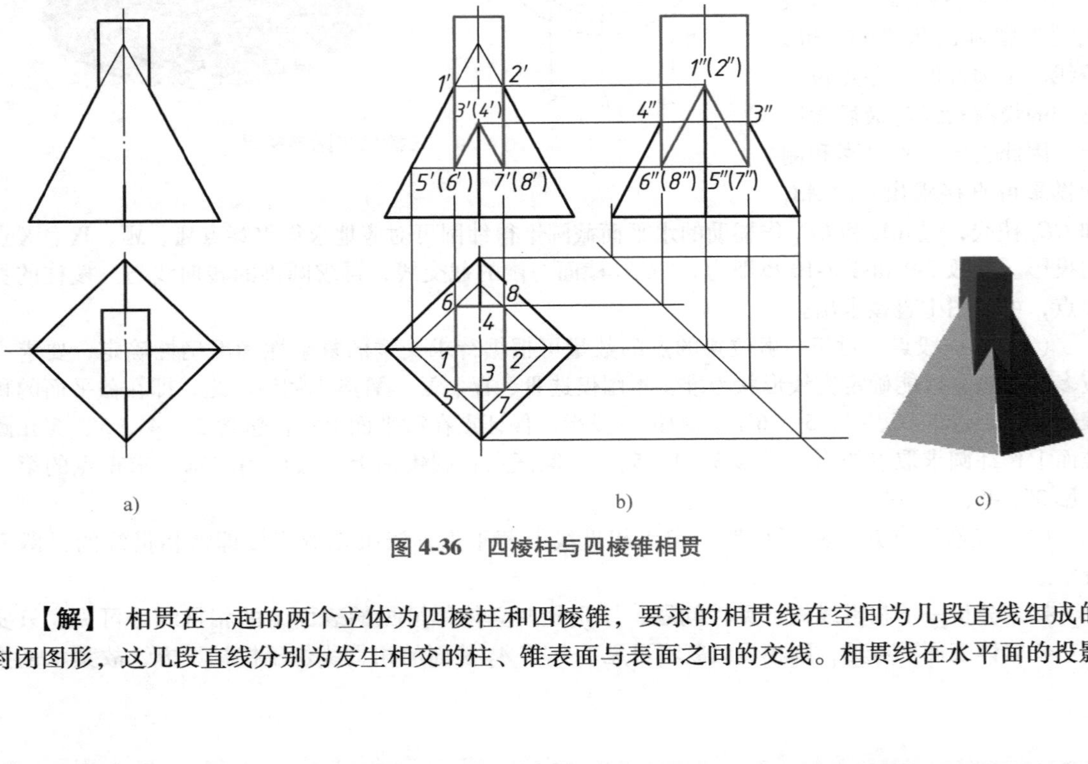

图4-36　四棱柱与四棱锥相贯

【解】　相贯在一起的两个立体为四棱柱和四棱锥，要求的相贯线在空间为几段直线组成的封闭图形，这几段直线分别为发生相交的柱、锥表面与表面之间的交线。相贯线在水平面的投影已知，与上面的四棱柱的四个侧面的积聚性投影相重合。由于上面的四棱柱具有积聚性，因此本题可采用积聚性表面取点的方法来求相贯线上特殊点。具体作图步骤如下：

1）分析相贯线空间形状，作出两个相贯体侧面投影的轮廓线。

2）利用四棱柱的积聚性投影与四棱锥各棱线投影求相贯线上特殊位置各点的投影，得到Ⅰ、Ⅱ、Ⅲ、Ⅳ四点的投影。

3）利用辅助平面法求相贯线上特殊位置各点的投影，得到Ⅴ、Ⅵ、Ⅶ、Ⅷ四点的投影。

4）判别可见性后依次连接各共有点的投影，擦去多余部分，加深其余轮廓。结果如图 4-36b 所示。

4.3.3 曲面立体与曲面立体相贯

两曲面立体的相贯线，在一般情况下是封闭的空间曲线，相贯线上每个点都是两曲面立体表面的共有点。作图时要作出若干个共有点的投影，把它们的同面投影依次光滑地连接起来，即得相贯线的投影。

两曲面立体相贯线的作图方法根据不同的情况有不同的作图方法，常用的作图方法有积聚性表面取点法、辅助平面法、辅助球面法等几种。

1. 积聚性表面取点法

当两个相贯的曲面立体中，有一个是轴线垂直于投影面的圆柱时，此时圆柱在该投影面上的投影积聚为圆，因此相贯线的投影也在此圆上，于是可以用包含相贯线上点的此投影在另一曲面立体表面上取此点，求出相贯线的其他投影（即在另一立体表面取点）。

如图 4-37 所示，求作两圆柱的相贯线。

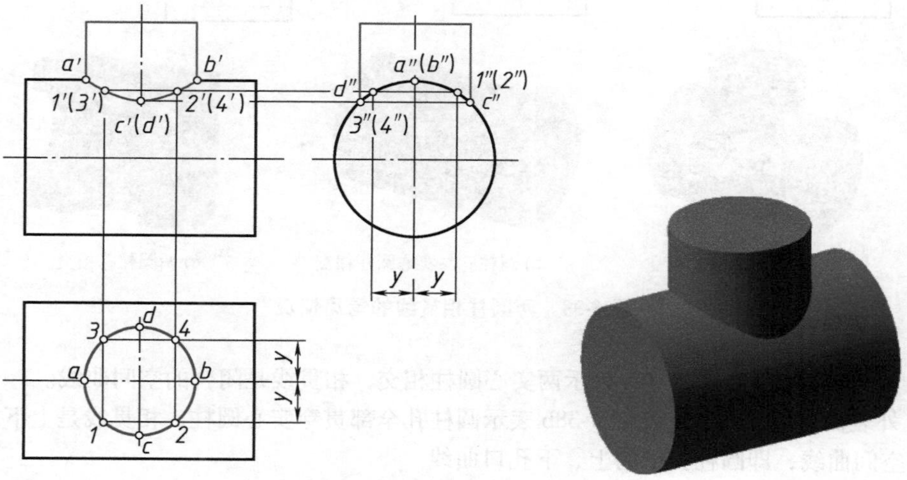

图 4-37　轴线垂直相交两圆柱的相贯线

由已知条件可知，两圆柱的轴线垂直相交，有共同的前后对称面和左右对称面，小圆柱全部穿进大圆柱。因此，相贯线是一条闭合的空间曲线，并且也是前后对称和左右对称的。

由于小圆柱面的水平投影积聚为圆，相贯线的水平投影便重合在其上；同理，大圆柱面的侧面投影积聚为圆，相贯线的侧面投影也就重合在小圆柱穿进处的一段圆弧上，且左半和右半相贯线的侧面投影互相重合。于是问题就可归结为已知相贯线的水平投影和侧面投影，求作其正面投影。因此，可采用在圆柱面上取点的方法，作出相贯线上的一些特殊点和一般点的投影，再顺序连成相贯线的投影。

通过上述分析，可想象出相贯线的大致情况，如图4-37所示的立体图。

具体作图步骤如下：

（1）求特殊点　在小圆柱水平投影的积聚圆上选取最左点 a，最右点 b，最前点 c，最后点 d；在大圆柱侧面投影的积聚圆上由“宽相等”求得各点的第二投影 a''、b''、c''、d''；由各点的第一、二投影引垂直和水平投射线，在正面投影对应相交得 a'、b'、c'、d'，即为所求。

（2）求一般点　在小圆柱水平投影的积聚圆上选取对称的1、2、3、4几个一般点；用在大圆柱上求点法，在大圆柱侧面投影的积聚圆上由“宽相等”求得各点的第二投影 $1''$、$2''$、$3''$、$4''$；用点的二求三求得点的正面投影 $1'$、$2'$、$3'$、$4'$，即为所求。

（3）依次连点，判别可见性　依次光滑连接各点得相贯线的正面投影，可以看出其前后对称，它们的正面投影重合，前半部分可见，后半部分不可见。

（4）完善轮廓　大圆柱的正面投影中段转向线消失成为两圆柱正面投影分界的相贯线。

两轴线垂直相交的圆柱（习惯上称为正交），在零件上是最常见的结构，它们的相贯线一般有图4-38所示的三种形式：

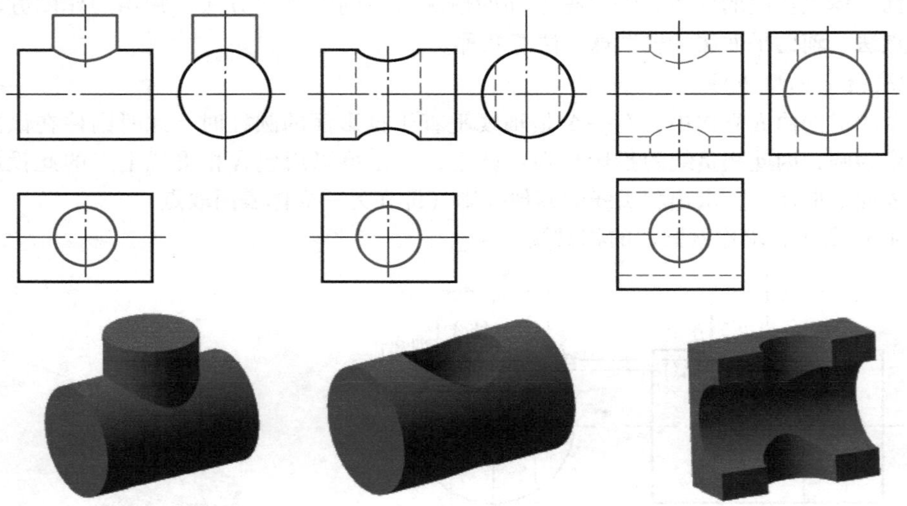

a) 两实心圆柱相交　　b) 圆柱孔与实心圆柱相交　　c) 两圆柱孔相交

图4-38　两圆柱相贯线的常见情况

（1）两外表面相交　图4-38a表示两实心圆柱相交，相贯线是闭合的空间曲线。

（2）外表面与内表面相交　图4-38b表示圆柱孔全部贯穿实心圆柱，相贯线是上下对称的两条闭合的空间曲线，即圆柱孔壁的上、下孔口曲线。

（3）两内表面相交　图4-38c表示的相贯线是长方体内部两个圆柱孔的孔壁的交线，同样也是上下对称的两条闭合的空间曲线。在投影图右下方所附的是这个具有圆柱孔的长方体被切割掉前面一半以后的立体图。

实际上，在这三个投影图中所示的相贯线，具有同样的形状，而且求这些相贯线投影的作图方法也是相同的。

【例4-12】　如图4-39所示，求两圆柱相贯线的投影。

【解】　相贯在一起的两个圆柱的轴线分别水平和竖直放置，因此两圆柱面的侧面投影和水平投影具有积聚性，因此本题中相贯线可以用积聚性表面取点的方法来求解。相贯线的侧面投影与半圆柱的积聚性投影相重合，水平投影与竖直圆柱的积聚性投影重合，要求的就是正面的投影。具体作图步骤如下：

1）求特殊位置点，即Ⅰ、Ⅱ、Ⅲ、Ⅳ、Ⅴ、Ⅵ点，其中Ⅰ、Ⅱ点为相贯线的最左点和最右点，Ⅲ、Ⅳ点为相贯线的最前点和最后点，Ⅴ、Ⅵ点为竖直圆柱正向转向轮廓线上的点，其中Ⅰ、Ⅱ两点是相贯线正面投影可见性的分界点。

2）求一般位置点，得到Ⅶ、Ⅷ两点。

3）用光滑的曲线依次连接各点，连接时注意不可见的点用虚线连接。

4）整理轮廓线。

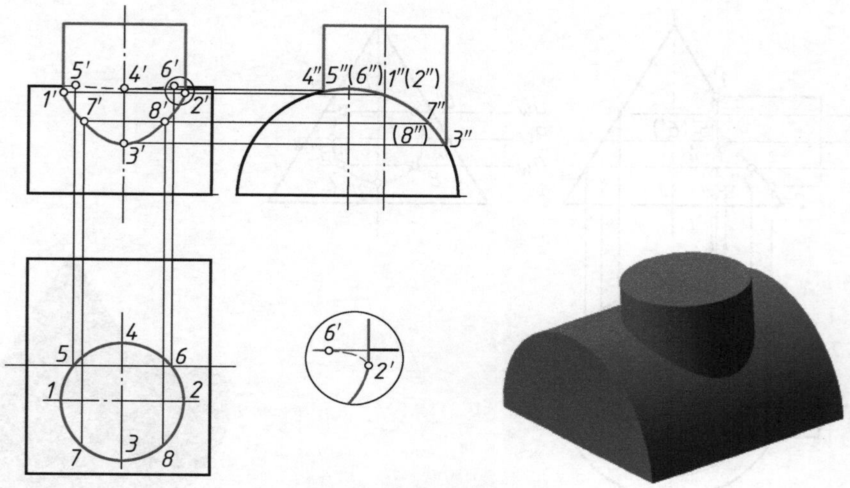

图 4-39　轴线交叉垂直两圆柱的相贯线

2. 辅助平面法

当两相交的曲面立体都不具有积聚性时，用表面取点法就无法求解了，可用辅助平面法。该法选取一个辅助平面去切两相贯的立体，得到两条截交线，则两条截交线的交点，既属于截平面，又属于两相贯立体的表面，显然是相贯线上的点，故又称三面共点法。

该法的关键是合理选取辅助平面，选取原则：一是要使辅助平面与两立体截交线的投影都是简单易画的直线或圆；二是要使辅助平面与两立体的截交线都有交点。

辅助平面法求相贯线上点的步骤如下：

1）选择辅助平面：常见的有过锥顶的；平行于圆柱轴的；垂直于回转体轴线的平面。

2）分别求出辅助平面与两相贯立体的截交线。

3）求出两条截交线的交点，即为相贯线上的点。

【例 4-13】　如图 4-40 所示，求圆柱与圆锥的相贯线。

【解】　本题为轴线垂直相交的圆柱与圆锥相贯，有前后对称面，故相贯线也前后对称。圆柱全贯到圆锥中，圆柱的侧面投影具有积聚性，相贯线的侧面投影也必在积聚性圆上，要求的是相贯线的正面投影和水平投影。其求点方法可用作水平辅助平面求之。具体作图步骤如下：

（1）求特殊点　在正面投影中，圆柱与圆锥转向线的交点 1′、2′是相贯线的最高点和最低点的正面投影，可直接求得其水平投影 1、（2）。要求相贯线的最前点和最后点，可包含圆柱正面投影轴线作水平辅助面 P，它与圆柱的截交线是圆柱水平转向线；它与圆锥的截交线是个水平纬圆，两者在水平投影的交点 3、4 即是相贯线上点的水平投影，再由 3、4 引“长对正”的投射线求出其正面投影 3′、4′，3、4 还是相贯线水平投影可见性的分界点。

（2）求一般点 在 1′、2′之间适当位置，再作一些水平辅助面（如 Q、R），求出相贯线上的一些一般点，如Ⅴ、Ⅵ、Ⅶ、Ⅷ的水平投影5、6、（7）、（8）和正面投影5′、（6′）、（7′）、（8′）。

（3）依次连接各点，判别可见性　依次光滑连接各点得相贯线的正面投影，由于前后对称，故相贯线前后部分的正面投影重合；同理得到水平投影，3-(7)-(2)-(8)-4段在下部故不可见，用虚线画。

（4）完善两立体轮廓投影　圆锥正面投影左转向线1′2′被贯消失，圆柱转向线画到1′、2′；水平投影圆柱转向线终止于3、4，圆锥底圆被圆柱遮住部分不可见，画成虚线。

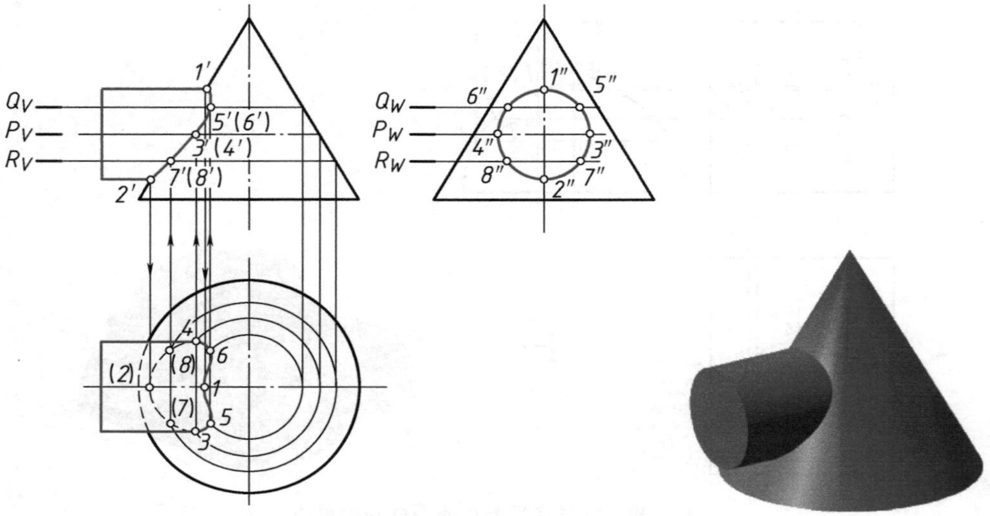

图 4-40　圆柱与圆锥相贯（一）

【例 4-14】　如图 4-41a 所示，求圆锥与圆锥相贯的相贯线。

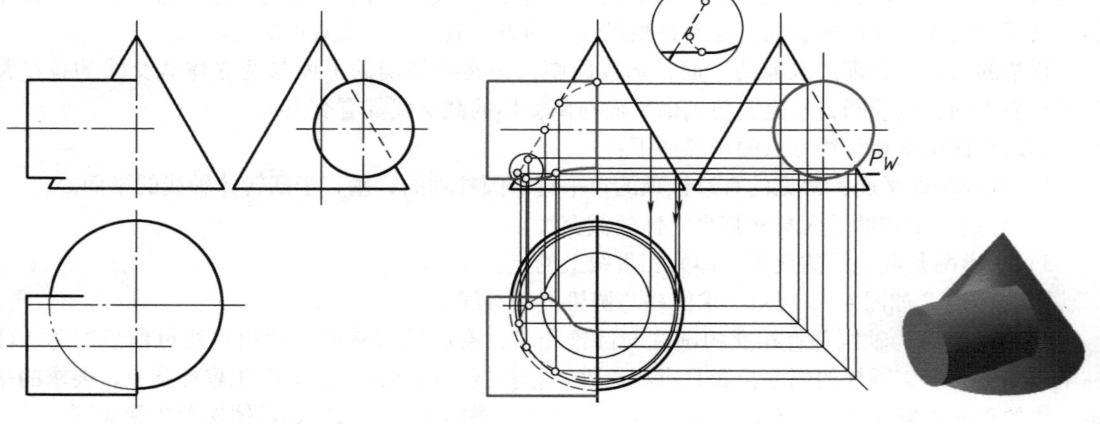

a)　　　　b)　　　　c)

图 4-41　圆锥与圆锥相贯（二）

【解】　圆锥与圆柱部分相交，且圆柱的右端位于圆锥的左右对称面上，相贯线的侧面投影积聚在圆锥的侧面投影上，为一段圆弧，圆柱右端面与圆锥面交线的侧面投影与圆锥侧面投影的轮廓线重合，且不可见，应画成虚线。相贯线的正面投影和侧面投影可利用在圆锥面上取点的方法求得。具体步骤如下：

1）首先求相贯线上若干个点，先求特殊点然后求一般位置点。

2）连线。注意依次光滑连接。

3）判断可见性。正面投影在圆柱转向线之后的为不可见，画成虚线，水平投影在圆柱转向线之下的为不可见，画成虚线。

4）处理轮廓线。圆柱最后和最下两条轮廓线有部分穿入圆锥，需找出贯穿点并将圆柱轮廓线画到此处，圆锥最左轮廓线部分穿入圆柱，找出贯穿点并将圆锥轮廓线画到此处（正面投影不可见，画成虚线）。本题中圆柱右端平面有部分穿入圆锥，正面投影和水平投影只画该平面的可见部分。

【例 4-15】 如图 4-42a 所示，求圆台与半球相交的相贯线，完成其三面投影。

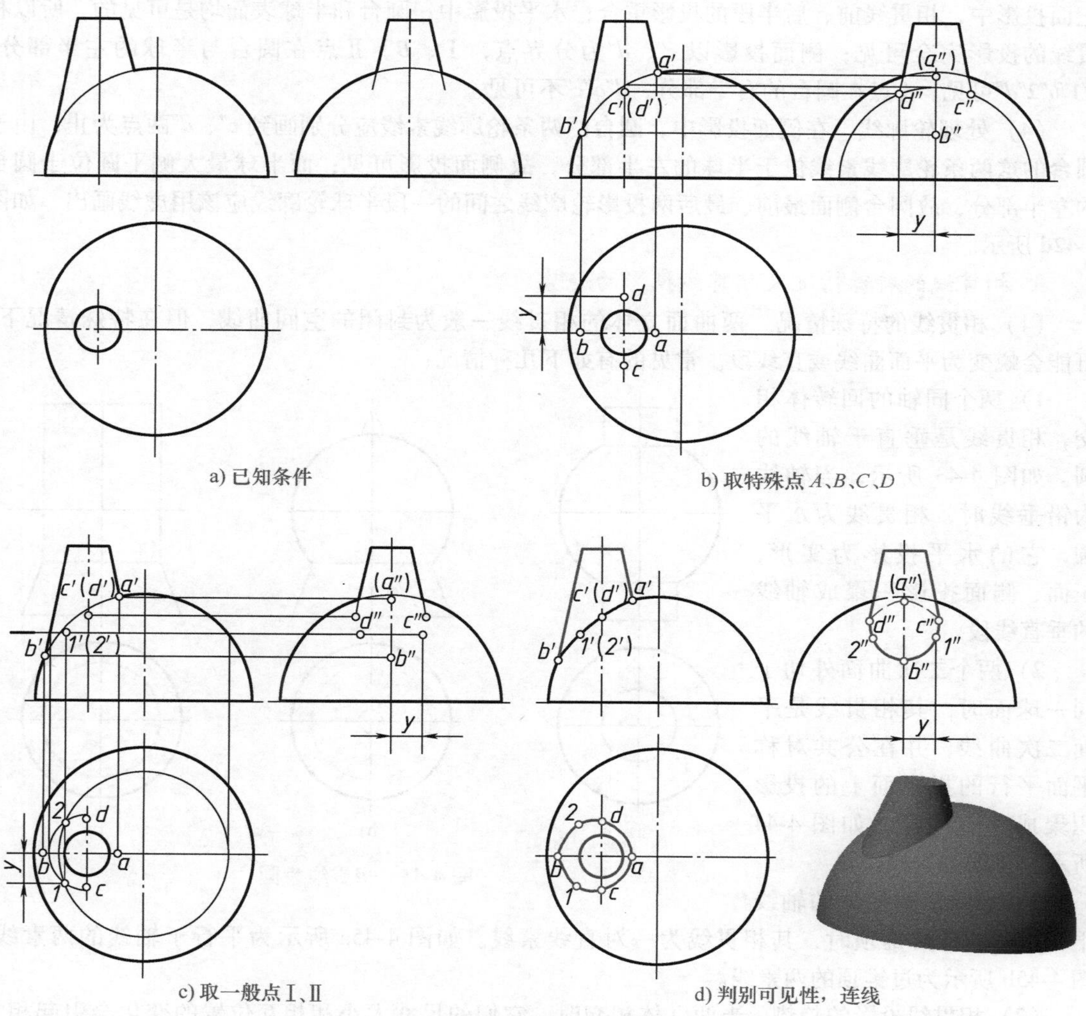

a) 已知条件

b) 取特殊点 *A*、*B*、*C*、*D*

c) 取一般点Ⅰ、Ⅱ

d) 判别可见性，连线

图 4-42　圆台与半球相贯

【解】 圆台与半球具有公共的前后对称平面，因此相贯线是一条前后对称的封闭空间曲线，正面投影中，相贯线不可见的后半部分与前半部分重合。圆台与半球的三面投影都没有积聚性，因此不能用表面取点法求相贯线的投影，但可以采用辅助平面法。具体作图步骤如下：

（1）求特殊点　如图4-42b所示，以圆台和半球的前后公共对称面作辅助正平面R，圆台和半球正面投影中轮廓线的交点a'、b'为相贯线上最高点、最低点的相应投影，这两点也是相贯线最右点、最左点，由a'、b'可确定水平投影a、b及侧面投影a''、b''。包含圆台轴线作辅助侧平面P，P平面与圆台的交线是最前、最后两条素线，P平面与半球的交线是平行于侧面的半圆，它们的侧面投影相交于c''、d''，按点的投影规律可确定其另外两面投影，C、D分别为相贯线上最前点、最后点。

（2）求一般位置点　如图4-42c所示，在B点和C、D点之间，作一辅助水平面Q，Q平面与圆台、半球表面的交线都是水平圆，它们的水平投影相交于1、2两点，进而可以确定$1'$、$2'$以及$1''$、$2''$。Ⅰ、Ⅱ两点为相贯线上的一般点。按照同样方法可以求解出其他一般点的投影。

（3）判别可见性，连线　依次用光滑曲线连接各点的同面投影，完成相贯线的三面投影。正面投影中，相贯线前、后半段的投影重合；水平投影中，圆台和半球表面均是可见的，所以相贯线的投影完全可见；侧面投影以c''、d''为分界点，Ⅰ、B、Ⅱ点在圆台与半球的左半部分，$c''1''b''2''d''$可见，A点在圆台的右半部分，$d''a''c''$不可见。

（4）处理轮廓线　在侧面投影中，圆台的两条轮廓线素线应分别画到c''、d''两点为止，由于圆台的这两条轮廓线素线位于半球的左半部分，故侧面投影可见；而半球最大侧平圆位于圆台的左半部分，故圆台侧面最前、最后两投影轮廓线之间的一段半球轮廓线应该用虚线画出，如图4-42d所示。

3. 相贯线的特殊情况及相贯线投影的趋势

（1）相贯线的特殊情况　两曲面立体的相贯线一般为封闭的空间曲线，但在特殊情况下，可能会蜕变为平面曲线或直线段。常见的有如下几种情况：

1）两个同轴的回转体相交，相贯线是垂直于轴线的圆。如图4-43所示，当轴线为铅垂线时，相贯线为水平圆，它的水平投影为实形，正面、侧面投影积聚成轴线的垂直线段。

2）两个二次曲面外切于同一球面时，其相贯线是平面二次曲线，并在公共对称平面平行的投影面上的投影积聚成一直线段。如图4-44所示相贯线都为椭圆。

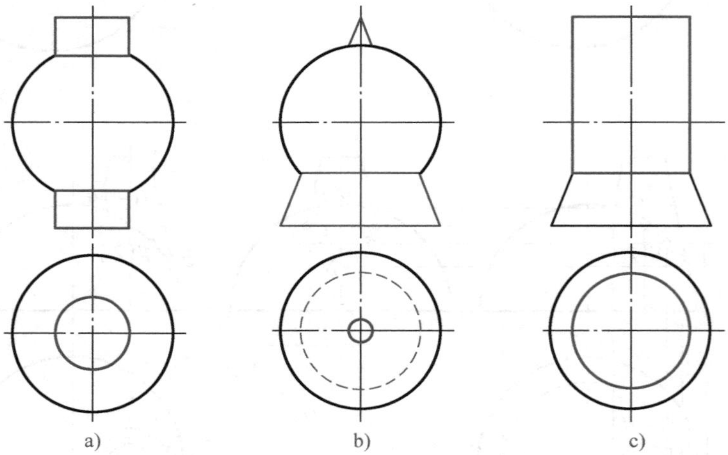

图4-43　相贯线为圆

3）当两个圆柱体的轴线平行或两圆锥共锥顶时，其相贯线为一对直线素线。如图4-45a所示为平行于轴线的两素线，图4-45b所示为过锥顶的两素线。

（2）相贯线投影的趋势　当两立体相交时，它们的尺寸大小和相互位置的变化会引起相贯线投影的变化，掌握投影变化的趋势，对提高空间想象力和正确地进行作图会有较大帮助。

1）尺寸大小变化对相贯线形状的影响。

①两圆柱轴线正交：如图4-46所示，参与相交的两圆柱中，竖直圆柱直径均相等，而水平圆柱直径不等，图4-46a中的水平圆柱直径小于竖直圆柱直径，图4-46b中的两圆柱直径相等，图4-46c中的水平圆柱直径大于竖直圆柱直径。三种情况所得相贯线的正面投影有明显不同，其

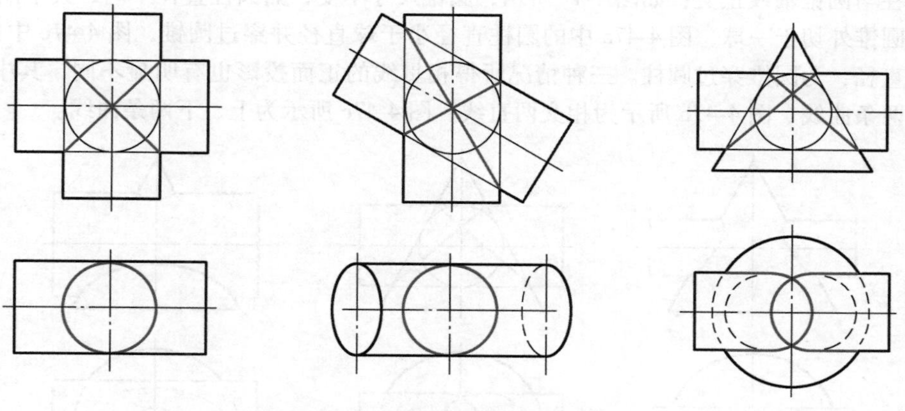

图 4-44　相贯线为平面二次曲线

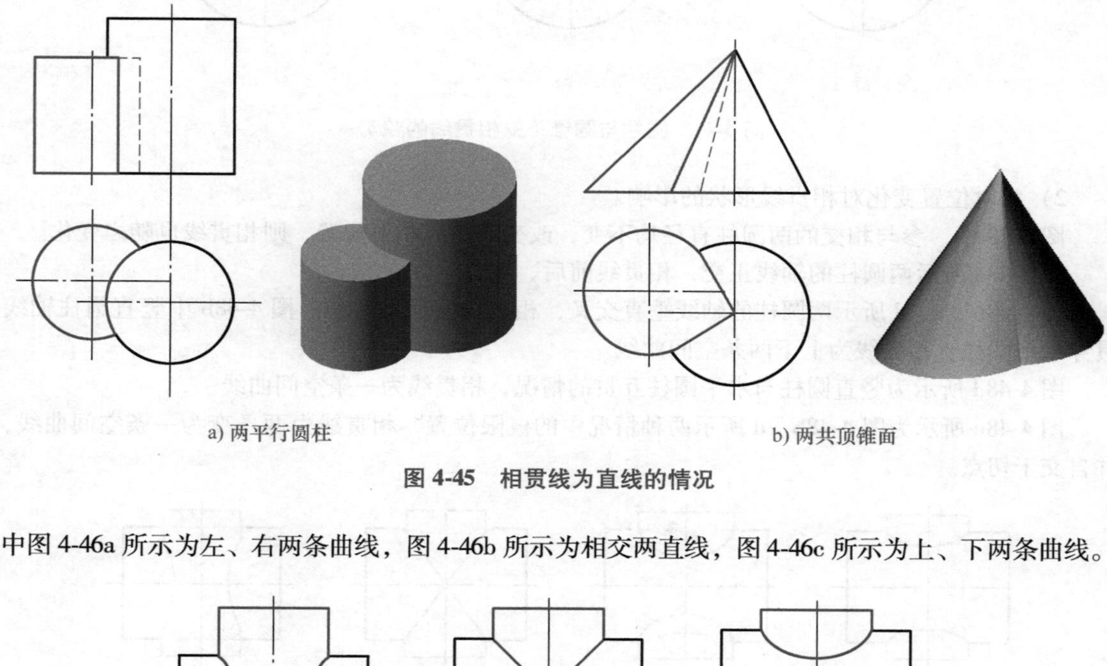

a) 两平行圆柱　　b) 两共顶锥面

图 4-45　相贯线为直线的情况

中图 4-46a 所示为左、右两条曲线，图 4-46b 所示为相交两直线，图 4-46c 所示为上、下两条曲线。

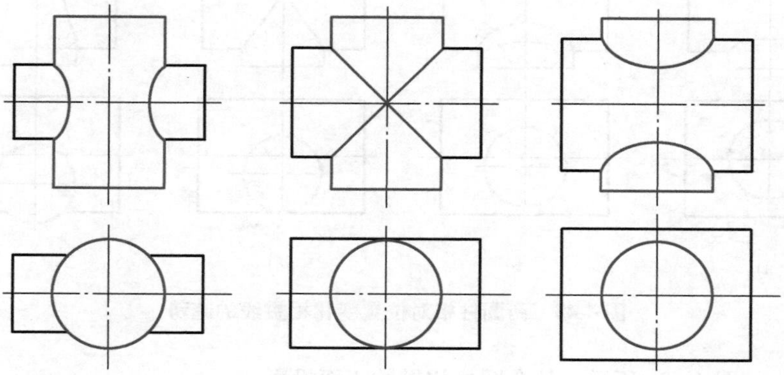

a)　b)　c)

图 4-46　两正交圆柱相贯线的趋势

②圆柱与圆锥轴线正交：如图4-47所示，圆锥尺寸不变，而圆柱直径不同，其中图4-47b中的圆柱与圆锥外切于一球，图4-47a中的圆柱直径小于球直径并穿过圆锥，图4-47c中的圆柱直径大于球直径，为圆锥穿过圆柱。三种情况所得相贯线的正面投影也有明显不同，其中图4-47a为左、右两条曲线，图4-47b所示为相交两直线，图4-47c所示为上、下两条曲线。

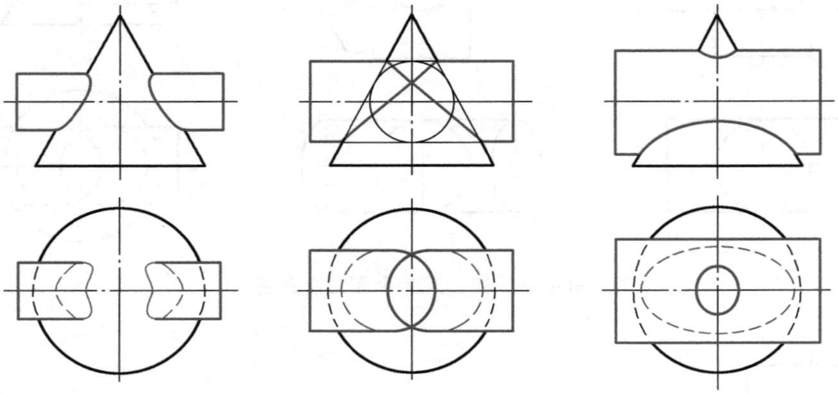

a)　　b)　　c)

图4-47　圆柱与圆锥正交相贯线的趋势

2）相对位置变化对相贯线形状的影响。

图4-48中，参与相交的两圆柱直径均不变，改变其前后相对位置，则相贯线也随之变化。

图4-48a所示两圆柱的轴线正交，相贯线前后、左右对称。

图4-48b、c、d所示两圆柱的轴线垂直交叉，相贯线前后不对称。图4-48b中竖直圆柱轴线贯穿水平圆柱，相贯线为上下两条空间曲线。

图4-48d所示为竖直圆柱与水平圆柱互贯的情况，相贯线为一条空间曲线。

图4-48c所示为图4-48b、d所示两种情况中的极限位置，相贯线由两条变为一条空间曲线，并自交于切点。

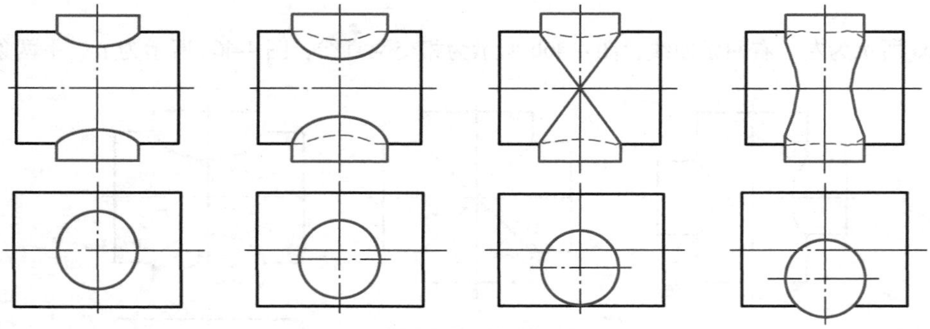

a)　　b)　　c)　　d)

图4-48　两圆柱相对位置变化相贯线的趋势

【例4-16】 如图4-49a所示，补全圆柱相贯的正面投影。

【解】 根据所给投影，判断相贯在一起的立体为圆柱筒和半圆柱筒，两立体轴线垂直相交，所求的相贯线分别为外表面与外表面相贯线和内表面与内表面相贯线，并且两圆柱外表面直径相同，因此相贯线投影为直线。解题结果如图4-49b所示，具体作图步骤略。

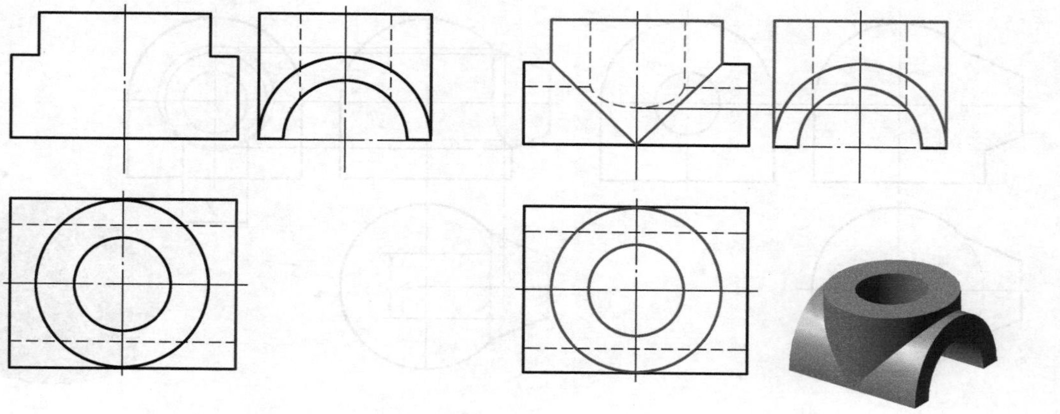

a)　　　　　　　　　　　　　　　　b)

图 4-49　圆柱筒相贯

【例 4-17】　如图 4-50 所示，补画圆锥钻孔后的正面投影。

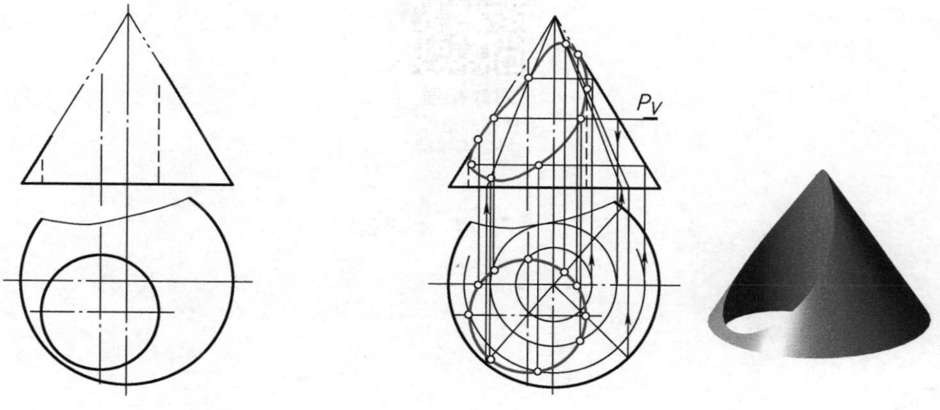

a)　　　　　　　　　　b)　　　　　　　　　　c)

图 4-50　圆锥钻孔

【解】　在轴线铅垂的圆锥面上钻一个轴线铅垂的圆柱孔（不同轴），要求的相贯线即为圆柱孔的内表面与圆锥的外表面之间的交线，由于圆柱孔的内表面具有积聚性，相贯线的水平投影就是孔的水平投影圆，利用锥面取点的方法可求出相贯线的正面投影。作图过程略，结果如图 4-50b 所示，立体如图 4-50c 所示。

【例 4-18】　如图 4-51a 所示，补画相贯在一起立体的相贯线。

【解】　本题中相贯在一起的三个立体分别是轴线竖直的圆柱、轴线水平的圆锥台和圆柱上方的半圆球，圆柱与圆锥的轴线均通过球心，且前后对称。由于圆柱和圆球的直径相同，所以它们的相交不产生相贯线。圆锥的轴线通过球心，它们之间的相贯线为侧平圆，侧面投影反映实形，水平投影为铅垂方向线。由于积聚性，圆锥与圆柱表面交线的水平投影是已知的，且不可见。因此可用在圆锥表面取点的方法求出交线上若干个点的正面和侧面投影。两段交线的分界点分别位于圆锥的最前和最后的轮廓线上。作图过程略，结果如图 4-51b 所示，立体如图 4-51c 所示。

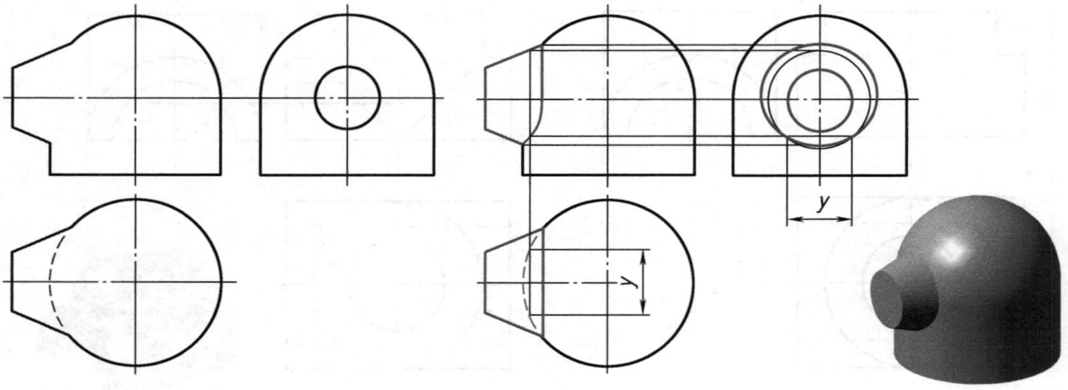

a)　　b)　　c)

图 4-51　三曲面立体相贯

思政拓展
精神的追寻：
科学家精神

第 5 章 组合体的视图与建模

任何三维物体都可以看成是由若干个基本立体经过一定的方式组合而形成的。这些基本立体包括棱柱、棱锥、圆柱、圆锥、圆球和圆环等。由基本立体或简单形体（拉伸体、回转体等）按一定方式组合而成的复杂形体称为组合体。

本章是在掌握画法几何学基本理论的基础上，以形体分析法为主、线面分析法为辅的方法来分析组合体的组合形式、画图、读（看）图及尺寸标注的方法，为进一步学习零件图等后续章节打下坚实的基础。

本章的学习过程中，要求运用正投影理论、基本立体的投影及表面取点取线的内容，以及基本立体的切割（截交）和叠加（相贯）的情况，然后学习组合体三视图的投影特性、绘制三视图、三视图尺寸标注、读图的基本方法等；在画图、读图和标注尺寸的实践中，自觉运用形体分析法和线面分析法，培养和提高观察问题、分析问题和解决问题的能力，为今后学习绘制、阅读机械零件图打下良好的基础。

5.1 组合体的三视图

5.1.1 三视图的形成

在国家标准《机械制图》中规定，将物体用正投影法所绘制的图形称为视图。物体在三面投影体系中的投影称为物体的三视图。如图 5-1a 所示，将组合体置于 V、H、W 三投影面体系中，由前向后投射在 V 面上所得的视图称为主视图（正面投影图）；由上向下投射在 H 面上所得的视图称为俯视图（水平投影图）；由左向右投射在 W 面上所得的视图称为左视图（侧面投影图）。

组合体置于三面投影体系中，分别向三个投影面进行正投射，并规定 V 面不动，H 面绕 X 轴向下旋转 90°，W 面绕 Z 轴向右旋转 90°，得到三面投影图，这是有投影轴的，如图 5-1b 所示。而三视图是省略不画投影轴的，所以三视图也叫无轴投影图，如图 5-1c 所示。

5.1.2 三视图投影规律及方位关系

如图 5-1a 所示，将三投影面体系展开后，每个视图可反映组合体的两个度量方向：主视图反映组合体的长和高；俯视图反映组合体的长和宽；左视图反映组合体的高和宽。由此可以看出，每两个视图可反映空间三个主要尺度，且每两个视图间有一个相同的尺度，即主、俯视图同时反映组合体左右之间（长度方向）的位置关系；主、左视图同时反映组合体上下之间（高度方向）的位置关系；俯、左视图同时反映组合体前后之间（宽度方向）的位置关系。这样可得到三视图的投影规律：主、俯视图具有相同的长度；主、左视图具有相同的高度；俯、左视图具有相同的宽度。简称“长对正、高平齐、宽相等”。也称“三等关系”。

当组合体与投影面间的相对位置确定之后，它就有上、下、左、右、前、后六个方向。主视图反映组合体左与右、上与下四个方向，俯视图反映组合体左与右、前与后四个方向，左视图反

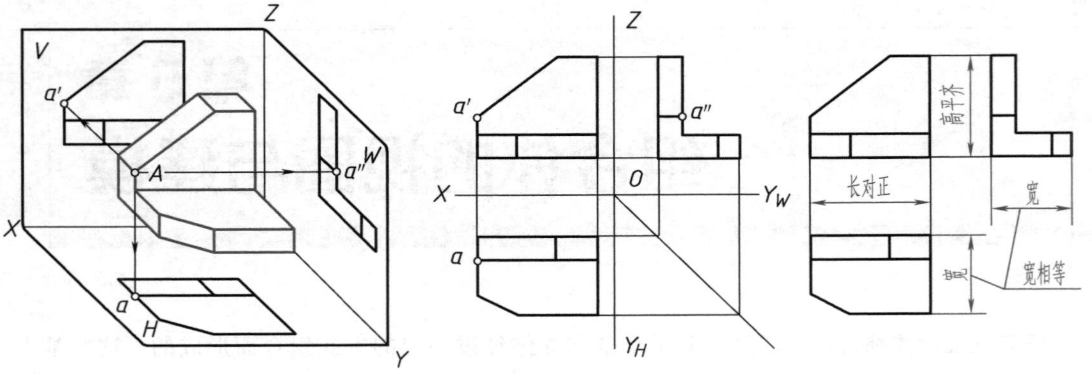

a) 三面投影体系　　b) 三面投影图　　c) 三视图

图 5-1　三面投影体系与三视图

映组合体上与下、前与后四个方向。应特别注意，俯视图的前后和左视图的前后方向不同，是由于这两个视图所在的 *H* 面和 *W* 面是按不同方向旋转 90°的缘故。

根据三视图的投影规律，可确定三视图的画图位置：主视图画在上方；俯视图放在主视图的正下方，长度应对正；左视图画在主视图的正右方，高度应平齐；俯、左视图则是前后对应，宽度应相等。运用此规律可准确快速地绘制组合体的三视图并进行读图和标注尺寸。

5.2　组合体三视图的画法

5.2.1　组合体组合方式

组合体由基本立体叠加、切割形成或由切割后的基本立体再叠加形成，其组合方式分为叠加和切割两种基本形式。

1. 叠加

叠加是指形体与形体之间进行叠合。图 5-2a 所示的轴承座是由图 5-2b 所示的几个简单形体叠加而形成的。

a)　　b)

图 5-2　叠加

2. 切割

切割是指从一个基本立体上切去一个或几个形体。如图 5-3a 所示的镶块，可以看成是由一个长方体逐步切割掉五个简单的形体后形成的，如图 5-3b 所示。

5.2.2　组合体分析方法

1. 形体间的相对位置与邻接表面关系

构成组合体的形体之间可能处于上下、左右、前后或对称、同轴等相对位置；形体的邻接表面之间可能产生相交、相切和共面三种关系，见表 5-1。

a)　　　　　　　　b)

图 5-3　切割

（1）相交　两形体邻接表面相交时，相交处一定产生交线，如表 5-1 中的相交情况。求交线时，无论是两实形体邻接表面相交，还是实形体与空形体或者空形体与空形体的邻接表面相交，其相交的性质相同，交线的求解方法也相同。

（2）相切　两形体邻接表面相切时，由于相切是光滑过渡，规定切线的投影不画，如表 5-1 中的相切情况。

（3）共面　两形体邻接表面共面时，邻接表面在共面处没有分界线，如表 5-1 中的共面情况。共面也叫平齐，不共面叫相错，相错时邻接表面相错处有分界线，如表 5-1 中相交、相切的情况中所示。

表 5-1　组合体的邻接表面关系

表面关系	举　例	
相交	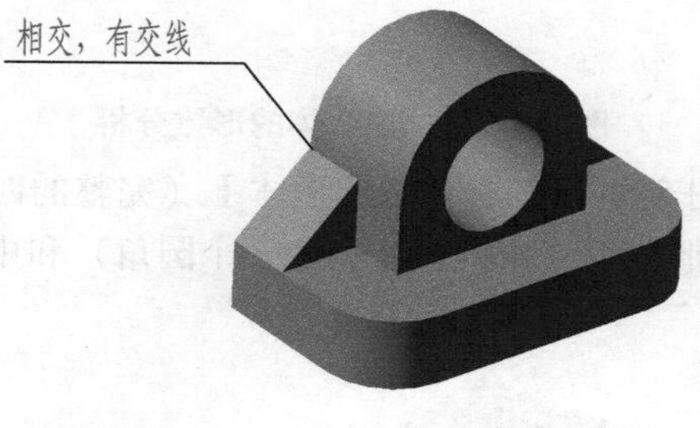	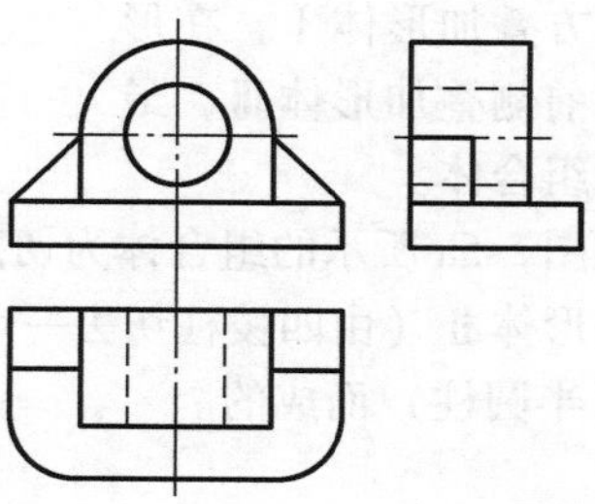
相切	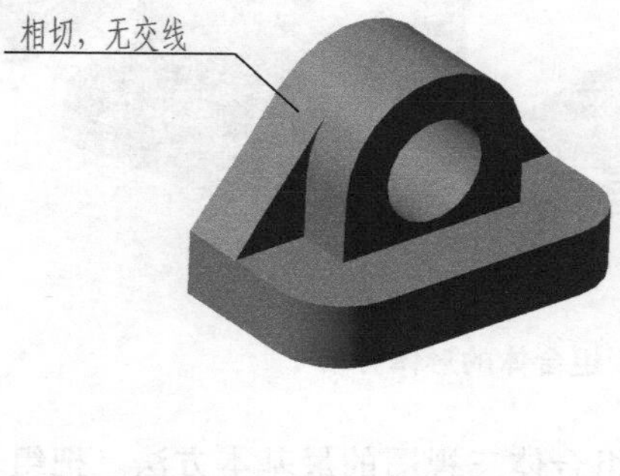	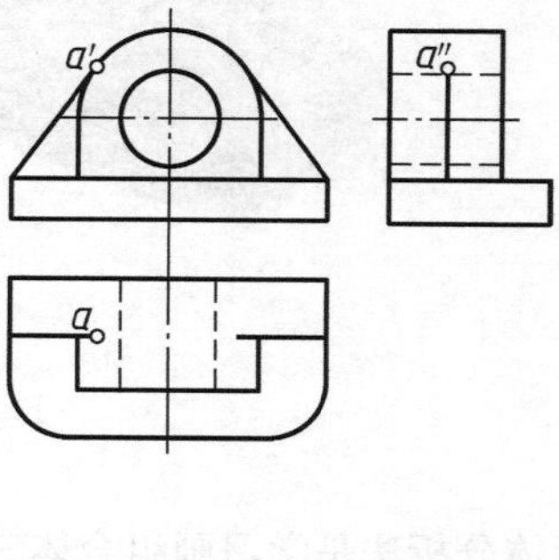

（续）

表面关系	举　例	
共面	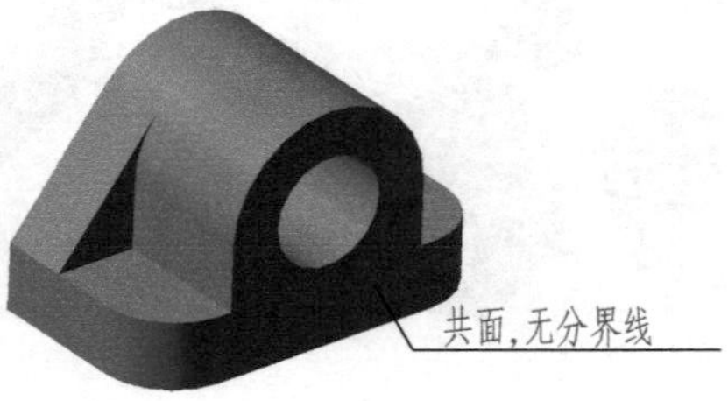	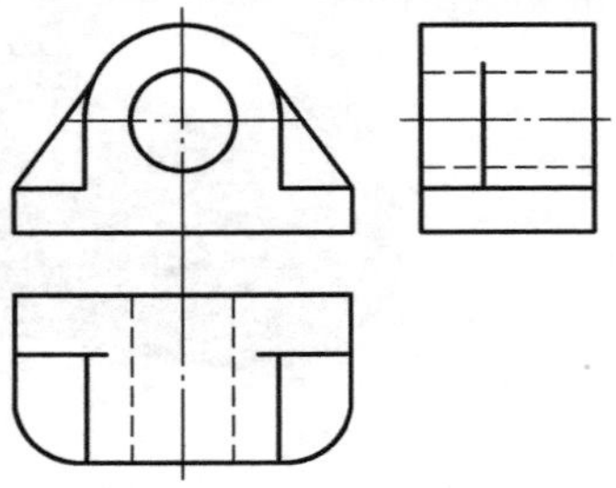

2. *形体分析法*

根据组合体的形状，假想把组合体分解成若干组成部分，然后分析各部分的形状以及它们之间的相对位置和邻接表面之间的关系，这种分析方法称为形体分析法。

在对主要以叠加为组合方式形成的组合体进行形体分析时，主要分析组成该组合体的各部分形状和相对位置；在对主要以切割为组合方式形成的组合体进行分析时，应主要分析切去的各个部分形体的形状和位置，以及切去各个部分对组合体整体形状的影响。

如图 5-4a 所示的组合体是由形体Ⅰ（三棱柱）、形体Ⅱ（四棱柱）、形体Ⅲ（圆柱筒）、形体Ⅳ（圆柱筒）组成的。由图 5-4b 可知，在形体Ⅳ左侧叠加形体Ⅱ，在形体Ⅱ的上方、形体Ⅳ左侧方叠加形体Ⅰ，在形体Ⅳ的前侧叠加形体Ⅲ，最终形成组合体。

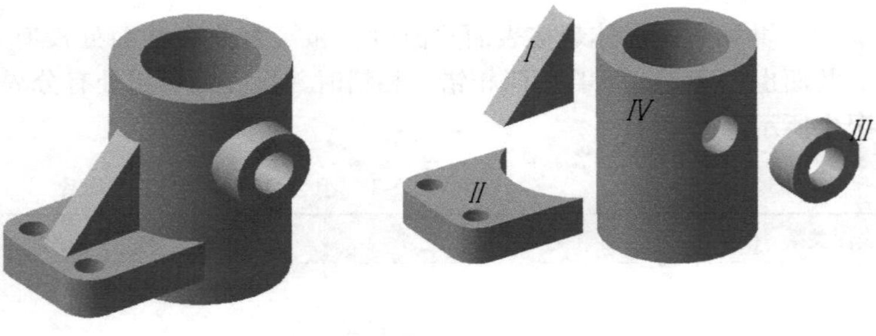

a)　　　b)

图 5-4　叠加组合体的形体分析

如图 5-5a 所示的组合体为切割体。由图 5-5b 可知，它是从形体Ⅰ（完整的四棱柱）两侧上方切去形体Ⅱ（由四棱柱切去一个圆角）、形体Ⅳ（由四棱柱切去一个圆角）和中间上方切去形体Ⅲ（半圆柱）而成的。

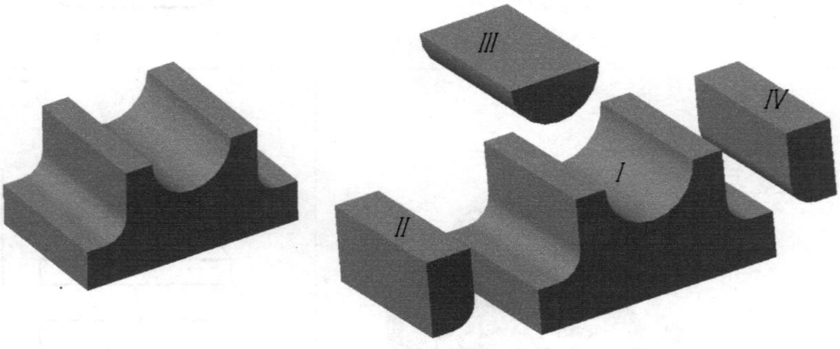

a)　　　b)

图 5-5　切割组合体的形体分析

形体分析法是学习画组合体三视图和读组合体三视图的最基本方法。把组合体分解成若干个形体仅是一种分析问题的方法，这种分解是假想的，其目的是为了弄清组合体的形状结构，便于画图和读图，而实际的组合体仍然是一个完整的形体。

3. 线面分析法

线面分析法是在形体分析法的基础上，运用线、面的空间性质和投影规律，分析形体表面的投影，进行画图和读图的方法。线面分析法主要用于对切割立体的分析，先想出切割前的原始形状，然后分析切割后在立体上形成的各个新平面的形状及相对投影面的位置，进而按照线、面的投影特性来绘制视图。

形体的投影实际上是画形体表面的投影，而面的投影是画组成面的棱线（或转向轮廓线）的投影。因此，组合体的视图实际上是由围成组合体的各个表面的投影组成的，这些表面的投影要么是封闭的图框（除相切情况外），要么是有积聚性的图线。如图 5-6a 所示，*P* 平面为铅垂面，其正面投影和侧面投影均为封闭的图框，而水平投影积聚成一条直线；图 5-6b 中，平面 *R* 为一般位置平面，其水平投影、正面投影和侧面投影均为封闭的图框。

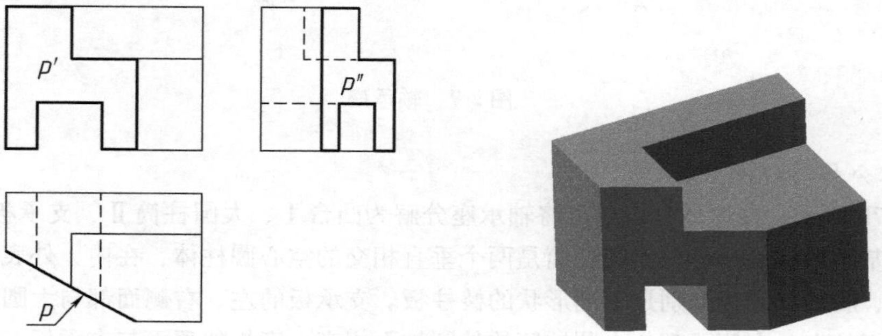

a)

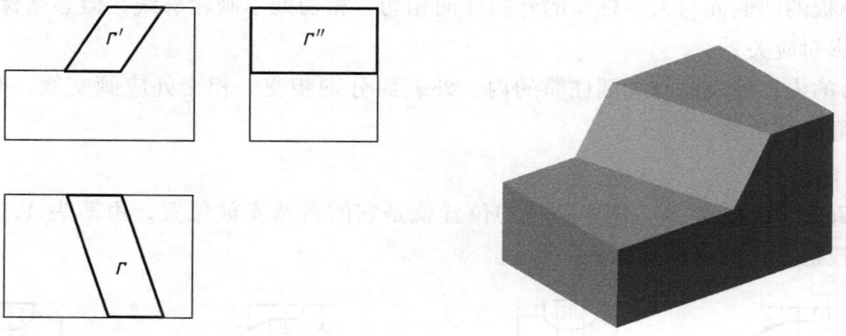

b)

图 5-6　表面的投影特点

在画图和读图的实践中，首先采用的是形体分析法，对比较复杂的或主要由切割形成的组合体，通常在运用形体分析法的基础上，对不易表达或读懂的局部进行线面分析。

5.2.3　组合体视图选择

主视图在三视图中是最主要的一个视图，正确选择主视图是画组合体三视图的关键，主视图确定了，俯视图和左视图也就随之而定了。选择主视图的原则如下：

1）尽可能多地反映组合体的形状特征及其各基本体之间的相对位置关系。

2）尽量符合组合体的自然安放位置，同时尽可能地使组合体表面对投影面处于平行或垂直位置。

3）尽可能地避免产生过多的虚线，并注意图面的合理布局和尺寸标注。

下面以图 5-7a 所示的轴承座为例，说明画组合体三视图的方法和步骤。

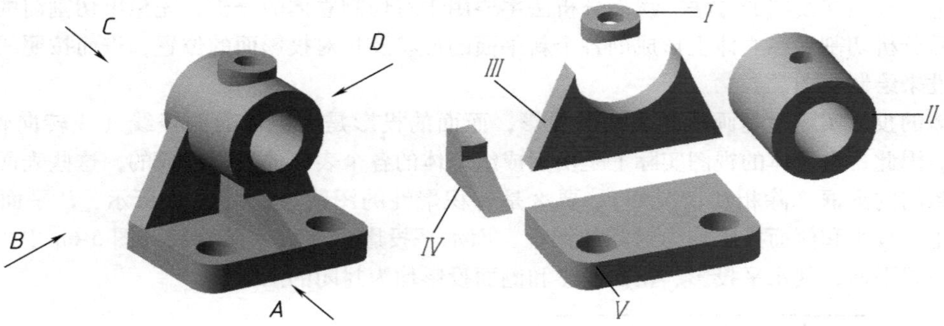

a)　　b)

图 5-7　轴承座

1. 形体分析与线面分析

如图 5-7b 所示，在形体分析时可将轴承座分解为凸台Ⅰ、大圆柱筒Ⅱ、支承板Ⅲ、肋板Ⅳ、底板Ⅴ五个基本形体。凸台与大圆柱筒是两个垂直相交的空心圆柱体，在内、外表面上都有相贯线；支承板、肋板和底板分别是不同形状的棱柱板。支承板的左、右侧面都与大圆柱筒的外圆柱面相切；肋板的左、右侧面都与大圆柱筒的外圆柱面相交；底板的顶面与支承板、肋板的底面共面。画图时应注意：

1）支承板的两侧面与大圆柱筒的外圆柱面相切，相切处不画轮廓线，但必须保证三个视图中切点的投影对应关系。

2）凸台的内、外表面与大圆柱筒的内、外表面分别相交。相交处应画交线，交线应为内、外两圆柱表面的相贯线。

2. 视图的选择

如图 5-7a 所示的轴承座，图中所处的位置就是它的自然安放位置，由箭头 *A*、*B*、*C*、*D* 四个投射方向投射所得的视图如图 5-8 所示。

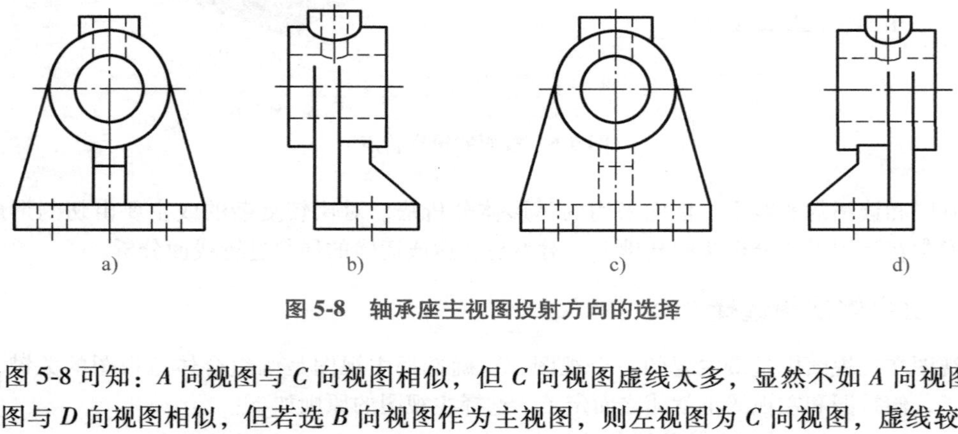

a)　　b)　　c)　　d)

图 5-8　轴承座主视图投射方向的选择

由图 5-8 可知：*A* 向视图与 *C* 向视图相似，但 *C* 向视图虚线太多，显然不如 *A* 向视图清楚；*B* 向视图与 *D* 向视图相似，但若选 *B* 向视图作为主视图，则左视图为 *C* 向视图，虚线较多，显然不合适。因此，主视图只能从A向视图和D向视图中选。比较A向和D向两个视图，A向视图能较多地反映轴承座各部分的轮廓特征，而D向视图主要反映轴承座各组成形体间的相对位置特征。从选择主视图原则来考虑，A向视图和D向视图都可选作主视图的投射方向，但从图面布局和尺寸标注来考虑，因为A向视图左右方向的长度大于D向视图的长度，所以前者的俯视图和左视图所占的图面位置比后者好，故A向视图作为主视图更合适。

5.2.4 用尺规画组合体三视图的方法和步骤

在画组合体的三视图之前，首先运用形体分析法把组合体分解为若干个形体，确定它们的组合形式，判断形体间邻接表面的关系；其次按从大体积形体到小体积形体的次序，逐个画出每个形体的三视图；最后对组合体中的垂直面、一般位置平面以及邻接表面中处于共面、相切或相交位置的线、面进行投影分析。若有交线的要画出交线，若是相切或共面则不画线。

根据上述分析，选择A向作为主视图的投射方向，画其三视图，作图步骤如下：

（1）选比例、定图幅　应尽量采用1∶1的比例画图，这便于直接估算出组合体的大小。按选定的比例，根据组合体的长、宽、高计算出三视图所占的面积，并在视图之间留出标注尺寸的适当间距，然后选用合适的图纸幅面。

（2）布图、画基准线　先固定好图纸，然后根据各视图的大小和位置，画出基准线，每个视图需要两个方向的基准线（一般常用轴线、对称中心线和较大的平面作为基准线）。基准线画出后，每个视图在图纸上的具体位置就确定了，如图5-9a所示。

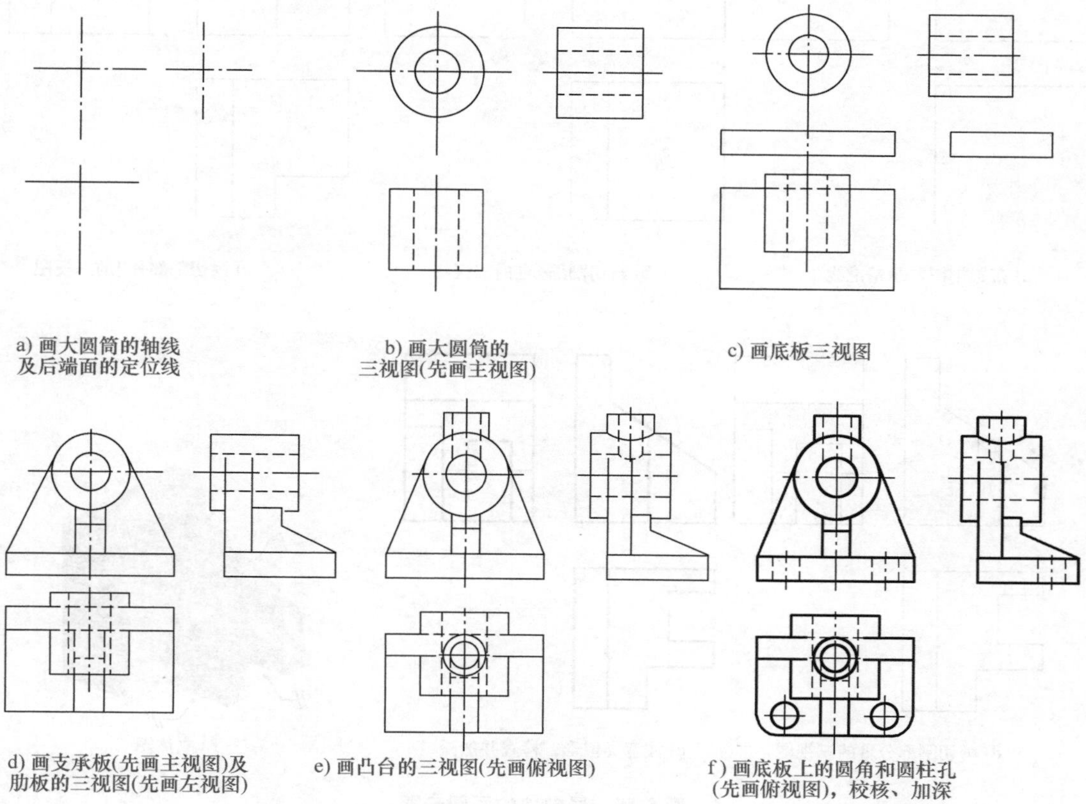

a) 画大圆筒的轴线及后端面的定位线　b) 画大圆筒的三视图(先画主视图)　c) 画底板三视图
d) 画支承板(先画主视图)及肋板的三视图(先画左视图)　e) 画凸台的三视图(先画俯视图)　f) 画底板上的圆角和圆柱孔(先画俯视图)，校核、加深

图 5-9　轴承座的画图步骤

（3）画底稿图　如图5-9b～e所示，按形体分析的结果，根据各形体的投影特点，逐个画出轴承座的三视图。画轴承座底稿图的顺序如下：

1）先实（实形体）后虚（挖去的形体），先大（大形体）后小（小形体），先轮廓后细节。

2）画组合体中的每个形体时，应三个视图配合起来画，并从反映形体特征的视图画起，再按投影规律画出其他两个视图。

（4）检查、描深图线　底稿图画好后，按形体逐个仔细检查，擦掉作图线，描深图线，完成全图。对形体表面的垂直面、一般位置面、形体间邻接表面处于相切、共面和相交等特殊位置的面、线，用面、线投影规律重点校核，纠正错误和补充遗漏。描深图线时，可见轮廓线用粗实线绘制，不可见轮廓线用虚线绘制，对称图形、圆、半圆或大于半圆的圆弧要画出对称中心线，回转体一定要画轴线。对称中心线和轴线都要用细点画线画出。

有时几种图线可能重合，一般按“粗实线、细虚线和细点画线”的顺序取舍。由于细点画线要超出图形外2～5mm，故当它与其他图形重合时，在图形外的那段细点画线不可忽略，加深后再进行一次检查，发现错误及时改正。

作图结果如图5-9f所示。

【例5-1】　画导向块的三视图，立体图如图5-10f所示。

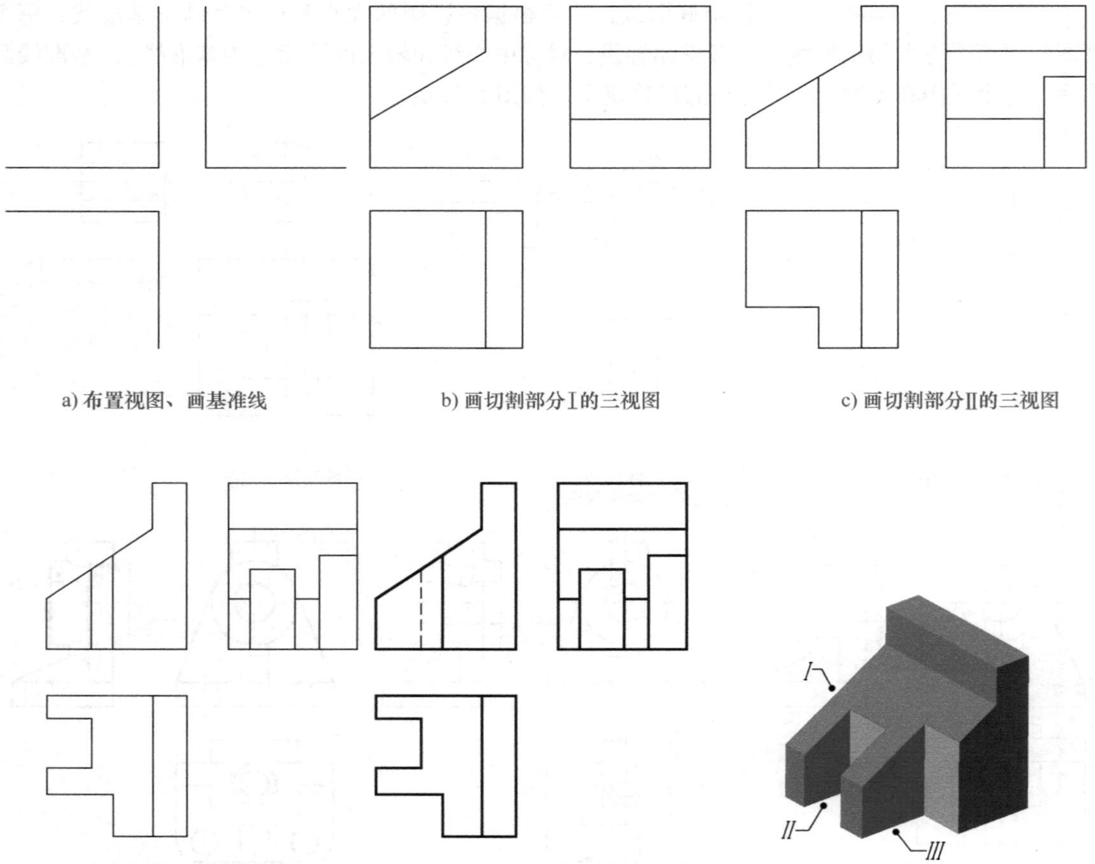

a) 布置视图、画基准线　b) 画切割部分Ⅰ的三视图　c) 画切割部分Ⅱ的三视图

d) 画切割部分Ⅲ的三视图　e) 注意类似形，检查并加深　f) 立体图

图5-10　导向块的画图步骤

导向块是切割体，是由四棱柱（长方体）切割形成的。先布置视图，画出基准线，再画出长方体的三视图，然后画出上方正垂面、侧平面切割和左前方正平面、侧平面切割后的三视图，最后画出左方两正平面及一侧平面切槽后的三视图，作图步骤如图5-10a~d所示。

作图结果如图5-10e所示。

5.2.5 相贯线的简化画法

在机械制图中，当有些相贯线不需要精确表达时，允许采用简化画法。如图5-11所示，两圆柱正交相贯时，相贯线正面投影可用大圆柱半径所作的圆弧来代替，以简化作图。

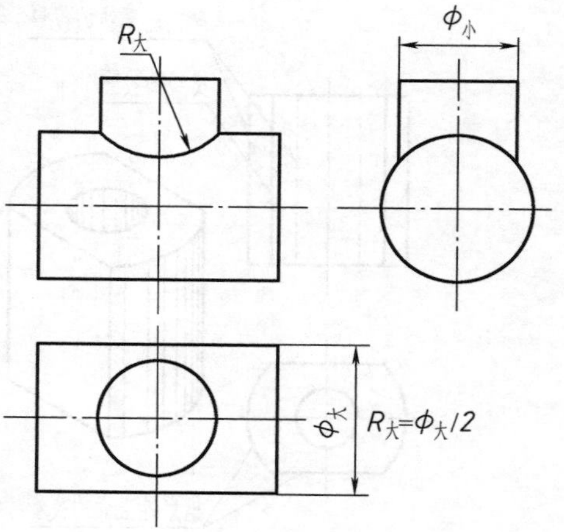

图5-11 相贯线的简化画法

5.3 读组合体视图的方法与步骤

读图是画图的逆过程。画图是将空间的形体按正投影方法表达在平面的图纸上；而读图是通过组合体的视图，根据点、线、面和体的正投影特性，在大脑中想象出组合体的空间形状，如有必要可用轴测图或用三维设计软件将想象的三维立体表达出来。因此，画图和读图是“三维到二维，二维回三维”的两个互逆过程。画图是读图的基础，而读图既能提高空间想象能力，又能提高投影的分析能力，所以读图和画图联系紧密、相辅相成。

5.3.1 读图的基本方法和要点

1. *读图的基本方法*

读图仍以形体分析法为主、线面分析法为辅。一般是从反映形体主要特征的主视图着手，按线框分成几个部分，运用三视图的投影规律，在其他视图中找出与这些线框相对应的线框，从而分别想象出各线框所表达形体的形状。想出每个形体的形状后，还要验证给定的每个视图与所想象的组合体的视图是否一致。当两者不一致时，还要按给定的视图来修正想象的形体，直到各个视图都相符为止。

2. *读图的要点*

（1）分析图线和线框的含义

1）组合体视图中的每一条图线可能表示：

①两面交线的投影，如图5-12a所示。

②曲面转向轮廓线的投影，如图5-12a所示。

③具有积聚性表面的投影，如图5-13a中平面P的积聚性投影p、p''和图5-13b中平面Q的积聚性投影q'。

④回转体的轴线、圆的中心线、对称中心线，用细点画线表示，如图5-12所示。

2）组合体视图中的每一个封闭的线框可能表示：

①平面图形的投影，如图5-12b和图5-13c所示。

②曲面的投影，如图5-12b所示。

③组合表面的投影，如图5-12b所示。

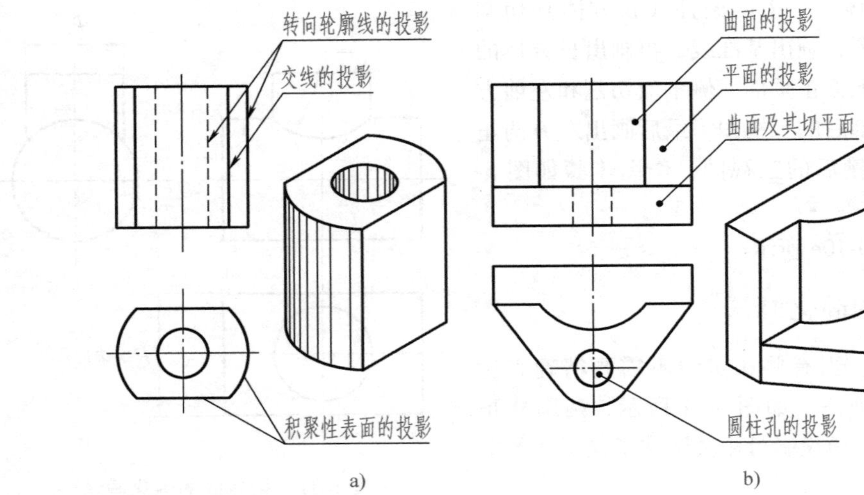

图 5-12　视图中图线、线框的含义

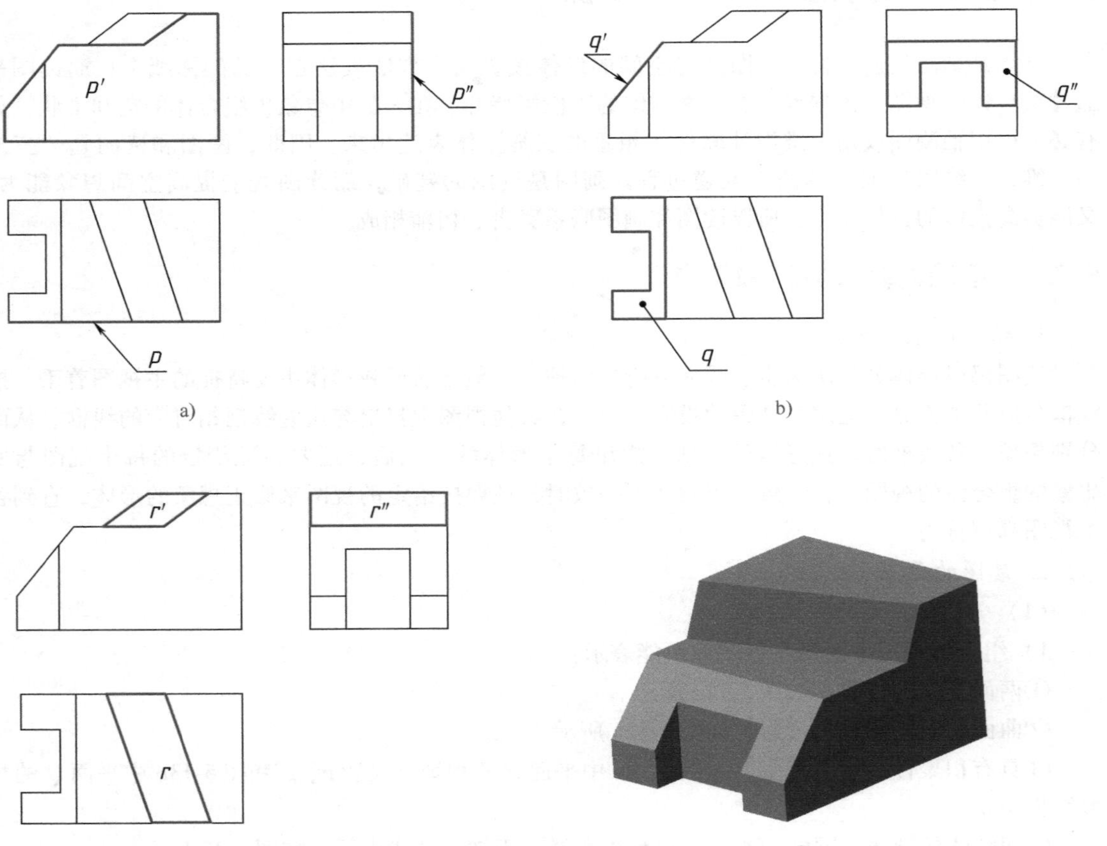

图 5-13　平面图形的投影

（2）几个视图联系起来看　组合体的形状一般是通过几个视图来表达的，仅通过一个视图是不能确定组合体的空间形状的，因此读图时必须把几个视图对应起来，才能确定组合体形状。

如图 5-14a、b 所示的两个组合体，它们的主视图都相同，但俯视图不一样；图 5-14c、d 所示的两个组合体俯视图相同，但主视图不一样。

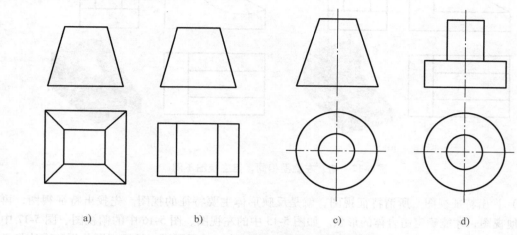

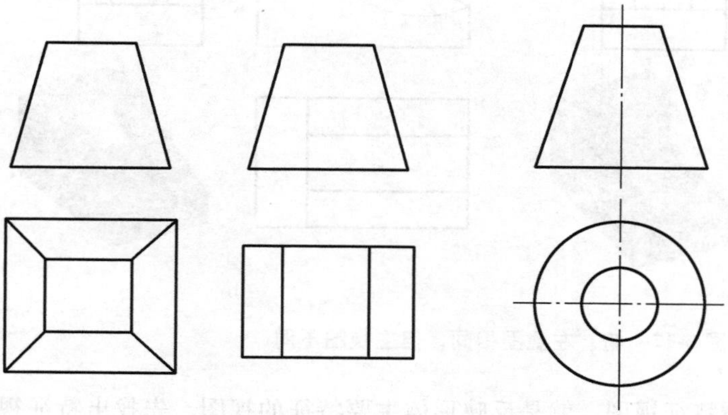

a)　b)　c)　d)

图 5-14　一个视图不能确定组合体形状

有时两个视图也不能完全确定组合体的形状。如图 5-15、图 5-16 和图 5-17 所示，虽然它们有两个视图相同，但却表示完全不同的形体。

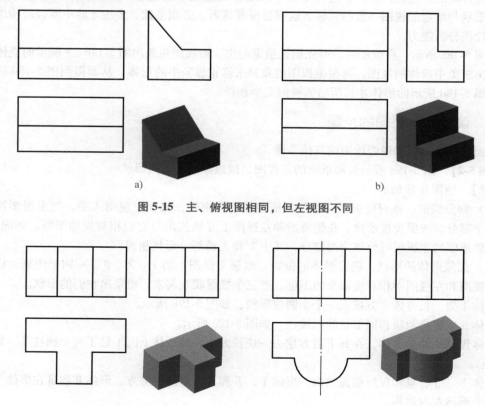

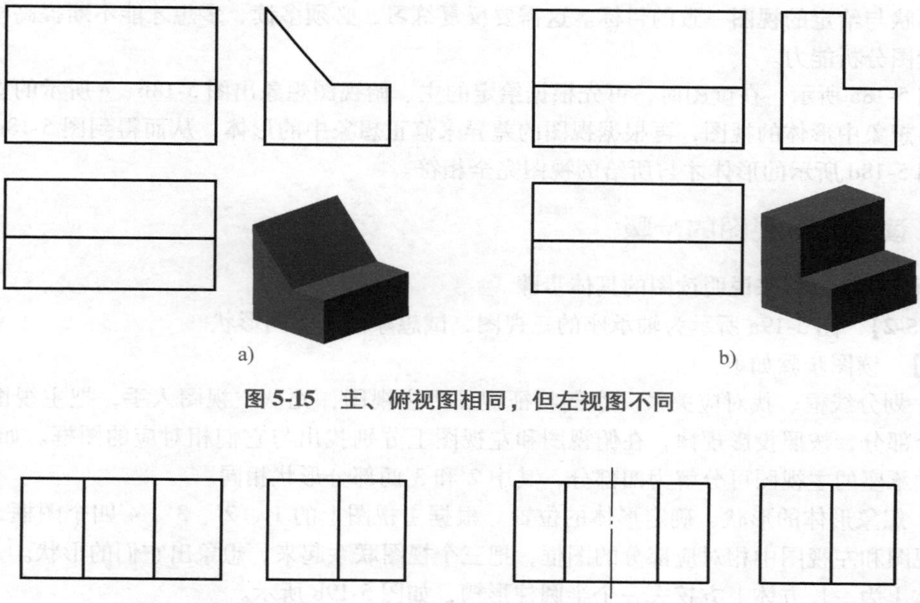

a)　b)

图 5-15　主、俯视图相同，但左视图不同

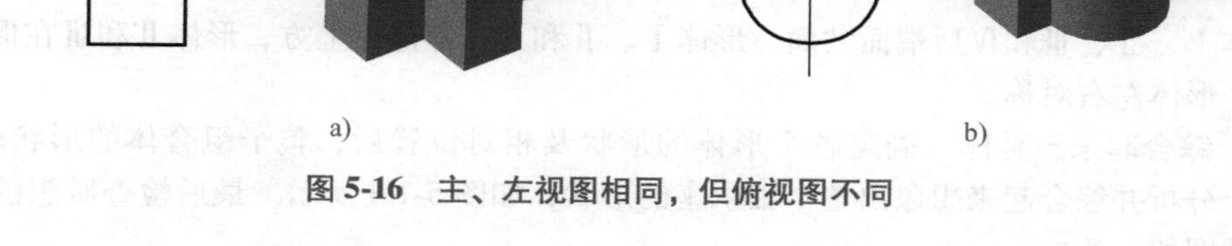

a)　b)

图 5-16　主、左视图相同，但俯视图不同

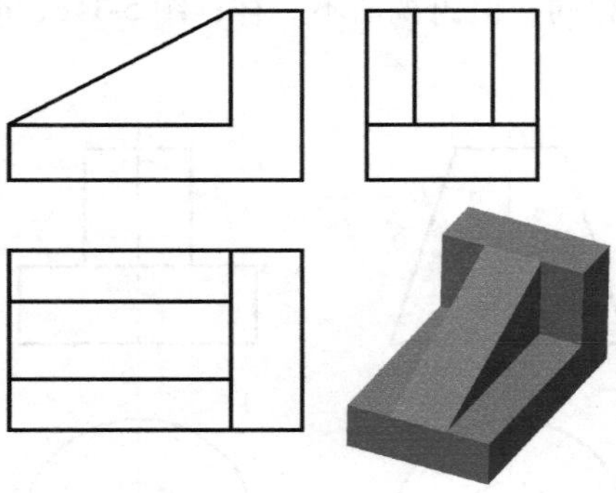
a)

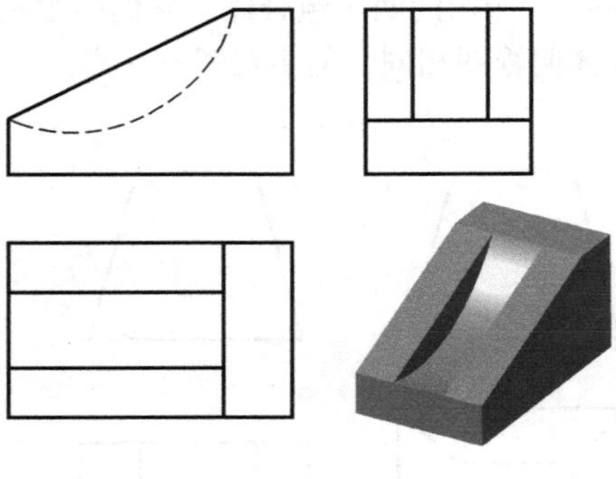
b)

图 5-17　俯、左视图相同，但主视图不同

（3）找出特征视图　所谓特征视图，就是反映形体主要特征的视图。先找出特征视图，再配合其他视图，才能确定组合体的形状。如图 5-15 中的左视图、图 5-16 中的俯视图、图 5-17 中的主视图都是反映形体主要形状的特征视图。事实上，读图或画图时，特征视图分析和表达是必不可少的。

（4）要把想象中的形体与给定视图反复对照　读图的过程是不断把想象中的组合体与给定的视图进行对照的过程，在这个过程中要不断地修正想象中的组合体形状，以期达到想象中的组合体形状与给定的视图一致的目标。这需要反复练习，必须多读、多想才能不断提高构思想象能力和读图分析能力。

如图 5-18a 所示，在读图时，可先根据给定的主、俯视图想象出图 5-18b、c 所示的立体，大脑中想出想象中形体的视图，再根据视图的差异来修正想象中的形体，从而得到图 5-18d 所示的形状，图 5-18d 所示的形体才与所给的视图完全相符。

5.3.2　读组合体视图的步骤

下面以几个实例来说明读图的具体步骤。

【例 5-2】　图 5-19a 所示为轴承座的三视图，试想象出其空间形状。

【解】　读图步骤如下：

（1）划分线框、找对应关系　本例特征视图为主视图，先从主视图入手，把主视图按线框分成几个部分，按照投影规律，在俯视图和左视图上分别找出与它们相对应的图框。如图 5-19a 所示，轴承座的主视图可分解为四部分，其中 2′和 3′两部分形状相同。

（2）想象形体的形状，确定形体的位置　根据主视图上的 1′、2′、3′、4′四个图框，以及它们在俯视图和左视图中相对应部分的图框，把三个视图联系起来，想象出它们的形状。

形体Ⅰ为一长方体上方挖去一个半圆柱形槽，如图 5-19b 所示。

形体Ⅱ、Ⅲ是两块相同形状的三棱柱，如图 5-19c 所示。

形体Ⅳ是一块长方体，在其下后方挖去一块长方体，然后从上向下钻了两个圆柱孔，如图 5-19d 所示。

形体Ⅰ、Ⅱ、Ⅲ和Ⅳ后端面共面，形体Ⅰ、Ⅱ和Ⅲ在形体Ⅳ上方，形体Ⅱ和Ⅲ在形体Ⅰ的两边，整个形体左右对称。

（3）综合起来想整体　确定各个形体的形状及相对位置后，整个组合体的形状就清楚了。根据以上分析并综合起来想象出整个轴承座的形状，如图 5-19f 所示。最后检查所想的形状是否与给定视图相一致。

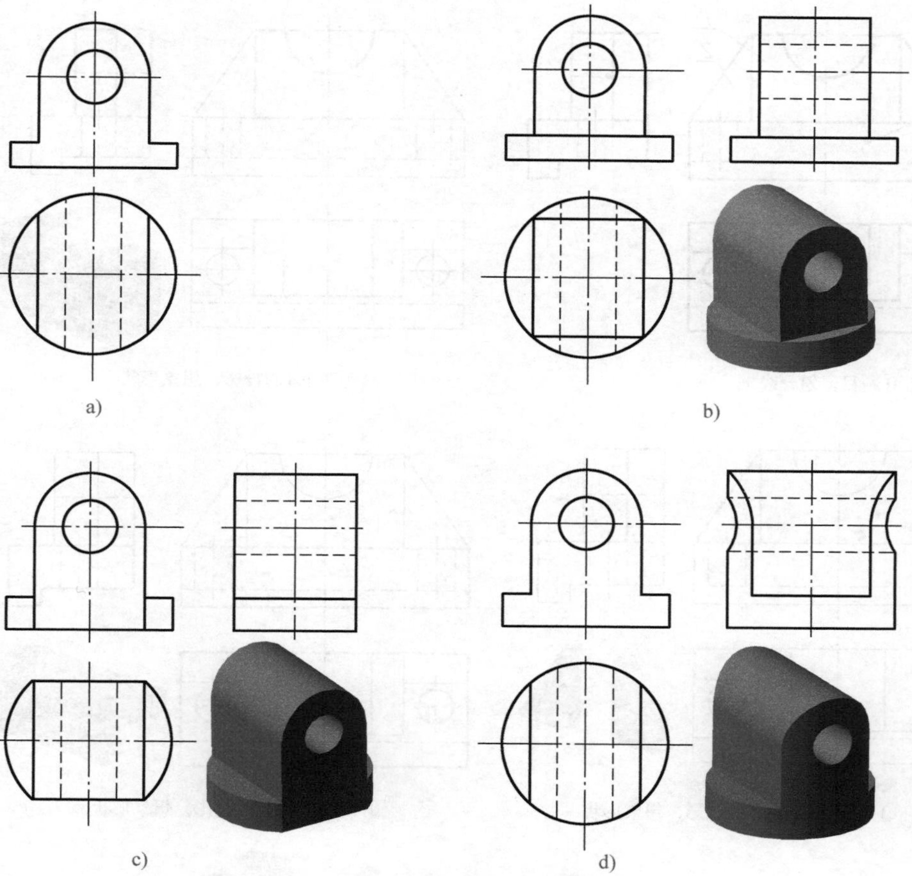

图 5-18　综合想象形体

从以上分析可看出，该轴承座的组合形式以叠加为主，读这类组合体视图的方法一般是以形体分析为主、线面分析为辅。而对于以切割为主要组合形式的组合体，其读图方法往往是先用形体分析法概括一下框架结构，然后重点用线面分析法去分析切割情况。

5.3.3　补视图及补漏线

补视图和补漏线是培养读图能力及画图能力的综合练习。这里所说的补视图，主要是指由已知两个视图补画第三个视图，在制图教学中，常称为“二求三”。“二求三”是在已给定的两个视图中能完全确定组合体形状的前提下进行的。补漏线是指已知视图所表示的形体形状基本确定，但视图中有部分图线遗漏而需要补画出来。

利用三维绘图软件创建的三维立体可自动生成二维视图，但目前根据二维视图却无法自动生成三维立体，因此必须熟练掌握阅读二维视图、想象三维立体形状的方法和过程。

补视图和补漏线的一般解题思路：根据已知的视图，运用形体分析法和线面分析法想象出组合体的形状，然后补画所缺视图或图线。需要说明的是，若补画的第三视图是唯一的图形，那么给出的两个视图中必须有一个是特征视图，否则补画的第三视图就不是唯一的图形。

【例 5-3】　如图 5-20 所示，由压块的主、俯视图，补画左视图。

【解】　初步分析视图可知，俯视图上的两个同心圆阶梯孔。该压块是前、后对称的，在主

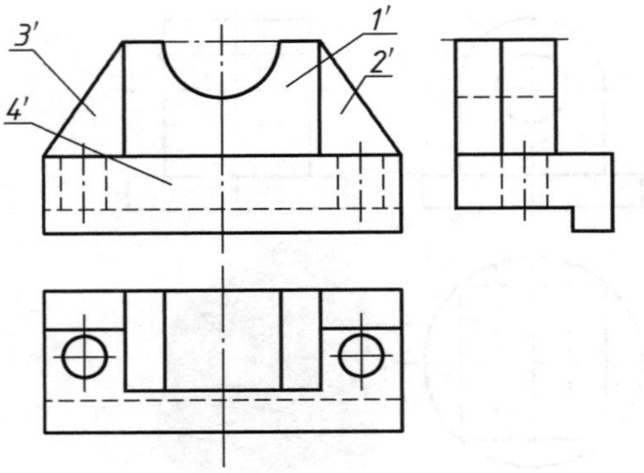

a) 题目，划分线框

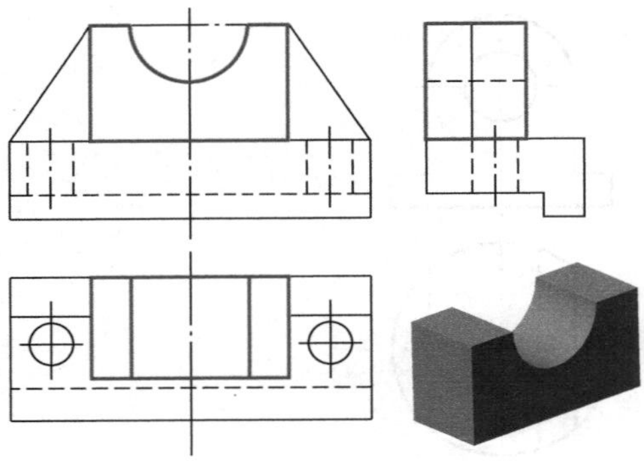

b) 对照线框Ⅰ的投影，想象形状

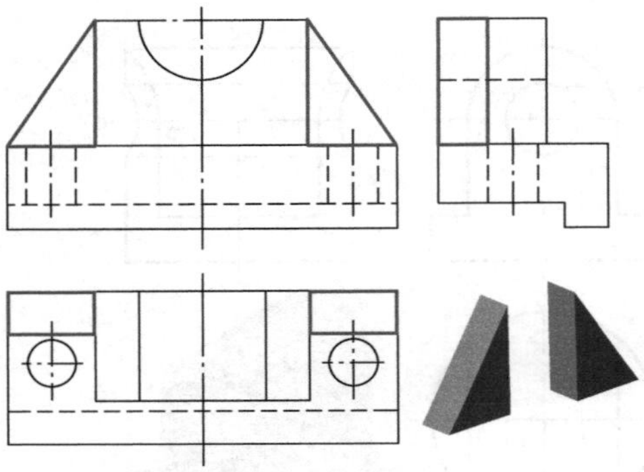

c) 对照线框Ⅱ、Ⅲ 的投影，想象形状

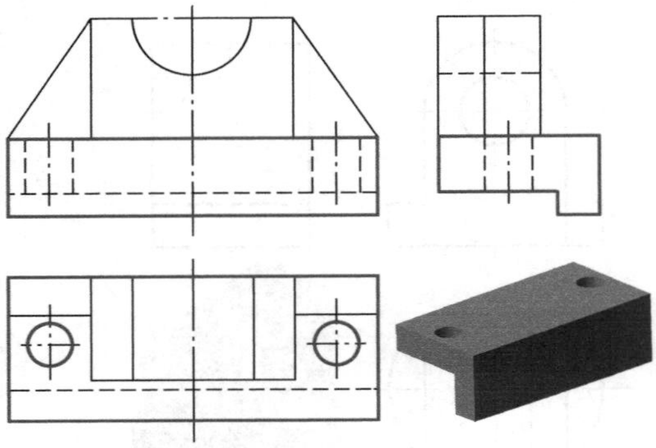

d) 对照线框Ⅳ的投影，想象形状

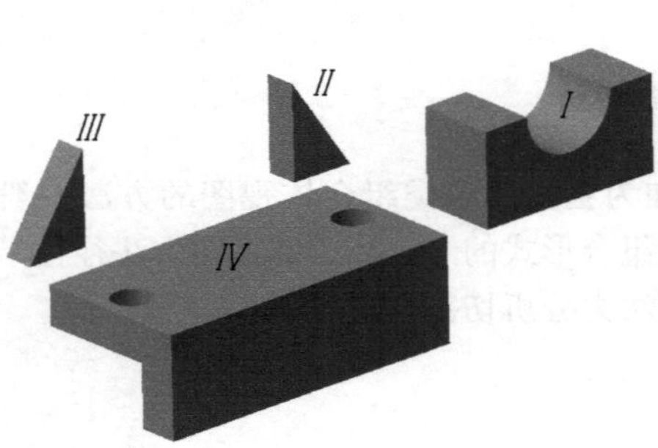

e) 确定各部分的相对位置

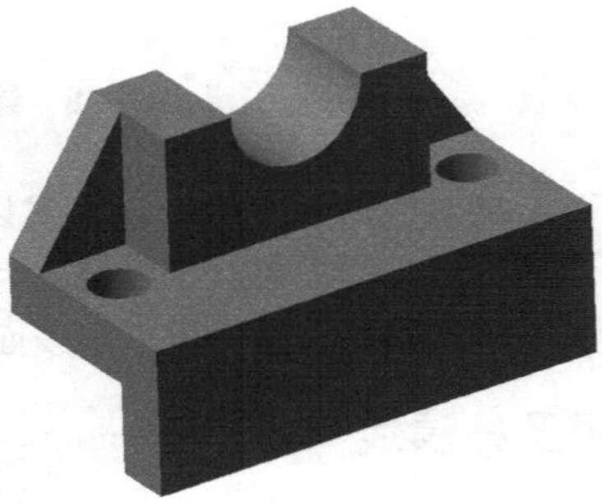

f）综合起来想象出整体形状

图 5-19　读组合体三视图的步骤

视图中有三个封闭的线框 a'、b'和 c'，分别对应于俯视图中压块前半部的三条直线 a、b、c，容易看出，A 和 C 是正平面，B 是铅垂面。再分析俯视图中三个封闭的线框 p、q 和 r，分别对应于主视图中的三条直线 p'、q'和 r'，显然，P 是正垂面，R 是水平面，Q 是水平面。由此可以想象压块的基本形体是长方体，其左端被平面 P 和 B 截切，底部则被前、后对称的两个平面 C 和 Q 截切，其立体图如图 5-20b 所示。

作图步骤如图 5-21a～d 所示。

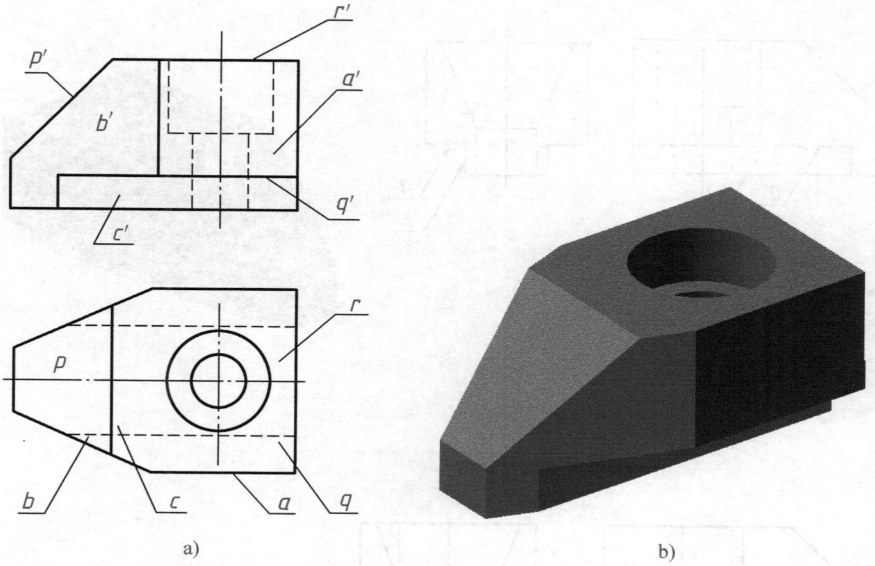

图 5-20 压块的主、俯视图

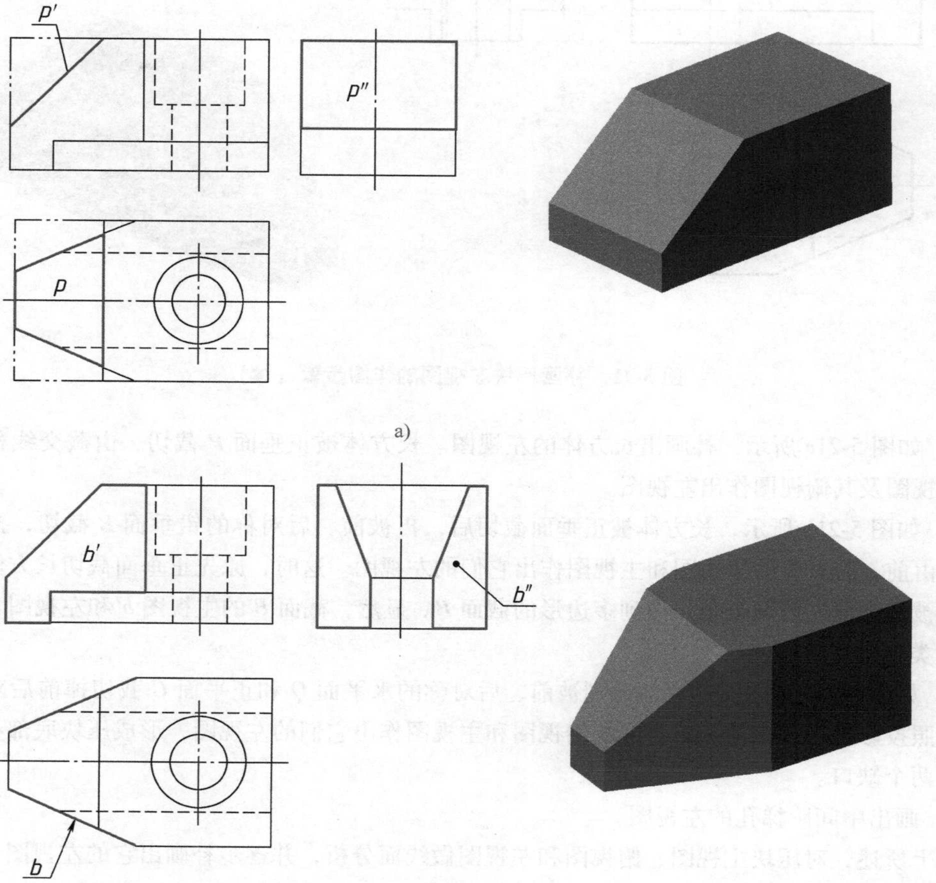

图 5-21 补画压块左视图的作图步骤

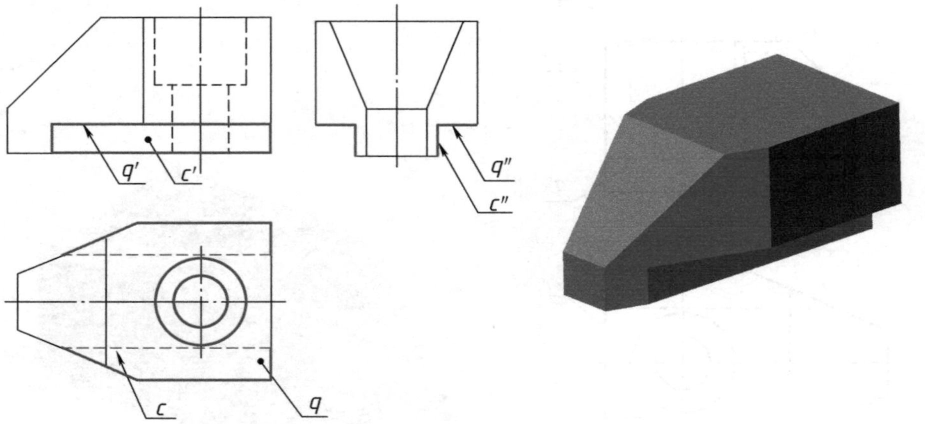

c)

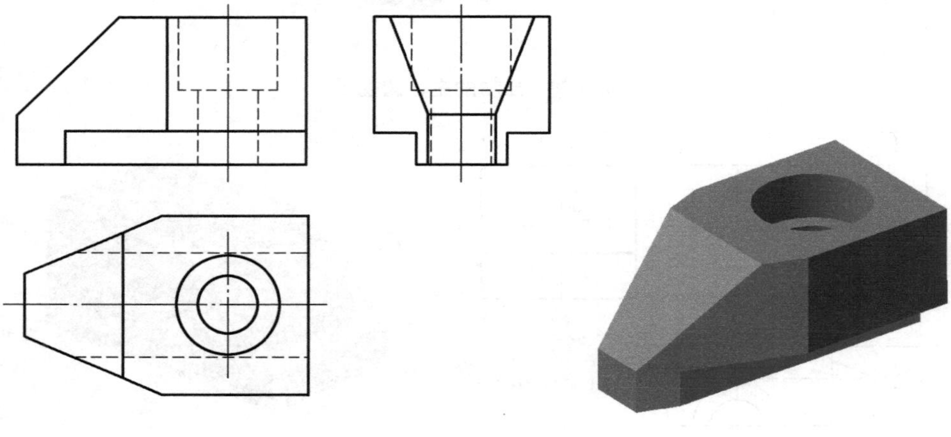

d)

图 5-21　补画压块左视图的作图步骤（续）

1）如图 5-21a 所示，补画出长方体的左视图。长方体被正垂面 P 截切，由截交线积聚成直线的主视图及其俯视图作出左视图。

2）如图 5-21b 所示，长方体被正垂面截切后，再被前、后对称的铅垂面 B 截切，按照投影规律，由前、后对应的俯视图和主视图作出它们的左视图。这时，原先正垂面截切长方体所得的矩形又被截去前、后两个角，得到多边形的截面 B。显然，截面 B 的主视图 b' 和左视图 b'' 都是截面 B 的类似形。

3）如图 5-21c 所示，在底部分别被前、后对称的水平面 Q 和正平面 C 截切掉前后对称的两块，按照投影规律，由前、后对应的俯视图和主视图作出它们的左视图，形成压块底部在左视图中前后两个缺口。

4）画出中间阶梯孔的左视图。

综上所述，对压块主视图、俯视图和左视图做线面分析，并逐步补画出它的左视图，就可清晰地想象出压块的整体形状，补画完成压块的左视图。作图结果如图 5-21d 所示。

【例 5-4】 如图 5-22a 所示，由支架的主、俯视图，补画左视图。

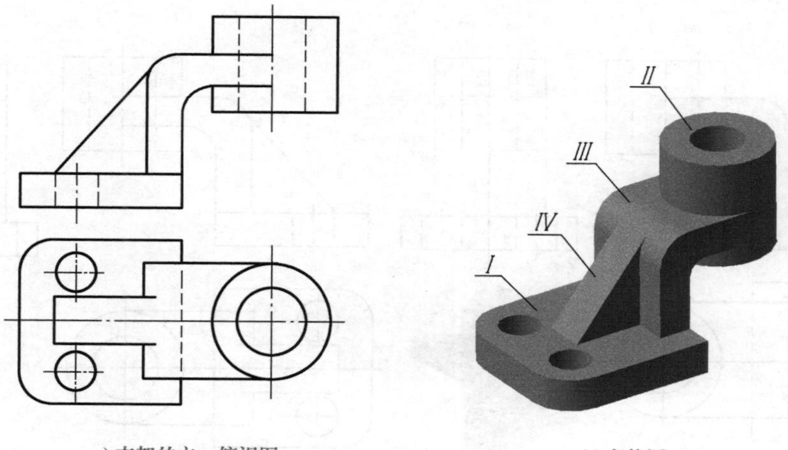

a) 支架的主、俯视图　　b) 立体图

图 5-22　支架

【解】 根据支架的主、俯视图，通过划分线框分析，可以确定支架是由底板Ⅰ、圆柱筒Ⅱ、支承板Ⅲ和肋板Ⅳ叠加而成的，如图 5-22b 所示。底板是四棱柱板，左侧有两个圆角，并挖有两圆柱孔；肋板为三棱柱；支承板在宽度方向前、后对称；支承板的底面与底板的顶面重合，且右端面共面；支承板的前、后端面与圆柱筒的外圆柱面相切；肋板放置在底板的上面、支承板的左面。

补画支架左视图的步骤如图 5-23 所示。

【例 5-5】 补画图 5-24 中视图的漏线。

【解】 根据图 5-24a 的三个有漏线的视图，可以分析出该物体属于切割体，想象出其空间结构形状。如图 5-24b 所示，长方体被正垂面切掉左上角，再被正平面和侧垂面切掉左前角。根据已知视图，对照想象的空间形状，分析已知视图中遗漏了哪些图线，根据三视图的投影特性，将遗漏的图线补画出来，如图 5-24c 所示。最后，检查、加深，完成作图，如图 5-24d 所示。

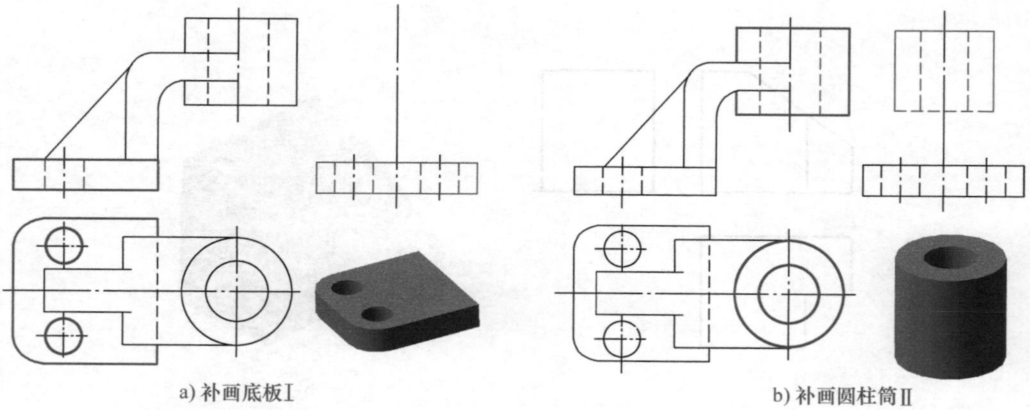

a) 补画底板Ⅰ　　b) 补画圆柱筒Ⅱ

图 5-23　补画支架左视图的步骤

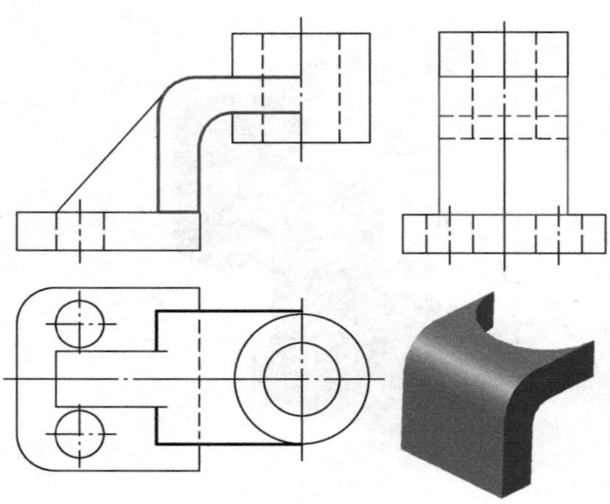

c) 补画支承板Ⅲ

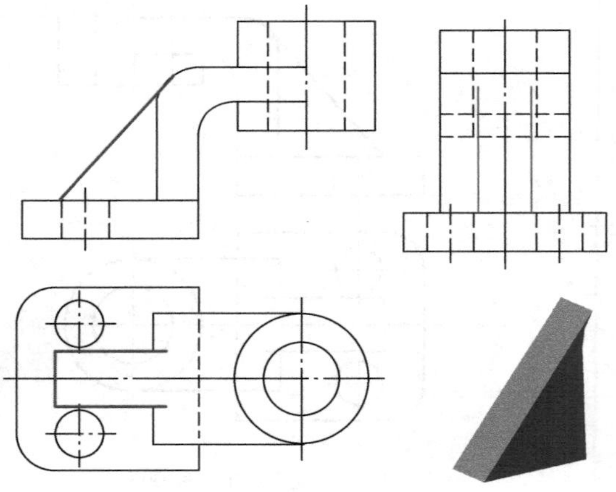

d) 补画肋板Ⅳ

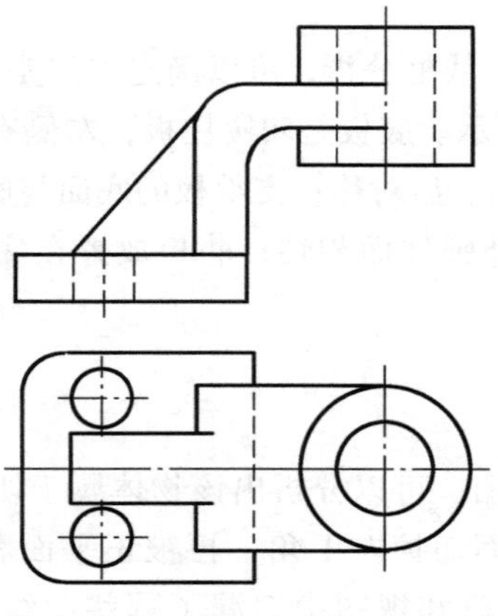

e) 检查、加深、完成作图

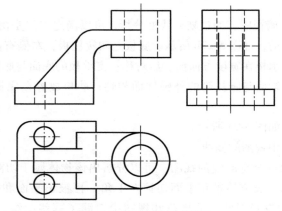

图 5-23　补画支架左视图的步骤（续）

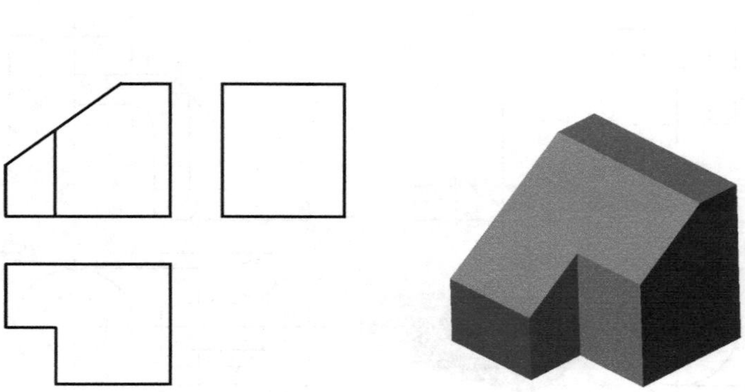

a)　　　　b)

图 5-24　补漏线

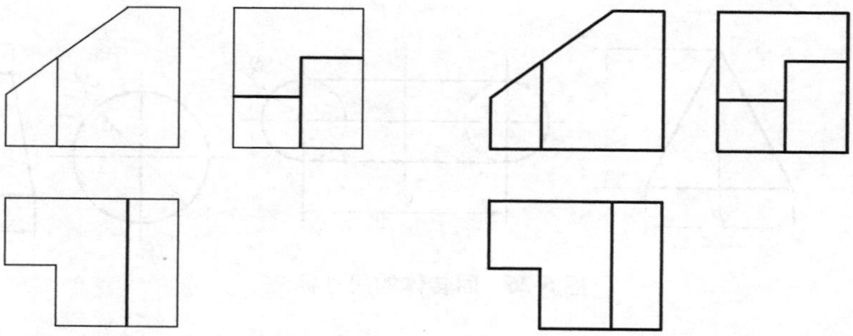

c)　　　　　　　　　　d)

图 5-24　补漏线（续）

5.4　组合体的尺寸标注

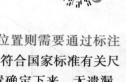

视图只能表示立体的形状，立体的真实大小及立体上各个部分的相互位置则需要通过标注尺寸来确定。标注组合体尺寸的基本要求：正确、完整、清晰。正确就是要符合国家标准有关尺寸注法的规定；完整就是所注尺寸必须把立体中各个部分的大小及相对位置确定下来，无遗漏、无重复尺寸；清晰是指每个尺寸都应该标注在适当位置，以便于看图。本节将在第 1 章学习标注平面图形尺寸的基础上，学习在标注组合体尺寸时，如何达到正确、完整和清晰的要求。

5.4.1　基本形体的尺寸标注

组合体是由基本形体组成的，因此，掌握基本形体的尺寸标注方法，是标注组合体尺寸的基础。

1. 平面立体的尺寸标注

平面立体的尺寸标注主要考虑其长、宽、高三个方向的尺寸，如图 5-25 所示，图中带“( )”的尺寸表示参考尺寸。

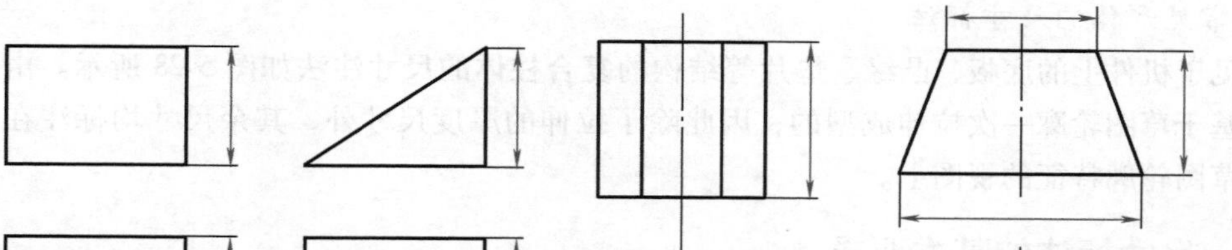

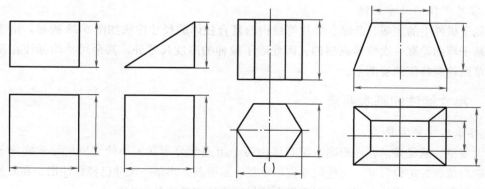

图 5-25　平面立体的尺寸标注

2. 回转体的尺寸标注

回转体的尺寸标注通常只需要标注其直径和高度，并在直径数字前加注 ϕ，半径前加 R；若是球面则应在直径数字前加注 $S\phi$，球面半径前加 SR，如图 5-26 所示。

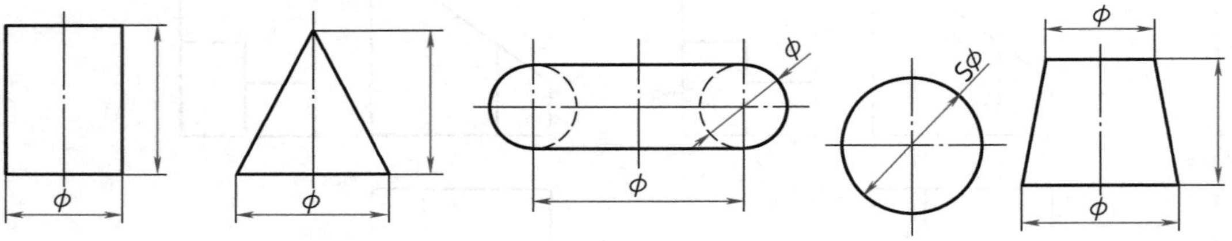

图 5-26　回转体的尺寸标注

3. 基本体截交、相贯后的尺寸标注

立体相贯或被切割后，产生相贯线或截交线，在标注这类立体尺寸时，交线上不能标注尺寸。对相贯体应标注相贯的各基本体的有关尺寸和它们之间的相对位置尺寸；对切割体则应标注切割平面位置尺寸，如图 5-27 所示。

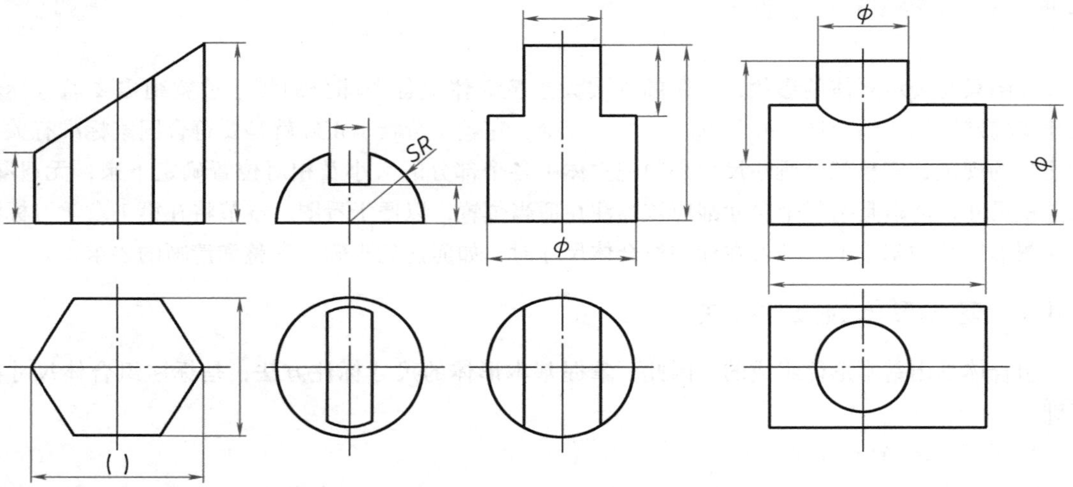

图 5-27　具有斜截面或缺口的基本体的尺寸标注

4. 常见形体的尺寸标注

常见于机件上的底板、凸缘、垫片等结构的复合柱体的尺寸注法如图 5-28 所示。由于复合柱体是基于草图轮廓一次拉伸成型的，因此除了拉伸的厚度尺寸外，其余尺寸均标注在反映复合柱体草图轮廓特征的视图上。

5.4.2　尺寸标注的基本要求

1. 标注尺寸要完整

所谓完整，就是要求标注出确定组合体中每个组成部分形状大小的定形尺寸和确定各组成部分间相对位置的定位尺寸，这些尺寸应不重复、不遗漏，当某一尺寸已经标注出，在其他视图中不应再重复标注。形体分析法是保证组合体尺寸标注完整的基本方法。

尺寸按其作用可分为定形尺寸、定位尺寸和总体尺寸三种。

（1）定形尺寸　确定组合体中各形体的长、宽、高三个方向形状大小的尺寸称为定形尺寸。由于组成组合体的各部分一般为基本形体，因此掌握基本形体定形尺寸的标注是标注组合体定形尺寸标注的基础。图 5-25、图 5-26 列出来了常见基本形体的定形尺寸的标注方法和数量。

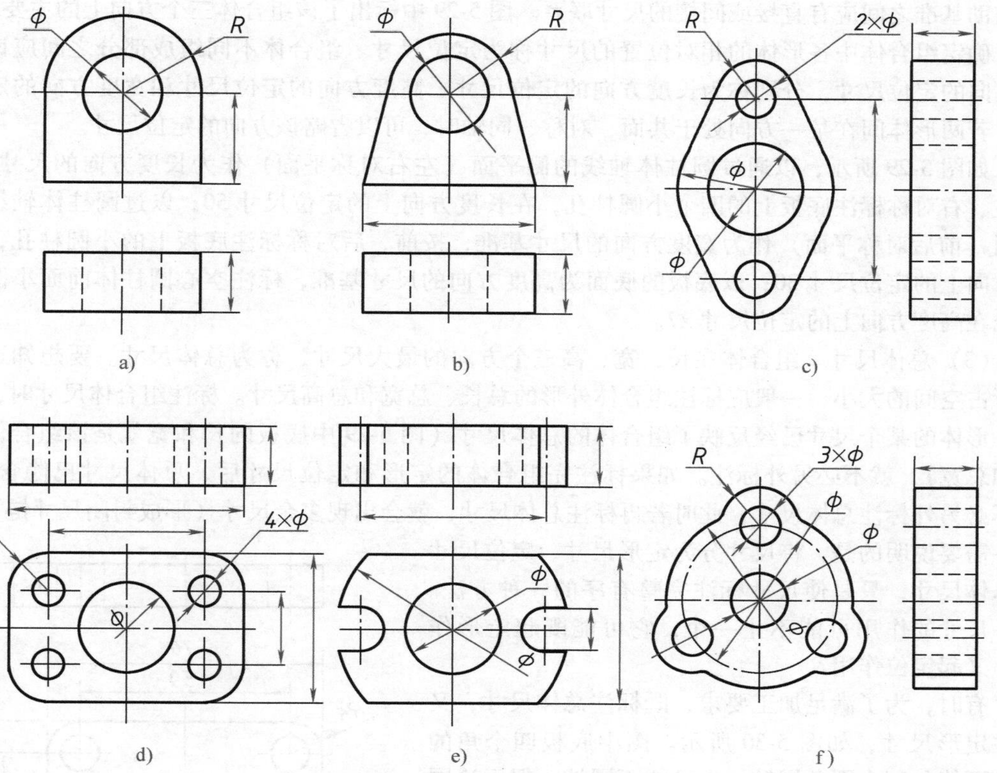

图 5-28　常见形体的尺寸标注

当两个形体具有某一相同尺寸时，只需标注一个尺寸。对两个以上有规律分布的相同形体，只需标注一个形体的定形尺寸，再辅以数量说明（如用“2×ϕ”表示两个孔）。对同一形体中的相同结构，也只需标注一次，且不注写数量。如果是标注相同半径圆弧的尺寸，不需标注数量，相同直径圆的尺寸可以标注数量，如图 5-29 中“4×ϕ12”“*R*10”，“*R*10”不能注成“4×*R*10”。

（2）定位尺寸和尺寸基准　确定尺寸位置的几何元素（点、线、面等）称为尺寸基准，简称基准。基准分为主要基准和辅助基准。在三维空间中，长、宽、高三个方向上应各有一个主要基准。尺寸基准一般选择组合体的对称平面（视图中为对称中心线）、主要回转体的轴线和较大的平面（底面、端面等）作为主要基准。根据需要，还可选择一些其他几何元素作为辅助基准。主要基准

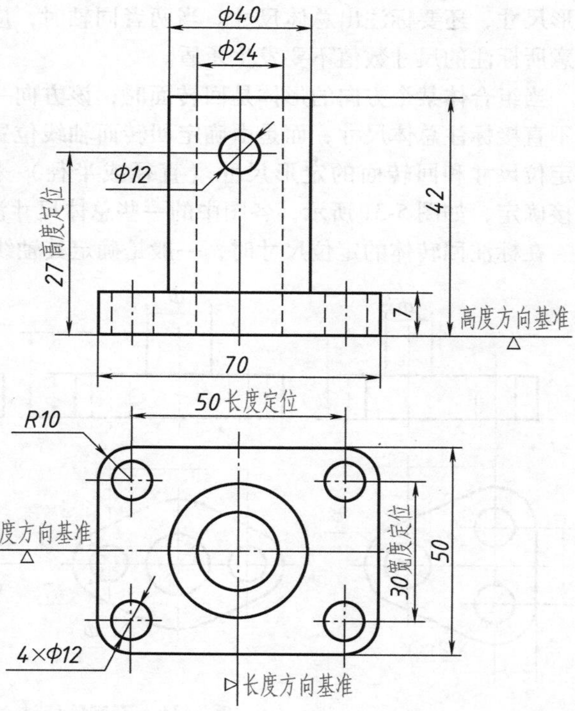

图 5-29　定位尺寸和尺寸基准

和辅助基准之间应有直接或间接的尺寸联系。图5-29中标出了该组合体三个方向上的主要基准。

确定组合体中各形体的相对位置的尺寸称为定位尺寸。组合体不同组成部分之间应该有三个方向的定位尺寸，分别称为长度方向的定位尺寸、高度方向的定位尺寸和宽度方向的定位尺寸。若两形体间在某一方向处于共面、对称、同轴时，可以省略该方向的定位尺寸。

如图5-29所示，以通过圆柱体轴线的侧平面（左右对称平面）作为长度方向的尺寸基准，按左、右对称标注底板上的四个小圆柱孔，在长度方向上的定位尺寸50；以过圆柱体轴线的正平面（前后对称平面）作为宽度方向的尺寸基准，按前、后对称标注底板上的小圆柱孔，在宽度方向上的定位尺寸30；以底板的底面为高度方向的尺寸基准，标注空心圆柱体前面小圆孔的轴线在高度方向上的定位尺寸27。

（3）总体尺寸　组合体在长、宽、高三个方向的最大尺寸，称为总体尺寸。要想知道组合体所占空间的大小，一般应标注组合体外形的总长、总宽和总高尺寸。标注组合体尺寸时，如果某一形体的某个尺寸已经反映了组合体的总体尺寸（图5-29中底板的长和宽就是该组合体的总长和总宽），就不必另外标注。如果标注完组合体的定形和定位尺寸后，总体尺寸已隐含确定，也不必另外标注总体尺寸，此时若再标注总体尺寸，就会出现多余尺寸（形成封闭尺寸链）。

需要说明的是，将尺寸分为定形尺寸、定位尺寸和总体尺寸，只是使尺寸标注完整有序的一种方法。某一尺寸的作用可能不止一个，它可能既起定形作用，又起定位作用。

有时，为了满足加工要求，既标注总体尺寸，又标注定形尺寸，如图5-30所示。图中底板四个角的圆孔可能与四个圆角同轴，也可能不同轴，但无论同轴与否，均要标注出孔的轴线间的定位尺寸和圆角的定形尺寸，还要标注出总体尺寸。当两者同轴时，应注意所标注的尺寸数值不要发生矛盾。

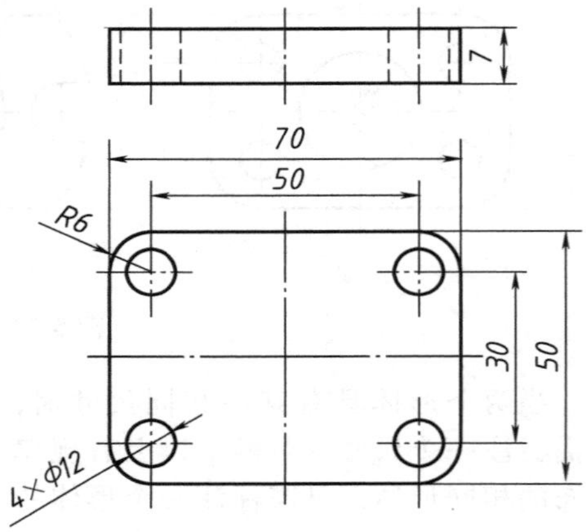

图5-30　要注全总体尺寸的图例

当组合体某个方向的形体是回转面时，该方向一般不直接标注总体尺寸，而是由确定回转面轴线位置的定位尺寸和回转面的定形尺寸（直径或半径）来间接确定，如图5-31所示，各图中的一些总体尺寸没有直接标注。

在标注回转体的定位尺寸时，一般是确定其轴线位置，而不应以其转向轮廓线来定位。

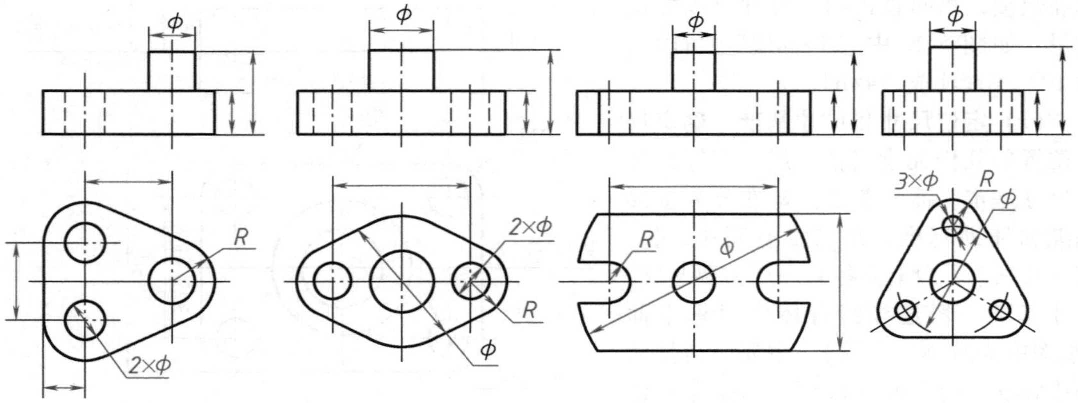

图5-31　不直接标注总体尺寸的图例

2. 标注尺寸要清晰

所谓清晰，就是要求所标注的尺寸排列适当、整齐、清楚，便于读图。

（1）尺寸尽量标注在反映形状特征的视图上　为了读图方便，应尽可能把尺寸标注在反映形状特征的视图上。如图 5-32 所示，四棱柱槽的尺寸应标注在反映形状特征的视图（俯视图）上。如图 5-33a、b 所示，半径尺寸只能标注在显示圆弧的视图上，直径尺寸可标注在反映圆的视图上，也可标注在非圆视图上。为了使尺寸清楚，一般有较多同心圆的直径尺寸应标注在非圆视图上。另外，尽量避免在虚线上标注尺寸。

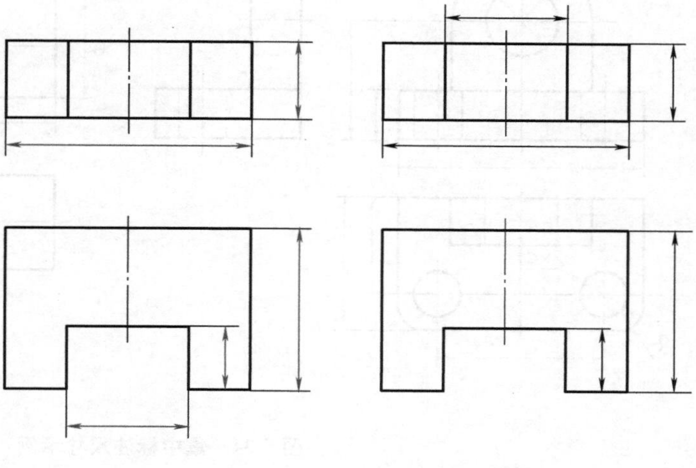

a) 好　　b) 不好

图 5-32　尺寸标注在反映形状特征的视图上（一）

（2）同一基本形体的定形尺寸以及有联系的定位尺寸尽量集中标注　图 5-34a 表示了在长度方向和宽度方向上，底板的定形尺寸以及两个小圆孔的定形和定位尺寸，都集中标注在俯视图上；而在长度和高度方向上，竖板的定形尺寸和圆孔的定位尺寸，则应集中标注在主视图上。

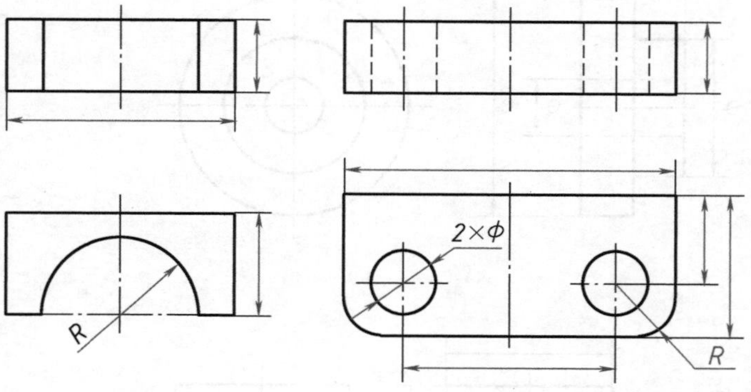

a)　　b)

图 5-33　尺寸标注在反映形状特征的视图上（二）

图 5-34b 表示相交两圆柱体的定形尺寸和定位尺寸应集中标注在主视图上，且尺寸尽量标注在图形之外，但有时也可标注在图形内。

（3）标注尺寸要排列整齐　图 5-35a 表示叠加的两个同轴的圆柱体，且挖了一个同轴的圆柱孔，它们的直径尺寸宜标注在非圆的视图上。

图 5-35b 表示同一方向几个连续尺寸应尽量标注在同一条尺寸线上。

图 5-35c 表示要尽量避免尺寸线、尺寸界限、轮廓线相交。图中，主视图上的圆柱体与左耳板之间的定位尺寸应注在下方，圆柱体的直径尺寸应注在上方，为了避免左视图上圆柱体前面凸台的定位尺寸与凸台的直径尺寸相交，应将凸台的直径尺寸注在主视图上。

图 5-35d 表示与两视图有关的尺寸应尽量标注在两视图之间，并将小尺寸注在里面（靠近视图）、大尺寸注在外面（远离视图），避免尺寸线与尺寸界限相交。底板上四个小圆孔的直径尺寸可引出标注在图形外面，以保持图形清晰。四个直径相等的小圆柱孔，应统一标注，并写出圆孔的数量，如图中所注的 4×ϕ；四个圆角半径相等，也应统一标注在一处，但不可写出数量，如图中所注的 R。

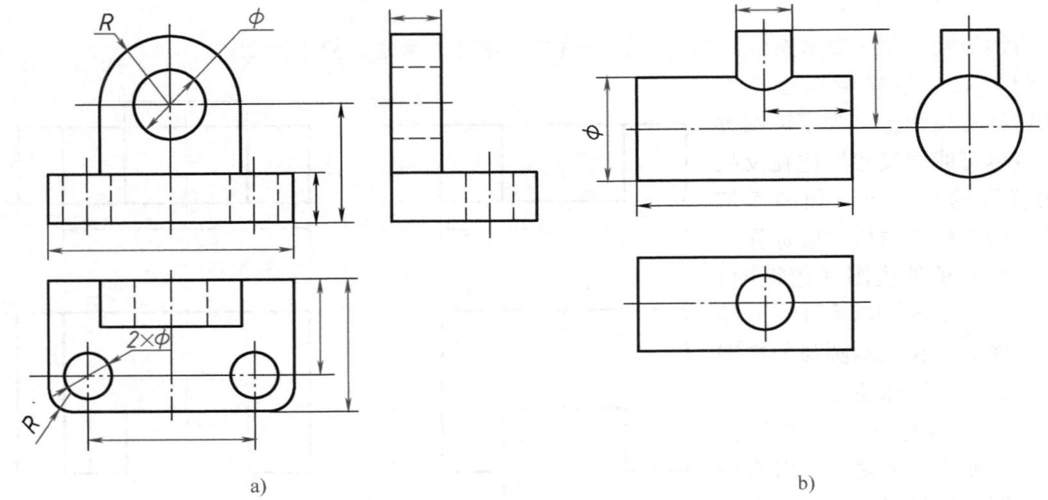

图 5-34　集中标注尺寸示例

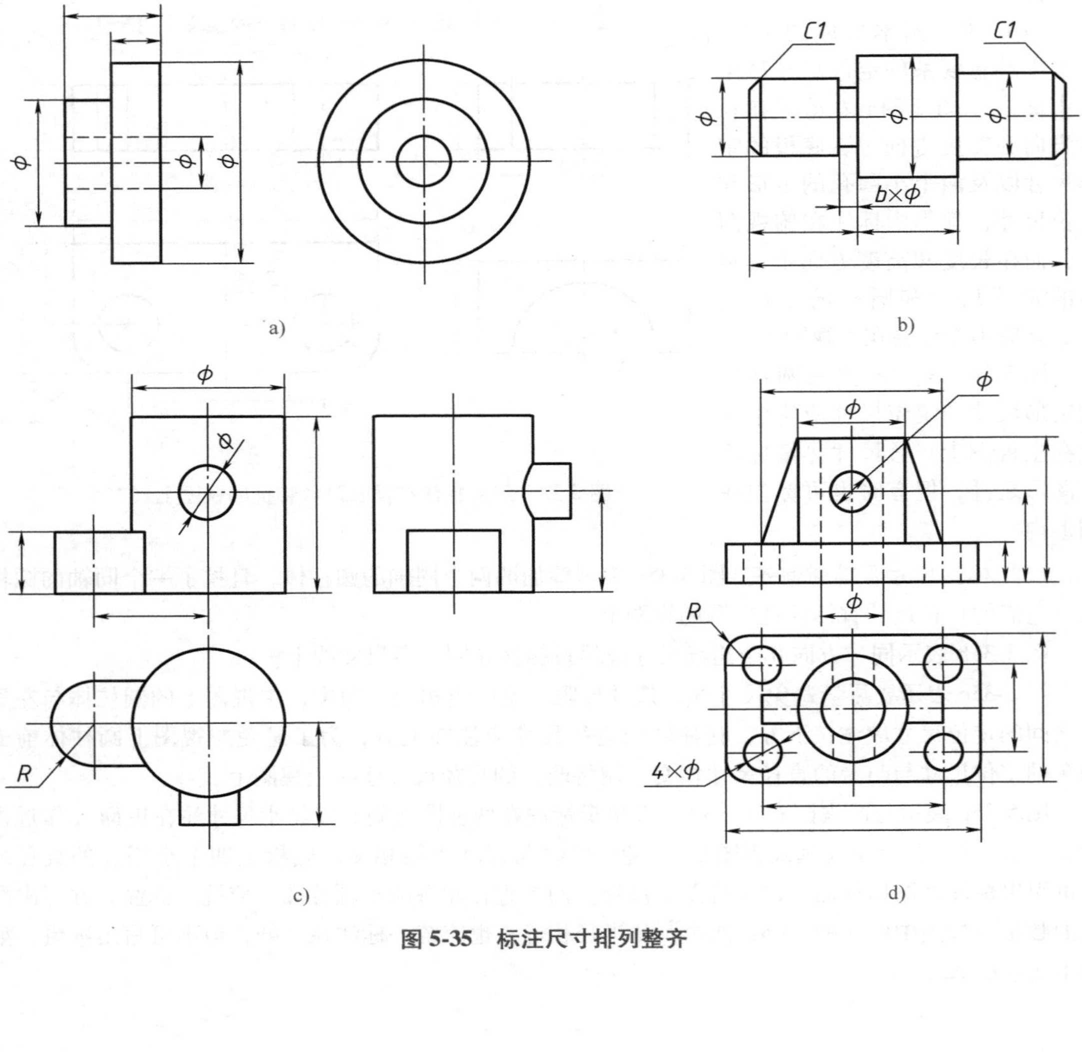

图 5-35　标注尺寸排列整齐

5.4.3 组合体尺寸标注的方法和步骤

下面以图 5-36 所示的轴承座为例，说明标注组合体尺寸的方法和步骤。

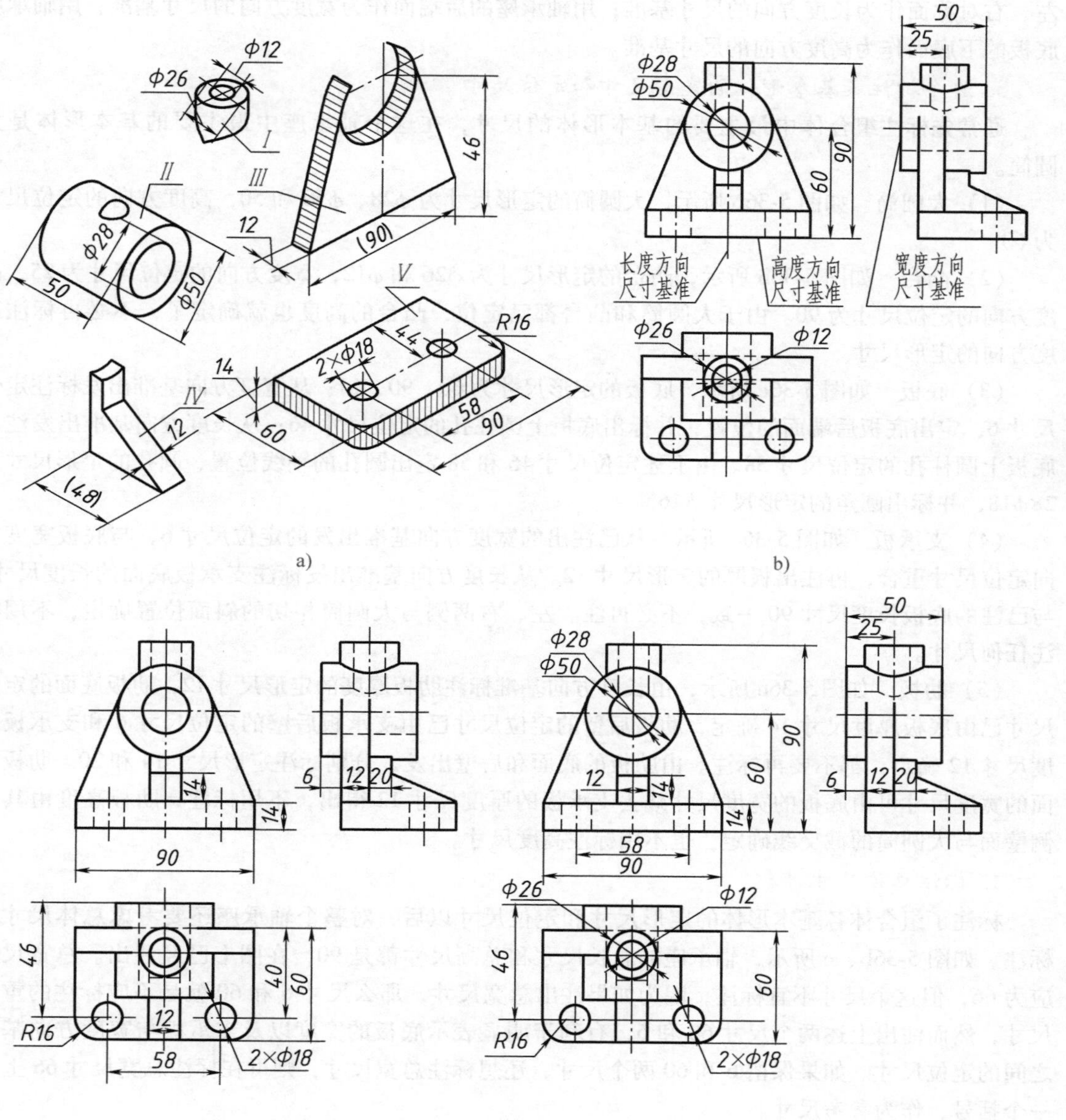

图 5-36 轴承座的尺寸标注

1. 形体分析和初步考虑各基本形体的定形尺寸

在绘制组合体的视图时，已对这个组合体进行过形体分析，对各基本形体的定形尺寸已经有了初步认识，如图 5-36a 所示。图中带括号的数字是别的基本形体已标注或由计算可得出的重复尺寸。实际上是用比例尺一边量尺寸一边画图的过程，也是标注尺寸的顺序。

当阅读别人绘制的组合体视图中的尺寸时，应先按形体分析法看懂三视图，然后再考虑各个基本形体的定形尺寸是否完整。

2. 选定尺寸基准

尺寸基准是标注定位尺寸的起点。该轴承座所选定的尺寸基准如图5-36b所示，用轴承座的左、右对称面作为长度方向的尺寸基准；用轴承座的后端面作为宽度方向的尺寸基准；用轴承座底板的下底面作为高度方向的尺寸基准。

3. 逐个标注各基本形体的定形尺寸和定位尺寸

通常先标注组合体中最主要的基本形体的尺寸，在这个轴承座中最主要的基本形体是大圆筒。

（1）大圆筒　如图5-36b所示，大圆筒的定形尺寸为ϕ28、ϕ50和50，高度方向的定位尺寸为60。

（2）凸台　如图5-36b所示，凸台的定形尺寸为ϕ26和ϕ12，宽度方向的定位尺寸为25，高度方向的定位尺寸为90。由于大圆筒和凸台都已定位，凸台的高度也就确定了，不必再标注高度方向的定形尺寸。

（3）底板　如图5-36c所示，底板的定形尺寸为60、90、14；从宽度方向基准出发标注定位尺寸6，定出底板后端面的位置，并标出底板上圆柱孔的定位尺寸46；从长度方向基准出发注出底板上圆柱孔的定位尺寸58。由上述定位尺寸46和58定出圆孔的轴线位置，圆孔的定形尺寸为2×ϕ18，并标出圆角的定形尺寸R16。

（4）支承板　如图5-36c所示，从已注出的宽度方向基准出发的定位尺寸6，与底板宽度方向定位尺寸重合，再注出板厚的定形尺寸12。从长度方向基准出发标注支承板底面的长度尺寸，与已注的底板长度尺寸90一致，不必再注。左、右两侧与大圆筒相切的斜面位置确定，不用标注任何尺寸。

（5）肋板　如图5-36c所示，由长度方向基准标注肋板厚度的定形尺寸12，肋板底面的定位尺寸已由底板厚度尺寸14确定，肋板后壁的定位尺寸已由支承板后壁的定位尺寸6和支承板厚度尺寸12确定，都不要再标注。由肋板的底面和后壁出发，分别标注定形尺寸14和20。肋板底面的宽度尺寸可由底板的宽度尺寸减去支承板的厚度尺寸12得出，不用标注；肋板高度由其两侧壁面与大圆筒的截交线确定，也不用标注高度尺寸。

4. 标注总体尺寸

标注了组合体各基本形体的定形尺寸和定位尺寸以后，对整个轴承座还要考虑总体尺寸的标注。如图5-36b、c所示，轴承座的总长尺寸和总高尺寸都是90，在图上已经注出。总宽尺寸应为66，但这个尺寸不宜标注，因为如果注出总宽尺寸，那么尺寸6和60就是不应标注的重复尺寸，然而注出上述两个尺寸60和6，有利于明显表示底板的宽度以及支承板与宽度方向基准之间的定位尺寸。如果保留6和60两个尺寸，还想标注总宽尺寸，则可在标注总宽尺寸66上加一个括号，作为参考尺寸。

5. 校核

最后，对已标注的尺寸，按正确、完整、清晰的要求进行检查，如有不妥，应适当修改或调整，从而完成轴承座的尺寸标注。轴承座标注的完整尺寸如图5-36d所示。

5.5 在AutoCAD中画组合体三视图及尺寸标注

【例5-6】 绘制图5-37所示的组合体三视图并标注尺寸。

绘图步骤如下：

1. 建立新图

1）设置图形界限：limits↓/↓/297，210↓。

2）建立图层：格式→图层，建立粗实线、细实线、尺寸、点画线、虚线图层，并设置对应线型。

3）设置线型比例：lts↓/0.5↓。

4）辅助绘图功能：打开正交、对象捕捉、对象追踪按钮。

5）将文件另存为样板文件：文件→另存为"样板图.dwt"。

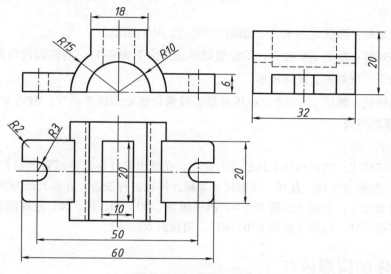

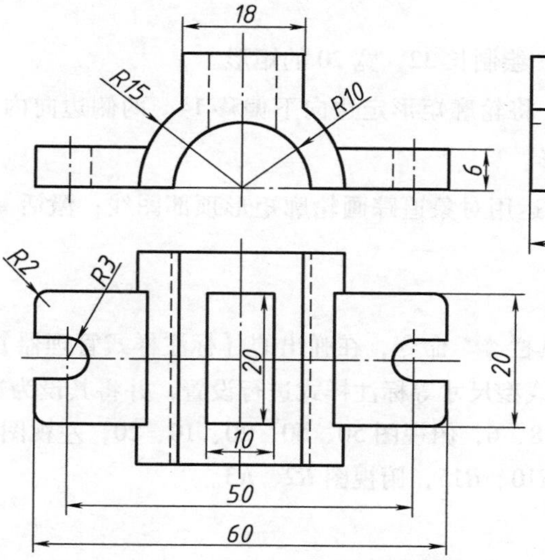

图 5-37　组合体三视图

2. 画中心线

将点画线层设为当前图层，激活命令，在主、俯、左三个视图分别绘制对称中心线，确定三个视图位置。

3. 画主视图

1）画左、右耳板：激活命令，以水平中心线为底边绘制长60、宽6的矩形。

2）画圆弧：激活命令，以主视图上两条对称中心线的交点为圆心，绘制半径为15和10的两个半圆，激活命令，对第一步绘制的矩形进行修剪，得到左、右耳板。

3）画圆弧上方矩形：激活命令，水平中心线向上偏移20得到矩形顶边，竖直中心线向左右分别偏移9和5，分别得到内、外矩形两侧边，然后激活命令，对图形进行修剪，最后按照题目要求改变偏移线的线型，分别为粗实线和虚线。

4. 画俯视图

1）画中间矩形部分：激活命令/指定竖直中心线上任意一点为第一点/@−15，0↓/@0，−32↓/向竖直中心线作垂线↓，画出中间大矩形左侧部分，激活命令通过竖直中心线镜像得到完整矩形，然后通过命令偏移矩形的边得到内部的线和小矩形，改变对应线的线型。

2）画左、右耳板：捕捉中间矩形侧边中点，画水平中心线，通过命令对中心线分别向上、下偏移10得耳板矩形两条边，激活命令，通过主视图对应点对象追踪绘制耳板左、右两边，通过修剪命令修剪得到左侧耳板矩形，最后通过命令得到右侧耳板矩形。

3）画耳板长圆槽：激活命令，将左侧耳板的左边线向右偏移5，改变偏移线线型为点画线，与水平中心线的交点为半圆弧圆心；激活命令，绘制半径为3的半圆；激活命令，以半圆弧与竖直中心线交点为第一点，向左侧耳板的左边线作垂线；激活命令，修剪左侧耳板的左边线；最后通过命令得到右侧耳板长圆槽。

4）画圆角：激活命令，在左、右耳板对应位置倒半径为2的圆角。

5. 画左视图

1）画轮廓矩形：激活命令，绘制长32、宽20的矩形。

2）画底部矩形：激活命令，将轮廓矩形定边向下偏移14，两侧边向内两次偏移13和6；激活命令，修剪得到底部矩形。

3）画其他图线：激活命令，运用对象追踪画轮廓矩形顶部图线；激活命令，修剪得到矩形轮廓顶部图线。

6. 标注尺寸

1）确定标注样式：激活标注工具栏命令，在弹出的【标注样式管理器】对话框中建立新的标注样式；分别对半径、直径、线型尺寸等标注样式进行设置，并将其设为当前标注样式。

2）标注线型尺寸：包括主视图18、6，俯视图50、60、20、10、20，左视图32、20。

3）标注半径尺寸：包括主视图*R*10、*R*15，俯视图*R*2、*R*3。

5.6 组合体的构形设计

构形是指形态的组合与分解设计。组合体构形设计是根据已知视图构思组合形体并进行创建设计，绘制出与已知视图投影关系相对应的其他视图或轴测图加以验证，以表达各种形体结构不同的组合形体。组合体构形设计并不等同于产品的造型设计，因为工业产品的造型设计不仅仅是单纯的产品外形设计，还包括了产品形态的艺术性、观赏性设计，以及如何实现产品形态、产品功能的一系列的技术性设计，如材料、强度、结构和工艺等。但产品造型设计中的一个重要内容就是产品形体的构思和表达，而组合体构形设计就是根据给定条件捕捉、追踪和激发设计者的创作思维，开发出较多的潜在构形设计方案，从而培养和训练设计者对于产品形体的构思和表达能力。

5.6.1 组合体构形设计的基本要求和原则

1）构形要形成连续的实体。所构形体中不能出现单一的点、线或面连接等，如图5-38所示。

2）尽量使用平面立体或回转曲面构形，而不使用不规则曲面。

3）为了便于成形，构形中应避免出现封闭的空腔。

4）构形应力求多样、变异和新颖。根据所采用的基本形体类型，对形体表面凹凸、正斜、曲平面以及相交、相贯和组合的方式进行联想，构思出组合体，使构形呈现多样化和个性化。也可打破常规，构造与众不同的新颖方案。如给定一俯视图（图5-39a），可构形设计出多种组合体，如图5-39b、c、d所示。

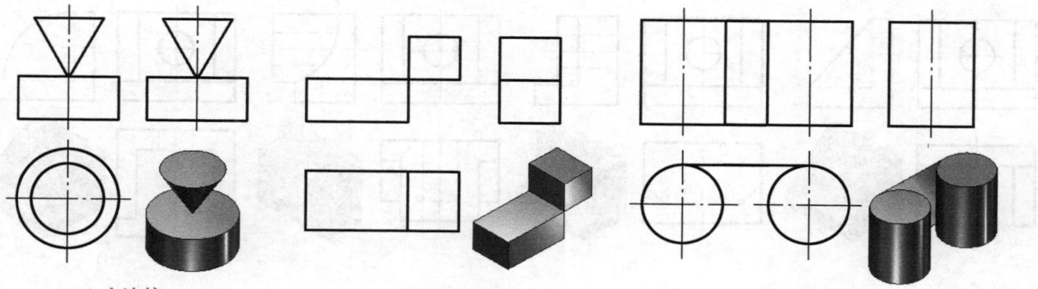

a) 点连接　　b) 线连接　　c) 单一面连接

图 5-38　构形中的点、线和单一面连接

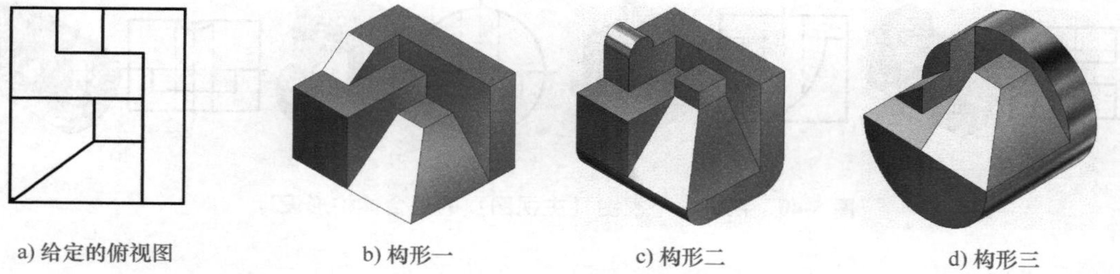

a) 给定的俯视图　　b) 构形一　　c) 构形二　　d) 构形三

图 5-39　构形的多样、变异和新颖

5.6.2　组合体构形设计的方法步骤

组合体的构形设计是在看懂给定已知视图的基础上进行创作设计的过程。要构形设计出符合投影关系、结构和形状准确、造型形体美观的组合体，需要有正确的方法和步骤。组合体构形设计的一般可按下述步骤进行：

1. 划分线框，识别面的形状

根据给定视图，从面的角度划分线框，识别其可能所表示的面的形状、凸凹和正斜。

2. 对照投影，想象面的位置

对照某个或两个视图，分析面与面的交线，确定各个面在组合体中的位置，也可配合采用徒手勾画出组合体的雏形，为下一步的构形设计奠定基础。

3. 综合想象，逐步作图，完成构形设计

将各个面及其交线的空间形状和空间位置的分析结果综合起来，严格遵循“长对正、高平齐、宽相等”的投影规律，按照组合体的画图方法和步骤，从每一组成部分的特征视图作图，逐步完成组合形体的构形设计。

图 5-40 所示为根据一个视图（主视图）进行组合体构形设计的示例。

图 5-41 所示为根据两个视图（主、俯视图）进行组合体构形设计的示例。

【例 5-7】　试构思一个塞块，使其恰好堵塞并通过如图 5-42 所示板上的三个不同孔。

分析：要使某一形体恰好通过圆孔、方孔和三角形孔，则该形体在三视图投射方向上某处断面轮廓必然和这三个孔相吻合。所以圆柱、圆锥等基本立体不合适，可联想到由圆柱经两平面切割后，实现正好堵塞并可通过这三个通孔。

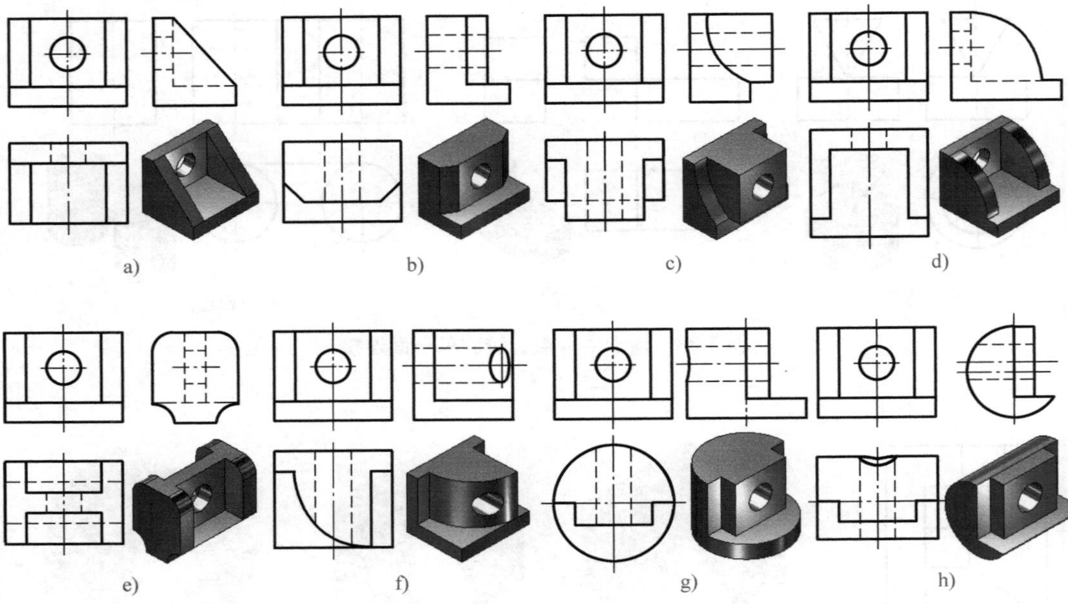

图 5-40　根据一个视图（主视图）的组合体构形设计

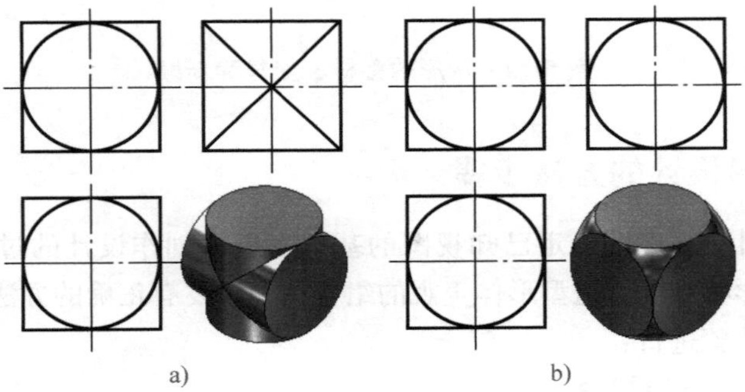

图 5-41　根据两个视图（主、俯视图）的组合体构形设计

【解】　根据分析，最终构建出的形体的三视图和立体模型如图 5-43 所示。

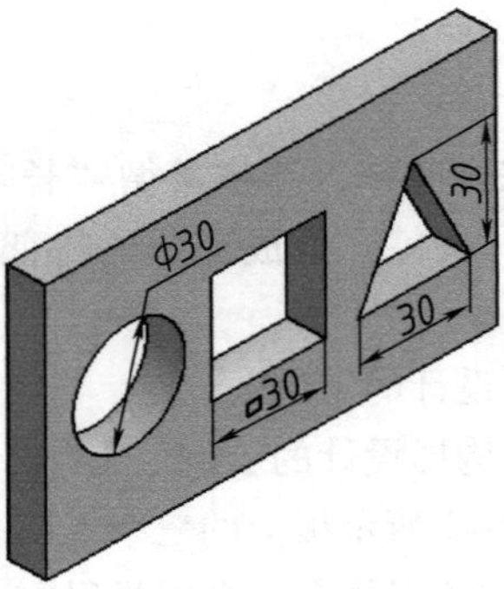

图 5-42　构形设计举例——题目

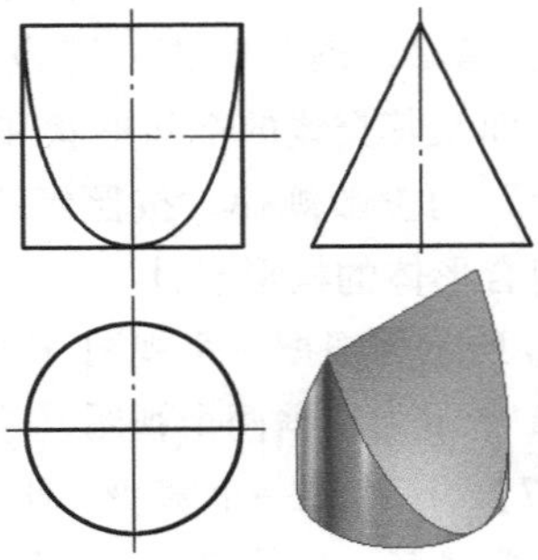

图 5-43　构形设计举例——解答

5.7 Inventor 在组合体中的应用

本节主要介绍在 Inventor 中如何进行组合体的建模、三视图的生成和尺寸标注等内容。

5.7.1 组合体的建模

组合体是在基本立体基础上经过叠加和切割而产生的，因此组合体的建模应该是多个特征的组合，组合体结构的复杂程度决定了特征数量的多少。组合体建模的一般过程如下：

1. 形体分析

组合体的结构和形式是多样的，因此首先要对其进行形体分析，将其分解为若干个基本立体，以达到化繁为简的目的。

2. 造型分析

造型分析是针对组合体的各组成部分，分析哪一部分作为组合体建模时的基础特征，分析每一部分应采用的特征及此特征属于何种类型的特征，以达到确定组合体建模的基本思路、建模方式和建模流程的目的。

这里要重点注意：组合体中的同一个结构可能存在多种特征建模方法，要进行比较和取舍；特征添加的次序对组合体的后续建模和修改有较大影响，特征添加次序的不当往往会导致下一步的建模无法继续或数据错误等，因此要多分析、多比较和多实践。

3. 建模实施

按形体分析和造型分析的结果和先主要后细节的原则，逐步进行特征添加和编辑，以完成组合体的建模。

【例 5-8】 对图 5-44 所示的组合体建模。

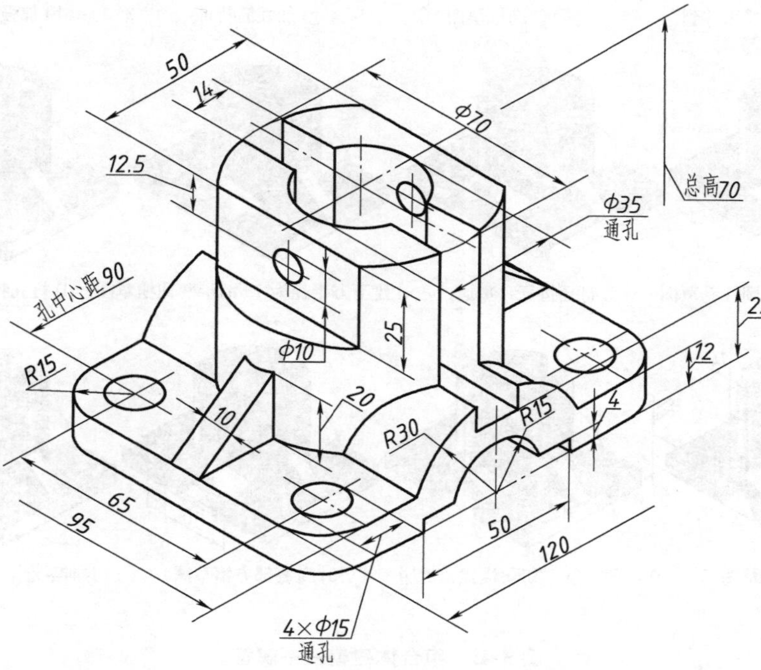

图 5-44 组合体建模——题目

【分析】 分析整个组合体的结构特点，并结合造型特征，可按下述步骤进行建模：

1）以底板和半圆柱共同作为基础特征。

2）添加拉伸特征制作上方直径为70的圆柱，添加加强筋特征制作左侧的肋板，添加镜像特征制作右侧肋板，以完成大致的整体结构。

3）添加打孔特征制作从上至下直径为35的圆柱通孔，添加拉伸特征制作上方的方槽部分；添加拉伸特征分别制作底板下方处的半圆柱槽和方槽。

4）添加拉伸、打孔和圆角等特征等制作出余下的结构。

【解】 按分析所述，依次逐步添加特征以完成组合体的建模，详细步骤如图5-45所示。

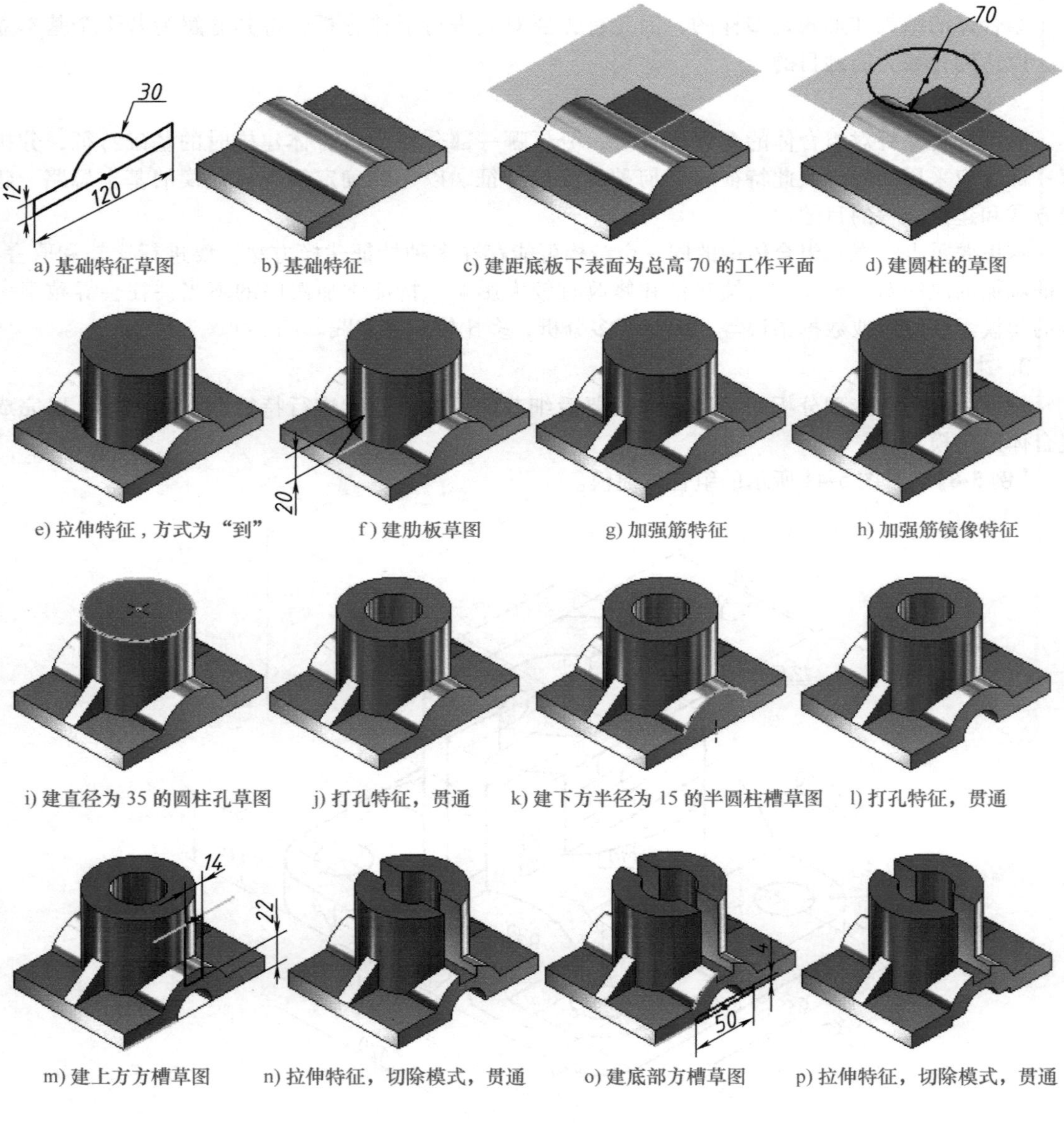

a) 基础特征草图　b) 基础特征　c) 建距底板下表面为总高70的工作平面　d) 建圆柱的草图

e) 拉伸特征，方式为“到”　f) 建肋板草图　g) 加强筋特征　h) 加强筋镜像特征

i) 建直径为35的圆柱孔草图　j) 打孔特征，贯通　k) 建下方半径为15的半圆柱槽草图　l) 打孔特征，贯通

m) 建上方方槽草图　n) 拉伸特征，切除模式，贯通　o) 建底部方槽草图　p) 拉伸特征，切除模式，贯通

图5-45　组合体建模——解答

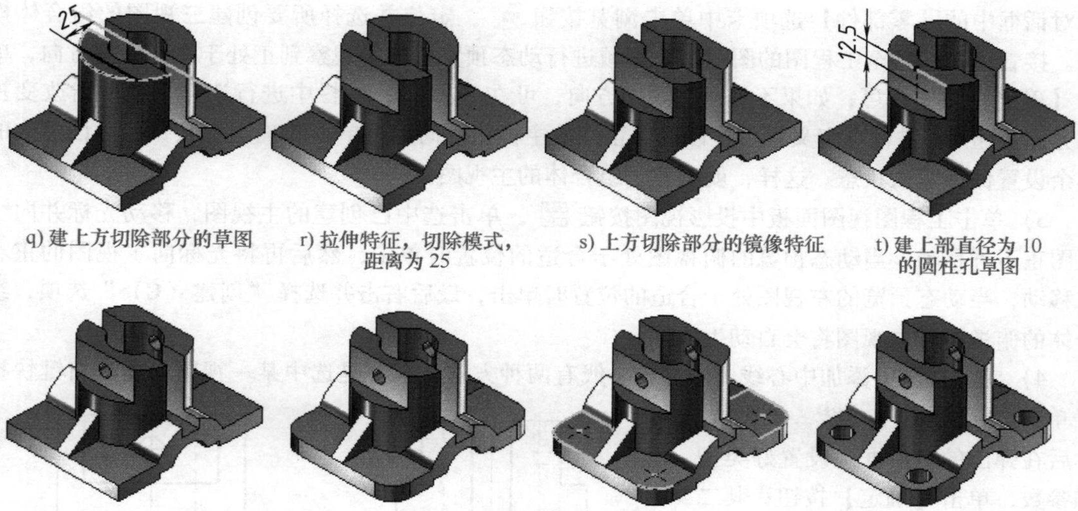

q) 建上方切除部分的草图　r) 拉伸特征，切除模式，距离为 25　s) 上方切除部分的镜像特征　t) 建上部直径为 10 的圆柱孔草图

u) 打孔特征，贯通　v) 底板四个角的圆角特征　w) 建底板上的 4 个圆柱孔草图　x) 打孔特征，贯通，完成最终建模

图 5-45　组合体建模——解答（续）

5.7.2　组合体三视图的创建

在 Inventor 工程图环境下，可以方便快速创建出组合体的三视图，并且三视图间相互关联，严格遵循“长对正、高平齐、宽相等”的三等关系。另外，三视图和立体模型之间能够进行双向关联，即立体模型的驱动尺寸值改变会使三视图产生相应变化；三视图中由“检索尺寸”所获得的尺寸值改变也会引起相应的立体模型大小改变。

在 Inventor 中创建组合体三视图的一般步骤如下：

1）单击系统工具栏中的新建按钮 ，在弹出的对话框中选中 Standard.idw 模板，单击【确定】按钮以进入工程图环境。

2）单击工程图视图面板中基础视图按钮 ，将弹出图 5-46 所示的【工程视图】对话框。

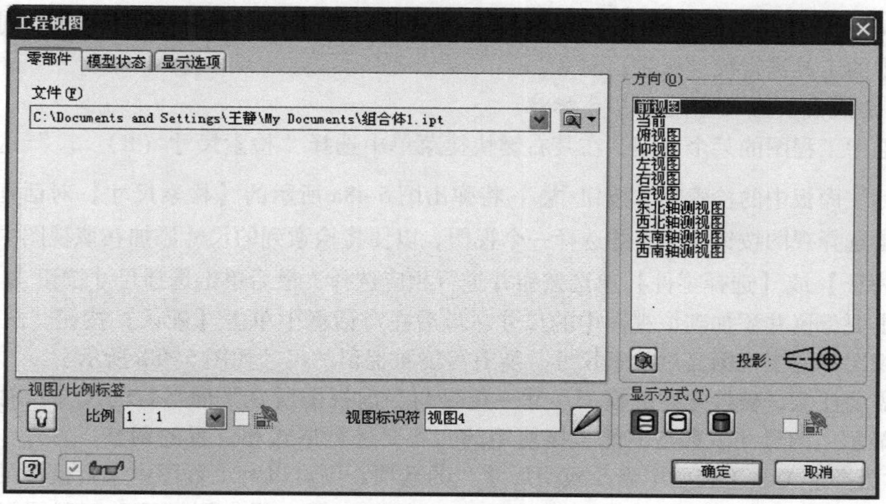

图 5-46　【工程视图】对话框

在对话框中的【零部件】选项卡中单击浏览按钮，定位并选择所要创建三视图的组合体模型。接着将光标移至工程图的图形窗口区域进行动态预览，如果观察到正处于主视图的方向，单击【确定】按钮即可；如果不处于主视图方向，可在【方向】一栏中进行选择，或单击改变视图方向按钮进行自定义视图，以确保正确的主视图方向后再单击【确定】按钮。对话框中的其余设置保持默认状态。这样，就创建了组合体的主视图。

3）单击工程图视图面板中投影视图按钮，单击选中已创建的主视图，移动光标并向主视图正下方移动，当动态预览的俯视图处于合适的位置时单击，然后再将光标向主视图的正右方移动，当动态预览的左视图处于合适的位置时单击，最后右击并选择“创建（C）”选项，组合体的俯视图和左视图将会自动生成。

4）向三视图中添加中心线。添加中心线有两种方法：其一是选中某一视图，在其右键快捷菜单中选择**自动中心线...** 选项，然后在弹出的对话框中设置好类型和参数，单击【确定】按钮；其二是在工程图视图面板中单击右键并选择“工程图标注面板”选项，将工具栏面板切换为工程图标注面板，在工程图标注面板中单击中心标记扩展按钮，选择中心标记、中心线、对分中心线或中心阵列中的某种类型，在三视图中进行相应的中心线添加。

按照上述步骤，图 5-44 中的组合体的三视图创建后的图样如图 5-47 所示。

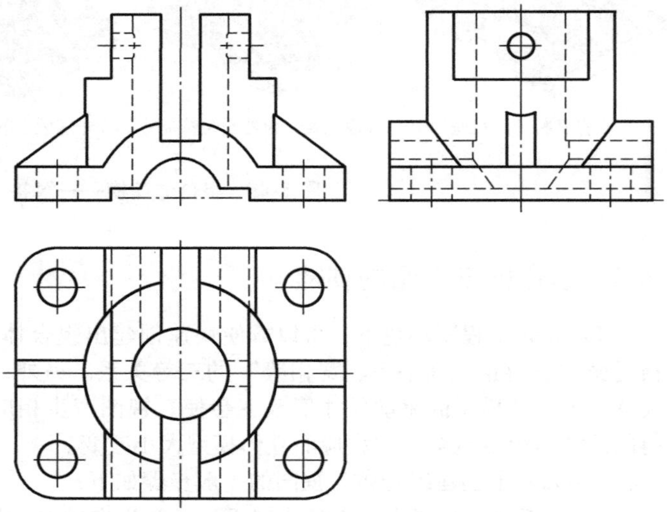

图 5-47　图 5-44 所示组合体的三视图

5.7.3　组合体三视图的尺寸标注

Inventor 工程图中的尺寸标注有两种途径，即通过检索模型尺寸进行尺寸标注和利用工程图标注面板中的工具进行尺寸标注。

1. 通过检索模型尺寸进行尺寸标注

如果选中工程图的某个视图，在其右键快捷菜单中选择“检索尺寸（R）...”选项，或单击工程图标注面板中的检索尺寸按钮，将弹出图 5-48a 所示的【检索尺寸】对话框。在该对话框中单击选择视图按钮，并选择一个视图，以便将检索到的尺寸添加在该视图中，接着单击【选择特征】或【选择零件】单选按钮并进行相应选择，最后单击选择尺寸按钮，在图形窗口中单击要保留并添加到该视图中的尺寸，最后在对话框中单击【确认】按钮。图 5-47 所示组合体三视图中的主视图经过检索尺寸，所有可能被保留的尺寸如图 5-48b 所示。

这里需要注意，被检索到的模型尺寸一定是与当前视图所在平面平行的尺寸，而且“检索尺寸”所显示出的尺寸多数是不能直接使用的，需要进行格式和位置的调整。另外，如果安装 Inventor 时选择了“在工程图中修改模型尺寸”的选项，则可以对工程图中来自模型的尺寸进行修改，将逆向关联修改相关的特征和几何模型。虽然 Inventor 提供了模型和工程图间的双向关联，但尽可能不要使用。

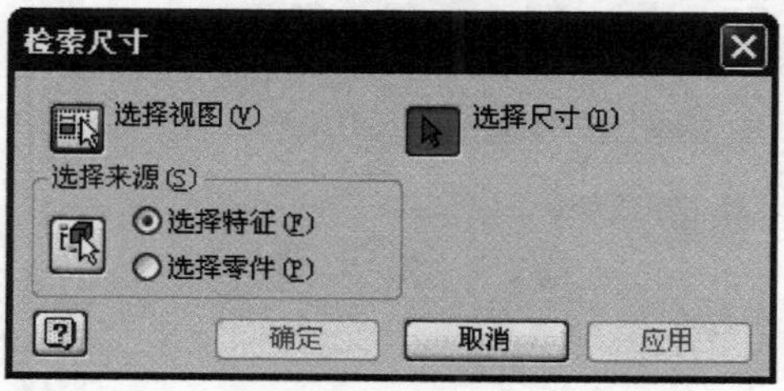

a)【检索尺寸】对话框

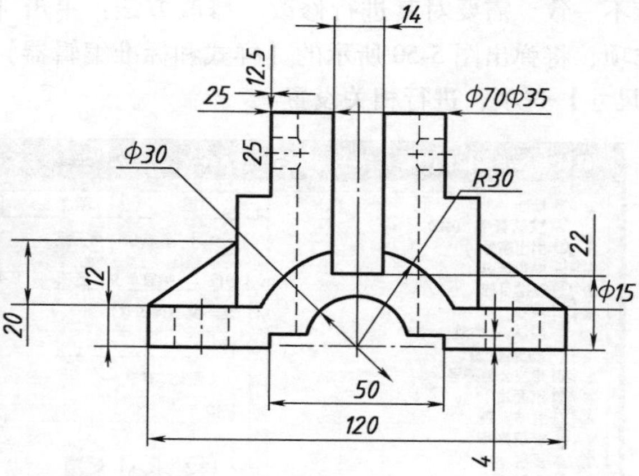

b) 图 5-47 中主视图经检索尺寸，可能被保留的尺寸

图 5-48　通过检索模型尺寸进行尺寸标注

2. 利用工程图标注面板中的工具进行尺寸标注

在 Inventor 工程图标注面板中提供了一些对工程图进行尺寸标注和修改的工具集，其中最常用的是通用尺寸工具 和孔/螺纹注释工具 。与“检索尺寸”不同的是，用这些工具所标注的尺寸是单向关联的，即只有相关模型的大小发生变化，才会引起工程图中此类尺寸的改变。图 5-49 所示为通用尺寸所标注出的组合体三视图。

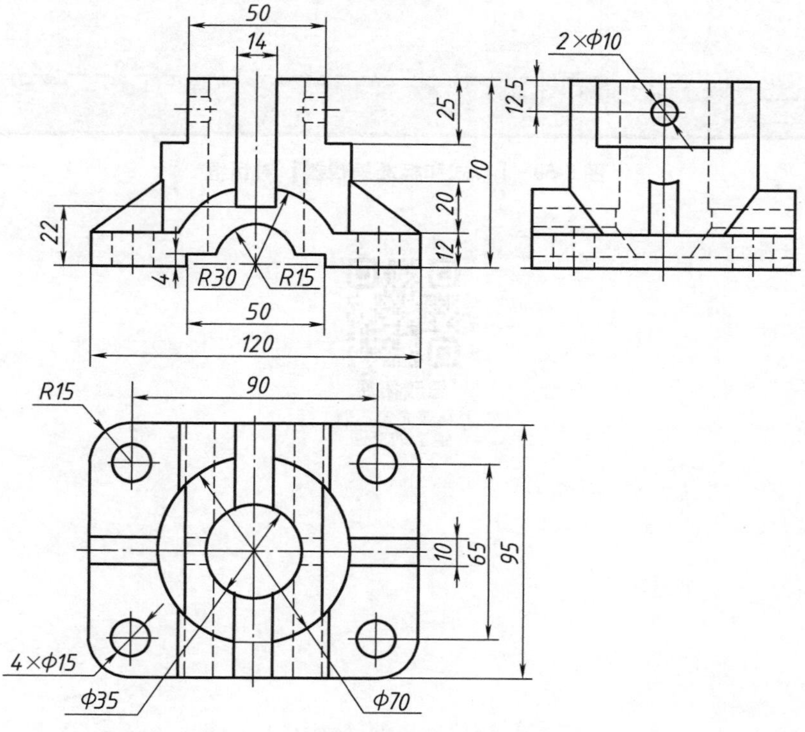

图 5-49　利用工程图标注面板中的工具进行尺寸标注

这里需要指出，Inventor 默认的工程图尺寸样式和文字样式与我国国家制图有关标准规定可

能不一致，需要对其进行修改。修改方法：单击【格式】下拉菜单中的 样式和标准编辑器(E)... 选项，将弹出图5-50所示的【样式和标准编辑器】对话框，分别单击其左侧边栏的【文本】和【尺寸】选项，进行相关设置。

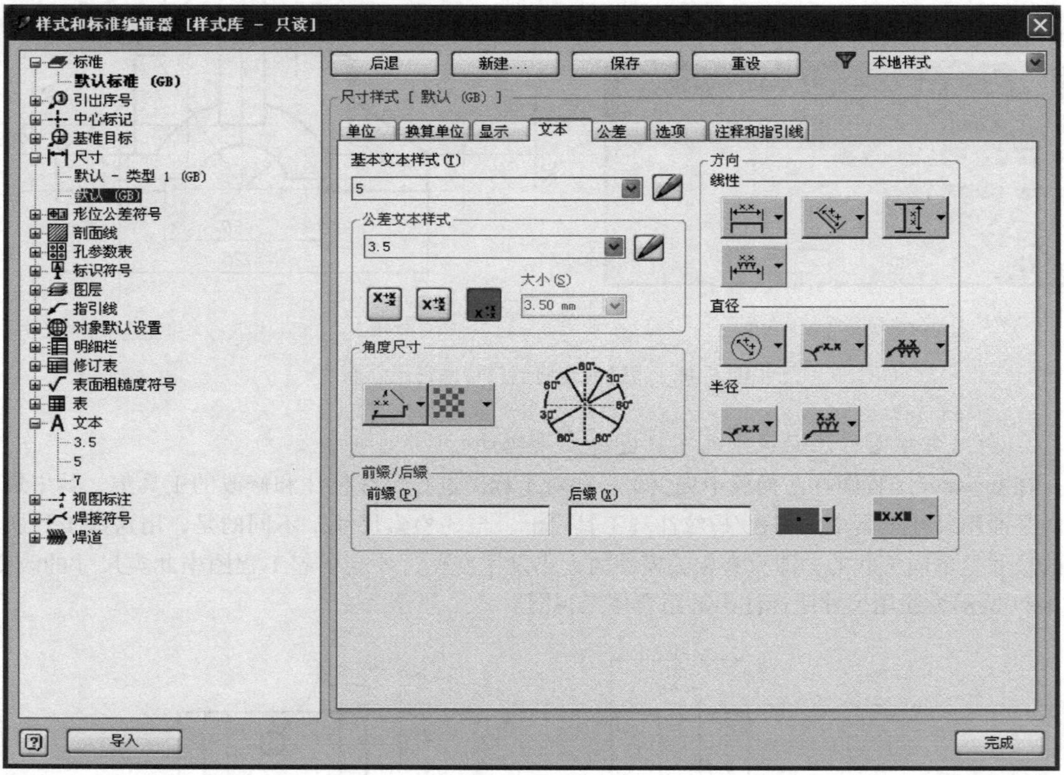

图5-50 【样式和标准编辑器】对话框

思政拓展

科普之窗：轨道上的交通

第 6 章 轴 测 图

轴测图是物体在平行投影下形成的一种单面投影，它能同时反映物体长、宽、高三个方向的形状，因此富有立体感，在以二维画法为主的工程图样中常用作一种辅助性图样。随着计算机绘图技术的不断发展，工程图样中以二维图样一统天下的局面正在被二维、三维图样并存的时代所取代，立体图的识读变得很重要。尽管轴测投影图与三维图样在形成原理、作图方法上都大相径庭，但在视觉感觉上却是相同或相似的。因此学习本章，除了要学会轴测图的画法，还要学会如何看懂立体图样。

6.1 轴测图的基本知识

6.1.1 轴测投影的形成

如图 6-1 所示，将空间物体连同其参考的直角坐标系，沿不平行于任一坐标面的方向 S，用平行投影法将其投射在单一投影面 P 上所得到的图形，称为轴测投影，又称轴测图。P 平面称为轴测投影面，S 为投射方向。

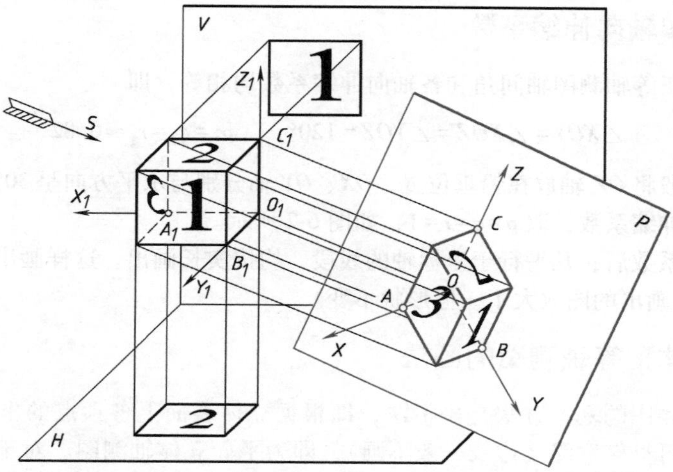

图 6-1 轴测图的形成

6.1.2 轴测轴、轴间角、轴向伸缩系数

如图 6-1 所示，空间直角坐标轴 O_1X_1、O_1Y_1、O_1Z_1 的轴测投影 OX、OY、OZ 称为轴测投影轴，简称为轴测轴。轴测轴之间的夹角 $\angle XOY$、$\angle XOZ$、$\angle YOZ$ 称为轴间角。

轴测轴上的线段与空间坐标轴上对应线段的长度之比，称为轴向伸缩系数。沿 X、Y、Z 轴的轴向伸缩系数分别用 p_1、q_1、r_1 表示，即

$$p_1=\frac{OA}{O_1A_1},\quad q_1=\frac{OB}{O_1B_1},\quad r_1=\frac{OC}{O_1C_1}$$

6.1.3 轴测图的投影特性

轴测图所采用的投影方法是平行投影法，从而具有平行投影的投影特性。在作图时，应特别注意以下几点：

1）空间相互平行的线段，其轴测投影仍相互平行。

2）空间平行于某坐标轴的线段，其轴向伸缩系数与该坐标轴的轴向伸缩系数相同。

6.1.4 轴测图的分类

根据投射方向不同，轴测图分为以下两大类：

（1）正轴测图　投射方向垂直于轴测投影面。根据其三个轴向伸缩系数是否相等，可进一步分为正等测（$p=q=r$）、正二测（$p=q\neq r$）和正三测（$p\neq q\neq r$）。

（2）斜轴测图　投射方向倾斜于轴测投影面。根据其三个轴向伸缩系数是否相等，可进一步分为斜等测（$p=q=r$）、斜二测（$p=q\neq r$）和斜三测（$p\neq q\neq r$）。

工程上用得较多的轴测图是正等轴测图（简称正等测）和斜二轴测图（简称斜二测），下面主要介绍其画法。

6.2 正等轴测图的画法

6.2.1 轴间角和轴向伸缩系数

经理论证明，正等轴测图轴间角和各轴向伸缩系数均相等，即

$$\angle XOY=\angle XOZ=\angle YOZ=120°,\quad p_1=q_1=r_1\approx 0.82$$

在作图时，一般将 OZ 轴放在铅垂位置，OX、OY 轴分别与水平方向呈30°角，并且为了作图简便，常采用简化伸缩系数，取 $p=q=r=1$，如图6-2所示。

采用简化伸缩系数后，凡平行于坐标轴的线段，均按实长画出。这样画出的正等轴测图比用轴向伸缩系数0.82画出的图放大了，但形状不变。

6.2.2 平面立体正等轴测图的画法

画平面立体轴测图的基本方法是坐标法，即根据立体表面上各顶点的坐标，画出各点的轴测投影，然后连接可见轮廓线（虚线一般不画），即为平面立体轴测图。对于切割体，可采用切割法画其轴测图；对于叠加体，可用组合法画其轴测图，即用形体分析法先将其分解成若干基本形体，然后逐一将基本形体组合在一起。

【例6-1】 作图6-3a所示正六棱柱的正等轴测图。

【解】 由投影图画轴测图，一般先根据物体的结构特点，确定恰当的坐标原点和坐标轴。在确定坐标原点和坐标轴时，要考虑作图简便，有利于按坐标关系定位和度量，并尽可能减少作图线。图6-3a所示的六棱柱，具有前后、左右均对称以及上下表面形状相同的特点，因此，可将坐标原点选在顶面中心。作图方法和步骤如下：

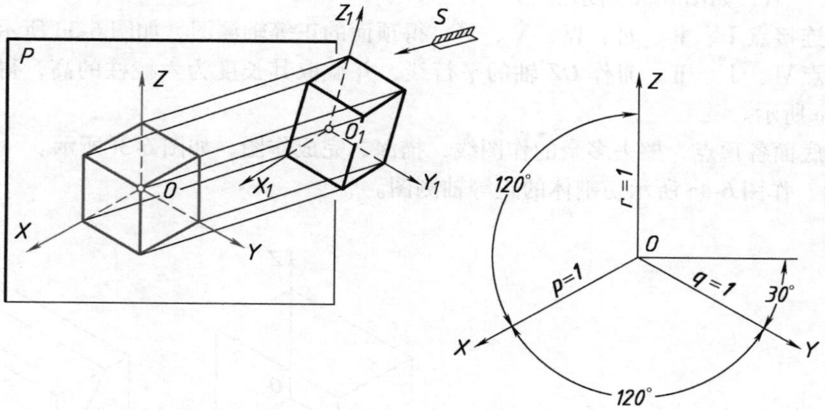

a) 正等轴测图的形成　　b) 轴间角和轴向伸缩系数

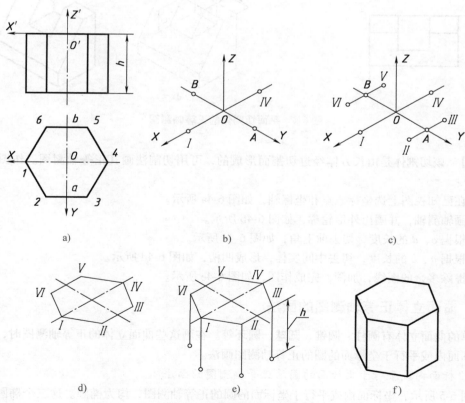

图 6-2　正等轴测图

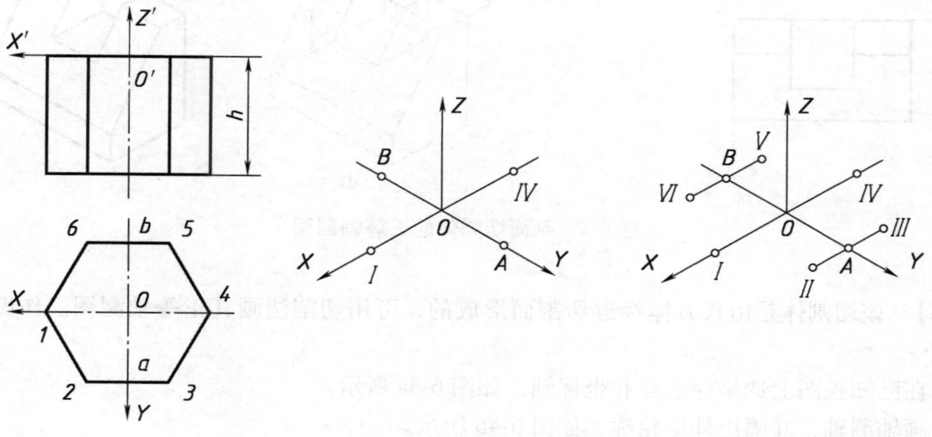

a)　b)　c)

d)　e)　f)

图 6-3　正六棱柱的正等轴测图

1）在已知的视图上选坐标原点和坐标轴，如图 6-3a 所示。

2）画轴测轴，并根据坐标在轴上定出点Ⅰ、Ⅳ、A、B，如图 6-3b 所示。

3）过点 A、B 分别作 OX 轴的平行线，并根据点Ⅱ、Ⅲ、Ⅴ、Ⅵ的 X 坐标，在平行线上定出点Ⅱ、Ⅲ、Ⅴ、Ⅵ，如图 6-3c 所示。

4）顺次连接点Ⅰ、Ⅱ、Ⅲ、Ⅳ、Ⅴ、Ⅵ，得顶面的正等轴测图，如图 6-3d 所示。

5）自顶点Ⅵ、Ⅰ、Ⅱ、Ⅲ作 OZ 轴的平行线，并截取其长度为六棱柱的高，得底面各可见点，如图 5-3e 所示。

6）连接底面各顶点，擦去多余的作图线，描深，完成作图，如图 6-3f 所示。

【例 6-2】 作图 6-4a 所示切割体的正等轴测图。

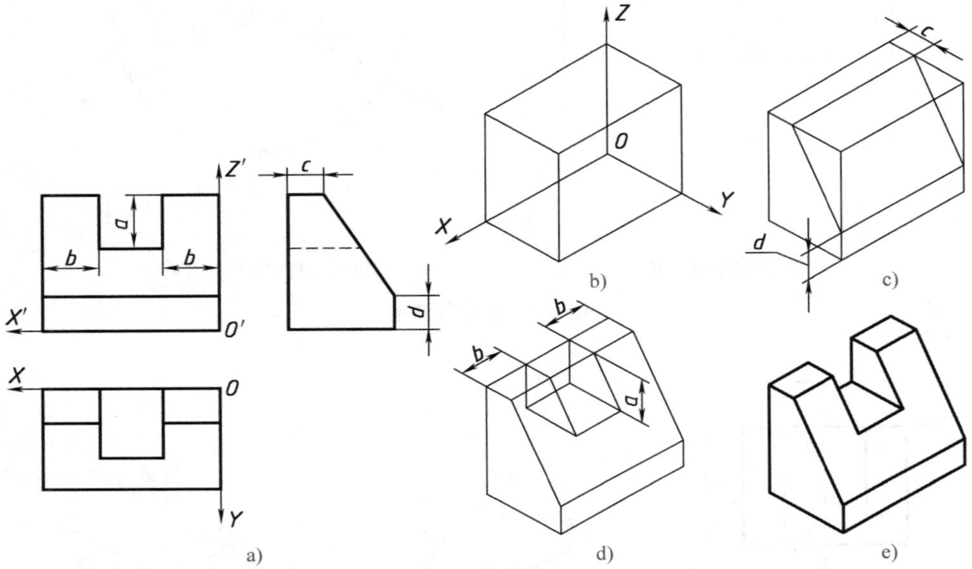

图 6-4 平面切割体的正等轴测图

【解】 该切割体是由长方体经过切割而形成的，可用切割法画其正等轴测图。作图方法和步骤如下：

1）在已知视图上选坐标原点和坐标轴，如图 6-4a 所示。

2）画轴测轴，并画出外形轮廓，如图 6-4b 所示。

3）根据 c、d 的长度，切去前上角，如图 6-4c 所示。

4）根据 a、b 的长度，切去中间实体，形成凹槽，如图 6-4d 所示。

5）擦除多余的图线，加深，完成作图，如图 6-4e 所示。

6.2.3 曲面立体正等轴测图的画法

简单的曲面立体有圆柱、圆锥、圆球、圆环等。在画这些曲面立体的正等轴测图时，首先要掌握坐标面内或平行于坐标面的圆的正等轴测图画法。

1. 坐标面内或平行于坐标面的圆的正等轴测图的画法

如图 6-5 所示，坐标面内或平行于坐标面的圆的正等轴测图，均为椭圆。这三个椭圆大小相同，只是长、短轴的方向不同而已。作图时，可按坐标法确定圆周上若干点的轴测投影，然后光滑地连点成椭圆。常用近似法，即用四段圆弧近似地代替椭圆弧。现以水平面内的圆为例，介绍圆的正等轴测图画法，如图 6-6 所示。作图方法和步骤如下：

1）画轴测轴及长短轴，并以 O 为圆心、圆的直径 d 为直径画圆，如图 6-6a 所示。

2）以短轴上的点 O_2（O_3）为圆心、O_2B（O_3A）为半径画两个大圆弧，交短轴于点 C，如图 6-6b 所示。

3）以 O 为圆心、OC 为半径画圆弧交长轴于 O_4、O_5 两点；连接 O_2O_4、O_3O_4，O_2O_5、O_3O_5 并延长交两个大圆弧于 L、K、N、M 四点，如图 6-6c 所示。

4）以 O_4（O_5）为圆心、O_4K（O_5M）为半径画两个小圆弧，即连成近似椭圆（四心扁圆），K、L、M、N 四点为切点，即大、小四段圆弧的分界点，如图 6-6d 所示。

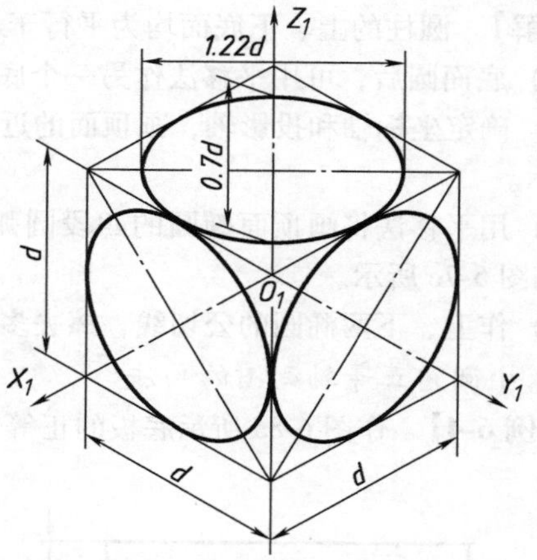

图 6-5 圆的正等轴测图

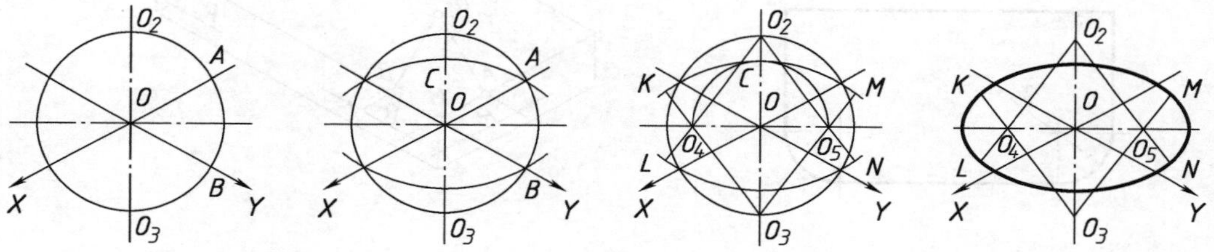

a)　　b)　　c)　　d)

图 6-6 正等测椭圆的近似画法

2. 回转体正等轴测图的画法

【例 6-3】 作图 6-7a 所示圆柱的正等轴测图。

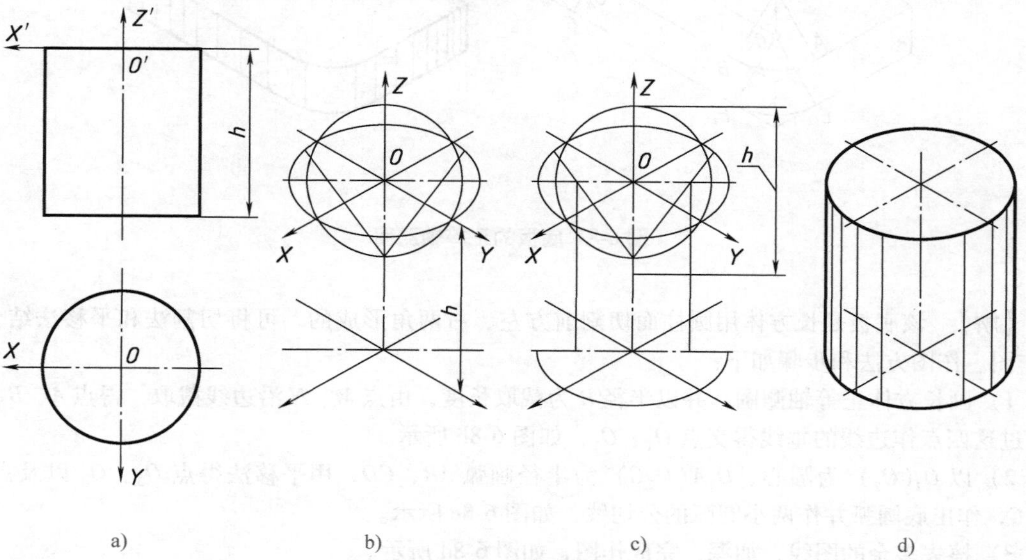

a)　　b)　　c)　　d)

图 6-7 圆柱的正等轴测图

【解】 圆柱的上、下底面均为平行于水平面的圆，其轴测椭圆形状、大小一样，在作出上（或下）底面圆后，可用平移法作另一个底面圆。作图方法和步骤如下：

1）确定坐标轴和投影轴，画顶面的近似椭圆，并作出底面椭圆的中心和长、短轴，如图 6-7b 所示。

2）用平移法将画顶面椭圆的四段圆弧的圆心沿 Z 轴向下平移，作底面近似椭圆的可见部分，如图 5-7c 所示。

3）作上、下两椭圆的公切线，擦去多余的图线，加深，完成作图，如图 6-7d 所示。

3. 小圆角正等轴测图的画法

【例 6-4】 作图 6-8a 所示底板的正等轴测图。

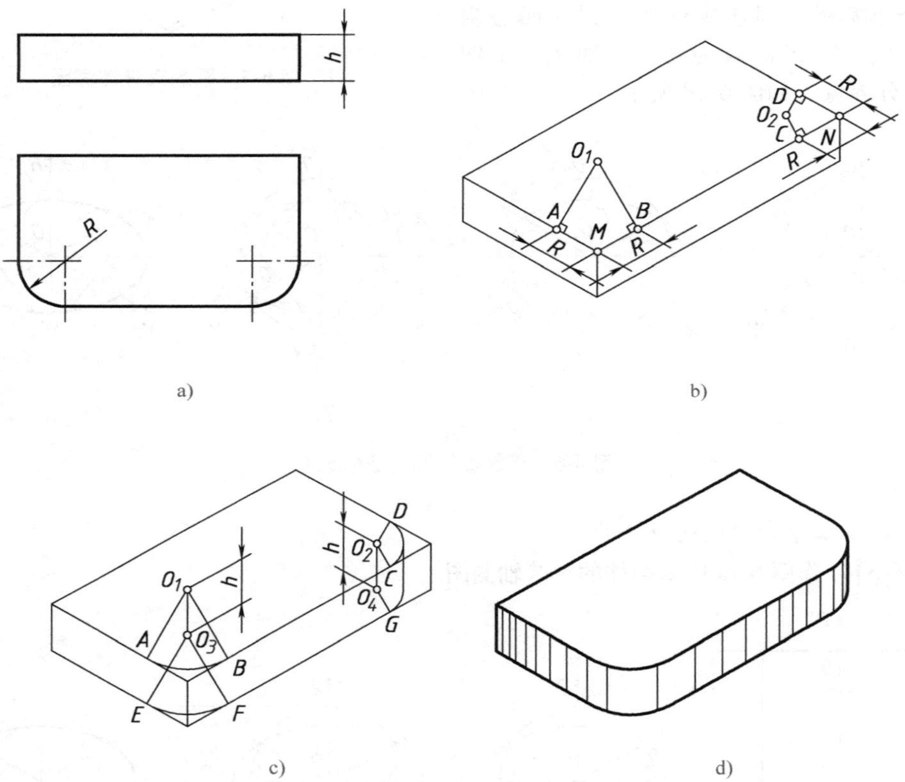

图 6-8 底板的正等轴测图

【解】 该底板是长方体用圆柱面切割前方左、右两角形成的，可将切割法和平移法结合起来作图。作图方法和步骤如下：

1）画长方体正等轴测图，并以半径 R 为截取长度，由点 M、N 沿边线截取，得点 A、B、C、D，过这四点作边线的垂线得交点 O_1、O_2，如图 6-8b 所示。

2）以 $O_1(O_2)$ 为圆心、$O_1A(O_2C)$ 为半径画弧 AB、CD，用平移法得点 O_3、O_4 以及点 E、F、G，作出底圆弧并作两小圆弧的公切线，如图 6-8c 所示。

3）擦去多余的图线，加深，完成作图，如图 6-8d 所示。

6.2.4 组合体正等轴测图的画法

根据投影图画组合体正等轴测图，首先应对组合体进行形体分析，看懂视图，想象出空间形状，再将基本形体从上到下、从前到后，按其相对位置逐个画出。

【例 6-5】 作图 6-9a 所示支架的正等轴测图。

【解】 支架由上、下两块板组成。上面一块立板的顶部是圆柱面，两侧的正垂面与圆柱面相切，中间有一圆柱形通孔；下面是一块带圆角的长方形底板，底板的左、右两边均有圆柱形通孔。由此可见，可用前述方法综合作图。作图方法和步骤如下：

1）在已知视图上选坐标原点和坐标轴，如图 6-9a 所示。

2）画轴测轴，并画出底板轮廓及小圆角，确定立板前后孔口的圆心，作出立板顶部的圆柱面，如图 6-9b 所示。

3）作出底板和立板上三个圆柱孔的正等轴测图，并过底板上点 1、2、3 作立板顶部柱面椭圆的切线，如图 6-9c 所示。

4）擦除多余的图线，加深，完成作图，如图 6-9d 所示。

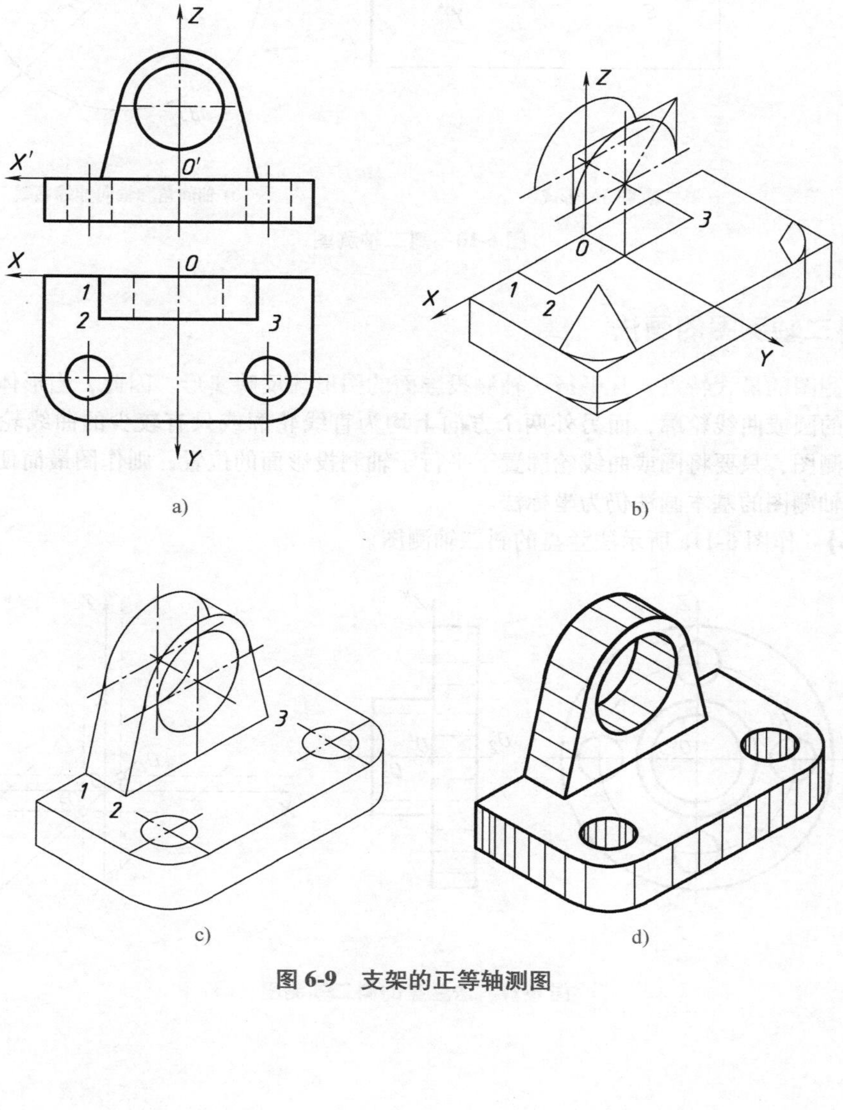

图 6-9 支架的正等轴测图

6.3 斜二轴测图的画法

6.3.1 轴间角和轴向伸缩系数

如图6-10a所示，在斜轴测投影中，若让坐标面XOZ平行于轴测投影面，则轴间角$\angle XOZ=90°$，轴向伸缩系数$p_1=r_1=1$；而轴测轴Y的方向和轴向伸缩系数则随投射方向的变化而变化，通常取轴间角$\angle XOY=\angle YOZ=135°$，$q_1=0.5$，如图6-10b所示。这样得到的轴测图，称为正面斜二轴测图，简称斜二测。

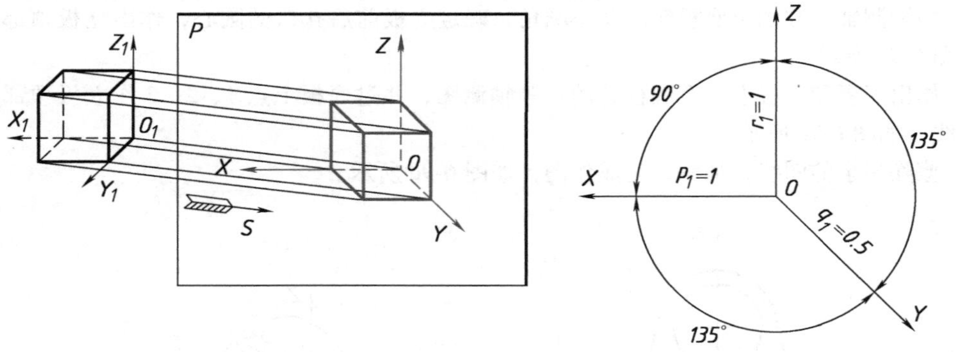

a) 斜二轴测图的形成　　b) 轴间角和轴向伸缩系数

图6-10　斜二轴测图

6.3.2 斜二轴测图的画法

斜二轴测图的最大特点：凡平行于轴测投影面的图形均反映实形。因此，当形体的某一个方向上有较多的圆或曲线轮廓，而另外两个方向上均为直线轮廓或只有较少的曲线轮廓时，常采用斜二测轴测图，只要将圆或曲线轮廓置于平行于轴测投影面的位置，则作图最简便。

斜二测轴测图的基本画法仍为坐标法。

【例6-6】 作图6-11a所示法兰盘的斜二轴测图。

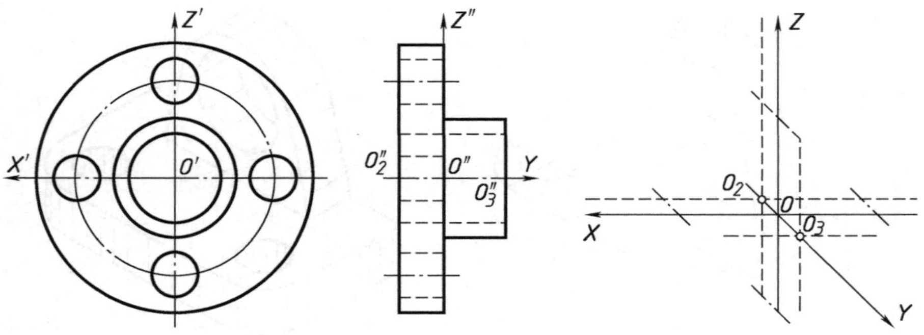

a)　　b)

图6-11　法兰盘的斜二轴测图

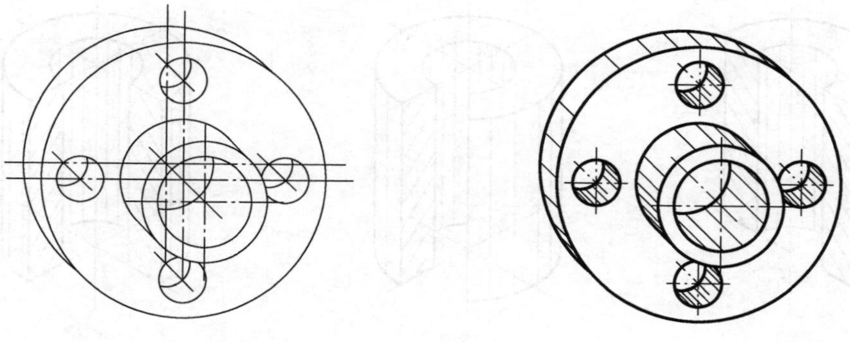

c)　　　　d)

图 6-11　法兰盘的斜二轴测图（续）

【解】　作图方法和步骤如下：

1）在已知视图上选坐标原点和坐标轴，如图 6-11a 所示。

2）画轴测轴，并在 Y 轴上定出各端面圆的圆心 O_2、O_3 以及四个小圆孔的中心，注意在 Y 方向量取时按 $q_1=0.5$ 来确定圆心位置，如图 6-11b 所示。

3）作出各端面上的圆（特别要注意四个小圆孔后端面上的圆，看得见的部分应画出），并作外轮廓圆的公切线，如图 6-11c 所示。

4）擦除多余的图线，加深，完成作图，如图 6-11d 所示。

6.4　轴测剖视图的画法

为了表达机件的内部结构形状、装配体的工作原理及装配关系，可假想用剖切平面将机件或装配体剖开，用轴测剖视图来表达，如图 6-12 所示。

1. 剖切平面的位置

画轴测剖视图，应恰当地选择剖切平面的位置，并尽量做到内外兼顾，只有这样才能保证轴测剖视图所表达的机件形状清晰、明确。轴测剖视图中剖切平面位置的选择应考虑以下几点：

1）剖切平面要与轴测坐标面平行。

2）剖切平面最好选择通过机件的主要对称面，使轴测剖视图中的截面形状，即为剖视图中剖面图形的轴测图，两者互相对应，便于画图和检查。

3）尽量避免用一个剖切平面把机件全部剖开，从而过多地减少对外部形状结构的表达，也不得使切口剖得过小而使截面成为一条线。比较图 6-13 中同一形体的三种剖切方法，可以看出沿 X、Y 轴的对称面，用两个剖切平面剖切为最好。

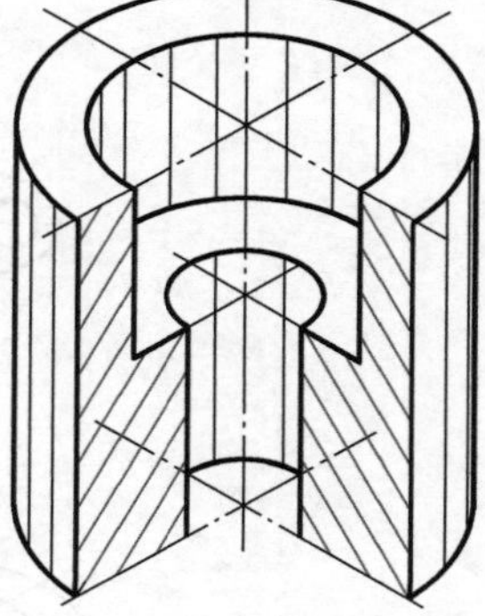

图 6-12　轴测剖视图

2. 轴测剖视图中肋板及薄壁的表示方法

当剖切平面经过机件的肋板或薄壁等结构的纵向对称面时，这些结构不画剖面线，而是用粗实线将它与邻接部分分开，这与第 7 章剖视图中有关肋板的画法是一致的。当在图中表达不清楚时，允许在肋板或薄壁部分用细点加以区别。如图 6-14 所示。

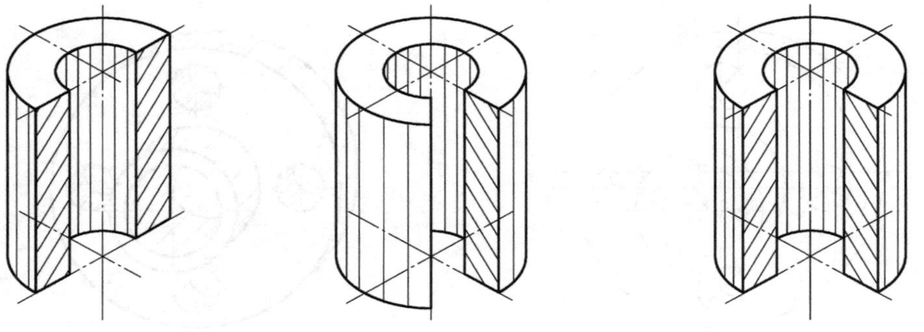

a) 不好　　b) 错误　　c) 正确

图 6-13　剖切方法上的比较

3. 轴测剖视图的画图步骤

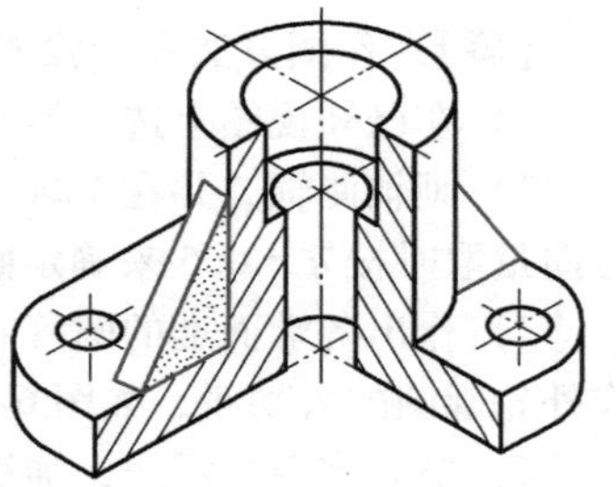

图 6-14　肋板的表示方法

画轴测剖视图一般采用以下两种方法：

（1）先画外形，后画断面图形　如图 6-15 所示，先用细实线画出物体外形的轴测图，然后按选定的剖切位置画出断面的轴测图，再补画出内部的可见部分，并擦去切口前面被切除部分的轮廓线，以及其他多余的作图线，最后在断面区域内画出剖面线。作图步骤如图 6-15b、c、d 所示。

（2）先画断面图形，后补内、外轮廓　在已熟练掌握轴测剖视图的画法时，可按图6-16b、c、d 所示步骤画图，即先确定轴测轴，画出各断面图形的轴测图；然后自上而下补画出相应的内、外形状的轮廓线；最后在断面区域内画出剖面线，从而完成全图。

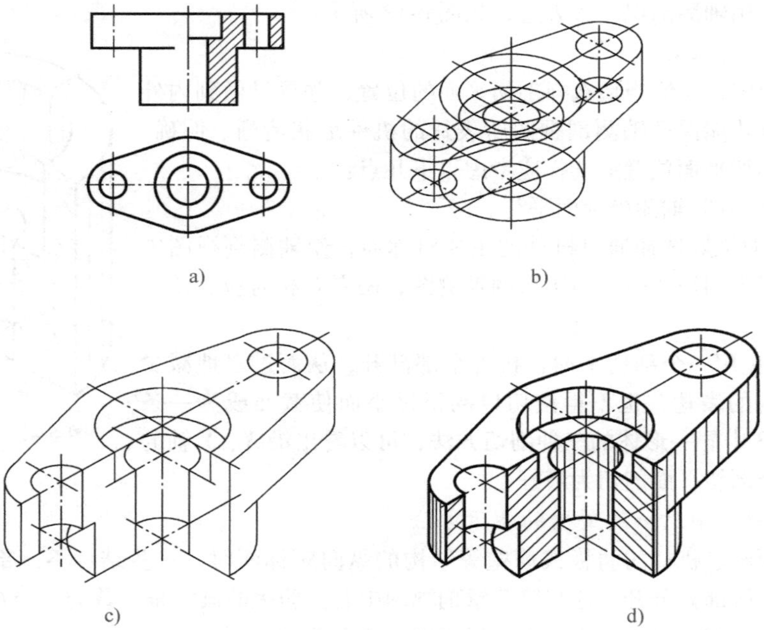

a)　　b)

c)　　d)

图 6-15　画轴测剖视图的方法（一）

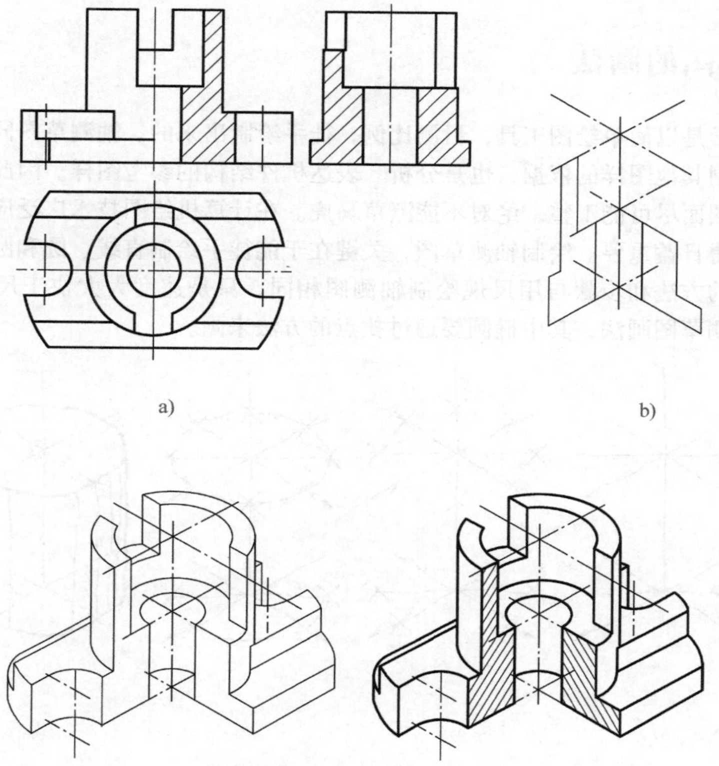

图 6-16 画轴测剖视图的方法（二）

（3）剖面线的画法　轴测剖视图中的剖面线与第 7 章剖视图所说的剖面线画法是不一样的。首先，不同坐标面（或平行于该坐标面）上的剖面线有不同的倾斜方向，其次不同坐标面上的剖面线的间隔由于轴向伸缩系数的不同也不是完全相等的。正等轴测剖视图中 *XOY* 坐标面（或平行于该面）上的剖面线与水平线平行，其他两坐标面（或平行于这些坐标面）上的剖面线与水平线分别呈 60°角，并向左、右两个不同方向倾斜，但三个坐标面上剖面线的间隔是相同的，如图 6-17a 所示。其他类别的轴测剖视图剖面线画法与正等轴测剖视图剖面线的画法不同，请见图 6-17 所给的不同类别轴测图的剖面线方向，此处不再赘述。详细内容可参考有关的“国标”手册。

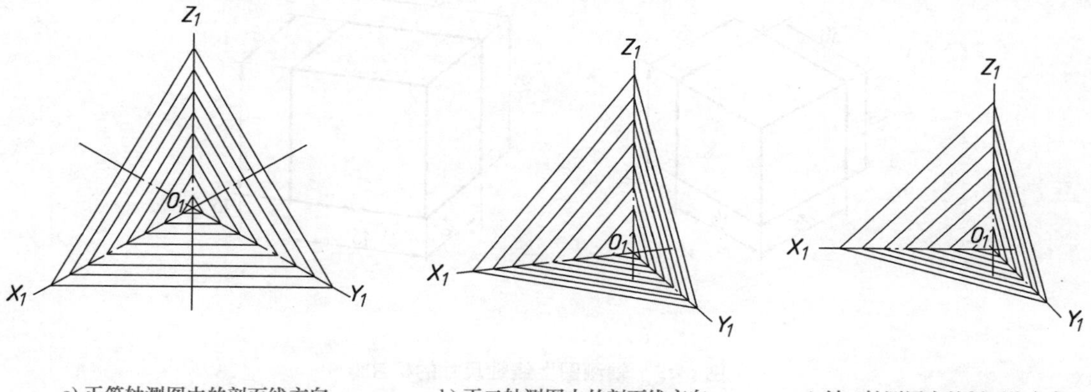

a) 正等轴测图中的剖面线方向　b) 正二轴测图中的剖面线方向　c) 斜二轴测图中的剖面线方向

图 6-17 三种不同类别轴测图的剖面线方向

6.5 轴测草图的画法

轴测草图通常是以简单绘图工具，目测比例，徒手绘制出来的。轴测草图同样表达了立体的形状，可作为绘制其他图样的依据，也是分析、表达机件结构的参考图样。因此，轴测草图应该做到视图正确、图面尽可能工整，绝对不能潦草马虎。在计算机绘图技术广泛应用的情况下，草图的绘制技术显得日益重要。绘制轴测草图，关键在于能徒手绘制直线、圆和圆弧，有较好的目测能力。其绘图的方法和步骤与用尺规绘制轴测图相同，只是速度大大快于尺规绘图。图6-18所示为圆柱的轴测草图画法，其中椭圆要通过找点的方法来画。

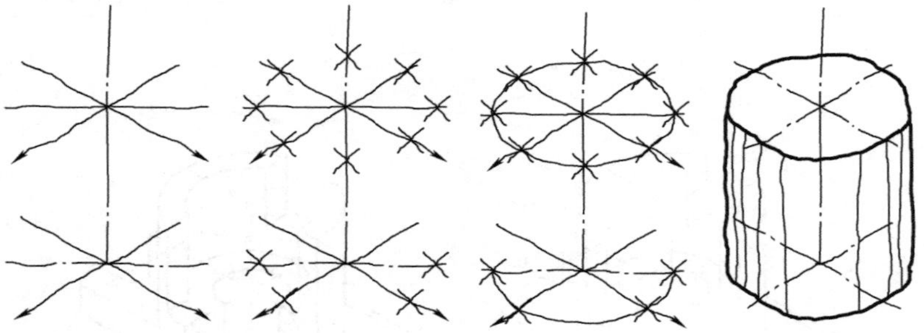

a) b) c) d)

图6-18 圆柱的轴测草图画法

6.6 轴测图的尺寸标注

根据GB/T 4458.3—2013的规定，在轴测图中标注尺寸，应遵循以下几点：

1）如图6-19所示，轴测图中的线性尺寸，一般应沿轴测轴方向标注。尺寸数字为零件的公称尺寸。尺寸数字应按相应的轴测图形标注在尺寸线的上方，尺寸线必须和所标注的线段平行，尺寸界线一般应平行于某一轴测轴。当在图形中出现数字字头向下时，应用引出线引出标注，并将数字按水平位置注写。

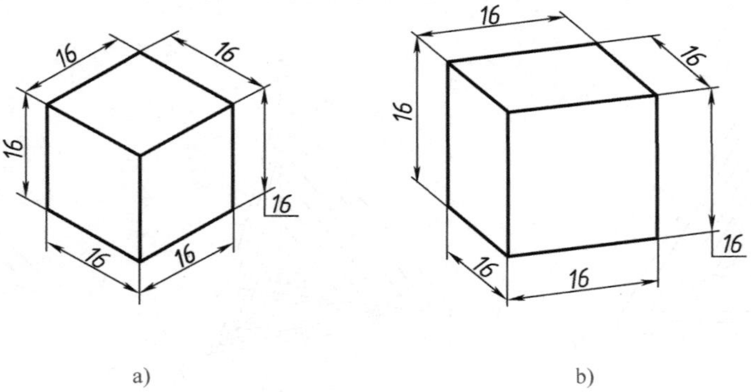

a) b)

图6-19 轴测图上线性尺寸的标注

2）如图6-20所示，标注圆的直径时，尺寸线和尺寸界线应分别平行于圆所在平面内的轴测轴；标注圆弧半径和较小圆的直径时，尺寸线应从（或通过）圆心引出标注，但注写尺寸数字的横线必须平行于轴测轴。

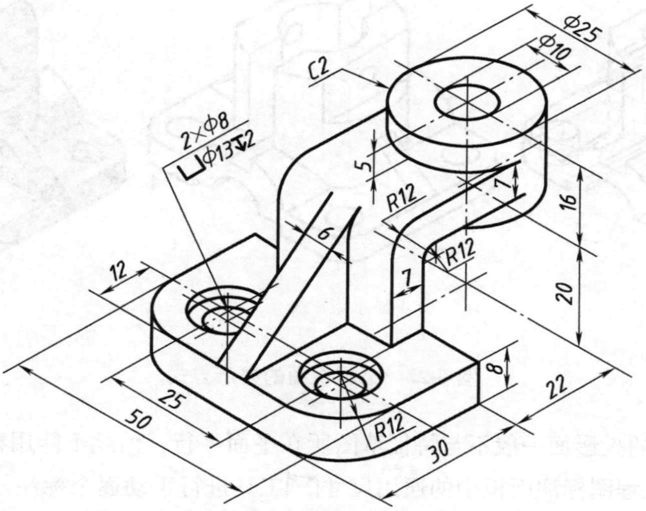

图6-20 轴测图中尺寸的注法

3）如图6-21所示，标注角度的尺寸线，应画成与该坐标平面相应的椭圆弧，角度数字一般写在尺寸线的中断处，字头朝上。

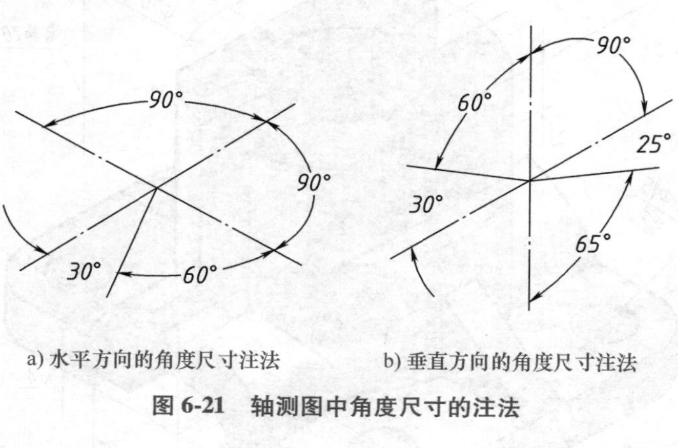

a) 水平方向的角度尺寸注法　　b) 垂直方向的角度尺寸注法

图6-21 轴测图中角度尺寸的注法

6.7 Inventor中正等轴测图的创建

在Inventor中，正等轴测图的创建步骤如下（以例5-8中的组合体为例）：

1）基于原有三视图的主视图，利用投影视图工具创建正等轴测图。单击工程图视图面板中的投影视图按钮，接着选中主视图，把光标沿右下方移动，将动态预览的轴测图在合适的位置单击图形窗口，在右键关联菜单中选择创建(C)即可。

2）根据需要，将所创建的轴测图改为合适的显示方式。双击所创建的轴测图，将弹出【工程视图】对话框，在对话框中的显示方式一栏中可以在显示隐藏线、不显示隐藏线和是否采用着色显示三种方式中进行选择，如图 6-22 所示。

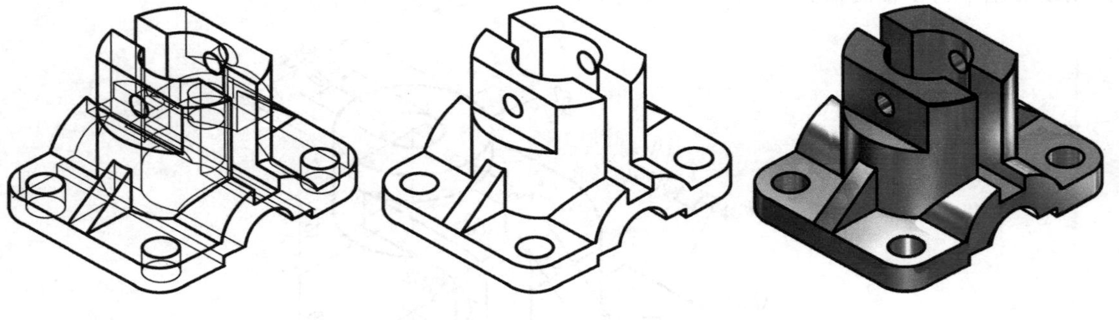

a) 显示隐藏线　　b) 不显示隐藏线　　c) 着色

图 6-22　工程视图的显示方式

3）由于轴测图的投影面一般不与特征草图所在平面平行，因此不能用检索模型尺寸方式进行标注，只能利用工程图标注面板中的通用尺寸工具进行手动逐个标注。图 6-23 所示为一组合体在工程图中的标注示例，其中个别尺寸经过样式调整和文字编辑。

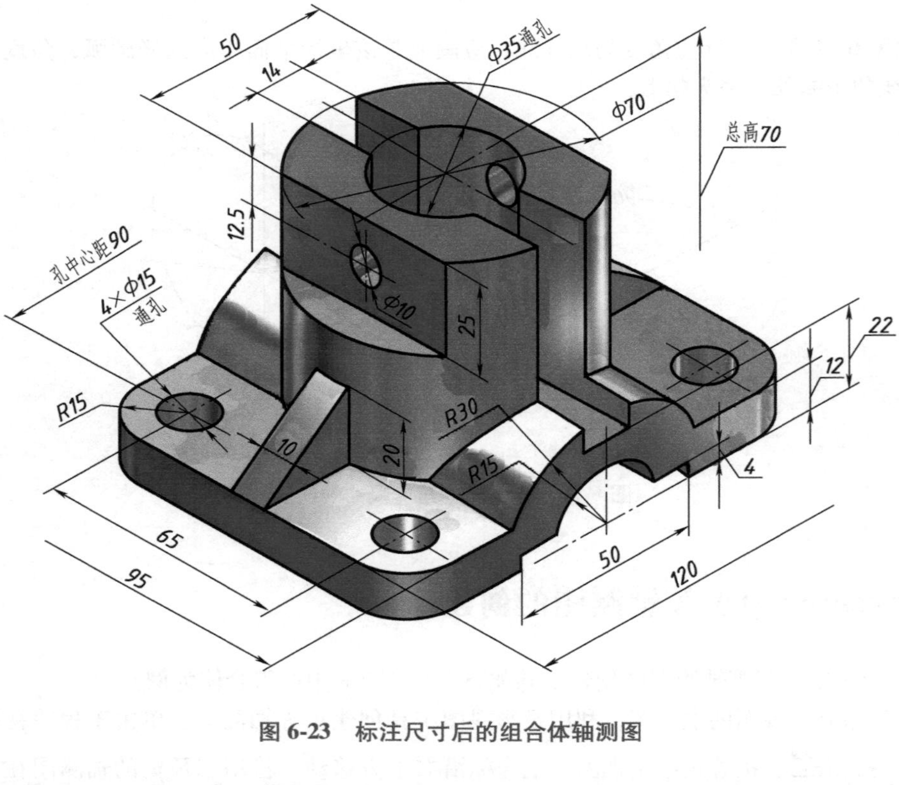

图 6-23　标注尺寸后的组合体轴测图

4）如有需要，也可以创建轴测剖视图，但要求轴测图所基于的视图也必须为剖视图状态，如图 6-24 所示。其中轴测剖视图中的肋板、剖面线及中心线已经过进一步处理，具体处理方法请参见表达方法的相关章节。

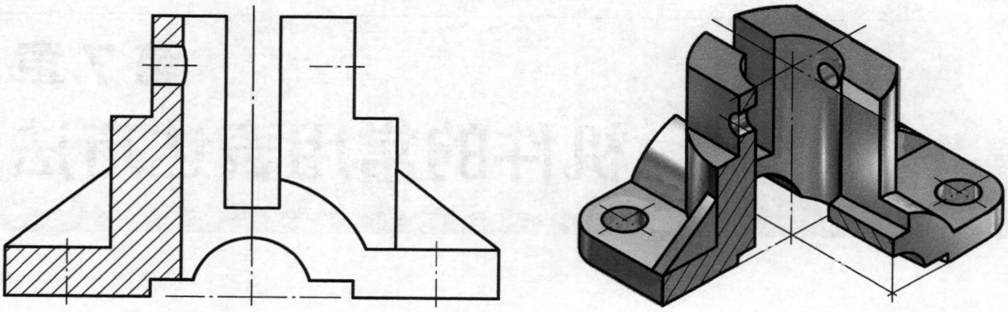

a) 剖视图　　b) 轴测剖视图

图 6-24　轴测剖视图

思政拓展
大国工匠：
大艺法古

第 7 章 机件的常用表达方法

在生产实际中，机件的形状和结构是复杂多样的。在表达机件时，应以方便读图为原则，根据其结构特点，采用适当的表示法；同时，在完整清晰地表达机件内外结构形状的前提下，力求制图简便。为此，国家标准《机械制图》和《技术制图》中的“图样画法”规定了机件的各种表达方法，主要包括视图、剖视图、断面图、局部放大图和简化画法等。掌握这些方法是正确绘制和阅读机械图样的基本条件。

7.1 视图

根据国家标准的有关规定，将机件放在第一分角内，使机件处于观察者与投影面之间，用正投影法将机件向投影面投射所得到的图形称为视图。视图主要用来表达机件的外部形状结构，在视图中，一般只画物体的可见部分，必要时才用虚线画出不可见部分。

视图分为基本视图、向视图、局部视图和斜视图。

7.1.1 基本视图

国家标准规定，在原有三个投影面的基础上，再对应增加三个投影面，构成一个正六面体，正六面体的六个面称为基本投影面。在图 7-1 中，将机件放置在六面体内，分别向六个基本投影面进行正投影，就得到六个基本视图，其中除原有的主视图、俯视图和左视图之外，新增的三个基本视图：从右向左投射得到右视图，从下向上投射得到仰视图，从后向前投射得到后视图。

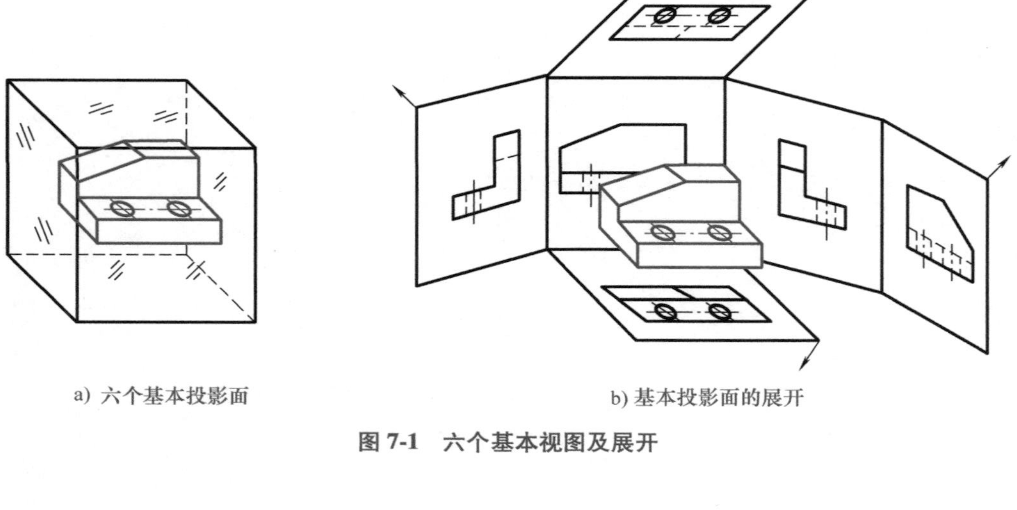

a) 六个基本投影面　　b) 基本投影面的展开

图 7-1　六个基本视图及展开

基本投影面的展开方法如图 7-1b 所示。这样得到的六个基本视图按图 7-2 所示关系配置。基本视图一律不标注视图的名称。

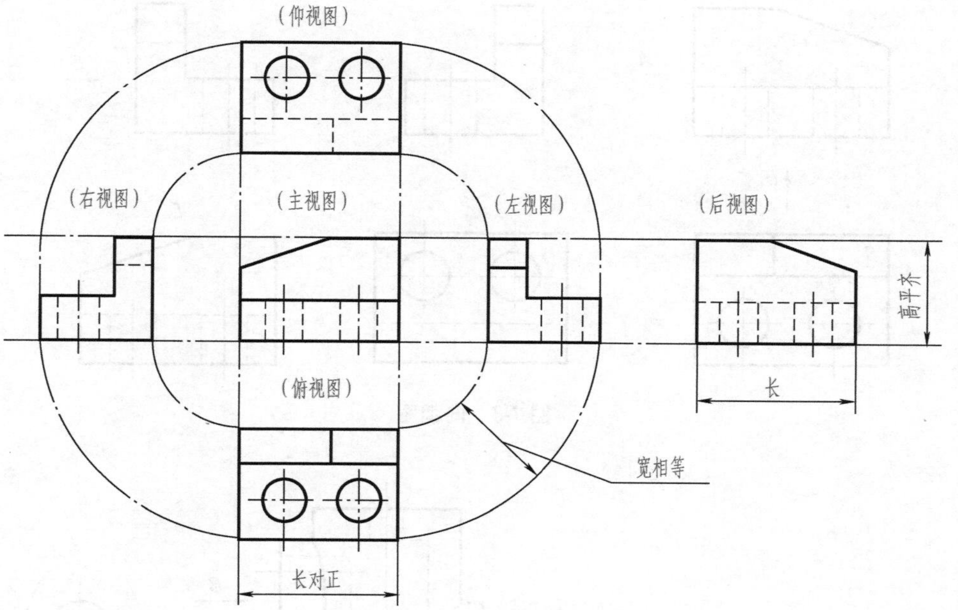

图 7-2　六个基本视图的配置

六个基本视图之间严格遵守“三等”规律，即主、俯、仰、后视图长度相等，主、左、右、后视图高度相等，俯、仰、左、后视图宽度相等。

虽然机件可以用六个基本视图表示，但是在实际应用时并不是所有的机件都需要六个基本视图，应针对机件的结构形状、复杂程度需要，确定基本视图的数量，力求完整、清晰、简单，避免不必要的重复表达。

7.1.2　向视图

在实际绘图中，有时为了合理利用图纸，可以不按规定位置绘制基本视图，如图 7-3 所示。这种可以自由配置的基本视图称为向视图。由于向视图不按投射方向摆放，故画图时必须加以标注。在向视图的上方，用大写拉丁字母（如 *A*、*B*、*C* 等）标出向视图的名称“×”，并在相应的视图附近用箭头指明投射方向，同时注上相同的字母。

7.1.3　局部视图

局部视图是将机件的某一部分向基本投影面投射所得的视图，通常用来局部地表达机件的外形。如图 7-4 所示，主视图和俯视图已经将机件的主要形状特征表达清楚，仅有左、右两处凸台的实形没有表达清晰，而又没有必要再画出某个完整的基本视图，故只要将这两处局部结构向基本投影面投射即可。

局部视图可按基本视图的形式配置（如图 7-4b 中的左视图），并当与相应的另一视图之间没有其他视图隔开时，可省略标注（如图 7-4b 中的“*A*”）；也可按向视图的形式配置并标注（如图 7-4b 中的“*B*”）。标注局部视图时，通常在其上方用大写拉丁字母标出视图的名称“×”，在相应视图附近用箭头指明投射方向，并注上相同的字母。

局部视图的断裂边界应以细波浪线（也可用双折线）表示。波浪线应画在表示机件实体的

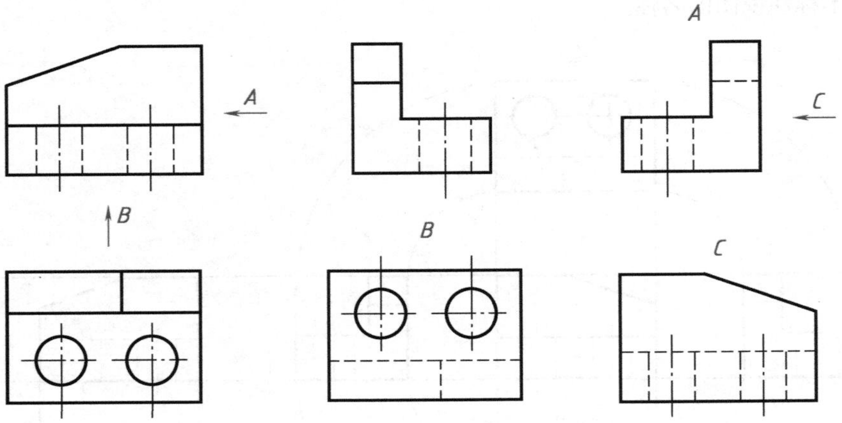

图 7-3　向视图

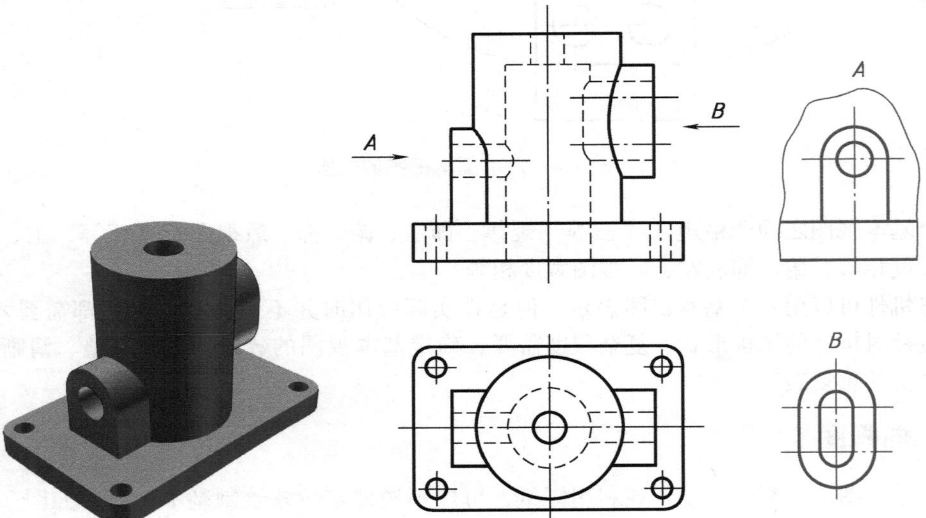

a)　　b)

图 7-4　局部视图

轮廓线范围以内，不能超出机件轮廓线范围，也不可画在机件的中空处，如图 7-4b 中“*A*”所示。当所表达的局部结构是完整的，且外形轮廓线呈独立封闭时，波浪线可以省略不画，如图 7-4 中“*B*”所示。

有时为了节省绘图时间和图幅，对称机件的视图可只画一半或四分之一，并在对称中心线两端画出两条与其垂直的平行细实线，如图 7-5 所示。

7.1.4　斜视图

斜视图是将机件向不平行于基本投影面的平面投射所得的视图。如图 7-6 所示，机件的右上部和左下部斜板结构与基本投影面倾斜，为了反映该部分结构的实形，根据换面法原理，分别选用平行于该倾斜结构的辅助投影面作图。

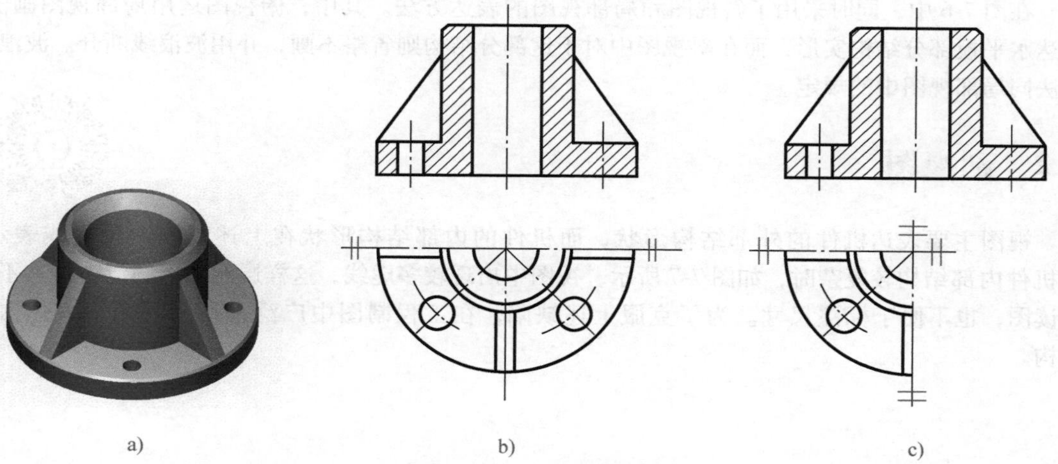

图 7-5　对称机件视图的简化

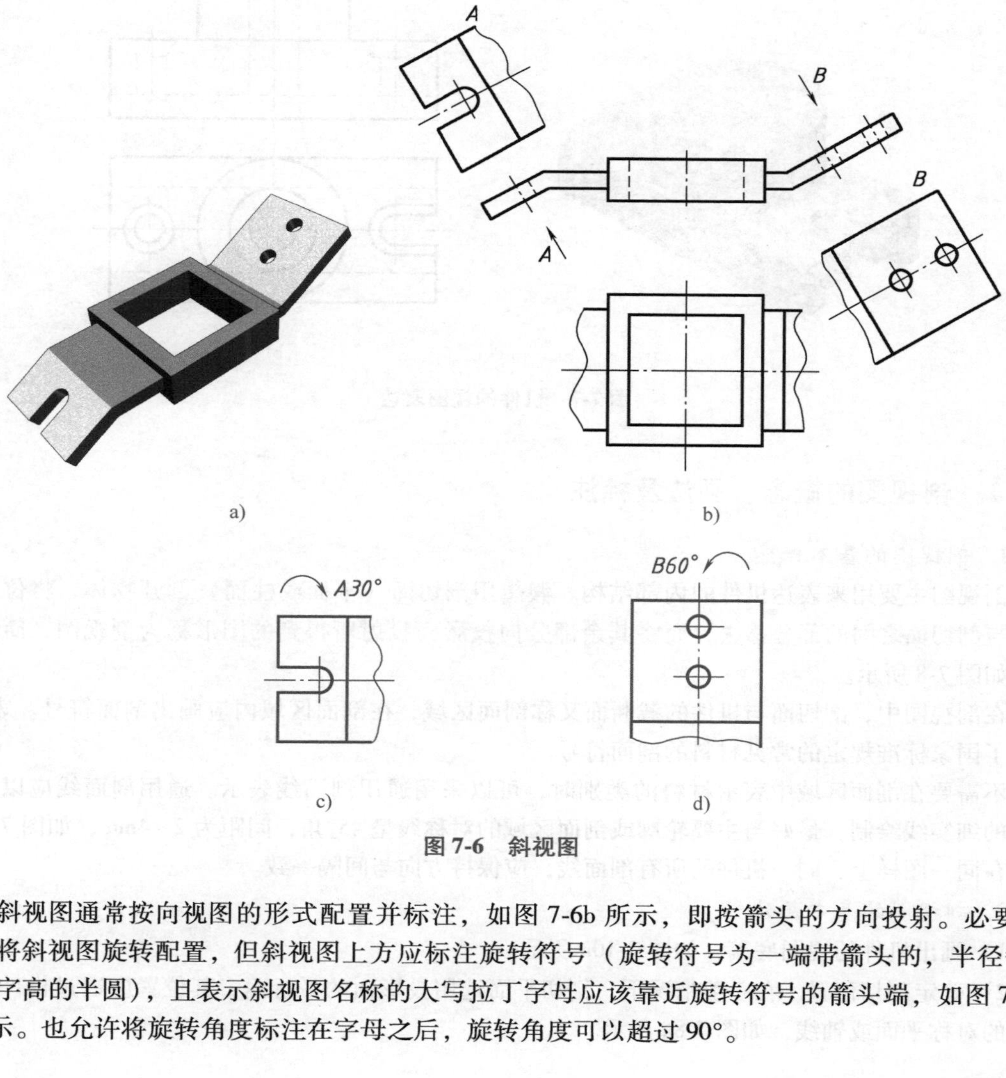

图 7-6　斜视图

斜视图通常按向视图的形式配置并标注，如图 7-6b 所示，即按箭头的方向投射。必要时，允许将斜视图旋转配置，但斜视图上方应标注旋转符号（旋转符号为一端带箭头的，半径等于图中字高的半圆），且表示斜视图名称的大写拉丁字母应该靠近旋转符号的箭头端，如图 7-6c、d 所示。也允许将旋转角度标注在字母之后，旋转角度可以超过 90°。

在图7-6中，同时采用了斜视图和局部视图的表达方法。其中，俯视图运用局部视图画法，表达水平板部分结构实形，而在斜视图中对于这部分结构则省略不画，并用波浪线断开。波浪线画法同局部视图中的规定。

7.2 剖视图

视图主要表达机件的外部结构形状，而机件的内部结构形状在上述视图中用虚线表示。当机件内部结构较复杂时，如图7-7所示，视图中出现较多虚线，这样影响图形的清晰性，不利于读图，也不便于标注尺寸。为了克服上述缺陷，在工程制图中广泛采用剖视图来表达内部结构。

a)

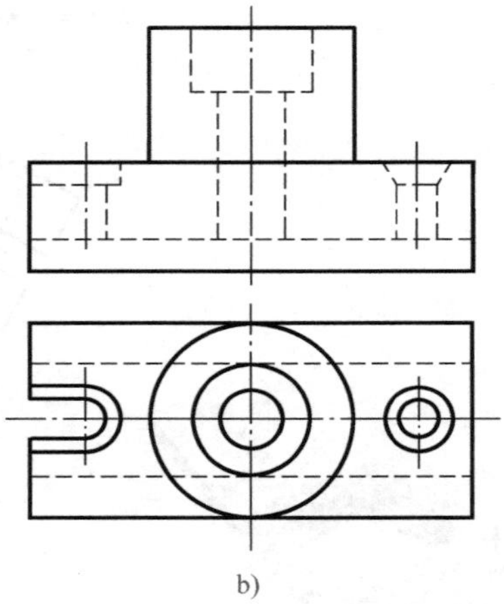

b)

图7-7 机件的视图表达

7.2.1 剖视图的概念、画法及标注

1. 剖视图的基本概念

剖视图主要用来表达机件的内部结构。假想用剖切面（平面或柱面）剖开物体，将位于观察者与剖切面之间的部分移去，而将其余部分向投影面投射所得到的图形称为剖视图，简称剖视，如图7-8所示。

在剖视图中，剖切面与机件的截断面又称剖面区域，在剖面区域内应画出剖面符号。表7-1列出了国家标准规定的常见材料的剖面符号。

不需要在剖面区域中表示材料的类别时，可以采用通用剖面线表示。通用剖面线应以适当角度的细实线绘制，最好与主要轮廓或剖面区域的对称线呈45°角，间距为2~4mm，如图7-9所示。在同一图样上，同一机件的所有剖面线，应保持方向与间隔一致。

2. 剖视图的基本画法

1）画出机件的视图底稿，如图7-10a所示。

2）确定剖切位置。在一般情况下，剖切平面选用投影面的平行面，其位置应通过机件内部结构的对称平面或轴线，如图7-8a所示。

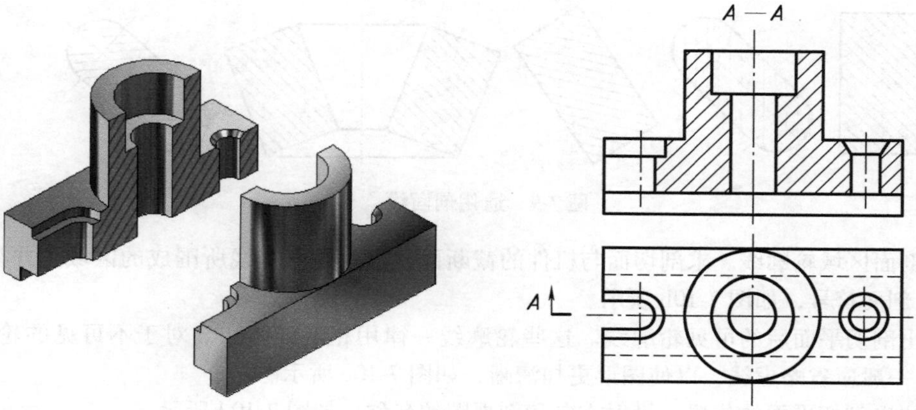

a) b)

图 7-8 剖视图的形成

表 7-1 常见材料的剖面符号

材料名称	剖面符号	材料名称	剖面符号
金属材料（已有规定剖面符号者除外）	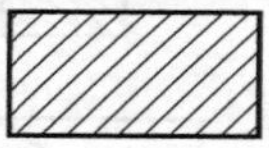	木质胶合板（不分层数）	
线圈绕组元件	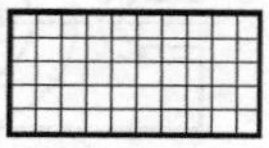	基础周围的泥土	
转子、电枢、变压器和电抗器等的叠钢片	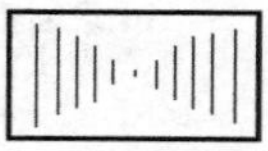	混凝土	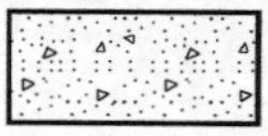
非金属材料（已有规定剖面符号者除外）		钢筋混凝土	
型砂、填砂、粉末冶金、砂轮、陶瓷刀片、硬质合金刀片等	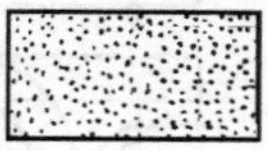	砖	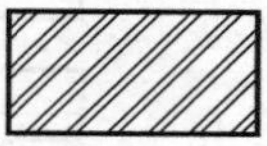
玻璃及供观察用的其他透明材料	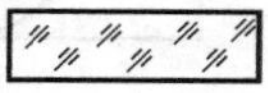	格网（筛网、过滤网等）	
木材 纵断面		液体	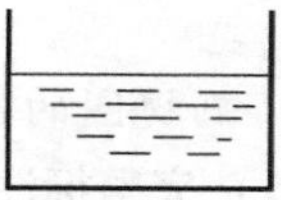
木材 横断面			

注：1. 剖面符号仅表示材料的类别，材料的名称和代号必须另行注明。
2. 叠钢片的剖面线方向，应与束装中叠钢片的方向一致。
3. 液面用细实线绘制。

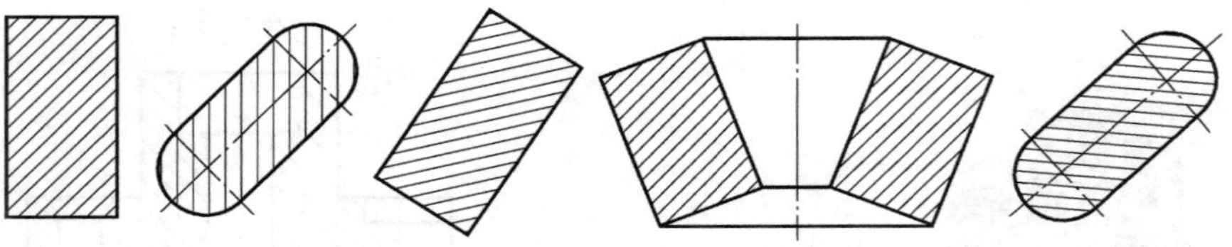

图 7-9　通用剖面线

3）画剖面区域轮廓线。求剖切面与机件的截断面，也就是截交线所围成的区域，并在剖面区域内画上剖面符号，如图 7-10b 所示。

4）画出剖切平面后的可见轮廓线。这些轮廓线一律用粗实线画出。对于不可见的轮廓线，除非必要，一般应省略虚线，以使图形更加清晰，如图 7-10c 所示。

5）标注出剖切平面的位置、投射方向和剖视图的名称，如图 7-10d 所示。

由于剖切方法是假想的，当某个视图画成剖视后，如图 7-10d 中的主视图，并不影响其他视图的完整性，如图 7-10d 中的俯视图。

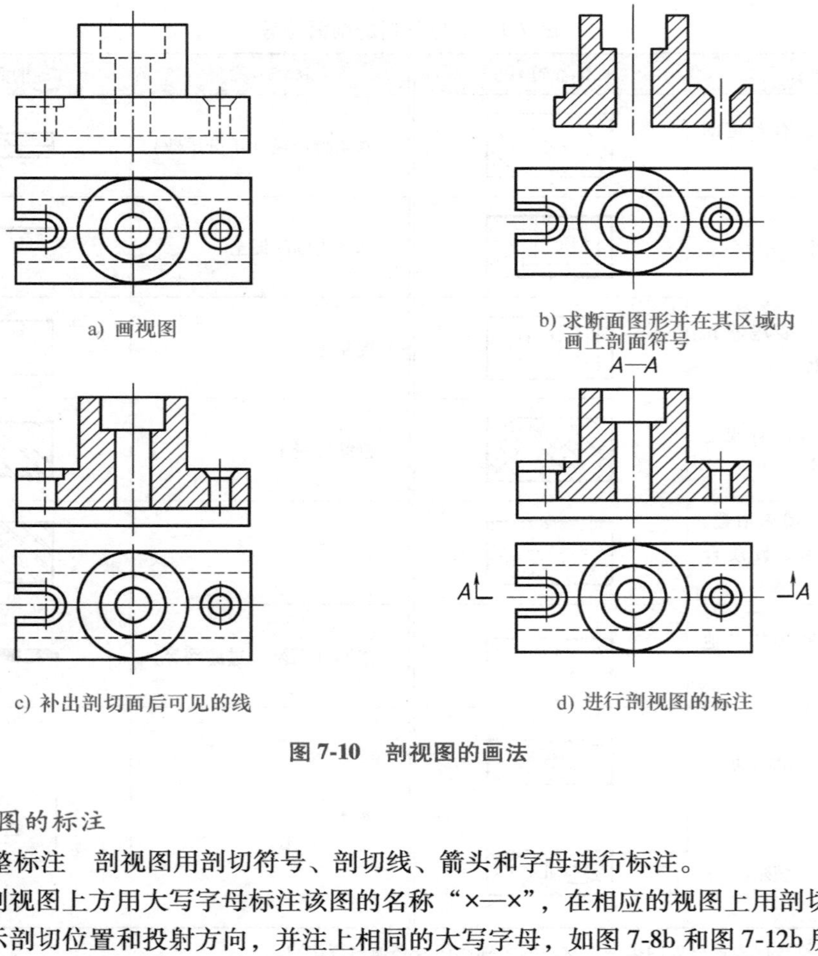

a）画视图

b）求断面图形并在其区域内画上剖面符号

c）补出剖切面后可见的线

d）进行剖视图的标注

图 7-10　剖视图的画法

3. 剖视图的标注

（1）完整标注　剖视图用剖切符号、剖切线、箭头和字母进行标注。

一般在剖视图上方用大写字母标注该图的名称“×—×”，在相应的视图上用剖切符号、剖切线和箭头表示剖切位置和投射方向，并注上相同的大写字母，如图 7-8b 和图 7-12b 所示。

剖切符号、剖切线、箭头和字母的组合标注如图 7-11a 所示。剖切符号表明剖切面起、止和转折位置（用宽 $1d \sim 1.5d$，长 5~10mm 的短粗实线表示，d 为粗实线宽度）；箭头表示投射方向；剖切线指示剖切面位置（用细点画线表示）；在箭头外侧及转折处标注相同的大写字母。剖切线可以省略不画，如图7-11b所示。

（2）省略标注　当剖视图按投影对应关系配置，中间又没有其他图形隔开时，可以省略箭头。当单一剖切平面通过机件的对称平面且剖视图按投影关系配置，中间又没有其他图形隔开时，可以省略全部标注。如图7-8b和7-12b中的剖视图可以不作标注。

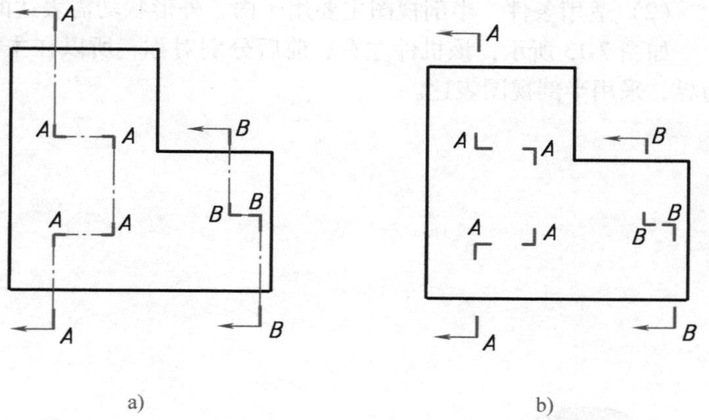

图7-11　剖视图的标注

7.2.2　剖视图的种类

剖视图按剖切机件范围的大小可以分为三种：全剖视图、半剖视图、局部剖视图。

1. 全剖视图

（1）概念　用剖切面完全地剖开机件所得的剖视图，称为全剖视图，简称全剖，如图7-8所示。

（2）适用条件　全剖视图通常用于内部结构比较复杂，外形相对简单，又不具有（垂直于剖视图所在投影面的）对称平面的机件。

对于虽然对称，但外形简单，且已表达清楚的机件，通常也采用全剖视图，这样可以更清楚地表达机件的内部结构，也能方便尺寸标注。

（3）画法　图7-8和图7-12中的主视图都采用了全剖视的画法。

（4）标注　全剖视图的标注采用前述剖视图的标注方法。

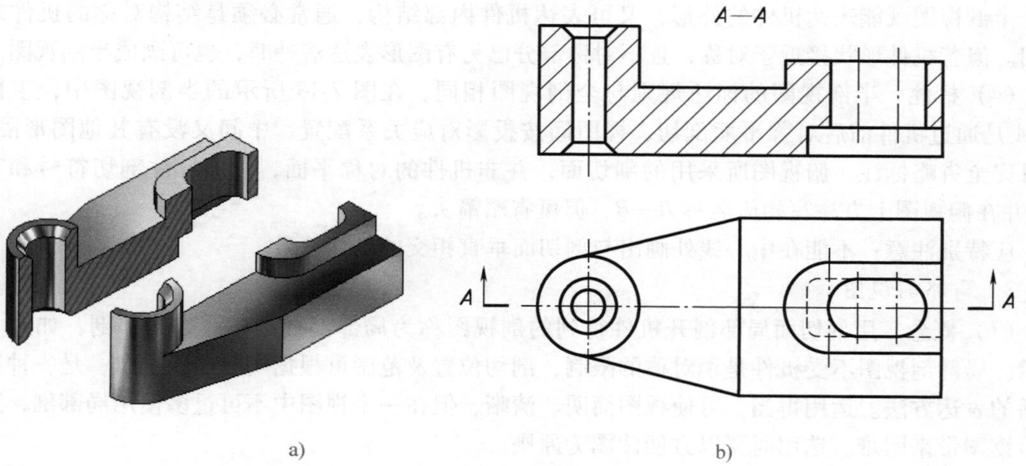

图7-12　全剖视图

2. 半剖视图

（1）概念　当机件具有对称平面时，在垂直于对称平面的投影面上，以对称中心线为界，一半画成剖视，另一半画成视图，这样组成一个内外兼顾的图形，称为半剖视图，简称半剖，如图7-13所示。

（2）适用条件　半剖视图主要用于内、外形状均需表达的对称机件。

如图7-13所示，该机件左右、前后分别对称，所以在主视图和俯视图中，均以对称中心线为界，采用半剖视图表达。

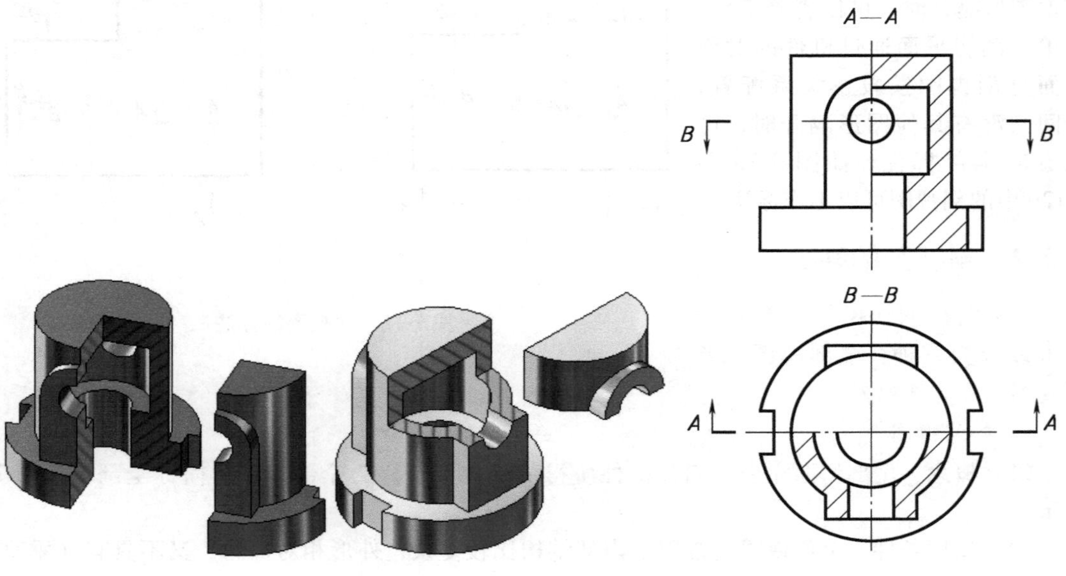

a)　　b)　　c)

图7-13　半剖视图

（3）画法　在半剖视图中，视图与剖视的分界线是表明对称平面位置的点画线，不能画成粗实线。半剖视图中内、外结构对称，视图与剖视表达方法互补，一般不必再用虚线表达内部结构。

半剖视图既能表达机件的外形，又可表达机件内部结构，通常必须是结构对称的机件才可使用。但若机件形状接近于对称，且不对称部分已另有图形表达清楚时，也可画成半剖视图。

（4）标注　半剖视图的标注规则与全剖视图相同。在图7-13所示的半剖视图中，主视图*A—A*是通过机件前后对称平面剖切，视图间按投影对应关系配置，中间又没有其他图形隔开，故可完全省略标注。俯视图所采用的剖切面，并非机件的对称平面，故应标注剖切符号和字母*B*，并在俯视图上方注写相应名称*B—B*，但可省略箭头。

应特别注意：不能在中心线处画出与剖切面垂直相交的剖切符号。

3. *局部剖视图*

（1）概念　用剖切面局部剖开机件得到的剖视图称为局部剖视图，简称局部剖，如图7-14所示。局部剖视图不受机件是否对称的限制，剖切位置及范围可根据实际需要选取，是一种比较灵活的表达方法。运用得当，可使视图简明、清晰，但在一个视图中不可过多使用局部剖，这样会给读图带来困难。选用时要以方便读图为原则。

（2）适用条件　局部剖视图一般用于内外结构形状均需表达的不对称的机件。也常用于不宜采用全剖、半剖视图的地方（如轴、连杆、螺钉等实心零件上的某些孔、槽等）。

如图7-14所示，机件的前面有一凸台结构，内部为阶梯孔，主视图不宜采用全剖。又因为形体左、右不对称，不具备采用半剖视的条件，因此采用局部剖视图。

有时机件虽然对称，但由于轮廓线与对称中心线重合，不宜采用半剖视图，也可采用局部剖视图，如图7-15所示。

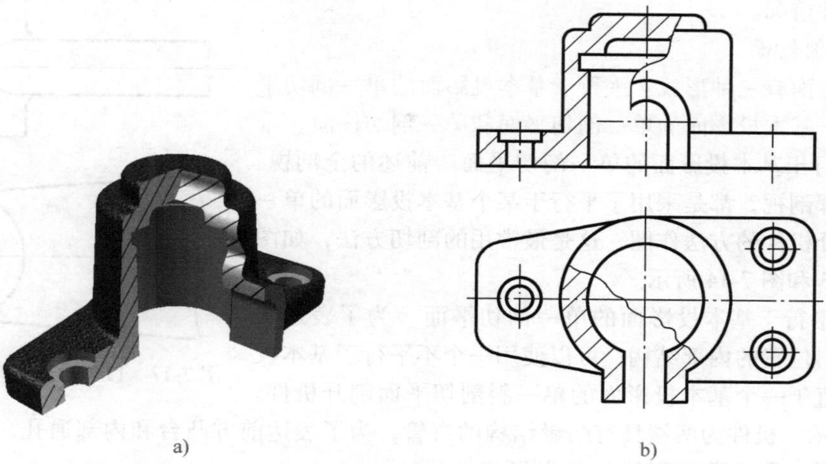

图 7-14　局部剖视图

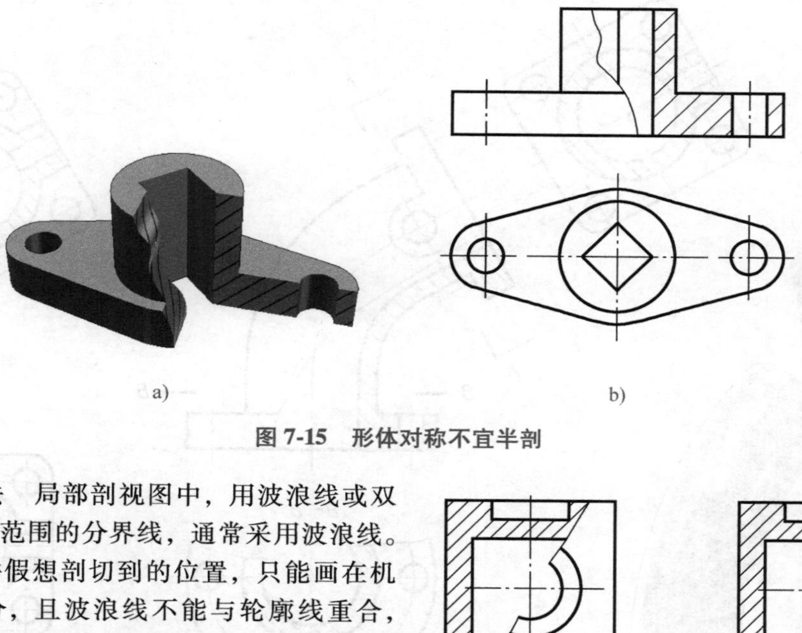

图 7-15　形体对称不宜半剖

（3）画法　局部剖视图中，用波浪线或双折线表明剖切范围的分界线，通常采用波浪线。波浪线是机件假想剖切到的位置，只能画在机件的实体部分，且波浪线不能与轮廓线重合，不能超出视图轮廓线，也不能穿过机件表面的空洞部分，如图 7-16 所示。

当局部剖结构为回转体时，允许将该结构的中心线作为局部剖视与视图的分界线，如图 7-17 所示。

（4）标注　局部剖视图的标注与全剖视图相同，但当剖切位置明显时，一般省略标注。

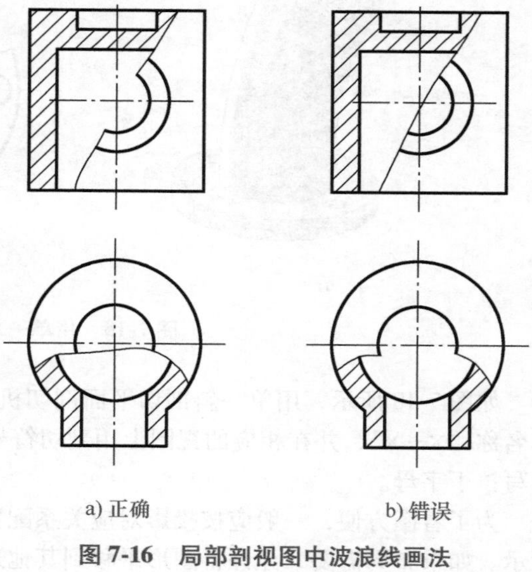

图 7-16　局部剖视图中波浪线画法

7.2.3　剖切面的种类

根据机件的结构特点，剖开机件的剖切面有单一剖切面、几个平行的剖切面和几个相交的剖切面三种情况。

1. 单一剖切面

单一剖切面有三种形式：平行于基本投影面的单一剖切平面、不平行于基本投影面的单一剖切平面和单一剖切柱面。

（1）平行于基本投影面的单一剖切平面　前述的全剖视、半剖视和局部剖视，都是采用了平行于某个基本投影面的单一剖切平面剖开机件的方法作图，这是最常用的剖切方法，如图7-12、图7-13和图7-14所示。

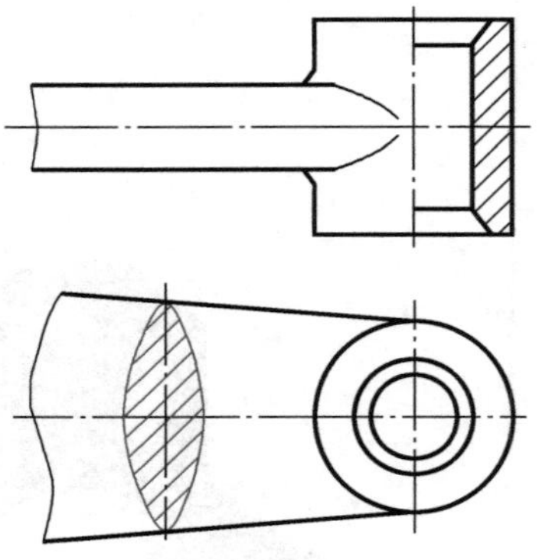

图7-17　以中心线分界的局部剖

（2）不平行于基本投影面的单一剖切平面　为了表达机件上具有倾斜位置的内部结构，可以使用一个不平行于基本投影面，但垂直于一个基本投影面的单一斜剖切平面剖开机件。如图7-18所示，机件为两端具有凸缘结构的弯管，为了表达前方凸台和内部通孔，以及顶端凸缘的结构实形，采用了正垂面 *A—A* 剖开机件。

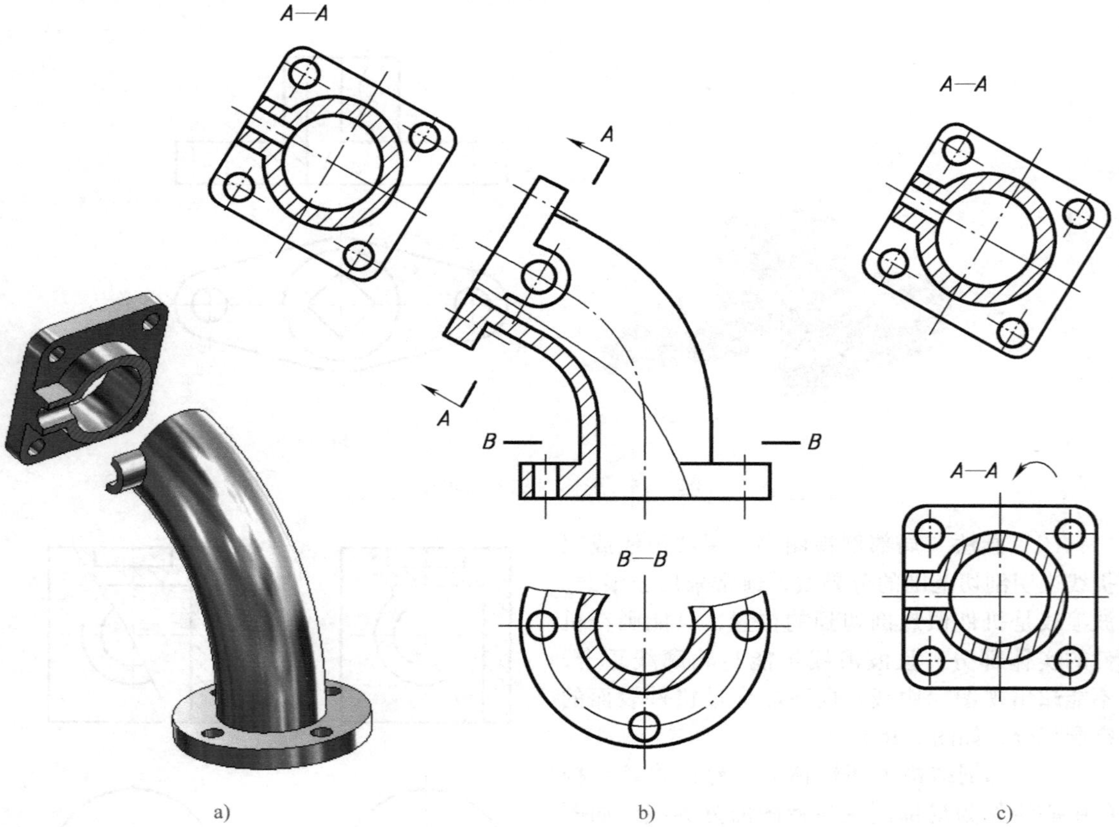

图7-18　用单一斜剖切平面剖切机件

如图7-18所示，用单一斜剖切平面剖切机件时必须标注。在图形上方用大写拉丁字母标注其名称“×—×”，并在相应的视图上用剖切符号及箭头表示剖切位置和投射方向，并注上相同的大写拉丁字母。

为了看图方便，一般应按投影对应关系配置用单一斜剖切平面剖切获得的图形，如图7-18b所示。如果布局需要，允许将图形平移到其他适当位置，如图7-18c上方图形所示。也可将图形旋转放置，如图 7-18c 下方图形所示，此时应在图形上方加上旋转符号，画法规定同前节的斜视图。

（3）单一剖切柱面　必要时可用单一剖切柱面剖切机件。此时剖视图一般应按展开绘制，如图 7-19 所示，在图名后加注“展开”二字（此处展开是将柱面剖得的结构展成平行于投影面的平面后再投射）。

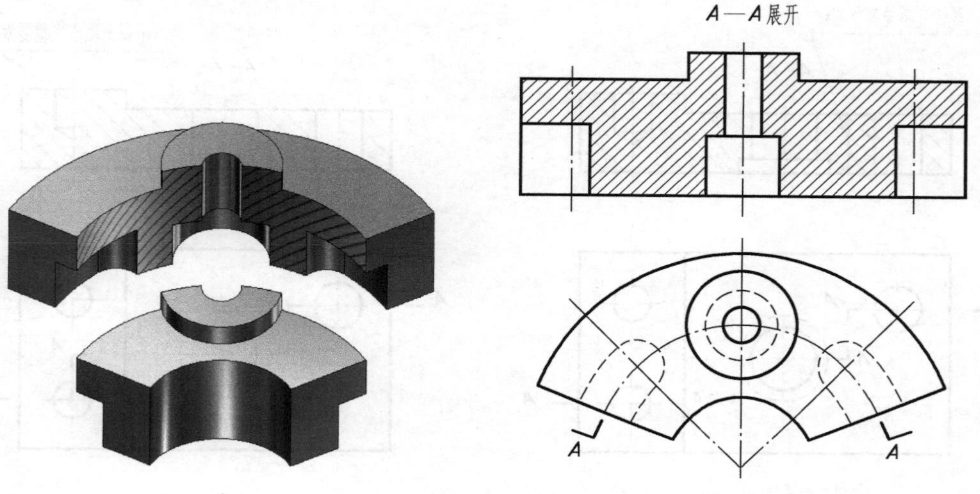

a)　　b)

图 7-19　用单一柱面剖切机件

2. 几个平行的剖切面

当机件的内部结构不在同一平面内且不具有公共回转轴时，用一个剖切平面无法将其都剖到，可以采用几个相互平行的剖切面将机件剖开，如图 7-20 所示。

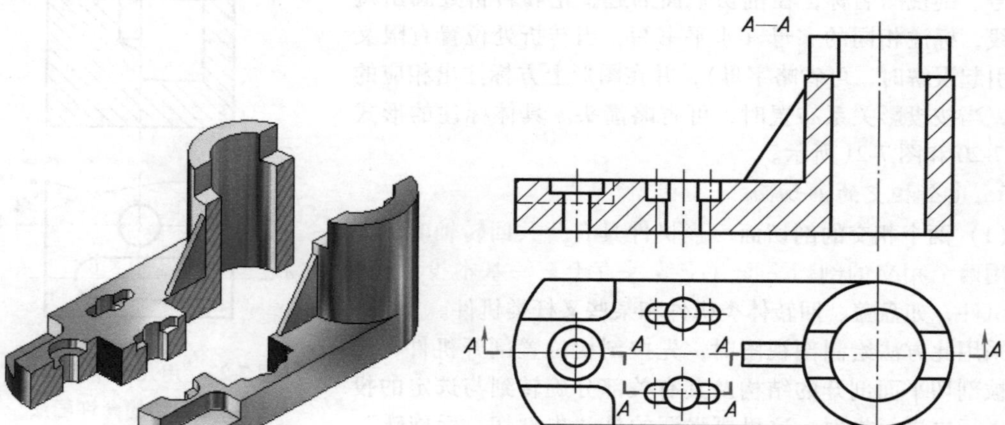

a)　　b)

图 7-20　用几个平行的剖切平面剖切机件

在图 7-20 中，圆柱结构左侧肋板被剖切，但未画剖面线，这是国标规定的一项规定画法：当机件上的肋板、薄壁等结构被纵向剖切，这些结构不画剖面线，而是用粗实线将其与相邻部分分开（如相邻部分为回转体，则分界线为回转体轮廓线）。

用几个平行的剖切平面剖切机件时，应注意不要画出剖切平面转折的界线，剖切平面的转折处也不应与图上轮廓线重合，如图 7-21a 所示。在图形中不应出现不完整结构要素，如图 7-21b 所示。只有当两个结构要素在图形中具有公共对称中心线或轴线时，可以各画一半，此时应以对称中心线或轴线为分界线，如图 7-22 所示。

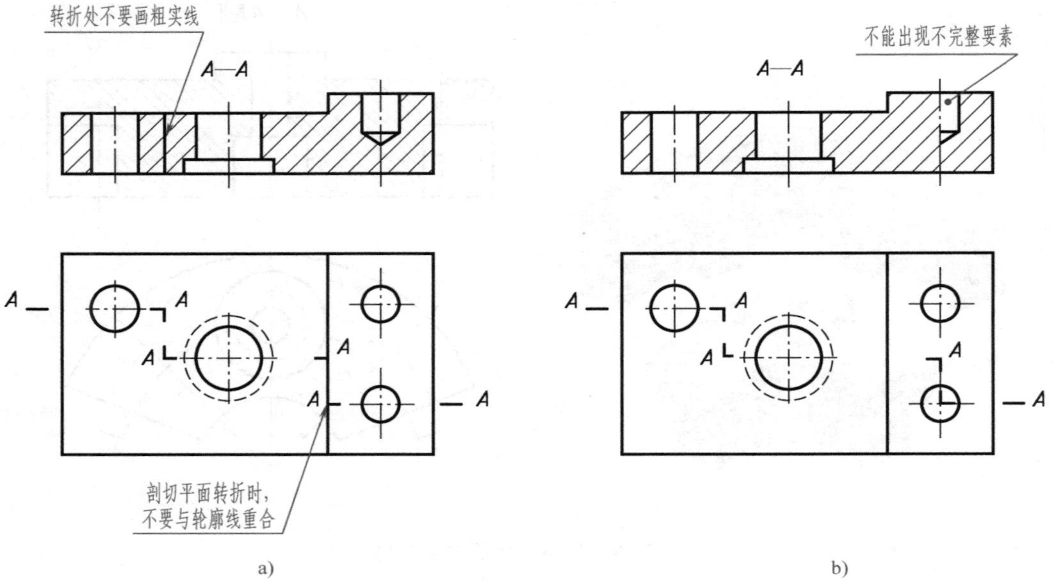

图 7-21　用几个平行的剖切平面剖切的错误画法

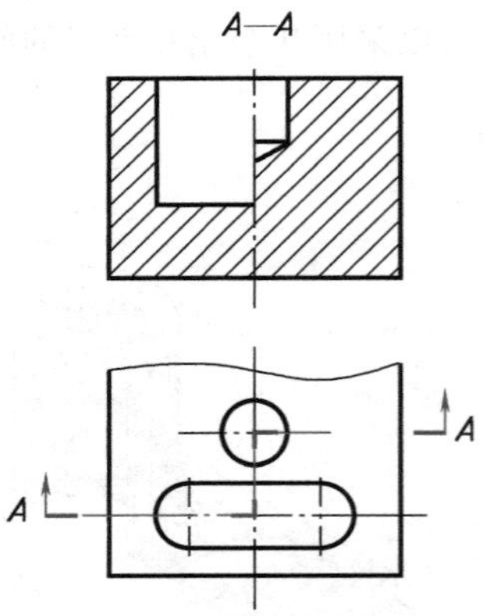

图 7-22　用几个平行的剖切平面剖切的允许画法

采用这种方法画剖视图时，必须进行标注。要标注出剖切符号、剖视图名称，在剖切平面的起、止和转折处画出短粗实线，标注相同的字母（水平书写，当转折处位置有限又不致引起误解时，可省略字母），并在图形上方标注出相应的名称，当按投影关系布置时，可省略箭头。具体标注的形式如图 7-20 和图 7-21 所示。

3. 几个相交的剖切面

（1）两个相交的剖切面　当机件具有公共回转轴时，可以采用两个相交的剖切平面（交线垂直于某一基本投影面）剖切机件，如盘盖、回转体类机件和某些叉杆类机件。

采用此方法绘制剖视图时，先按剖切位置剖开机件，然后将被剖切平面剖开的结构及其有关部分旋转到与选定的投影面平行再进行投射。这里要强调的是“先剖切、后旋转”，而不是“先旋转，后剖切”，如图 7-23 和图 7-24 所示。

在剖切平面后面的其他结构一般仍按原来位置投射画出，其他结构指不密切的结构，或一起旋转会引起误解的结构。如图 7-24 中摇臂的油孔在剖视图中仍按原来位置投射。当剖切后产生不完整要素时，应将该部分按不剖画出，如图 7-25 所示。

采用这种方法画剖视图时，必须进行标注。在剖切平面的起、止和转折处画上剖切符号，注写同一大写字母，在剖切起止处画箭头表明投射方向，箭头与剖切符号垂直，在剖视图上方用相

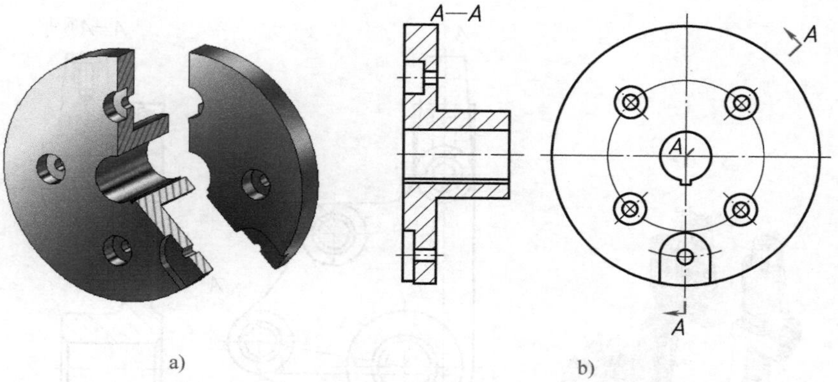

图 7-23　用两个相交的平面剖切机件（一）

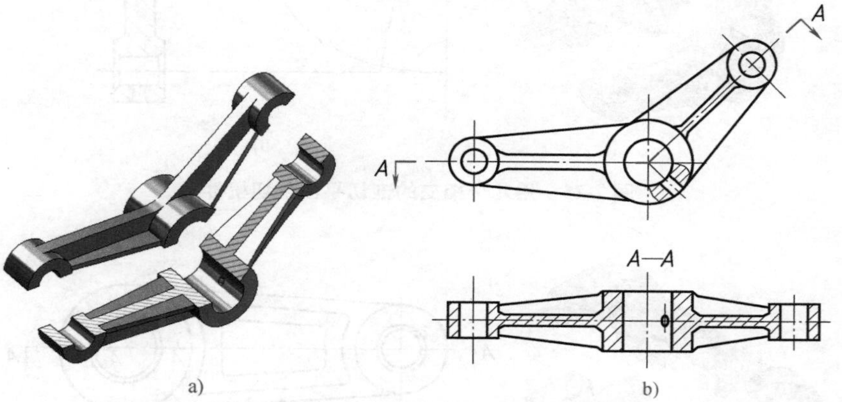

图 7-24　用两个相交的平面剖切机件（二）

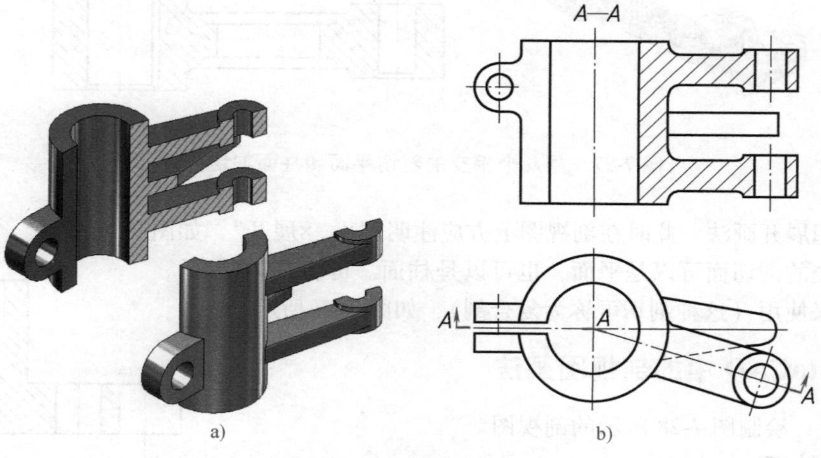

图 7-25　用两个相交的平面剖切机件（三）

同字母注写名称“×—×”，如图 7-23、图 7-24 和图 7-25 所示。当转折处不便注写又不致引起误解时，可省略字母。

（2）两个以上相交的剖切面　当机件的形状比较复杂，用上述各种方法均不能集中而简要地表达清楚时，可以使用两个以上相交的剖切平面和柱面剖切机件，如图 7-26 和图 7-27 所示。

采用几个相交的剖切平面剖开机件时，需把几个剖切平面展开成同某一基本投影面平行后

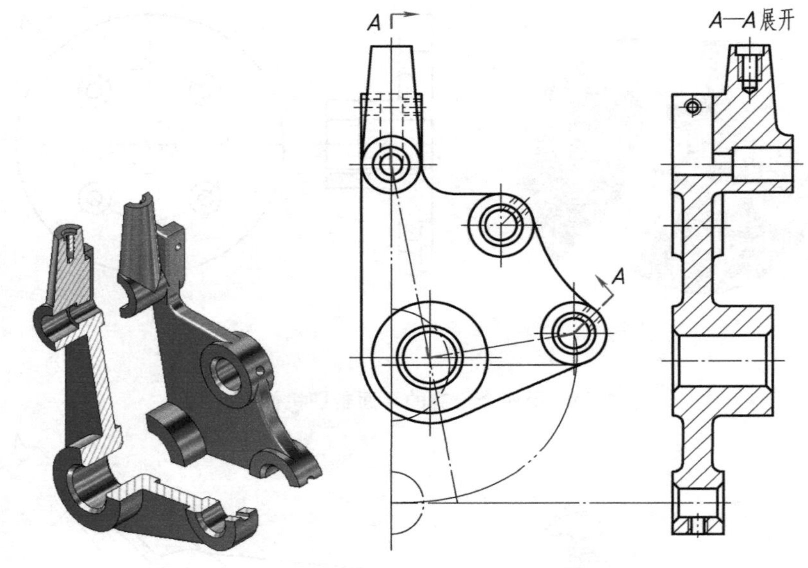

a) b)

图 7-26 用几个相交的剖切平面剖切机件

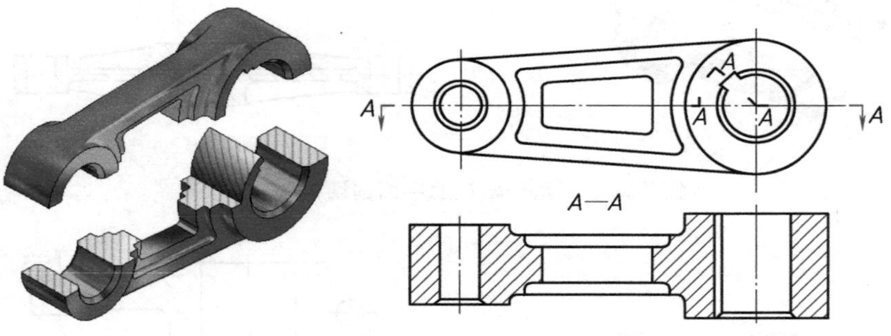

a) b)

图 7-27 用几个相交的剖切平面和柱面剖切机件

投射，即使用展开画法，此时在剖视图上方应注明“×—×展开”，如图 7-26 所示。

几个相交的剖切面可以是平面，也可以是柱面。可将几种剖切面组合起来使用（这种剖切可称为复合剖），如图 7-27 所示。

7.2.4 AutoCAD 中的剖视图画法

图 7-28 剖视图的绘制

【例 7-1】 绘制图 7-28 所示的剖视图。

绘图步骤如下：

1）建立新图，设置图形界线，设置点画线、粗实线、细实线、剖面线等图层，设置线型比例为 0.5，设置辅助绘图等工具。

2）画中心线，确定主、俯视图的位置，如图 7-29a 所示。

3）采用绘制圆、直线等绘图命令，结合修剪等编辑命令，绘制图 7-29b 所示的主、俯视图。

4）激活图案填充命令，在【图案】下拉列表框中选择要填

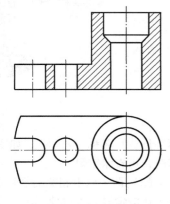

充的图案“ANSI31”，通过单击【添加：拾取点】按钮或【添加：选择对象】按钮返回绘图区域，选取要填充的区域，然后单击【确定】按钮，完成图案填充，绘图结果如图 7-29c 所示。

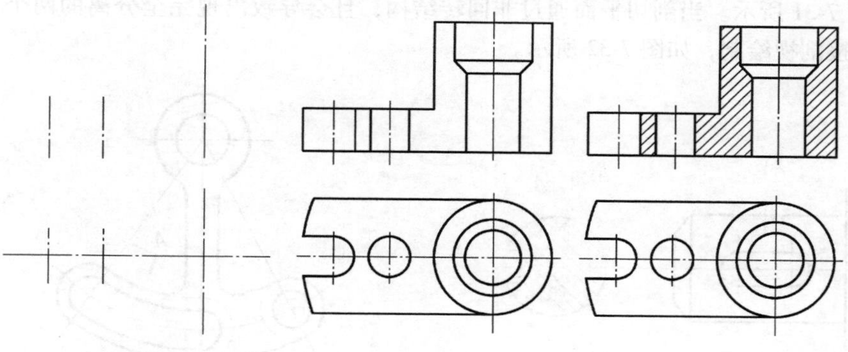

a)　　b)　　c)

图 7-29　剖视图绘制过程

7.3　断面图

7.3.1　断面图概念

假想用剖切面将机件的某处切断，仅画出该剖切面与物体接触部分的图形叫断面图，简称断面，如图 7-30 所示。

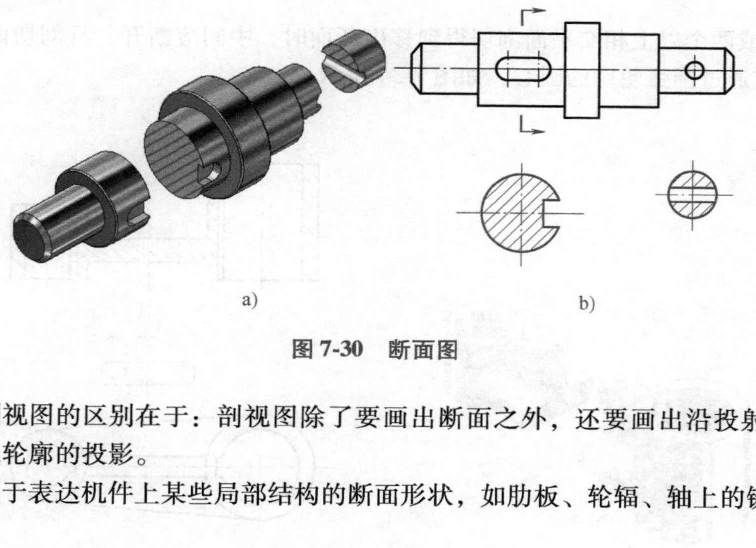

a)　　b)

图 7-30　断面图

断面图与剖视图的区别在于：剖视图除了要画出断面之外，还要画出沿投射方向上剖切面后方的机件可见轮廓的投影。

断面图常用于表达机件上某些局部结构的断面形状，如肋板、轮辐、轴上的键槽和孔以及型材的横断面等。

断面图按其布置的位置不同，可分为移出断面和重合断面两种。

7.3.2　移出断面

画在视图范围以外的断面图称为移出断面，如图 7-30 所示。

1. 移出断面的画法

1）移出断面的轮廓线用粗实线绘制，剖面线方向和间隔应与原视图保持一致。

2）移出断面应尽量配置在剖切符号的延长线上，必要时，也可布置在其他位置。

3）移出断面的剖切平面若通过回转面形成的孔、凹坑的轴线时，这些结构按剖视绘制，如图7-30和图7-31所示。当剖切平面通过非回转结构，且会导致出现完全分离的两个剖面时，这些结构也应按剖视绘制，如图7-32所示。

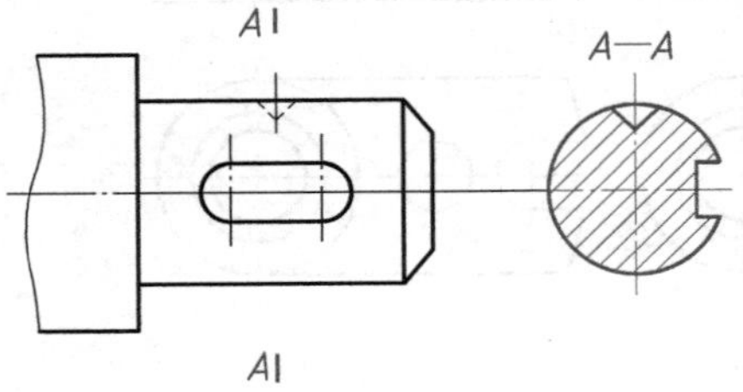

图7-31　回转结构的断面画法

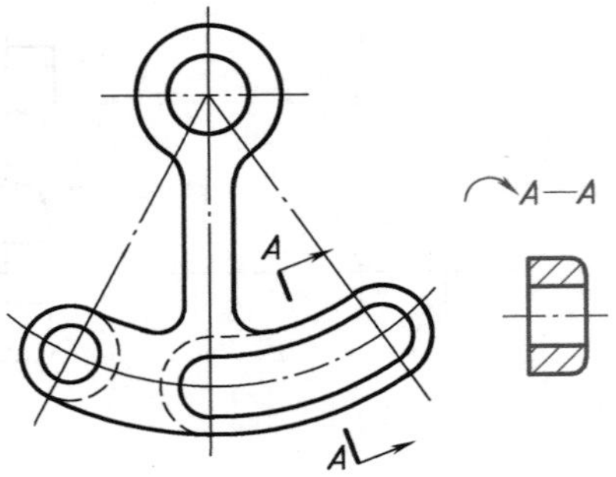

图7-32　非回转结构的断面画法

4）断面图形对称时，可以配置在视图中断处，并且无需标注，如图7-33所示。

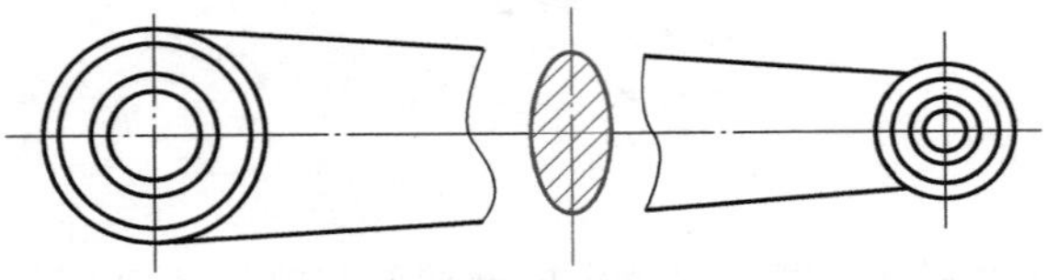

图7-33　断面画在视图中断处

5）由两个或两个以上相交平面剖切得到移出断面时，中间应断开，且剖切面应垂直于机件的直线轮廓线或通过圆弧轮廓的圆心，如图7-34所示。

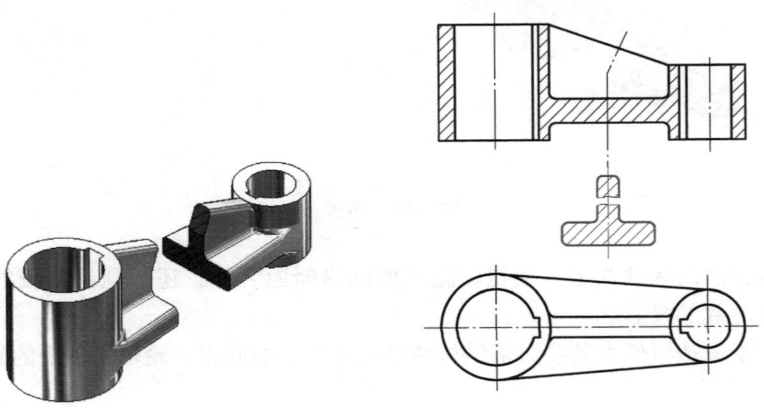

a)　　b)

图7-34　两个相交平面剖切的断面图

2. 移出断面的标注

（1）完整标注　与剖视图的标注方法相同，一般应标注出移出断面的名称“×—×”（×为大写拉丁字母），在相应的视图上用剖切符号和箭头表示剖切位置和投射方向，并注上相同字母。

当断面图形不对称，且不布置在剖切位置延长线上时，应采用完整标注，如图 7-35 中 *A—A* 所示。

（2）部分省略标注　当断面图形不对称，但布置在剖切位置延长线上，可以省略字母，如图 7-30 所示。当断面图形不对称，但移出断面与视图间保持了投影对应关系，如图 7-31 所示；以及断面图形对称，但不布置在剖切位置延长线上，如图 7-35 中 *B—B* 所示，上述两种情况均可省略箭头。

（3）全部省略标注　移出断面图形对称，且配置在剖切位置延长线上或视图中断处，可全部省略标注，如图 7-30 中轴的右端销孔处和图 7-33 所示。

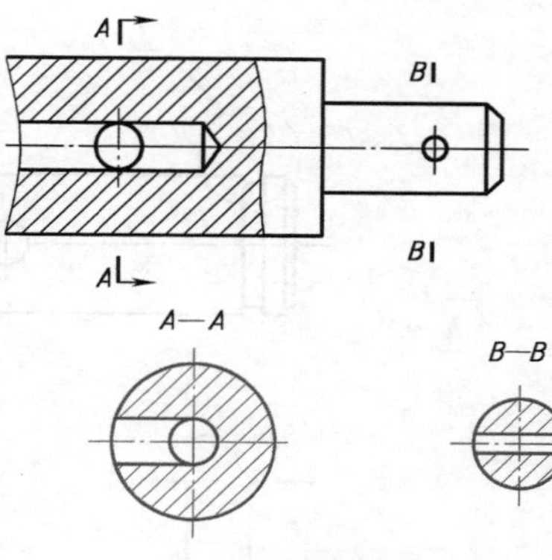

图 7-35　移出断面图的标注

7.3.3　重合断面

在不影响图形清晰的情况下，可将断面图画在视图轮廓范围以内，称为重合断面，如图 7-36 所示。

1. 重合断面的画法

重合断面的轮廓线用细实线绘制。当视图中的轮廓线与重合断面的轮廓线重合时，视图中的轮廓线（粗实线）仍应画出，不可中断，如图 7-36b 所示。

2. 重合断面的标注

对称的重合断面不必标注，对称中心线即为剖切线，如图 7-36a 所示。不对称的重合断面，需标注出剖切符号及箭头，但不必标注字母，如图 7-36b 所示。

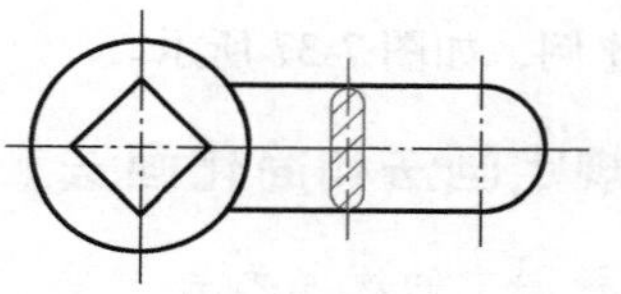

a) 对称的重合断面

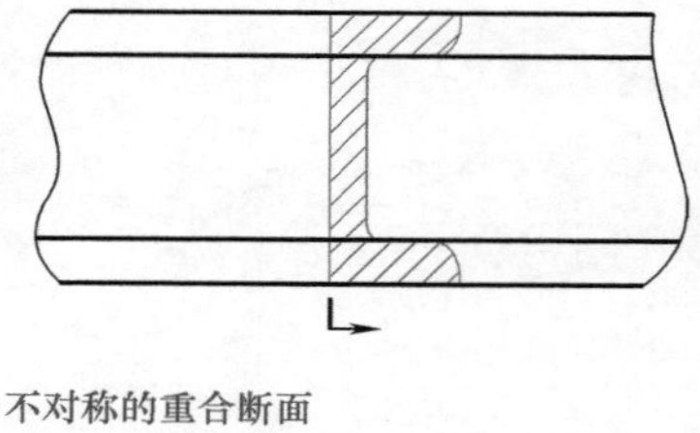

b) 不对称的重合断面

图 7-36　重合断面

7.4　其他表达方法

为了方便绘图和看图，国家标准还规定了局部放大图、规定画法和简化画法等一些其他表达方法。

7.4.1　局部放大图

将机件的部分结构用大于原图形所采用比例画出的图形，称为局部放大图。当机件上某些细小结构，以通常的比例作图不易表达清楚，也不便标注尺寸时，可以采用局部放大图的表达方法，如图 7-37 所示的挡圈槽和螺纹退刀槽。

局部放大图可以画成视图、剖视、断面，它与被放大部位的原有表达方法无关，如图 7-37 中原图形是表达外形的，局部放大图（Ⅱ）则采用剖视画法。

画局部放大图时，一般用细实线的圆或长圆将被放大部位圈出，并尽量把局部放大图配置在附近。当机件上仅有一个需放大的部位时，在局部放大图上方只注明采用的比例，放大比例为放大图形与实物的线性尺寸之比，与原图的比例无关。当同一机件上有几个被放大部位时，应该用罗马数字顺序地标示被放大部位，并在局部放大图上方以类似分式的形式标注相应的罗马数

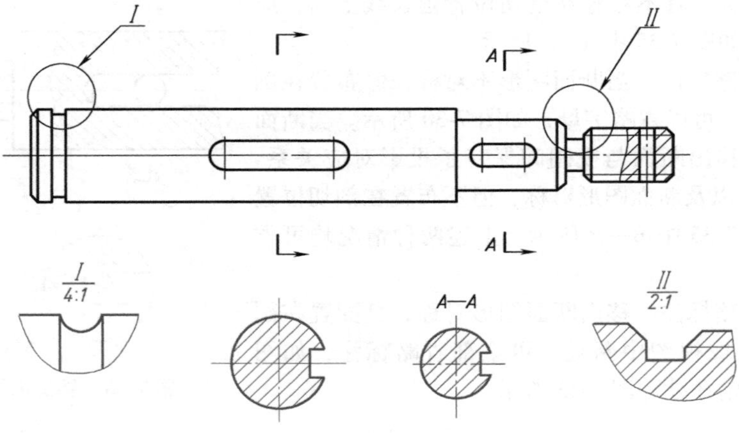

图 7-37　局部放大图

字和放大比例，如图 7-37 所示。

7.4.2　规定画法和简化画法

1. 剖视图中的规定画法

1）当回转体机件上均匀分布的肋板、轮辐及孔等结构不处于剖切平面上时，可将这些结构旋转到剖切平面上画出，而不加任何标注，如图 7-38 所示。

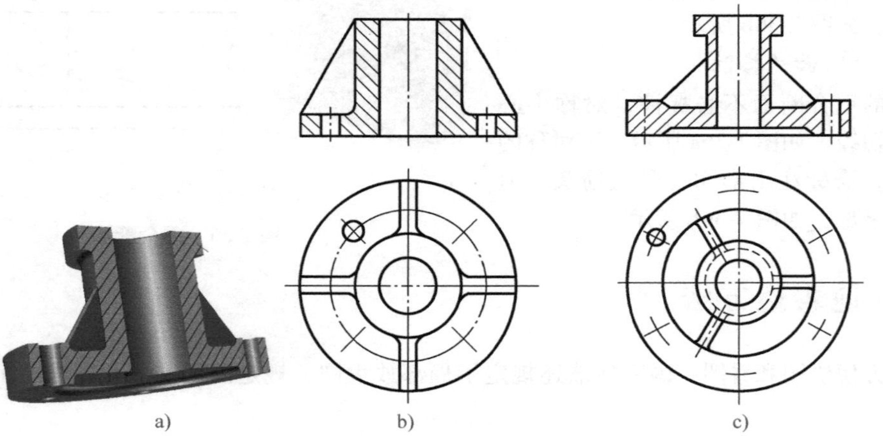

图 7-38　回转体机件上均匀分布的肋板及孔

2）对于机件中的肋板、轮辐和薄壁等结构，如按纵向剖切，这些结构按照不剖处理，而是用粗实线将它与其邻接的部分区分开，如图 7-38 所示。

2. 相同结构的简化

1）当机件上具有若干相同结构（齿、槽等）并按一定规律分布时，只需画出几个完整的结构，其余用细实线连接，在图中必须注明该结构的总数，如图 7-39a 所示。

2）机件上具有若干直径相同且成规律分布的孔（圆孔、螺孔、沉孔等）时，可以仅画出一个或几个，其余用点画线表明其中心位置，并在图中注明孔的总数，如图 7-39b 所示。

3）滚花、槽沟等网状结构应用粗实线完全或部分地表示出来，如图 7-40 所示。

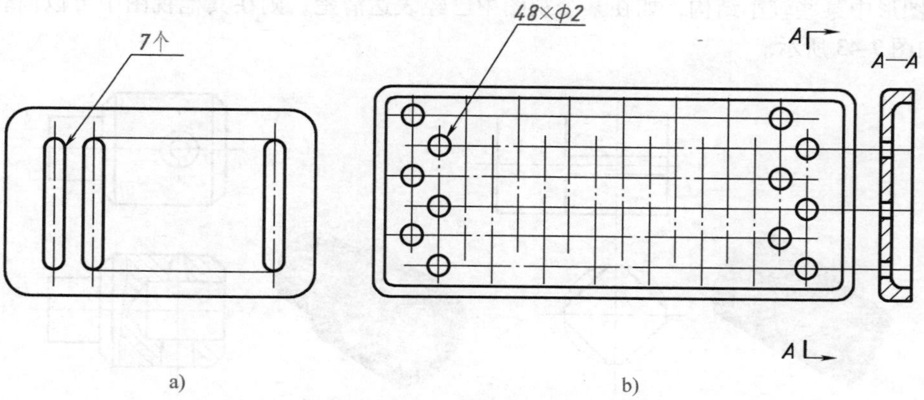

图 7-39 规律分布相同结构的简化画法

4）较长机件（轴、杆、型材等）沿长度方向的形状一致或按一定规律变化时，可断开后缩短绘制，但要标注实际尺寸，如图 7-41 所示。

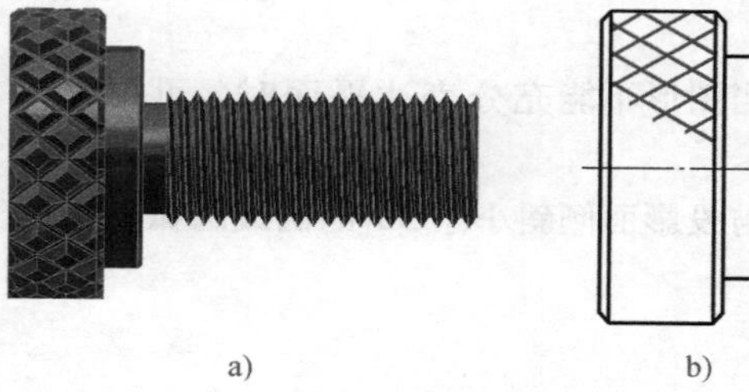

图 7-40 网状结构的画法

3. 小结构的简化

1）在不致引起误解时，图形中的过渡线、相贯线和截交线可以简化，例如用圆弧或直线代替非圆曲线，如图 7-42 所示。过渡线应用细实线绘制，且不宜与轮廓线相连。

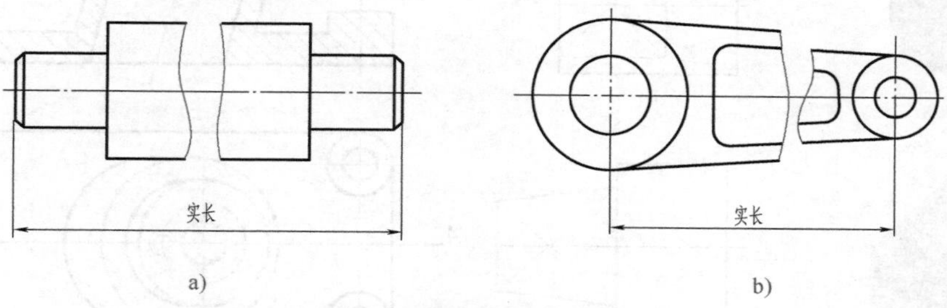

图 7-41 较长机件截断画法

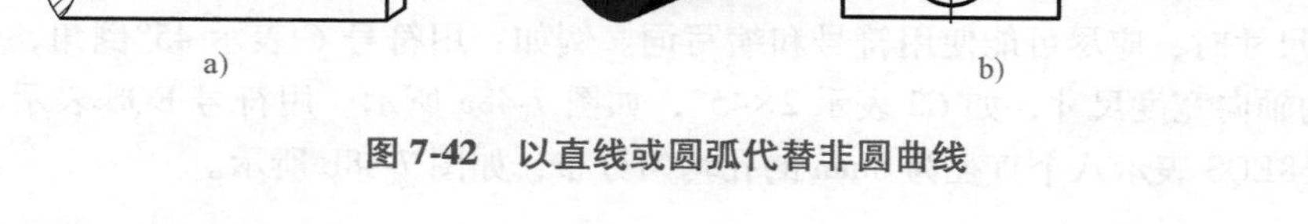

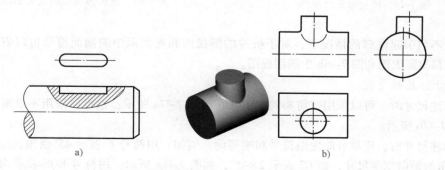

图 7-42 以直线或圆弧代替非圆曲线

2）图形中某些较小结构，如在某个视图中已经表达清楚，则在其他视图中可以简化或省略表达，如图 7-43 所示。

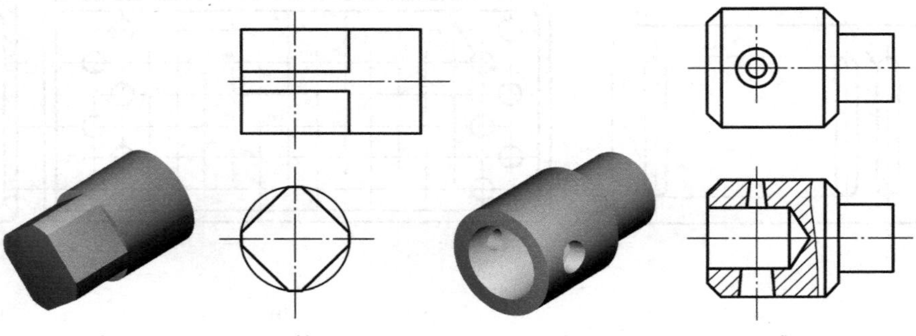

图 7-43　小结构的简化和省略

3）当图形不能充分表达平面时，可用平面符号（相交的两条细实线）表示，如图 7-44 所示。

4）与投影面倾斜小于 30°的圆或圆弧，其投影的椭圆可用圆或圆弧代替，如图 7-45 所示。

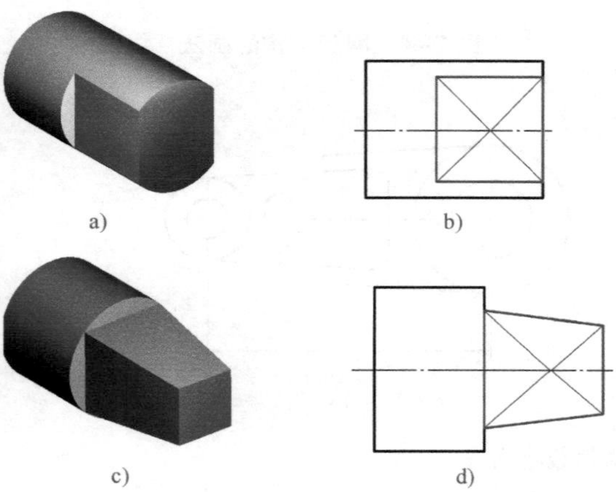

图 7-44　用符号表示平面

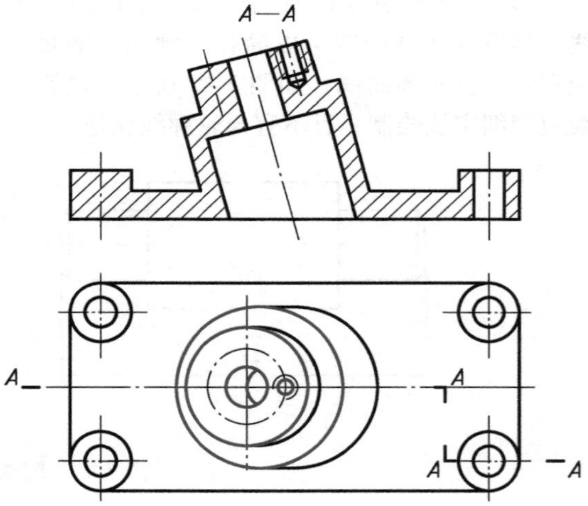

图 7-45　投影为椭圆的简化画法

5）在不致引起误解的情况下，对于机件的剖视图和断面图中的剖面符号可以省略，如图 7-46a 中的移出断面图和图 7-46b 中的剖视图。

4. 尺寸注法的简化

1）标注尺寸时，可以采用带箭头的指引线，如图 7-47a 所示；也可以采用不带箭头的指引线，如图 7-47b 所示。

2）标注尺寸时，应尽可能使用符号和缩写词。例如：用符号 C 表示 45°倒角，C 后面的数字表示倒角的轴向宽度尺寸，如 $C2$ 表示 2×45°，如图 7-48a 所示。用符号 EQS 表示均匀分布的结构，如 8×ϕ8EQS 表示八个直径为 8mm 的孔均匀分布，如图 7-48b 所示。

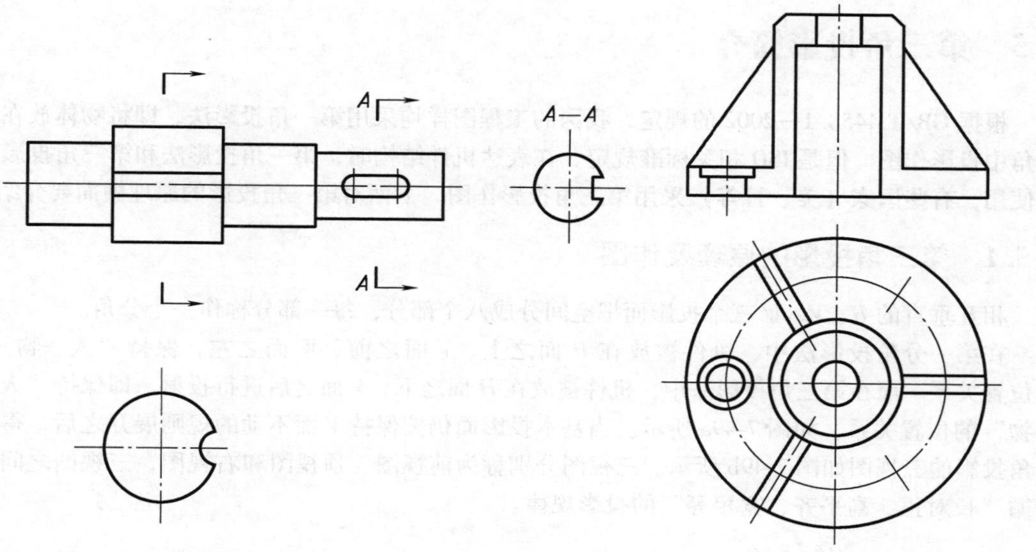

a)　　　　b)

图 7-46　省略剖面符号的简化画法

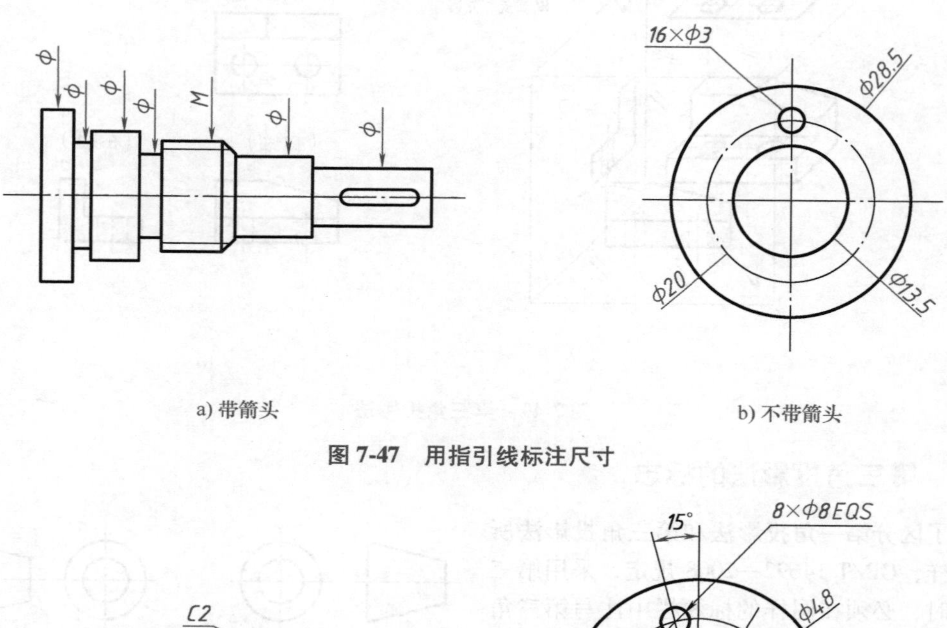

a) 带箭头　　　　b) 不带箭头

图 7-47　用指引线标注尺寸

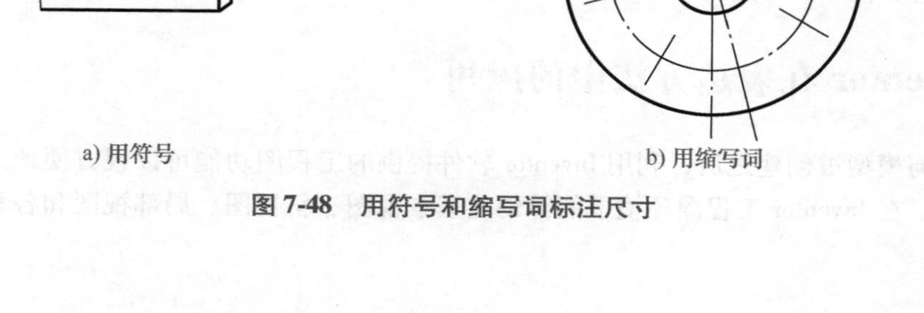

a) 用符号　　　　b) 用缩写词

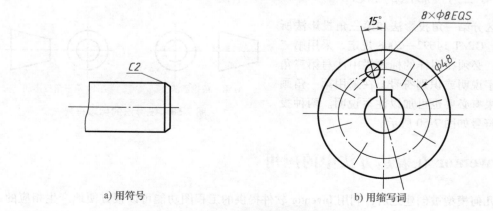

图 7-48　用符号和缩写词标注尺寸

7.5 第三角投影简介

根据 GB/T 4458.1—2002 的规定，我国的工程图样均采用第一角投影法，即将物体放在第一分角中投影作图。但是 ISO 相关标准规定，在表达机件结构时，第一角投影法和第三角投影法等效使用，有些国家（美、日等）采用第三角投影作图。下面对第三角投影的原理做简要介绍。

7.5.1 第三角投影的原理及作图

相互垂直的 *H*、*V*、*W* 三个投影面把空间分成八个部分，每一部分称作一个分角。

在第一分角投影法中，机件被放在 *H* 面之上、*V* 面之前、*W* 面之左，保持“人—物—面”的位置关系。而在第三角投影法中，机件被放在 *H* 面之下、*V* 面之后进行投射，即保持“人—面—物”的位置关系，如图 7-49a 所示。当基本投影面仍按保持 *V* 面不动的规则展开之后，得到第三角投影的三视图如图 7-49b 所示。三视图分别称为前视图、顶视图和右视图，三视图之间依然遵循“长对正、高平齐、宽相等”的投影规律。

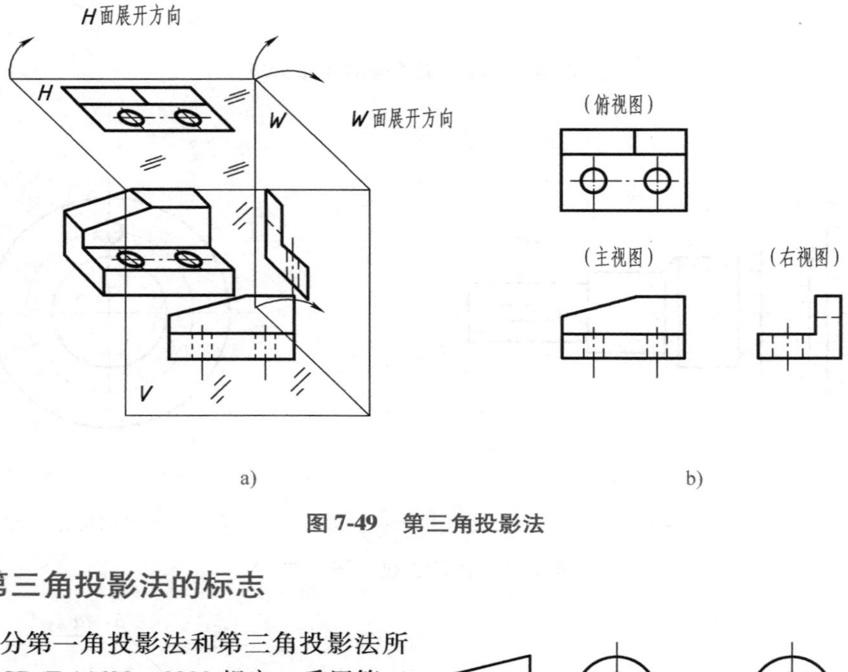

a)　　　　b)

图 7-49　第三角投影法

7.5.2 第三角投影法的标志

为了区分第一角投影法和第三角投影法所得的图样，GB/T 14692—2008 规定，采用第三角画法时，必须在图样的标题栏中注写第三角投影的文字说明或识别符号，在采用第一角画法时，如果有必要也可加以注写说明。两种投影的标志符号如图 7-50 所示。

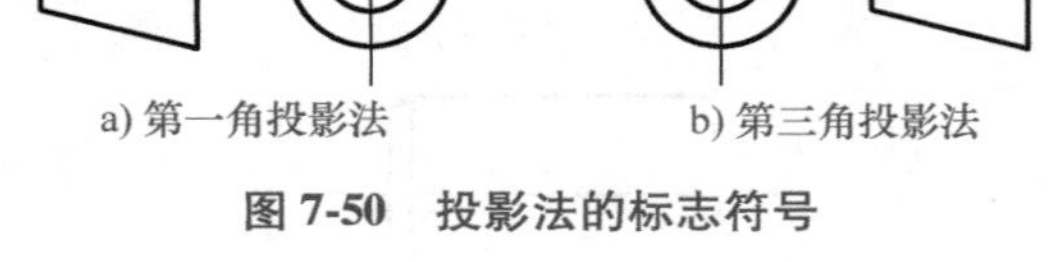

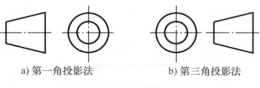

a) 第一角投影法　　b) 第三角投影法

图 7-50　投影法的标志符号

7.6 Inventor 在表达方法中的应用

三维几何模型被创建之后，利用 Inventor 软件提供的工程图功能可以很方便地产生相应的二维表达视图。在 Inventor 工程图环境下能够创建基本视图、斜视图、局部视图和各种剖视图等多种二维表达视图，并可实现二维视图与三维实体的双向关联。

在二维表达视图创建过程中，由于纵向肋板不剖、过渡线和简化画法等一些人为规定以及不同行业和国家的制图标准不统一等因素的存在，使得目前的三维软件自动生成的各种视图都不能完全满足工程人员的需要。Inventor 在此方面做了大量的努力，在同类软件中处于领先。Inventor 允许在工程图环境下进入草图模式对自动生成的二维工程图进行修改，使其最终符合我国国家标准和行业标准的规定。

Inventor 中的工程图环境下的各工具面板如图 7-51 所示。

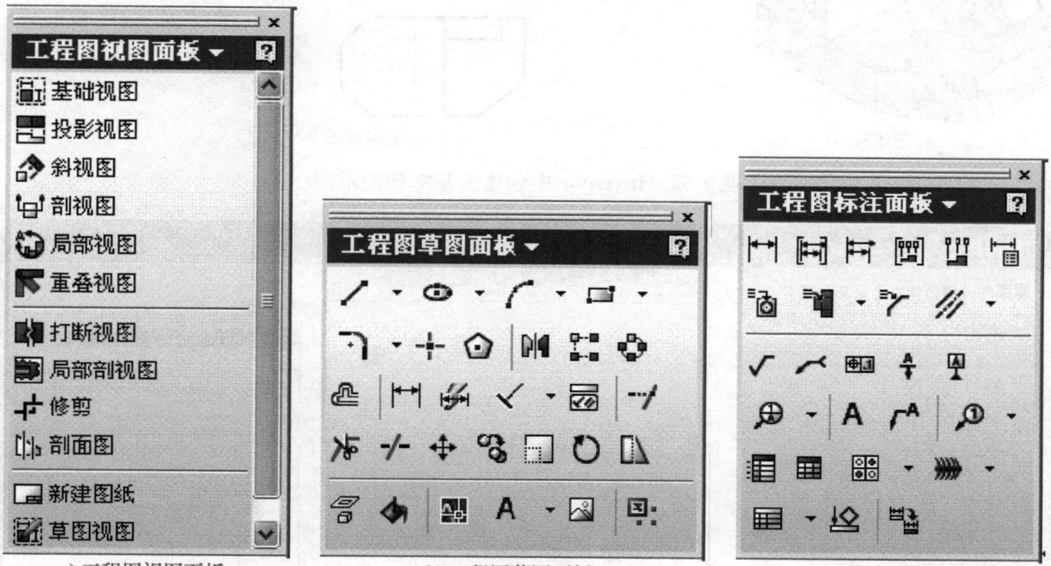

a) 工程图视图面板　b) 工程图草图面板　c) 工程图标注面板

图 7-51　工程图环境中的工具面板

下面介绍在 Inventor 工程图环境下实现各种表达视图的方法。

7.6.1　视图的创建

1. 基本视图

本书在组合体的视图与建模一章中曾介绍了如何在 Inventor 中创建三视图的方法，另外三个视图（右视图、仰视图和后视图）的创建与其类似。六个基本视图的大致创建过程：先利用基础视图工具将主视图创建出来；然后以主视图为基础，采用投影视图工具进行左、右、俯、仰四个视图的创建；最后以左视图为基础，再利用投影视图工具完成后视图的创建。图 7-52 所示为在 Inventor 中创建的基本视图示例。

2. 向视图

在基本视图的基础上经过以下操作后，可创建出向视图。

1）双击要转为向视图的基本视图，将弹出如图 7-53 所示的【工程视图】对话框。

2）在【工程视图】对话框中，单击【视图/比例标签】一栏的按钮，并单击编辑视图标签按钮，在弹出的【文本格式】对话框中将文本框中的“<DELIM><比例>”删除，单击【确定】按钮，向视图的标记即可完成。

3）把【工程视图】对话框中的选项卡切换到【显示选项】，将其中的【与基础视图对齐】

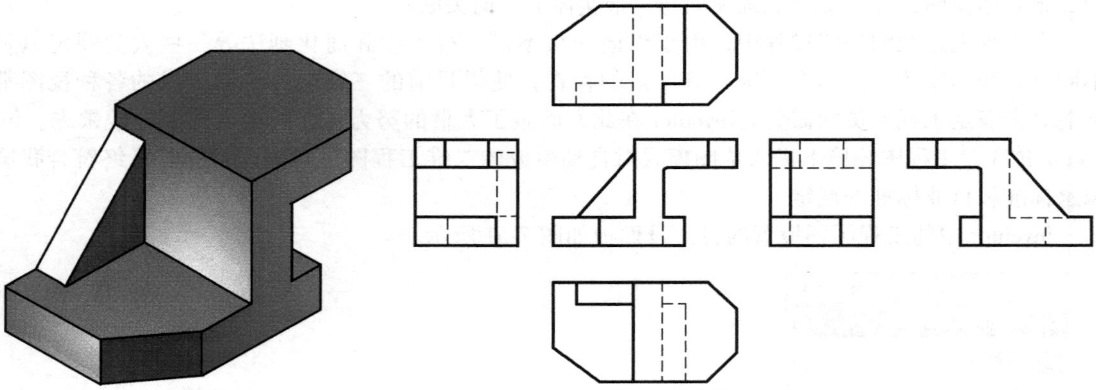

a) 三维模型　　　　　　　　　　b) 基本视图

图 7-52　Inventor 中创建的基本视图示例

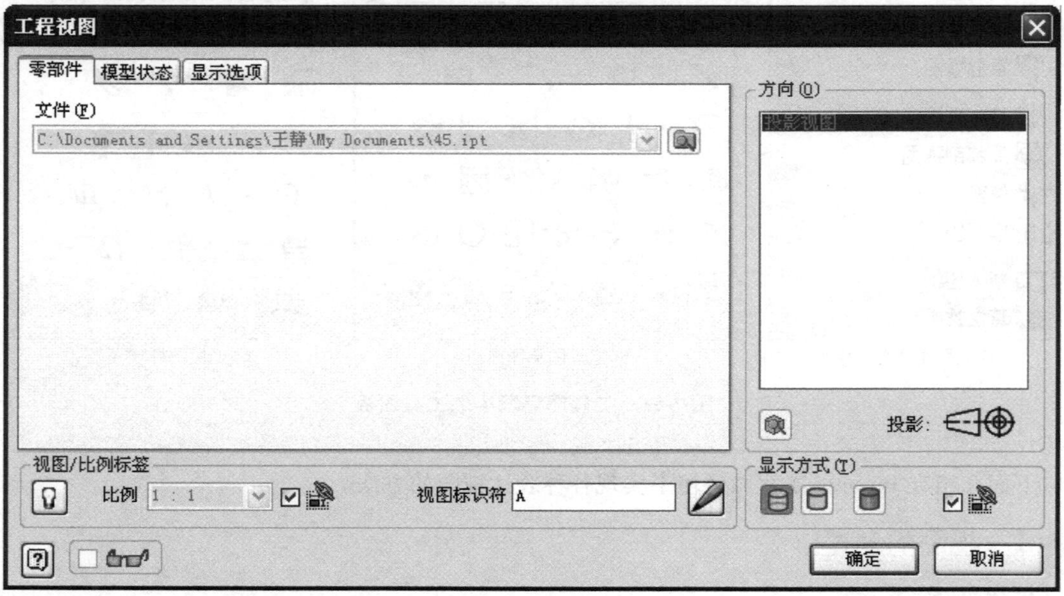

图 7-53　【工程视图】对话框

复选框变为不选状态，将【在基础视图中显示投影线】复选框变为选择状态，再单击【确定】按钮，向视图的位置就可以任意配置了。

图 7-54 所示为在 Inventor 中创建的向视图示例。

3. *局部视图*

局部视图也是在基本视图的基础上进行创建的，步骤如下：

1）生成包含局部视图图线的基本视图。

2）通过工程图视图面板上的修剪工具对步骤 1）生成的基本视图进行修剪。单击图标，选中基本视图，然后选择右键关联菜单中的【修剪设置（E)】选项，在弹出的如图 7-55 所示的【修剪设置】对话框里选择边界类型，并将【显示剪切线】前的复选框变为不选状态，单击【确定】按钮后，再在基本视图中框选要保留变为局部视图的区域。

3）经步骤 2）修剪后所得的局部视图是没有波浪线并与所基于的视图间保持对齐的。如果

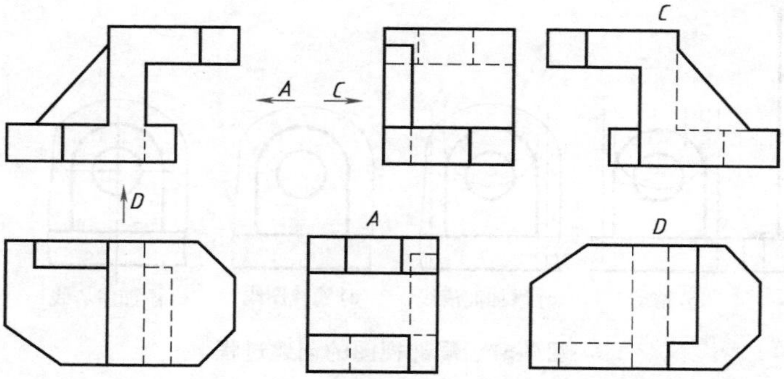

图 7-54 Inventor 中创建的向视图示例

所要创建的局部视图正好呈完整独立的外形轮廓时，则无需修改；如果不是，则需要添加波浪线。波浪线的添加方法：选中要添加波浪线的视图，单击系统工具栏中的草图按钮以新建基于该视图的一个二维草图，再利用工程图草图面板中的投影几何图元工具将与波浪线位置相关的几何图元向草图进行投射，然后利用样条曲线工具将波浪线作出，最后在右键关联菜单中选择【完成草图】。

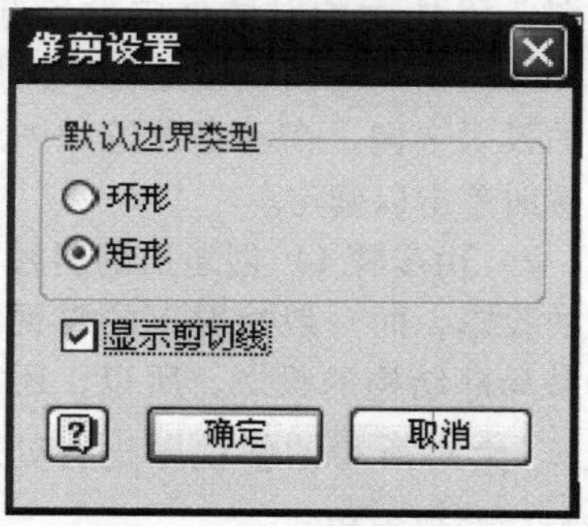

图 7-55 【修剪设置】对话框

4）对局部视图进一步的修饰。主要有添加必要的中心线、隐藏多余图线、隐藏所有虚线和视图标注及位置的调整。添加中心线的方法在 5.7.2 小节已介绍；隐藏多余图线的方法是用在该图线的右键关联菜单中选择【可见性（V）】选项；隐藏所有虚线的方法是在双击该视图所弹出的【工程视图】对话框中将“与基础视图样式一致”复选框变为不选状态，再单击显示方式一栏中的图标；视图标注及位置的调整可在该视图的右键关联菜单中选择【对齐视图（A）】的子菜单【断开（B）】，再进行视图标注中比例的隐藏和视图位置的调整。

图 7-56 所示为在 Inventor 中创建的局部视图示例，其中 *A* 向局部视图的创建过程如图 7-57 所示。

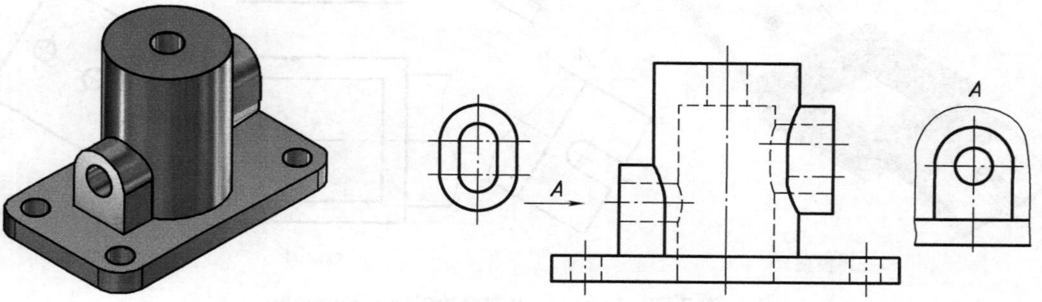

a) 三维模型　　b) 局部视图

图 7-56 Inventor 中创建的局部视图示例

4. 斜视图

在工程图中创建斜视图的步骤如下：

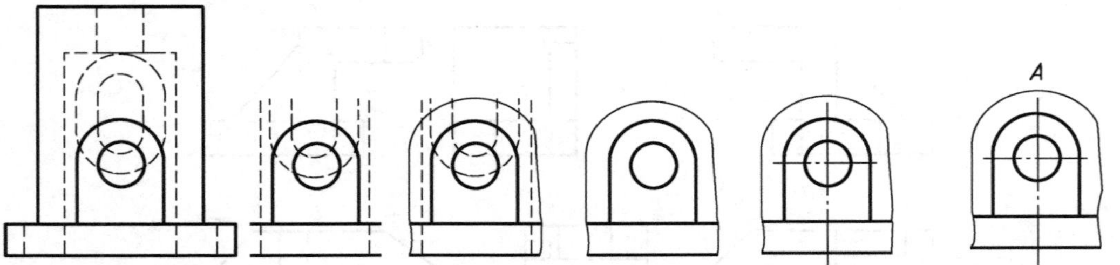

a) 创建基本视图　b) 修剪　c) 添加波浪线　d) 隐藏图线　e) 添加中心线　f) 标注及位置调整

图 7-57　局部视图的创建过程

1）在工程图视图面板中单击斜视图工具，再单击斜视图所基于的基础视图，在弹出的如图 7-58 所示的对话框中设置好相关参数，用光标在基础视图上指定某条图线作为斜视图的投射方向，在动态预览的图形处于适当位置时单击以确定。

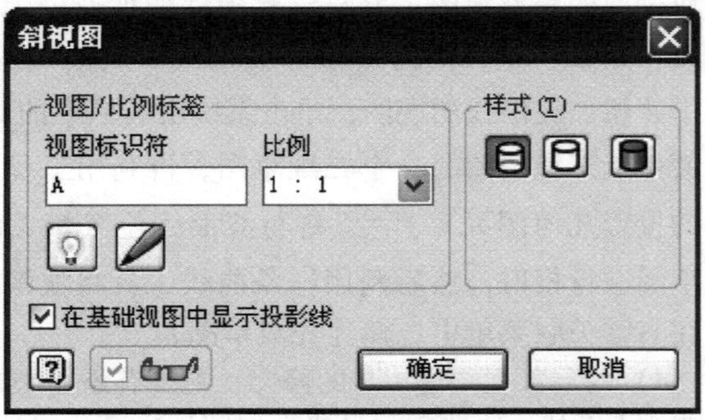

图 7-58 【斜视图】对话框

2）由步骤 1）创建出的斜视图是整个模型的投影，而一般情况下的斜视图只是模型的某局部结构的投影。所以，还需利用修剪工具对所得的斜视图进行处理，修剪方法与局部视图相同。

3）对斜视图做进一步的修饰。主要有根据需要添加波浪线、添加必要的中心线、隐藏多余图线、隐藏所有虚线和视图标注及位置的调整，其处理方法也与局部视图相同。

图 7-59 所示为在 Inventor 中创建的斜视图示例。

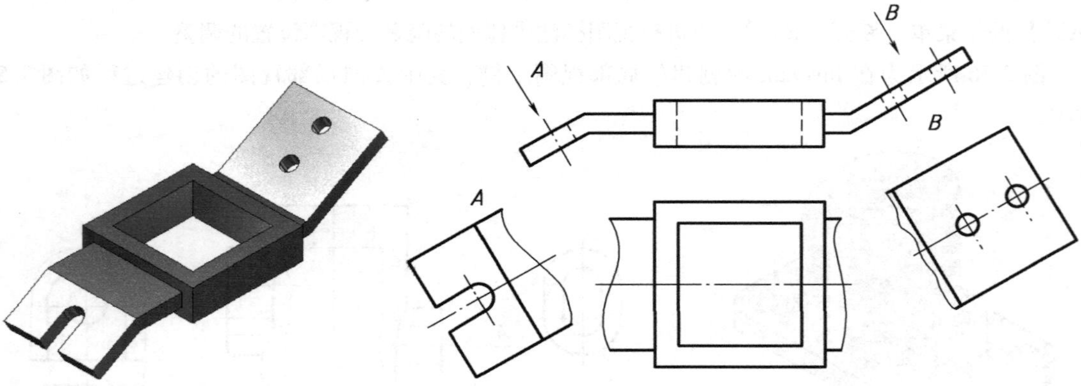

a) 三维模型　b) 斜视图

图 7-59　Inventor 中创建的斜视图示例

7.6.2　剖视图的创建

Inventor 中关于剖切表达的规则：沿着指定的一条直线或多条折线，并以首末两线段的垂直方向投射出剖切表达视图。由于规则的限制，目前关于用柱面剖切和组合的剖切平面剖切来创建剖视图还没有很好的解决方案（Inventor 2011 版已能实现组合的剖切面剖切，但仍存在一些问题），只能采用较为繁琐的变通办法。另外，在 Inventor 工程图中的剖切线是以草图形式存在的，因此也可以先大致作出，之后用几何约束和尺寸约束对其进行编辑，以将剖切位置调整到需要的地方。

下面介绍在 Inventor 工程图中创建各种剖视图的方法。

1. 全剖视图

在工程图中创建全剖视图的步骤如下：

1）单击工程图视图面板中的剖视图工具，在图形窗口中选择剖视所基于的视图，如图 7-60 中的俯视图。

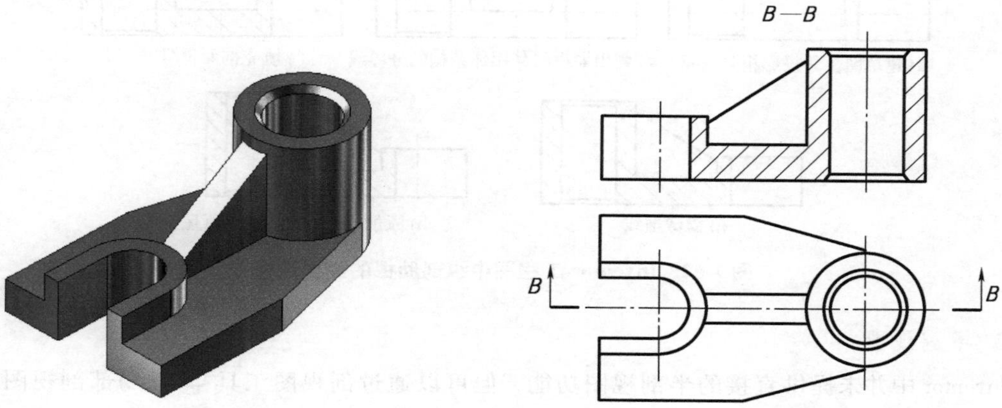

a) 三维模型　　b) 全剖视图

图 7-60　Inventor 中创建的全剖视图

2）在剖视所基于的视图中单击两处以定位剖切平面的位置，在右键关联菜单中选择【继续（C）】选项，将弹出如图 7-61 所示的【剖视图】对话框，在对话框中设置好【视图/比例标签】和【样式】等参数后，拖动光标以动态预览所得到的剖视图，在适当的位置单击，得到图 7-60b 所示的全剖视图。

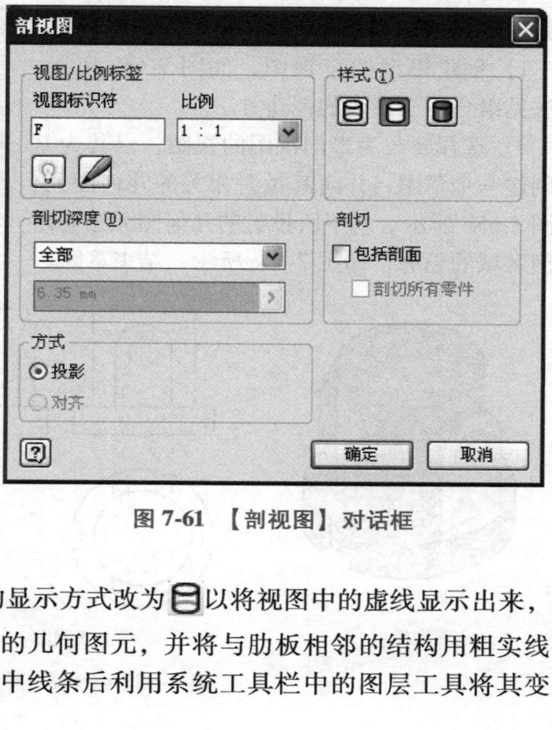

图 7-61　【剖视图】对话框

3）对全剖视图添加中心线、视图标注及位置的调整等修饰，如图 7-60b 所示。

这里要特别注意剖视图中关于纵剖肋板的处理，Inventor 并没有将纵剖肋板按不剖处理的规则写进软件中，需要使用者进行变通处理。大致的处理过程：首先在原剖视图中剖面符号的右键关联菜单中选择【隐藏（H）】选项以隐藏原剖面符号，然后将视图的显示方式改为以将视图中的虚线显示出来，接着新建一个基于剖视图的草图以向其投射有关的几何图元，并将与肋板相邻的结构用粗实线分开［在草图中画出的图形默认为细实线，需选中线条后利用系统工具栏中的图层工具将其变为

“■可见（ISO）”]，最后用填充工具去除肋板范围后的封闭区域填充上剖面符号（【剖面线/颜色填充】对话框见图7-63）并结束草图。Inventor工程图中纵剖肋板的处理过程如图7-62所示。

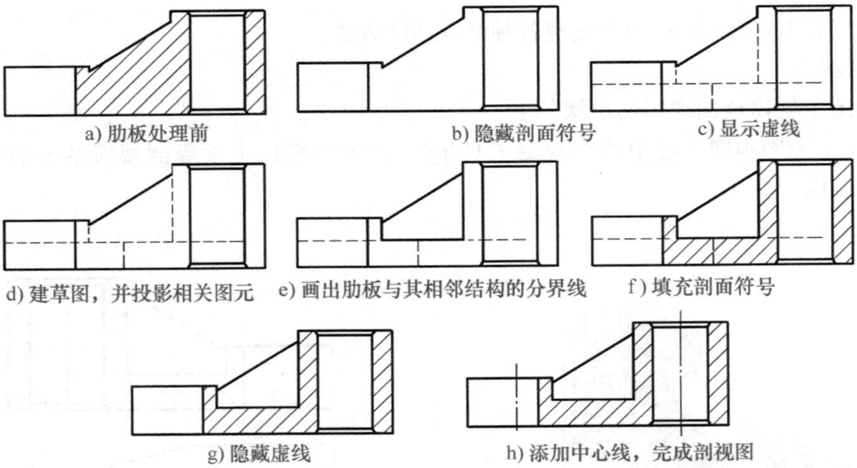

a) 肋板处理前　b) 隐藏剖面符号　c) 显示虚线

d) 建草图，并投影相关图元　e) 画出肋板与其相邻结构的分界线　f) 填充剖面符号

g) 隐藏虚线　h) 添加中心线，完成剖视图

图7-62　Inventor工程图中纵剖肋板的处理过程

2. 半剖视图

Inventor中并未提供直接的半剖视图功能，但可以通过剖视图工具或局部剖视图工具实现半剖视图的表达，现介绍用局部剖视图工具创建半剖视图的方法。

以图7-64中半剖的主视图为例，创建半剖视图的步骤如下：

1）创建模型的三视图，如图7-64b所示，方法见组合体三视图的创建方法。

2）选择要改为半剖视图的视图，以其为基础创建一个草图，并向其投射相关的几何图元，如图7-65b所示。基于所投射的几何图元绘制出半剖区域的轮廓，如图7-65c所示，结束草图。

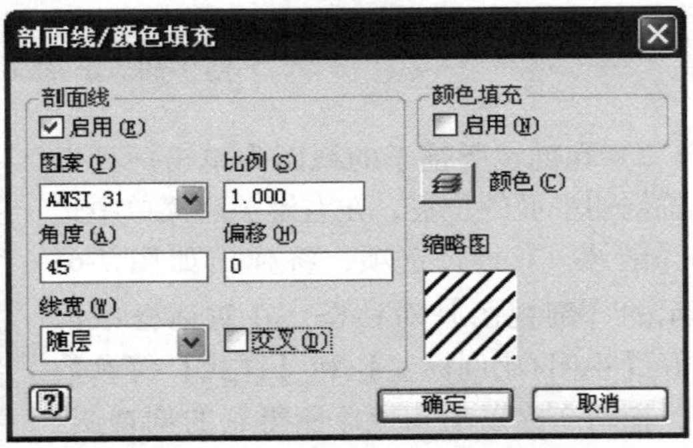

图7-63　【剖面线/颜色填充】对话框

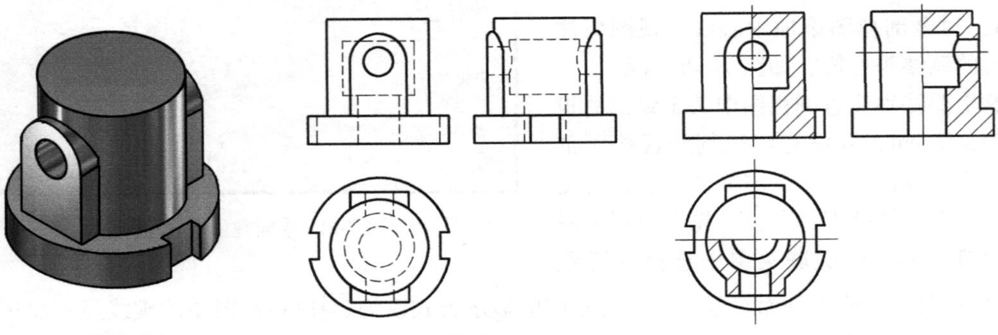

a) 三维模型　b) 三视图　c) 半剖视图

图7-64　Inventor中创建的半剖视图

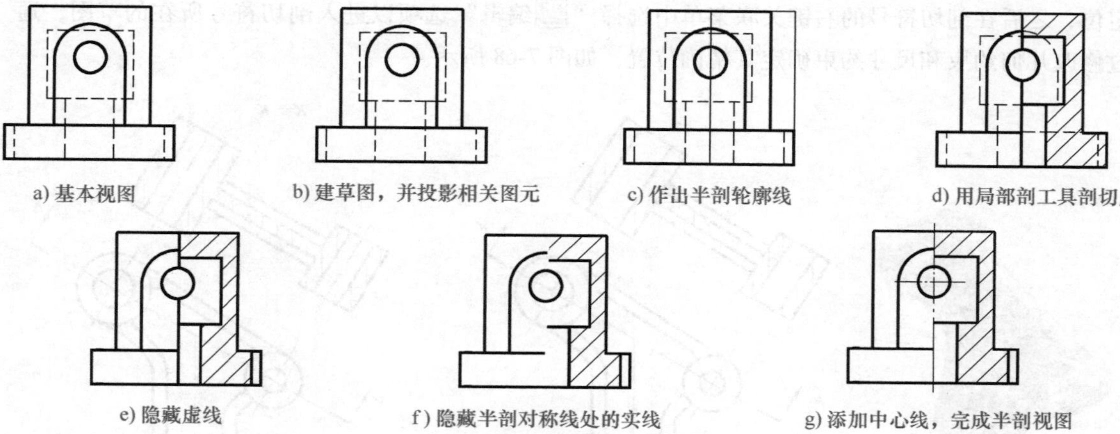

a) 基本视图　b) 建草图，并投影相关图元　c) 作出半剖轮廓线　d) 用局部剖工具剖切后

e) 隐藏虚线　f) 隐藏半剖对称线处的实线　g) 添加中心线，完成半剖视图

图 7-65　Inventor 工程图中半剖视图的创建过程

3）单击工程图视图面板上的局部剖视图工具，选择步骤 2）所得的视图，在弹出的如图 7-66 所示的【局部剖视图】对话框中选择“深度”为“自点”或“至孔”选项，然后在视图中指定剖切面经过的点或孔的轮廓线，单击【确定】按钮，所得图形如图 7-65d 所示。

4）隐藏虚线和对称线处的粗实线，并添加中心线以完成半剖视图，如图 7-65e～g 所示。

3. 局部剖视图

在 Inventor 中创建局部剖视图的方法与半剖视图类似，不同处在于局部剖视的剖切范围是用波浪线（一般用样条曲线绘制）表示的，如图 7-67b 所示，另外在剖视后需将粗实线表示的波浪线改为“■可见窄的（ISO）”。

图 7-67 所示为在 Inventor 中创建的局部剖视图示例。

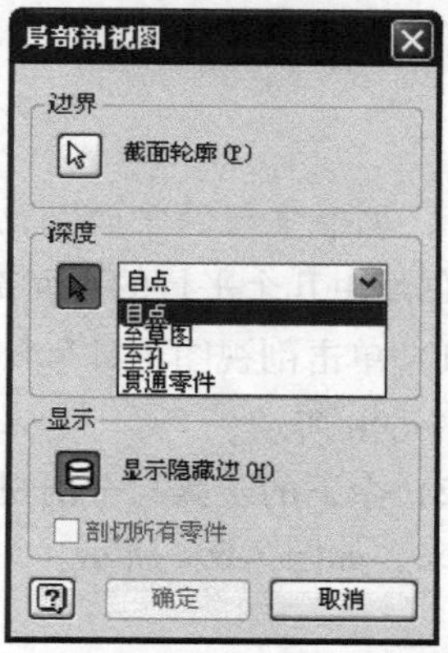

图 7-66　【局部剖视图】对话框

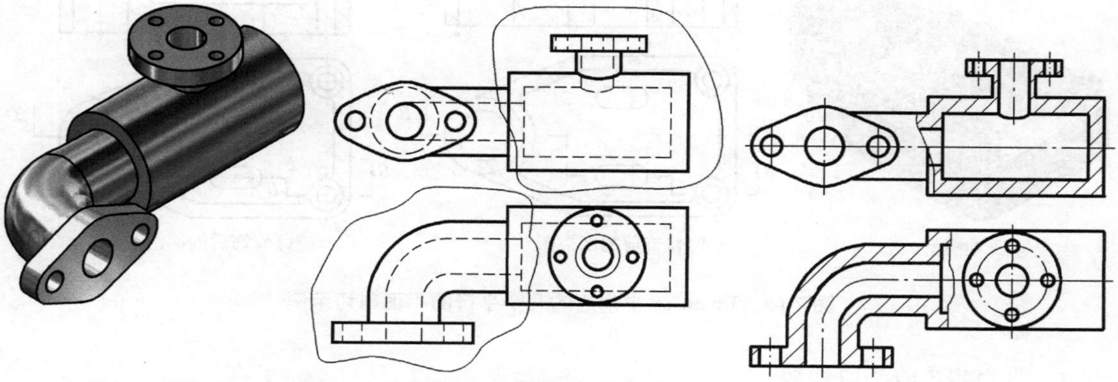

a) 三维模型　b) 在草图中绘制局部剖的范围轮廓　c) 局部剖视图

图 7-67　Inventor 中创建的局部剖视图示例

4. 单一斜剖切平面剖切

在 Inventor 中创建单一斜剖切平面剖切所得的剖视图与全剖视图类似。可先将剖切平面大致

定位，之后在剖切符号的右键关联菜单中选择“编辑”选项以进入剖切符号所在的草图，通过修改几何约束和尺寸约束确定其精确位置，如图 7-68 所示。

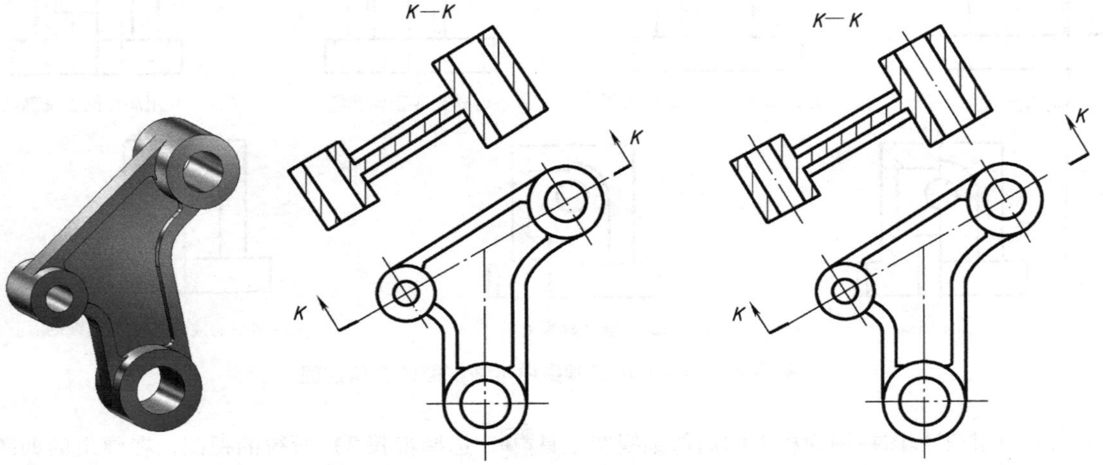

a) 三维模型　b) 用剖视图工具作出大致位置的剖视图　c) 修改剖切符号位置后

图 7-68　Inventor 中创建的单一斜剖切平面剖切示例

5. 几个平行的平面剖切

创建由几个平行的平面剖切后的剖视图的方法如下：

1）单击剖视图工具，选择所基于的视图，依次点取剖切平面的起、转折和止处的位置，如图 7-69b 所示。

2）余下的步骤与全剖视图创建类似，只是在所得剖视图中需将剖切平面转折处的粗实线隐藏起来，如图 7-69c 所示。

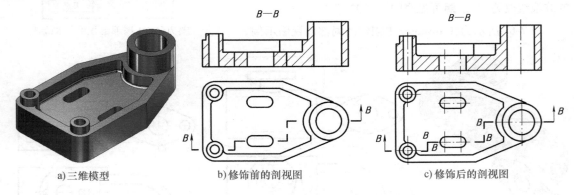

a) 三维模型　b) 修饰前的剖视图　c) 修饰后的剖视图

图 7-69　Inventor 中创建的几个平行的平面剖切示例

6. 两个相交的平面剖切

创建由两个相交的平面剖切后的剖视图的方法与几个平行的平面剖切基本一致。需注意的是：由于 Inventor 并不是将剖切平面后的结构按原来的投影位置画出，所以需建立基于依附于剖视图的草图，在草图中进行变通处理。图 7-70 所示为在 Inventor 中创建的两个相交的平面剖切示例。

a) 三维模型

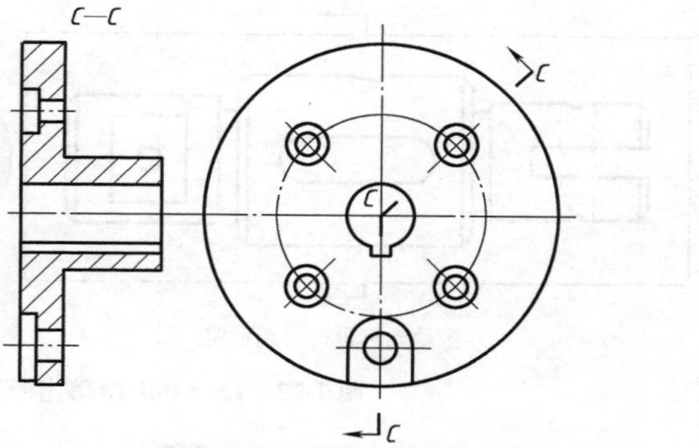

b) 两个相交平面剖切后的剖视图

图 7-70　Inventor 中创建的两个相交的平面剖切示例

7.6.3　断面图的创建

在 Inventor 中可以由剖视图工具 或剖面图工具 来创建断面图，但由于剖面图工具 在使用过程中存在需新建草图、基于两个视图和不能在基于剖视图创建等因素的限制，这里只介绍如何用剖视图工具 进行断面图的创建。

移出断面图和重合断面图的创建步骤基本一致，具体如下：

1）单击剖视图工具 ，选择所基于的视图，接着在视图区域内确定剖切面的位置，然后在右键关联菜单中选择【继续（C）】选项。

2）在弹出的【剖视图】对话框中设定剖切深度为 0，或选中【包括剖面】复选框 ☑包括剖面 ，再拖动光标以动态预览断面图，如图 7-72a 和图 7-74c 所示，然后在合适的位置单击以生成断面图。

3）修饰所创建的断面图。包括调整视图位置、修改视图标注、隐藏几何图元、添加中心线以及新建基于断面图的草图并修改使其符合断面图中的特殊规定等，具体的各种修饰方法见前述。

图 7-71 和图 7-73 所示为 Inventor 中所创建的断面图示例。图 7-72 和图 7-74 所示分别为移出断面图和重合断面图的创建过程示例。

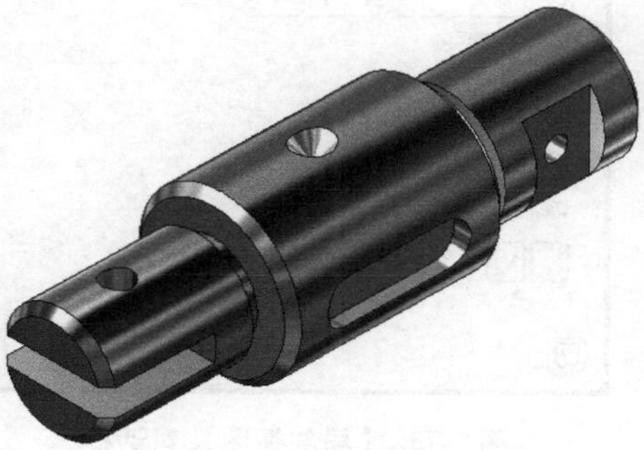

a) 三维模型

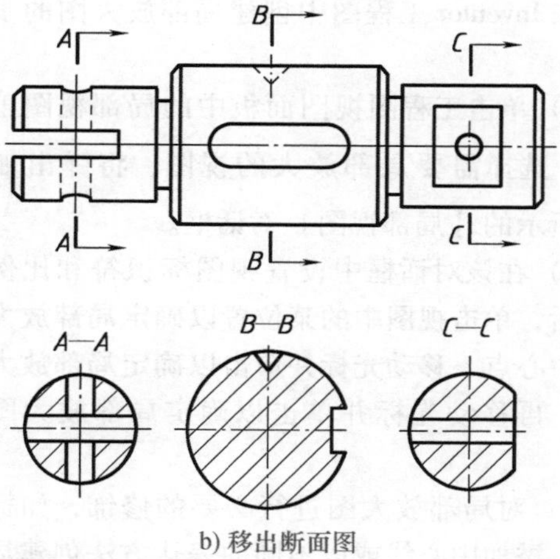

b) 移出断面图

图 7-71　Inventor 中创建的移出断面图示例

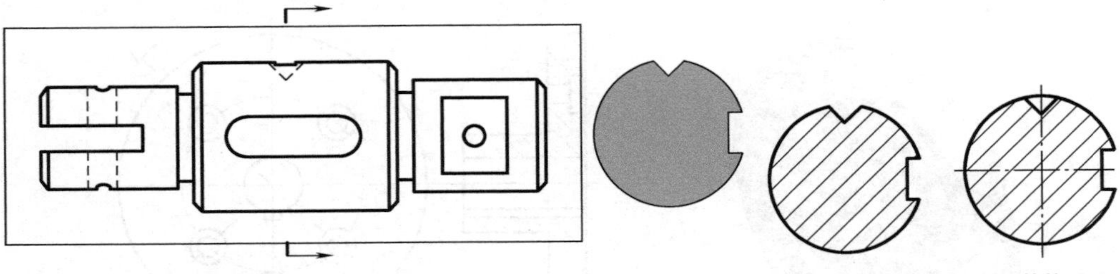

a) 拖动光标进行动态预览　　b) 修饰前　　c) 修饰后

图 7-72　Inventor 中移出断面图的创建过程示例

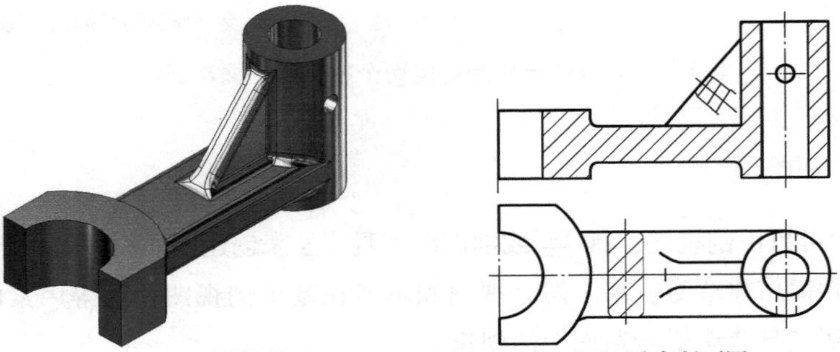

a) 三维模型　　b) 重合断面图

图 7-73　Inventor 中创建的重合断面图示例

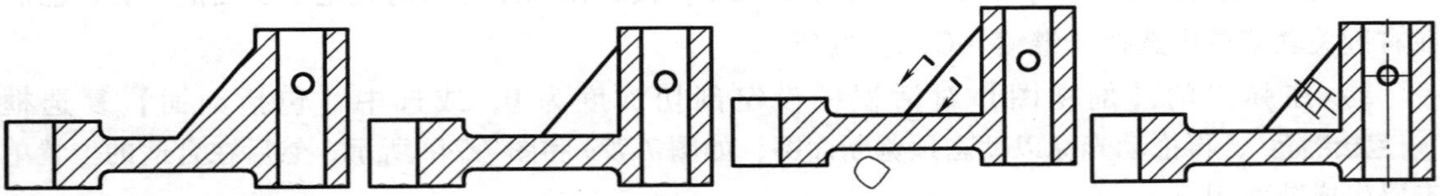

a) 默认创建的剖视图　　b) 处理纵剖肋板后　　c) 拖动光标进行动态预览　　d) 经位置调整等修饰后

图 7-74　Inventor 中重合断面图的创建过程示例

7.6.4　局部放大图的创建

在 Inventor 工程图中创建局部放大图的步骤如下：

1）单击工程图视图面板中的局部视图工具 ，选择需要局部放大的视图，将弹出如图 7-75 所示的【局部视图】对话框。

2）在该对话框中设置视图标识符和比例等参数后，单击视图中的某位置以确定局部放大区域的中心点，移动光标并单击以确定局部放大的范围，再移动光标并单击以确定局部放大图的位置。

3）对局部放大图进行必要的修饰，如标注视图、添加中心线或以不同的表达方法创建局部放大区域等。

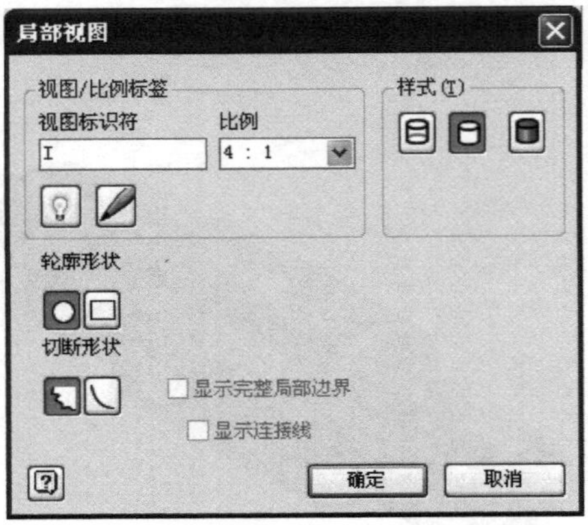

图 7-75　【局部视图】对话框

图 7-76 所示为在 Inventor 中创建的局部放大图示例。

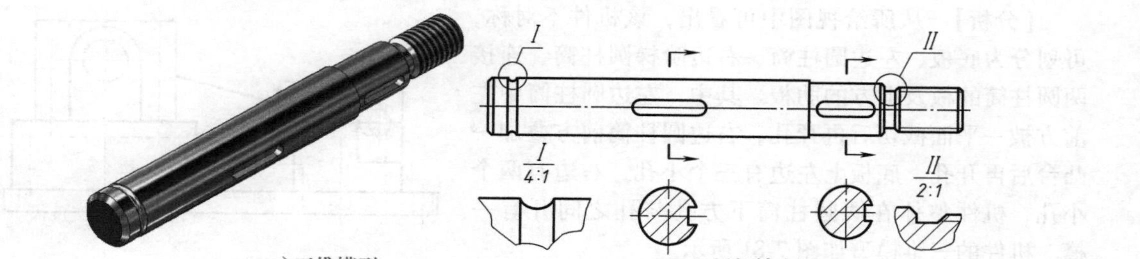

a) 三维模型　　b) 局部放大图

图 7-76　Inventor 中创建的局部放大图示例

7.6.5　表达方法综合应用举例

【例 7-2】　读懂图 7-77 所示托架的视图，并用适当的表达方法重新表达。

【分析】　从所给视图中可看出，该托架由圆柱筒、安装板和十字形肋板组成，立体图如图 7-78 所示。托架的外形和内形都需要在主视图中表达，而且左右不对称，可以采用两处局部剖视表达安装板上的小孔和圆柱筒。由于安装板相对水平面呈倾斜状态，可以采用斜视图进行表达。为进一步表达圆柱筒与安装板的连接关系，可采用从左往右的局部视图。对于起连接作用的十字形肋板，可采用一个移出断面图表达，即该托架采用上述四个图形可完整清晰地表达。

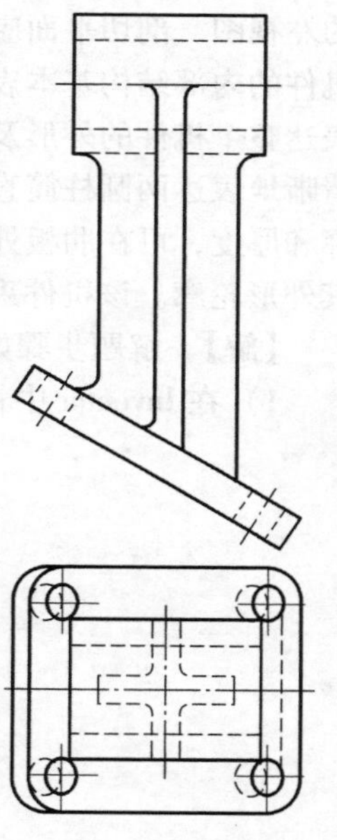

图 7-77　托架的视图

【解】　解题步骤如下：

1）在 Inventor 中将托架的三维模型制作出来，如图 7-78 所示。

2）在工程图环境下，创建分析所述的四个图形。过程如下：

①用基础视图工具创建托架的主视图；②用剖视图工具将主视图修改为局部剖视图；③用投影视图工具创建托架的左视图；④用修剪工具将左视图修改为局部视图；⑤用剖视图工具创建移出断面图；⑥用斜视图工具创建 *A* 向斜视图；⑦对各个图形进行添加中心线、隐藏不需要的几何图元和修改视图的标注等修饰工作。

最终在 Inventor 创建的托架的表达方案如图 7-79 所示。

图 7-78　托架的三维模型

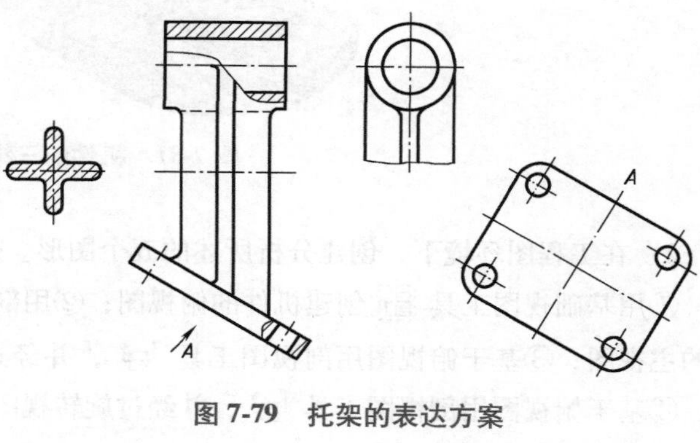

图 7-79　托架的表达方案

【例 7-3】 读懂图 7-80 所示机件的视图，并用适当的表达方法重新表达。

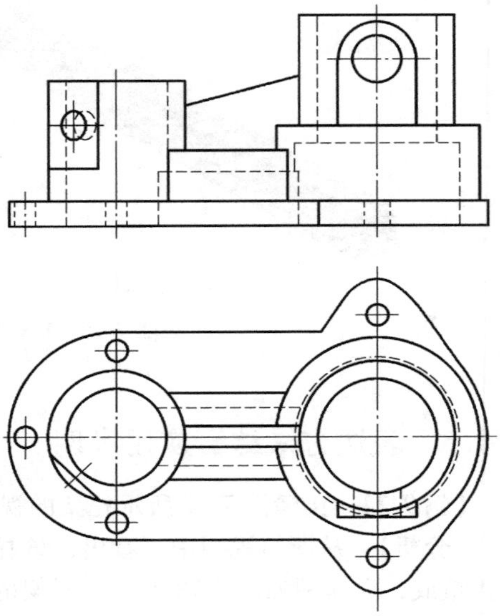

图 7-80 机件的视图

【分析】 从所给视图中可看出，该机件不对称，可划分为底板、左边圆柱筒、右边阶梯圆柱筒、连接两圆柱筒的板及上方的肋板。其中，左边圆柱筒中左前方被一平面截切后再开孔，右边圆柱筒前方叠加一凸台后再开孔，底板上左边有三个小孔，右边有两个小孔，机件整体在两圆柱筒下方孔与孔之间开有一槽。机件的三维模型如图 7-81 所示。

在主视图中，左边圆柱筒被截切部分是倾斜的，不反映其实形，而且机件内部结构较复杂，故主视图可采用两个相交的剖切平面进行剖切，此时注意肋板属于纵向剖切。右边圆柱筒前方的凸台内有小孔，和底板上右边两小孔的轴线共面，而机件前后又不对称，故为表达这一部分的内部结构，增加一采用全剖的左视图，剖切平面应通过右边圆柱筒的轴线，这样机件的内部结构基本表达清楚。俯视图采用基本视图表达整个机件的外形及各组成部分的连接关系。为更清晰地表达两圆柱筒直接的连接部分及肋板的断面轮廓和厚度，可在肋板处增加一移出断面图；对于右边圆柱筒前方的凸台可增加一局部视图表达其外形轮廓。该机件采用上述五个图形即可完整、清晰地表达出来。

【解】 解题步骤如下：

1）在 Inventor 中将该机件的三维模型制作出来，如图 7-81 所示。

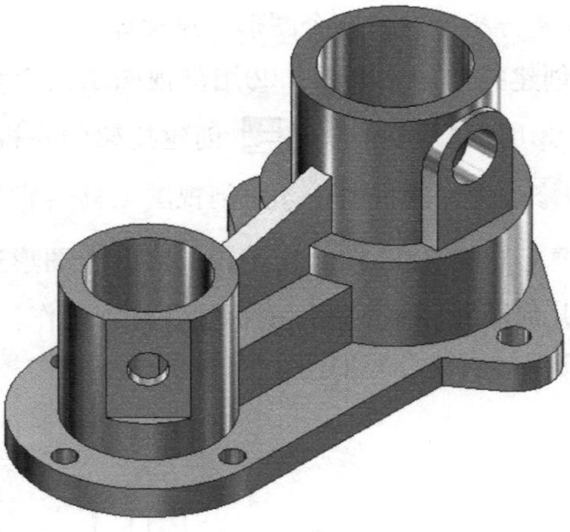

图 7-81 机件的三维模型

2）在工程图环境下，创建分析所述的五个图形。过程如下：

①用基础视图工具创建机件的俯视图；②用剖视图工具创建用两个相交剖切平面剖切的主视图；③基于俯视图用剖视图工具，并经过旋转视图和对齐视图，创建全剖的左视图；④基于俯视图用剖视图工具，并经过旋转视图，创建出断面图；⑤基于左视图用投影视图工具和修剪工具，创建 C 向的局部视图；⑥对各个图形进行添加中心线、隐藏不需

要的几何图元和修改视图的标注等修饰工作。

最终在 Inventor 创建出该机件的表达方案如图 7-82 所示。

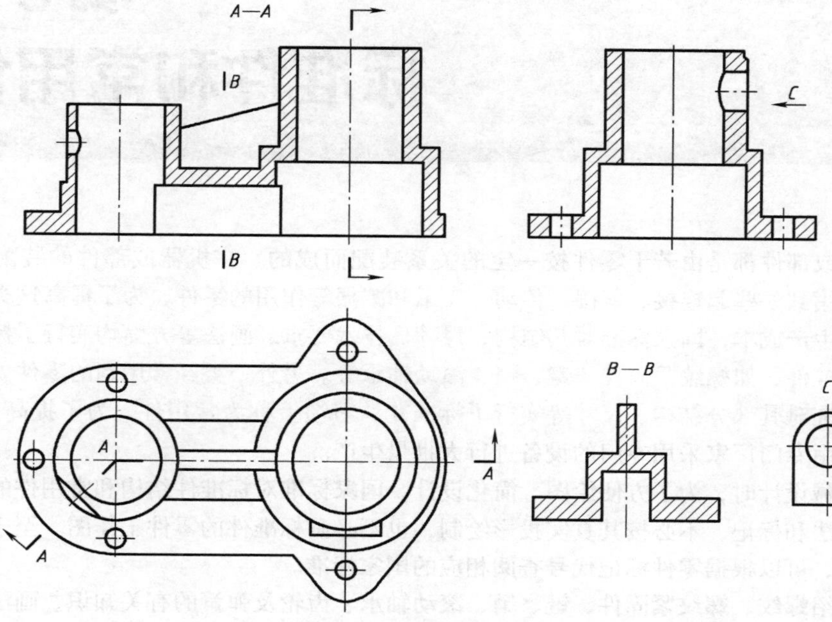

图 7-82　机件的表达方案

思政拓展
中国创造：
华龙一号

第 8 章
标准件和常用件

任何机器或部件都是由若干零件按一定的关系装配而成的。在机器或部件的装配和安装过程中，经常会用到一些起连接、紧固、传动、支承和减振等作用的零件，为了提高这类零件的产品质量，降低生产成本，国家标准对其结构、尺寸、技术要求、画法等方面均实行了标准化，这类零件称为标准件，如螺纹紧固件、键、销、滚动轴承等。另外一类经常用到的零件如齿轮、弹簧等，国家标准对其部分结构、尺寸等实行了标准化，习惯上称为常用件。为了提高生产效率，这类零件一般由专门厂家采用专门的设备进行大批量生产。

在进行机械设计时，为了方便绘图、简化设计，国家标准对标准件结构和常用件的部分结构制订了规定画法和标记，不必按其真实投影绘制，也不必画标准件的零件工作图。至于其详细结构和具体尺寸，可以根据零件标记代号查阅相应的国家标准。

本章将介绍螺纹、螺纹紧固件、键、销、滚动轴承、齿轮及弹簧的有关知识、画法和标记等内容。

8.1 螺纹

8.1.1 螺纹的基本知识

1. 螺纹的形成

螺纹是指某一平面图形（如三角形、梯形和矩形等）绕圆柱（或圆锥）表面做螺旋运动所形成的具有相同断面的连续凸起和沟槽的结构。由于平面图形不同，形成的螺纹形状也不同。

螺纹加工方法有车刀车削法、专用刀具辗压法、丝锥攻螺纹法等。常用车削法加工螺纹，如图 8-1 所示。将工件固定在机床的卡盘上，工件被带动做等速回转运动，刀具沿工件轴向做等速直线移动，其合成运动形成的即是螺纹。

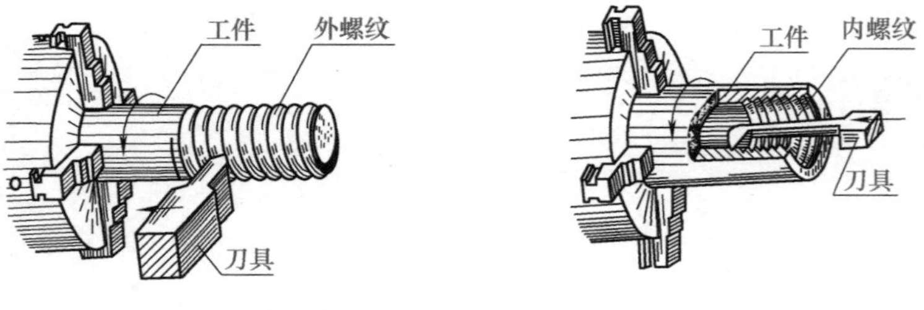

a) 车床上加工外螺纹　　b) 车床上加工内螺纹

图 8-1　车削法加工螺纹

在螺纹加工过程中，由于刀具的切入构成了凸起和沟槽两部分，螺纹凸起部分称为牙，其中凸起的顶端称为牙顶，沟槽的底部称为牙底。加工在圆柱（或圆锥）外表面的螺纹，称为外螺纹；加工在圆柱（或圆锥）内表面的螺纹，称为内螺纹。内、外螺纹必须成对使用。

2. 螺纹的要素

螺纹的结构和尺寸是由牙型、公称直径、线数、螺距和导程、旋向五个要素确定的。

（1）牙型　螺纹的牙型是指在通过螺纹轴线的剖面区域上，螺纹牙断面轮廓形状。不同的牙型有着不同的用途，并由不同的代号表示，常见的牙型有三角形、梯形和锯齿形等。具体见表8-1。

（2）公称直径　公称直径是螺纹设计时选定的理论直径，对于普通的米制螺纹、梯形螺纹、锯齿形螺纹，公称直径就是螺纹大径。螺纹大径是指与外螺纹牙顶或内螺纹牙底相重合的假想圆柱面的直径；螺纹小径是指与外螺纹牙底或内螺纹牙顶相重合的假想圆柱面的直径；螺纹中径是指通过牙型上凸起和沟槽宽度相等处的假想圆柱面的直径。外螺纹直径符号用小写字母表示，内螺纹直径符号用大写字母表示。外螺纹的大径、小径和中径分别用符号 d、d_1、d_2表示；内螺纹的大径、小径和中径分别用符号 D、D_1、D_2表示，如图 8-2a 所示。

（3）线数 n　线数是指同一圆柱（或圆锥）面上切制螺纹的条数。沿一条螺旋线形成的螺纹称为单线螺纹，如图 8-2b 所示；沿轴向等距分布的两条或两条以上的螺旋线所形成的螺纹称为多线螺纹，有双线螺纹、三线螺纹、四线螺纹等，如图 8-2c 所示。

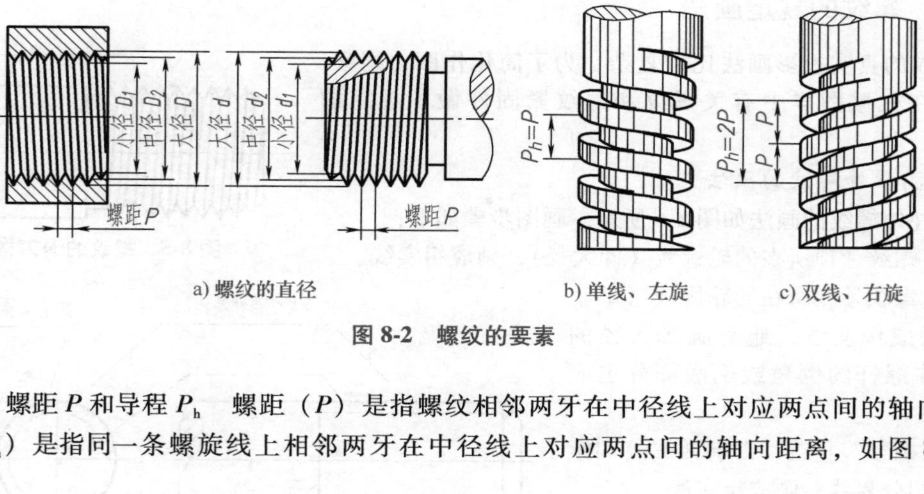

a) 螺纹的直径　b) 单线、左旋　c) 双线、右旋

图 8-2　螺纹的要素

（4）螺距 P 和导程 P_h　螺距（P）是指螺纹相邻两牙在中径线上对应两点间的轴向距离；导程（P_h）是指同一条螺旋线上相邻两牙在中径线上对应两点间的轴向距离，如图 8-2b、c 所示。

导程、螺距和线数之间的关系：导程 P_h = 螺距 P×线数 n。若为单线螺纹，导程等于螺距，即 $P_h=P$；若为双线螺纹，导程等于两倍螺距，即 $P_h=2P$。

（5）旋向　螺纹旋向分为左旋（LH）和右旋（RH）两种。内、外螺纹旋合连接时，顺时针方向旋入的螺纹称为右旋螺纹；逆时针方向旋入的螺纹称为左旋螺纹，如图 8-2b、c 所示。工程上常用右旋螺纹。

内、外螺纹旋合连接构成螺纹副时，必须成对使用，即内、外螺纹的五个要素必须全部一致，才能旋合连接在一起。

在螺纹的要素中，牙型、公称直径和螺距是决定螺纹的三个基本要素，通常称为螺纹三要素。若该三要素符合国家标准的螺纹称为标准螺纹；牙型符合标准，而公称直径或螺距不符合标准的螺纹称为特殊螺纹；牙型不符合标准的螺纹称为非标准螺纹，如矩形螺纹。

3. 螺纹的工艺结构

（1）螺纹末端　通常在螺纹的起始处加工成一定形状的末端，如圆锥形的倒角或球面形的圆顶等，如图 8-3 所示，目的是为了便于安装和防止螺纹起始圈损坏。

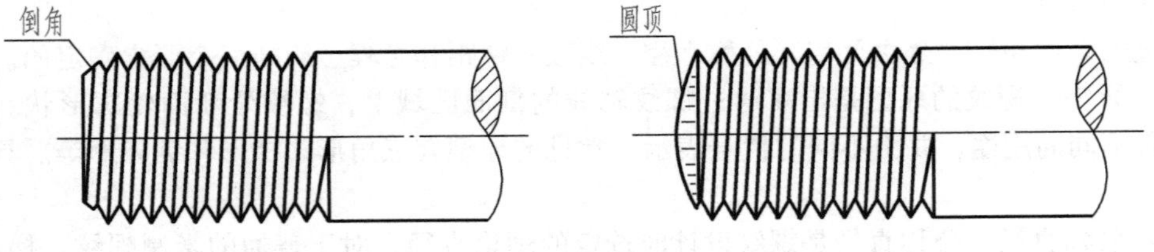

a) 倒角（圆锥形）　　b) 圆顶（球面形）

图 8-3　螺纹的末端

（2）螺纹收尾及退刀槽　在加工螺纹时，当加工刀具逐渐接近螺纹终止处并离开工件时，螺纹终止处附近的牙型不完整，这一段的螺纹称为螺纹收尾，简称螺尾，它不能参与螺纹有效连接，如图 8-4 所示。为了便于退刀或消除螺尾或方便连接，通常在螺尾处预先加工出一个退刀槽，如图 8-5 所示。

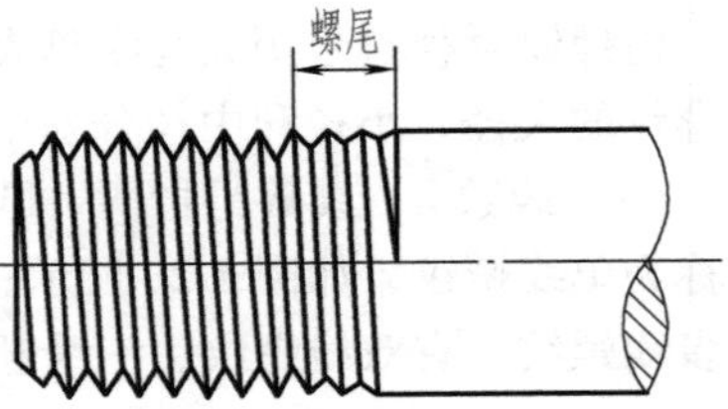

图 8-4　螺纹收尾

8.1.2　螺纹的规定画法

螺纹的真实投影画法比较复杂，为了简化作图，国家标准对在机械图样中有关螺纹和螺纹紧固件做了规定的画法。

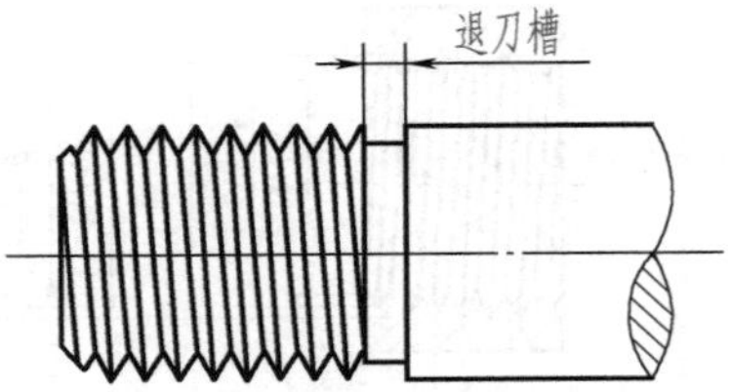

图 8-5　螺纹的退刀槽

1. 圆柱外螺纹的画法

圆柱外螺纹的画法如图 8-6 所示。画图步骤如下：

1）螺纹牙顶所在的轮廓线（即大径），画成粗实线。

2）螺纹牙底所在的轮廓线（即小径），画成细实线，通常画成大径的 85%，在螺杆的倒角或倒圆部分也应画出。

3）螺纹终止线，即有效螺纹和螺纹收尾的分界线，画成粗实线。

4）在投影为圆的视图中，表示牙底的细实线圆只画约 3/4 圈，此时倒角圆省略不画。

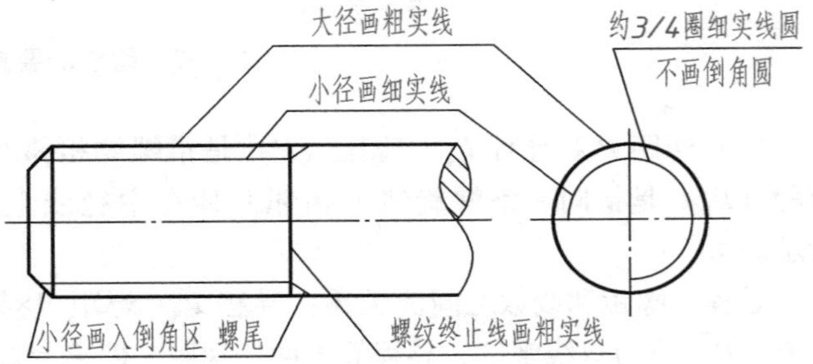

图 8-6　圆柱外螺纹的画法

5）螺尾部分一般不必画出，当需要表示螺纹收尾时，该部分用与轴线成 30°的细实线画出。

6）空心外螺纹件的主视图常采用剖视图，在剖视图中，剖面线应画到大径（粗实线）处，且螺纹终止线画在大径和小径之间，如图 8-7 所示。

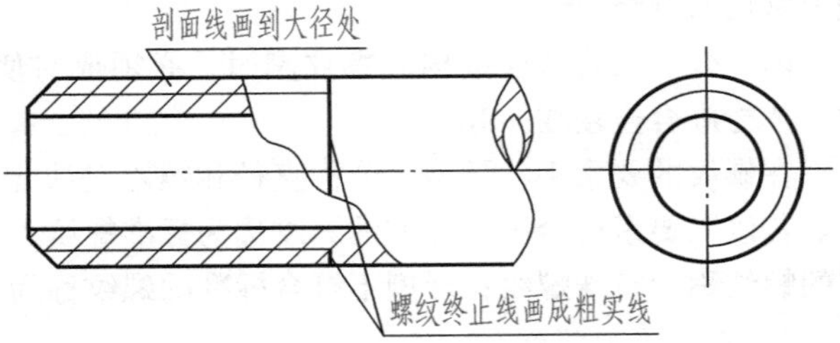

图 8-7　圆柱外螺纹剖视的画法

2. 圆柱内螺纹的画法

当画成外形图时，内螺纹为不可见，其大径、小径、螺纹终止线等图线均画成虚线，如图 8-8a 中主视图所示。

当画成剖视图时，内螺纹的画法如图 8-8b 所示，作图时应注意的事项如下：

1）螺纹大径用细实线画出，小径用粗实线画出，且小径按大径的 85%绘制。

2）在投影为非圆的视图中，大径不能画入倒角区内；在投影为圆的视图中，大径用约 3/4 圈的细实线圆表示，倒角圆省略不画。

3）螺纹终止线用粗实线画出，且画在大径之间。

4）剖面线画到小径（粗实线）处。

5）当为盲孔（不通孔）螺纹时，一般应将螺纹孔深度与钻孔深度分别画出，钻孔深度应比螺孔深 0.2*D*~0.5*D*（*D* 为螺纹大径），钻孔底部的锥顶角画成 120°。

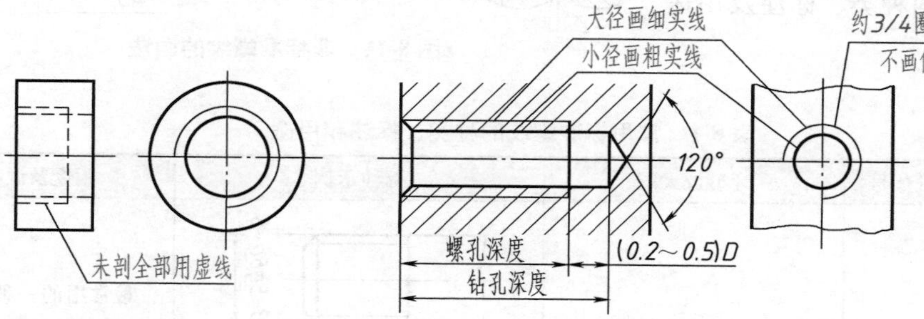

a) 未剖画法　　b) 剖视画法

图 8-8　圆柱内螺纹的画法

3. 圆柱内、外螺纹连接的画法

圆柱内、外螺纹的连接画法如图 8-9 所示，作图时应注意的事项如下：

1）连接部分（旋合部分）按照外螺纹画，其余部分按各自原来的画法画。

2）内、外螺纹的大、小径相等，作图时应对齐，而与倒角的大小无关。

3）剖面线画到粗实线处，同一零件在不同视图中的剖面线应保持一致，相邻的不同的零件之间的剖面线应区别开。

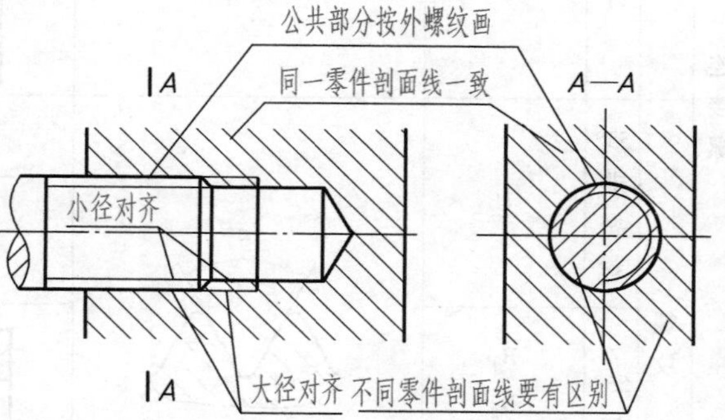

图 8-9　圆柱内、外螺纹连接的画法

4. 圆锥螺纹的画法

圆锥螺纹及圆锥管螺纹的画法如图 8-10 所示。左视图按左侧大端螺纹画出，右视图按右侧小端螺纹画出。

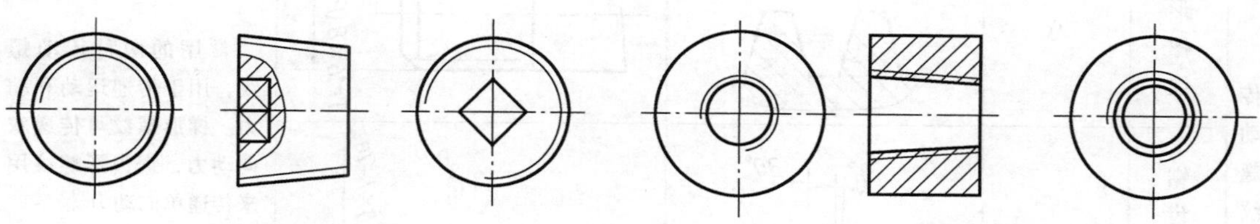

a) 外螺纹　　b) 内螺纹

图 8-10　圆锥螺纹的画法

5. 非标准螺纹的画法

在画非标准牙型的螺纹时，应画出螺纹牙型，并标注出所需的尺寸及有关要求，如图 8-11 所示。

8.1.3 螺纹的种类和标注

1. 螺纹的种类

螺纹按用途可分为连接螺纹和传动螺纹两类；按牙型可分为三角形螺纹、梯形螺纹、锯齿形螺纹等。常用标准螺纹的种类、标注及用途参见表 8-1。

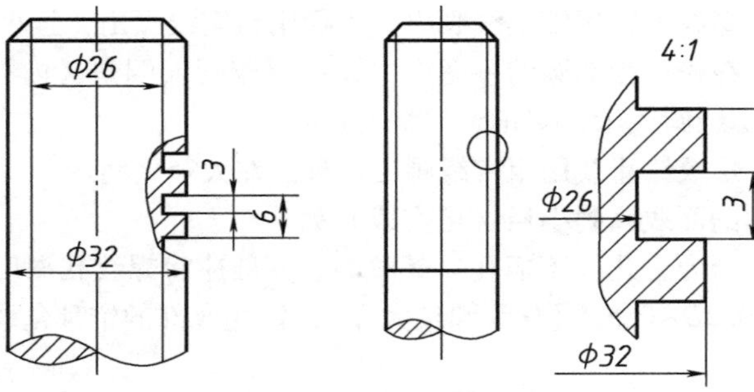

图 8-11 非标准螺纹的画法

表 8-1 常用标准螺纹的种类、标注和用途

螺纹种类			特征代号	牙型放大图	标注示例	用途及说明
连接螺纹	普通螺纹	粗牙	M	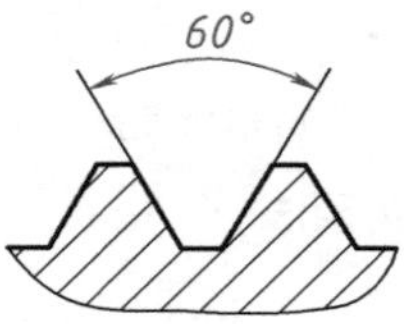	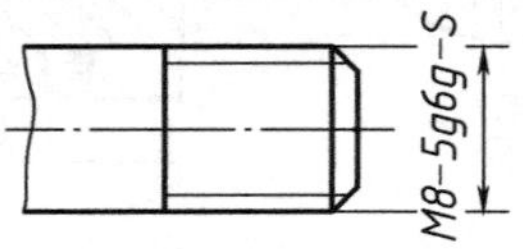	最常用的一种连接螺纹；直径相同时，粗牙螺纹的螺距比细牙螺纹的螺距大；粗牙螺纹不标注螺距
		细牙			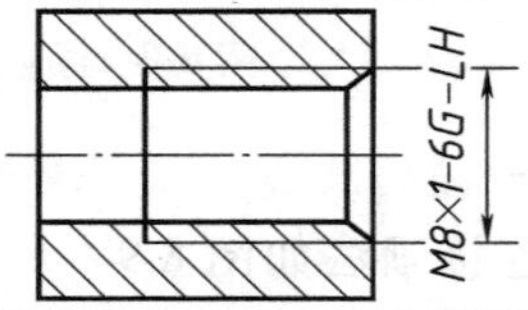	
	管螺纹	55°非密封	G	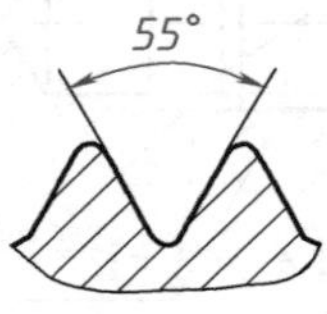	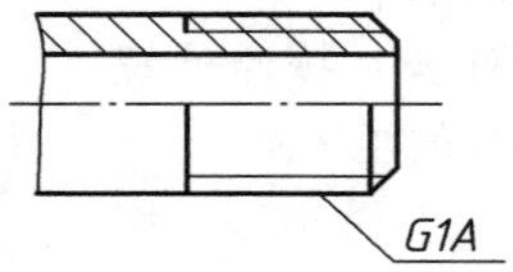	管道连接中的常用螺纹；螺距及牙型均较小
		55°密封	R_1 R_2 Rc Rp		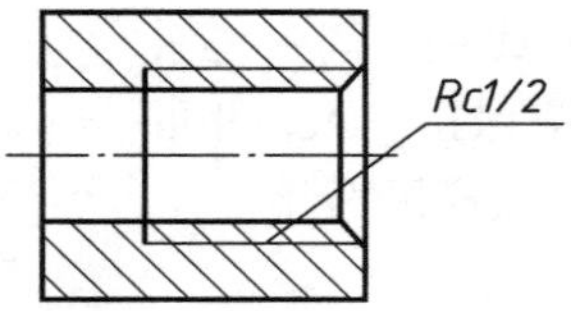	
传动螺纹	梯形螺纹		Tr	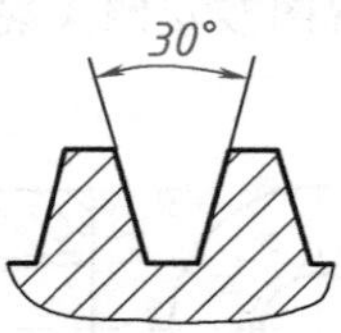	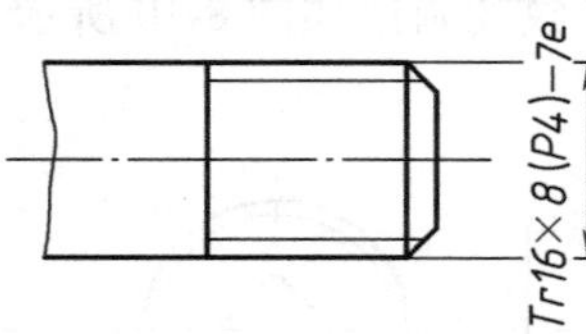	常用的两种传动螺纹，用于传递运动和动力。梯形螺纹可传递双向动力，锯齿形螺纹用来传递单向动力
	锯齿形螺纹		B	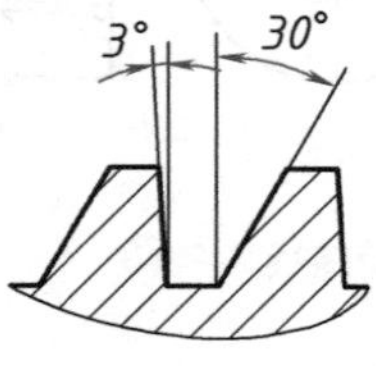	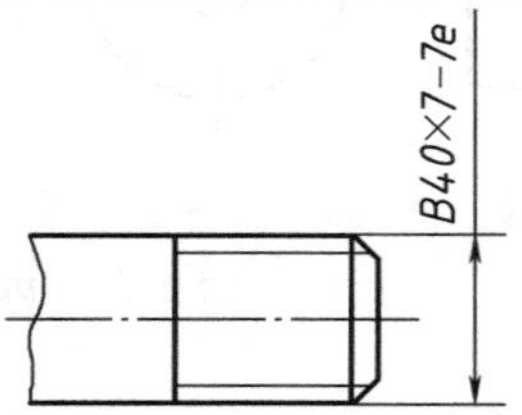	

2. 螺纹的标记和标注

由于螺纹采用了规定画法，图上反映不出螺纹要素及加工精度等参数，因此需要在图样中

螺纹大径的尺寸线或其引出线上标注出相应标准所规定的螺纹标记。各常用螺纹的标记和标注方法如下：

（1）普通螺纹　普通螺纹的标记由螺纹代号、螺纹公差带代号、螺纹旋合长度代号和旋向代号组成，其标记形式如下：

螺纹代号（特征代号 公称直径 × 螺距）　螺纹公差带代号（中径公差带代号 顶径公差带代号）

特征代号 公称直径 × 螺距 - 中径公差带代号 顶径公差带代号 - 旋合长度代号 - 旋向

螺纹为多线时，螺距 改为 Ph 导程 P 螺距

说明：普通螺纹的特征代号用 M 表示；公称直径指的是大径；粗牙不标注螺距，细牙应标注螺距；螺纹公差带代号由表示其位置的基本偏差的字母（内螺纹为大写，外螺纹为小写）和表示其大小的公差等级数字组成（如 6G、6h），如果两组公差带相同，则只注一个代号；旋合长度代号有短（S）、中（N）、长（L）三种，一般多采用中等旋合长度，并可省略不注，如果采用短或长旋合长度，则应标注代号；右旋不标注，左旋用 LH 表示。

如细牙普通外螺纹，螺距为 1.5mm，双线，大径为 20mm，中径公差带为 7g，顶径公差带为 6g，长旋合长度，左旋，则应标记为 M20×PH3P1.5-7g6g-L-LH。

（2）管螺纹　管螺纹一般用于管路连接中。管螺纹的标记都是用指引的方法标注在图形上，指引线都指到螺纹的大径上。

1）55°密封管螺纹标记形式：

特征代号 尺寸代号 旋向

2）55°非密封管螺纹标记形式：

特征代号 尺寸代号 公差等级代号 - 旋向

说明：管螺纹特征代号分为两类，即 55°密封管螺纹特征代号和 55°非密封管螺纹特征代号。后者特征代号用 G 表示。在前者当中，圆柱内螺纹用 Rp 表示，与之相配合的圆锥外螺纹用 R_1 表示；圆锥内螺纹用 Rc 表示，与之相配合的圆锥外螺纹用 R_2 表示。公差等级分为 A、B 两种，只对 55°非密封的外管螺纹，对内螺纹不标记公差等级代号。右旋不标注旋向，左旋用 LH 表示。

如 55°螺纹密封的圆柱内螺纹，尺寸代号为 1/2，右旋，则应标记为 Rp1/2；55°非螺纹密封的外管螺纹，尺寸代号为 3/4，公差等级为 B 级，左旋，则应标记为 G3/4B-LH。

（3）梯形螺纹　梯形螺纹标记形式：

螺纹代号（特征代号 公称直径 × 螺距 旋向）

特征代号 公称直径 × 螺距 旋向 - 中径公差带代号 - 旋合长度代号

螺纹为多线时 螺距 改为 导程(P 螺距)

说明：梯形螺纹的特征代号用 Tr 表示；公称直径与导程之间用“×”号分开；螺距代号“P”和螺距值用圆括号括上；对标准左旋梯形螺纹，其标记应添加左旋代号“LH”，右旋不标注旋向代号；公差带为中径公差带；旋合长度为中（N）和长（L）两种，采用中等旋合长度时不需标注。

如一梯形螺纹，其公称直径为 36mm，螺距为 6mm，右旋单线外螺纹，中径公差带代号为 7e，中等旋合长度，则应标记为 Tr36×6-7e。

（4）锯齿形螺纹　锯齿形螺纹的特征代号用 B 表示，其标记形式与梯形螺纹相同。

注意：对于普通螺纹、梯形螺纹和锯齿形螺纹，标注时应从大径处引出尺寸线，按标注尺寸的形式进行标注；而对于管螺纹则应该用指引线自大径母线上引出指引线进行标注，如表 8-1 所示。

（5）非标准螺纹和特殊螺纹　如图 8-11 所示，非标准螺纹应该画出牙型并标注所有的尺寸，以便于加工。对于特殊螺纹的标注，应在代号之前加“特”字，并注出大径、螺距等，如：特 M36×1-7H。

8.2　螺纹紧固件

8.2.1　螺纹紧固件的种类、标记和画法

1. 螺纹紧固件的种类和标记

螺纹紧固件连接是工程上应用得最广泛的连接方式。螺纹紧固件就是用一对内、外螺纹的连接作用，将两个或两个以上的零件连接、紧固在一起的零件。常用的螺纹紧固件有螺栓、双头螺柱、螺钉、螺母和垫圈等，如表 8-2 所示。

螺纹紧固件的结构、尺寸均已标准化，并由有关专业工厂大量生产。因此对符合标准的螺纹紧固件，不需要画零件图，根据规定标记，就能在相应的标准中查出有关的尺寸。

螺纹紧固件有完整标记和简化标记两种方法，GB/T 1237—2000 对此做了规定：

（1）完整标记　紧固件的结构型式、尺寸和技术要求均要用规定标记表示，其完整的规定标记为

名称 标准编号 - 螺纹规格 × 公称长度 - 机械性能或材料等级及热处理 - 表面处理

如一普通细牙螺纹，大径为 20mm，螺距为 2. 5mm，公称长度为 80mm，机械性能为 8. 8 级，镀锌钝化（用 Zn. D 表示），B 级六角头螺栓，其完整标记为

螺栓　GB/T 5782—2016　M20×2. 5×80-8. 8-B-Zn. D

（2）简化标记　在一般情况下，紧固件采用简化标记，主要标记前四项。如一普通粗牙螺纹，大径为 12mm，公称长度为 100mm，性能等级为 8. 8 级，表面氧化，A 级六角头螺栓，其标记可简化为

螺栓　GB/T 5782　M12×100

各种常用螺纹紧固件的标记见表 8-2。

表 8-2　常用螺纹紧固件的种类、比例画法和标记示例

种类	立体图	比例画法	标记示例	说明
六角头螺栓		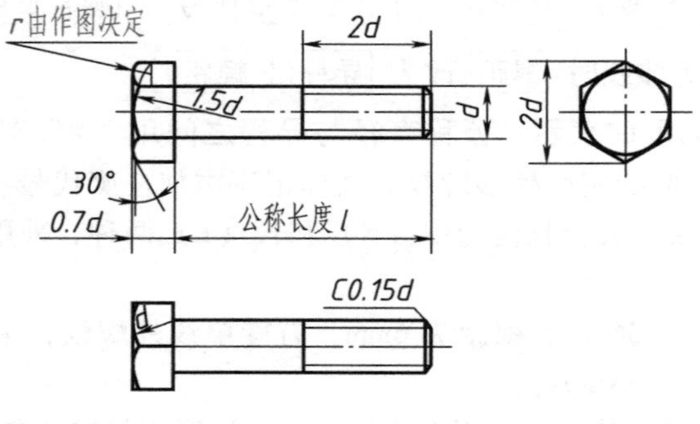	螺栓　GB/T 5782　M8×30	螺纹规格为 M8，公称长度为 30mm，性能等级为 8. 8 级，表面氧化的 A 级六角头螺栓

（续）

种类	立体图	比例画法	标记示例	说明
双头螺柱		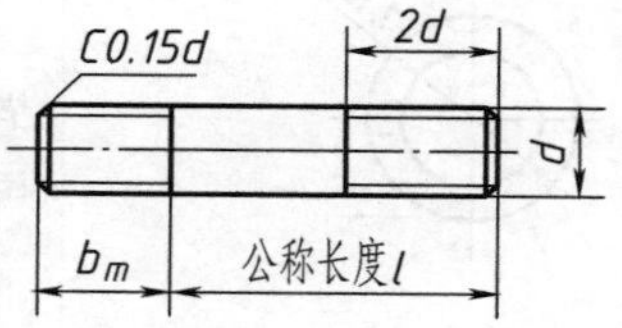	螺柱 GB/T 897 M6×30	两端螺纹规格均为 M6，公称长度为 30mm，性能等级为 4.8 级，不经表面处理的 B 型双头螺柱
开槽圆柱头螺钉		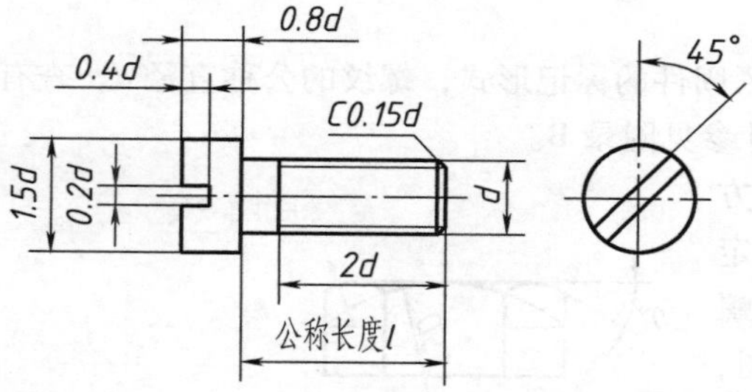	螺钉 GB/T 65 M6×45	螺纹规格为 M6，公称长度为 45mm，性能等级为 4.8 级，不经表面处理的开槽圆柱头螺钉
开槽盘头螺钉		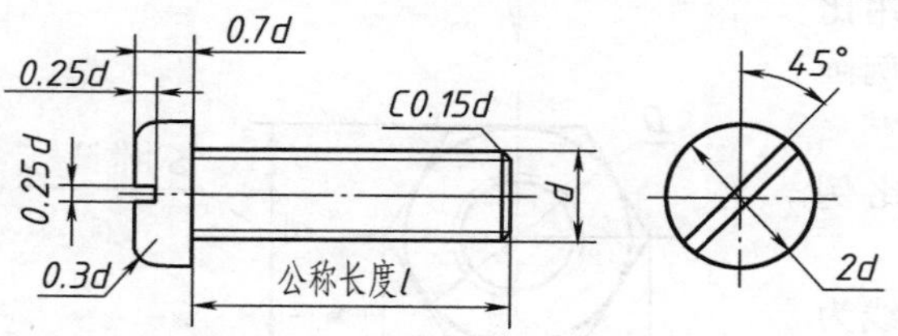	螺钉 GB/T 67 M6×45	螺纹规格为 M6，公称长度为 45mm，性能等级为 4.8 级，不经表面处理的开槽盘头螺钉
开槽沉头螺钉		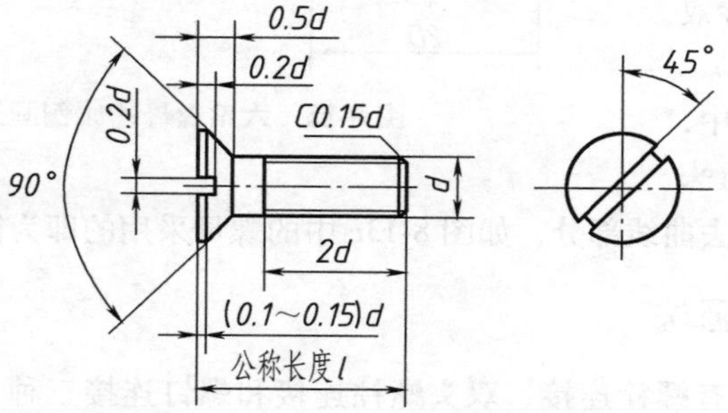	螺钉 GB/T 68 M6×45	螺纹规格为 M6，公称长度为 45mm，性能等级为 4.8 级，不经表面处理的开槽沉头螺钉
1 型六角螺母		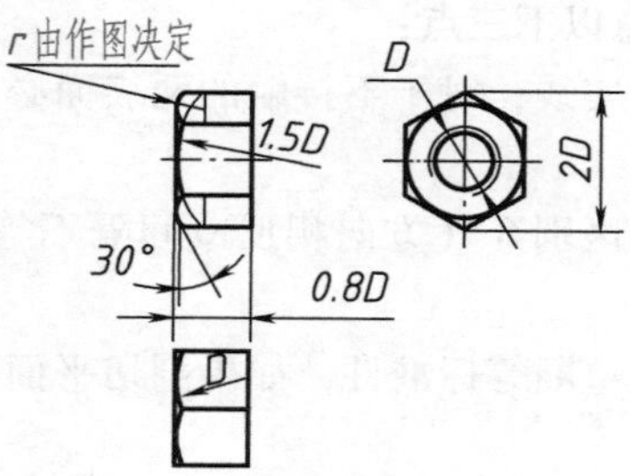	螺母 GB/T 6170 M8	螺纹规格为 M8，性能等级为 8 级，不经表面处理的 1 型六角螺母
平垫圈		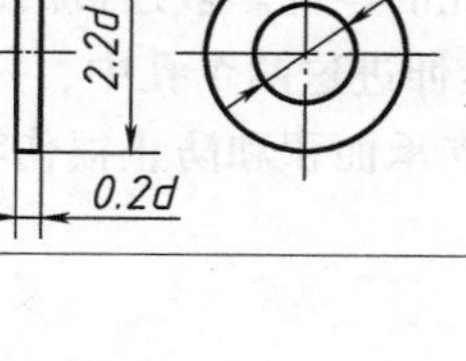	垫圈 GB/T 97.1 8	标准系列，规格为 8mm，性能等级为 140HV，不经表面处理的 A 级平垫圈

（续）

种类	立体图	比例画法	标记示例	说明
弹簧垫圈		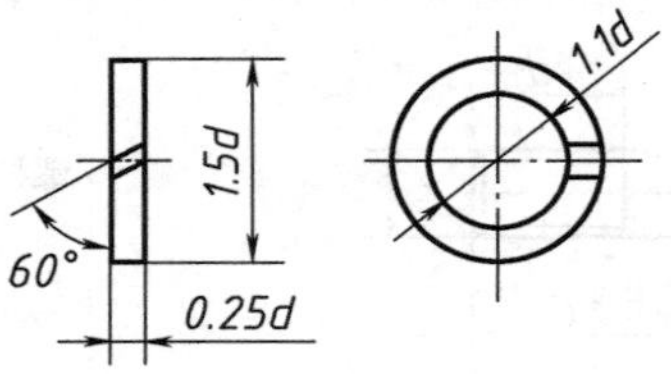	垫圈 GB/T 93 8	规格为 8mm，材料为 65Mn，表面氧化的标准型弹簧垫圈

2. 螺纹紧固件的画法

（1）查表画法　根据各螺纹紧固件的标记形式，螺纹的公称直径 d，查有关的标准件表，确定其尺寸，按尺寸画图。具体尺寸参见附录 B。

（2）比例画法　为了画图方便，提高绘图速度，国家标准规定可按螺纹紧固件各部分的尺寸与螺纹大径之间成一定的比例关系绘图，称为比例画法。工程实践中常用比例画法，常用螺纹紧固件的比例画法见表 8-2。

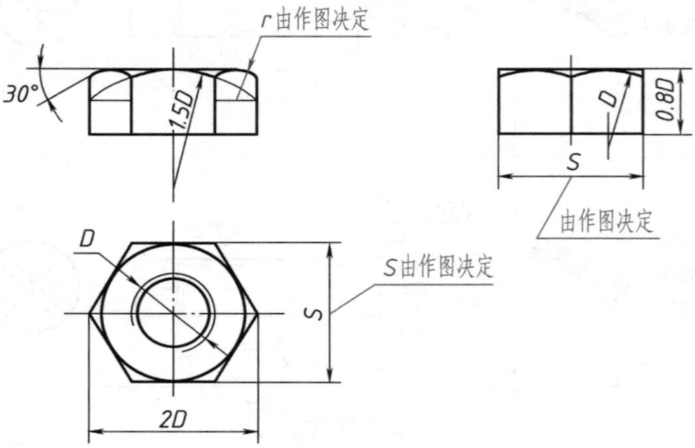

图 8-12　六角螺母的比例画法

【例 8-1】　六角螺母的比例画法。

六角螺母头部外表面的曲线为双曲线，作图时可用圆弧来代替双曲线，其比例画法如图 8-12 所示。

（3）简化画法　在装配图中，为了简化作图，六角螺母和六角头螺栓头部也可采用简化画法，省去曲线部分，如图 8-13c 中的螺母采用的即为简化画法。

8.2.2　螺纹紧固件的连接画法

螺纹紧固件连接的基本形式有螺栓连接、双头螺柱连接和螺钉连接三种。螺纹紧固件连接画法实际上属于装配画法，作图时应注意以下三点：

1）两零件之间的接触面只画一条粗实线；对于不接触的两表面必须画成两条线，不论其间隙有多小。

2）剖视图中两相邻零件的剖面线应区别开（方向相反或间隔不等）；而同一零件的剖面线（包括方向和间隔）必须保持一致。

3）对于螺栓、螺柱、螺钉、螺母及垫圈等标准件，如果剖切平面通过其轴线，均按不剖作图，即画其外形图。

1. 螺栓连接的装配画法

螺栓连接适用于连接较薄并允许钻成通孔的零件。被连接的两块板上钻有比螺栓大径 d 略大的孔（孔径≈1.1d），装配连接时，先将螺栓伸进这两个孔中，一般以螺栓的头部抵住被连接板的端面，然后在螺栓上部套上垫圈，以增加支承面积和防止损伤零件表面，最后用螺母拧紧，如图 8-13 所示。

螺栓公称长度 L 的大小可按下式算出：

$$L > \delta_1 + \delta_2 + S + H + a$$

式中，δ_1、δ_2为被连接两零件的厚度；a 为螺栓伸出螺母的长度，一般取 0.3d 左右；S、H 分别为垫圈和螺母的厚度。如采用比例画法，则 $S = 0.15d$，$H = 0.8d$，$a = 0.3d$。L 值计算出来后需从附录表中选取合理的系列数值。

图中被连接两零件上所钻光孔直径一般取 1.1d，其余尺寸可根据公称直径 d 参照图 8-13，并按表 8-2 中所介绍的比例画法画出。在装配图中，螺栓连接常采用近似画法或简化画法画出，如图 8-13c 所示。

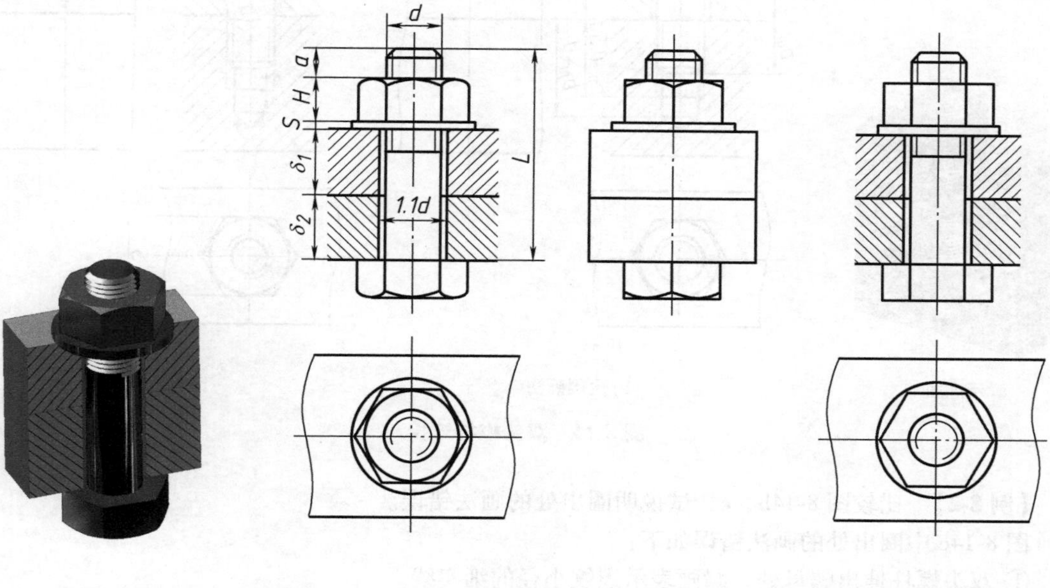

a) 示意图　　b) 比例画法　　c) 简化画法

图 8-13　螺栓连接

2. 双头螺柱连接的装配画法

双头螺柱连接主要用于被连接件有一个比较厚或不允许钻成通孔的情况下。通常将较薄的零件制成通孔，孔径比螺纹大径略大，较厚的零件制成不通的螺孔。双头螺柱的两端都有螺纹，先将螺纹较短的一端（旋入端）通过通孔旋进较厚零件的螺孔内，在另一端（紧固端）套上垫圈，再用螺母拧紧，如图 8-14 所示。

双头螺柱旋入端螺纹长度用 b_m表示，它与被旋入零件的材料有关，其数值见表 8-3。双头螺柱旋入端应全部旋入螺孔内，以保证连接可靠，如图 8-14 所示。

表 8-3　b_m的数值

被旋入零件的材料	旋入端长度 b_m	国标代号
钢或青铜	d	GB/T 897—1998
铸铁	1.25d	GB/T 898—1998
	1.5d	GB/T 899—1998
铝合金	2d	GB/T 900—1998

双头螺柱的公称长度 L 是从旋入端螺纹的终止线至紧固部分末端的长度，如图 8-14 所示，其长度可由下式算出：

$$L > \delta + S + H + a$$

式中，δ 为有通孔零件的厚度；S 为垫圈厚度；H 为螺母厚度；a 为螺柱伸出螺母的长度，约为 $0.3d$。算出数值后，再从双头螺柱标准所规定的长度系列中，选取合适的 L 值。螺孔的螺纹深度应大于旋入端螺纹长度 b_m，一般取 $b_m + 0.5d$，钻孔深度一般取 $b_m + d$。

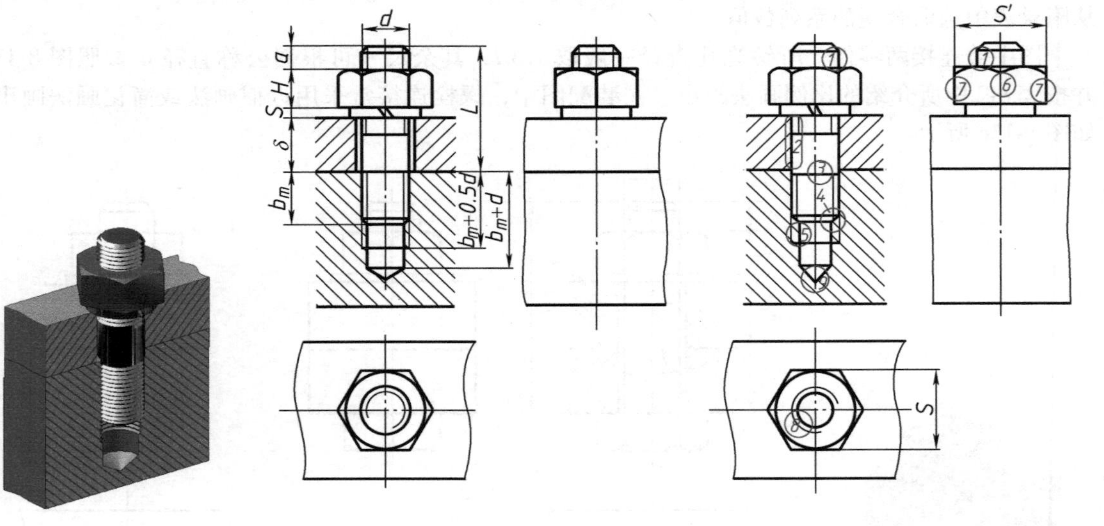

a) 示意图　　b) 比例画法　　c) 错误画法

图 8-14　双头螺柱连接

【例 8-2】 比较图 8-14b、c，试说明圈出处的画法错误。

图 8-14c 中圈出处的画法错误如下：

① 双头螺柱伸出螺母处，漏画表示螺纹小径的细实线。

② 上部被连接零件的孔径，应比双头螺柱的孔径稍大（孔径≈$1.1d$），此处不是接触面应画两条粗实线。

③ 旋入端螺纹终止线应与两被连接零件的接触面平齐。

④ 基座螺孔中表示螺纹小径的粗实线和表示钻孔的粗实线，未与双头螺柱表示小径的细实线对齐。

⑤ 剖面线应画到粗实线。

⑥ 应有棱线（粗实线）。

⑦ 此处螺母的宽应和俯视图相等。

⑧ 按投影此处为外螺纹，表示小径的细实线应画 3/4 圈，大径应画粗实线。

⑨ 钻孔底部的锥角应为 120°。

3. 螺钉连接的装配画法

螺钉按用途分为连接螺钉和紧定螺钉两类。前者用来连接零件，后者用来固定零件。螺钉连接是将螺钉直接拧进螺孔或穿过通孔后拧入螺孔的连接方式，螺钉连接不用螺母。

（1）连接螺钉　用于连接不经常拆卸，且受力不大的零件。被连接零件中的一个零件上加工有螺纹孔，而另一个零件上加工成通孔，与螺柱连接相似，如图 8-15 所示。图中螺钉旋入螺纹孔的长度 b_m 与被连接零件的材料有关，其取值可参考螺柱连接中的 b_m。而螺钉上的螺纹长度 b 应大于 b_m。

螺钉头部的一字槽，可按比例画法画出槽口，在非圆的视图上槽口画在中间，在圆的视图上槽口应画成与水平线成45°，见表8-2。当槽宽小于2mm时，可用加粗的粗实线绘制，如图8-16所示。如果画有左视图，则左视图中槽口应按主视图的画法画出。

（2）紧定螺钉　紧定螺钉主要用来固定零件的相对位置，防止两个相邻零件产生相对运动。如图8-17所示，欲将轴、轮固定在一起，可先在轮的适当部位加工出螺孔，然后将轮、轴装配在一起，以螺孔导向，在轴上钻出锥坑，再拧入螺钉，即可限定轮、轴的相对位置。

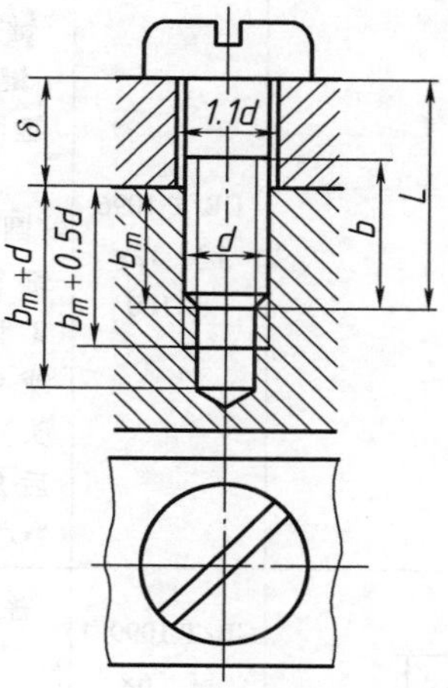

图8-15　螺钉连接的画法

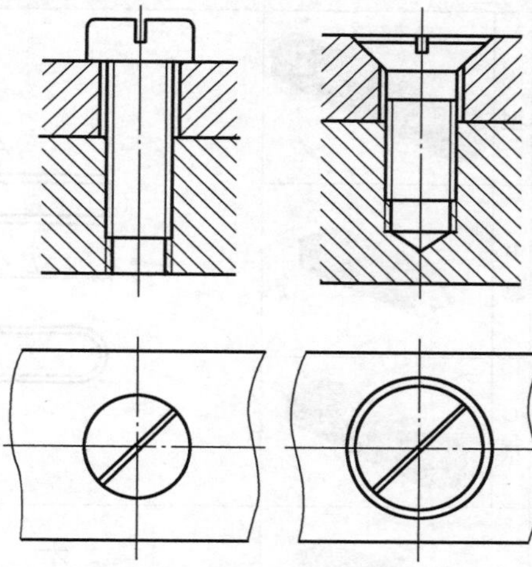

a) 盘头螺钉　b) 沉头螺钉

图8-16　螺钉头部一字槽的简化画法

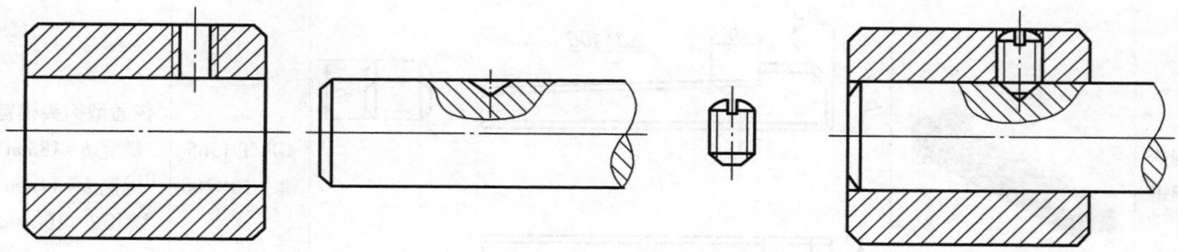

a) 轮　b) 轴　c) 紧定螺钉　d) 连接后

图8-17　开槽锥端紧定螺钉连接的画法

8.3　键

8.3.1　键的种类、标记

键属于标准件，键连接是一种常用的可拆卸连接，用于将轴与轴上的零件（如带轮、齿轮等）连接在一起。如图8-18所示，将键嵌入轴上的键槽中，再将带有键槽的齿轮装在轴上，当轴转动时，会带动齿轮同步转动，

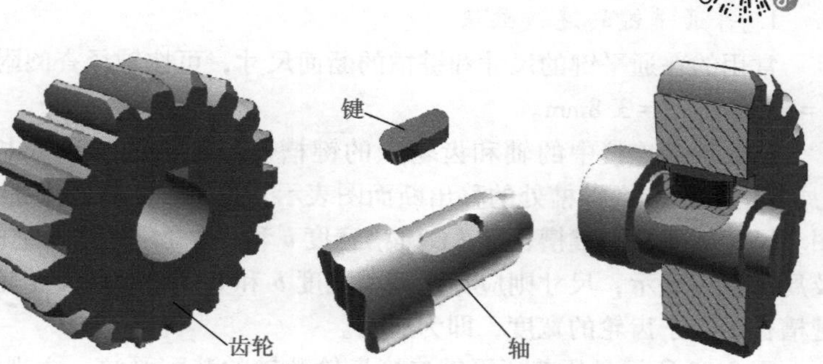

图8-18　键连接

实现传递动力的目的。

常用的键主要有普通平键、半圆键、钩头楔键和花键等。常用键的类型和标记示例见表8-4。

表 8-4　常用键的类型和标记示例

种类	立体图		图例	标记示例	说明
普通平键	A型	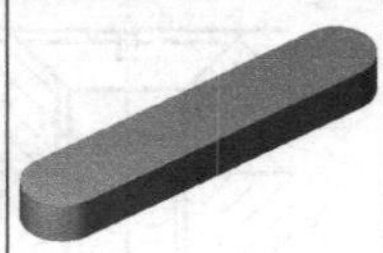	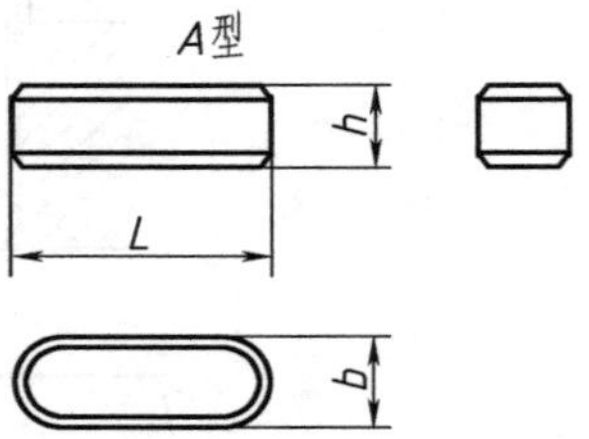	GB/T 1096 键 12×8×100	普通A型平键 键宽 $b=12$mm 键高 $h=8$mm 键长 $L=100$mm 注：A型（圆头）普通平键省略“A”，B型（方头）或C型（半圆头）要在名称后加“B”或“C”
	B型				
	C型				
半圆键			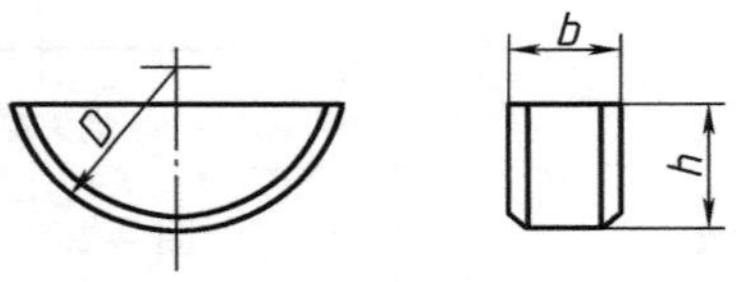	GB/T 1099.1 键 6×10×25	普通型半圆键 键宽 $b=6$mm 键高 $h=10$mm 直径 $D=25$mm
钩头楔键	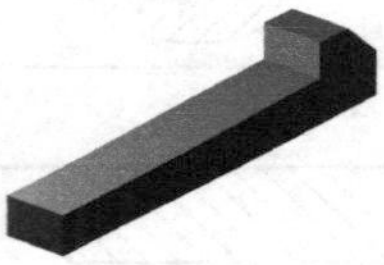		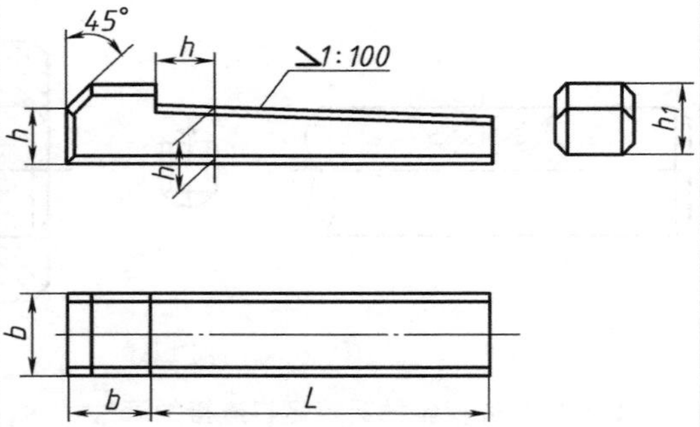	GB/T 1565 键 18×100	普通型钩头楔键 键宽 $b=18$mm 键高 $h=11$mm 键长 $L=100$mm

8.3.2　键连接的画法

1. 普通平键的连接画法

常用的普通平键的尺寸和键槽的断面尺寸，可按轴径查阅附录B得出。如 $d=45$mm，查表得 $t_1=5.5$mm，$t_2=3.8$mm。

普通平键连接中的轴和齿轮上的键槽及尺寸注法如图8-19所示。轴的键槽用轴的主视图（局部剖视）和在键槽处的移出断面图表示，也可在主视图上加一个反映键槽端面形状的局部视图。尺寸则要标注键槽长度 L、键槽宽度 b 和 $d-t_1$（t_1 是轴上键槽深度）。齿轮的键槽采用全剖视及局部视图表示，尺寸则应标注键槽宽度 b 和 $d+t_2$（t_2是齿轮轮毂的键槽深度）。注意齿轮上的键槽长度等于齿轮的宽度，即为通槽。

图8-20所示是用普通平键连接齿轮和轴的装配画法。主视图采用剖视画法，若剖切平面通过轴和键的轴线或对称面，按规定，轴和键均按不剖形式画出。为了表示轴上的键槽，采用了局

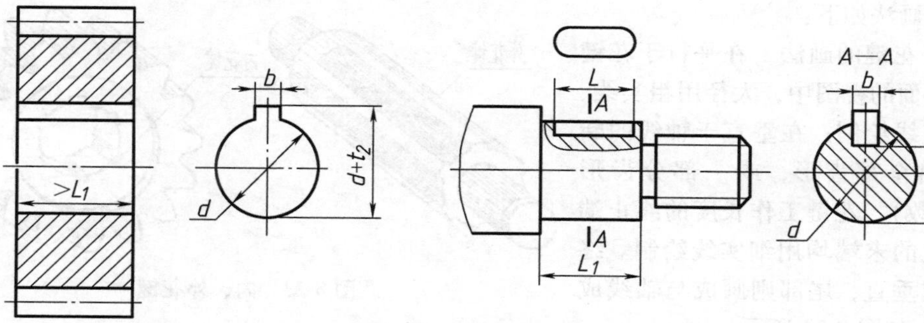

图 8-19　齿轮和轴上键槽的画法及尺寸注法

部剖视。键装配连接后，键的两个侧面与齿轮和轴上键槽的两侧面相接触，键的底面与轴上键槽的底面相接触，画一条粗实线，键的顶面和轮毂键槽的底面有间隙，应画两条粗实线。

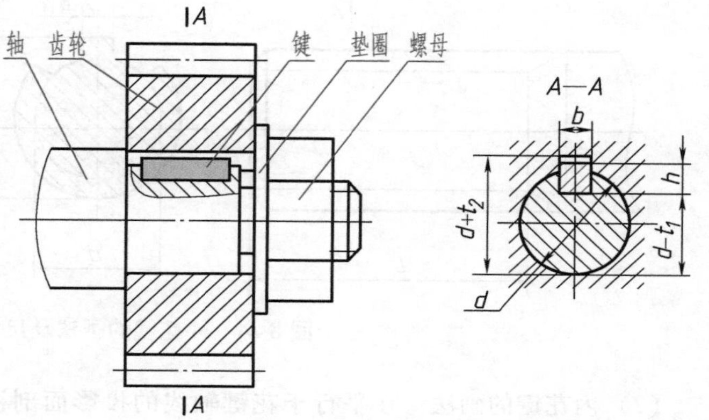

图 8-20　普通平键连接画法

2. 半圆键的连接画法

半圆键常用在载荷不大的传动轴上，连接情况和画法与普通平键相似。键的两侧面与轮和轴上键槽侧面接触，画一条线；键的顶面与轮上槽底有间隙，画两条线。半圆键连接画法如图 8-21 所示。

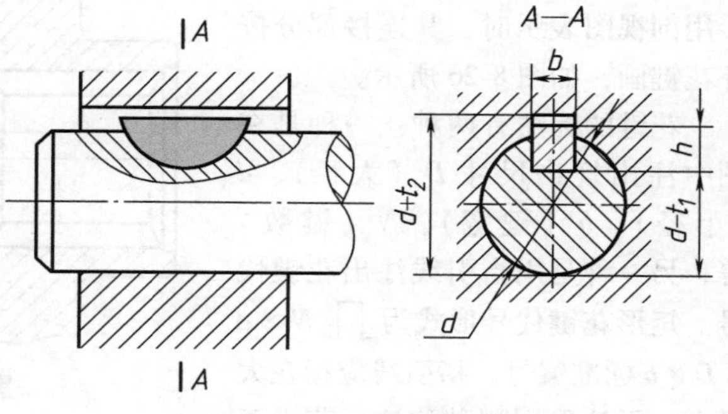

图 8-21　半圆键连接画法

3. 楔键的连接画法

楔键有普通楔键和钩头楔键两种。普通楔键又有 A 型（圆头）、B 型（方头）和 C 型（单圆头）三种，钩头楔键只有一种。楔键顶面是 1∶100 的斜度，装配时打入键槽，依靠键的顶面和底面与轮和轴之间挤压的摩擦力而连接，故画图时上、下两接触面应画一条线，而侧面应有间隙。楔键连接画法如图 8-22 所示。

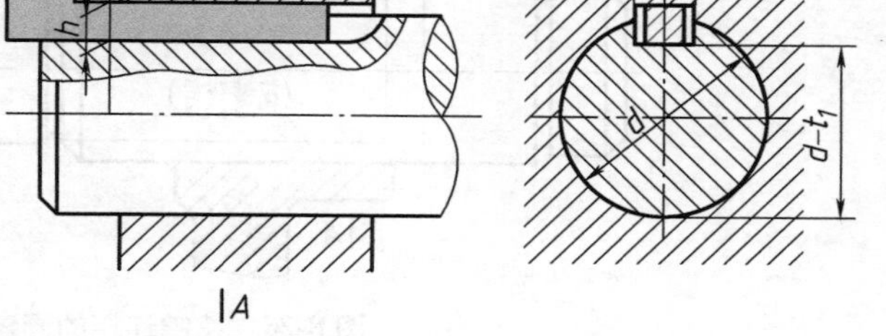

图 8-22　楔键连接画法

4. 花键的连接画法

加工在轴上的花键称为外花键，加工在孔内的花键称为内花键，如图 8-23 所示。将花键轴与花键孔装配在一起就是花键连接。

花键连接具有连接可靠、承载能力大、对准中心的精度高，以及沿轴向的导向性好等优点。

花键的齿形有矩形、渐开线等，其

中矩形花键画法如下：

（1）外花键的画法　在平行于花键轴线的投影面的视图中，大径用粗实线、小径用细实线绘制；在垂直于轴线的断面上，画出全部齿形，或一部分齿形（需注明齿数）。花键工作长度的终止端和尾部长度的末端均用细实线绘制。终止端与轴线垂直，尾部则画成与轴线成30°的斜线，如图8-24所示。

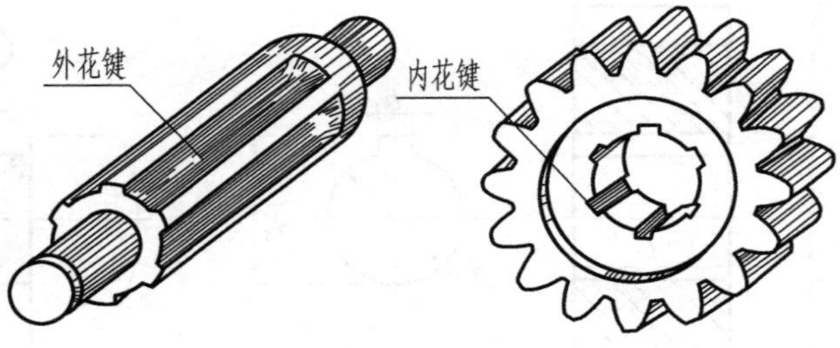

图8-23　内、外花键

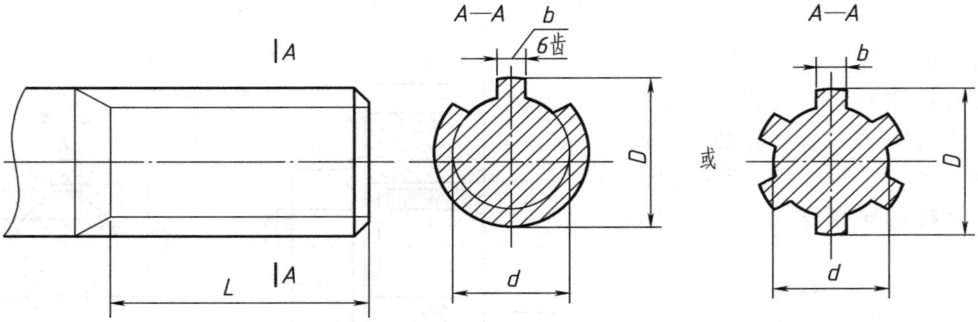

图8-24　外花键的画法及尺寸标注

（2）内花键的画法　在平行于花键轴线的投影面剖视图中，大径及小径均用粗实线绘制，并用局部视图画出一部分齿形（需注明齿数）或全部齿形，如图8-25所示。

（3）花键连接的画法　花键连接用剖视图表示时，其连接部分按外花键画，如图8-26所示。

花键的标注有两种：一种是在图中注出规格尺寸 D（大径）、d（小径）、b（键宽）、N（键数）等；另一种是用指引线注出花键代号。矩形花键代号形式为⎍ $N \times d \times D \times b$ 标准编号，指引线应指在大径上。无论采用哪种注法，花键工

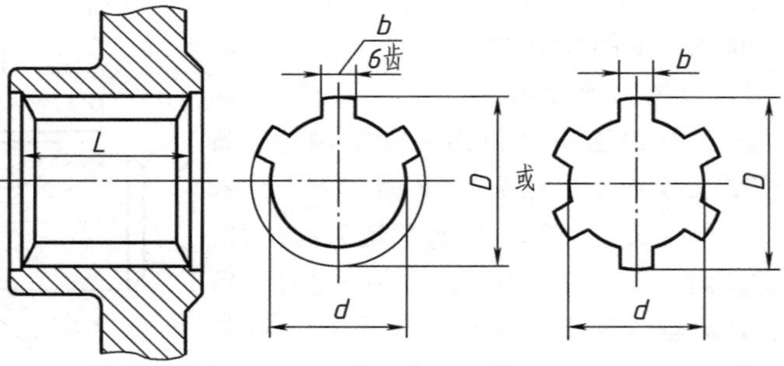

图8-25　内花键的画法及尺寸标注

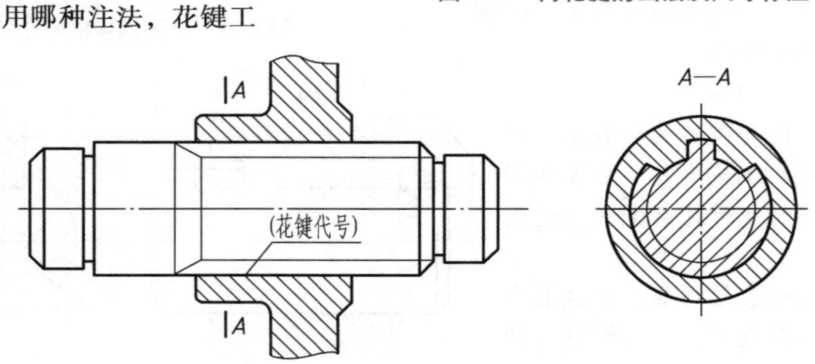

图8-26　花键连接的画法及尺寸标注

作长度 L 都要在图上标注出，如图 8-24 和图 8-25 所示。

8.4 销

8.4.1 销的种类、标记和画法

销通常用于零件间的连接或定位。常用的销有圆柱销、圆锥销和开口销等。其中，圆锥销做成 1 : 50 的锥度，公称直径指小端直径；圆柱销和圆锥销的装配要求较高，销孔一般在被连接件装配后同时加工，在零件图上需注明加工要求；开口销常与带孔螺栓和开槽螺母配合使用，它穿过螺母上的槽和螺栓杆上的孔，并在销的尾部叉开，以防止螺母松动。销的各部分尺寸和形式见附录 B。

销的规定标记与键类似，一般格式：

销　标准编号　公称直径 d×长度 l

常用销及其图例和标记示例见表 8-5。

表 8-5　常用销及其图例和标记示例

名　称	立体图	图　例	标记示例	说　明
圆柱销	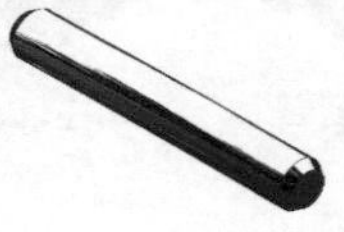	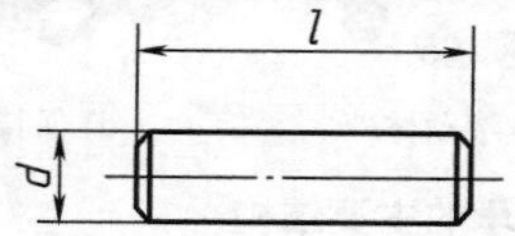	销　GB/T 119.2　5×20	圆柱销 公称直径为 5mm，公称长度为 20mm，公差为 m6，材料为钢，普通淬火（A 型），表面经氧化处理
圆锥销	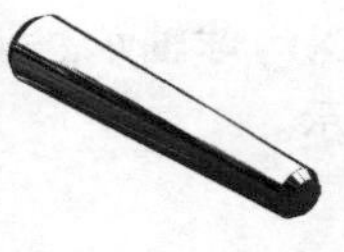	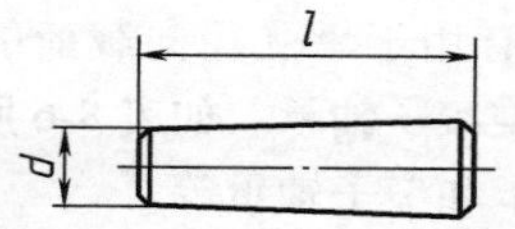	销　GB/T 117　6×24	圆锥销（A 型） 公称直径为 6mm，公称长度为 24mm，材料为 35 钢，热处理硬度为 28~38HRC，表面经氧化处理
开口销	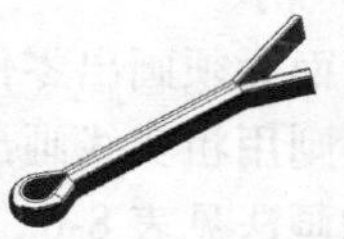	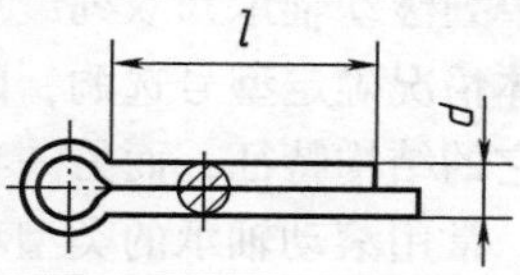	销　GB/T 91　5×30	开口销 公称直径为 5mm，公称长度为 30mm，材料为 Q215 或 Q235，表面未经处理

8.4.2 销连接的画法

圆柱销连接画法如图 8-27a 所示，轮与轴用销连接，它传递的动力不能太大。圆锥销的连接画法如图 8-27b 所示，此圆锥销起定位作用。开口销常要与六角开槽螺母配合使用，将它穿过螺

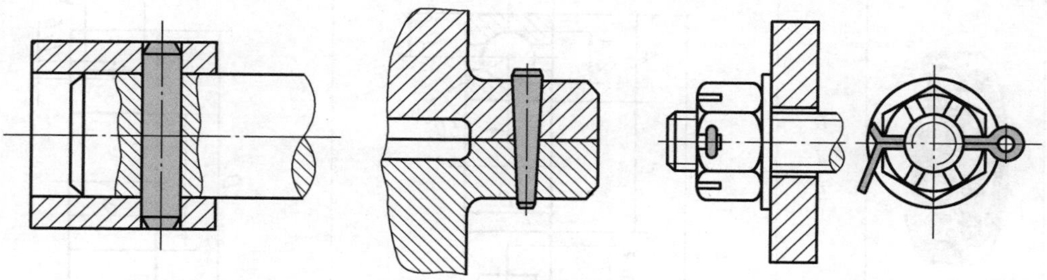

a) 圆柱销连接　　b) 圆锥销连接　　c) 开口销连接

图 8-27　销连接画法

母上的槽和螺杆上的孔后，尾部分开，用来防止螺母松动，开口销连接画法如图 8-27c 所示。

8.5 滚动轴承

滚动轴承主要用于支承轴和轴上的零件，它具有摩擦阻力小、结构紧凑等特点，在机器中被广泛地使用。它可以承受径向载荷、轴向载荷或同时承受两种载荷。

8.5.1 滚动轴承的种类及画法

滚动轴承是标准部件，其结构、尺寸都已经标准化，因此，在画图时不需画出它的零件图，只需在装配图中根据其外径、内径、宽度等几个主要尺寸，按照比例画出它的结构特征即可。

滚动轴承的种类很多，但其结构大体相同，一般由外圈、内圈、滚动体和保持架组成。外圈装在机座的轴孔内，一般固定不动，内圈套在轴上，随轴一起旋转。滚动轴承的主要结构如图 8-28 所示。

a) 滚动轴承　b) 外圈　c) 滚动体　d) 保持架　e) 内圈

图 8-28　滚动轴承的主要结构

按其承受的载荷方向不同，滚动轴承常见的有用于承受径向载荷的深沟球轴承、承受轴向载荷的推力轴承和同时承受径向和轴向载荷的圆锥滚子轴承，如表 8-6 所示。

按滚动体形状的不同，滚动轴承可分为球轴承和滚子轴承等。

按滚动体排列形式的不同，滚动轴承可分为单列滚动轴承和双列滚动轴承。

滚动轴承由专业厂生产，用户根据机器的具体情况确定型号选购，因而无须画出零件图。在装配图中，可按比例画法，将其一半近似地画出它的结构特征，而另一半则用粗实线画出其轮廓和结构要素，并在装配图的明细栏中写出其代号。常用滚动轴承的类型和画法见表 8-6。

表 8-6　常用滚动轴承的类型和画法

种类	结构形式	主要参数	规定画法（上部）、通用画法（下部）	特征画法
深沟球轴承		D d B	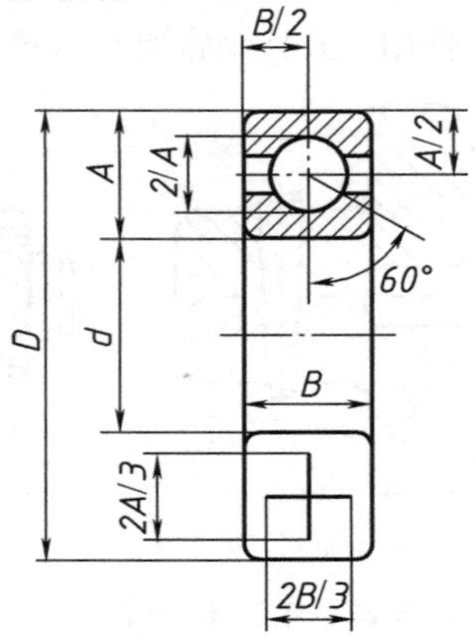	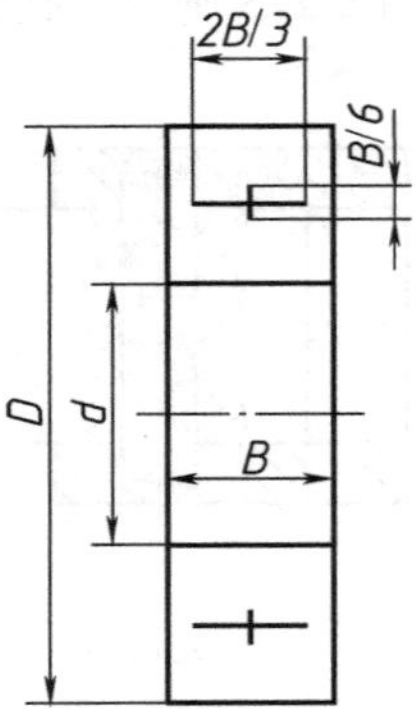

（续）

种类	结构形式	主要参数	规定画法（上部）、通用画法（下部）	特征画法
圆锥滚子轴承		*D* *d* *B* *T* *C*	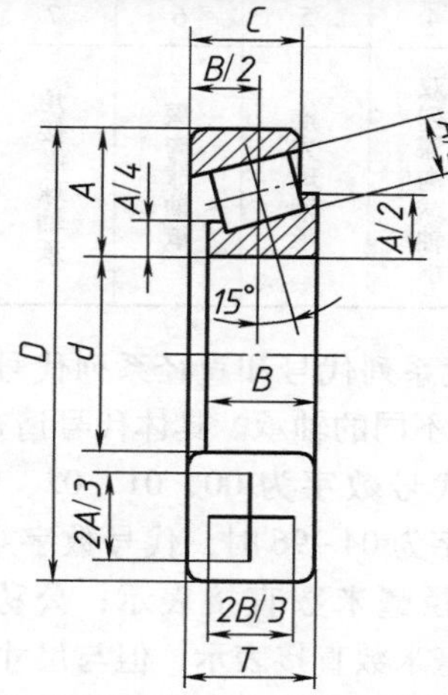	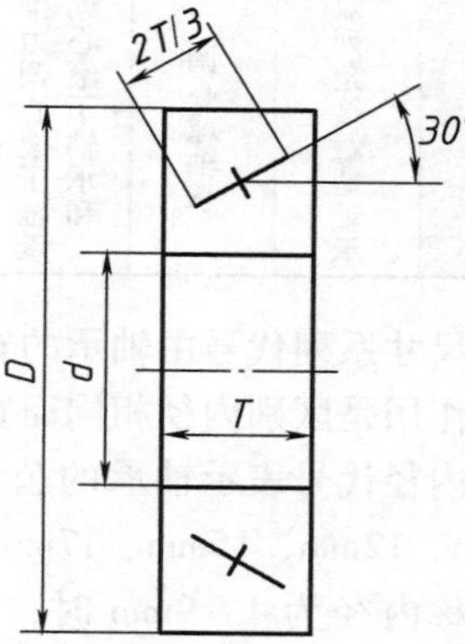
推力球轴承		*D* *d* *T*	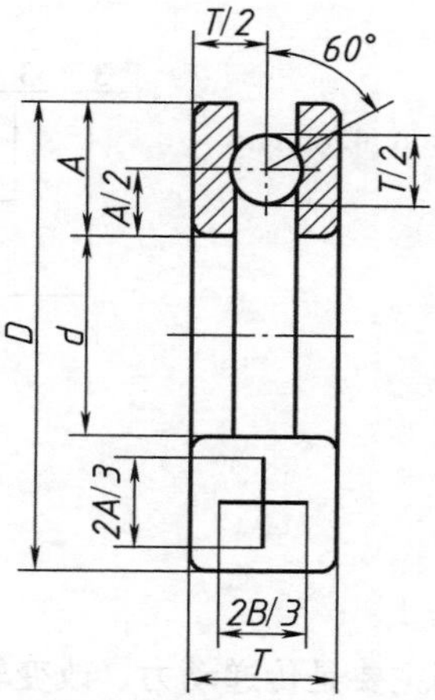	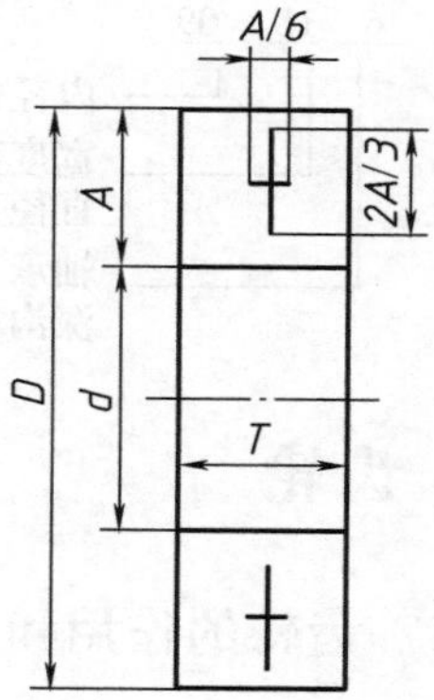

8.5.2 滚动轴承的代号

滚动轴承代号完整的规定标记：

前置代号　基本代号　后置代号

1. 前置代号和后置代号

前置代号用字母表示，后置代号用字母（或加数字）表示。前置代号和后置代号是在轴承结构形状、尺寸、公差、技术要求等有改变时，在其基本代号左右添加的代号。

例如　　NN　　3006　　K/C4

↓　　↓　　↓

前置代号　基本代号　后置代号

2. 基本代号

基本代号表示轴承的基本类型、结构和尺寸，是轴承代号的基础。其构成及排列方式如下：

类型代号　尺寸系列代号　内径代号

类型代号用数字或字母表示，见表8-7。

表8-7 类型代号

代号	0	1	2	3	4	5	6	7	8	N	U	QJ
轴承类型	双列角接触球轴承	调心球轴承	调心滚子轴承和推力调心滚子轴承	圆锥滚子轴承	双列深沟球轴承	推力球轴承	深沟球轴承	角接触球轴承	推力圆柱滚子轴承	圆柱滚子轴承	外球面球轴承	四点接触球轴承

尺寸系列代号由轴承的宽（高）度系列代号和直径系列代号组成，用两位数字表示。它的主要作用是区别内径相同而宽度和外径不同的轴承。具体代号请查阅相关标准。

内径代号表示轴承的公称内径。代号数字为00、01、02、03时，分别表示轴承内径 d = 10mm、12mm、15mm、17mm；代号数字为04~96时，代号数字乘以5，即为轴承内径大小；轴承公称内径为1~9mm时，用公称内径毫米数直接表示；公称内径为22mm，28mm，32mm，500mm或大于500mm时，用公称内径毫米数直接表示，但与尺寸系列之间用“/”分开。

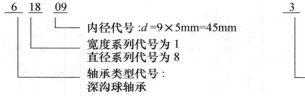

基本代号示例：

6 18 09
- 内径代号：d=9×5mm=45mm
- 宽度系列代号为1
- 直径系列代号为8
- 轴承类型代号：深沟球轴承

3 3 /32
- 内径代号：d=32mm
- 宽度系列代号0省略
- 直径系列代号为3
- 轴承类型代号：圆锥滚子轴承

8.6 齿轮

8.6.1 齿轮的作用和分类

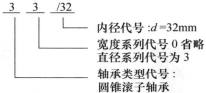

齿轮属于常用件，在机器中的作用主要是传递动力、改变转速和改变转向。齿轮应用范围十分广泛，形式多样，传递功率可从很小到很大（可达数万千瓦），传动效率高。

如图8-29所示，依据两啮合齿轮轴线在空间的相对位置不同，常见的齿轮传动可分为下列几种：

（1）圆柱齿轮传动　应用于两平行轴之间的传动。

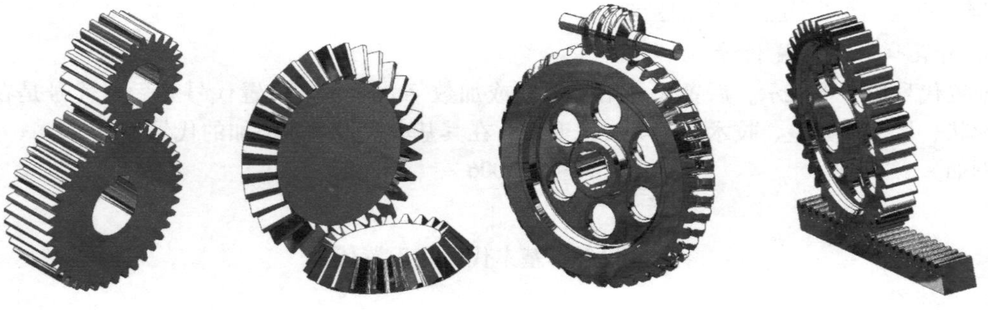

a) 圆柱齿轮传动　b) 锥齿轮传动　c) 蜗杆传动　d) 齿轮齿条传动

图8-29 常见的齿轮传动

（2）锥齿轮传动　应用于两相交轴之间的传动。

（3）蜗杆传动　应用于两交叉轴之间的传动。

（4）齿轮齿条传动　应用于旋转运动和直线运动之间的相互转换。

齿轮上的齿称为轮齿，它是齿轮的重要组成部分，按轮齿方向和形状的不同分为直齿、斜齿、人字齿等，齿形轮廓有渐开线、摆线、圆弧等，一般采用渐开线齿廓。在齿轮的参数中，只有模数和压力角已标准化，齿轮的模数和压力角符合标准的称为标准齿轮。下面介绍具有渐开线齿形的标准齿轮的有关知识与规定画法。

8.6.2　直齿圆柱齿轮的结构、参数和尺寸计算

图8-30a所示是两啮合的圆柱直齿齿轮，图8-30b所示是单个圆柱直齿齿轮。从图中可以看出圆柱直齿齿轮各部分的几何要素。

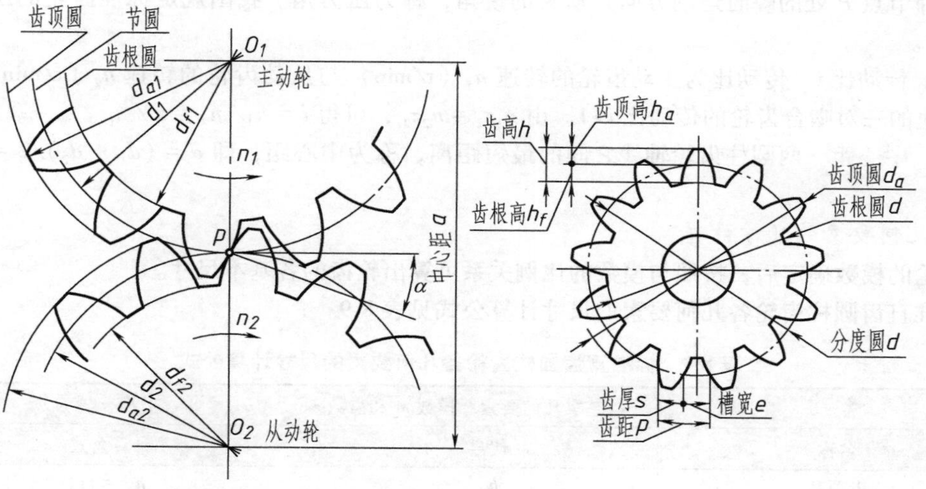

a) 啮合的圆柱齿轮　　b) 单个的圆柱齿轮

图8-30　直齿圆柱齿轮各部分名称

1. 名称和代号

（1）节圆直径d'和分度圆直径d　O_1、O_2分别为两啮合齿轮的中心，两齿轮的一对齿廓的啮合接触点是在连心线上的P点（称为节点）。分别以O_1、O_2为圆心，O_1P、O_2P为半径作圆，齿轮的传动可假想为这两个圆做无滑动的纯滚动。这两个圆称为齿轮的节圆，其直径用d'表示。分度圆是设计、制造齿轮时进行各部分尺寸计算的基准圆，也是分齿的圆，所以称为分度圆，其直径以d表示。对于标准齿轮，$d = d'$。

（2）分度圆齿距p和分度圆齿厚s　分度圆上相邻两齿廓对应点之间的弧长，称为分度圆齿距p。两啮合齿轮的齿距应相等。每个齿廓在分度圆周上的弧长，称为分度圆齿厚s，对于标准齿轮来说，齿厚为齿距的一半，即$s = p/2$。

（3）模数m　若以z表示齿数，那么分度圆周长$=\pi d = zp$，也就是$d = pz/\pi$。令$p/\pi = m$，则$d = mz$。这里，m就是齿轮的模数，它等于p与π的比值。因为两啮合齿轮的齿距p必须相等，所以它们的模数也必须相等。

模数m是设计、制造齿轮的重要参数。为了便于设计和加工，模数的数值已系列化，见表8-8。

表 8-8　齿轮模数系列（GB/T 1357—2008）　　（单位：mm）

第一系列	1　1.25　1.5　2　2.5　3　4　5　6　8　10　12　16　20　25　32　40　50
第二系列	1.125　1.375　1.75　2.25　2.75　3.5　4.5　5.5　(6.5)　7　9　11　14　18　22　28　36　45

注：选用模数时应优先选用第一系列；其次选用第二系列，括号内的模数尽可能不用。

（4）齿顶圆直径 d_a　通过齿轮齿顶的圆称齿顶圆，其直径用 d_a 表示。

（5）齿根圆直径 d_f　通过齿轮齿根的圆称齿根圆，其直径用 d_f 表示。

（6）齿高 h、齿顶高 h_a、齿根高 h_f　齿顶圆与齿根圆之间的径向距离称为齿高，用 h 表示；齿顶圆与分度圆之间的径向距离称为齿顶高，用 h_a 表示；分度圆与齿根圆的径向距离称为齿根高，用 h_f 表示。$h = h_a + h_f$。

（7）压力角 α　在节点 P 处，两齿廓曲线的公法线（即齿廓的受力方向）与两节圆的内公切线（即节点 P 处的瞬时运动方向）所夹的锐角，称为压力角。我国规定标准齿轮的压力角一般为 20°。

（8）传动比 i　传动比为主动齿轮的转速 n_1（r/min）与从动齿轮的转速 n_2（r/min）之比，用于减速的一对啮合齿轮的传动比 $i>1$。由 $n_1z_1 = n_2z_2$，可得 $i = n_1/n_2 = z_2/z_1$。

（9）中心距　两圆柱齿轮轴线之间的最短距离，称为中心距，即 $a = (d_1 + d_2)/2 = m(z_1 + z_2)/2$。

2. 几何要素的尺寸计算

齿轮的模数确定后，按照与模数的比例关系可算出轮齿的各基本尺寸。

标准直齿圆柱齿轮各几何要素的尺寸计算公式见表 8-9。

表 8-9　标准直齿圆柱齿轮各几何要素的尺寸计算公式

基本几何要素：模数 m 和齿数 z		
名称	代号	计算公式
齿顶高	h_a	$h_a = m$
齿根高	h_f	$h_f = 1.25m$
齿高	h	$h = 2.25m$
分度圆直径	d	$d = mz$
齿顶圆直径	d_a	$d_a = m(z+2)$
齿根圆直径	d_f	$d_f = m(z-2.5)$

8.6.3　圆柱齿轮的规定画法

1. 单个齿轮的画法

根据国家标准规定的齿轮画法，齿顶圆和齿顶线用粗实线绘制，分度圆和分度线用细点画线绘制，齿根圆和齿根线用细实线绘制（也可省略不画），如图 8-31a 所示；在剖视图中，当剖切平面通过齿轮的轴线时，轮齿一律按不剖处理，齿根线用粗实线绘制，如图 8-31b 所示。当需要表示斜齿与人字齿的齿线的形状时，可用三条与齿线方向一致的细实线表示，如图 8-31c、d 所示。

2. 两啮合齿轮的画法

在垂直于圆柱齿轮轴线的投影面上的视图中，啮合区内齿顶圆均用粗实线绘制，如图 8-32a 所示的左视图；或按省略画法，如图 8-32b 所示。相切的分度圆用细点画线绘制。两齿根圆用细实线画出，也可省略不画。

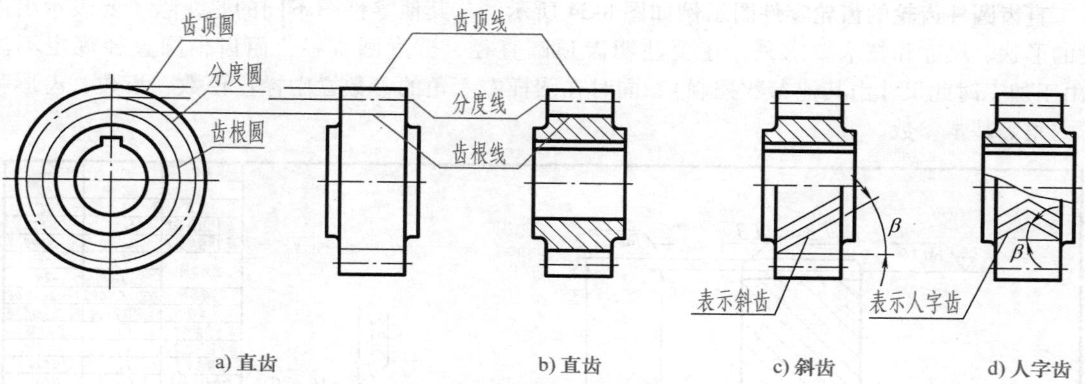

图 8-31　圆柱齿轮的规定画法

在剖视图中，当剖切平面通过两啮合齿轮轴线时，在啮合区内，将一个齿轮的齿顶线用粗实线绘制；另一个齿轮的轮齿被遮挡的齿顶线用虚线绘制（虚线也可省略不画），如图 8-32a 的主视图所示。在平行于圆柱齿轮轴线的投影面的外形视图中，啮合区的齿顶线不需画出，节线用粗实线绘制，如图 8-32c、d 所示。

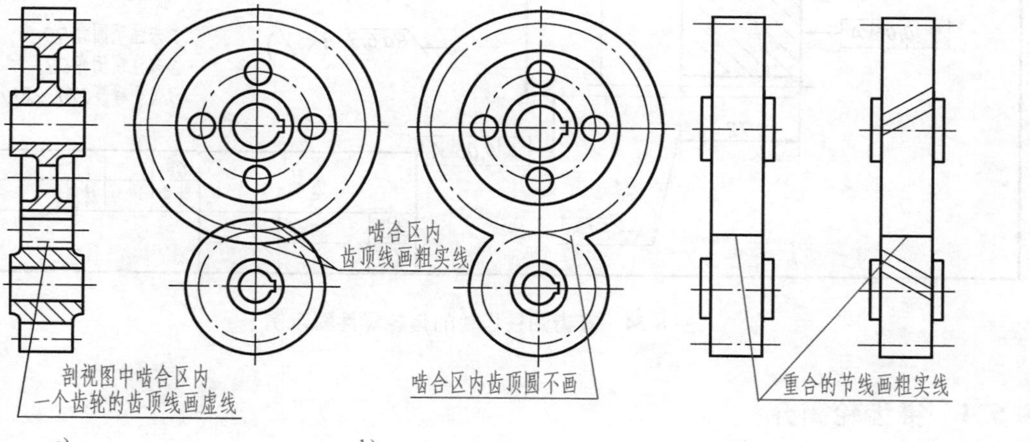

图 8-32　圆柱齿轮啮合的画法

如图 8-33 所示，在齿轮啮合的剖视图中，由于齿根高与齿顶高相差 0.25m，因此，一个齿轮的齿顶线和另一个齿轮的齿根线之间应有 0.25m 的间隙。

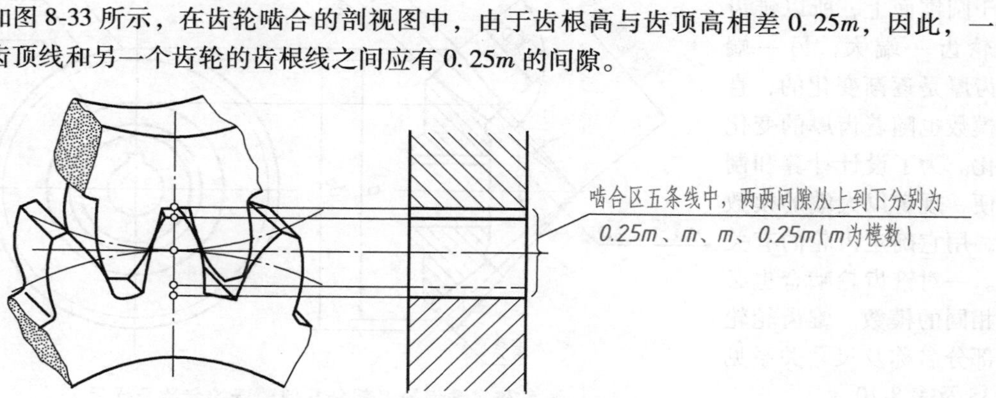

图 8-33　齿轮的啮合区画法

直齿圆柱齿轮的齿轮零件图示例如图8-34所示，与其他零件图不同的是，除了要表示出齿轮的形状、尺寸和技术要求外，还要注明齿顶圆直径、分度圆直径，而齿根圆直径规定不注（由于加工时此尺寸由其他参数控制），同时在图样右上角的参数栏中标注模数、齿数、齿形和压力角等基本参数。

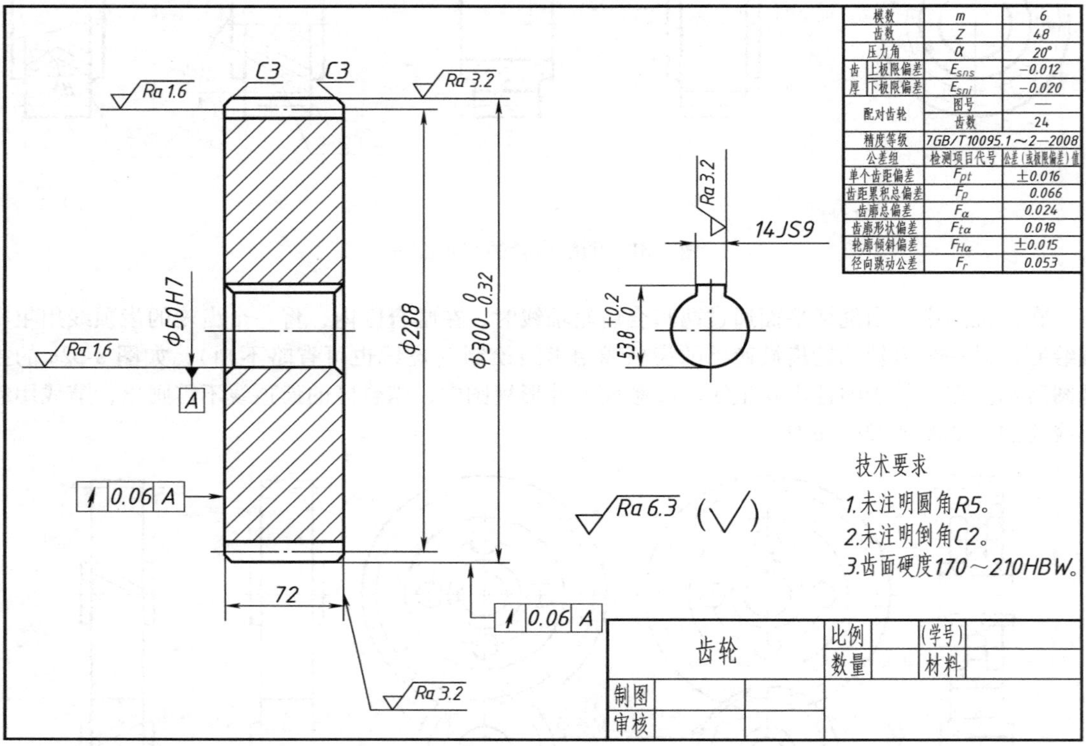

图8-34　直齿圆柱齿轮的齿轮零件图示例

8.6.4　锥齿轮简介

锥齿轮通常用于垂直相交两轴之间的传动。由于齿轮位于圆锥面上，所以锥齿轮的轮齿一端大，另一端小，齿厚是逐渐变化的，直径和模数也随着齿厚的变化而变化。为了设计计算和制造方便，规定以大端的模数为准，用它确定齿轮的有关尺寸。一对锥齿轮啮合也必须有相同的模数。锥齿轮轮齿各部分名称及尺寸关系见图8-35及表8-10。

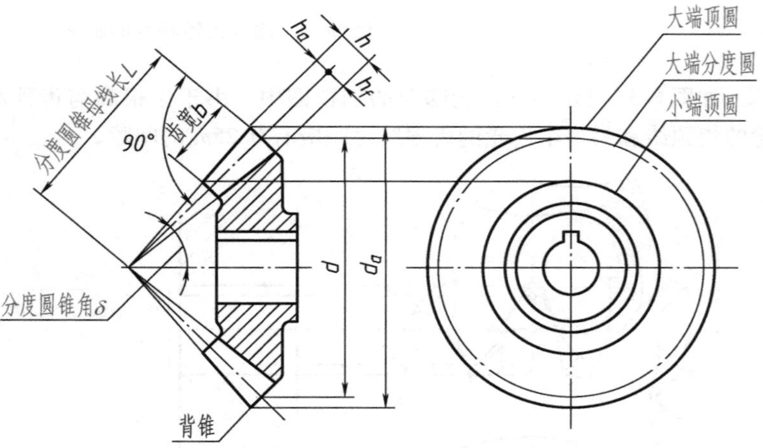

图8-35　锥齿轮各部分几何要素的名称及代号

表 8-10 标准直齿锥齿轮各几何要素的尺寸计算公式

名称	计算公式	名称	计算公式
齿顶高 h_a	$h_a = m$	分度圆直径 d	$d = mz$
齿根高 h_f	$h_f = 1.2m$	齿顶圆直径 d_a	$d_a = m(z + 2\cos\delta)$
齿高 h	$h = 2.2m$	齿根圆直径 d_f	$d_f = m(z - 2.4\cos\delta)$
齿顶角 θ_a	$\tan\theta_a = (2\sin\delta)/z$	齿根角 θ_f	$\tan\theta_f = (2.4\sin\delta)/z$
齿宽 b	$b \leqslant L/3$	基本参数：模数 m、齿数 z 和分度圆锥角 δ	

锥齿轮的规定画法与圆柱齿轮基本相同，如图 8-35 所示。主视图常采用剖视，在投影为圆的左视图中，用粗实线表示齿轮大端和小端的齿顶圆；用细点画线表示大端的分度圆，不画齿根圆。

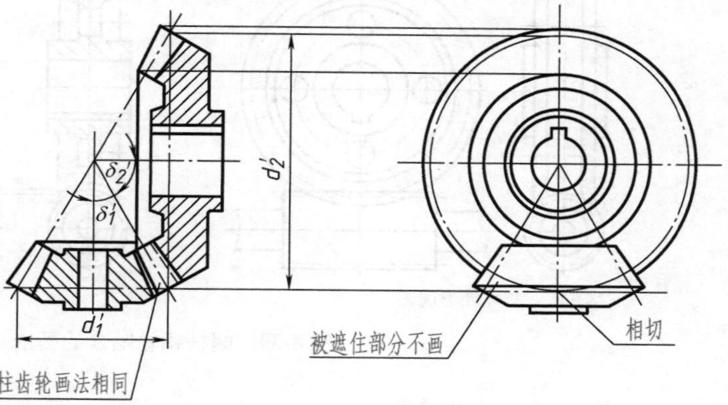

图 8-36 锥齿轮的啮合画法

锥齿轮的啮合画法如图 8-36 所示。主视图画成剖视图，由于两齿轮的节圆锥面相切，因此，其节线重合，画成点画线；在啮合区内，应将其中一个齿轮的齿顶线画成粗实线，而将另一个齿轮的齿顶线画成虚线或省略不画，左视图画成外形视图。对于标准齿轮来说，节圆锥面和分度圆锥面、节圆和分度圆是一致的。

8.6.5 蜗轮和蜗杆简介

蜗轮和蜗杆用于垂直交叉两轴之间的传动，蜗杆是主动的，蜗轮是从动的。蜗杆、蜗轮的传动比大，结构紧凑，但效率低。蜗杆的齿数（即头数）z_1 相当于螺杆上螺纹的线数。蜗杆常用单头或双头，在传动时，蜗杆旋转一圈，则蜗轮只转过一个齿或两个齿，因此可得大的传动比。

蜗杆和蜗轮的轮齿是螺旋形的，蜗轮的齿顶面和齿根面常制成圆环面。互相啮合的蜗杆、蜗轮模数相同，蜗轮的螺旋角与蜗杆的螺旋线升角大小相等、方向相同。

蜗杆和蜗轮各部分几何要素的代号和规定画法如图 8-37 和图 8-38 所示。其轮齿部分画法与

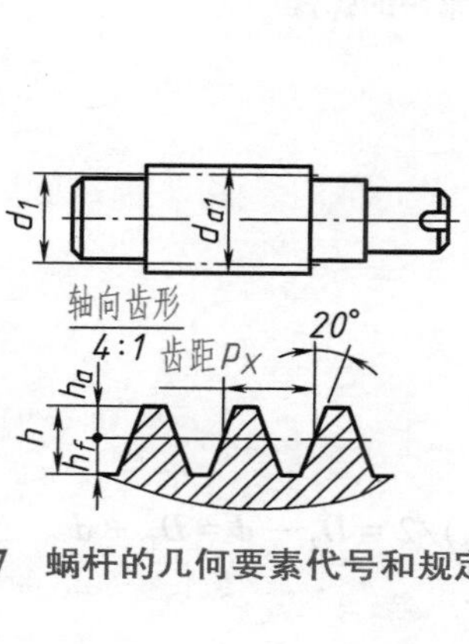

图 8-37 蜗杆的几何要素代号和规定画法

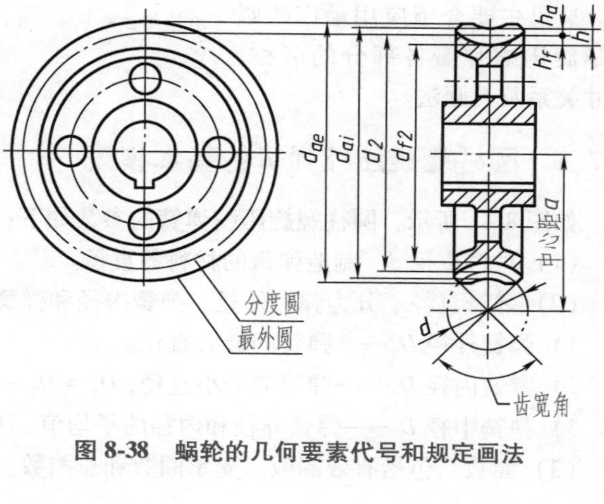

图 8-38 蜗轮的几何要素代号和规定画法

圆柱齿轮基本相同，但在蜗轮投影为圆的视图中，只画出分度圆和直径最大的外圆，齿顶圆和齿根圆省略不画。在外形视图中，蜗杆的齿根圆和齿根线用细实线绘制或省略不画。图中 p_x 是蜗杆的轴向齿距；d_{ae} 是蜗轮齿顶的最外圆直径，即齿顶圆柱面的直径；d_{ai} 是蜗轮的齿顶圆环面喉圆的直径。

图 8-39 所示为蜗杆蜗轮啮合的画法。在主视图中，蜗杆被蜗轮遮住的部分不必画出；在左视图中，蜗轮的分度圆和蜗杆的分度线相切，其余见图中所示。

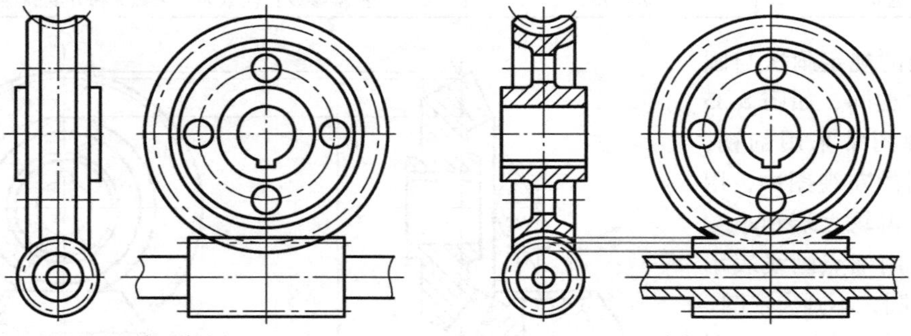

a) 外形视图　　b) 剖视图

图 8-39　蜗杆蜗轮啮合的画法

8.7　弹簧

弹簧的用途广泛、形式多样，是一种常用件，在机械和日常生活中有着广泛地应用。它主要用于减振、夹紧、储能、测力、复位等方面。其特点是去除外力后能恢复原状。

弹簧按性质不同可分为压缩弹簧、拉伸弹簧、扭转弹簧和弯曲弹簧；按外形又可分为螺旋弹簧、弓形弹簧、涡卷弹簧、碟形簧、环形簧、盘弹簧、片弹簧、板簧等，常用的弹簧如图 8-40 所示。这里主要介绍应用最广的圆柱螺旋压缩弹簧各部分的名称、尺寸关系及其画法。

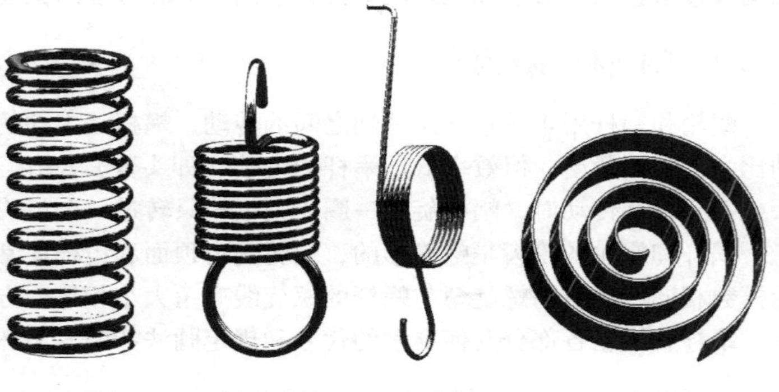

a) 压缩弹簧　b) 拉伸弹簧　c) 扭转弹簧　d) 涡卷弹簧

图 8-40　常用的弹簧

8.7.1　圆柱螺旋压缩弹簧的基本参数

如图 8-41 所示，圆柱螺旋压缩弹簧的参数如下：

（1）材料直径 d　制造弹簧的材料的直径。

（2）弹簧直径　分为弹簧外径、弹簧内径和弹簧中径。

1）弹簧外径 D_2——弹簧的最大直径。

2）弹簧内径 D_1——弹簧的最小直径，$D_1 = D_2 - 2d$。

3）弹簧中径 D——弹簧外径和内径的平均值，$D = (D_1 + D_2)/2 = D_2 - d = D_1 + d$。

（3）圈数　包括有效圈数、支承圈数和总圈数。

1）支承圈数 n_2——为使弹簧工作时受力均匀、支承平稳，弹簧两端需并紧、磨平，这部分起支承作用的圈数称为支承圈，两端支承部分的圈数之和称为支承圈数（n_2）。通常材料直径 $d \leqslant 8$mm 时，支承圈数 $n_2=2$；当 $d>8$mm 时，$n_2=1.5$，两端各磨平 3/4 圈；也有 $n_2=2.5$ 的。

2）有效圈数 n——支承圈以外的圈数为有效圈数。

3）总圈数 n_1——支承圈数和有效圈数之和为总圈数，$n_1=n+n_2$。

（4）节距 t　相邻两有效圈上对应点间的轴向距离。

（5）自由高度 H_0　弹簧不受外力作用时的高度。

（6）展开长度 L　弹簧展开后的簧丝全长或簧丝坯料的长度。弹簧展开长度 L 均指名义尺寸，其计算方法：当 $d \leqslant 8$mm 时，$L \approx \pi D(n+2)$；当 $d>8$mm 时，$L \approx \pi D(n+1.5)$。

（7）旋向　弹簧的螺旋方向，分为右旋和左旋。

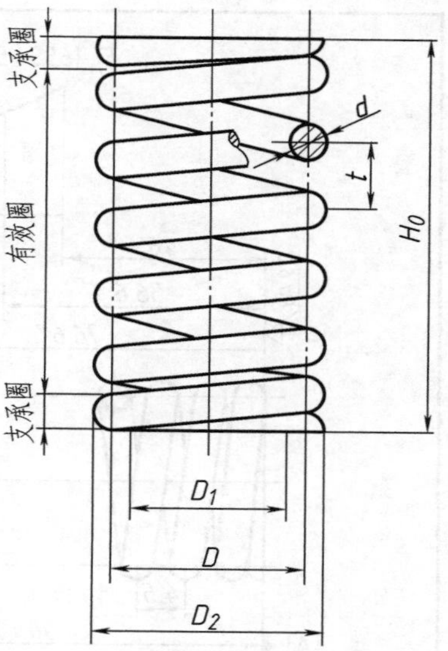

图 8-41　圆柱螺旋压缩弹簧的参数

8.7.2　圆柱螺旋压缩弹簧的画法

弹簧的真实投影比较复杂，国家标准规定了圆柱螺旋压缩弹簧的画法，可以画成剖视图，如图 8-42 所示；也可画成视图，如图 8-43 所示。其作图步骤如图 8-42 所示。

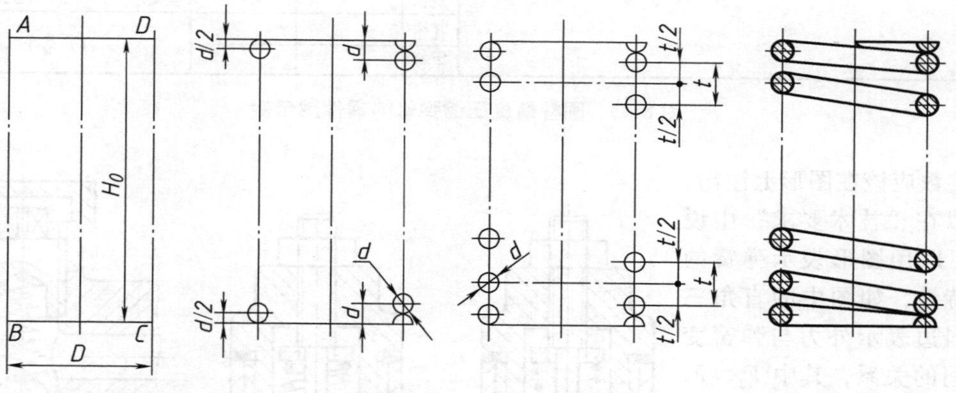

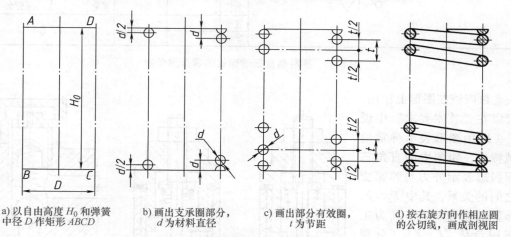

a) 以自由高度 H_0 和弹簧中径 D 作矩形 $ABCD$　b) 画出支承圈部分，d 为材料直径　c) 画出部分有效圈，t 为节距　d) 按右旋方向作相应圆的公切线，画成剖视图

图 8-42　圆柱螺旋压缩弹簧的画图步骤

剖视图画法的要点如下：

1）在平行于轴线的投影面的视图中，其各圈轮廓画成直线。

2）国家标准规定，不论支承圈的圈数多少，均按 2.5 圈的形式绘制。

3）如果弹簧的有效圈大于 4 圈，每端可以只画 1~2 圈（支承圈除外），而中间各圈省略不画，用通过簧丝剖面中心的细点画线连起来，且可适当缩短图形长度。

4）右旋弹簧一律画成右旋，左旋弹簧可以画成左旋或右旋，但不论画成左旋还是右旋，必须加写“左”字。

8.7.3　圆柱螺旋压缩弹簧的零件图和装配图

图 8-43 所示是圆柱螺旋压缩弹簧的零件图示例。在圆柱螺旋压缩弹簧的零件图中，弹簧的

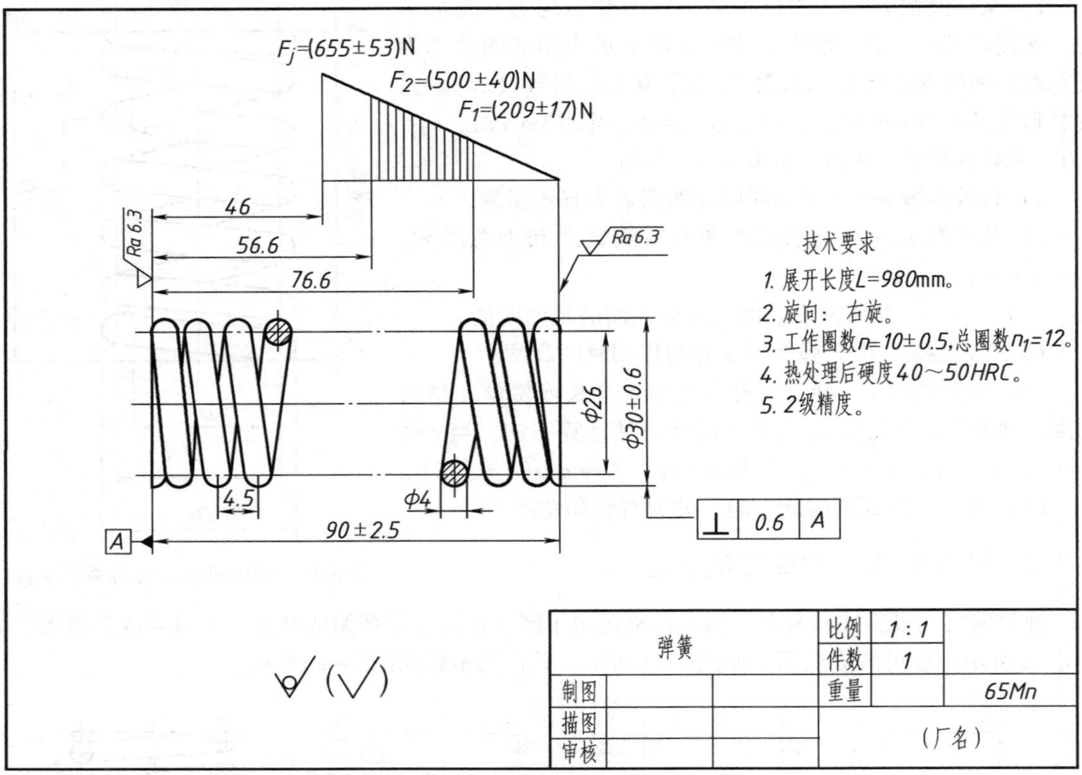

图 8-43　圆柱螺旋压缩弹簧的零件图示例

有关参数应该在图形上注出，也可以在“技术要求”中说明。可以用图形表示弹簧的机械特性，如图中的直角三角形斜边表示外力与弹簧变形之间的关系，其中 F_1、F_2 为弹簧的工作负荷，F_j 为工作极限负荷，f_1、f_2、f_j 分别为相应负荷下弹簧的轴向变形量。

在装配图中绘制弹簧时，要注意：

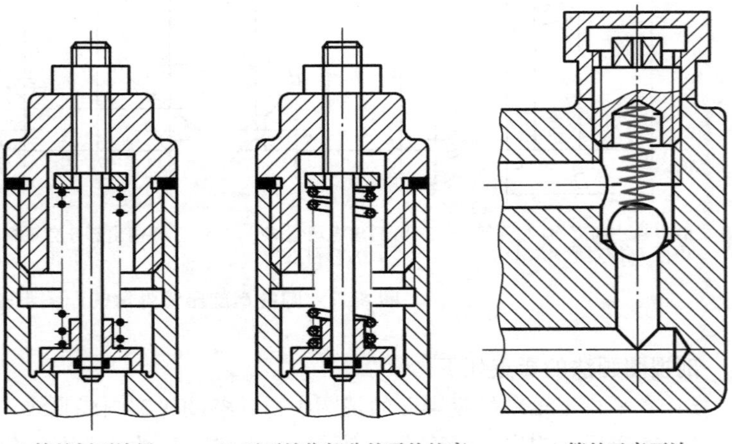

a) 簧丝剖面涂黑　　b) 不画挡住部分的零件轮廓　　c) 簧丝示意画法

图 8-44　装配图中弹簧的规定画法

1）弹簧被剖切时，可以仅仅画出簧丝剖面，如果簧丝直径≤2mm，则剖面可以采用图 8-44a 所示的涂黑画法。

2）被弹簧挡住的结构一般不画，可见部分应从弹簧的外轮廓线或从通过簧丝断面中心的细点画线开始画，如图 8-44b 所示。

3）如果簧丝直径≤2mm，也可以采用图 8-44c 所示的示意画法。

8.8 Inventor 在标准件和常用件中的应用

对于标准件，可以通过前述的基于草图和特征的方法进行手动创建，但如果在安装 Inventor 时选择安装了 GB 标准件库，则可以从 Inventor 的资源中心库中直接调出，无须自己进行建模。而常用件也可以利用“设计加速器”中的相关工具进行创建。下面就在 Inventor 中如何调用标准件和创建常用件进行介绍。

8.8.1 从资源中心库中调用标准件和部分常用件

从资源中心库调用标准件和部分常用件，必须在“部件环境”下启用“库”机制，具体步骤如下：

1）单击【系统工具栏】中的新建按钮，在弹出的对话框中选中 Standard.iam模板，单击【确定】按钮以进入部件环境。

2）单击部件面板上的【从资源中心放置零部件】按钮，在弹出的【从资源中心放置】对话框中选择所需的标准件和常用件类型，再单击【确定】按钮，如图 8-45 所示。接下来有 3）和 4）两种情况。

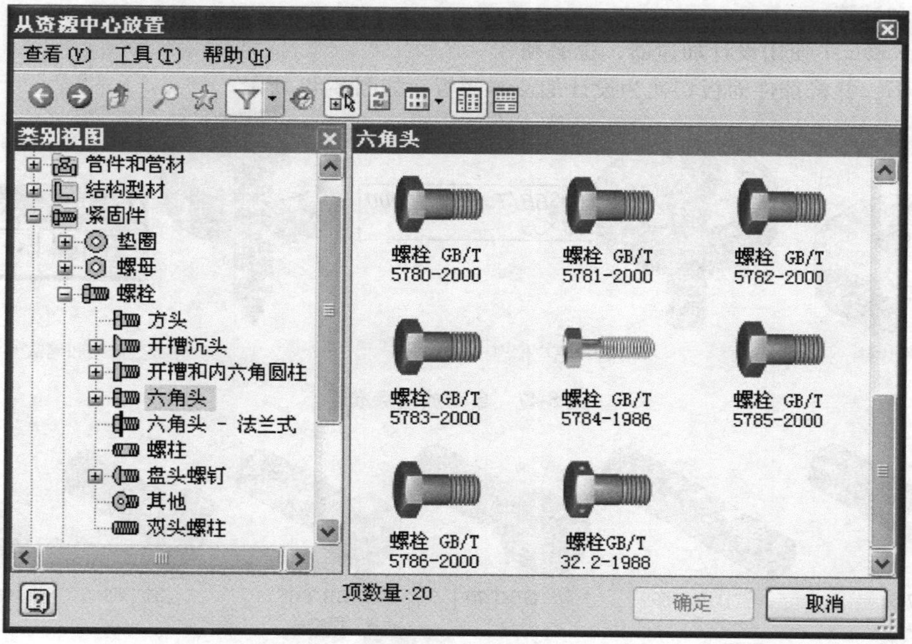

图 8-45 【从资源中心放置】对话框

3）如果【从资源中心放置】对话框中工具栏上的自动放置按钮未被选中或者当前部件环境下无其他零件，则会弹出图 8-46 所示的相应标准件参数设置的对话框，在此对话框中设置好螺纹的规格、公称长度、“作为自定义”还是“作为标准”等参数，再单击【确定】按钮，接着在图形窗口中单击以放置该零件。

4）如果【从资源中心放置】对话框中工具栏上的自动放置按钮处于选中状态，并且该部件环境下有其他零件存在，则在图形窗口中移动光标时，会根据孔或轴的直径尺寸自动感应并推理合适的标准件，如图 8-47b 所示。在感应处单击将弹出图 8-47c 所示的【AutoDrop】对话框，在其中可更改零件的规格，最后确认放置。

图 8-48 所示为从 Inventor 资源中心库中调出的标准件和部分常用件示例。

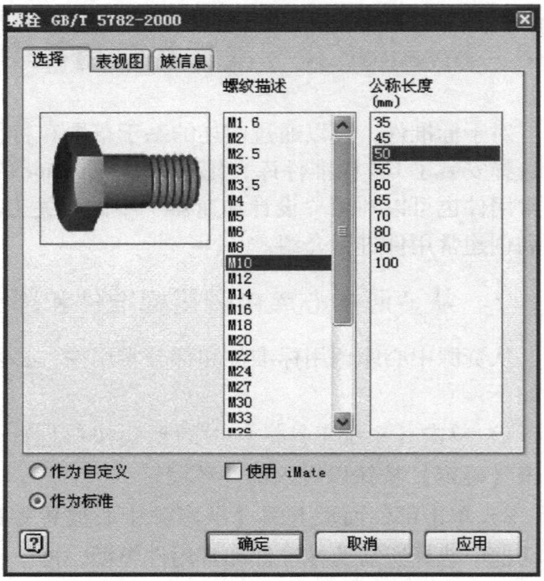

图 8-46 【螺栓 GB/T 5782—2000】的参数设置对话框

8.8.2 利用设计加速器创建常用件

Inventor 中的设计加速器可在设计过程中提供决策支持和设计计算，使机械设计人员不必在创建模型和大量计算上花费太多时间，以达到设计加速的目的。在 Inventor 设计加速器中提供一组生成器和计算器工具，使用这些工具可以通过输入简单或详细的机械属性来自动创建符合机械原理的零部件。Inventor 设计加速器中的工具非常丰富，有螺栓连接、轴、齿轮、弹簧、带、轮、销和密封圈等一系列的加速设计工具。本节将介绍如何利用设计加速器进行齿轮和弹簧模型的创建，不涉及设计和计算。

在 Inventor 中使用设计加速器，也必须在部件环境下，并将部件面板切换为设计加速器面板，如图 8-49 所示。

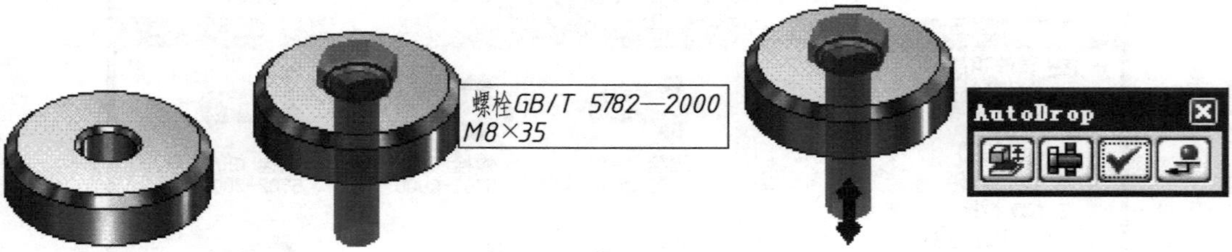

a) 已有零件　　b) 自动感应推理　　c) 参数修改和确认

图 8-47 自动放置标准件

图 8-48 从 Inventor 资源中心库中调出的标准件和部分常用件示例

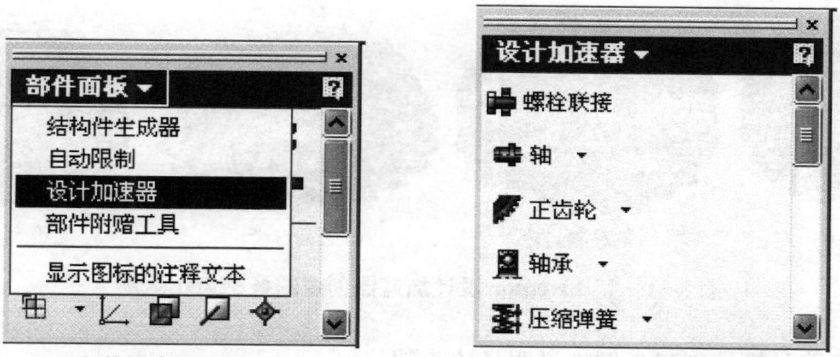

a) 切换设计加速器面板　　b) 设计加速器面板

图 8-49　设计加速器面板的切换

1. 齿轮

Inventor 的设计加速器中提供了正齿轮、锥齿轮和蜗轮生成器的工具，这里以正齿轮（圆柱齿轮）的创建为例来说明具体步骤。

1）单击设计加速器中的正齿轮生成器工具，将弹出图 8-50 所示的【正齿轮零部件生成器】对话框。

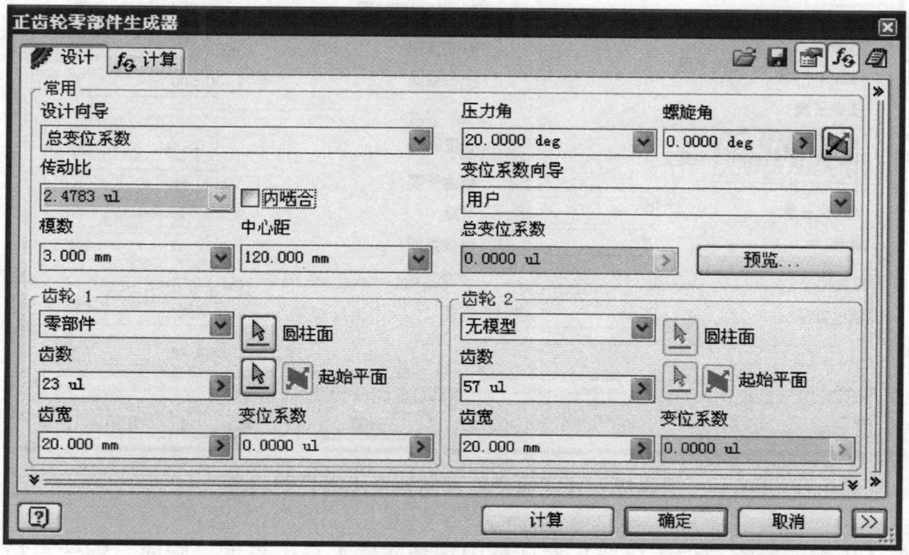

图 8-50　【正齿轮零部件生成器】对话框

2）在【正齿轮零部件生成器】对话框中选择或输入模数、齿数、齿宽、压力角和螺旋角等参数，单击【确定】按钮。

3）在图形窗口中单击以确定齿轮放置的位置，如图 8-51a、b 所示的圆柱齿轮。

4）根据需要在所创建的齿轮基础上进行孔、键槽等结构的制作以完成最终模型。

2. 弹簧

Inventor 的设计加速器中提供了压缩弹簧、拉伸弹簧、扭簧和碟形弹簧生成器的

a) 圆柱直齿轮　　b) 圆柱斜齿轮　　c) 直齿锥齿轮　　d) 斜齿锥齿轮

图 8-51　用 Inventor 设计加速器创建的各种齿轮示例

工具，这里以压缩弹簧的创建为例来说明具体步骤。

1）单击设计加速器中的压缩弹簧工具，将弹出图 8-52 所示的【压缩弹簧零部件生成器】对话框。

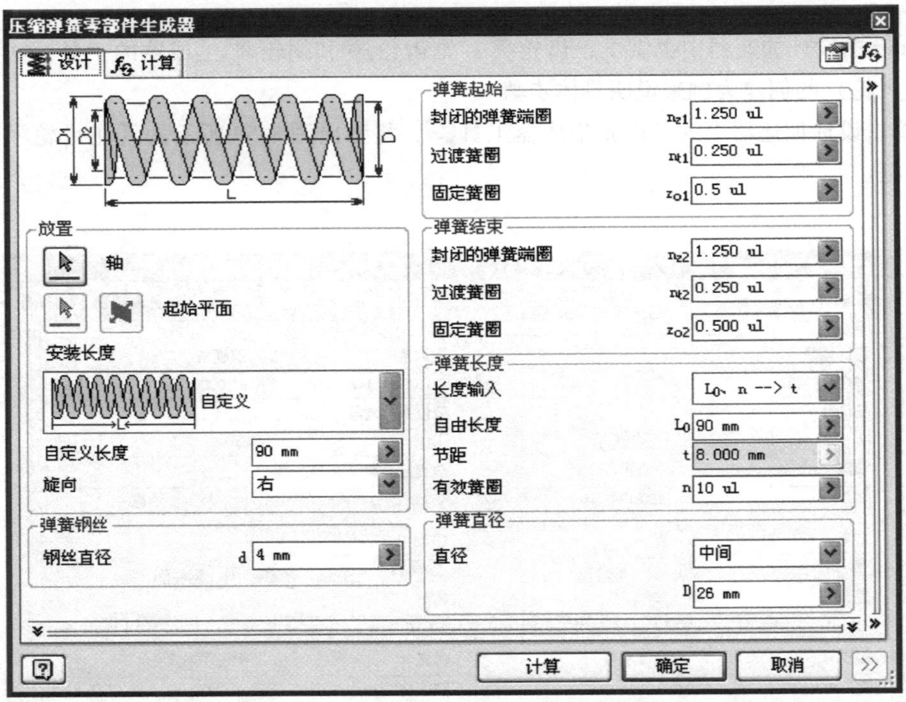

图 8-52　【压缩弹簧零部件生成器】对话框

2）在【压缩弹簧零部件生成器】对话框中选择或输入自由长度、旋向、钢丝直径、支承端的圈数、节距、有效圈数和弹簧中径等参数，单击【确定】按钮。

3）在图形窗口中单击以确定弹簧放置的位置，生成图 8-53a 所示的圆柱压缩弹簧。

图 8-53 同时示出了用 Inventor 设计加速器创建的其他几种类型的弹簧模型。

8.8.3　标准件和常用件在工程图中投影的处理

由于我国国家标准对标准件和常用件的画法做出了一些规定，而其中有些规定与其实际的投影并不相符，因此需要对在 Inventor 中自动生成的投影进行修改，以符合国家制图标准。下面就某些标准件和常用件表达方法的处理进行介绍。

a) 压缩弹簧　　b) 拉伸弹簧　　c) 扭转弹簧　　d) 碟形弹簧

图 8-53　用 Inventor 设计加速器创建的各种弹簧示例

1. 螺纹

对于由螺旋扫掠生成的螺纹，Inventor 是按其实际的投影进行创建的，不符合国标；对于由螺纹特征产生的螺纹（表面贴图方式显示），Inventor 能够按标准以大、小径来表示，但螺纹端部的倒角圆在投影为圆的视图中仍将其创建出来，所以需要对其隐藏以符合国标，如图 8-54 所示。

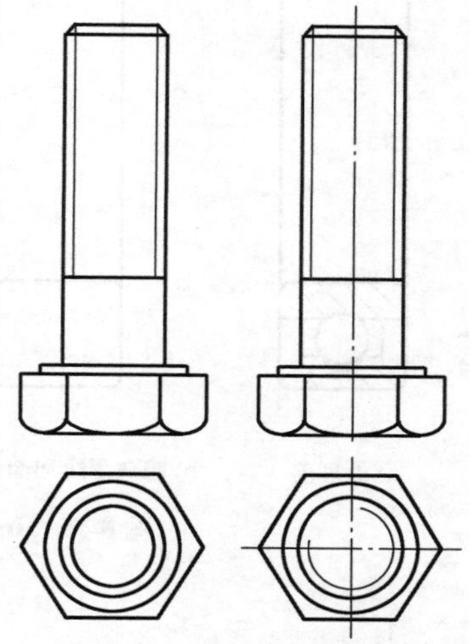

a) 处理前　　b) 隐藏倒角圆投影

图 8-54　Inventor 工程图中螺纹的处理

2. 端部带有一字槽的螺钉

对端部带有一字槽的螺钉的槽部，国标规定在投影为圆的视图中画成与中心线成 45° 角，在 Inventor 中则可以通过将视图进行旋转处理，具体操作：从某个要旋转的视图的右键快捷菜单中选择“旋转（R）”选项，在弹出图 8-55a 所示的【旋转视图】对话框中设定旋转角度并单击【确定】按钮，如图 8-55b、c 所示。

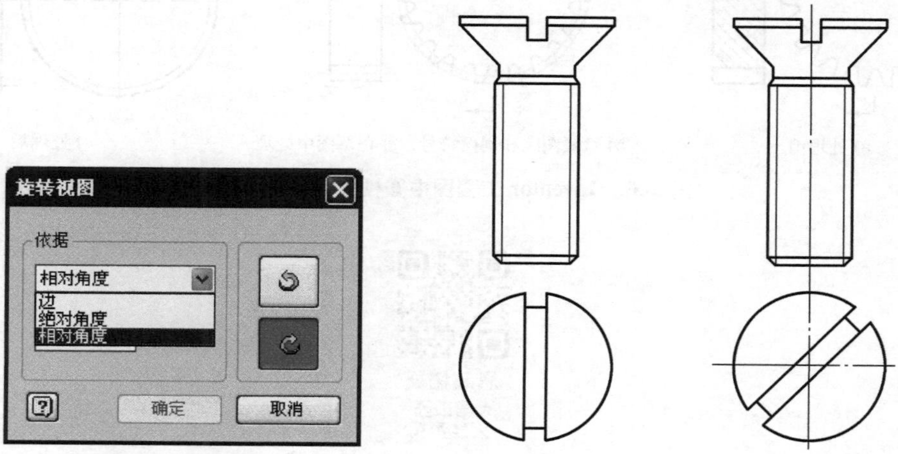

a)【旋转视图】对话框　　b) 处理前　　c) 俯视图旋转 45°

图 8-55　Inventor 工程图中端部带有一字槽的标准件处理

3. 轴承和齿轮

对于轴承和齿轮等常用件，在 Inventor 工程图中均按其实际投影创建各视图，而不遵循国标规定，所以要进行变通处理。处理的大致步骤：在要修改的视图中把不需要的图线和剖面符号隐藏，新建基于该视图的草图，将原有的图线向草图作投影，绘制符合国标规定的几何图元，并向其添加必要的几何约束和尺寸约束，改变图线的线型，填充必要的剖面符号等，最后结束草图。

图 8-56 和图 8-57 示例了深沟球轴承和圆柱直齿轮的工程图处理过程。

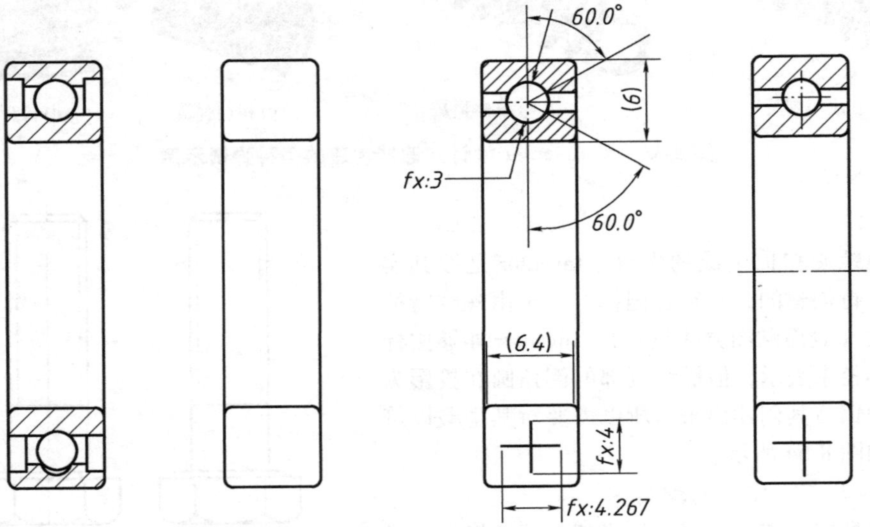

a) 处理前　　b) 隐藏图线和剖面符号　　c) 新建草图，并在其中进行处理　　d) 处理后

图 8-56　Inventor 工程图中深沟球轴承的处理

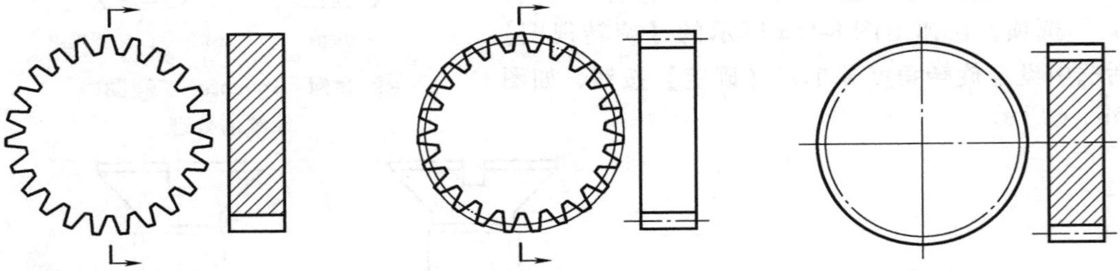

a) 处理前　　b) 隐藏图线和剖面符号，并在草图中处理　　c) 处理后

图 8-57　Inventor 工程图中圆柱直齿轮的处理

思政拓展

大国工匠：
大技贵精

第9章
零　件　图

用来表达零件结构、大小及技术要求的图样叫零件工作图，简称零件图。本章是在掌握组合体及图样画法的基础上，进一步介绍零件图的画图、看（读）图和标注尺寸的方法，并介绍一些相关的设计知识和工艺知识，为学习后续章节——装配图打好基础。

9.1　零件图的作用和内容

9.1.1　零件图的作用

零件是组成一部机器（或部件）的最基本单元，任何机器或部件都是由若干零件按一定的装配关系和技术要求组装起来的。图9-1所示是铣刀头部件的装配轴测图，构成这一装配体的有座体、轴、端盖、带轮等若干个零件，每一个零件都是为了满足该部件的某种功能而设计的。

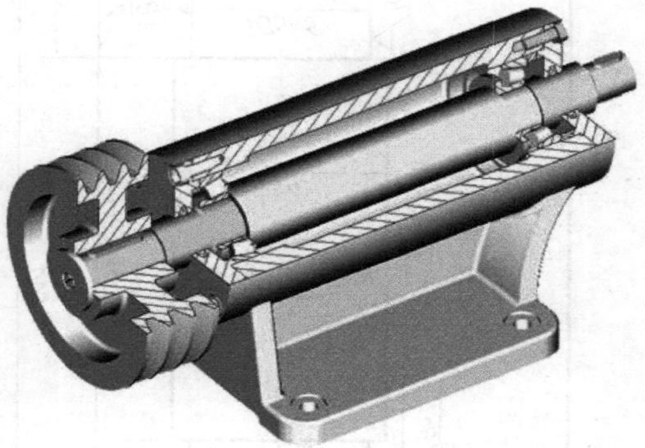

图9-1　铣刀头的装配轴测图

零件图是表达和传递零件设计思想的载体，它既要反映出设计者的意图，表达出机器（或部件）对零件的要求，同时又要考虑结构和制造的可能性与合理性。因此，它是制造和检验零件的依据，是设计部门提交给生产部门的重要技术文件。

9.1.2　零件图的内容

图9-2所示是实际生产用的零件图，它是铣刀头上轴的零件图，从图中可以看出，一张完整的零件图应包含以下四个方面的内容：

1. 一组视图

用一组视图（其中包括视图、剖视图、断面图、局部放大图等），正确、完整、清晰和简便地表达出零件的结构形状。

2. 全部尺寸

正确、完整、清晰和合理地标注出制造和检验该零件所需的全部尺寸。

3. 技术要求

用规定的符号、数字、字母和文字，简明地给出零件在制造及检验时应达到的质量要求（包括表面结构要求、尺寸公差、几何公差、表面处理和材料热处理的要求等）。

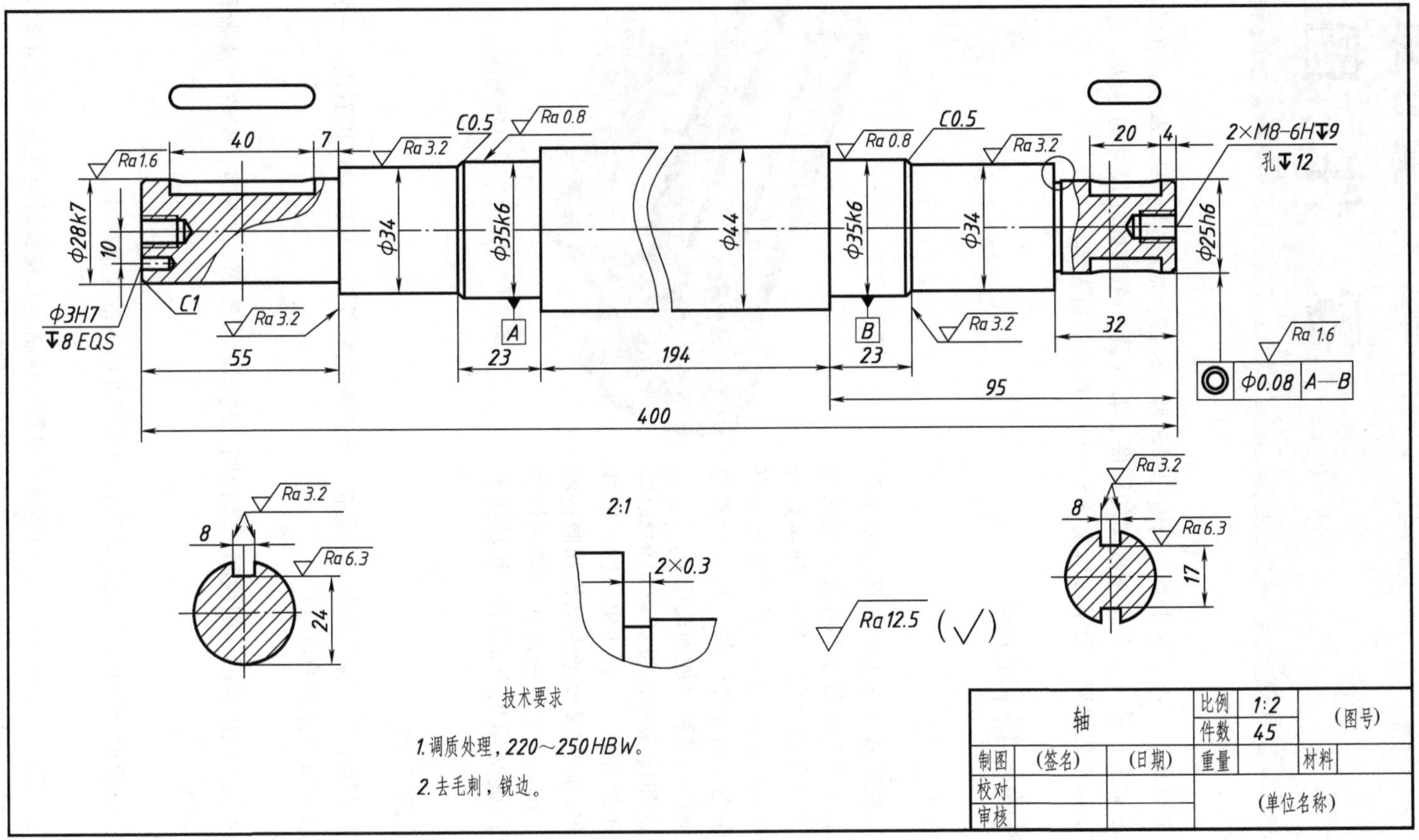
Ra 1.6
40
7
Ra 3.2
C0.5
Ra 0.8
Ra 0.8
C0.5
Ra 3.2
20
4
2×M8-6H↧9
孔↧12
Φ28k7
10
Φ34
Φ35k6
Φ44
Φ35k6
Φ34
Φ25h6
Φ3H7
↧8 EQS
C1
Ra 3.2
A
B
Ra 3.2
32
Ra 1.6
Φ0.08 A—B
55
23
194
23
95
400
Ra 3.2
8
Ra 6.3
24
2:1
2×0.3
Ra 12.5 (√)
Ra 3.2
8
Ra 6.3
17
技术要求
1. 调质处理，220～250HBW。
2. 去毛刺，锐边。
轴
比例 1:2
件数 45
(图号)
制图 (签名) (日期)
重量
材料
校对
审核
(单位名称)

图 9-2 轴的零件图

4. 标题栏

按国标规定配置，一般放在图样的右下角，标题栏的内容应包括零件的名称、材料、比例、数量、图样代号以及设计绘图人员的签名和日期等。

9.2 零件表达方案的选择及尺寸标注

9.2.1 零件表达方案的选择

用一组视图表达零件时，首先要进行零件表达方案的选择，也就是运用前面所学的各种表达方法，并结合零件的结构分析，将零件的形状和结构完整、清晰地表达出来。其内容包括主视图的选择和其他视图的选择。

1. 主视图的选择

主视图是一组视图中最主要的视图。主视图选得恰当与否，直接影响画图和看图的方便程度。因此，画零件图时，必须首先选择好主视图。选择主视图应考虑以下两点：

（1）零件的摆放位置　一般来说，主视图应反映出零件在机器中的主要加工位置或工作位置。

零件的加工位置——零件的加工位置是指零件在机床上加工时主要的装夹位置。在选择主视图时，零件的摆放位置应尽量与零件的加工位置一致，这样便于工人在加工和测量时进行图、物对照。按照加工位置摆放的典型零件包括轴套类零件（图9-3）和盘盖类零件（图9-4）。

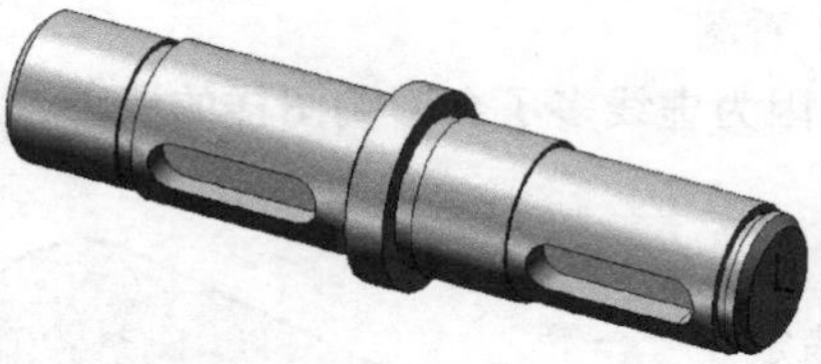

图9-3　轴套类零件（泵轴）

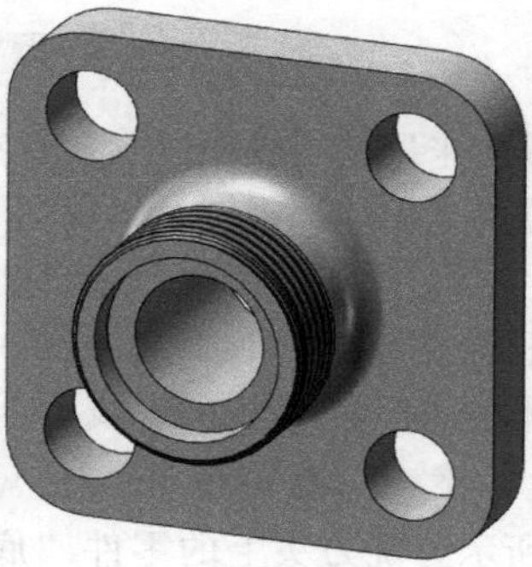

图9-4　盘盖类零件（阀盖）

零件的工作位置——零件的工作位置是指零件在机器工作时所处的位置。有些零件加工面多，加工时的装夹位置各不相同，这时主视图应该按照该零件在机器上的工作位置画出，以便和装配图直接对照。按照工作位置放置的典型零件包括叉架类零件（图9-5）和箱体类零件（图9-6）。

（2）形状特征原则　与画组合体视图一样，应该选择能够充分反映零件形状特征的投射方向作主视图。如图9-7a所示的泵轴，在零件摆放位置已定的情况下，比较按箭头 *A* 和 *B* 两个投射方向所作的视图，如图9-7b、c所示。显然，*A* 向视图更充分地反映了泵轴的形状特征，因此，以 *A* 向作为主视图的投射方向。

2. 其他视图的选择

其他视图的选择原则：主视图选定之后，要根据零件的结构特点和复杂程度，在充分表达出零件内、外结构形状的前提下，尽可能选用较少数量的其他视图。为此，所选的每一个视图都应有明确的表达目的。在表达方法的运用上，要注意下面三点：

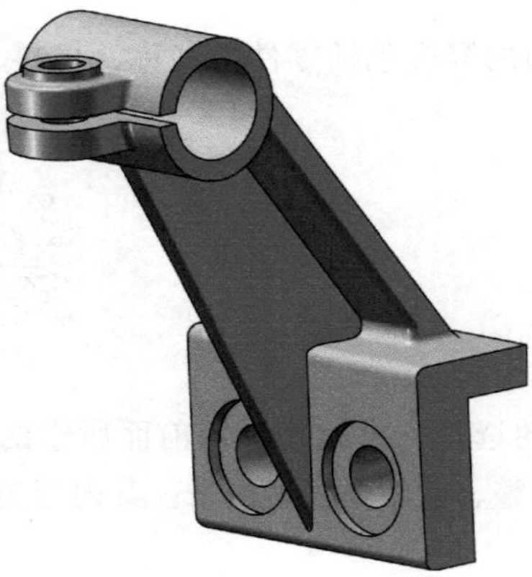

图 9-5　叉架类零件（支架）

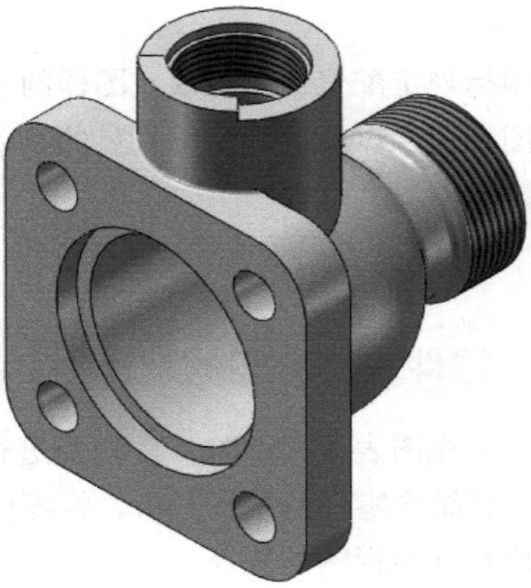

图 9-6　箱体类零件（阀体）

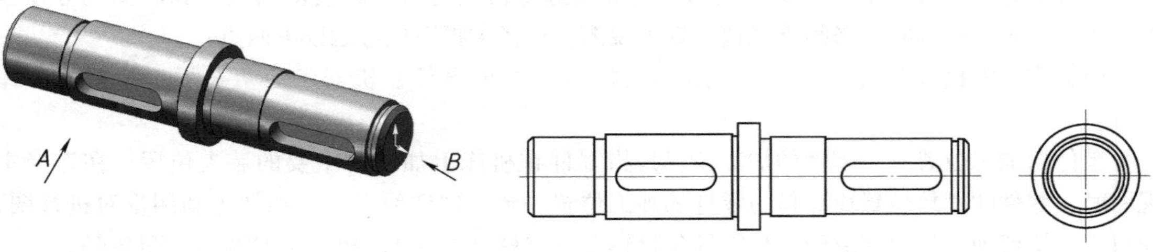

a)　　b)　　c)

图 9-7　泵轴的主视图选择

1）要优先采用基本视图以及在基本视图上采用剖视图。

2）当需要选用局部视图、斜视图、斜剖的方法时，图形最好布置在箭头所指的方向，并使其符合投影关系，且与有关视图适当靠近，以便于看图。

3）应尽量少用虚线表示零件的不可见部分。因为虚线多了会影响图样的清晰，所以一般只画出表达零件结构不可缺少的虚线。

3. 表达方案的选择与举例

图 9-8 所示为铣刀头上的零件“底座”，试确定该零件的表达方案。

（1）结构分析　该零件的主体结构包括以下三部分：

圆柱筒——它是中空的，两端的轴孔安装轴承，两端面上还制有与端盖连接的螺纹孔。是该零件的工作部分。

带圆角的长方形底板——它是整个零件的基础，底板上有四个安装孔用于安装，底板下面的中间部分做成通槽，以减少加工面和保证安装的平稳性。是零件的安装部分。

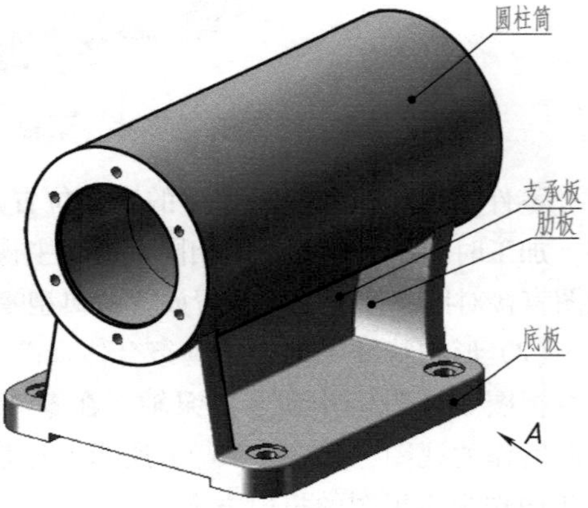

图 9-8　底座

支承板和肋板——它们用来连接底板和圆柱筒，是零件的连接部分。

（2）选择主视图　该零件的主视图应按工作位置安放，而其投射方向应能够充分显示出零件的形状特征。根据这个原则，应选择图 9-8 中箭头 *A* 所示方向作为主视图的投射方向，同时在主视图上取全剖视，表达座体的形状特征和空腔的内部结构。

（3）选择其他视图　只有一个主视图还不能充分反映出该零件的形状，所以增加了一个带局部剖的左视图。左视图显示上部圆柱筒端面的螺纹孔的位置，支承板的形状，下部底板和肋板的厚度，底板上沉孔和通槽的形状。由于底板的形状尚未表达清楚，并且该底座前后对称，故可考虑画出俯视图的一半，如图 9-9 所示。

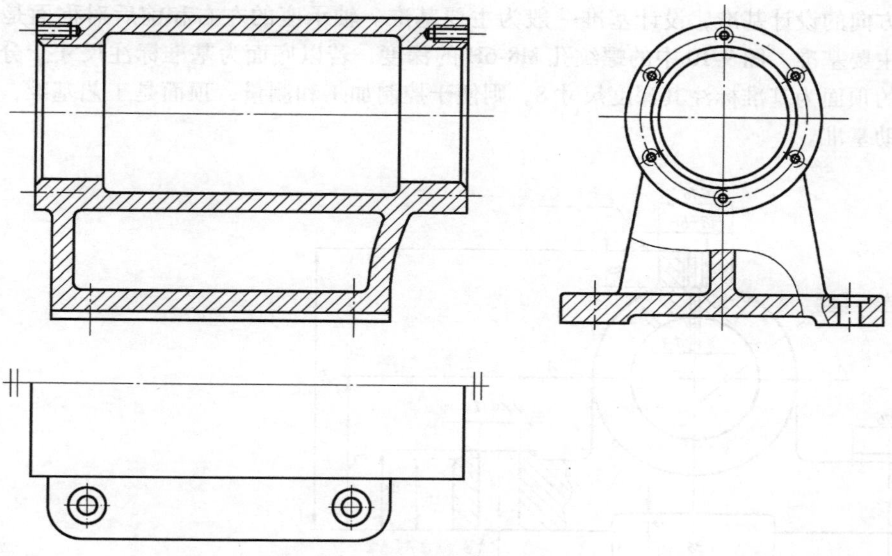

图 9-9　底座的表达举例

（4）进行调整、修改　图 9-9 所示底座的表达方案基本上满足了表达完全的要求，但还要进一步研究能否使表达方法更为清晰和简练。经过分析可知，由于该零件有了主、左两视图后，大部分形状已表达清楚，所以可以把表达方案调整成图 9-19 所示的零件表达方案，将俯视图改为局部仰视图，即仅对底板的圆角和安装孔的位置关系用一个 *A* 向局部视图来加以说明，这样可使表达方案更简洁明了。

9.2.2　零件图的尺寸标注

零件图的尺寸标注要做到正确、完整、清晰和合理。前三项要求已在第 1 章和第 5 章的相关内容中详细介绍过。这一节将重点讨论怎样标注尺寸才能满足合理性要求。所谓合理，就是要使标注的尺寸能满足设计和加工工艺的要求，既能使零件在机器中很好地承担工作，又便于零件的制造、加工、测量和检验。

为了达到上述要求，首先涉及的问题就是如何正确选定尺寸基准。

1. 合理地选择尺寸基准

尺寸基准是指零件在机器中或在加工及测量时，用以确定其尺寸位置的一些面、线或点。由于用途不同，尺寸的基准一般分为以下两类：

1）设计基准——机器工作时，确定零件位置的一些面、线或点，通常选择其中之一作为尺寸标注的主要基准。

2）工艺基准——加工或测量时，确定零件位置的一些面、线或点，通常作为尺寸标注的辅助基准。

每个零件都有长、宽、高三个方向，因此每个方向至少应该有一个基准。但根据设计、加工和测量上的要求，一般还要附加一些基准。确定零件主要尺寸的基准称为主要基准，附加的基准称为辅助基准。

常用的基准：①基准面——底板的安装面、重要的端面、装配接合面、零件的对称面等；②基准线——回转体的轴线。

如图 9-10 所示，轴承座的底面为安装面，轴承孔的中心高应根据这一平面来确定，因此底面是高度方向的设计基准，设计基准一般为主要基准。轴承座的左右和前后对称面是长度和宽度方向的主要基准。图 9-10 中的螺纹孔 M8-6H 的深度，若以底面为基准标注尺寸十分不便，而以轴承座的顶面为基准标注其深度尺寸 8，则便于控制加工和测量，顶面是工艺基准，也是高度方向的辅助基准。

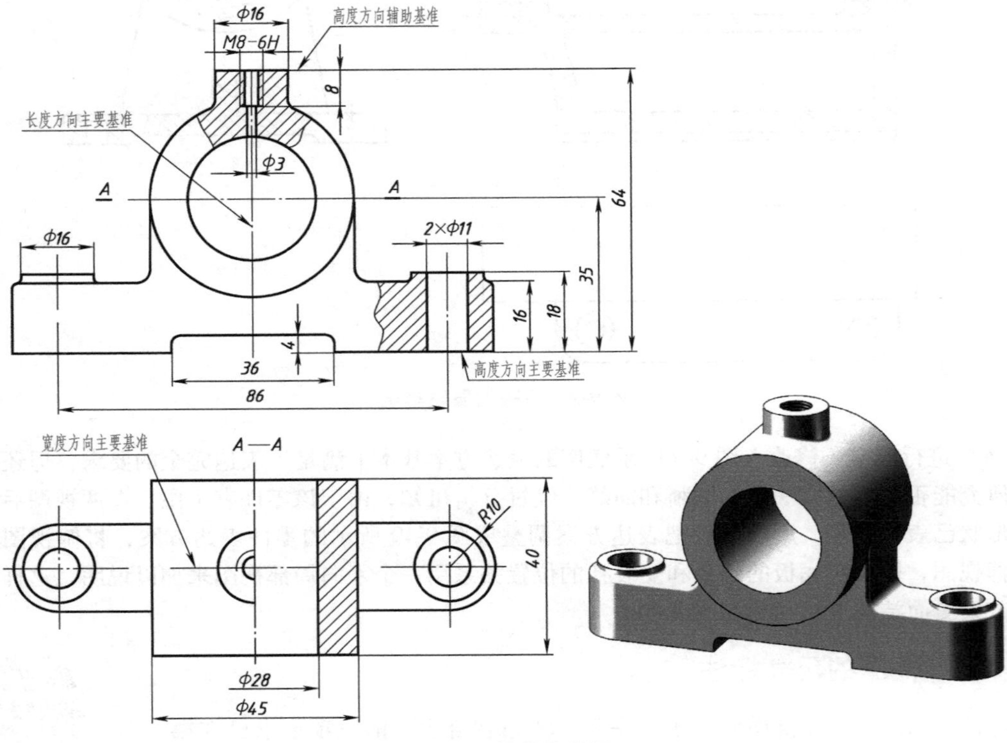

图 9-10 基准的选择

选择基准时应尽可能使工艺基准和设计基准重合，当不能重合时，所注尺寸应在保证设计要求的前提下满足工艺要求。

2. 合理标注尺寸的一般原则

(1) 主要尺寸应从基准直接标注　影响零件的工作性能和装配精度的尺寸，称为主要尺寸。为了避免尺寸换算造成误差积累的不利影响，重要尺寸应从基准出发直接标注出来。例如图 9-11a 所示的轴承架中心高 h_1 以及安装孔中心距 l_1 均为重要尺寸，尺寸 h_1 是以底面这个基准直接标注出的，两孔的中心距 l_1 是以轴承架左右对称面为基准直接标注的，这样在加工时，精度要求能直接保证。如果按图 9-11b 所示进行标注，则中心高被分成两个尺寸 h_2 和 h_3。由于零件在加工过程中不可避免地会产生尺寸误差，这样中心高的误差便是 h_2 和 h_3 两个尺寸误差的和，产生了累积误差；而底面两孔的中心距受尺寸 l_2 和 l_3 的制约，也难以保证尺寸精度。

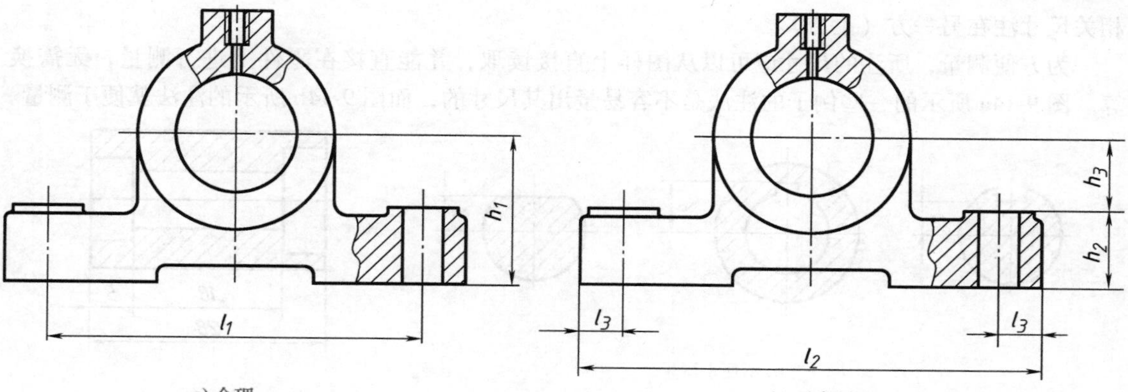

a) 合理　　　　b) 不合理

图 9-11　重要尺寸直接标注

（2）标注一般尺寸　标注一般尺寸要注意以下若干问题：

1）避免注成封闭的尺寸链。封闭尺寸链是指由头尾相接绕成一圈的一组尺寸。每个尺寸是尺寸链中的一环，如图 9-12a 所示小轴的各段长度分别为 *A*、*B*、*C*，总长为 *L*，就是封闭尺寸链。

在加工过程中，由于各段尺寸不可能加工得绝对准确，总存在一定的误差。在零件设计中给出一定误差范围，如各段误差以 ΔA、ΔB、ΔC 和 ΔL 表示。从图 9-12b 中可以看出：$\Delta L=\Delta A+\Delta B+\Delta C$。由此可知，*L* 环尺寸的误差等于 *A*、*B*、*C* 各环尺寸误差之和。也就是说各环尺寸误差都积累在 *L* 环上。如果 *L* 环的尺寸为主要尺寸，且有一定的误差要求，则 ΔL 由于累积误差往往超过给定的误差范围，造成了不合格的零件。

因此，标注尺寸时，需要在尺寸链中选一个不重要的环不标注尺寸，这样就使加工误差积累在这个环上，从而保证了主要尺寸的精度要求。例如在图 9-12c 中，*C* 环为不重要环，不标注尺寸，从而保证了 *A*、*B*、*L* 环中的尺寸精度要求。

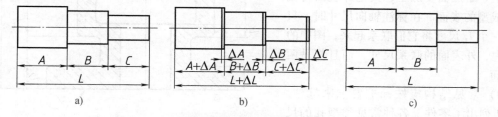

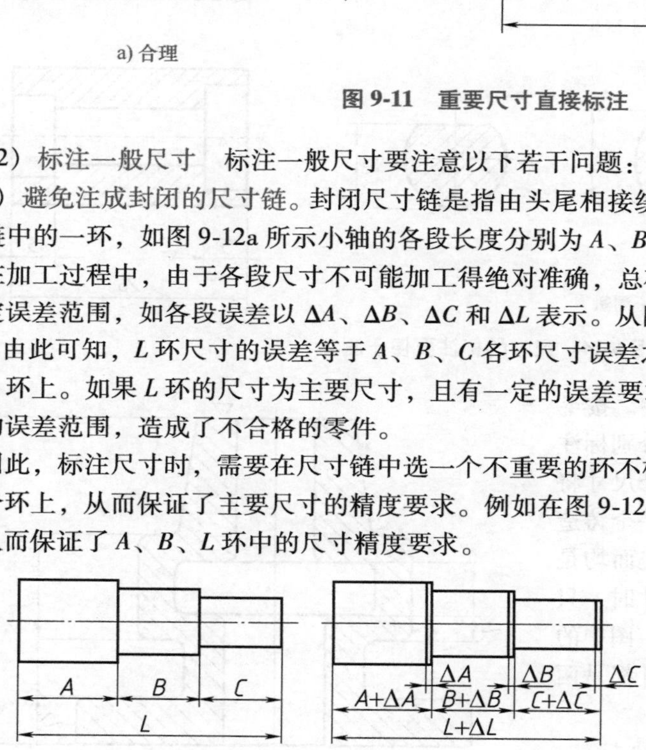

a)　　　　b)　　　　c)

图 9-12　避免注成封闭的尺寸链

2）尺寸标注应符合工艺要求。尺寸标注应尽可能符合零件的加工工序和检测方法。对于机械加工的部分应按加工工序标注，如图 9-13 所示的销轴，其轴向尺寸的标注符合加工工序的要求，即外圆车削，尺寸注在一方（下方）；钻削小孔 $\phi3.5$ 及

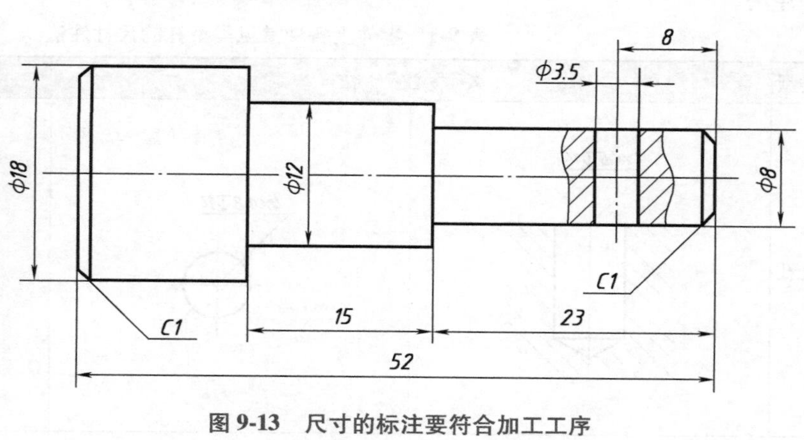

图 9-13　尺寸的标注要符合加工工序

相关尺寸注在另一方（上方）。

为方便测量，所注的尺寸应可以从图样上直接读取，并能直接在零件上进行测量，无需换算。图 9-14a 所示的一些例子的注法是不容易量出其尺寸的，而图 9-14b 所示的注法就便于测量。

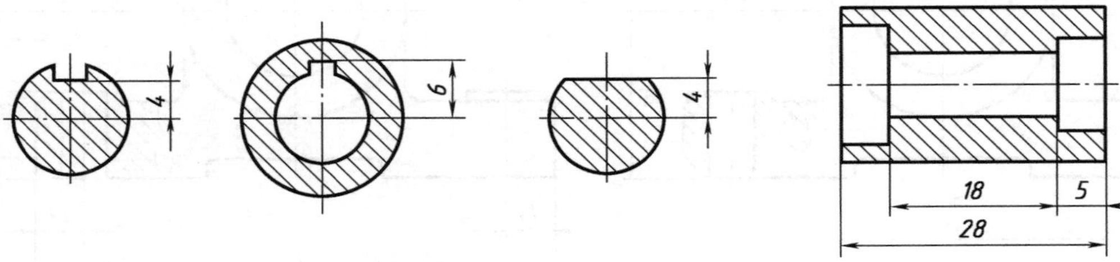

a) 不便于测量

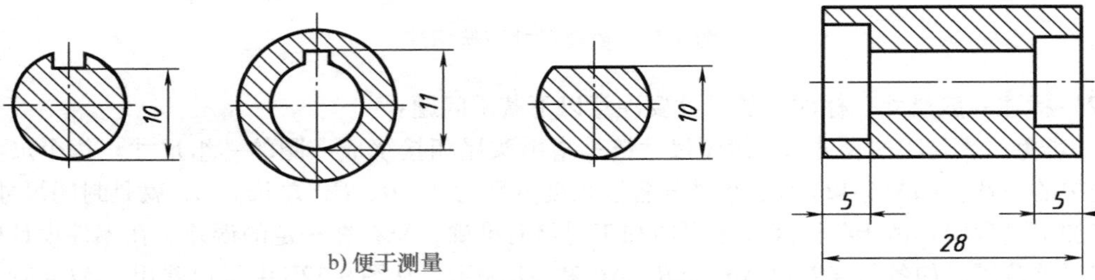

b) 便于测量

图 9-14　尺寸的标注要便于测量

3）毛面与加工面的尺寸标注。按毛面（铸造毛坯面）和切削加工面分别标注两组尺寸，这两组尺寸间要有一个尺寸将它们联系起来。如图 9-15 所示是一个铸造件，上、下底面要加工，其他外表面均是铸造成型的表面。在标注轴向尺寸时，只用了一个 l_2 尺寸将它们联系起来，图中的 l_1 是内、外表面的联系尺寸，而且都是两个毛面。

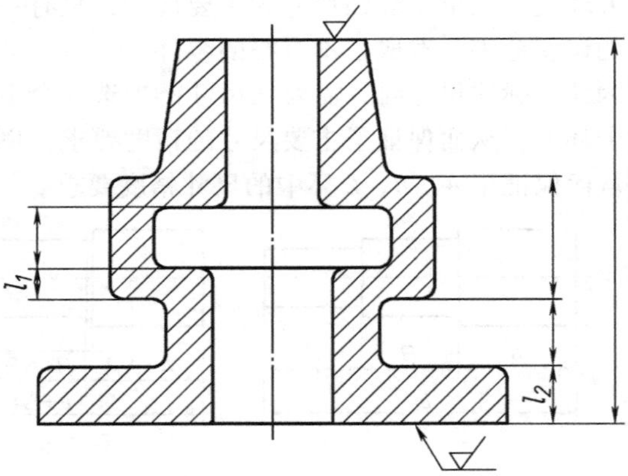

图 9-15　毛面和加工面用一个尺寸联系

4）常见结构应按标准要求来标注。表 9-1 列出了零件上各种常见类型孔的尺寸注法。

表 9-1　零件上各种常见类型孔的尺寸注法

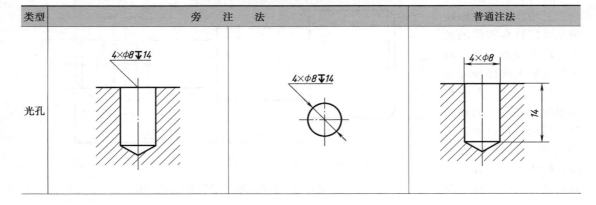

类型	旁　注　法		普通注法
光孔	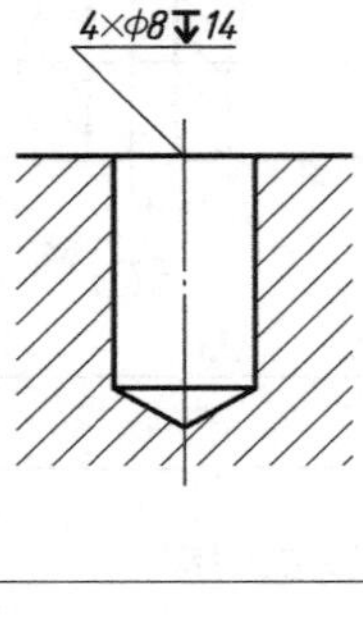	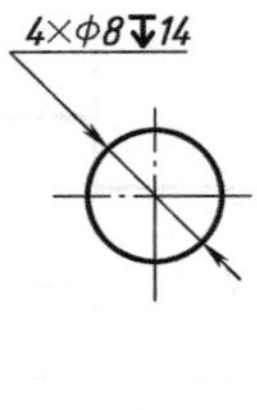	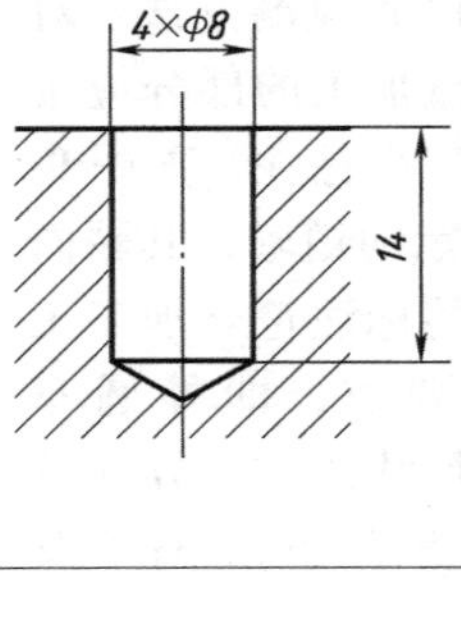

类型	旁 注 法		普通注法
螺纹孔	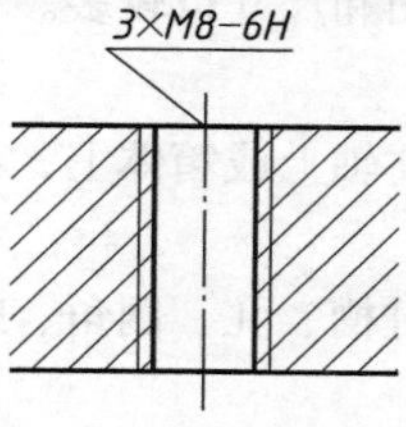 3×M8-6H	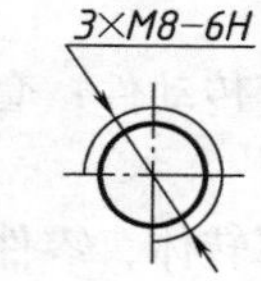 3×M8-6H	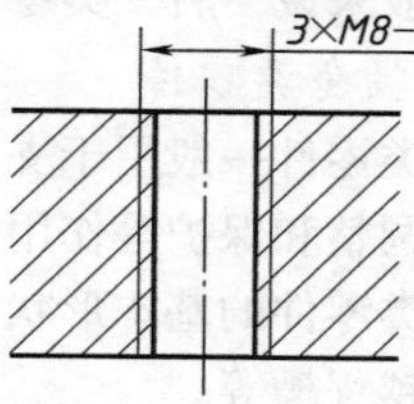 3×M8-6H
	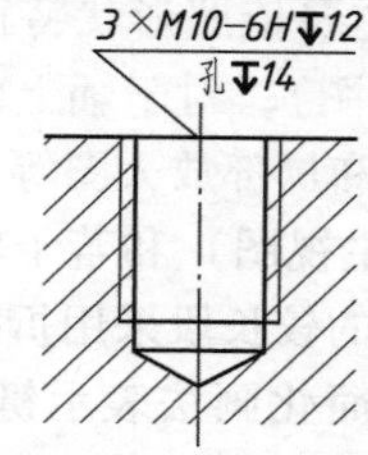 3×M10-6H▽12 孔▽14	 3×M10-7H▽12 孔▽14	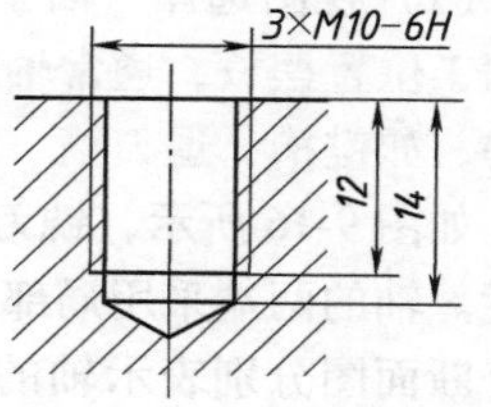 3×M10-6H
埋头孔	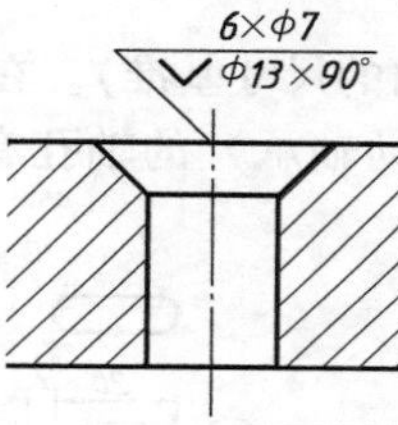 6×φ7 ▽φ13×90°	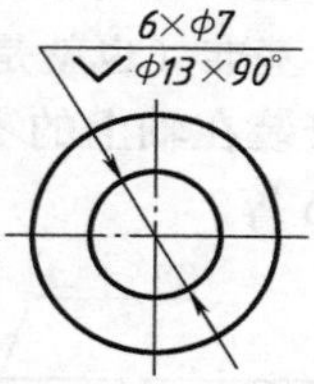 6×φ7 ▽φ13×90°	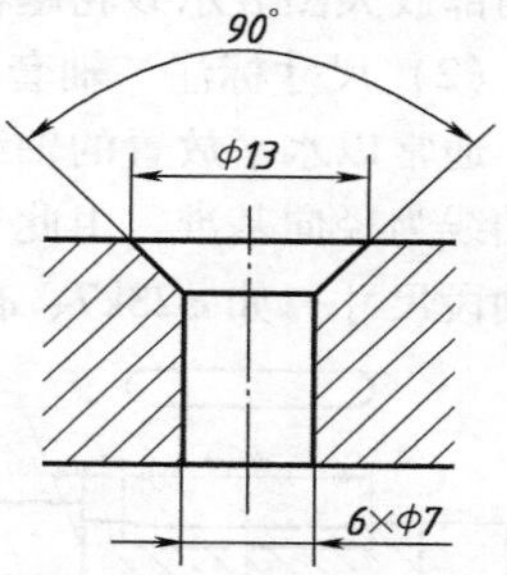 90° φ13 6×φ7
沉孔或锪平	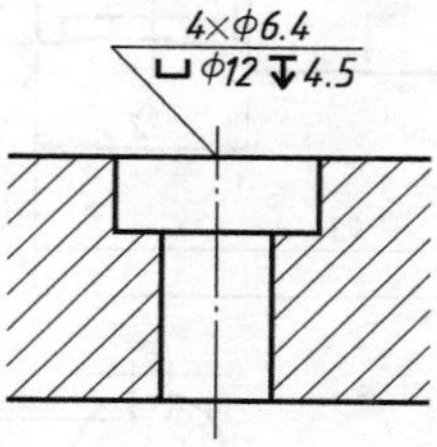 4×φ6.4 ⊔φ12▽4.5	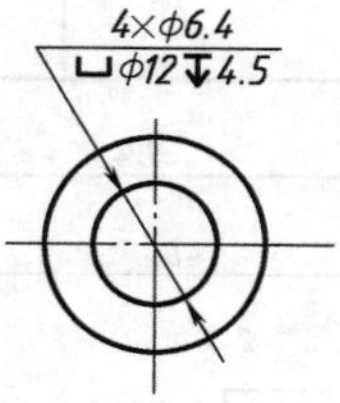 4×φ6.4 ⊔φ12▽4.5	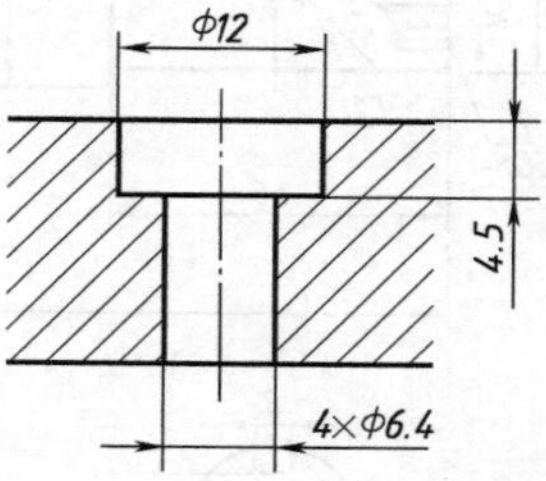 φ12 4.5 4×φ6.4
	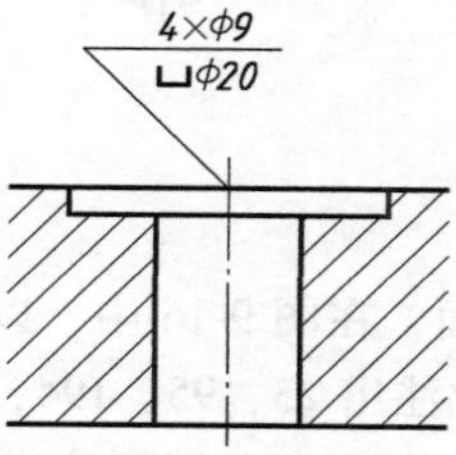 4×φ9 ⊔φ20	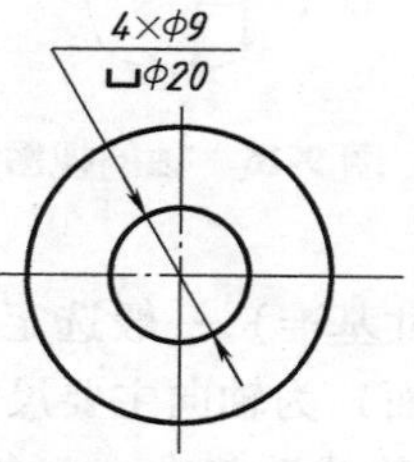 4×φ9 ⊔φ20	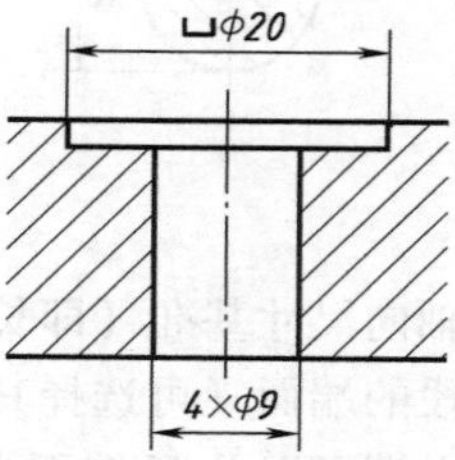 ⊔φ20 4×φ9

9.2.3 典型零件的视图选择和尺寸标注

　　根据结构形状，零件大致可分成以下四类：

1）轴套类零件——轴、衬套等零件。

2）盘盖类零件——端盖、箱盖、手轮等零件。

3）叉架类零件——拨叉、连杆、支架等零件。

4）箱体类零件——泵体、阀体、减速器箱体等零件。

一般来说，后一类零件比前一类零件复杂，因而零件图中的视图和尺寸也较多。

1. 轴套类零件

轴类零件一般用于支承齿轮、带轮等传动件；套类零件一般装在轴上或箱体上，在机器中起定位、调整和保护等作用。

该类零件的基本形状一般是同轴的回转体，零件上常见结构有键槽、孔、倒角、螺纹以及退刀槽、越程槽等。

（1）视图选择　轴套类零件主要在车床上加工，主视图的选择主要依照形状特征原则和按照加工位置摆放，通常轴线水平放置，一般只画一个基本视图（主视图），对于轴上的一些局部结构，如键槽、退刀槽、越程槽和孔等，可选用局部剖视图、断面图和局部放大图等加以补充。

如图 9-16 所示，铣刀头中的零件“轴”采用了一个基本视图（主视图）和若干辅助视图来表达。轴的两端采用局部剖视图表示键槽和螺纹孔、销孔；截面相同的较长段采用折断画法；用两个断面图分别表示轴的单键和双键的宽度和深度；用局部视图的简化画法表示键槽的形式；用局部放大图表示砂轮越程槽的结构。

（2）尺寸标注　轴套类零件的尺寸主要分为径向尺寸和轴向尺寸。

通常以水平放置的轴线为径向尺寸基准（也就是宽度、高度方向的尺寸基准）。在图9-16中，以轴线为径向基准，由此直接注出与安装在轴上的零件（带轮、滚动轴承）的轴孔有配合要求的轴段尺寸，如 $\phi28k7$、$\phi35k6$、$\phi25h6$ 等。

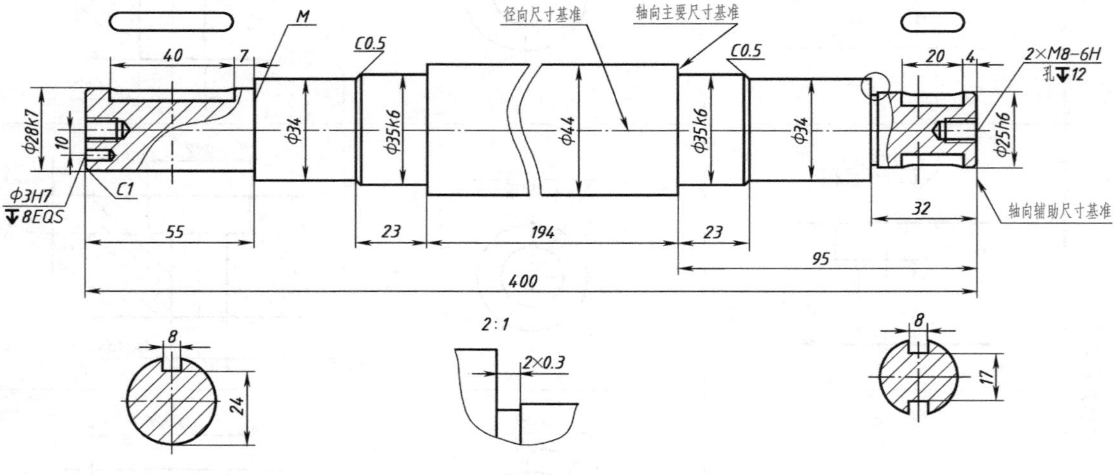

图 9-16　轴的视图与尺寸

轴向尺寸基准（即长度方向尺寸基准）一般选定在重要轴肩面，在图 9-16 中，以中间最大直径段的端面（可选择其中任一端面）为轴向主要尺寸基准，由此注出 23、95、194；再以轴的左、右端面以及 *M* 端面为长度方向的辅助基准，由右端面注出 32、4，由左端面注出 55，由 *M* 面注出 7；尺寸 400 是总体尺寸。

轴上与标准件连接的结构，如键槽、销孔、螺纹孔的尺寸，由标准查表获得。轴上的标准结构如倒角、退刀槽等，应按标准结构尺寸标注，如 *C*1。

轴向尺寸不能注成封闭尺寸链，选择不重要的轴段 $\phi34$ 为尺寸开口环，不注长度方向尺寸，使长度方向的加工误差都集中在这段。

2. 盘盖类零件

盘盖类零件包括手轮、带轮、齿轮、法兰盘、各种端盖等。图 9-17 所示的阀盖就属于这类零件。这类零件一般用于传递动力和转矩或起支承、轴向定位、密封等作用。

盘盖类零件的主体多数由共轴回转体构成，也有方形或其他形状。与轴套类零件正好相反，这类零件通常轴向尺寸较小，而径向尺寸较大，零件上常见结构有各种孔、键槽、肋板、轮辐等。

（1）视图选择　这类零件主要是在车床上加工的，主视图的选择一般依照形状特征原则和加工位置原则，将轴线水平放置，并取全剖视，以表达内部结构形状。在图 9-17 中，主视图将轴线水平放置，采用了 *A—A* 复合剖的全剖视图。

盘盖类零件一般选两个基本视图，即除了主视图之外，常选用一个左视图（或右视图），补充表达零件的外形轮廓及各种孔的分布情况。在图 9-17 中，除了主视图之外还选用了一个左视图，用以表示带圆角的方形凸缘以及凸缘上四个通孔的形状及位置。

（2）尺寸标注　盘盖类零件的主要尺寸也是径向尺寸（包括外形尺寸）和轴向尺寸。

通常选择轴孔的轴线为径向尺寸基准（宽度、高度方向的尺寸基准），在图 9-17 中，以轴线为径向尺寸基准标注水平方向直径尺寸 ϕ50H11、ϕ35H11、ϕ20 和 M36×2 等；ϕ70 为安装孔的定位尺寸，均为主要尺寸。

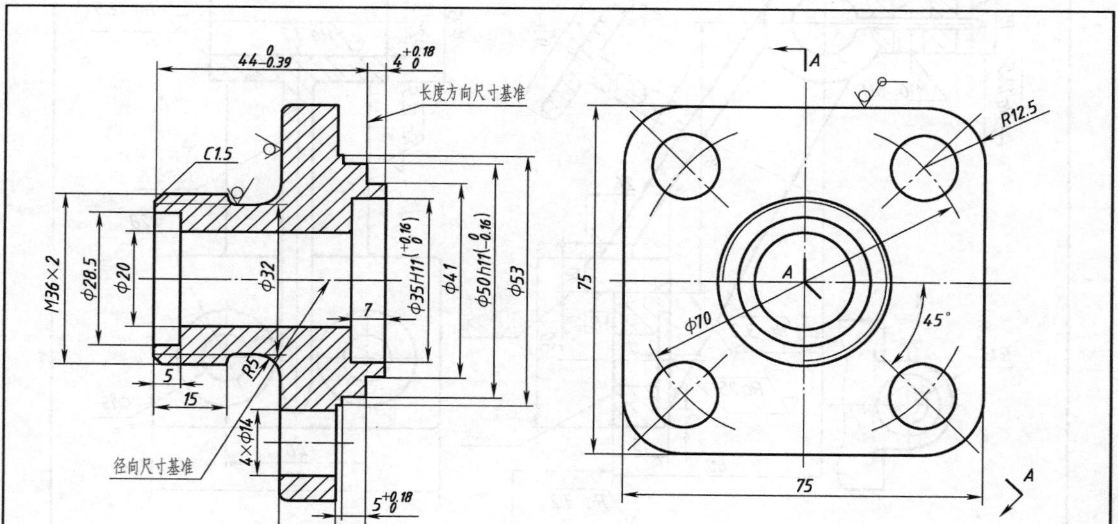

图 9-17　阀盖零件图

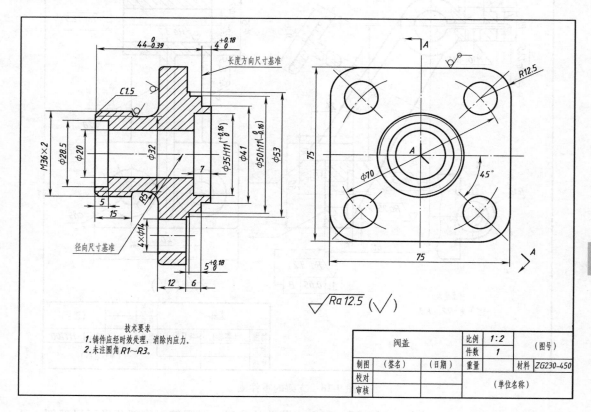

轴向尺寸多以重要的端面、接触面等作为尺寸基准，在图 9-17 中，以右边 ϕ50h11 的端面作为轴向尺寸基准，该基准是零件安装时的接合面。轴向尺寸 $4^{+0.18}_{0}$ 和 $44^{0}_{-0.39}$ 和 $5^{+0.18}_{0}$ 为轴向定位尺寸，应从轴向主要基准面直接标注。左端孔深 5 及右端孔深 7 分别从两端面开始标注，以满足零

件的加工顺序及便于测量。

3. 叉架类零件

叉架类零件包括拨叉、连杆和支架等。多数叉架类零件的主体都具有工作部分、固定部分和连接部分，其常见的结构有肋板、筒、底座、凸台、凹坑等。

图9-18所示支架为典型的叉架类零件，它的左上方圆筒部分是工作部分、用以支承 $\phi20$ 的轴；支架右下部分的“┌”形板是固定部分，板的右下方相互垂直的加工面为其安装面。它们中间用向左上方倾斜的T形肋板连接，这是连接部分。

（1）视图选择　由于叉架类零件的结构比较复杂，毛坯多为铸件或锻件，加工位置多变，因此选择主视图时一般不考虑其加工位置，而以工作位置和形状特征为主。

在图9-18中，支架是按工作位置绘制的，从主视图中可清晰地看出它的工作部分、固定部分和连接部分的形状特征和相对位置。主视图中做了两处局部剖：右下方的固定板和两个 $\phi15$ 的安装孔；左上方圆筒连接开槽的凸缘，在M10螺纹孔中拧入螺钉后，可将所支承 $\phi20$ 的轴夹紧在圆筒内。

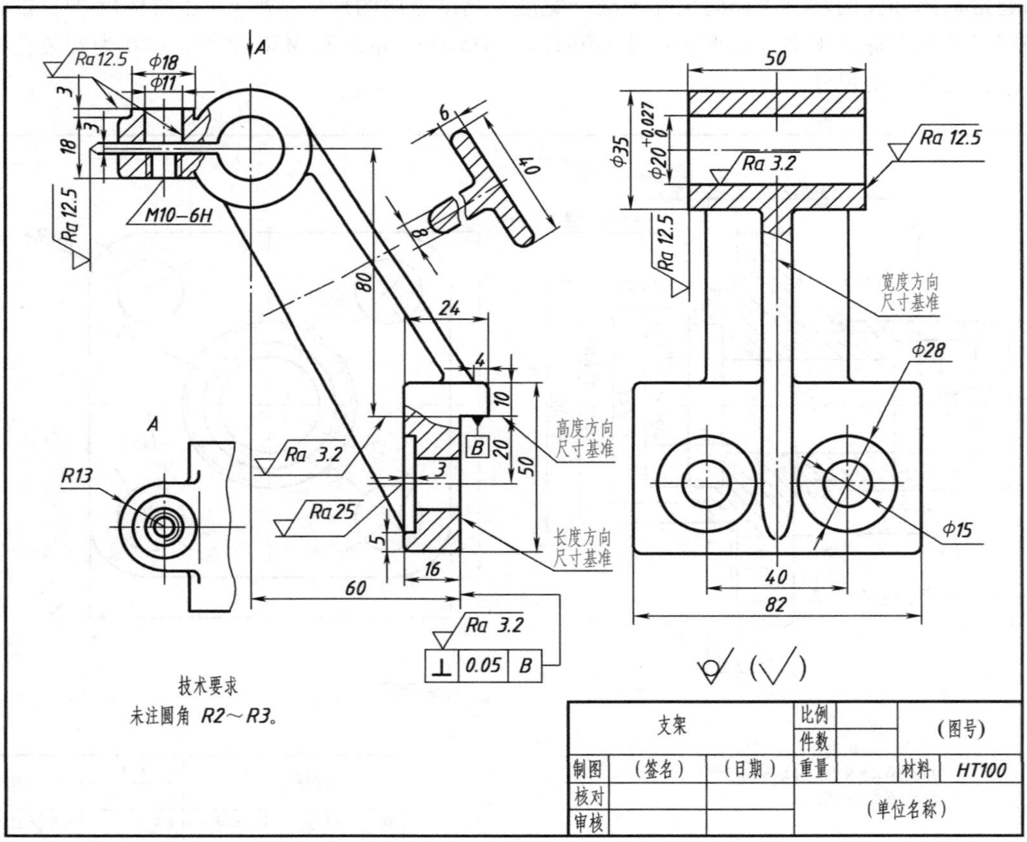

图9-18　支架的零件图

左视图主要用于表达支架外形和固定板上安装孔的位置，对圆筒工作部分做了局部剖。叉架类零件的形状一般不很规则，根据形体特征，除基本视图外，常灵活采用多种表达方法。在图9-18中，对于左上方凸缘的外形，采用A向局部视图，而T形肋板的断面轮廓，则采用两个分别垂直其两侧面的剖切平面，采用移出断面图来表示。

（2）尺寸标注　尺寸基准的选择应根据叉架类零件的结构特点，同时考虑设计要求和便于加工、测量。在图 9-18 中，选择相互垂直的两个安装面作为长度和高度方向的主要基准而注出定位尺寸 60 和 80。由于左视图是对称的，因此宽度方向选用对称平面为基准，分别注出尺寸 50、40 和 82。其余尺寸的标注均应满足定形及定位的要求。

4. 箱体类零件

箱体类零件包括各种泵体、阀体、座体等，一般都是部件的主体零件，起支承、容纳、定位和密封等作用。这类零件大都是铸件，结构比较复杂，常见的结构有中空的内腔、轴孔、起安装和密封作用的底板、凸缘、凹坑，各种光孔、螺孔及肋板等。图 9-19 所示的底座即为此类零件。

（1）视图选择　箱体类零件不仅结构形状比较复杂，且多数经较多工序加工而成，各工序加工位置不尽相同，所以主视图主要按形状特征和工作位置确定。常需用两个以上的基本视图进行表达，在选用其他视图时，应根据零件的复杂程度，灵活选用剖视图、断面图、局部视图和斜视图等多种表达方法，完整、清晰地表达零件的内、外结构形状。

图 9-19 所示为调整后的铣刀头上的零件“底座”的表达方案，如前所述，该图中采用了主、左两个基本视图并做剖视，加上一个 *A* 向局部视图，这样选择视图可清晰地表达该底座的内、外结构，是一个较优的表达方案。

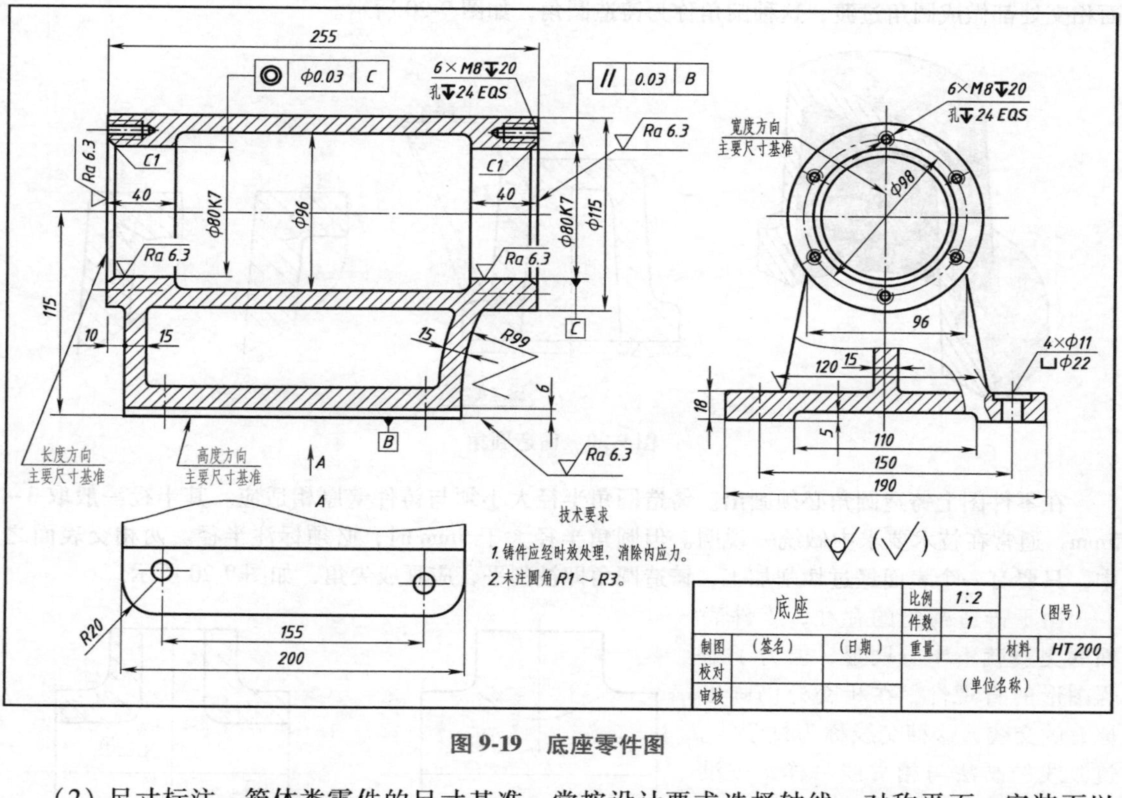

图 9-19　底座零件图

（2）尺寸标注　箱体类零件的尺寸基准，常按设计要求选择轴线、对称平面、安装面以及重要接触面等。在图 9-19 中，选择座体底面为高度方向主要尺寸基准，上部圆柱筒的任一端面为长度方向主要尺寸基准，前后对称面为宽度方向主要尺寸基准。

直接注出的定位尺寸和有配合要求的尺寸，如主视图中的 115 是确定上部圆柱筒轴线的定位尺寸，ϕ80K7 是与轴承配合的尺寸，40 是两段轴孔长度方向的定位尺寸。左视图和 *A* 向局部视图中的 150 和 155 是四个安装孔的定位尺寸。

考虑工艺要求，注出工艺结构尺寸，如倒角、圆角等。左视图中螺纹孔和沉孔尺寸的标注形式可参阅表9-1。

完整标注箱体尺寸需依照形体分析的原则进行，在标注出定形尺寸的基础上，注意还有较多的定位尺寸，各孔中心线（或轴线）间的距离一定要直接注出来。

9.3 零件上常见的工艺结构

零件的结构主要是由设计要求决定，但制造工艺对零件的结构也有影响，因此在画零件图时，必须把这些带有特定几何形状的工艺结构合理、准确地画出来，这对零件的设计和加工都有直接影响。如果结构不合理，往往会给加工带来困难。

零件上这些常见的工艺结构，主要是通过铸造和机械加工获得的。

9.3.1 零件上的铸造结构

1. 铸造圆角

制造铸件时，为了避免在浇注铁液冷却时产生裂纹以及防止取模时损坏砂型，在铸件各表面相交处都做成圆角过渡，这种圆角称为铸造圆角，如图9-20所示。

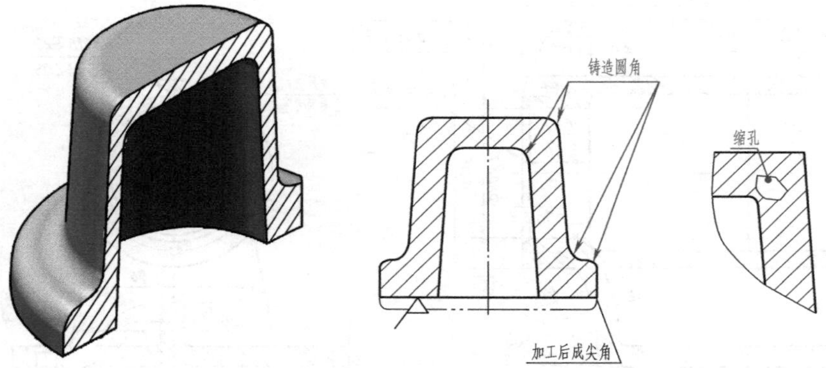

图9-20 铸造圆角

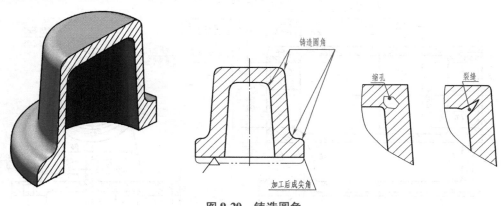

在零件图上铸造圆角必须画出。铸造圆角半径大小须与铸件壁厚相适应。其半径一般取3~5mm，通常在技术要求中做统一说明。但圆角半径大于5mm时，必须标注半径。两相交表面之中，只要有一个表面经过切削加工，铸造圆角即被削平，应画成尖角，如图9-20所示。

由于铸造圆角的存在，零件表面的交线就不十分明显，但为了增强图形的直观性，在相交处仍画出原有的交线，这种交线称为过渡线。过渡线的画法与相贯线一样，按没有圆角的情况下求出相贯线的投影，过渡线画到理论交点处，并用细实线画出，如图9-21和图9-22所示。

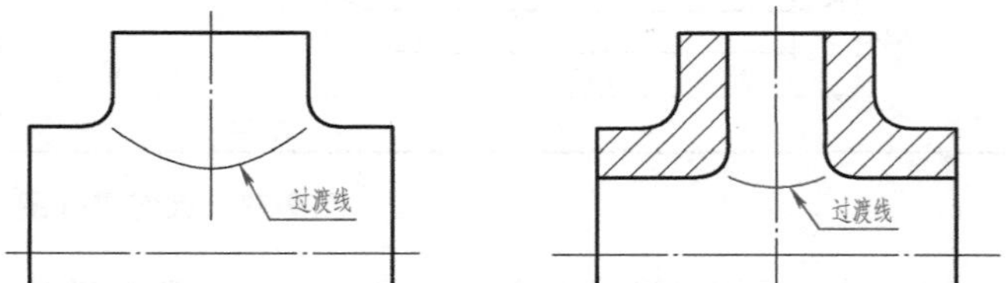

图9-21 两圆柱相交过渡线的画法

2. 起模斜度

在翻砂造型时，为了便于在砂型中取出模样，在铸件沿起模方向的内外壁上应有1∶20的斜度，叫作起模斜度，如图9-23a所示 。因起模斜度很小，通常在图样上并不画出，也不标注，如

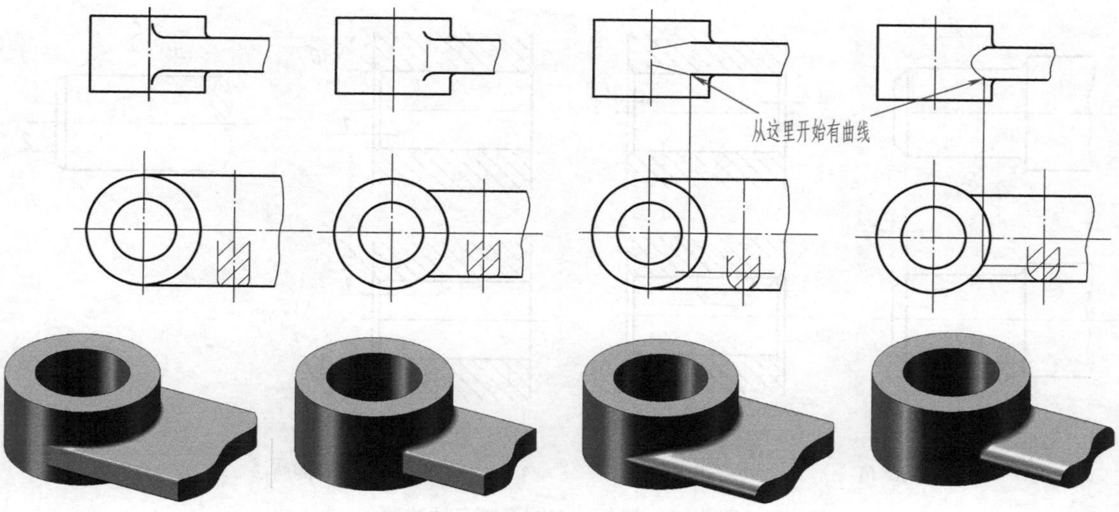

图 9-22 肋板与圆柱相交或相切过渡线的画法

图 9-23b 所示，必要时可用文字在技术要求中说明。

3. 铸件壁厚

铸件在浇注时，如果壁厚不均，会使铸件各部分冷却速度不同，容易在较厚处形成缩孔或在厚壁与薄壁的交界处产生裂纹。为了保证铸件质量，防止产生缩孔和裂纹，铸件各部分壁厚应保持大致相等或逐渐变化，以避免突然改变壁厚引起的局部肥大现象，如图 9-24 所示。

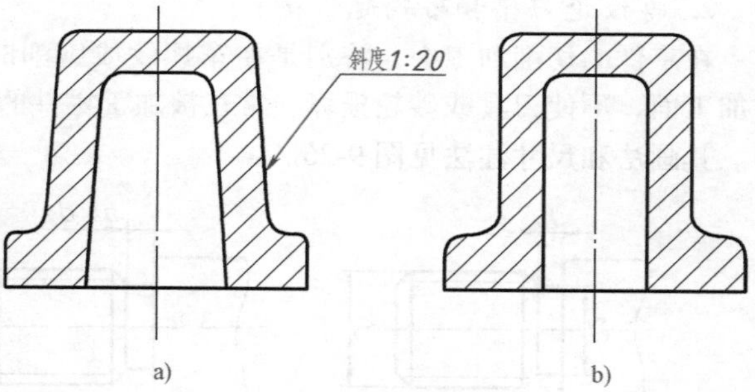

图 9-23 起模斜度

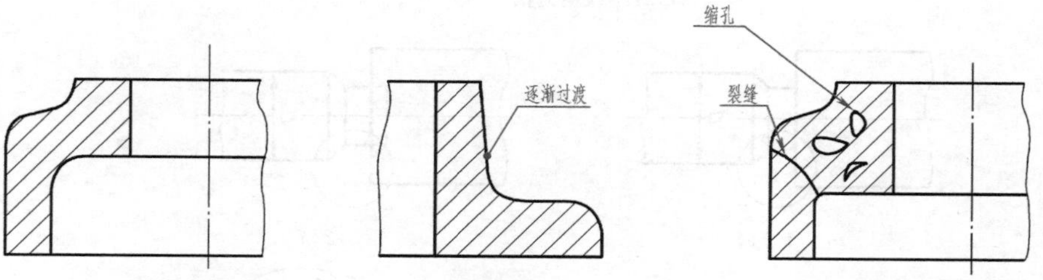

a) 壁厚均匀 b) 逐渐过渡 c) 产生缩孔和裂缝

图 9-24 铸件壁厚应均匀

9.3.2 零件上的机械加工结构

1. 倒角和倒圆

为了去除零件的毛刺、锐边，便于装配和保护装配面，在轴或孔的端部一般都制成倒角。倒角一般为 45°，也可为 30°或 60°。倒角为 45°时，可与倒角的轴向尺寸连注（符号 *C* 后标上相应的倒角轴向尺寸数值）；倒角不是 45°时，要分开标注。为了避免因应力集中产生裂纹，在轴肩处往往加工成圆角过渡的形式，称为倒圆，如图 9-25 所示。

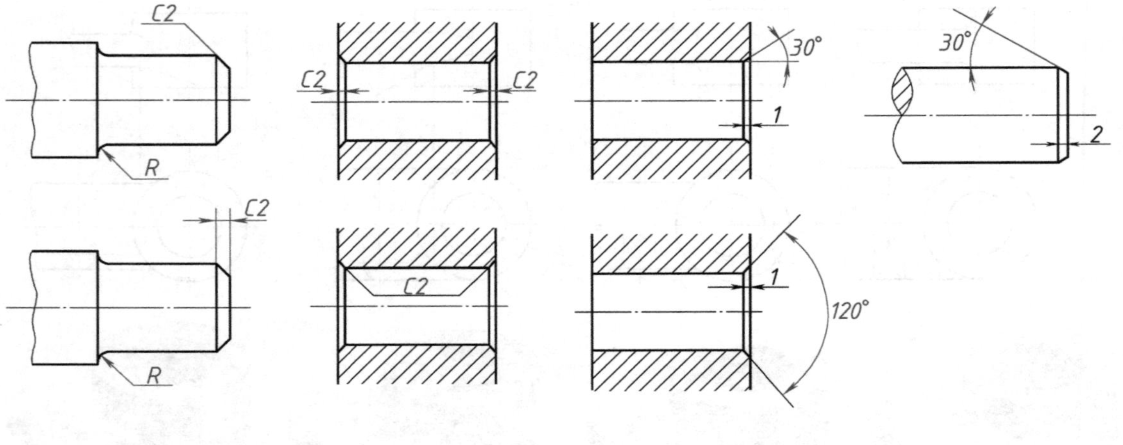

a) 轴端倒角　　b) 孔口倒角　　c) 非45°倒角的画法

图 9-25　倒角、倒圆及其尺寸注法

2. 螺纹退刀槽和砂轮越程槽

在零件的切削加工中，特别是在车螺纹或磨削时，为了便于退出刀具或使砂轮可以稍稍越过加工面，不使刀具或砂轮损坏，常在被加工零件的台肩处，预先加工出螺纹退刀槽和砂轮越程槽。其画法和尺寸注法见图 9-26。

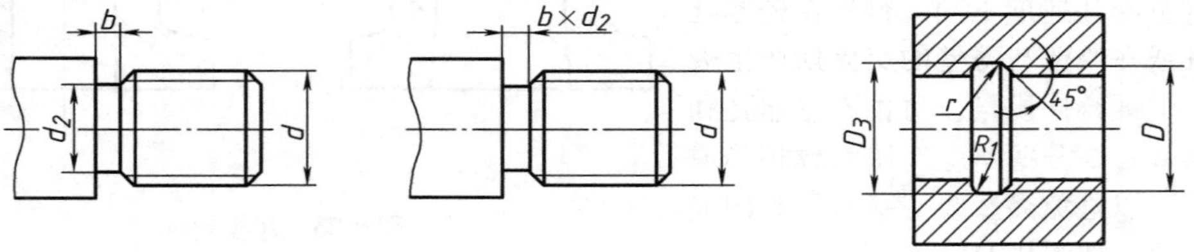

a) 螺纹退刀槽

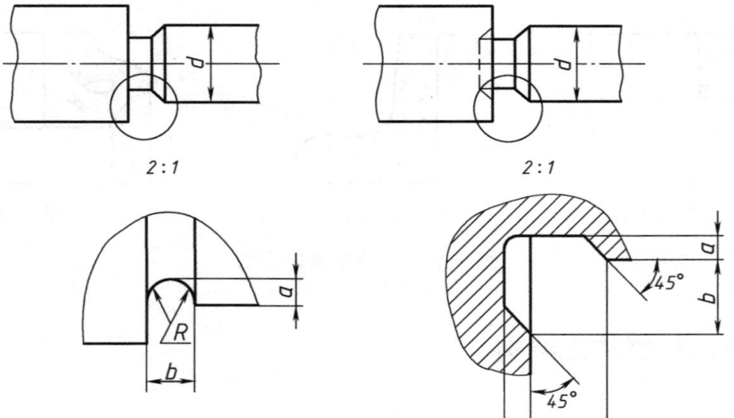

b) 砂轮越程槽

图 9-26　螺纹退刀槽、砂轮越程槽的画法和尺寸注法

3. 钻孔结构

零件上有各种不同形式和不同用途的孔，多数是用钻头加工而成的。钻头可加工通孔和不通孔（又称盲孔）。用钻头加工的不通孔，在底部有一个120°的锥角，钻孔的深度是圆柱部分的深度，不包括锥坑，如图9-27a所示。在用两个直径不同的钻头钻出的阶梯孔的过渡处也存在锥角为120°的圆台，其画法及尺寸注法如图9-27b所示。

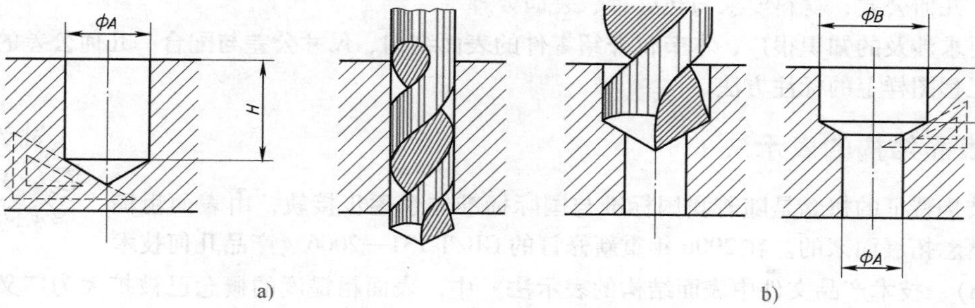

图9-27 零件上的钻孔结构

钻孔时，要求钻头尽量垂直于被钻孔的零件表面，以保证钻孔准确和避免钻头折断，当孔端表面是斜面或曲面时，则应先把该表面铣平或制成凸台、凹坑等，如图9-28所示。

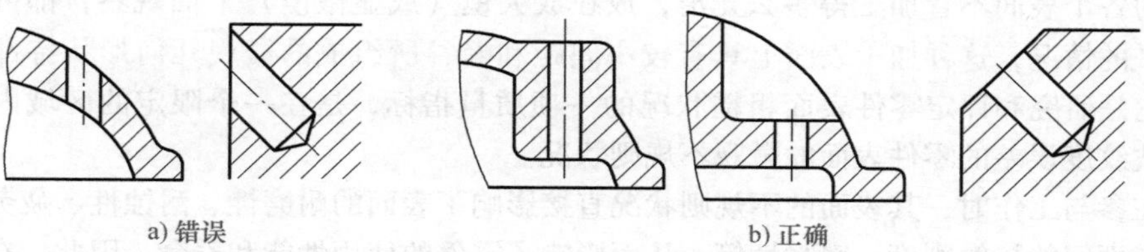

图9-28 钻头应与孔的端面垂直

4. 凸台和凹坑

为了保证零件间接触良好，零件上凡与其他零件接触的表面一般都要加工。但为了降低零件的制造费用，在设计零件时应尽量减少加工面，因此，在零件上常有凸台和凹坑结构，并且凸台应在同一平面上，以保证加工方便，如图9-29所示。

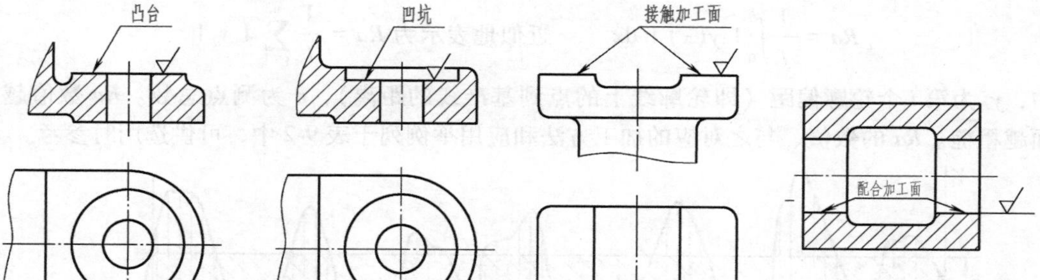

图9-29 凸台、凹坑等结构

9.4 零件图上的技术要求

零件图是指导机器生产的重要技术文件，因此零件图上除了有图形和尺寸外，还必须有制造该零件时应该达到的一些质量要求，一般称为技术要求。这些技术要求包括表面结构、尺寸公差与配合、几何公差、材料要求与热处理、表面处理等。

技术要求涉及的知识很广，本节仅介绍零件的表面结构、尺寸公差与配合、几何公差的基本概念及在工程图样上的标注方法。

9.4.1 表面结构的表示法

表面结构特征的概念是随着我国标准与国际标准体系逐步接轨，由表面粗糙度的单一概念拓展而来的。在2006年重新修订的GB/T 131—2006《产品几何技术规范（GPS） 技术产品文件中表面结构的表示法》中，表面粗糙度的概念已被扩大为广义的表面结构特征，而表面结构的轮廓参数在原来的 *R* 轮廓（粗糙度参数）基础上又增加了两个：*W* 轮廓（波纹度参数）和 *P* 轮廓（原始轮廓参数）。本节主要介绍与 *R* 轮廓（粗糙度轮廓）参数有关的概念术语。

1. 基本概念

零件的各个表面不管加工得多么光滑，放在放大镜（或显微镜）下面观察，都可以看到峰谷高低不平的情况，这种加工表面上具有较小间距和峰谷所组成的微观几何形状特性称为表面粗糙度。它是研究和评定零件表面粗糙状况的一项质量指标，是在一个限定的区域内排除了表面形状和波纹度误差的零件表面的微观不规则状况。

零件在参与工作时，其表面的不规则状况直接影响了表面的耐磨性、耐蚀性、疲劳强度，也影响了两表面间的接触刚度、密封性等，从而影响了零件的使用性能和寿命。因此，在满足使用要求的前提下，应合理选用表面结构的轮廓参数。

2. 表面结构的评定参数

国家标准规定了评定表面结构的各种参数，其中与 *R* 轮廓有关的评定参数为轮廓算术平均偏差 *Ra* 和轮廓最大高度 *Rz*。

（1）轮廓算术平均偏差 *Ra*　*Ra* 是指在取样长度 l（用于判别表面粗糙度特征的一段基准线长度）内轮廓偏距 y 的绝对值的算术平均值，如图9-30所示。用公式可表示为

$$Ra=\frac{1}{l}\int_0^l |y(x)|\,\mathrm{d}x \qquad \text{近似地表示为 } Ra=\frac{1}{l}\sum_{i=1}^{n}|y_i|$$

式中，y_i 为第 i 个轮廓偏距（即轮廓线上的点到基准线的距离），n 为测点总数。*Ra* 数值越大，表面越粗糙。*Ra* 的数值、与之对应的加工方法和应用举例列于表9-2中，可供选用时参考。

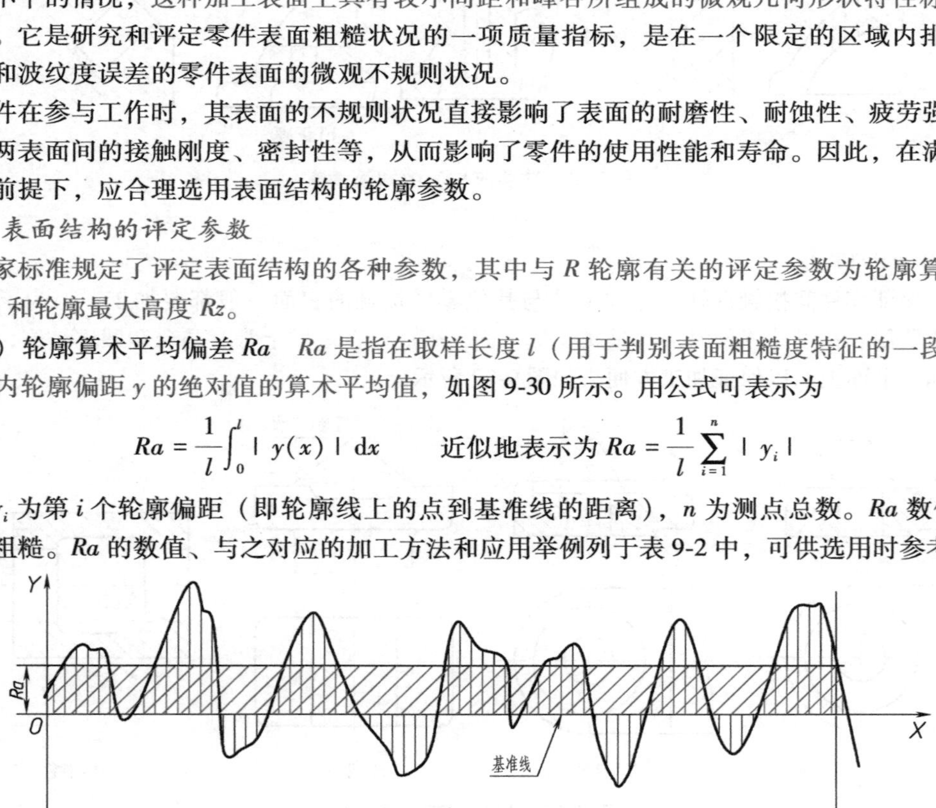

图9-30　轮廓算术平均偏差（*Ra*）

表 9-2 *Ra* 的数值、与之对应的加工方法和应用举例

Ra/μm	表面特征	主要加工方法	应用举例
50	明显可见刀痕	铸造、锻压、粗车、粗铣、粗刨、钻、粗齿锉刀和粗砂轮加工	为表面粗糙度值最大的加工面，一般用于非工作表面和非接触表面
25	可见刀痕		
12.5	微见刀痕	粗车、刨、立铣、平铣、钻	不接触表面、不重要的接触面，如螺钉孔、退刀槽、机座底面等
6.3	可见加工痕迹	精车、精铣、精刨、铰、镗、粗磨等	没有相对运动的零件接触面，如箱体、箱盖、套筒等；要求紧贴的表面，键和槽的工作表面；相对运动速度不高的接触面，如支架孔、衬套、带轮轴孔的工作表面
3.2	微见加工痕迹		
1.6	看不见加工痕迹		
0.8	可辨加工痕迹方向	精车、精铰、精拉、精镗、精磨等	相对运动速度较高的接触面，如轴承的配合表面、齿轮轮齿的工作表面等
0.4	微辨加工痕迹方向		
0.2	不可辨加工痕迹方向		
0.10	暗光泽面	研磨、抛光、超级精细研磨等	精密量具的表面、极重要零件的摩擦面，如气缸的内表面、精密机床的主轴颈、坐标镗床的主轴颈等
0.05	亮光泽面		
0.025	镜状光泽面		
0.012	雾状镜面		
0.006	镜面		

（2）轮廓最大高度 *Rz* 在取样长度内轮廓峰顶线和轮廓谷底线之间的距离。

3. *表面结构标注用图形符号和标注方法*

（1）表面结构的图形符号 图样上表示零件表面结构的图形符号有几种，其含义和画法见表 9-3。表面结构符号的相关尺寸参考表 9-4 的数值。

表 9-3 表面结构符号及其含义

符 号	意义及说明
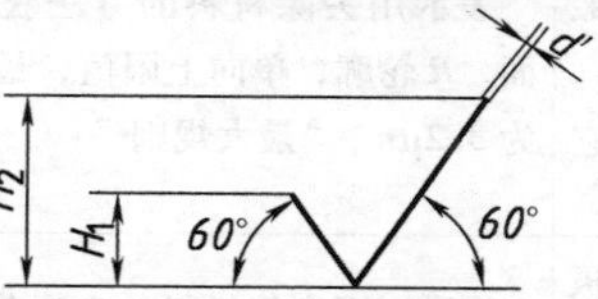	基本符号（各尺寸见表 9-4），表示表面可用任何方法获得。当不加注粗糙度参数值或有关说明（例如表面处理、局部热处理状况等）时，仅适用于简化代号标注，没有补充说明时不能单独使用
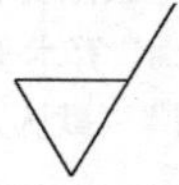	基本符号加一短横，表示表面是用去除材料的方法获得的。例如车、铣、钻、磨、剪切、抛光、腐蚀、电火花加工、气割等
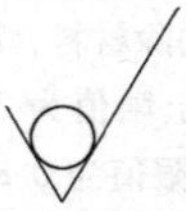	基本符号加一小圆，表示表面是用不去除材料的方法获得的。例如铸、锻、冲压变形、热轧、冷轧、粉末冶金等，或者是用于保持原供应状况的表面（包括保持上道工序的状况）
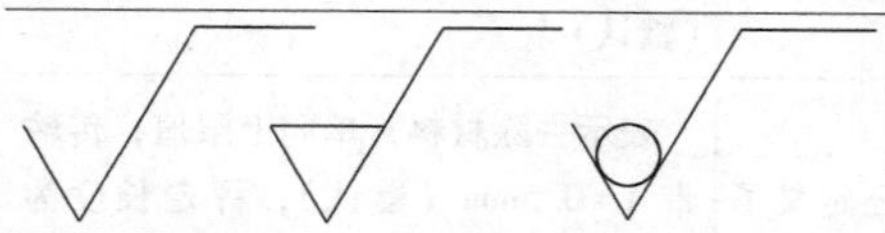	在上述三个符号的长边上均可加一横线，用于标注有关参数和说明
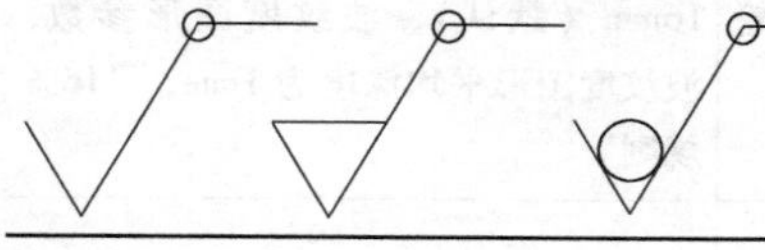	在上述三个符号上均可加一小圆，表示在图样某个视图上构成封闭轮廓的各表面具有相同的表面结构要求

表 9-4 表面结构符号的尺寸 （单位：mm）

数字和字母高度 *h*（见 GB/T 14691）	2.5	3.5	5	7	10	14	20
符号线宽 *d'*	0.25	0.35	0.5	0.7	1	1.4	2
字母线宽 *d*							

（续）

高度 H_1	3.5	5	7	10	14	20	28
高度 H_2(最小值)①	7.5	10.5	15	21	30	42	60

① H_2 取决于标注内容。

（2）表面结构参数的表示方法　为了明确表面结构要求，除了标注表面结构参数和数值外，必要时应标注补充要求，补充要求包括传输带、取样长度、加工工艺、表面纹理及方向、加工余量等。图9-31所示为表面结构完整图形符号的组成。

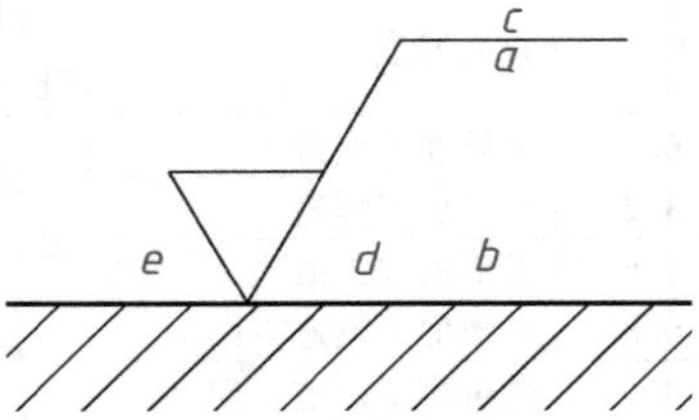

图9-31　表面结构完整图形符号的组成

1）a处注写表面结构的单一要求，包括参数代号、极限值和传输带或取样长度。传输带或取样长度后应有一斜线“/”，之后是参数代号，最后是数值，如0.025-0.8/Rz 6.3。

2）a和b处注写两个或多个表面结构要求，位置a注写第一个表面结构要求，位置b注写第二个表面结构要求。

3）c处注写加工方法、表面处理、涂层或其他加工工艺要求等，如车、磨、镀等加工方法。

4）d处注写所要求的表面纹理和纹理的方向，如“=”“×”等。

5）e处注写加工余量，以mm为单位给出数值。

标注表面结构参数时应使用完整符号，包括参数代号和相应的数值。表9-5为各种不同功能要求的表面结构表示方法示例。

表9-5　表面结构表示方法示例

符号	标注规则、解释	含义、解释
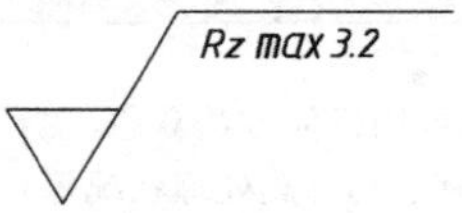	标注时在参数代号中加上“max”，表明为“最大规则”。最大规则是指要求表面结构参数的所有实测值中不得超过规定值 当只注参数代号、参数值和评定长度时，它们应默认为参数的上限值	表示用去除材料的方法获得的表面，R轮廓，单向上限值，最大高度为3.2μm，“最大规则”
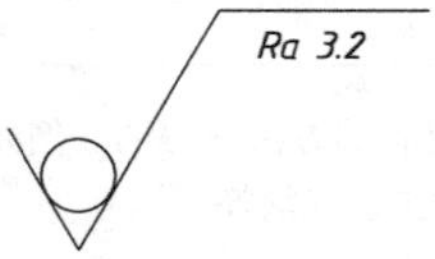	若所注参数代号后没有“max”，表明给定极限采用的是“16%规则”（默认） 16%规则是指允许在表面结构参数的所有实测值中超过规定的个数少于总数的16%	表示用不去除材料的方法获得的表面，R轮廓，算术平均偏差为3.2μm，“16%规则”（默认）
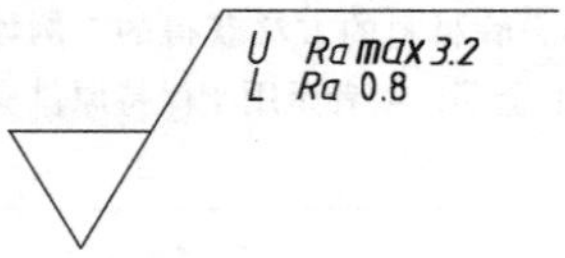	如果在完整符号中需要表示双向极限要求时，应标注极限代号，上限值用U表示，下限值用L表示	表示去除材料，R轮廓，双向极限值，Ra上限值为3.2μm，“最大规则”；下限值为0.8μm，“16%规则”（默认）
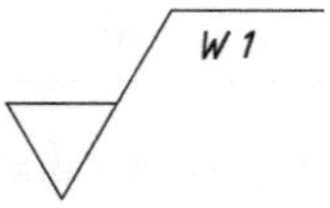	新版标准（GB/T 131—2006）中，还定义了两个新的表面结构轮廓——W轮廓（波纹度轮廓）和P轮廓（原始轮廓）	表示去除材料，单向上限值，传输带A=0.5mm（默认），评定长度为16mm（默认），波纹度图形参数，波纹度图形平均深度为1mm，“16%规则”
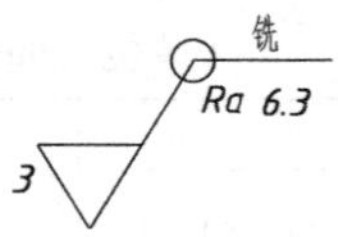	需要标注加工余量时，应注写在符号的左侧 该表面需要由指定的加工方法获得时，可用文字注写在横线的上方	表示用铣削方法获得，R轮廓，算术平均偏差为6.3μm，该零件所有表面均有3mm的加工余量

4. 表面结构要求在图样上的标注

表面结构要求对每一表面一般只标注一次符号、代号，并尽可能注在相应的尺寸及其公差的同一视图上。表面结构的注写和读取方向与尺寸的注写和读取方向一致，并且所标注的表面结构要求一般是对完工零件表面的要求。在表 9-6 中摘要列举了表面结构要求在图样上的标注方法。

表 9-6 表面结构代号的标注方法及示例

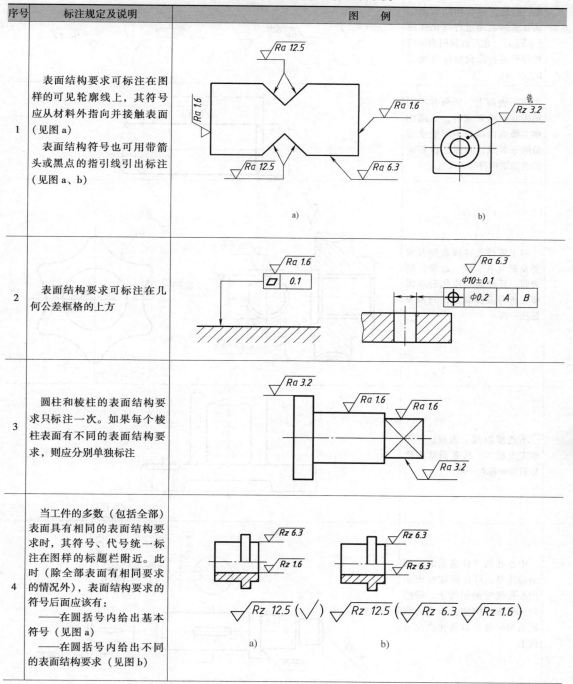

序号	标注规定及说明	图 例
1	表面结构要求可标注在图样的可见轮廓线上，其符号应从材料外指向并接触表面（见图 a） 表面结构符号也可用带箭头或黑点的指引线引出标注（见图 a、b）	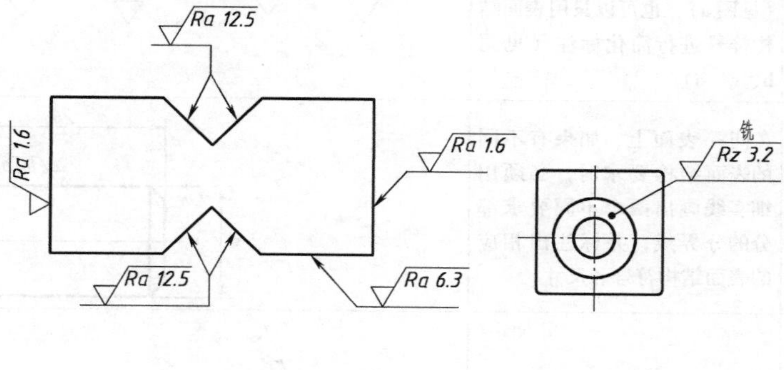 a) b)
2	表面结构要求可标注在几何公差框格的上方	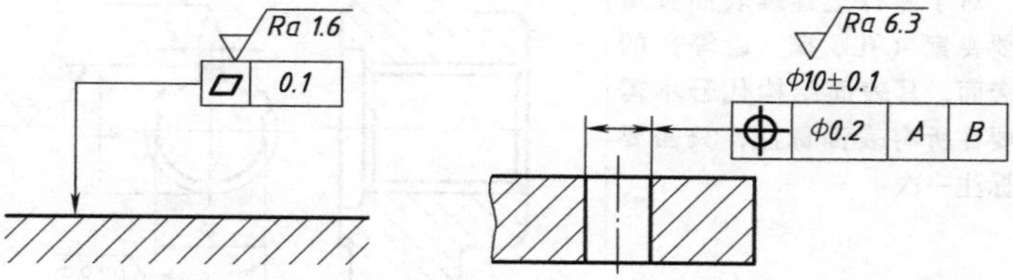
3	圆柱和棱柱的表面结构要求只标注一次。如果每个棱柱表面有不同的表面结构要求，则应分别单独标注	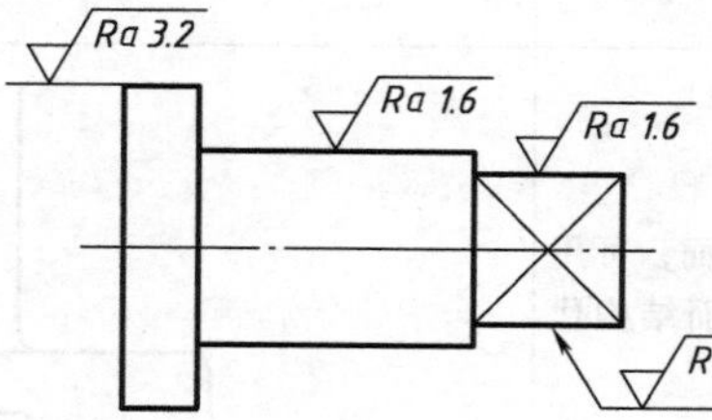
4	当工件的多数（包括全部）表面具有相同的表面结构要求时，其符号、代号统一标注在图样的标题栏附近。此时（除全部表面有相同要求的情况外），表面结构要求的符号后面应该有： ——在圆括号内给出基本符号（见图 a） ——在圆括号内给出不同的表面结构要求（见图 b）	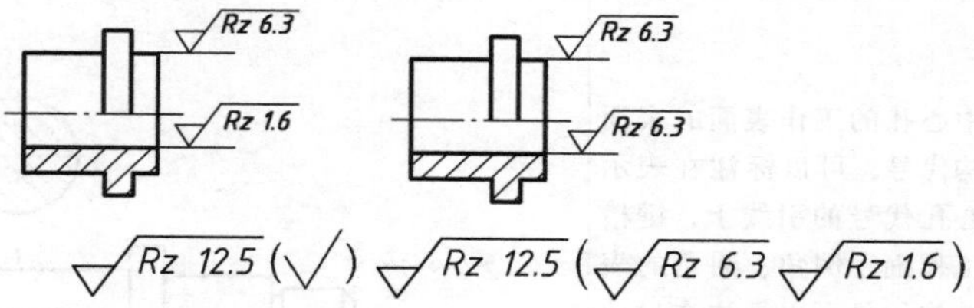 a) b)

（续）

序号	标注规定及说明	图例
5	当多个表面具有相同的表面结构要求或图纸空间有限时，可采用简化注法。此时，既可用带有字母的完整符号，以等式的形式，在图形或标题栏附近，对有相同表面结构要求的表面进行简化标注（见图a），也可以只用表面结构符号进行简化标注（见图b、c、d）	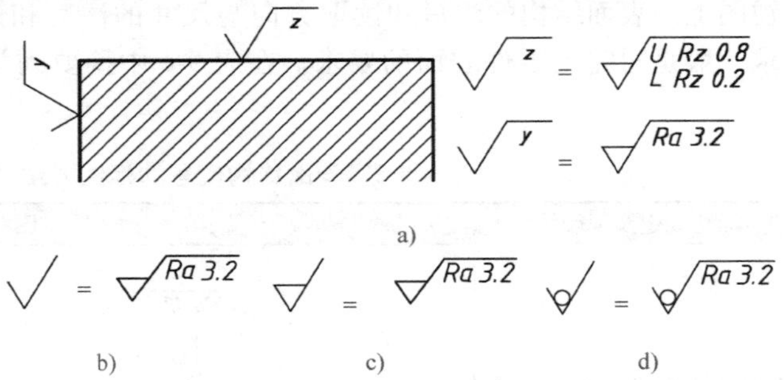
6	同一表面上，如果有不同的表面结构要求时，必须用细实线画出两个不同要求部分的分界线，并标注出相应的表面结构符号和尺寸	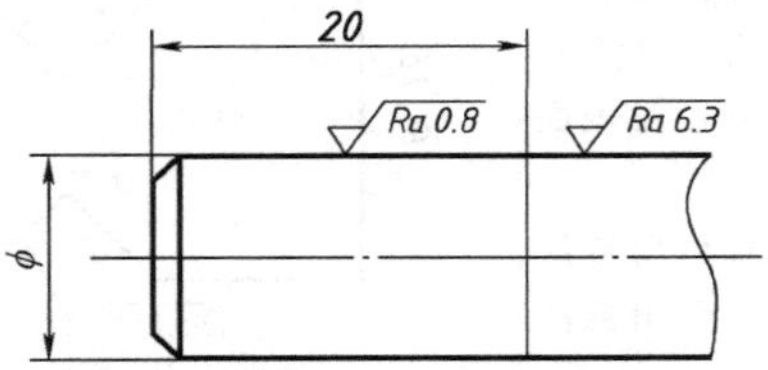
7	对于零件上连续表面及重要要素（孔、槽、齿等）的表面，其表面结构代号不需要在所有表面标注，只需要标注一次	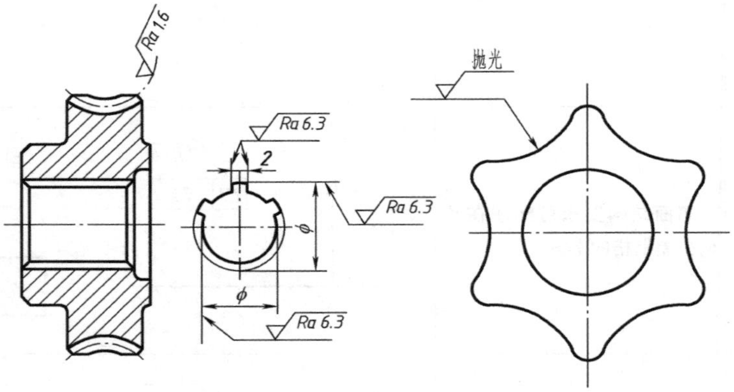
8	不连续的同一表面，可用细实线相连，其表面结构代号只需要标注一次	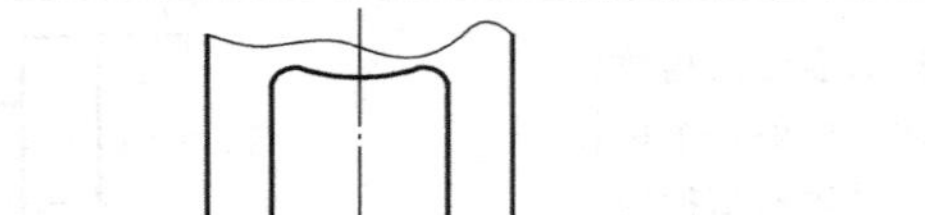
9	中心孔的工作表面的表面结构代号，可以标注在表示中心孔代号的引线上，键槽的工作面、倒角、圆角的表面结构代号可以标注在尺寸线上	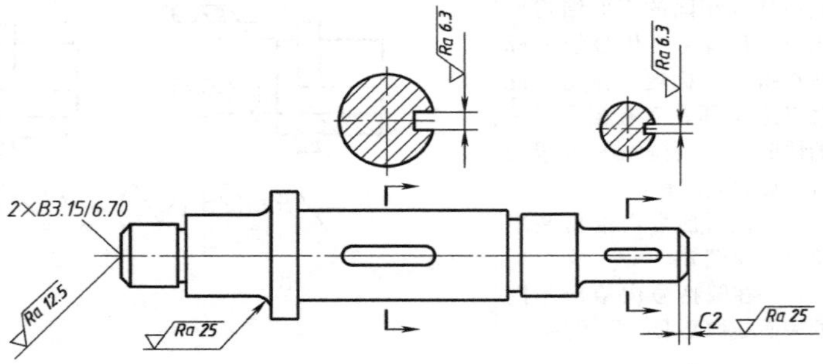

（续）

序号	标注规定及说明	图 例
10	齿轮、渐开线花键等零件的工作表面在没有画出齿形时，其表面结构代号应该标注在分度线上	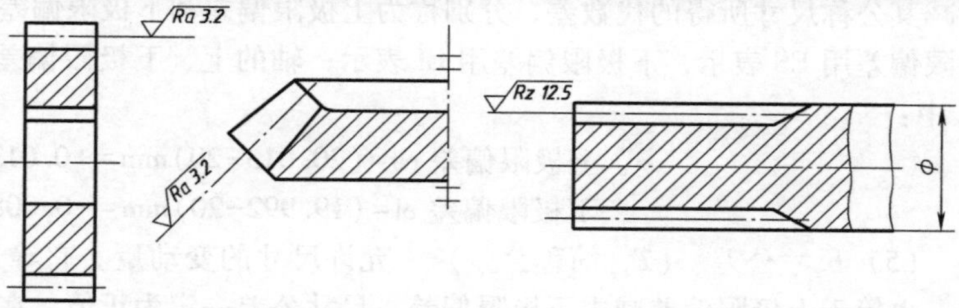
11	螺纹的工作表面在没画出牙型时，其表面结构代号可以标注在尺寸线或引出线上	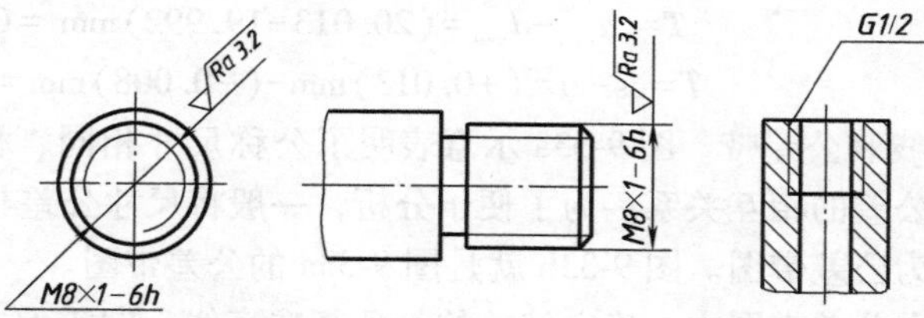

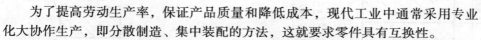

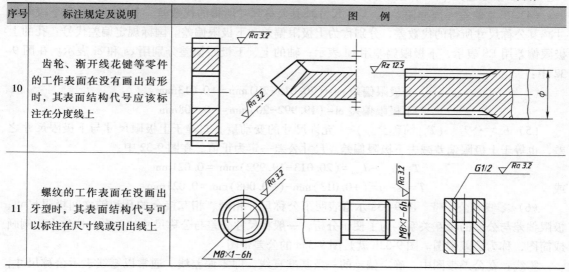

9.4.2　极限与配合

1. 零件的互换性

为了提高劳动生产率，保证产品质量和降低成本，现代工业中通常采用专业化大协作生产，即分散制造、集中装配的方法，这就要求零件具有互换性。

所谓互换性，是指相同规格的零件，不经挑选和修配，就能顺利地进行装配，并符合规定的使用性能的性质。

保证零件具有互换性的重要条件是必须保持零件尺寸的一致性。可是在生产实践中，不可能也不必要把零件尺寸统一加工得绝对准确。为此，在满足使用要求的条件下，必须对零件尺寸的变动量规定一个许可范围。在满足互换性的条件下，零件尺寸的允许变动量就叫尺寸公差，简称公差。

2. 公差的基本术语及定义

关于尺寸公差的一些名词术语，以图 9-32 所示的圆柱尺寸 $\phi 20^{+0.013}_{-0.008}$为例，做简要说明：

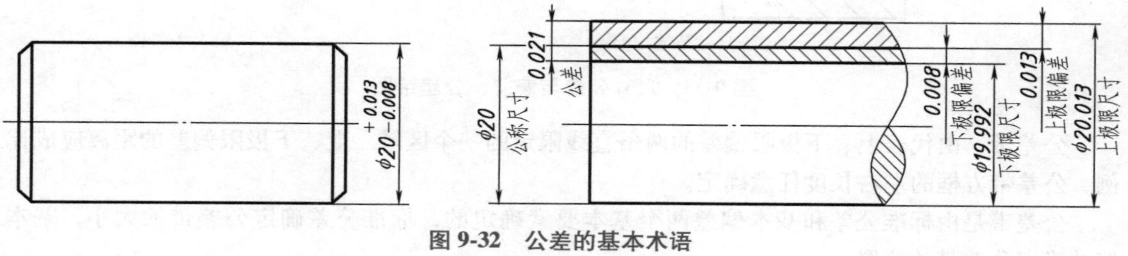

图 9-32　公差的基本术语

（1）公称尺寸（D，d）　由图样规范确定的理想形状要素的尺寸（国标规定，大写字母表示孔的有关符号，小写字母表示轴的有关符号），它是计算极限尺寸和确定尺寸偏差的起始尺寸，如图 9-32 中的 $\phi 20$。

（2）实际（组成）要素　由接近实际（组成）要素所限定的工件实际表面的组成要素部分。

（3）极限尺寸　允许尺寸变化的两个界限值，其中较大的一个是上极限尺寸（D_{max}，d_{max}），如图 9-32 中的 $\phi 20.013$；较小的一个是下极限尺寸（D_{min}，d_{min}），如图 9-32 中的 $\phi 19.992$。实际

(组成) 要素在这两个尺寸之间即为合格。

(4) 尺寸偏差（简称偏差） 某一尺寸减其公称尺寸所得的代数差。上极限尺寸和下极限尺寸减其公称尺寸所得的代数差，分别称为上极限偏差和下极限偏差。国标规定偏差代号：孔的上极限偏差用ES表示，下极限偏差用EI表示；轴的上、下极限偏差分别用es和ei表示。在图9-32中：

$$上极限偏差\ es=(20.013-20)\,mm=+0.013mm$$

$$下极限偏差\ ei=(19.992-20)\,mm=-0.008mm$$

(5) 尺寸公差（T，简称公差） 允许尺寸的变动量。它等于上极限尺寸与下极限尺寸之差，也等于上极限偏差减去下极限偏差。尺寸公差一定为正值。在图9-32中：

$$T=d_{max}-d_{min}=(20.013-19.992)\,mm=0.021mm$$

或

$$T=es-ei=(+0.013)\,mm-(-0.008)\,mm=0.021mm$$

(6) 零线和公差带 图9-33a示意表明了公称尺寸相同、相互接合的孔和轴之间极限尺寸、极限偏差与公差的相互关系。为了便于分析，一般将尺寸公差与公称尺寸的关系，按放大比例画成简图，称为公差带图。图9-33b就是图9-33a的公差带图。

零线：在公差带图中，确定偏差的一条基准直线，即零偏差线。通常以零线表示公称尺寸，零线以上为正偏差，零线以下为负偏差。

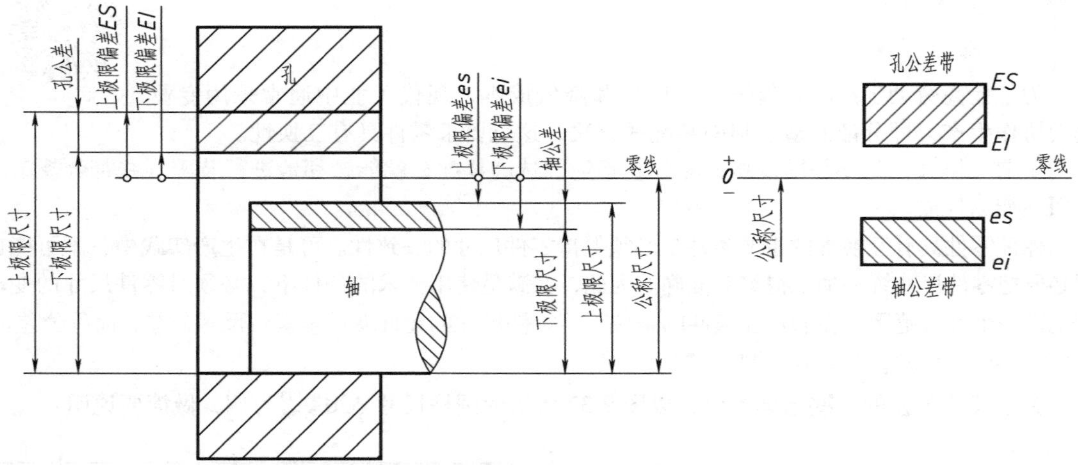

a) 尺寸公差与偏差　　b) 公差带图

图9-33 尺寸公差与偏差、公差带图

公差带：由代表上、下极限偏差的两条直线限定的一个区域。上、下极限偏差的距离应成比例，公差带方框的左右长度任意确定。

公差带是由标准公差和基本偏差两个基本要素确定的，标准公差确定公差带的大小，基本偏差确定公差带的位置。

(7) 标准公差 标准公差是由国家标准规定的，用以确定公差带大小的任一公差。标准公差用“IT”表示，分为20个等级，用IT01、IT0、IT1～IT18表示。公差的大小随公差等级符号由IT01至IT18依次增大，尺寸精度依次降低。

标准公差值与公称尺寸大小有关，同一公差等级，公称尺寸越大，标准公差值也越大，国家标准把≤500mm的公称尺寸分成13段，按不同公差等级列出各个公称尺寸分段的公差值，见表9-7。

表 9-7 标准公差数值（摘录）

公称尺寸 /mm	公差等级						
	IT5	IT6	IT7	IT8	IT9	IT10	IT11
	μm						
>3 ~ 6	5	8	12	18	30	48	75
>6 ~ 10	6	9	15	22	36	58	90
>10 ~ 18	8	11	18	27	43	70	110
>18 ~ 30	9	13	21	33	52	84	130
>30 ~ 50	11	16	25	39	62	100	160
>50 ~ 80	13	19	30	46	74	120	190
>80 ~ 120	15	22	35	54	87	140	220

（8）基本偏差　基本偏差是指国家标准规定用以确定公差带相对于零线位置的上极限偏差或下极限偏差，一般是指靠近零线的那个极限偏差。当公差带位于零线上方时，基本偏差为下极限偏差；当公差带位于零线下方时基本偏差为上极限偏差。基本偏差如图 9-34 所示。

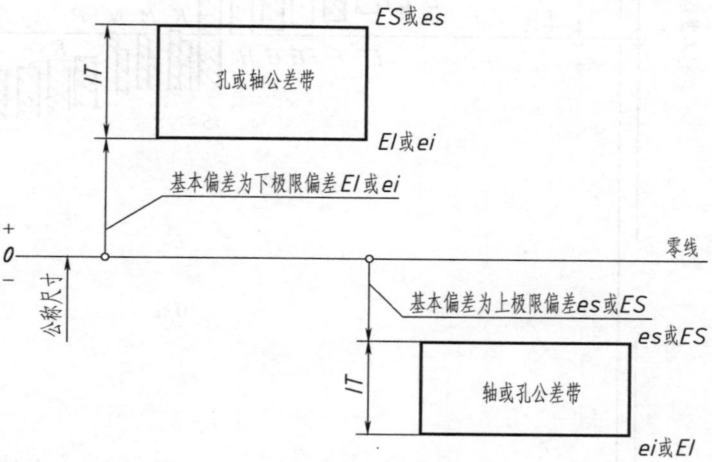

图 9-34　基本偏差

国家标准已经将基本偏差标准化、系列化，规定了孔、轴各 28 个基本偏差，其代号用拉丁字母表示，大写为孔，小写为轴，基本偏差系列如图 9-35。在图 9-35 中，各公差带仅有基本偏差一端封闭，另一端的位置取决于标准公差数值的大小。在孔的基本偏差系列中，从 A~H 为下极限偏差 EI，从 J~ZC 为上极限偏差 ES，JS 的上、下极限偏差分别为±IT/2；在轴的基本偏差系列中，从 a~h 为上极限偏差 es，从 j~zc 为下极限偏差 ei，js 的上、下极限偏差分别为±IT/2。

孔和轴的公差带代号由基本偏差代号与公差等级代号组成。例如：

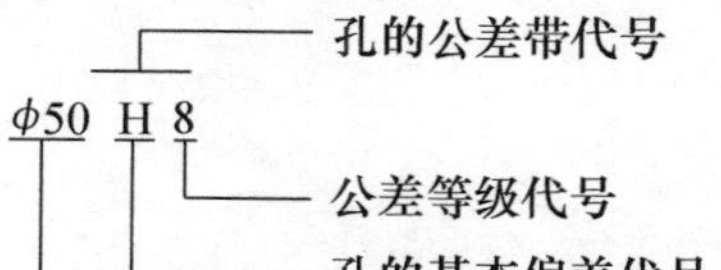

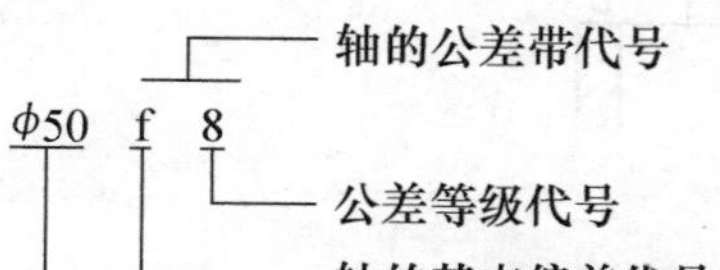

3. 配合

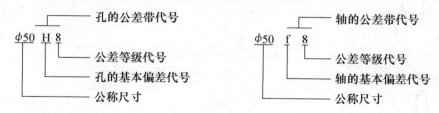

配合是指公称尺寸相同且相互接合的孔和轴的公差带之间的关系。

（1）配合的种类　根据机器的设计要求、工艺要求和生产实际的需要，国家标准将配合分为三大类：

1）间隙配合：孔的公差带完全在轴的公差带之上，任取其中一对孔和轴相配都成为具有间隙的配合（包括最小间隙为零），如图 9-36 所示。

2）过盈配合：孔的公差带完全在轴的公差带之下，任取其中一对孔和轴相配都成为具有过

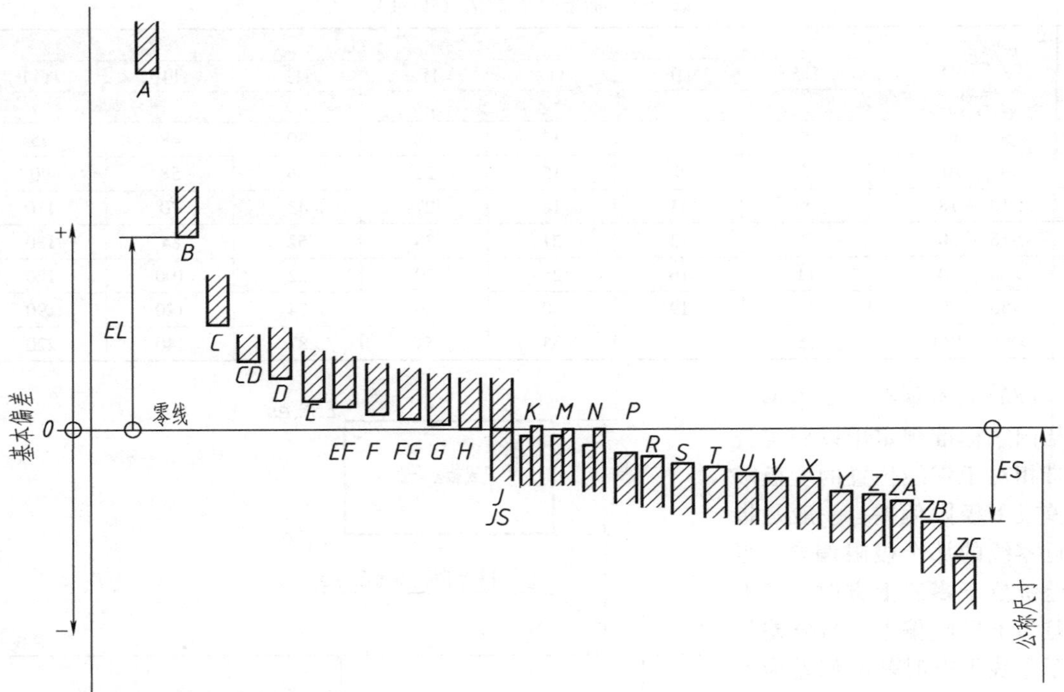

a) 孔

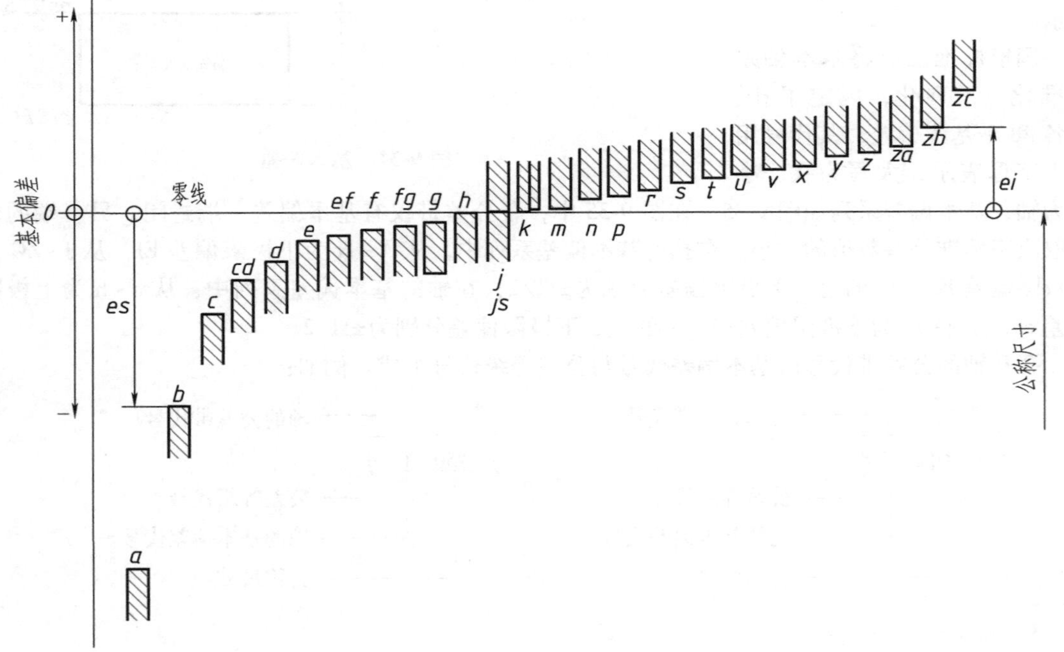

b) 轴

图 9-35　基本偏差系列

盈的配合（包括最小过盈为零），如图 9-37 所示。

3）过渡配合：孔和轴的公差带相互交叠，任取其中一对孔和轴配合，可能具有间隙，也可能具有过盈的配合，如图 9-38 所示。

(2) 配合的基准制　国家标准规定了基孔制和基轴制两种基准制。

1) 基孔制：基本偏差为一定的孔的公差带，与不同基本偏差的轴的公差带构成各种配合的一种制度。这种制度在同一公称尺寸的配合中，是将孔的公差带位置固定，通过变动轴的公差带位置，得到各种不同的配合，如图 9-39a 所示。

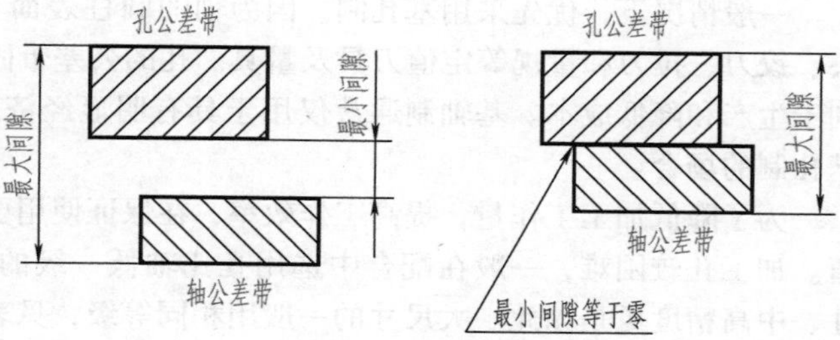

图 9-36　间隙配合

基孔制的孔称为基准孔，国家标准规定其下极限偏差为零，以代号“H”表示。

2) 基轴制：基本偏差为一定的轴的公差带，与不同基本偏差的孔的公差带构成各种配合的一种制度。这种制度在同一公称尺寸的配合中，是将轴的公差带位置固定，通过变动孔的公差带位置，得到各种不同的配合，如图 9-39b 所示。

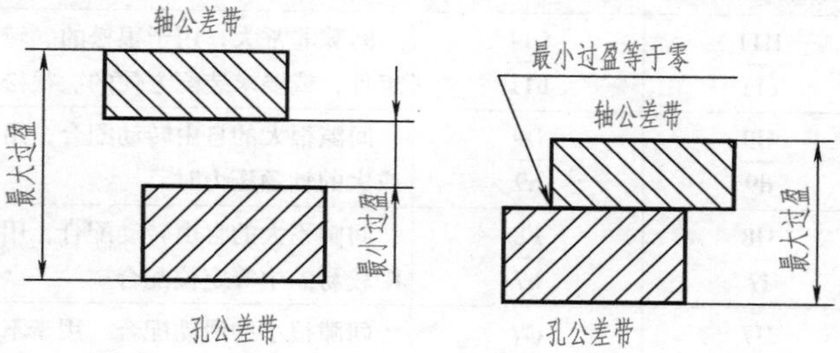

图 9-37　过盈配合

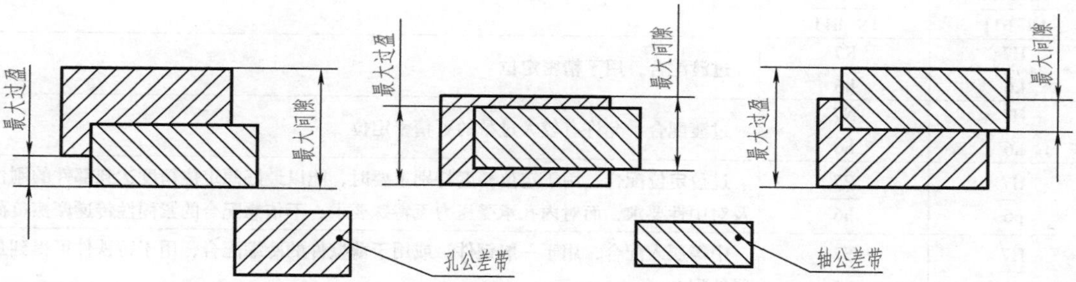

图 9-38　过渡配合

基轴制的轴称为基准轴，国家标准规定其上极限偏差为零，以代号“h”表示。

基孔制（基轴制）中，轴（孔）的基本偏差代号为 a~h（A~H）用于间隙配合，j~zc（J~ZC）用于过渡配合和过盈配合。

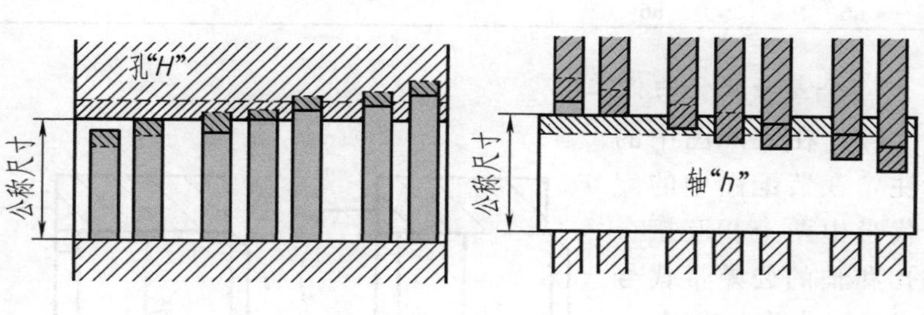

a) 基孔制　　b) 基轴制

图 9-39　基孔制和基轴制

4. 配合的选用

国家标准根据机械工业产品生产使用的需要，考虑刀具、量具规格的统一，规定了优先、常用配合，基孔制和基轴制的优先配合各 13 种，其配合特性及应用见表 9-8。

一般情况下，优先采用基孔制。因为轴的圆柱表面容易加工，而孔的加工和检验常采用钻头、铰刀、拉刀和量规等定值刀具及量具。孔的公差带固定，可相应减少刀具、量具的规格，有利于生产和降低成本。基轴制通常仅用于具有明显经济效果的场合和结构设计要求不适合采用基孔制的场合。

为了降低加工工作量，提高工作效率，在保证使用要求的前提下，应当使选用的公差为最大值。加工孔较困难，一般在配合中选用孔比轴低一级的公差等级，例如 H7/g6。尤其是中小尺寸、中高精度更是如此。大尺寸的一般用相同等级，见表 9-8。

表 9-8　优先配合特性及应用

基孔制优先配合	基轴制优先配合	优先配合特性及应用
$\frac{H11}{c11}$	$\frac{C11}{h11}$	间隙非常大，用于很松的、转动很慢的间隙配合，或要求大公差与大间隙的外露组件，或要求装配方便的、很松的配合
$\frac{H9}{d9}$	$\frac{D9}{h9}$	间隙很大的自由转动配合，用于精度为非主要要求，或有大的温度变动、高转速或大的轴颈压力时
$\frac{H8}{f7}$	$\frac{F8}{h7}$	间隙不大的自由转动配合，用于中等转速与中等轴颈压力的精确转动，也用于装配较易的中等定位配合
$\frac{H7}{g6}$	$\frac{G7}{h6}$	间隙很小的滑动配合，用于不希望自由转动，但可以自由移动和滑动并精密定位时，也可用于要求明确的定位配合
$\frac{H7}{h6}$ $\frac{H8}{h7}$ $\frac{H9}{h9}$ $\frac{H11}{h11}$	$\frac{H7}{h6}$ $\frac{H8}{h7}$ $\frac{H9}{h9}$ $\frac{H11}{h11}$	均为间隙定位配合，零件可自由装拆，而工作时一般相对静止不动
$\frac{H7}{k6}$	$\frac{K7}{h6}$	过渡配合，用于精密定位
$\frac{H7}{n6}$	$\frac{N7}{h6}$	过渡配合，允许有较大过盈的更精密定位
$\frac{H7}{p6}$	$\frac{P7}{h6}$	过盈定位配合，用于定位精度特别重要时，能以最好的定位精度达到部件的刚性及对中性要求，而对内孔承受压力无特殊要求，不依靠配合的紧固性传递摩擦负荷
$\frac{H7}{s6}$	$\frac{S7}{h6}$	中等压入配合，用于一般钢件，或用于薄壁件的冷缩配合，用于铸铁件可得到最紧的配合
$\frac{H7}{u6}$	$\frac{U7}{h6}$	压入配合，适用于可以承受大压入力的零件或不宜承受大压入力的冷缩配合

5. 公差与配合的标注

（1）在装配图中的标注　在装配图中的配合代号由两个相互接合的孔和轴的公差带代号组成，用分数形式表示，分子为孔的公差带代号，分母为轴的公差带代号。具体的标注方法，如图 9-40a、b 所示；也可以只注极限偏差数值，如图 9-40c 所示。

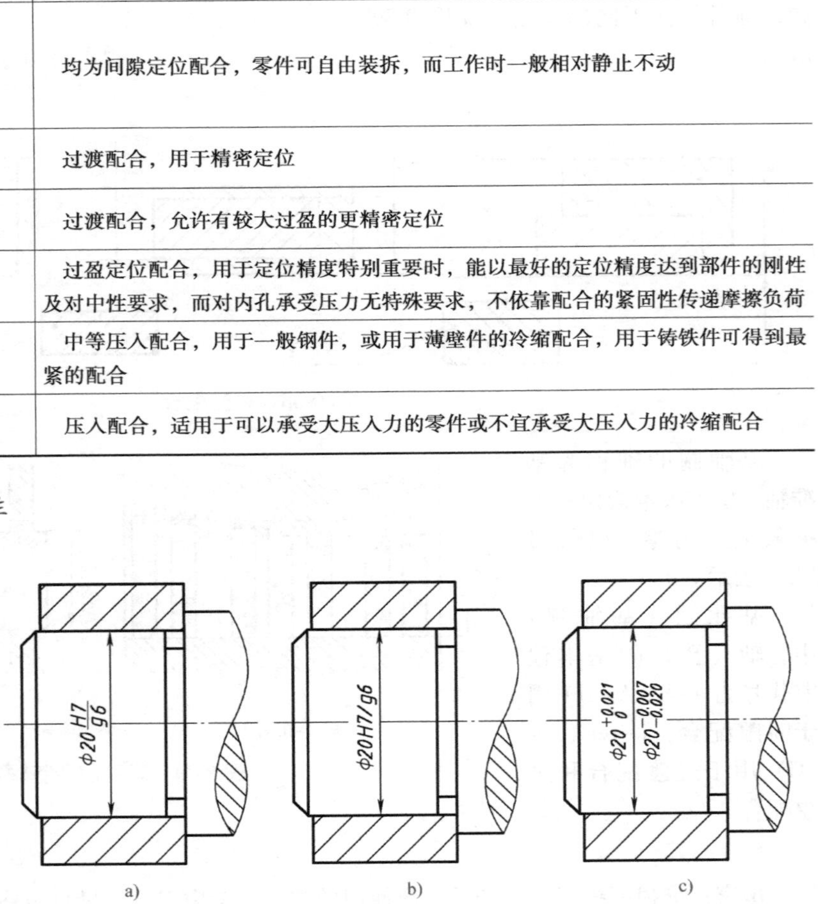

图 9-40　装配图中标注配合关系

当图中出现滚动轴承，该配合仅标注出与滚动轴承相配零件的公差带代号。

（2）在零件图中的标注　在零件图上标注公差有三种形式：

1）标注公差带的代号，如图 9-41a 所示。这种注法适合于采用专用量具检验零件有关尺寸，通常用于大批量生产的零件。

2）标注极限偏差数值，如图 9-41b 所示。上极限偏差注在公称尺寸右上方；下极限偏差应与公称尺寸在同一底线上，偏差数字应比公称尺寸数字小一号，上、下极限偏差的小数点必须对齐，小数点后的位数也必须相同。若上、下极限偏差数字相同时，则在公称尺寸后面注“±”号，再填写极限偏差数字，如 30±0.010，其高度与公称尺寸数字相同，这种标注方式便于采用通用量具检验零件有关尺寸，适合于单件或小批量生产。

3）同时标注公差带代号和极限偏差数值，这时极限偏差数值应加括号，如图 9-41c 所示。

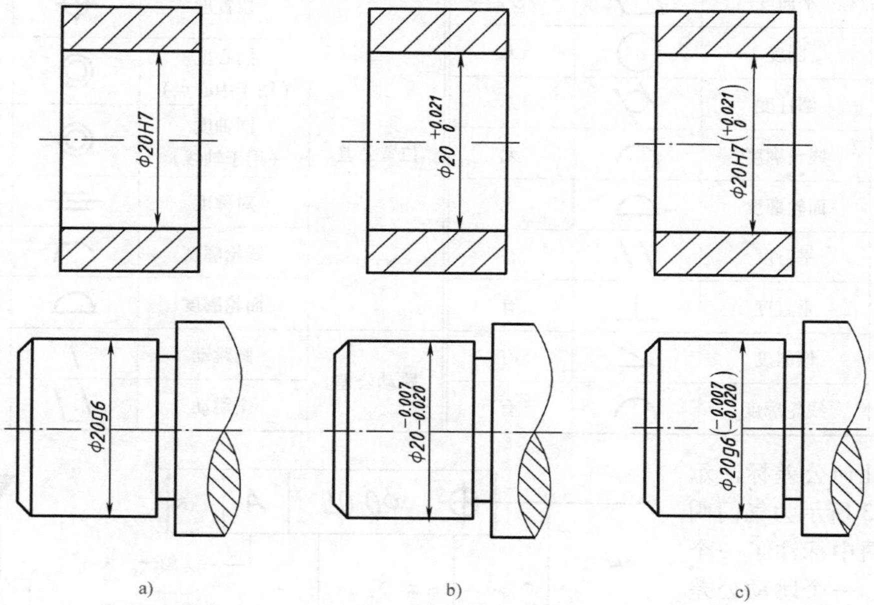

图 9-41　零件图中标注配合关系

9.4.3　几何公差简介

实际上，要加工出一个尺寸绝对准确的零件是不可能的，同样，要加工出一个绝对准确的形状或零件要素间的相对位置也是不可能的。为了满足使用要求，零件的尺寸由尺寸公差加以限制，而零件的形状和零件要素间的相对位置，则由几何公差加以限制。

1. 几何公差的概念

几何公差（旧标准称形状和位置公差）是指零件的实际形状和实际位置对理想形状和理想位置的允许变动量。在机器中为了保证零件的工作精度和互换性，对某些精度较高的零件，不仅需要保证其尺寸公差，而且还要求保证其几何公差。

形状公差是单一实际要素（点、线、面等几何要素）的形状所允许的变动全量。

方向公差是关联实际要素对基准在方向上允许的变动量。

位置公差是关联实际要素的位置对基准要素所允许的变动全量。

跳动公差是关联实际要素绕基准轴线一周或连续回转时所允许的最大跳动量。

几何公差的几何特征及符号见表 9-9。

2. 几何公差的代号及标注

（1）几何公差的代号　GB/T 1182—2008 规定用代号来标注几何公差，在实际生产中，当无法用代号标注几何公差时，允许在技术要求中用文字说明。

几何公差的代号包括几何公差有关项目的符号（见表 9-9）、几何公差框格和指引线、几何公差数值及其他有关符号、基准符号等，如图 9-42 所示。框格中的数字、字母和符号与图样中的数字等高。

表 9-9　几何公差的几何特征及符号

公差类型	几何特征	符号	有无基准	公差类型	几何特征	符号	有无基准
形状公差	直线度	—	无	方向公差	面轮廓度	⌓	有
	平面度	▱	无	位置公差	位置度	⌖	有或无
	圆度	○	无		同心度（用于中心点）	◎	有
	圆柱度	⌭	无		同轴度（用于轴线）	◎	有
	线轮廓度	⌒	无		对称度	⌯	有
	面轮廓度	⌓	无		线轮廓度	⌒	有
方向公差	平行度	//	有		面轮廓度	⌓	有
	垂直度	⊥	有	跳动公差	圆跳动	↗	有
	倾斜度	∠	有		全跳动	⌰	有
	线轮廓度	⌒	有				

（2）几何公差标注示例　图 9-43 所示为气门阀杆零件，图中标注了一个位置公差、一个跳动公差和一个形状公差。在标注时应注意：当被测要素或基准要素是轴线时，应将引出线的箭头或基准符号与该要素的尺寸线对齐。

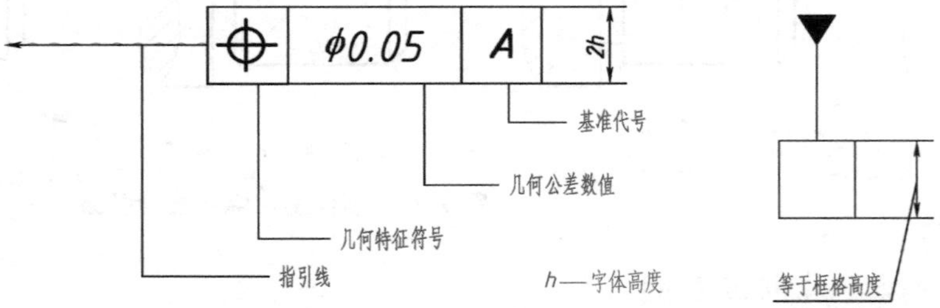

a）几何公差符号　　b）基准符号

图 9-42　几何公差符号及基准符号

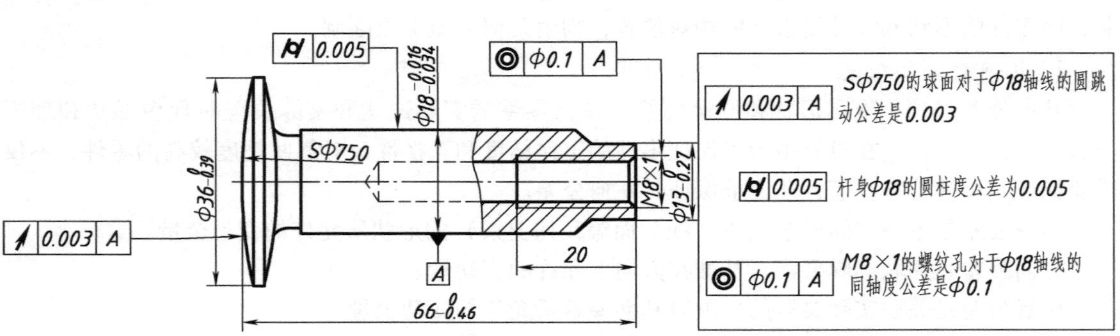

图 9-43　几何公差标注示例

9.5 零件测绘

对现有的零件实物进行测量、绘图和确定技术要求的过程，称为零件测绘。在仿造、修配机器或部件以及进行技术改造时，常常要进行零件测绘。

测绘零件的工作常在机器摆放的现场进行。由于受条件的限制，一般先绘制零件草图（以目测比例，徒手绘制的零件图），然后由零件草图整理成零件图。

零件草图是绘制零件图的重要依据，必要时还可直接用来制造零件。因此零件草图必须具备零件图应有的全部内容，要求做到：图形正确，表达清晰，尺寸完整，线型分明，图面整洁，字体工整，并注写出包括技术要求等有关内容。

9.5.1 零件测绘的特点

1）测绘对象是在机器设备中起特定作用并和其他零件有特定组成关系的实际零件。测绘时不仅要分析其形体特征，还要分析它在机器中的作用、运动状态及装配关系，以确保测绘的准确性。

2）测绘对象是实际零件，随着实际使用时间的延长而发生磨损，甚至损坏，测绘中既要按实际大小进行测绘工作，又要充分领会原设计思想，对现有零件做必要的修正，保证绘出原有的图形特征。

3）测绘的工作地点、条件及测绘时间受到一定的制约，测绘中要绘出零件草图，这就要求测绘人员必须掌握草图的绘制方法。

9.5.2 绘制零件草图

零件草图通常是以简单绘图工具，目测比例，徒手绘制的。草图是绘制零件图的依据，因此，零件草图应该做到视图正确，尺寸完整合理，图面尽可能工整，线条规范清晰。在计算机绘图技术广泛应用的今天，草图的绘制技术的掌握也是必不可少的。下面以图 9-44a 所示支座为例，说明零件草图的绘制方法和步骤。

（1）了解和分析测绘对象　首先应了解零件的名称、用途、材料以及它在机器（或部件）中的位置和作用，然后分析零件的结构形状特征，如图 9-44a 所示。

（2）确定视图表达方案　首先确定主视图，再按零件的内、外结构特点选用必要的其他视图和剖视图、断面图等表达方法。视图表达方案要求完整、清晰、简练。

该支座毛坯为铸件，加工工序较多，加工位置不确定，因此主要根据形状特征及工作位置原则选定主视图的投射方向。左视图以两个平行的平面剖切的方法作 *A—A* 全剖视，俯视图作 *B—B* 全剖视，并以 *C* 向局部视图表达顶部凸台的实形，如图 9-44b 所示。总之，应通过比较，选用视图数量少、表达得完整清晰、有利于看图的表达方案。

（3）定比例、布图、画图　根据零件的大小、视图的复杂程度选择作图比例，然后在纸上定出中心线及作图基准线。注意留出位置，以便标注尺寸和注写技术要求、标题栏等。以目测比例画出零件的各个视图，对于零件上的制造缺陷或使用后的磨损均不能画出，如图 9-44b 所示。

（4）测量并标注尺寸　测量尺寸要根据零件的结构特点，合理选用测量方法和量具。常用的量具有直尺、卡钳（外卡和内卡）、游标卡尺和螺纹规等。零件常用的测量方法见表 9-10。

标注尺寸时，应先确定尺寸基准，画出所有要标注的尺寸界线、尺寸线和尺寸箭头，如图 9-44c 所示。图中长度方向的尺寸基准为对称面，高度方向的尺寸基准是底面，宽度方向的尺寸基准是上部支承套筒的后端面；然后集中测量尺寸，逐一标注在相应的位置上。

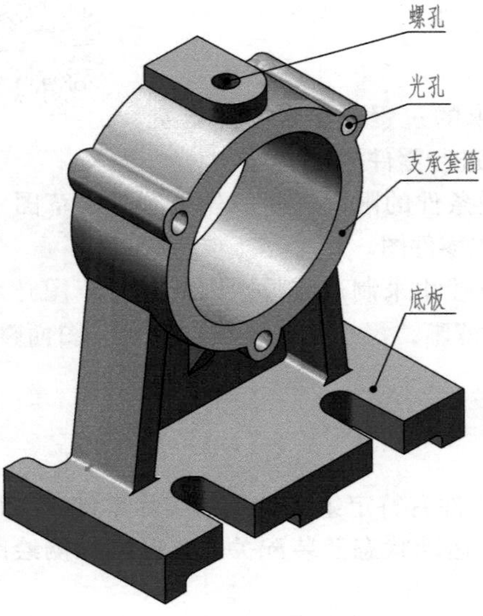

a) 支座的结构分析

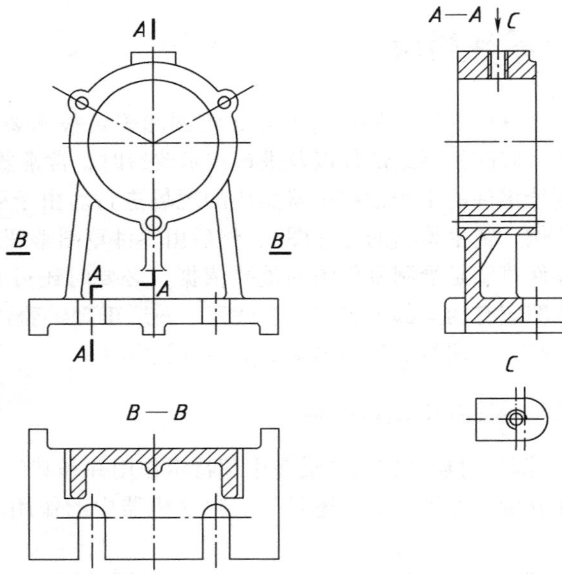

b) 画支座的视图

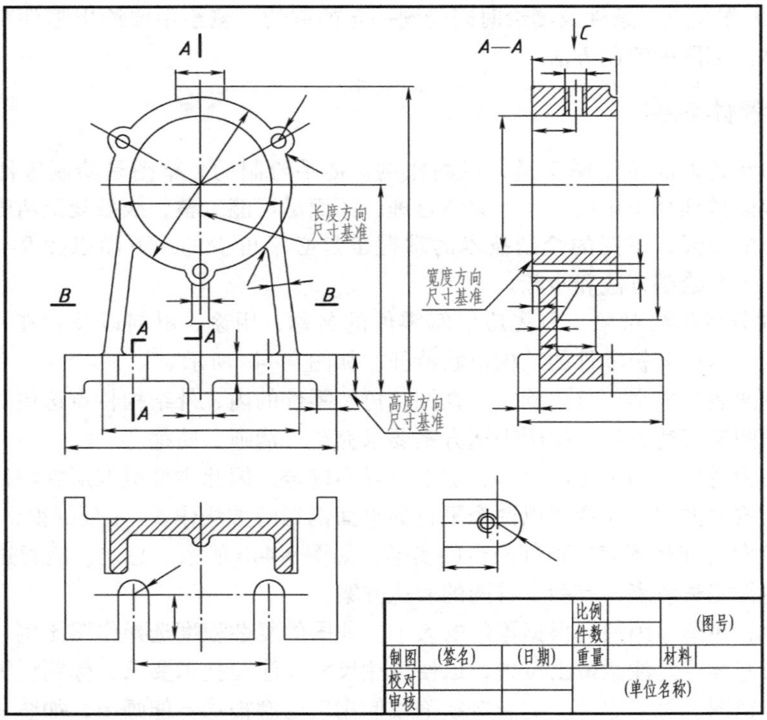

c) 画尺寸界线、尺寸线及箭头

图 9-44　支座的测绘过程

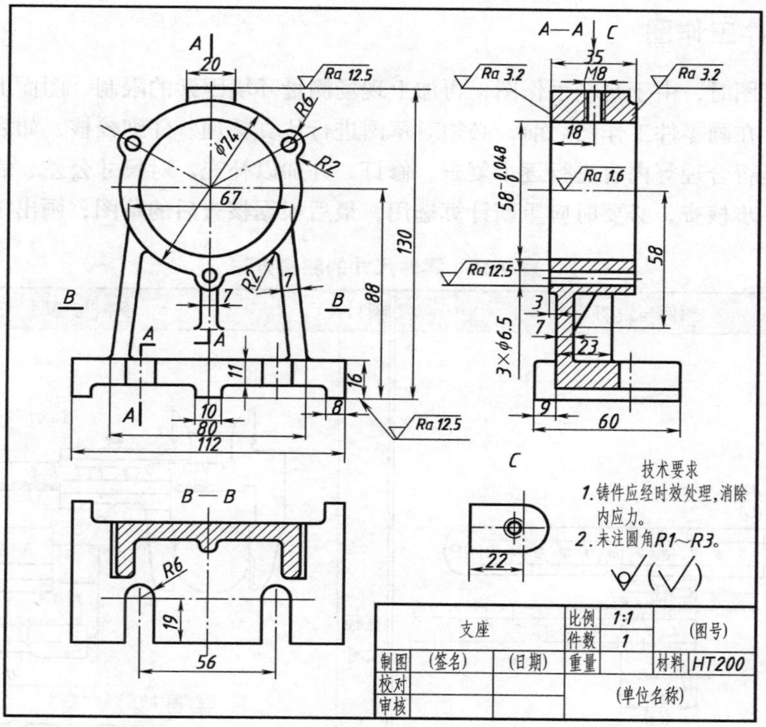

d) 标注尺寸及技术要求

图 9-44 支座的测绘过程（续）

测量尺寸中应注意：

1）对已经磨损的零件尺寸，要做适当分析，最好能通过测量与其配合的零件尺寸，得出合适的尺寸。

2）对零件上有配合关系的尺寸，一般只需测出它的公称尺寸并按标准系列圆整。其配合性质和相应的极限偏差，应在仔细分析后查阅手册确定。

3）对螺纹、键槽、齿轮的轮齿等标准结构的尺寸，应把测量的结果与标准值核对，一般均采用标准的结构尺寸，以利于制造。

（5）写技术要求，填写标题栏　标注零件尺寸公差和表面结构要求等，填写标题栏，最后加深图线，如图 9-44d 所示。

（6）绘制零件草图的注意事项

1）零件上的工艺结构，如倒角、圆角、退刀槽、越程槽、中心孔等均应全部画出或在标注尺寸和技术要求中加以说明。

2）对零件上的重要尺寸，必须精心测量和核对。通过计算得到的尺寸，如齿轮啮合的中心距等不得随意进行圆整。零件的尺寸公差，要根据零件的配合要求来选定，并与相关零件的尺寸进行协调。零件上的工艺结构尺寸应通过查阅有关标准来确定。

3）对已损坏的零件要按原形绘出，当零件的结构不合理或不必要时，可做必要的修改。

4）对于被测零件和测量工具均应妥善保管，以避免丢失和损坏。

9.5.3 画零件工作图

在画零件草图时，由于是徒手作图，再加上现场测量环境因素的限制，图面上难免会有疏漏和不足，因此，在画零件工作图之前，必须对草图进行认真整理、仔细校核，如表达方法是否正确、尺寸标注是否合理等内容进行逐个复查、修订，并加以补充。对尺寸公差、表面结构和其他技术要求应进一步核查，必要时应重新计算选用，最后根据核查后的草图，画出零件工作图。

表 9-10 零件尺寸的测量方法

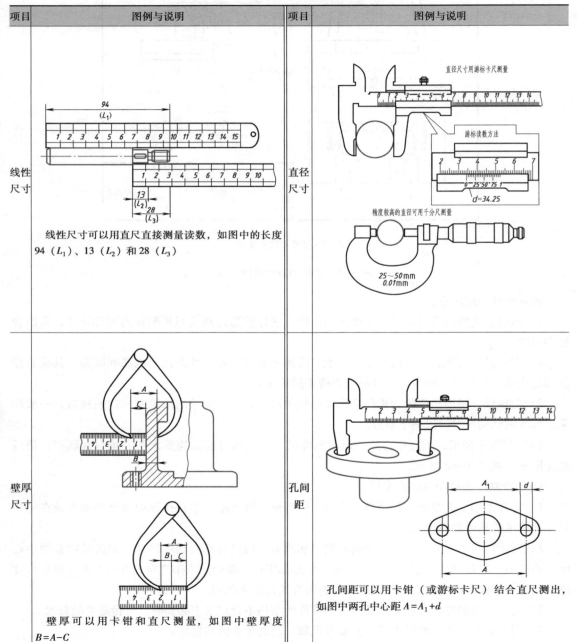

项目	图例与说明	项目	图例与说明
线性尺寸	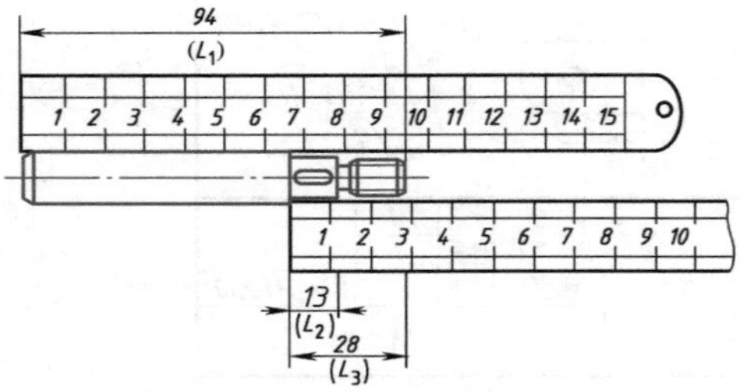 线性尺寸可以用直尺直接测量读数，如图中的长度94（L_1）、13（L_2）和28（L_3）	直径尺寸	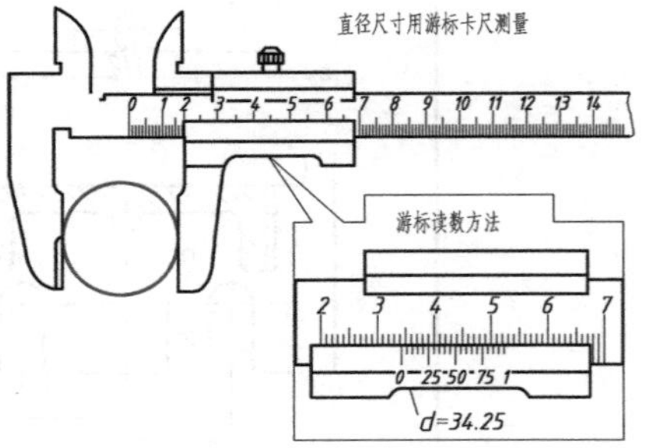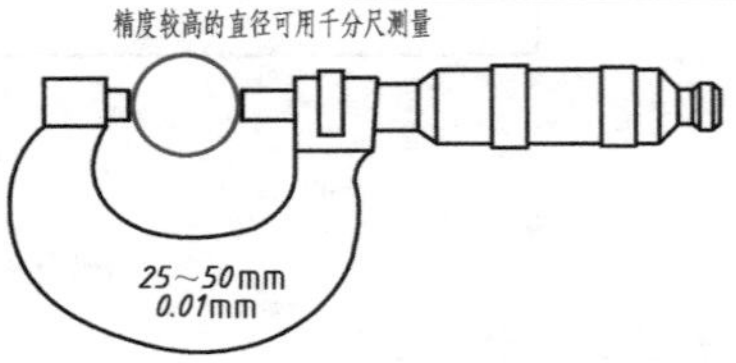
壁厚尺寸	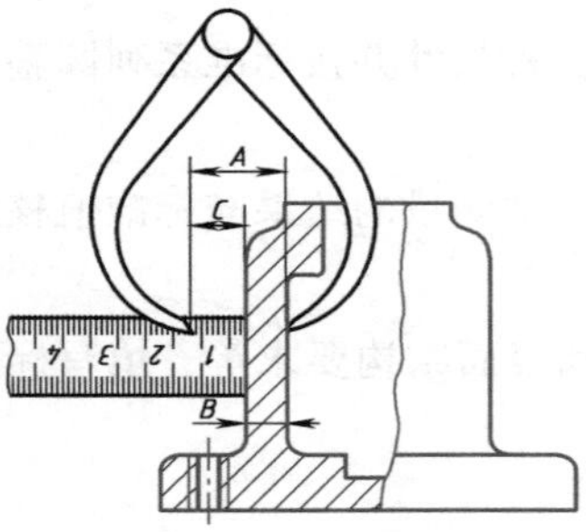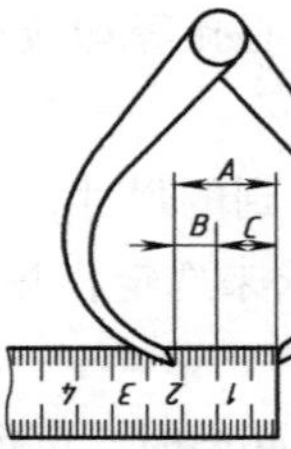 壁厚可以用卡钳和直尺测量，如图中壁厚度$B=A-C$	孔间距	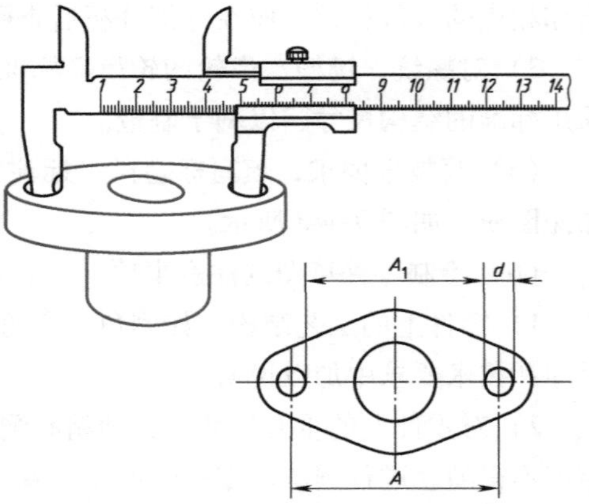 孔间距可以用卡钳（或游标卡尺）结合直尺测出，如图中两孔中心距$A=A_1+d$

（续）

项目	图例与说明	项目	图例与说明
中心高	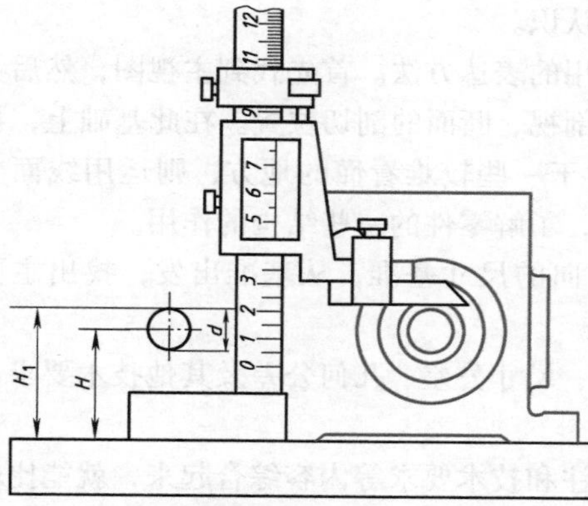 中心可以用高度游标卡尺测出，如图中 $H=H_1-d/2$	曲面轮廓	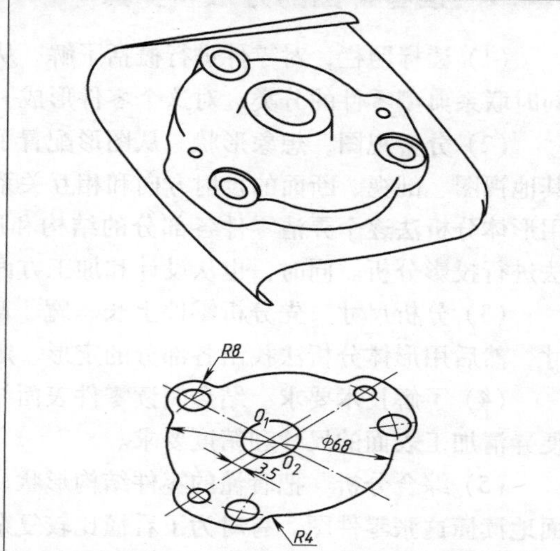 对精度要求不高的曲面轮廓，可以用拓印法在纸上拓出它的轮廓形状，然后用几何作图的方法求出各连接圆弧的尺寸和中心位置
螺纹的螺距	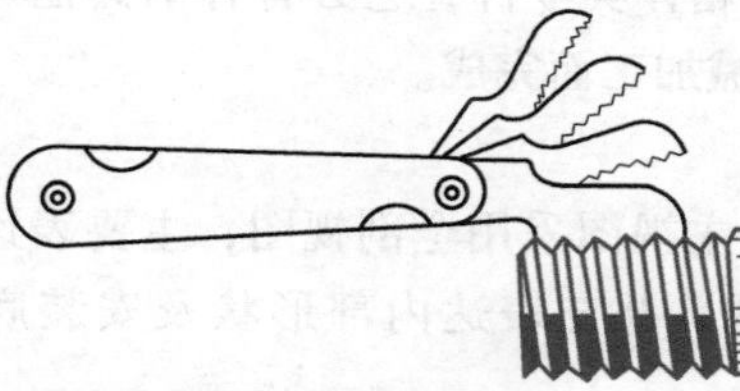 螺纹的螺距可以用螺纹规测得	齿轮的模数	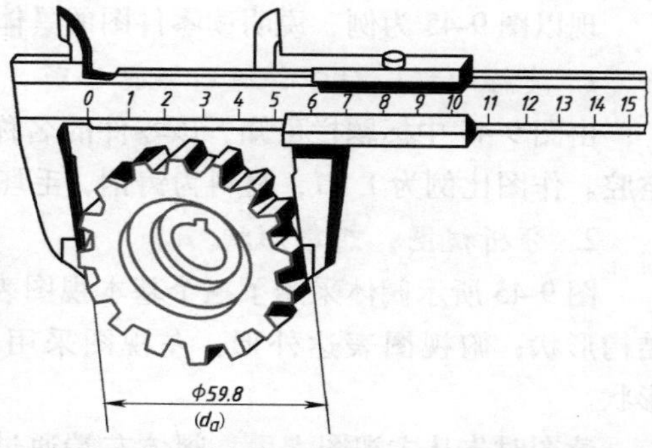 对标准齿轮，其齿轮的模数可以先用游标卡尺测得 d_a，再计算得到模数 $m=\dfrac{d_a}{z+2}$

9.6　读零件图

在设计和制造零件的过程中，都要遇到读零件图的问题。读零件图就是根据给出的图样，经过思考、分析、想象，得出零件图中所示零件的结构形状，弄清零件的尺寸大小和制造、检验及技术要求等。

读零件图的基本要求如下：

1）了解零件的名称、材料、用途。

2）分析零件各组成部分的结构形状，从而弄清零件各组成部分的结构特点及作用，做到对零件有一个完整具体的认识，进一步理解设计意图。

3）分析零件各组成部分的定形尺寸和各部分之间的定位尺寸。

4）熟悉零件各部位的加工方法及其各项技术要求，掌握制造该零件的工艺方案。

9.6.1 读零件图的方法和步骤

（1）读标题栏，对零件进行概括了解　从标题栏内了解零件的名称、材料、比例和数量等，同时联系典型零件的分类，对这个零件形成一个初步认识。

（2）分析视图，想象形状　从图形配置了解所采用的表达方法。首先找到主视图，然后弄清其他视图、剖视、断面的投射方向和相互关系，找出剖视、断面的剖切位置。在此基础上，再采用形体分析法逐个弄清零件各部分的结构和形状，对于一些较难看懂的地方，则运用线面分析法进行投影分析。同时，也从设计和加工方面的要求，了解零件的一些结构的作用。

（3）分析尺寸　先分析零件上长、宽、高三个方向的尺寸基准，从基准出发，找出主要尺寸，然后用形体分析法找出各部分的定形、定位尺寸。

（4）了解技术要求　结合阅读零件表面结构要求、尺寸公差、几何公差及其他技术要求，以便弄清加工表面的尺寸和精度要求。

（5）综合分析　把看懂的零件结构形状、尺寸标注和技术要求等内容综合起来，就能比较全面地读懂这张零件图。有时为了看懂比较复杂的零件图，还需要参阅有关的技术资料，包括该零件所在的部件装配图以及与它有关的零件图。

9.6.2 读零件图举例

现以图9-45为例，说明读零件图的具体过程。

1. 读标题栏，对零件进行概括了解

由图9-45中标题栏可知，该零件的名称为阀体，属于箱体类零件，它必有容纳其他零件的空腔。作图比例为1∶1，材料为铸钢，毛坯为铸件，经机械加工而完成。

2. 分析视图，想象形状

图9-45所示阀体采用了三个基本视图表达内外形状。主视图采用全剖视图，主要表达内部结构形状；俯视图表达外形；左视图采用*A—A*半剖视图，补充表达内部形状及安装底板的形状。

读图时先从主视图入手，阀体左端通过螺柱和螺母与阀盖连接，形成球阀容纳阀芯的ϕ43空腔，左端的ϕ50H11圆柱形槽与阀盖的圆柱形凸缘相配合；阀体空腔右侧ϕ35H11圆柱形槽，用来放置球阀关闭时防止泄漏流体的密封圈；阀体右端有用于连接系统中管道的外螺纹M36×2，内部阶梯孔ϕ28.5、ϕ20与空腔相通；在阀体上部的ϕ36圆柱体中有ϕ26、ϕ22H11、ϕ18H11的阶梯孔与空腔相通，在阶梯孔中容纳阀杆、填料压紧套；阶梯孔顶端有一个90°的扇形限位凸块，用来控制扳手和阀杆的旋转角度。阀体的立体图如图9-6所示。

3. 分析尺寸

阀体的结构形状比较复杂，标注尺寸较多，这里仅分析主要尺寸。

以阀体的水平轴线为径向尺寸基准，标注水平方向直径尺寸ϕ50H11、ϕ35H11、ϕ20和M36×2等。左视图中还标注了阀体的圆柱体外形尺寸ϕ55、方形凸缘外形尺寸75×75以及四个螺孔的定位尺寸ϕ70。同时，以通过这条轴线的水平面，作为高度方向的尺寸基准，由尺寸$56^{+0.46}_{0}$定出凸块顶面的位置，该面即可作为高度方向的辅助尺寸基准。

以阀体铅垂孔的轴线为长度方向尺寸基准，标注铅垂方向的直径尺寸ϕ36、M24×1.5、ϕ22H11、ϕ18H11等，同时还标注了铅垂孔轴线与左端面的距离21。

以阀体前后对称面为宽度方向尺寸基准，在俯视图中标注出扇形限位块的角度定位尺

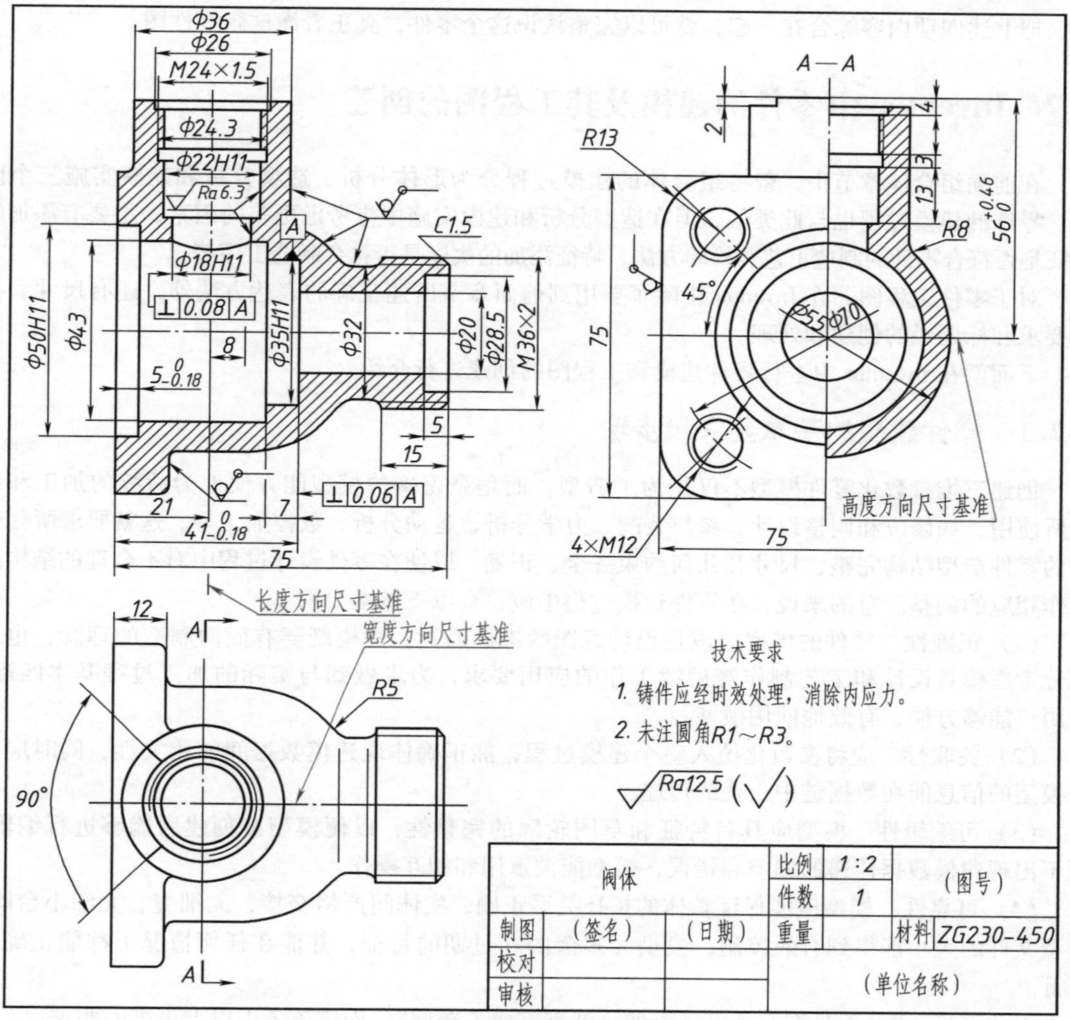

图 9-45　阀体零件图

寸 45°。

4. 了解技术要求

通过上述尺寸分析可以看出，阀体的一些主要尺寸多数标注了公差带代号或极限偏差数值，如上部阶梯孔 ϕ22H11 与填料压紧套有配合关系；ϕ18H11 与阀杆有配合关系；阀体左端与空腔右端的阶梯孔 ϕ50H11、ϕ35H11 分别与密封圈有配合关系。

主视图中对阀体的几何公差要求是 ϕ18H11 圆柱孔轴线、ϕ35H11 圆柱孔底面相对于 ϕ35H11 圆柱孔轴线的垂直度公差分别为 0.08mm 和 0.06mm。

该零件的毛坯为铸件，需经时效处理后才能进行机械加工。从图 9-45 中可以看出，该零件有很多表面需经切削加工，几处接触面及圆柱孔配合面的表面结构要求较高，表面粗糙度 *Ra* 值为 6.3μm，其余的加工表面 *Ra* 值为 12.5μm，未加工面为铸件原来的表面状态，经过分析可知，该零件对表面结构要求并不高。

在标题栏上方，以文字说明的技术要求是：图中未标注尺寸的铸造圆角半径为 1~3mm，铸件需经时效处理后才能进行切削加工。

把上述四项内容综合在一起，就可以完整认识这个零件，真正看懂这张零件图。

9.7 Inventor中零件的建模及其工程图的创建

在前面组合体章节中，曾将组合体的建模过程分为形体分析、造型分析和建模实施三个阶段。零件的建模过程也与此类似，但在造型分析和建模实施中应考虑更多的因素，主要有添加的特征是否符合零件的制造工艺和检验方法，特征添加的次序是否符合制造工序等。

对于零件工程图，在Inventor中除了要用到前面章节所述正确的表达方法外，还有尺寸、技术要求和标题栏的创建和处理。

下面就在Inventor中进行零件建模和工程图的创建进行介绍。

9.7.1 零件建模的基本要求和步骤

创建三维参数化零件模型不仅是为了造型，而是令正确的模型能方便地为后续的加工和装配所使用，如修改和调整设计、参与装配、力学分析、运动分析、数控加工等。这就要求所创建出的零件造型结构完整，尺寸和几何约束齐全、正确，以便在零件设计过程中对不合理的结构随时作相应的调整。总的来说，在零件建模过程中应符合以下基本要求：

（1）正确性　零件的模型应该是设计意图的准确表达，建模既要有面向制造的理念，也应充分考虑模具设计和工艺制作等后续工作的应用要求，力求做到与实际的加工过程基本匹配，使用户能够方便、有效地使用模型。

（2）关联性　应将参数化植入整个建模过程，能正确体现建模数据间的相关性，同时应保证模型的信息能在数据链中正确的传递。

（3）可编辑性　模型应具备特征和草图轮廓的完整性，以便模型被创建后能够进行编辑，而不出现建模数据传递的偏差和错误，模型能被重用和相互操作。

（4）可靠性　模型应能保证整体的拓扑关系正确，实体间严格交接，无细缝、无细小台阶。模型文件的大小能得到有效控制，模型无多余的和过期的特征，并能在任何情况下都能正确地打开。

由此可见，“并不是看起来已经挺像，就算完成了造型”，而应该考虑以上更多的要求。

在进行具体零件的建模时，应按以下步骤进行：

（1）形体分析　与组合体建模相同，参见组合体有关章节。

（2）造型分析　与组合体建模大致相同，但要充分考虑零件的制造工艺、加工次序和检验装配等因素。

（3）建模实施　首先应进行基础特征的创建，在后续的特征添加中按照由粗到精、先大后小、先外后里和由简至繁的原则进行，如对于倒角、圆角、各种孔系和沟槽等细小结构可最后添加。另外，在建模过程中应注意以下事项和技巧：

1）每个草图应尽可能简单，可将复杂的草图分解为若干个简单草图，以便于约束和修改。草图是建模意图的表达，应尽可能使草图能够被参数化驱动和全约束。草图应先进行几何约束，再进行尺寸约束。进行草图约束时应优先使用几何约束。

2）应重视特征的先后依附关系。各种特征的先后依附关系十分重要，建模顺序的概念必须十分清晰。后面特征的定位，只能依附于比它出现早的特征。同时，删除父特征时，其子特征往往也会被删除，或变为过期的无效特征。

3）注意模型中不得有多余的特征，也不要用新特征掩盖以前实体的特征。当创建或编辑特征失败或系统出现提示性警告时，一定要查清原因后对症下药，不要用重复的多个相同特征操作去实现建模而造成不良后果。

4）尽量使用简单而有效的建模方法。如起模斜度可在拉伸特征中直接添加起模角，也可在使用拉伸特征后再添加起模特征，虽然各有侧重，但有功能重合的地方，前一种建模方式简单、易控制、占用的资源少，并且易于管理和编辑。

5）为便于修改和节省系统资源，阵列、镜像等操作尽量在特征级别中进行操作，避免在草图环境下操作。

6）工艺特征尽量在模型中创建，如圆角、倒角不要在草图中做，以保持草图的简洁，并尽可能在建模的后期进行圆角和倒角。圆角特征中的倒圆角顺序一般由大半径到小半径，当边缘倒圆角失败时，可尝试其他的倒圆角方法，如面间圆角等。

7）零件上的孔尽量使用打孔特征，而不是用拉伸或旋转特征进行创建。

8）螺纹尽量使用螺纹特征创建，而不是使用螺旋扫掠或者同时使用三维螺旋线和扫掠，以节省资源和便于处理工程图。

9.7.2 典型零件的建模

1. 轴套类零件

若轴套类零件的主体为回转结构，其基础特征可采用旋转特征；若是非回转结构，则其基础特征可采用拉伸特征。对于轴上的局部结构，如孔、键槽、螺纹、倒角等，可分别采用打孔、拉伸、螺纹和倒角特征创建。

注意：对于轴上有螺纹端的倒角特征，应在添加螺纹特征后再创建倒角特征，否则在创建工程图时螺纹的小径不会伸入倒角区。

图 9-46 以轴为例，介绍了轴套类零件的建模过程。

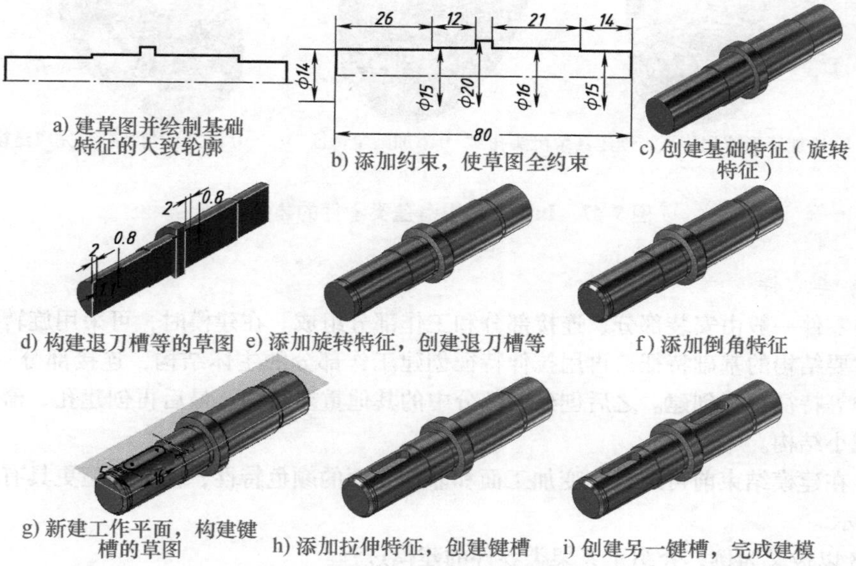
26
12
21
14
φ14
φ15
φ20
φ16
φ15
80
2
0.8
2
0.8
1.1
16
a) 建草图并绘制基础特征的大致轮廓
b) 添加约束，使草图全约束
c) 创建基础特征（旋转特征）
d) 构建退刀槽等的草图
e) 添加旋转特征，创建退刀槽等
f) 添加倒角特征
g) 新建工作平面，构建键槽的草图
h) 添加拉伸特征，创建键槽
i) 创建另一键槽，完成建模

图 9-46 Inventor 中轴套类零件的建模示例

2. 盘盖类零件

与轴套类零件一样，对于整体为回转结构的盘盖类零件，可采用旋转特征作为其基础特征；对于整体不是回转结构的，可采用拉伸特征作为其基础特征。对于盘盖上均匀分布的孔或槽，可先用打孔特征成拉伸特征制作出一个，再采用镜像特征或阵列特征创建剩下的几个。

图 9-47 以衬盖为例，介绍了盘盖类零件的建模过程。

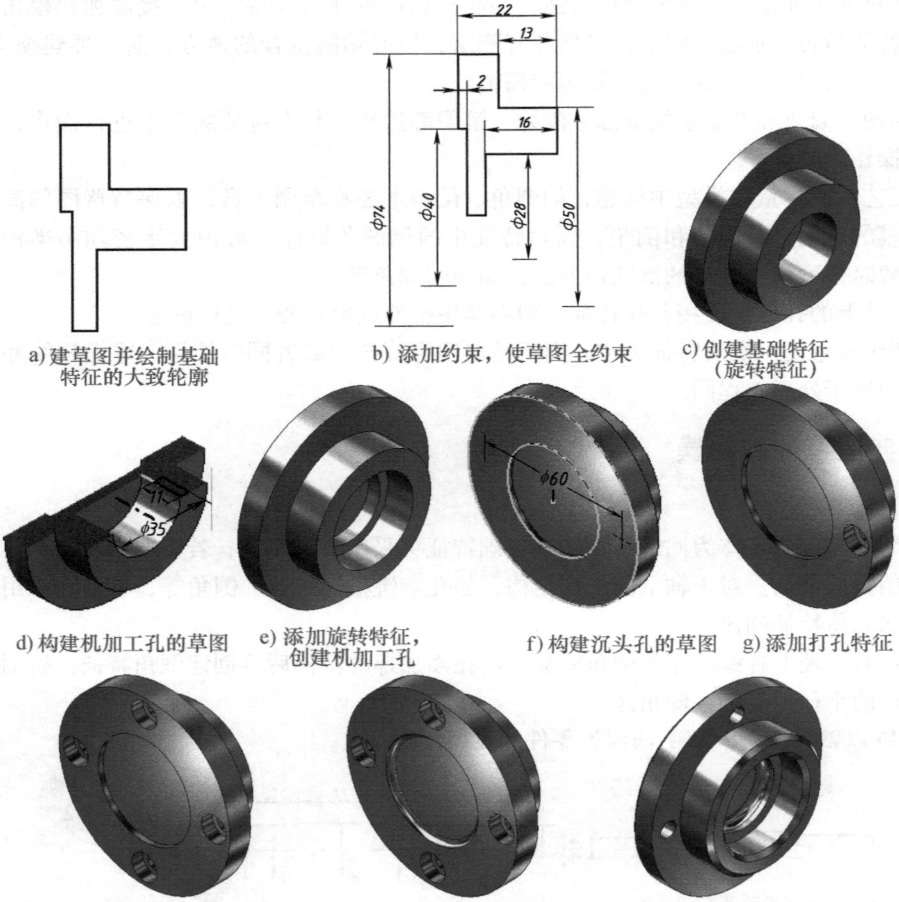

a) 建草图并绘制基础特征的大致轮廓　b) 添加约束，使草图全约束　c) 创建基础特征（旋转特征）

d) 构建机加工孔的草图　e) 添加旋转特征，创建机加工孔　f) 构建沉头孔的草图　g) 添加打孔特征

h) 添加环形阵列特征，创建其余沉头孔　i) 添加圆角特征　j) 添加倒角特征，完成建模

图 9-47　Inventor 中盘盖类零件的建模示例

3. 叉架类零件

叉架类零件一般由安装部分、连接部分和工作部分组成。在建模时，可采用旋转特征作为其安装部分主要结构的基础特征，再用拉伸特征创建工作部分的主体结构，连接部分一般用拉伸、扫掠或放样等特征进行创建。之后创建各部分中的其他重要结构，最后再创建孔、槽、倒角和圆角等局部细小结构。

另外，在建模结束前可通过改变加工面和非加工面的颜色特性，使得模型更具有真实感，如图 9-48o 所示。

图 9-48 以拨叉为例，介绍了叉架类零件的建模过程。

4. 箱体类零件

箱体类零件是构成机器或部件的主要零件之一，由于其内部要安装和容纳其他各类零件，因而形状也较为复杂。在建模时，可以将其起固定作用的部位作为基础特征，再按照先外后内、先整体后局部、先大后小的原则逐步构建主体结构和局部细节，最终完成建模。

图 9-49 以泵体为例，介绍了箱体类零件的建模过程。

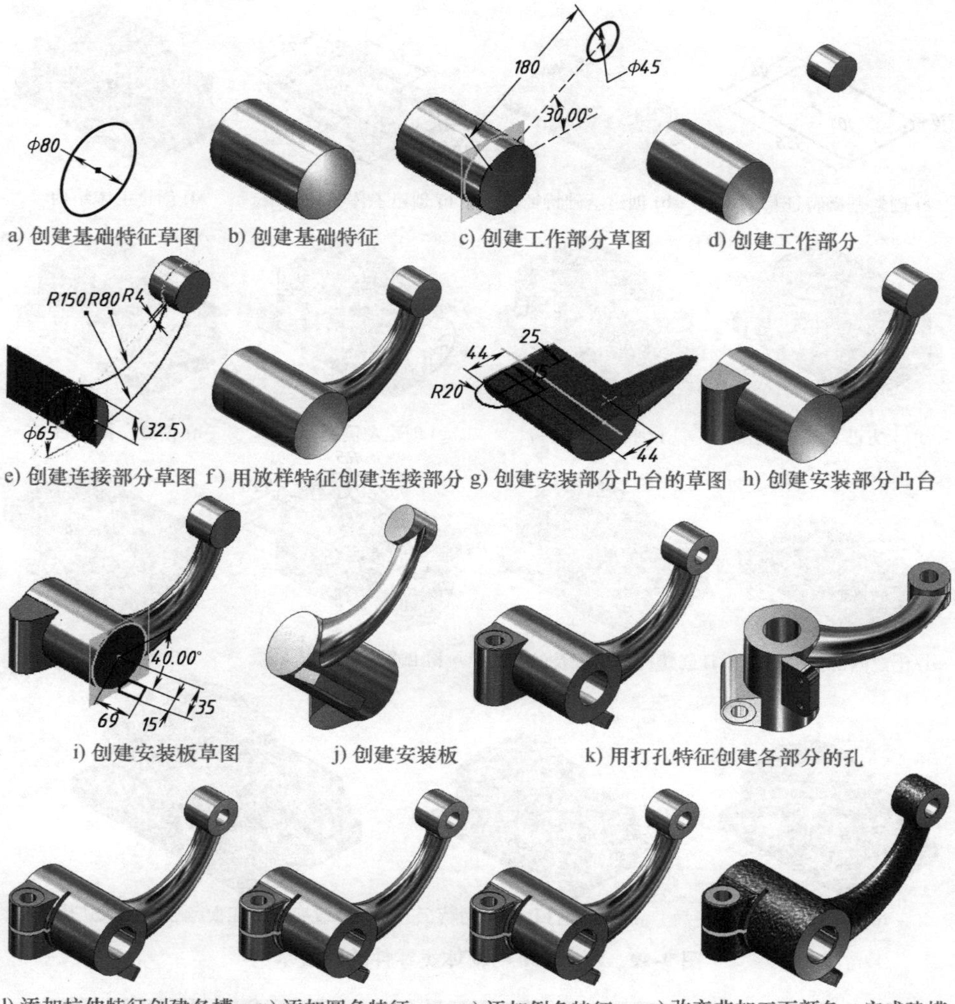

a) 创建基础特征草图 b) 创建基础特征 c) 创建工作部分草图 d) 创建工作部分

e) 创建连接部分草图 f) 用放样特征创建连接部分 g) 创建安装部分凸台的草图 h) 创建安装部分凸台

i) 创建安装板草图 j) 创建安装板 k) 用打孔特征创建各部分的孔

l) 添加拉伸特征创建各槽 m) 添加圆角特征 n) 添加倒角特征 o) 改变非加工面颜色，完成建模

图 9-48 Inventor 中叉架类零件的建模示例

9.7.3 零件工程图的创建

零件工程图中应包括一组视图、完整的尺寸、技术要求和标题栏四部分，前面已介绍各种表达方法在 Inventor 中如何实现，现介绍零件工程图的其他内容在 Inventor 中的创建。

1. 零件工程图模板的定制

在创建零件工程图时，首先需要对零件图的环境和参数进行设置，以符合我国国家制图标准和行业标准的规定，如图框格式、标题栏格式、字体样式和尺寸样式等内容。若将设置好环境和参数的工程图存为模板文件，便可在创建其他的工程图时直接调用，无需对工程图环境和参数进行重复设置。用户能通过模板文件快速、便捷地生成符合国家和行业标准、风格统一的工程图。

（1）文本样式的设置 Inventor 中的字体中并不包含我国国家制图标准中要求的长方宋体，需将文本样式设置成与国标近似的字体，设置方法：进入工程图环境，选择【格式】下拉菜单

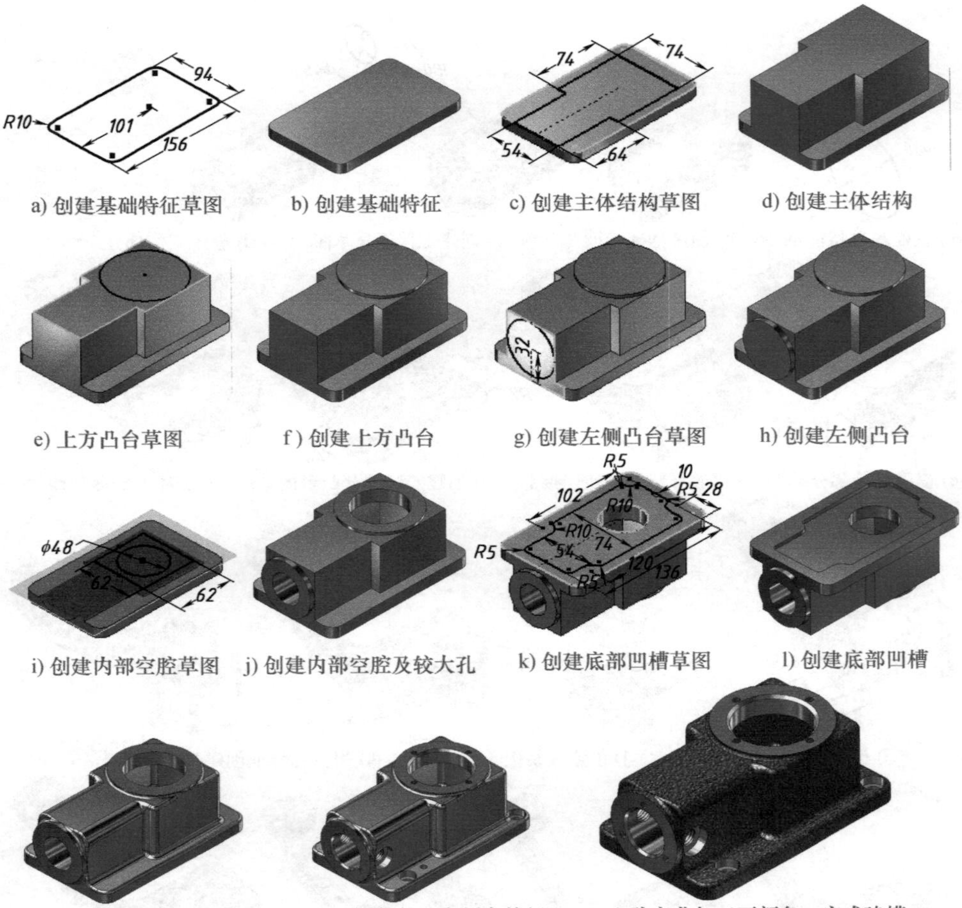

a) 创建基础特征草图　b) 创建基础特征　c) 创建主体结构草图　d) 创建主体结构

e) 上方凸台草图　f) 创建上方凸台　g) 创建左侧凸台草图　h) 创建左侧凸台

i) 创建内部空腔草图　j) 创建内部空腔及较大孔　k) 创建底部凹槽草图　l) 创建底部凹槽

m) 添加圆角特征　n) 添加打孔和倒角特征　o) 改变非加工面颜色，完成建模

图9-49　Inventor中箱体类零件的建模示例

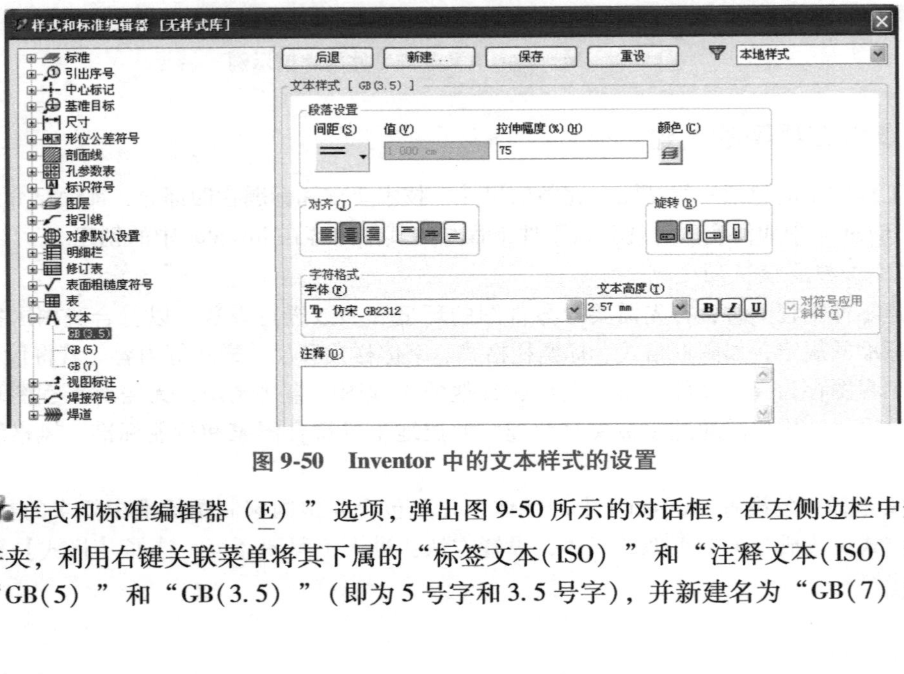

图9-50　Inventor中的文本样式的设置

下的“样式和标准编辑器（E）”选项，弹出图9-50所示的对话框，在左侧边栏中选择“文本”文件夹，利用右键关联菜单将其下属的“标签文本(ISO)”和“注释文本(ISO)”分别重命名为“GB(5)”和“GB(3.5)”（即为5号字和3.5号字），并新建名为“GB(7)”的新字

体样式，再对每种字体样式进行详细参数设置。对于 GB(3.5) 的具体参数可设为，字体选择“仿宋_ GB2312”，文本高度设为 2.57mm，拉伸幅度为 75%，如图 9-50 右侧界面所示。对于 GB (5) 和 GB(7) 的字体大小可分别设为 3.7 和 5.15，其余与 GB(3.5) 的字体样式相同。对于 Inventor 中文字体样式的实际大小比标称的大小几乎小了一个字号，所以在设置时要注意。另外由于 Inventor 中采用的是 Windows 系统中的 TTF 格式字体而没有传承 AutoCAD 中优秀的 SHX 矢量格式字体，所以在工程图的字体表现上有所欠缺。

(2) 图层的设置　Inventor 工程图中的图线是用图层工具进行管理的，点开【样式和标准编辑器】对话框中左侧边栏中的“图层”文件夹后，选中其下属的某图层，就可以在右侧面板中对该图层的名称、可见性、颜色、线型和线宽等参数进行设置。

(3) 尺寸样式的设置　Inventor 中默认的尺寸样式中有诸多地方与我国国家制图标准不相符，需要对其进行修改。点开【样式和标准编辑器】对话框中左侧边栏中的“尺寸”文件夹后，选中其下属的“默认(GB)”，就可以在右侧面板中对其尺寸样式参数进行设置，需修改的主要内容：显示标签页中的尺寸界线延伸值改为 3mm；文本标签页中的基本文本样式设为 GB (5)，工程文本样式设为 GB(3.5) 并采用底端对齐“x^{+x}_{-x}”，角度尺寸文字方向改为水平，根据需要设置线性、直径和半径尺寸文字的方向和位置；根据需要对公差、选项、注释和指引线标签页中的参数进行修改。

(4) 图框格式定制　由于图纸存在大小不同和是否保留装订边等要求，图框的格式也不尽相同，需对图框的格式进行定制。定制方法：在浏览器面板中的【工程图资源】文件夹下图框 (见图 9-51a) 的右键关联菜单中选择“定义新图框 (D) ”选项，利用工程图草图面板中的工具将图框绘制出并添加约束，如图 9-51b 所示的不留装订边的 A3 和 A4 图纸所用的图框，接着在图形窗口中右击，在弹出的菜单中选择“保存图框 (S) ”选项，最后在弹出的对话框中输入图框的名称并单击【保存】按钮，如图 9-51c 所示。

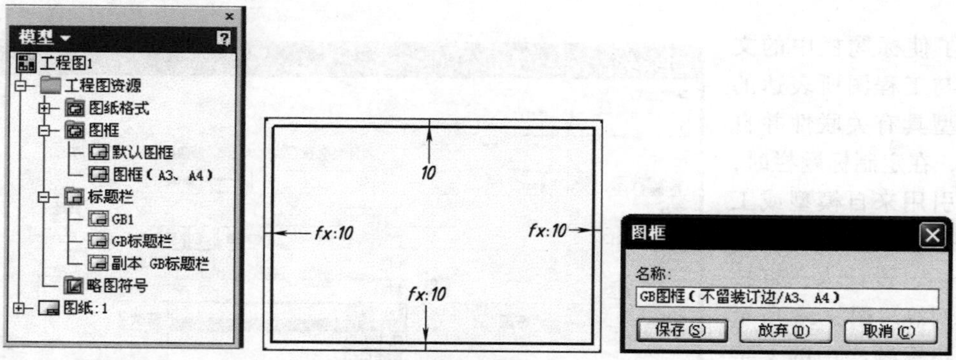

a) 浏览器面板　b) 绘制图框并添加约束 (A3/A4 图纸、不留装订边)　c) 保存图框

图 9-51　Inventor 工程图中图框格式的定制

(5) 标题栏的定制　Inventor 中默认标题栏图线和字体等与我国国家制图标准并不相符，需对标题栏进行定制。定制的方法与图框格式定制相似。定制方法：在浏览器面板中的【工程图资源】文件夹下标题栏的右键关联菜单中选择“定义新标题栏 (T) ”选项，利用工程图草图面板中的工具将标题栏绘制出并添加约束，如图 9-52a 所示，接着在图形窗口中右击，在弹出的菜单中选择“保存标题栏 (S) ”选项，最后在弹出的对话框中输入标题栏的名称并单击【保存】按钮，定制后的标题栏如图 9-52b 所示。

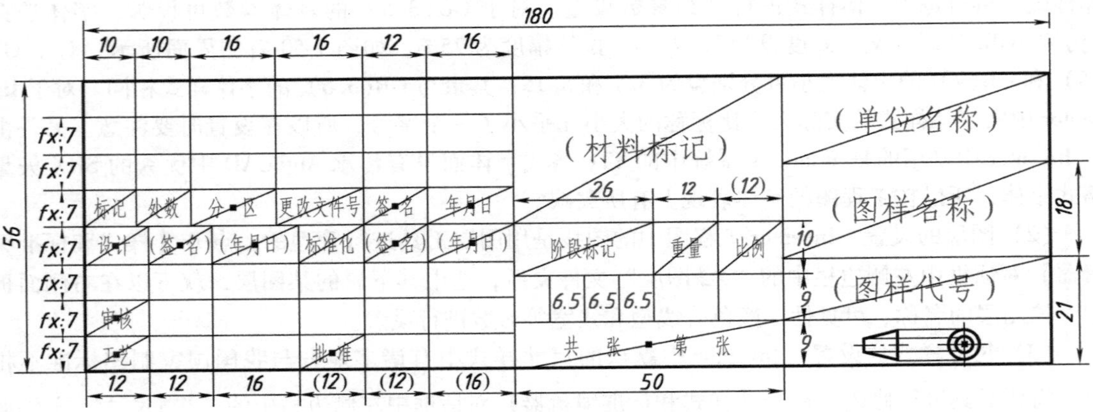

a) 绘制标题栏并添加约束

								（材料标记）	|（单位名称）
标记	处数	分 区	更改文件号	签名	年月日				（图样名称）
设计	（签名）	（年月日）	标准化	（签名）	（年月日）		阶段标记	重量	比例 |（图样代号）
审核									
工艺			批准				共 张 第 张		

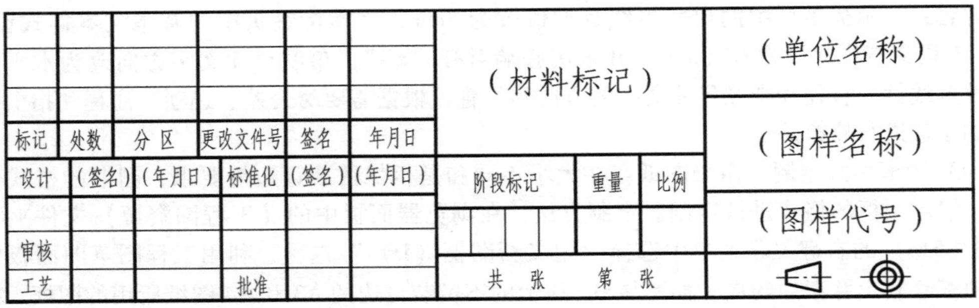

b) 完成定制后

图 9-52　Inventor 工程图中标题栏的定制

为了使标题栏中的文字内容与工程图所表达的零件模型具有关联性并自动填写，在定制标题栏时，文字可引用来自模型或工程图的特性参数，如材料、图样名称、设计人、审核人和比例等。图 9-53 所示为在创建标题栏中的文字时的【文本格式】对话框，在其中的类型和特性栏中可选择来自模型或工程图中的特性参数。

（6）自定义工程图模板　将以上设置完成的内容自定义为一模板，以便将来创建的工程图可以共享，而无需再重新设置。

314

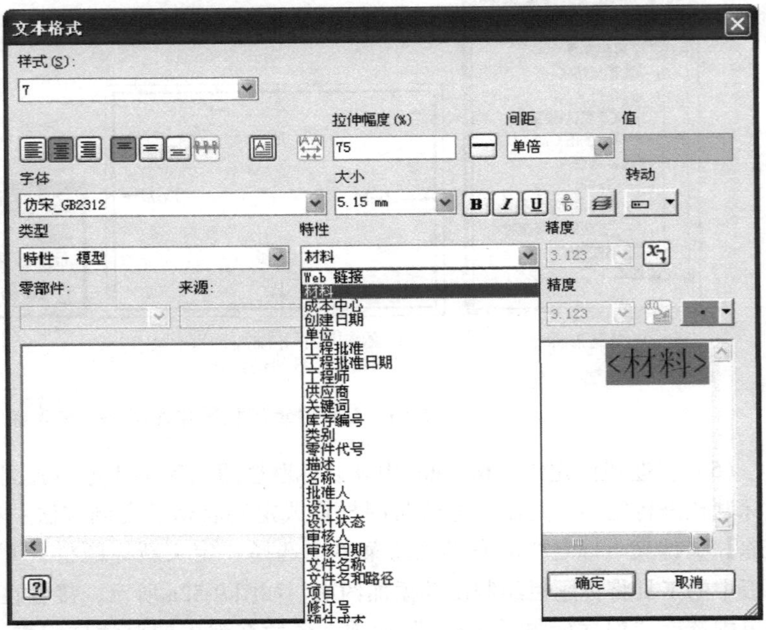

图 9-53　引用来自模型或工程图的特性参数

定义方法：在 Inventor 安装用户目录下的“Autodesk \ Inventor 2010 \ Templates”子目录中新建一文件夹，如“自定义模板”，将修改后符合国家制图标准的 idw 文件保存至此文件夹中就可变为一模板，这样就能选择以此模板为基础创建新的工程图，如图 9-54 所示。

图 9-54 选择自定义工程图模板

2. 创建零件工程图

在 Inventor 中创建零件工程图的大致步骤如下：

1）以自定义零件工程图模板新建一个 idw 文件。

2）根据所创建零件的尺寸大小和零件图选用的比例，定义图纸大小和格式。在浏览器面板中“图纸：1”的右键关联菜单中选择“编辑图纸(E)”选项，将弹出图 9-55 所示的【编辑图纸】对话框，在其中设置好名称、大小、方向等参数后，单击【确定】按钮，完成图纸的设置。

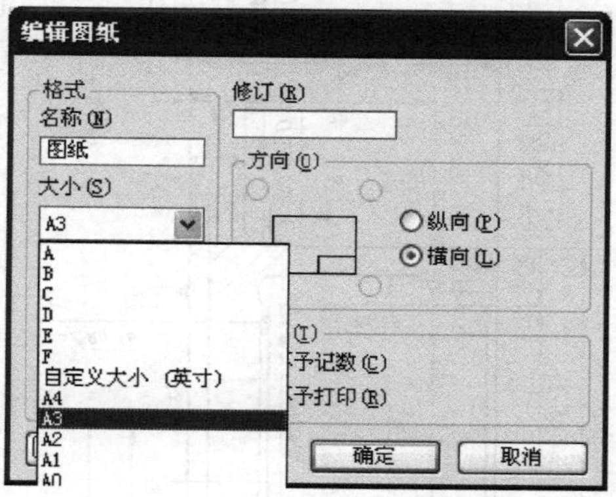

图 9-55 【编辑图纸】对话框

3）分别从浏览器面板【工程图资源】文件夹下定制好的图框和标题栏的右键关联菜单中选择“插入”选项，将其插入到图纸中。

4）利用工程图视图面板和二维草图面板中的工具，根据零件图采用的比例和表达方法创建一组视图。

5）利用工程图标注面板中的工具添加零件图中完整的尺寸标注。

6）利用工程图标注面板中的表面粗糙度符号、基准标识符号、几何公差和文本等工具添加零件图中的技术要求。

7）检查零件图的整体内容，完成零件工程图的创建。

图 9-56 所示为在 Inventor 中创建的卧式柱塞泵泵体的零件图。

思政拓展
大国工匠：
大道无疆

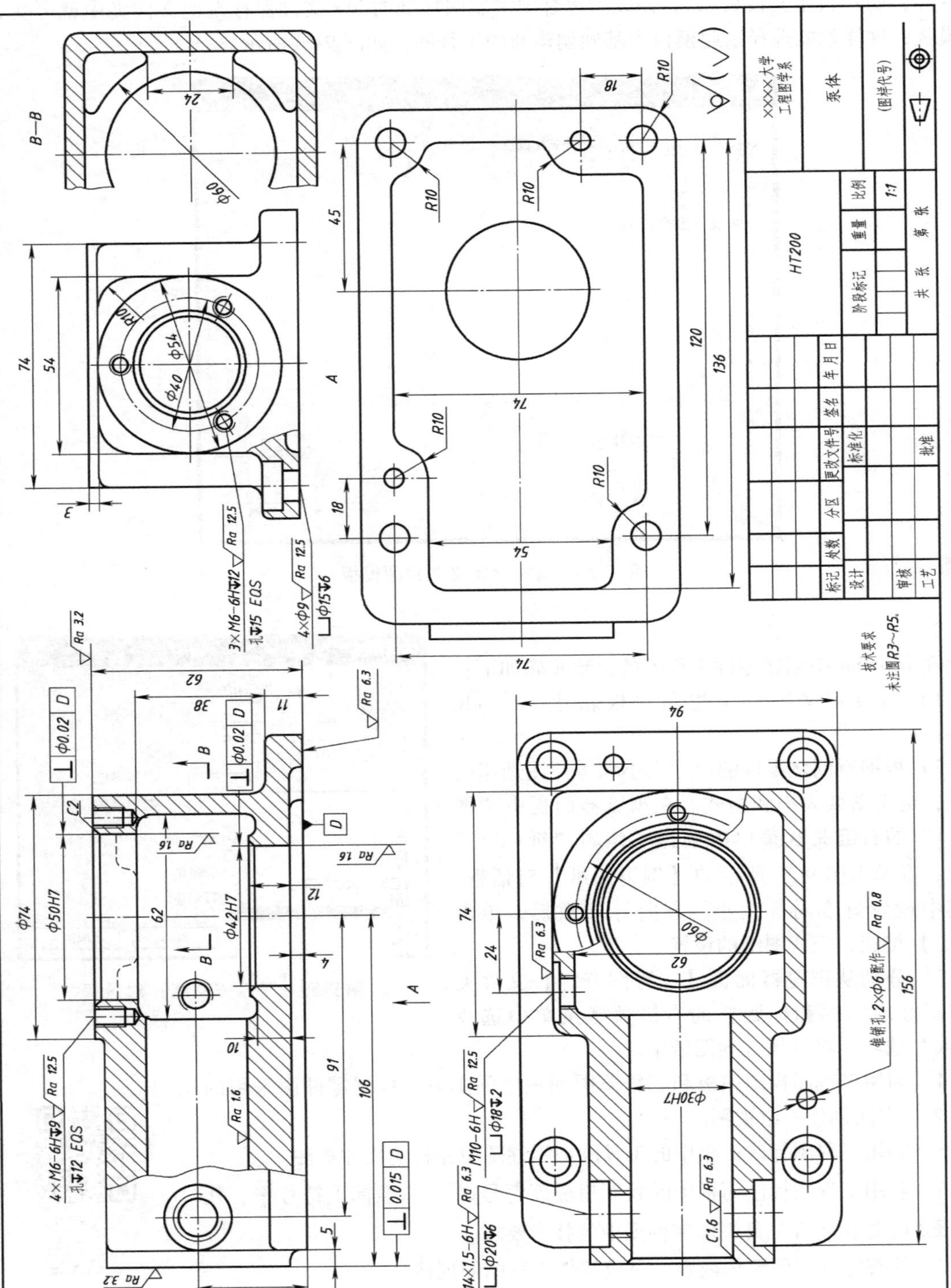

图 9-56　在 Inventor 中创建的卧式柱塞泵泵体的零件图

第 10 章 装 配 图

任何一台机器或一个部件，都是由若干个零件按一定的装配关系和技术要求装配而成的。表达机器或部件的组成及装配关系的图样称为装配图。图 10-2 为图 10-1 所示滑动轴承的装配图，它表达了滑动轴承的工作原理和装配关系等内容。

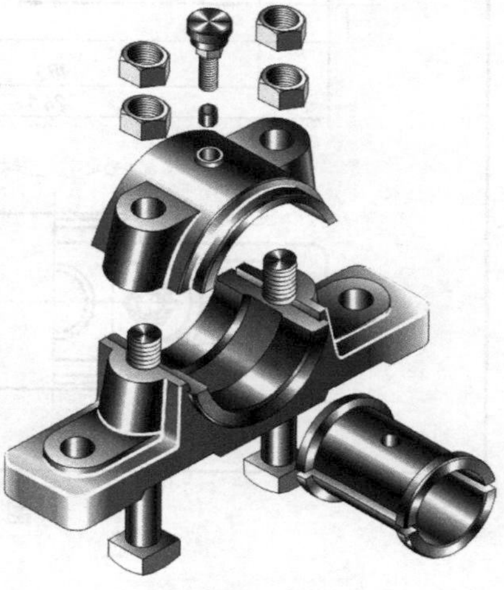

图 10-1　滑动轴承立体图

10.1　装配图的作用和内容

装配图在生产中具有重要的作用。机器或部件的设计过程中，首先要分析计算并绘制装配图，然后以装配图为依据，进行零件设计，并画出零件图，之后按零件图制造零件，最终按装配图中的装配关系和技术要求把合格的零件装配成机器或部件。因此，在装配图中，需要充分反映设计的意图，表达出机器或部件的工作原理、性能结构、零件之间的装配关系，以及必要的技术数据。

现以滑动轴承的装配图为例说明一张完整的装配图应包括以下四个方面的内容：

1. 一组视图

用一般表达方法和特殊表达方法绘制的一组完整的视图，主要表达机器或部件的工作原理、结构特点、零件之间的装配关系和主要零件的结构形状等。

2. 必要的尺寸

根据装配图拆画零件图以及装配、检验、安装和使用的需要，在装配图中必须标注的尺寸包括性能规格尺寸、装配尺寸、安装尺寸、总体尺寸及其他重要尺寸。

3. 技术要求

用文字和符号说明机器或部件在制造、装配、检验、安装、调整、使用和维修时要达到的要求。

4. 标题栏、零件编号和明细栏

根据生产组织和管理工作的需要，按一定的格式，将零部件进行编号，并填写明细栏和标题栏。

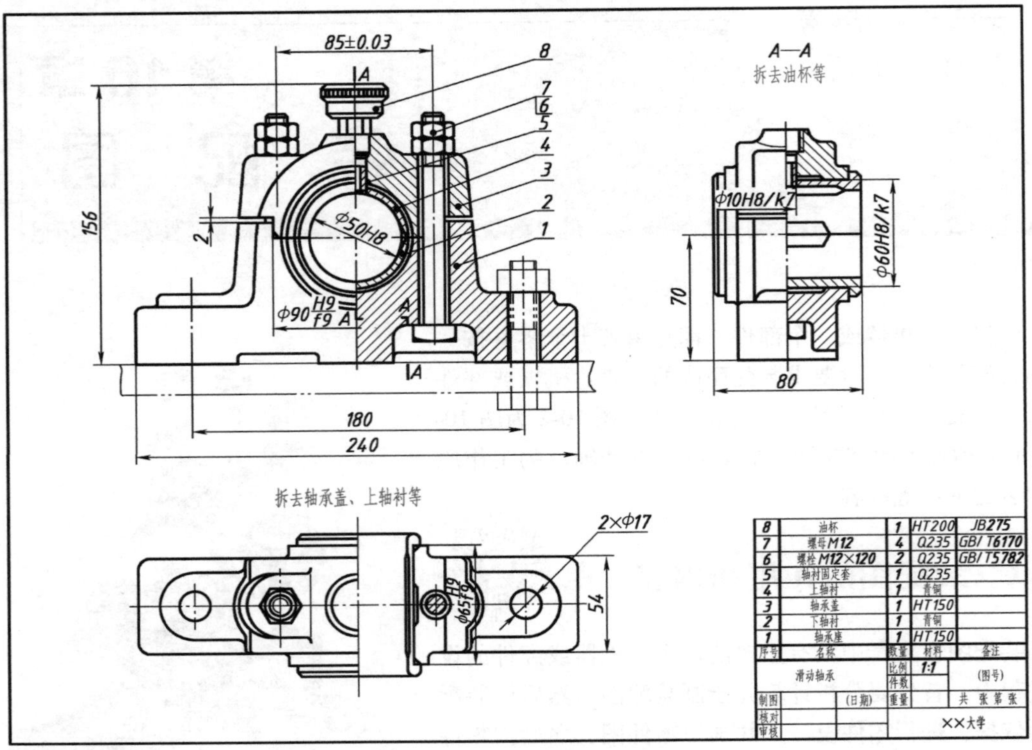

图 10-2　滑动轴承的装配图

10.2　装配图的表达方法

前面讨论过的零件的各种表达方法，如视图、剖视图、断面图、局部放大图等，同样适用于装配图。但由于装配图和零件图的表达重点不同，因此，装配图还有一些规定画法和特殊表达方法。

1. 装配图的规定画法

（1）相邻零件轮廓线的画法　如图 10-3 所示，相邻零件的接触面和公称尺寸相同的相互配合的工作面只画一条轮廓线；而对于不接触面，则必须画两条轮廓线。例如图中的螺钉头部与端盖上的阶梯孔、公称尺寸不同的轴与孔等处。

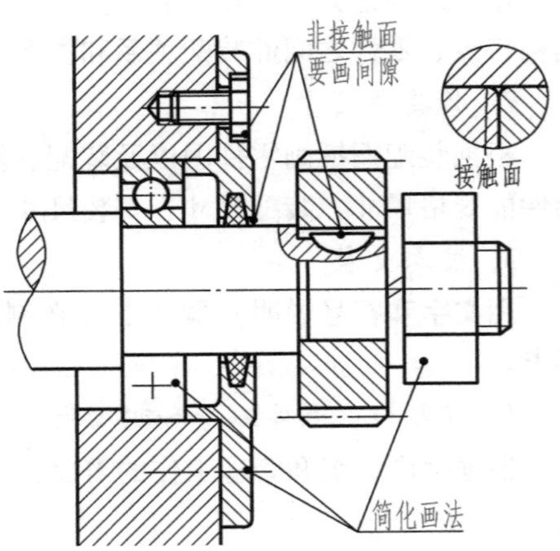

图 10-3　装配图中的规定画法和简化画法

（2）装配图中剖面符号的画法　零件的剖面符号，可按照“同同异异”的口诀：同一零件，在各个视图中剖面线的方向和间隔必须完全相同；相接触的两个零件的剖面线方向应相反；三个或三个以上零件相接触时，第三个零件应采取不同的剖面线间隔，或者与同方向的剖面线错开。

（3）实心杆件、标准件的画法　对于实心杆件（如轴、连杆、拉杆、球、手柄、钩子等）及标准件（螺栓、螺钉、垫圈、螺母、键、销等），若剖切平面通过其轴线或对称线时，则这些零件只画外形，不画剖面线，如图 10-3 中的螺钉和键；如确实要表达其内部结构时，则可采用局部剖视，如图 10-3 中的轴上的键槽。

2. *部件的特殊表达方法*

（1）拆卸画法　在装配图中，当一个或几个零件遮住了大部分装配体，为方便表达，可以假想将某些零件拆卸后画装配图，称为拆卸画法。注意，在相应的视图上方需标注“拆去零件××”，例如图 10-2 的俯视图、左视图。

（2）沿零件接合面剖切画法　假想沿某些零件的接合面剖开装配体绘制装配图，此时，与剖切面重合的接合面不画剖面符号；而被剖切到的零件的截断面要画剖面符号。它与拆卸画法的区别在于是剖切而不是拆卸，如图 10-4 转子泵装配图中的左视图，剖切平面 *A*—*A* 是沿泵体与泵盖接合面剖切的，并将轴、螺栓和销切断。

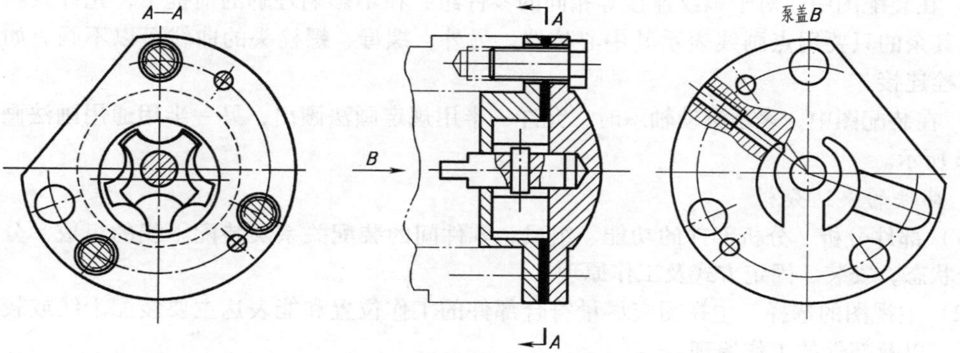

图 10-4　转子泵装配图

（3）单独零件表示法　在装配图中，当某个零件的结构未表达清楚，且对装配关系有影响时，可以单独地只画出该零件的某个视图，但必须在所画图形上方标注“零件××”。如图 10-4 中零件“泵盖”*B* 向视图，图 10-44 安全阀装配图中“零件 1*A*”。

（4）假想画法　为了表示与本部件有装配关系但又不属于本部件的其他零件、部件时，可采用假想画法，并将其他相邻零、部件用双点画线画出。如图 10-5 的 *A*—*A* 剖视图中用双点画线表示主轴箱。

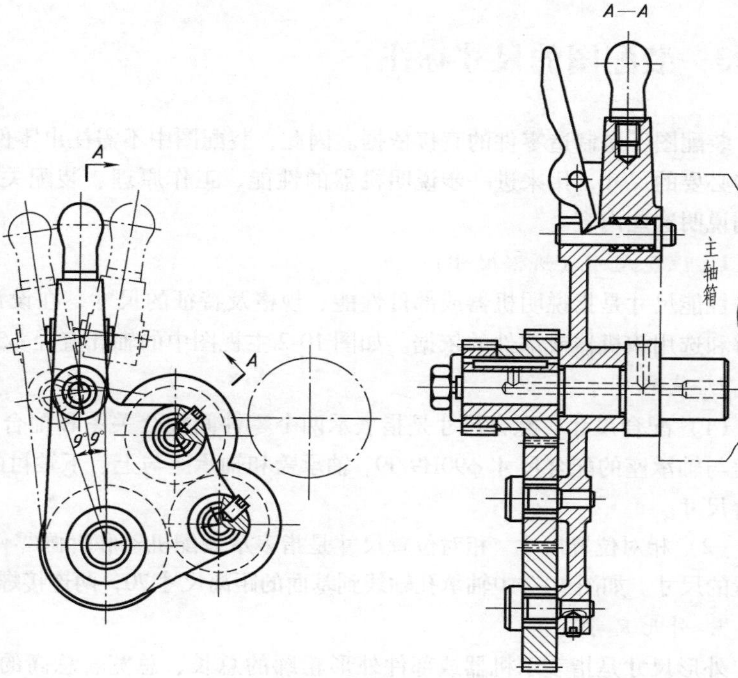

图 10-5　交换齿轮架

为了表示运动零件的运动范围或极限位置时，

可先在一个极限位置上画出该零件，再在其他极限位置上用双点画线画出其轮廓，如图10-5的主视图中交换齿轮架操作手柄的两个极限工作位置。

（5）夸大画法　在装配体中，常有一些薄片零件、细丝弹簧、微小间隙、小锥度等，无法按实际尺寸将其准确画出，可以采用夸大画法。如图10-3中键与键槽的非接触面的间隙，图10-4中安全阀的垫片厚度等均是夸大画出的。

（6）展开画法　为了表达某些重叠的装配关系，如多级传动变速器，为了表达齿轮传动顺序和装配关系，可以假想将空间轴系按其传动顺序展开在一个平面上，再画出剖视图。这种画法叫展开画法。图10-5所示的交换齿轮架装配图就是采用了展开画法。

（7）简化画法

1）在装配图中，零件的工艺结构，如圆角、倒角、退刀槽等允许不画。

2）在装配图中，对于螺纹连接等相同的零件组，在不影响理解的前提下，允许只画出其中一处，其余的只要用点画线表示其中心位置。另外，螺母、螺栓头的曲线可以不画。如图10-3中的螺栓连接。

3）在装配图中，表示滚动轴承时，允许一半用规定画法画出，另一半用通用画法画出，如图10-3所示。

3. 部件的表达分析

（1）部件分析　分析部件的功能、组成，零件间的装配关系及装配干线的组成，分析部件的工作状态，安装、固定方式及工作原理。

（2）主视图的选择　主视图应尽量符合部件的工作位置和能表达主要装配干线或较多的装配关系，以及部件的工作原理。

（3）其他视图的选择　主视图确定后，还应选用其他视图来补充主视图中尚未表达清楚的装配关系、工作原理和主要零件的主要结构。

10.3　装配图的尺寸标注

装配图不是制造零件的直接依据。因此，装配图中不需注出零件的全部尺寸，而只需要标注一些必要的尺寸，用来进一步说明机器的性能、工作原理、装配关系和安装的要求。以图10-2为例说明这些内容。

1. 性能尺寸（规格尺寸）

性能尺寸是指说明机器或部件性能、规格及特征的尺寸，在设计时就已经确定，它是设计、了解和选用该机器或部件的依据。如图10-2主视图中的轴孔直径ϕ50H8。

2. 装配尺寸

（1）配合尺寸　配合尺寸是指表示两个零件间配合关系和配合性质的尺寸。如图10-2中轴承盖与轴承座的配合尺寸ϕ90H9/f9，轴承盖和轴承座与上、下轴衬的配合尺寸ϕ60H8/k7等均为配合尺寸。

（2）相对位置尺寸　相对位置尺寸是指表示装配机器和拆画零件图时，需要保证的零件相对位置的尺寸。如图10-2中轴承孔轴线到基面的距离尺寸70，两连接螺栓的中心距尺寸85±0.03。

3. 外形尺寸

外形尺寸是指表示机器或部件外形轮廓的总长、总宽、总高的尺寸，以便于机器或部件包装、运输，厂房设计和安装机器时考虑。如图10-2中滑动轴承的总长尺寸为240，总宽尺寸为80，总高尺寸为156。

4. 安装尺寸

安装尺寸是指机器或部件安装在地基上或与其他机器或部件相连时所需要的尺寸。如图 10-2 中滑动轴承的安装孔尺寸 2×ϕ17 及其定位尺寸 180。

5. 其他重要尺寸

在设计过程中经过计算确定或选定的尺寸，但又不包括在上述几类尺寸之中的尺寸，称为其他重要尺寸。这类尺寸在拆画零件图时应保证。如图 10-2 中轴承盖和轴承座之间的间隙尺寸 2。

以上五种尺寸，并非在每张装配图上全具备，且有时同一尺寸往往可能有几种含义，因此在标注装配图尺寸时应视具体情况而定。

10.4　装配图的技术要求

装配图中的技术要求主要为说明机器或部件在装配、检验、使用时应达到的技术性能和质量要求等。它主要有以下几个方面：

1. 装配要求

装配要求指装配时的注意事项和装配后应达到的指标等。如装配方法、装配精度等。

2. 检验要求

检验要求包括机器或部件基本性能的检验方法和条件，装配后保证达到的精度，检验与实验的环境温度、气压，振动实验的方法等。如图 10-44 中技术要求“装配后进行水压试验和密封性试验”。

3. 使用要求

机器在使用、保养、维修时提出的要求。例如限速、限温、绝缘要求及操作注意事项等。技术要求通常写在明细栏左侧或其他空白处，内容太多时可以另编技术文件。

10.5　装配图中的零、部件编号及明细栏

装配图上对每个零件或部件都必须编注序号，并填写明细栏，以便统计零件数量，进行生产的准备工作。同时，在看装配图时，也是根据序号查阅明细栏，以了解零件的主要信息，这样便于读装配图、拆画零件图和图样管理等。

1. 零、部件编号

1）序号应标注在图形轮廓线的外边，并将数字填写在指引线的横线上或圆圈内，横线或圆圈及指引线用细实线画出，也可将序号数字写在指引线附近。指引线应从所指零件的可见轮廓线内引出，并在末端画一小圆点（见图 10-6）。序号数字要比装配图中的标注尺寸数字大一号或两号，如图 10-2 所示。若在所指部分内不宜画圆点时，可在指引线末端画出指向该部分轮廓的箭头，如图 10-7 所示。

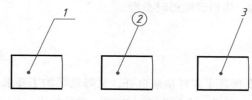

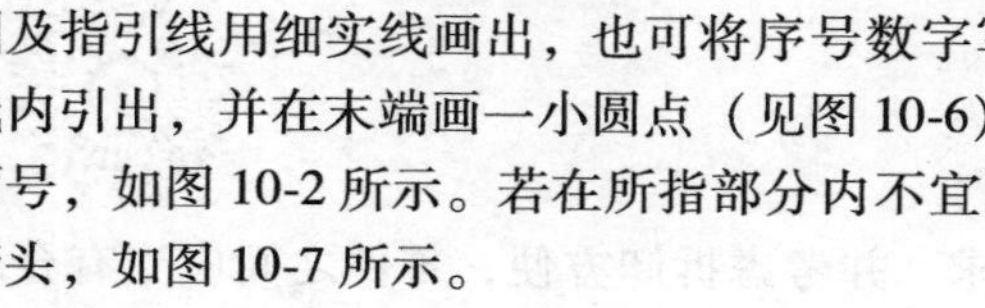

图 10-6　零、部件编号（一）

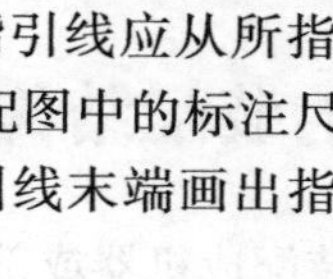

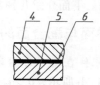

图 10-7　零、部件编号（二）

2）指引线尽可能分布均匀，并且不要彼此相交，也不要过长。指引线通过有剖面线的区域

时，要尽量不与剖面线平行，必要时可画折线，但只允许画一次，如图 10-8 所示。同一组紧固件和装配关系清楚的零件组，允许采用公共指引线，如图 10-9 所示。

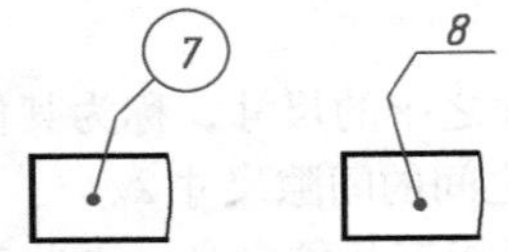

图 10-8　指引线

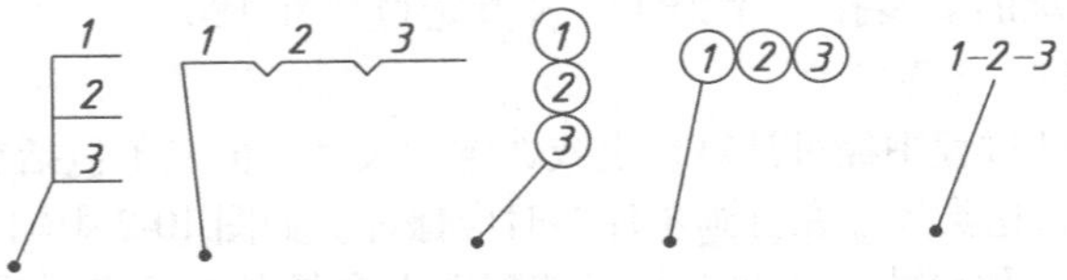

图 10-9　紧固件组的公共指引线

3）每种零件在视图上只编一个序号，对同一标准部件（如油杯、滚动轴承、电动机等），在装配图上只编一个序号。

4）序号要沿水平或竖直方向按顺时针或逆时针次序填写，如图 10-2 所示。

5）为使全图美观整齐，在编注零件序号时，应先按一定位置画好横线或圆圈，然后再与零件一一对应，画出指引线。在同一装配图中编注序号的形式应一致。

6）常用的序号编排方法有两种。一种是顺序编号法，即将装配图中所有零件按顺序进行编号。该方法简单明了，适用于零件较少的情况，本章的图例均采用了这种方法。另一种是分类编号法，即将装配图中的所有标准件按其规定标记填写在指引线的横线处，而将非标准件按一定顺序编号。

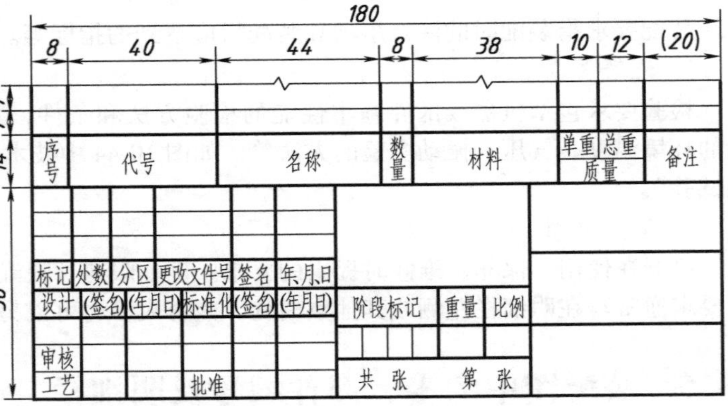

图 10-10　标题栏和明细栏格式

2. 明细栏

明细栏是装配图中所有零件的一览表，画在标题栏的上方，如图 10-10 所示，如地方不够，也可在标题栏的左方再画一排；如果图中剩余面积较小或零件太多时，明细栏还可另列单页。明细栏中“序号”栏排列应由下往上逐渐增大填写。“名称”栏中填写零件的名称，对于标准件还要填写其规格。“备注”栏填写某些常用件的主要参数（如齿轮的 m、z）、工艺说明等，对于标准件应写明国标代号。

10.6　常见的装配结构

为了使零件装配成机器或部件后能达到性能要求，并考虑拆卸方便，零件之间应当有合理的装配工艺结构。下面介绍几种常见的装配工艺结构，供画装配图时参考。

10.6.1　接触面与配合面的结构

1. 相邻两零件在同一方向只能有一对接触面

如图 10-11a、b 所示，$a_1>a_2$ 是正确的，这样，既保证了零件接触良好，又降低了加工要求。若要求两对平行平面同时接触，即 $a_1=a_2$，会造成加工困难，实际上也达不到，在使用上也没有必要。

（1）轴颈与孔的配合　对于轴颈与孔的配合，如图 10-12 所示，由于 ϕA 已经形成配合，ϕB

和 ϕC 就不应再形成配合关系，即必须保证 $\phi C>\phi B$。

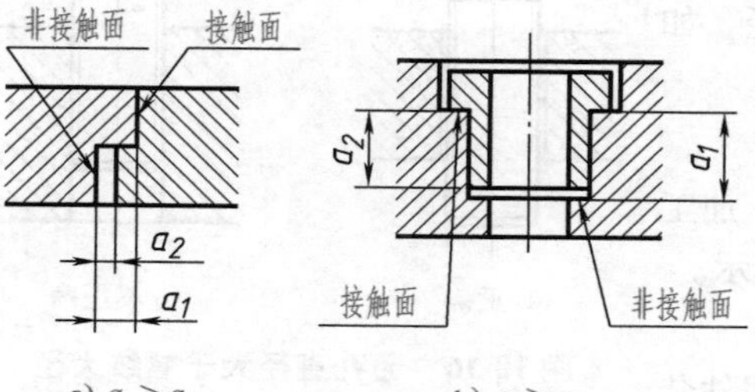

a) $a_1>a_2$　　b) $a_1>a_2$

图 10-11　接触面的画法

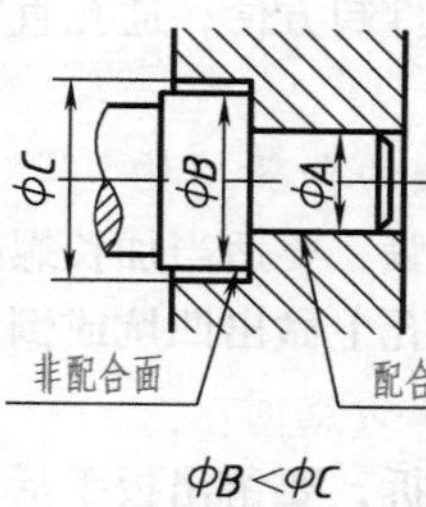

图 10-12　圆柱面配合

（2）相邻两零件转角处的结构　相邻两接触零件常有转角结构，如图 10-13 中左图所示，为了防止装配图出现干涉，以保证配合良好，应在转角处应加工出倒角、倒圆、凹槽等结构。例如，图 10-13a 所示的两个结果是错误的，图 10-13b 所示的三个结果是正确的。

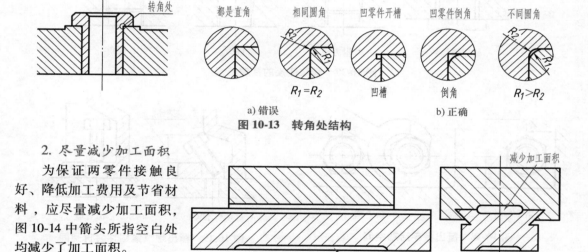

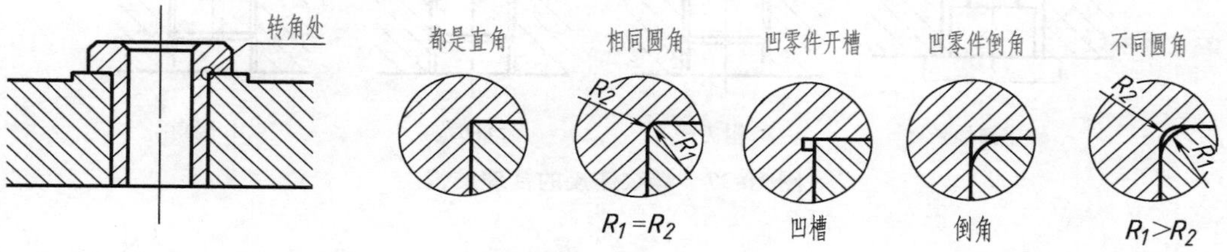

a) 错误　　b) 正确

图 10-13　转角处结构

2. 尽量减少加工面积

为保证两零件接触良好、降低加工费用及节省材料，应尽量减少加工面积，图 10-14 中箭头所指空白处均减少了加工面积。

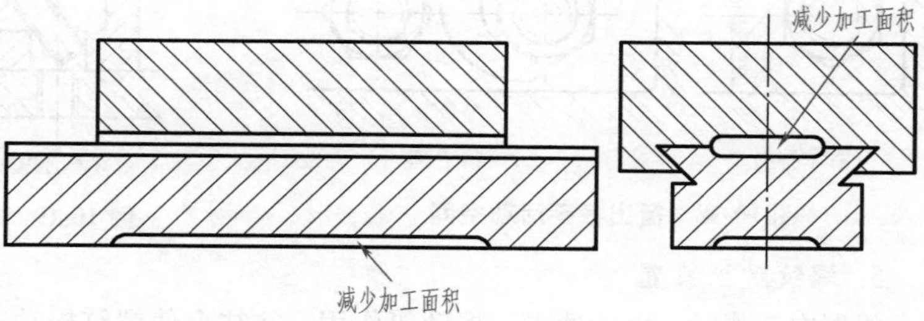

图 10-14　减少加工面积

10.6.2　螺纹连接结构

1. 沉孔和凸台

为了保证螺纹紧固件与被连接工件表面接触良好，常在被加工件上做出沉孔和凸台，如图 10-15 所示。

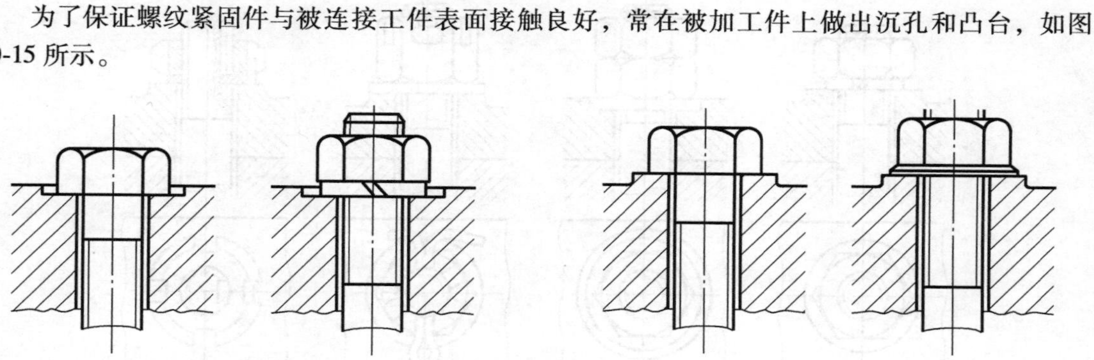

a) 沉孔　　b) 凸台

图 10-15　沉孔和凸台

2. 通孔直径应大于螺纹大径

为了安装和拆卸方便，通孔直径要大于螺纹大径，如图 10-16 所示。

3. 螺纹连接的合理结构

为了保证拧紧，要适当加长螺纹尾部，在螺杆上加工出退刀槽，在螺孔上做出凹坑或倒角，如图 10-17 所示。

4. 要留出装拆空间

为了便于装拆，要留出扳手活动空间和螺纹紧固件装拆空间，如图 10-18 和图 10-19 所示。

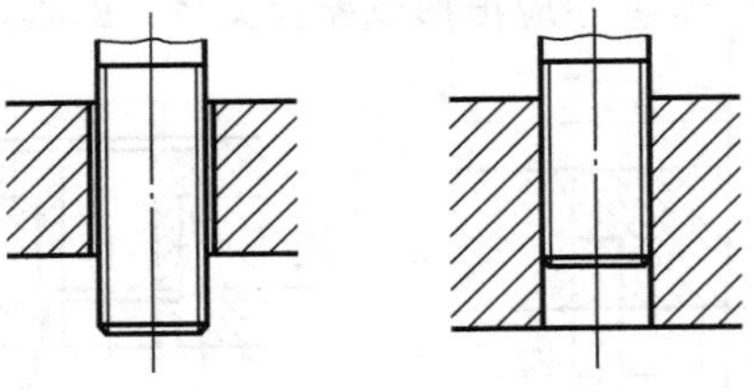

a) 正确　b) 不正确

图 10-16　通孔直径大于螺纹大径

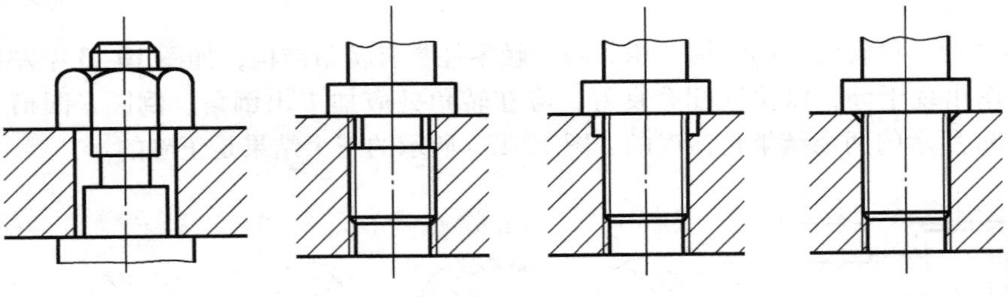

a) 尾部加长　b) 退刀槽　c) 凹坑　d) 倒角

图 10-17　螺纹连接的合理结构

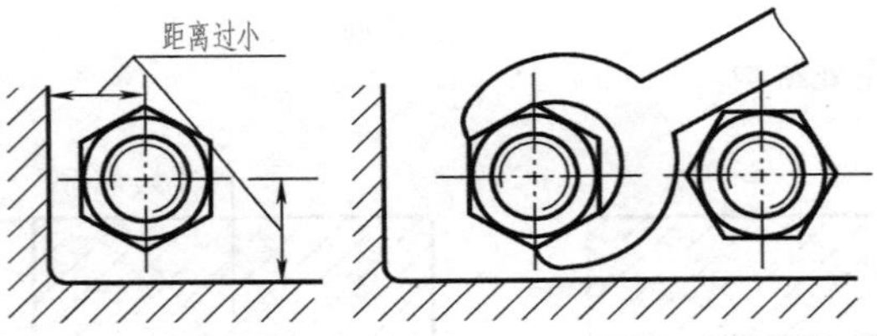

a) 不合理　b) 合理

图 10-18　留出扳手活动空间

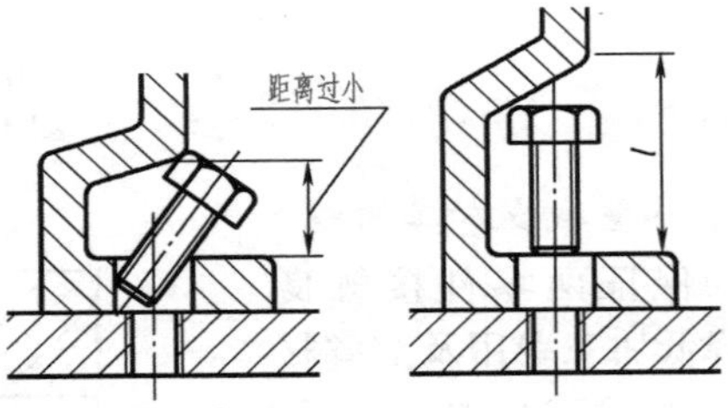

a) 不合理　b) 合理

图 10-19　留出螺纹紧固件装拆空间

5. 螺纹防松装置

机器在工作时，由于冲击、振动等作用，往往会使螺纹松动，甚至造成事故；为了防止松动，常采用图 10-20 所示的螺纹防松装置。

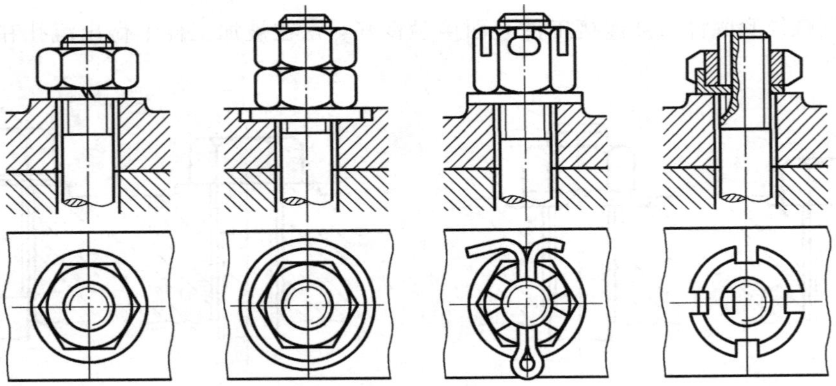

a) 用弹簧垫圈防松　b) 用两个螺母防松　c) 用开口销防松　d) 用止退垫圈防松

图 10-20　螺纹防松装置

10.6.3 销定位结构

为保证机器或部件在检修重装时相对位置的精度，常采用圆柱销或圆锥销定位，所以对销及销孔要求较高。为了方便加工销孔和拆卸销子，应尽量将销孔做成通孔，若只能做成不通孔时，应设有逸气口及起销装置，如图 10-21 所示。

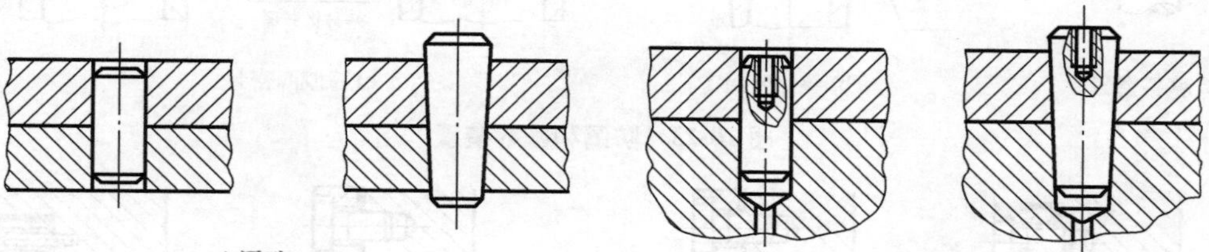

a) 通孔　　b) 不通孔

图 10-21　销定位结构

10.6.4 滚动轴承装置结构

1. 滚动轴承的固定

为了防止滚动轴承产生轴向窜动，必须采取一定的结构来固定其内、外圈。常用的轴向固定结构形式有轴肩、台肩、弹性挡圈、端盖凸缘、圆螺母和止动垫圈、轴端挡圈等，如图 10-22 所示。

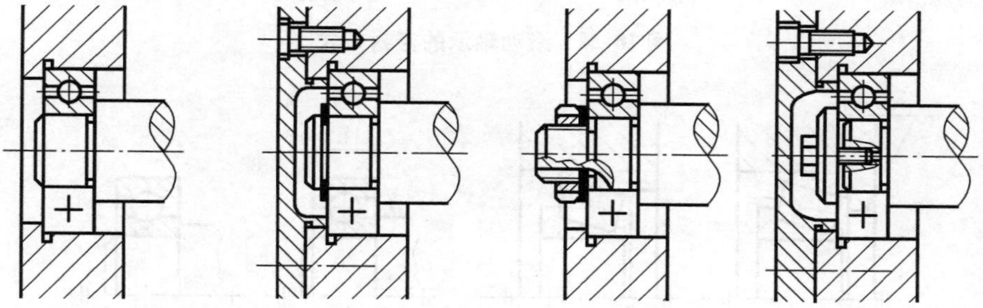

a) 轴肩固定　　b) 弹性挡圈固定　　c) 锁紧螺母固定　　d) 轴端挡圈固定

图 10-22　滚动轴承内、外圈的轴向固定

2. 滚动轴承的调整

因为轴装置在高速旋转时会发热膨胀，所以轴承与端盖之间要有间隙，且此间隙可以随时调整，常用的调整方法有调整垫片的厚度（图 10-24b、c 通过改变垫片的厚度或数量即可）、用螺钉调整止推盘等。

3. 防漏和密封

机器运转时，要防止外界的灰尘及水分进入机器内，同时又要防止内部的工作介质（液体或气体）外泄，在机器或部件的旋转轴或滑动杆的伸出处，应有防漏装置。常用的防漏和密封装置有填料密封、垫片密封、橡胶圈密封等，如图 10-23 所示。

滚动轴承装置的常用密封方式有毡圈式、皮碗式、油沟式、闷盖式等，如图 10-24 所示。其中有些零件已经标准化，其尺寸可从有关标准中查取。

4. 滚动轴承的拆卸

在保养或维修机器时，常常要拆卸轴承，故在设计机器时，就要考虑轴承要便于拆卸，如图 10-25a、c 所示的结构不好拆卸轴承，而图 10-25b、d 所示的结构便于拆卸轴承。

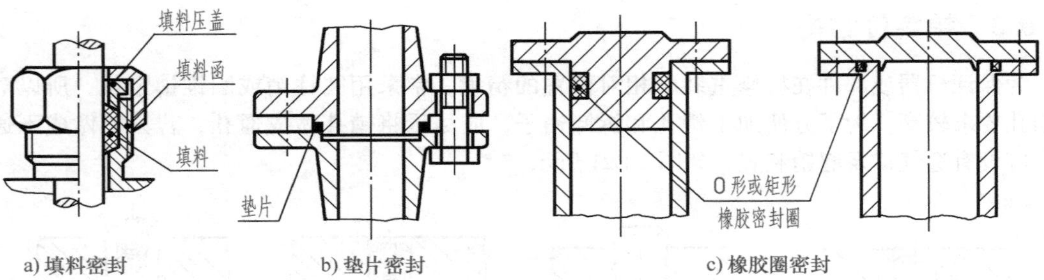

图 10-23　防漏和密封装置

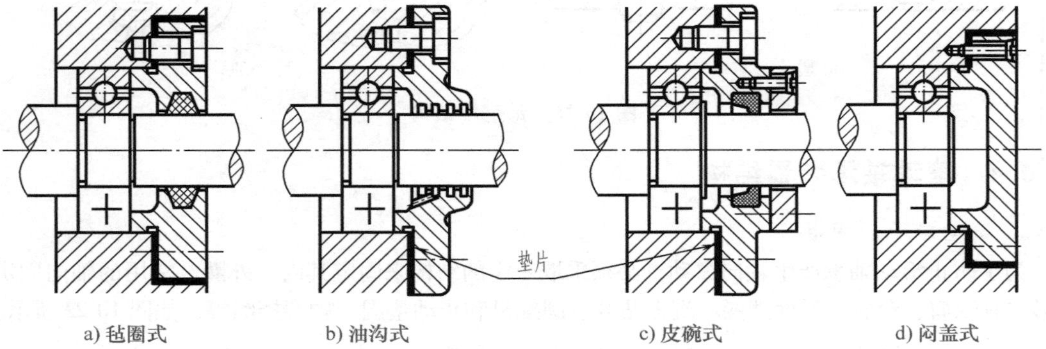

图 10-24　滚动轴承的密封方式

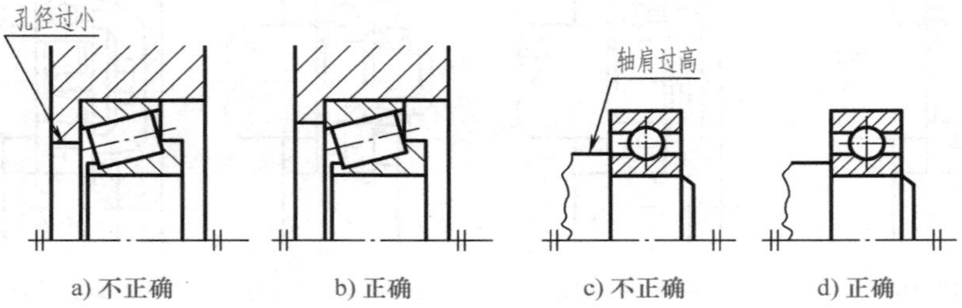

图 10-25　滚动轴承的拆卸结构

10.7　Inventor 在装配图中的应用

要在 Inventor 中创建装配工程图，首先应进行零部件的装配，生成装配体，再基于该装配体的模型生成装配工程图。另外，基于装配体模型还可以创建其表达视图、渲染图、工作原理动画和拆装动画等。

10.7.1　装配体的创建

Inventor 中装配体的创建流程：在装配环境下将制作完成的各组成零件调入，根据各零部件之间的配合关系添加装配约束，完成装配体的创建。

1. 装配环境简介

在 Inventor 中单击系统工具栏中的【新建】按钮，在弹出的对话框中选中“Standard. iam”模板，单击【确定】按钮即可进入部件环境。装配环境下的界面主要由部件面板和浏览器面板组成，部件面板中包含了各种装配功能和其他丰富的工具，如图 10-26 所示，这里只介绍常用的一些装配工具。浏览器面板中显示了参与装配的零部件结构树和其装配约束，如图10-27所示。

图 10-26　部件面板

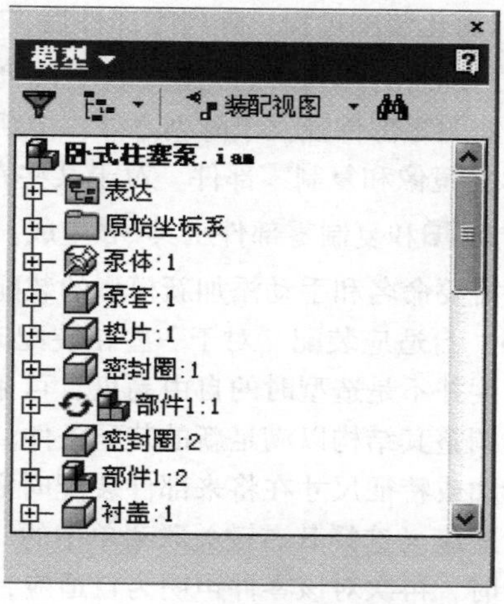

图 10-27　装配环境下的浏览器面板

2. 装入零部件

单击部件面板中的【装入零部件】按钮，在弹出的图10-28所示的对话框中选择要装入的零部件，单击【打开】按钮，再在图形窗口中单击，即可将零部件调入至当前的装配环境中。提示：部件环境下一次可装入多个零部件，且第一个装入的零部件默认情况下处于固定状态。

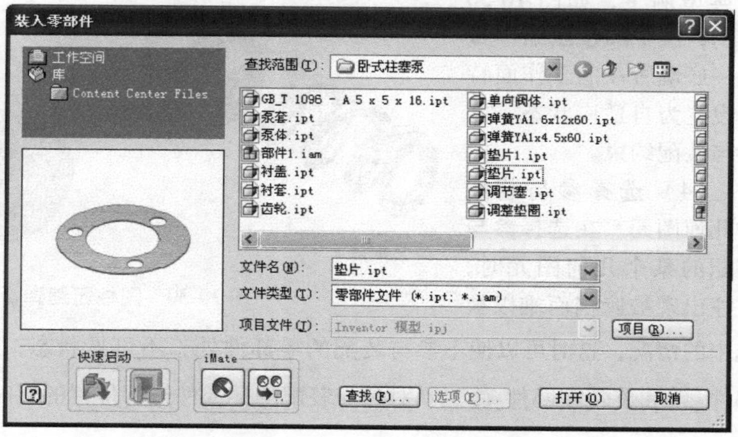

图 10-28　【装入零部件】对话框

3. 添加装配约束

装入零部件后，需对其与现有的零件之间进行装配约束。单击部件面板中的【放置约束】按钮，将弹出图10-29所示的对话框，该对话框中最常用的是【部件】选项卡。在【部件】选项卡中约束的类型可以是配合、角度、相切或插入。其中，配合用于平面、直线或点之间的平行、重合类型的位置约束；角度用于平面或直线之间的角度位置约束；相切用于面和面或面与线之间的相切位置约束；插入是两平面之间的配合约束和两零部件中轴线之间的配合约束的组合。在设置完约束类型后，选择被约束零件中的约束要素，同时可设置偏移量或角度值的大小以及约束的方式等参数，再单击【确定】按钮，即完成两零部件间的一次装配约束。通过逐步添加其他约束以完成整个装配体的约束。

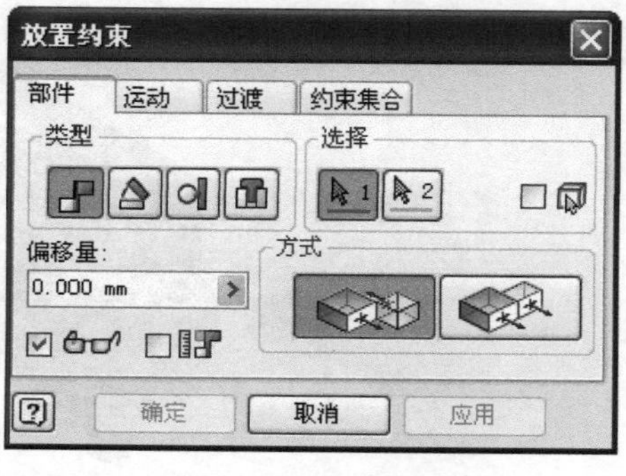

图 10-29　【放置约束】对话框

4. 其他装配中的技巧

（1）阵列零部件　对于某些在装配体中成矩形、环形阵列的零部件，可用阵列零部件工具，以简化装配过程。阵列零部件后，在浏览器中会出现“零部件阵列”的子项，将其展开后会出现所有阵列后的元素，并且阵列后会保留原有的装配约束。用户也可以在阵列后，设置阵列的非源零部件独立于阵列之外，中断与阵列的链接，再通过手动添加其他装配约束。

（2）镜像和复制零部件　对于某些在装配体中成对称或相同的零部件，可分别采用镜像零部件工具和复制零部件工具生成。镜像和复制零部件都将产生独立于源零部件的新文件模型，并需要命名和手动添加新模型的装配约束。

（3）自适应装配　对于一些在装配时需改变某一部分结构参数的零件，如压缩弹簧在装配后的高度并不是造型时的自由高度，可采用自适应装配技术，使该零件的装配约束发生变化时能自动调整其结构以满足新的装配条件。进行自适应装配的大体步骤：在零件造型时，若其中某截面轮廓或特征尺寸在将来部件装配时需要调整，则在零件环境下的浏览器中将草图或特征声明为自适应（选择其右键关联菜单中的“自适应（A）”选项），待零件造型完成被装配到部件环境中时，再次对该零件声明为自适应，最后按照与其他零件的配合关系进行装配即可。

作为自适应装配的一个典型例子，如图 10-30 所示，其中圆柱压缩弹簧某一底端所在的工作面特征设置为自适应状态，并参与装配约束。

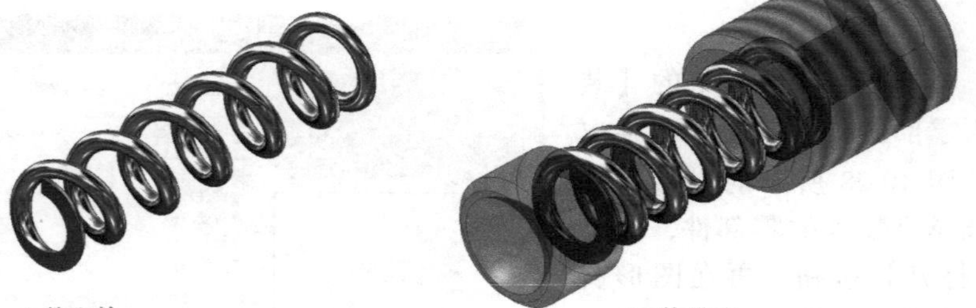

a) 装配前　　b) 装配后

图 10-30　圆柱压缩弹簧的自适应装配

（4）选择参与装配的几何图元　在选择参与装配的某个几何图元时，往往出现被遮挡而难以被选中的情况，这时可以使不参与装配的零部件处于不可见状态，或者利用部件面板上的移动零部件和旋转零部件工具对参与装配的零部件进行位置的暂时调整再加以装配约束。

5. 创建装配体举例

图 10-31 所示为按照上述步骤和技巧而创建出的卧式柱塞泵的装配体。其中，图 10-31c 所

a) 子装配　　b) 装配后　　c) 零件颜色样式改变后

图 10-31　卧式柱塞泵装配体

示是将泵体设置为玻璃颜色样式，泵套和衬盖设置为半透明颜色样式，以使得内部的零部件间装配关系清晰。模型中将单向阀体、球、球托、弹簧 YA1×4. 5×20 作为一个子装配，其中球和阀体以及球和球托之间使用的是工作平面重合和轴线重合的装配约束，并且在装配圆柱螺旋压缩弹簧时使用了自适应方法；柱塞和凸轮之间的装配采用了相切方式的约束。

10. 7. 2　装配工程图的创建

完整的装配工程图中应包含一组视图、必要的尺寸、技术要求、引出序号、标题栏和明细栏等。对于一组视图、必要的尺寸、技术要求和标题栏在 Inventor 中的进行符合国家标准的处理与零件工程图大致相同，这里着重介绍有所区别的地方。

1. 装配工程图模板的定制

装配工程图模板中字体、图层、尺寸样式和图框格式的定制与零件工程图完全相同，不同之处在于标题栏和明细栏的定制。

（1）标题栏　由于 Inventor 中明细栏中的“表头”格式与国家制图标准不符，可将其定制在标题栏中，方法和零件工程图中标题栏的制作方法相同，定制后的装配图标题栏如图 10-32 所示。

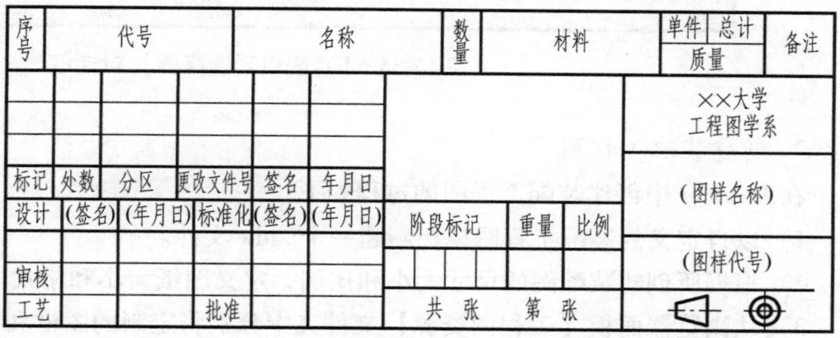
序号
代号
名称
数量
材料
单件
总计
质量
备注
××大学
工程图学系
标记
处数
分区
更改文件号
签名
年月日
（图样名称）
设计
（签名）
（年月日）
标准化
（签名）
（年月日）
阶段标记
重量
比例
审核
（图样代号）
工艺
批准
共　张
第　张

图 10-32　Inventor 装配工程图中标题栏和明细栏表头的定制

（2）明细栏　定制符合国家标准的明细栏过程：在工程图环境下，选择【格式】下拉菜单下的“样式和标准编辑器（E）”选项，弹出图 9-50 所示的对话框，在左侧边栏中选择“明细栏”文件夹下的“明细栏（GB）”，在右侧面板中修改相应的格式，如图 10-33 所示。要修改的内容主要有不显示标题、文本样式、行间隙、不显示表头、方向为从下至上等。对于明细栏中每列内容和列宽的修改，可单击面板中的【列选择器】按钮，在弹出的图 10-34 所示的【明细栏列选择器】对话框中删除不需要的特性、添加需要存在的特性、新建特性后添加该特性、用上移和下移调整列的位置等操作，设置完成后单击【确定】按钮，在返回的界面中调整列的名称和宽度值，最后单击完成以实现明细栏的定制。

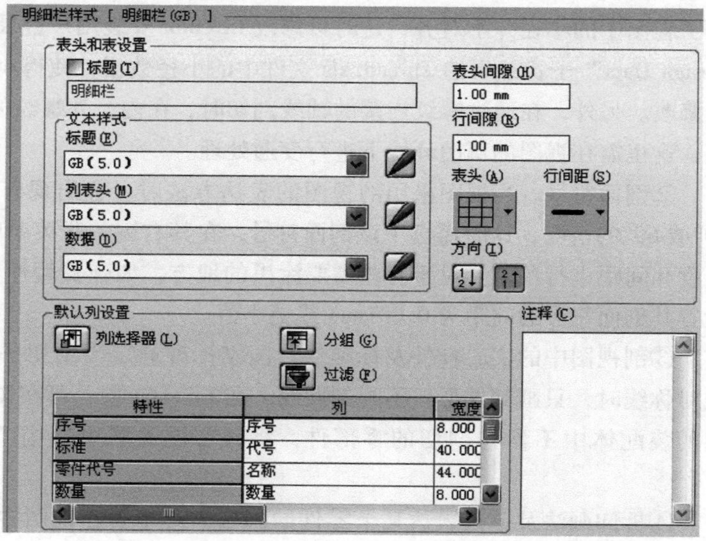

图 10-33　明细栏样式设置面板

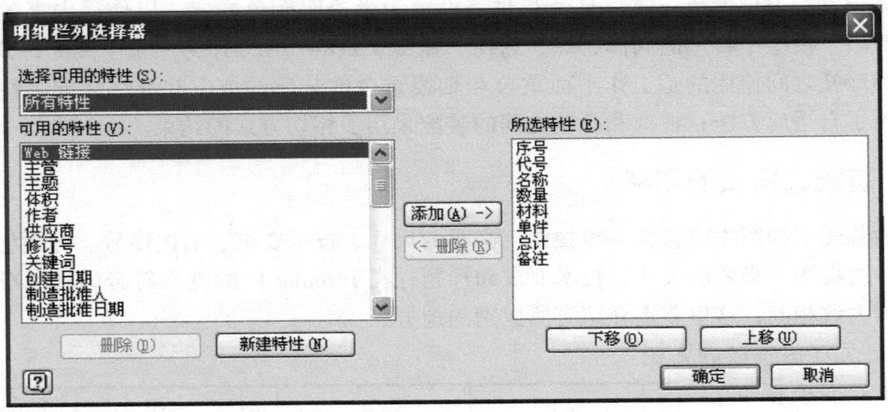

图 10-34 【明细栏列选择器】对话框

2. 创建装配工程图

在 Inventor 中创建装配工程图的过程如下：

1）以自定义的装配工程图模板新建一个 . idw 文件。

2）根据所创建装配图的尺寸大小和比例，定义图纸大小和格式。

3）从浏览器面板【工程图资源】文件夹中分别将定制的图框和标题栏插入到图纸中。

4）利用工程图视图面板和二维草图面板中的工具，根据装配图采用的比例和表达方法创建一组视图。在具体的视图创建过程中应注意下面几点：

①螺纹的显示。当出现装配图工程图中的螺纹不显示大径或小径时，可双击视图，在弹出的【工程视图】对话框中，将“显示选项”选项卡中的“螺纹特征”选中。默认情况下螺纹连接在工程图中的小径并不对齐，这时可修改 Inventor 安装用户目录下的“Autodesk \ Inventor 2010 \ Design Data”子目录下的 Thread. xls 文件中的小径数据，使得小径相同，也可在视图的草图下进行修改。另外，在通过螺纹连接的轴线剖切时，在内、外螺纹的旋合处会出现剖面符号重叠的情况，这也需在视图的草图环境下进行变通处理。

②剖面符号。当视图采用剖视图的表达方法时，会出现有的零件剖面符号与水平线夹角是30°或60°的情况，这时需选中该剖面符号，在其右键关联菜单中选择“编辑（E）”选项以对其角度和间距进行调整。对于有些需要涂黑的地方，如弹簧簧丝直径小于 2mm 时和纸垫片等，可设置其剖面符号的间距为 0. 001mm 或更小值。

③剖视图中的实心杆件及标准件。国家标准规定当剖切平面通过实心杆件及标准件的轴线或对称线时，只画其外形，不画剖面线。在 Inventor 中，可在浏览器中将该视图展开，选中其下属的装配体中不参与剖切的零部件，将其右键关联菜单中“剖切参与件（S）”选项设置为“无”。

④拆卸画法及单独表达某个零件的画法。对于要在视图中不出现投影的零部件，可将其右键关联菜单中的“可见性（V）”选项设置为不选状态即可。

⑤沿零件接合面剖切的画法。如果剖切位置指定为两零件的接合面处，Inventor 能够按照规定使与剖切面重合的接合面不显示剖面符号。

⑥假想画法。为表示与本部件有装配关系但又不属于本部件的其他零部件，需采用假想画法，在 Inventor 中创建装配体模型时，单击部件面板中的【BOM 表】工具▤，在弹出的对话框

中将不属于本部件的零件设置为"参考件"，则在工程图中会将此零件自动以双点画线表示。

5）利用工程图标注面板中的工具添加装配图中必要的尺寸标注。

6）利用工程图标注面板中的工具添加装配图中的技术要求。

7）利用工程图标注面板中的【明细栏】工具创建明细栏。单击该按钮后，选择某个视图，在【BOM 表设置和特性】中选择【仅零件（旧的）】选项，再根据图纸和视图布置情况设置【表拆分】参数，单击【确定】按钮后在图纸的标题栏上方单击以放置明细栏。

8）利用工程图标注面板中的【引出序号】工具或其扩展的【自动引出序号】工具创建引出序号。无论是自动还是手动的引出序号都需要进行位置调整，必要时可能还需对序号的顺序进行修改。

9）检查装配图的整体内容，完成装配工程图的创建。

图 10-35（见文后插页）所示为在 Inventor 中创建的卧式柱塞泵的装配图。

10.7.3 装配体表达视图的创建

Inventor 中的表达视图用于表达装配体中各零部件间的装配关系，将在装配体中被遮挡的零部件显现出来的视图，又称为爆炸分解图。基于表达视图，还能将装配体的拆装顺序用动画的形式展现，解决了传统的装配过程难以表达的问题。在 Inventor 中创建表达视图的一般步骤如下：

1）单击系统工具栏中的【新建】按钮，在弹出的对话框中选中"Standard. ipn"模板，单击【确定】按钮以进入表达视图环境。

2）单击表达视图面板中的【创建视图】按钮，在弹出的【部件选择】对话框中定位并选择要创建的装配体 iam 文件。选择【分解方式】为手动或自动，同时设定是否创建轨迹等参数。对于稍复杂的装配体，由自动生成的表达视图的分解效果往往不会很理想，所以一般选择手动分解的方式。

3）将装配体装入表达视图环境中后，单击表达视图面板中的调整零部件位置按钮，将弹出图 10-36 所示的对话框。首先设置位置参数，包括零部件移动的方向，要移动或旋转的零部件，以及是否显示轨迹等；之后设置选择的零部件做的动距离和旋转角度设置。逐步对零部件的位置进行调整，完成整个装配体理想的分解效果。

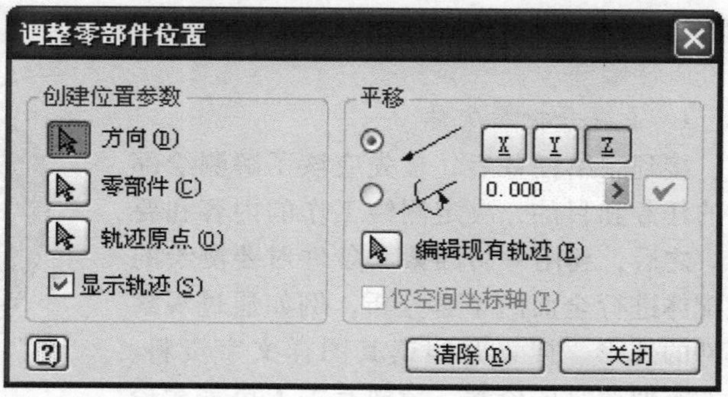

图 10-36 【调整零部件位置】对话框

4）接着可以利用表达视图面板中的【精确旋转视图】工具对表达视图做整体的位置调整。也可以利用【动画】工具根据已定义的移动和旋转等动作，创建装配体的拆、装动画，并可进行录制和播放。

图 10-37 所示为在 Inventor 中创建的卧式柱塞泵的表达视图。

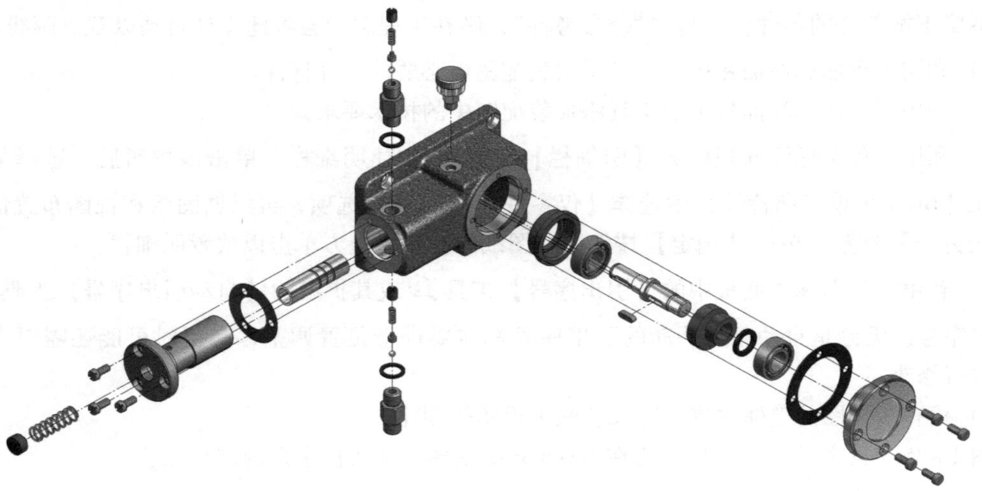

图 10-37　Inventor 中创建的卧式柱塞泵的表达视图

10.8　装配体测绘和装配图画法

设计及制造机器或部件的方式有以下两种：

一是经过设计者全新的构思设计后制造机器或部件。

二是在图样等资料不全的现有产品的基础上，测绘并整理出一套完整的图样，必要时对图样进行改进设计，然后制造机器或部件。现以安全阀（见图 10-38）为例，介绍装配体测绘和装配图画法。

10.8.1　装配体测绘

装配体测绘的一般步骤：①对测绘对象进行了解分析；②拆卸；③画装配示意图；④测绘并画零件草图；⑤画装配图；⑥拆画零件工作图等。

1. 了解分析装配体

接到测绘任务后，首先应该了解测绘部件的任务和目的，决定测绘工作的内容和要求。之后，利用一切因素和条件对要测绘的装配体进行全面的了解分析，例如通过观察部件的外形、搜集并阅读其图样文字资料、参考类似产品的资料、请教有关人员等途径进行了解，再分析部件的用途、结构、工作原理、技术性能、制造和使用情况等。最后，确定测绘的有关问题，如精度、效率和安全等。

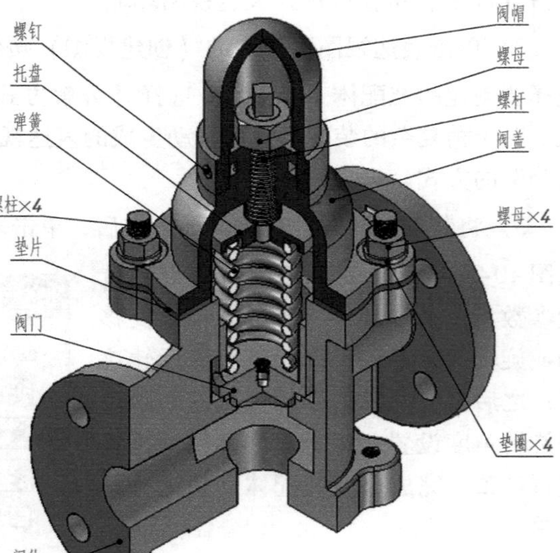

图 10-38　安全阀立体图

例如要测绘图 10-38 所示的安全阀，通过分析了解得知，它是一种安装在供油管路中的安全装置。正常工作时，阀门靠弹簧的压力处于关闭位置，油从阀体左端孔流入，经下端孔流出。当油压超过允许压力时，阀门被顶开，过量油就从阀体和阀门开启后的缝隙间经阀体右端孔管道流回油箱，从而使管道中的油压保持在允许的范围内，起到安全保护作用。其主体部分是阀体和阀盖，用双头螺柱连接。

2. 拆卸装配体

首先，要周密地制订拆卸顺序。根据部件的组成情况及装配工作的特点，把部件分为几个组成部分，依次拆卸。用打钢印、扎标签或写件号等方法对每一个部件和零件编上件号，分区分组地放置在规定的地方，避免损坏、丢失、生锈或放乱，以便测绘后重新装配时，能保证部件的性能和要求。

进行拆卸工作要有相应的拆卸工具并使用正确的拆卸方法，以保证顺利拆卸。对不可拆卸连接和过盈配合的零件尽量不拆，以免损坏零件，确保被拆部件原有的完整性、精确度和密封性。

3. 画装配示意图

在全面了解装配体后，就可绘制装配示意图。装配示意图是用简单的线条和符号表示装配体各零件相对位置和装配关系的图样，是作为拆卸后重装部件和画装配图的依据（简单的部件也可以不画）。图 10-39 所示是安全阀装配示意图。其画法有以下特点：

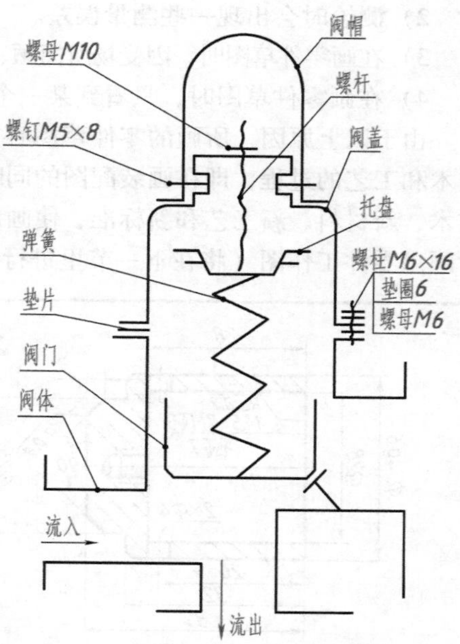

图 10-39　安全阀装配示意图

1）将装配体假设为透明体，以便表达部件内、外零部件的轮廓和装配关系。

2）一般只画一个图形，而且是最能表达零件间装配关系的视图，如果表达不全也可以增加图形。

3）表达零部件要简单。充分利用国家标准中规定的机构、零件及组件的简图符号，采用简化画法和习惯画法；只需画出零部件的大致轮廓，例如，可以用一根直线代表一个轴类零件。

4）相邻零件的接触面要留有空隙，以便区分零件。

5）要对全部零件进行编号并列表注明其有关详细内容。

4. 测绘零件草图

1）对零件进行分类，可分为标准件、常用件和一般件。

2）标准件需要通过测量，确定其名称、规格、标准号，并与装配示意图中相同的序号进行记录，但不需画图（特殊情况可画）。

3）一般件和常用件要测量并绘图，方法和步骤见第 9 章 9.5 节“零件测绘”；各零件图样的序号要与装配示意图中序号相同。

4）注意相互配合的零件的尺寸等要符合配合原则。

图 10-40~图 10-42 所示是测绘出的安全阀的所有非标准件的零件图。

10.8.2　装配图画法

根据测绘时画出的装配示意图和零件草图，画出装配图，作为以后使用的技术资料。下面介绍画安全阀装配图的方法和步骤。

1. 重新改进设计装配体

在根据已有实物进行装配体测绘时，会发现一些问题。所画的零件草图也不能直接用于零件的加工生产，它们只能作为绘制装配图的重要参考资料，这是因为：

1）这些装配体实物可能存在一些缺陷，如陈旧磨损、结构不合理、技术落后、工艺不合理、标准过时等一系列问题。

2）测绘时会出现一些测量误差。

3）在画零件草图时，因受场所简陋、时间紧迫和绘图工具简单的限制，这些图样可能不够规范。

4）在画零件草图时，只看到某一个零件，没有考虑装配体的整体，有局限性。

由于以上原因，所画的零件草图存在问题必然在所难免，因此必须有一个改进和重新设计技术和工艺的过程，即在画装配图的同时，应根据现有情况，对不合理的部分加以改进，利用新技术、新材料、新工艺和新标准，使画出的新技术图样更加完善和合理。再根据画出的装配图，拆画出零件工作图（将在下一节里进行讨论），这时的零件工作图才可用于零件的加工生产。

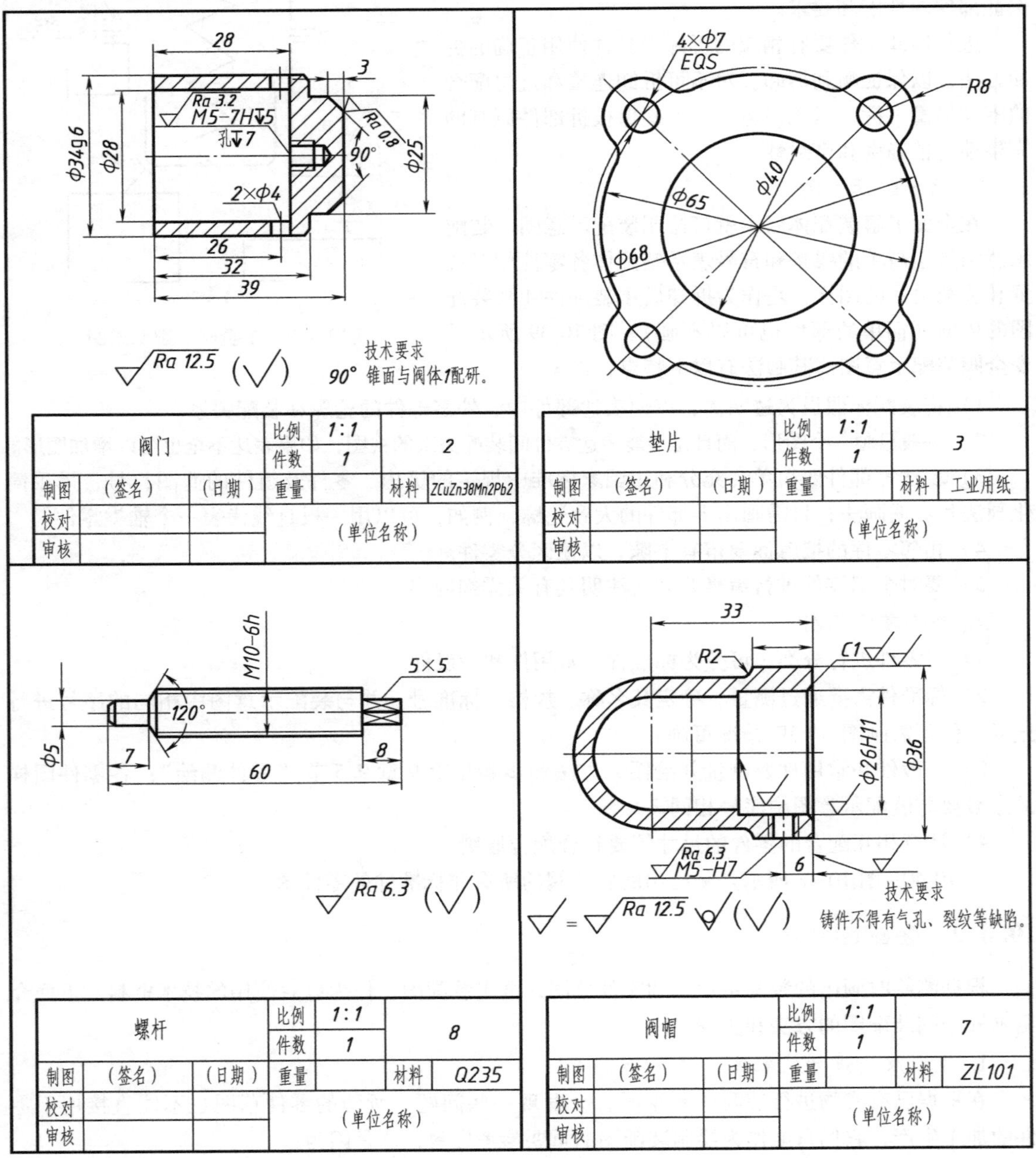

图 10-40 安全阀零件图（一）

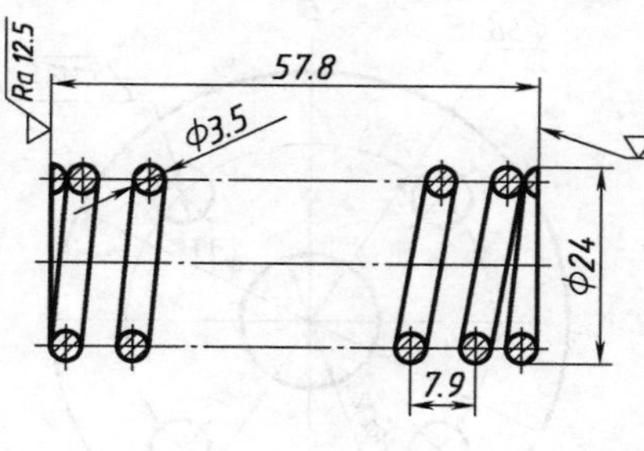

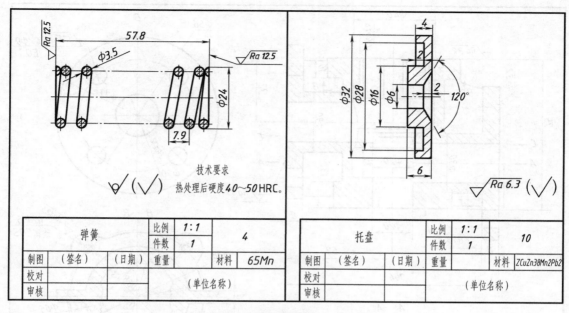

技术要求
热处理后硬度40～50HRC。

弹簧		比例	1:1	4	
		件数	1		
制图	（签名）	（日期）	重量	材料	65Mn
校对			（单位名称）		
审核					

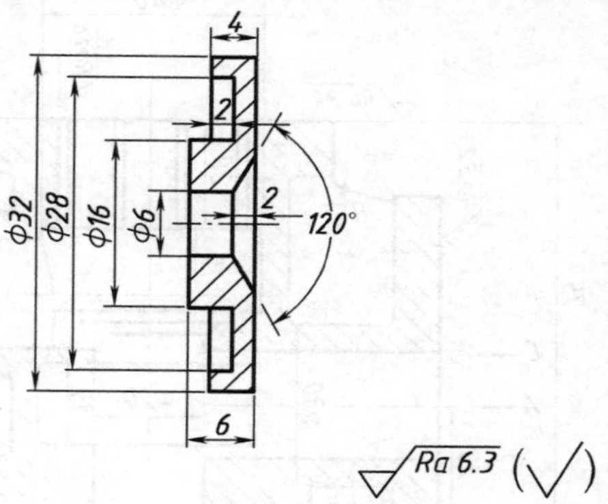

托盘		比例	1:1	10	
		件数	1		
制图	（签名）	（日期）	重量	材料	ZCuZn38Mn2Pb2
校对			（单位名称）		
审核					

图 10-40 安全阀零件图（一）（续）

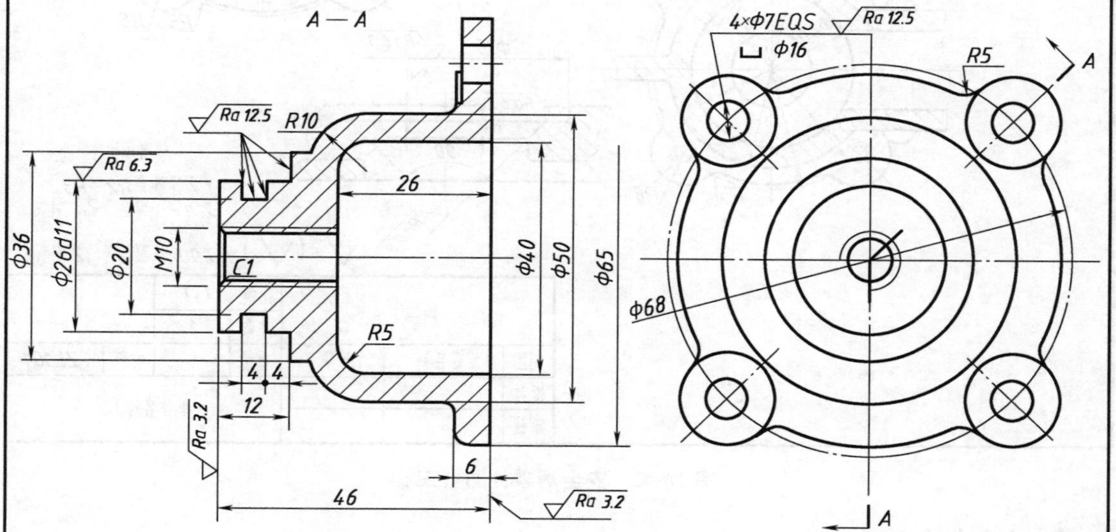

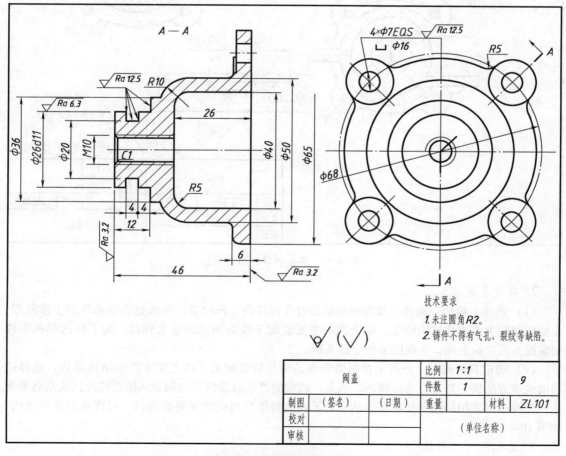

技术要求
1. 未注圆角R2。
2. 铸件不得有气孔、裂纹等缺陷。

阀盖		比例	1:1	9	
		件数	1		
制图	（签名）	（日期）	重量	材料	ZL101
校对			（单位名称）		
审核					

图 10-41 安全阀零件图（二）

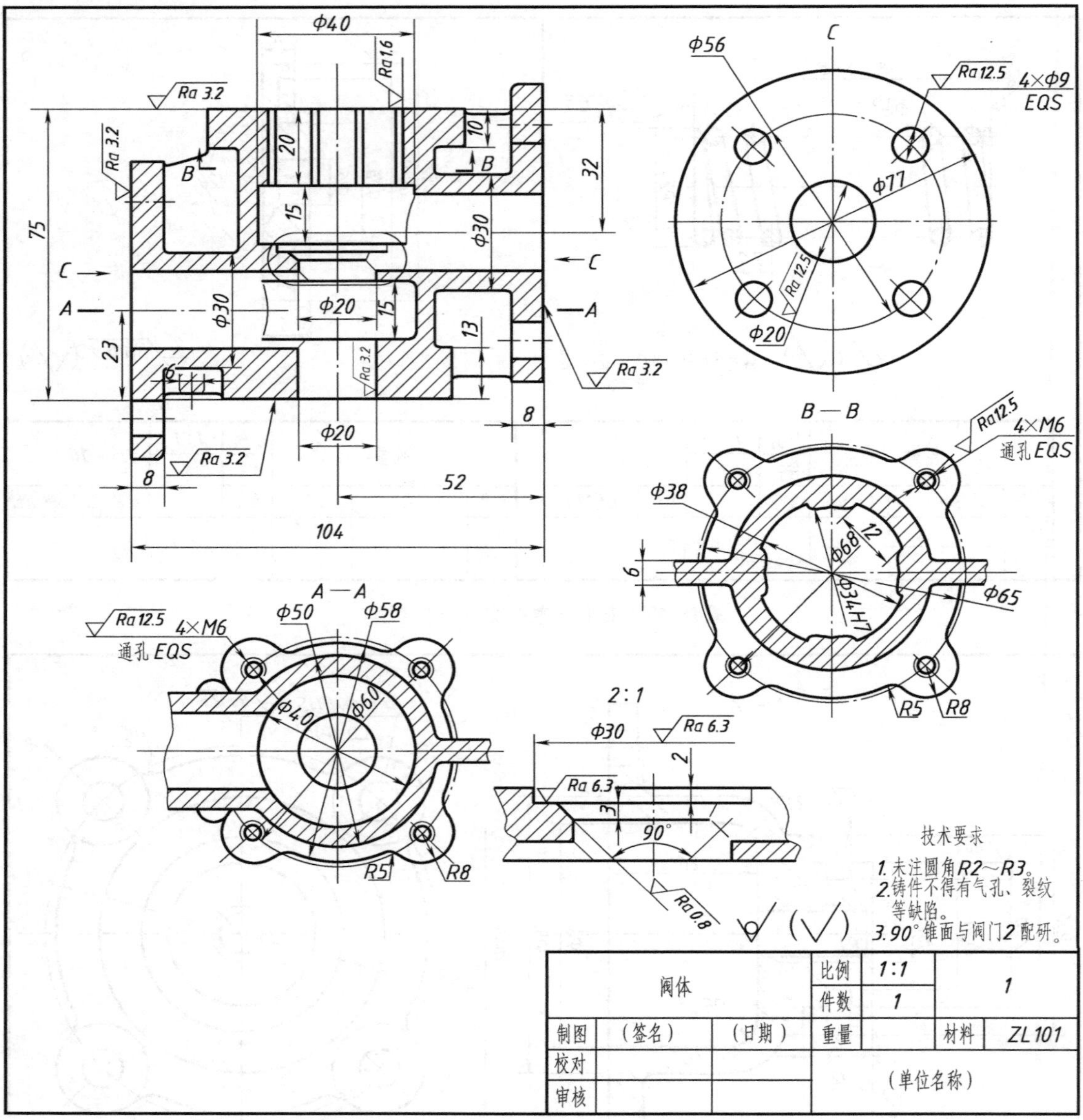

图 10-42　安全阀零件图（三）

2. 确定表达方案

（1）选择主视图　选择主视图的原则是符合部件的工作位置，能清楚表达部件的工作原理、主要的装配关系或其结构特征。安全阀的主要装配干线为阀体的竖直轴线，为了将内部各零件的装配关系反映出来，主视图采用全剖视图。

（2）确定其他视图　分析主视图尚未表达清楚的装配关系或主要零件的结构形状，选择适当的表达方法进行补充。考虑阀体、阀盖、阀帽的外形以及阀体与阀盖间的螺柱连接关系尚未表达，左视图可采用局部剖视图来表达。为了表达阀体与阀盖的安装面形状，可将局部视图画出，如图 10-41 所示。

3. 选比例、定图幅

安全阀的体积不算太大，又是中等复杂程度的装配体，因此最好选 1∶1 的比例画图。选择图纸幅面时，除考虑各个视图所占的幅面以外，还要考虑标题栏、明细栏、技术要求等所占的幅面，故选用 A2 图幅。

4. 合理布置视图，定基准

先在草稿纸上用矩形框规划图面，即把各个视图（包括尺寸和零件编号）、标题栏、明细栏和技术要求，各用一个最大矩形框表示。计算出各个矩形框的尺寸大小，大致规划出它们在选定的图幅中各自的位置。

然后在正规图纸上选好基准，并按照之前的规划布置图面，这样可使图面布置均匀和清晰。例如对于安全阀，首先确定其三个方向的主要基准：长度方向的主要基准选用阀体孔的竖直轴线，宽度方向的主要基准选用前后对称面，高度方向的主要基准选用阀体孔的水平轴线或阀体底面，如图 10-43a 所示。图中画出了各主要基准和辅助基准线，然后规划了标题栏、明细栏和技术要求的位置，以方便准确绘图，并避免绘制多余的图线。

5. 画底稿

在画图顺序上，先从主视图画起，按照“由内向外”的顺序，先画出主要装配干线上的阀门及阀体结构，按装配顺序逐步向四周扩展；再按照投影关系同步画出其他视图的对应部分，这样画出的图层次分明，图形清晰，并可避免多画被挡住零件的不可见轮廓线；最终画出全部零件轮廓结构图，如图 10-43b 所示。

完成底稿后，再画剖面线，如图 10-43c 所示。应注意：同一零件的剖面线在各个视图中的间隔和方向必须完全一致，而相邻两零件的剖面线必须有所区别。

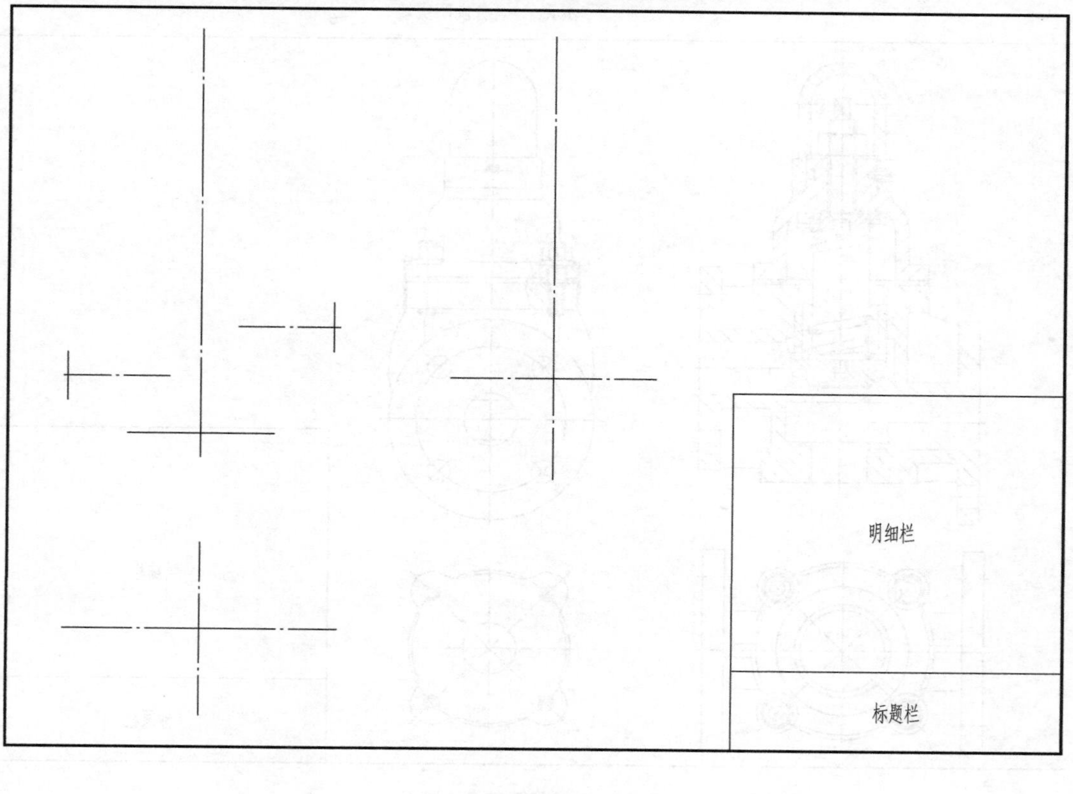

a) 步骤一：布置视图，定基准线

图 10-43　安全阀装配图画图步骤

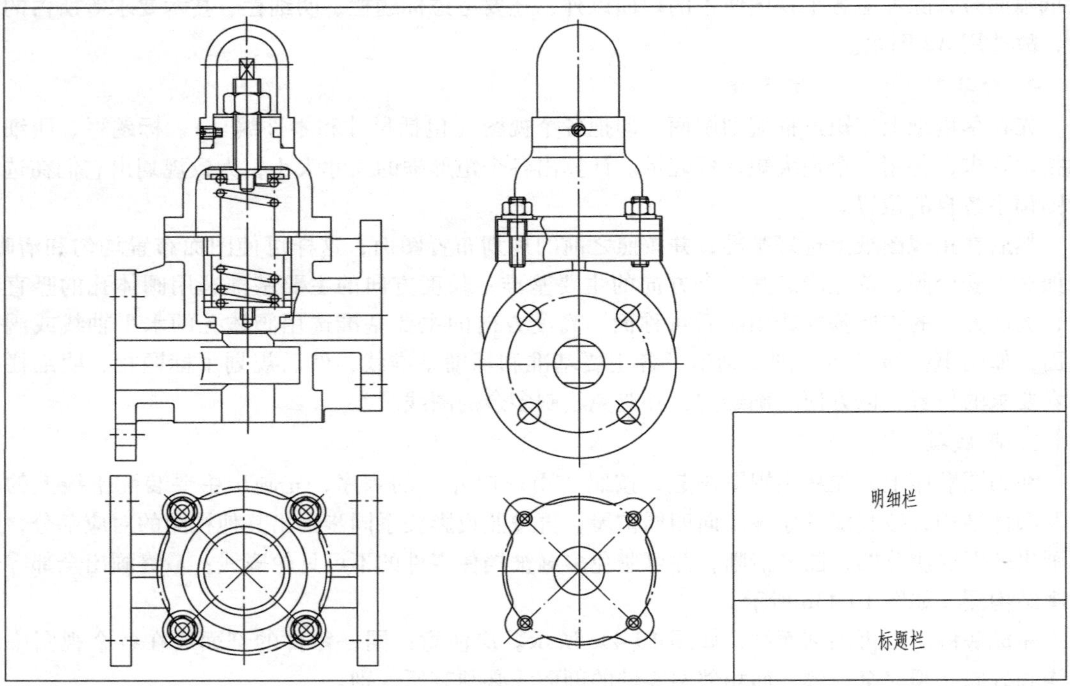

b) 步骤二：画各视图底稿

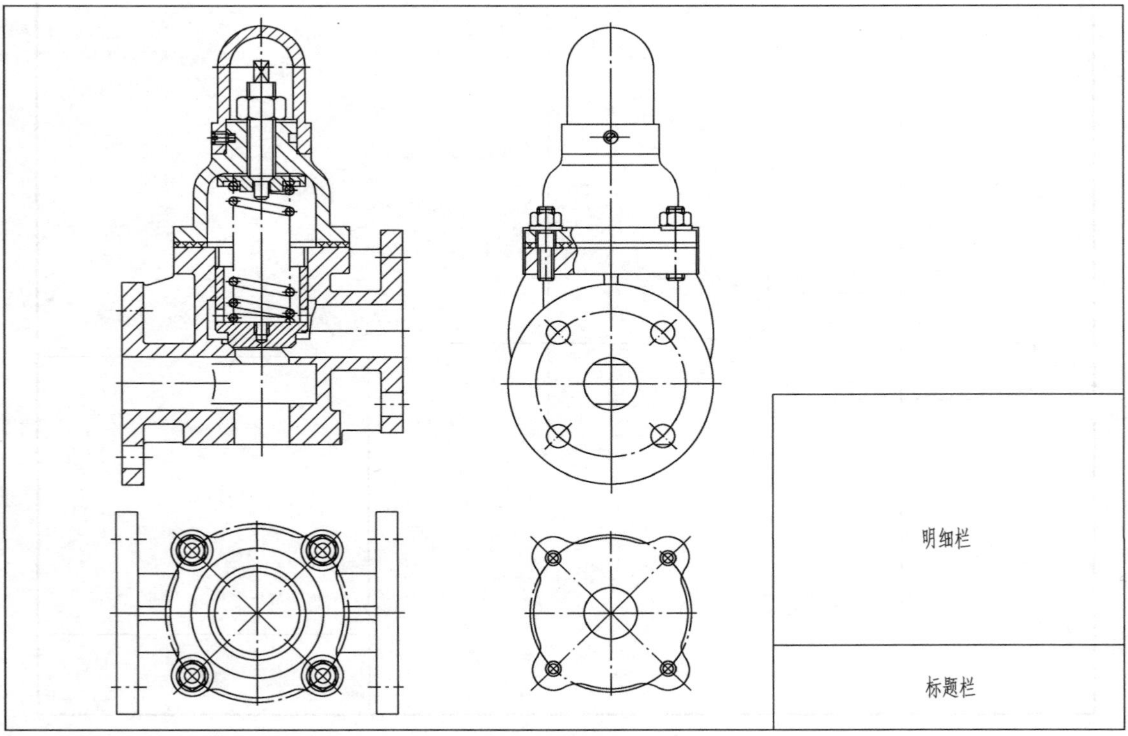

c) 步骤三：画剖面线

图 10-43　安全阀装配图画图步骤（续）

6. 标注装配图尺寸。

7. 为零件编号、填写明细栏、标题栏和技术要求。

8. 检查、加深，完成全图。图 10-44 所示为完整的安全阀装配图。

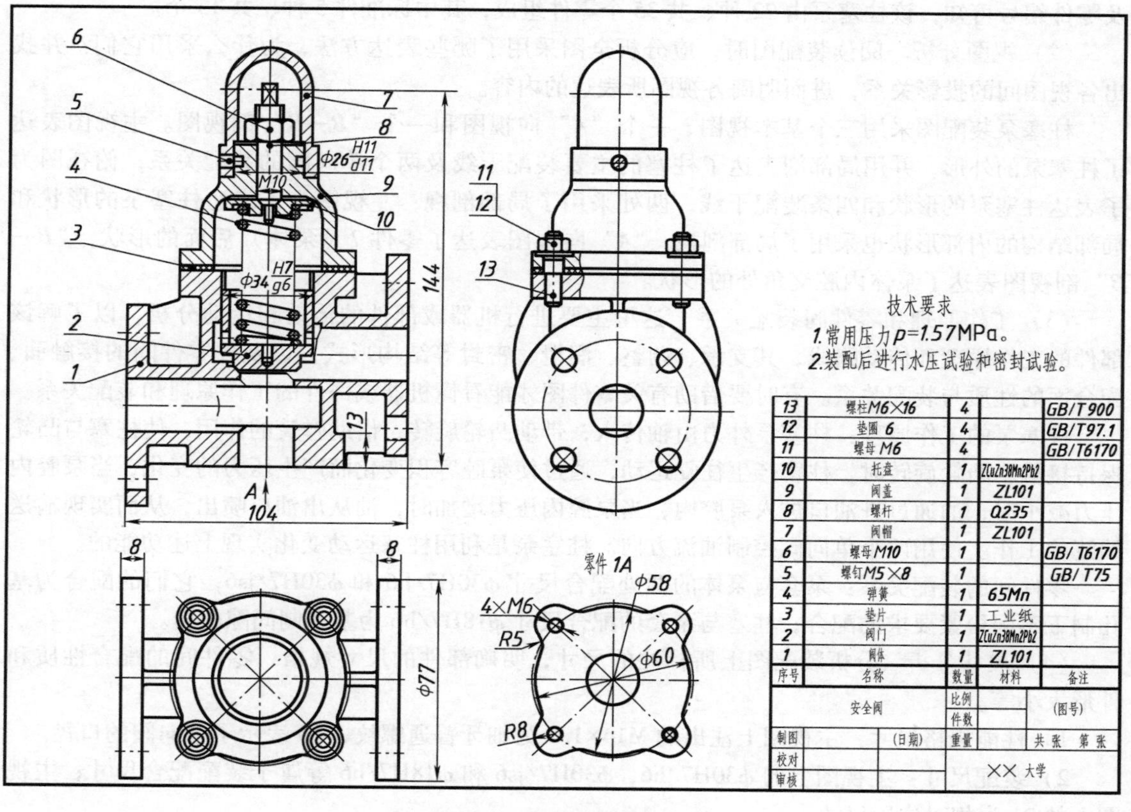

序号	名称	数量	材料	备注
13	螺柱M6×16	4		GB/T900
12	垫圈 6	4		GB/T97.1
11	螺母 M6	4		GB/T6170
10	托盘	1	ZCuZn38Mn2Pb2	
9	阀盖	1	ZL101	
8	螺杆	1	Q235	
7	阀帽	1	ZL101	
6	螺母M10	1		GB/T6170
5	螺钉M5×8	1		GB/T75
4	弹簧	1	65Mn	
3	垫片	1	工业纸	
2	阀门	1	ZCuZn38Mn2Pb2	
1	阀体	1	ZL101	

安全阀		比例		(图号)
		件数		
制图	(日期)	重量		共 张 第 张
校对		××大学		
审核				

图 10-44 安全阀装配图

10.9 读装配图和拆画零件工作图

产品的设计、制造、检验、维修、使用以及进行技术交流、技术革新等，都需要读装配图。因此工程技术人员必须掌握读装配图的方法和步骤，并能够在此基础上从装配图拆画零件图。

10.9.1 读装配图

1. 读装配图要了解的内容

1）了解机器或部件的性能、用途和工作原理。

2）搞清楚各零件的名称、数量、材料及其主要结构形状，以及它们在机器或部件中的作用。

3）了解各零件间的装配关系及机器或部件的拆装顺序。

4）对于复杂的机器或部件，还要搞清楚各系统的原理和构造，如润滑系统、密封装置和安全装置等。

2. 读装配图的方法和步骤

下面以图 10-35 所示柱塞泵为例，说明读装配图的方法和步骤。

（1）概括了解　首先看标题栏和说明书，了解机器或部件的名称，联系实际知识了解其用途。再看明细栏，了解其标准件、非标准件种类及其数量，按序号找出各零件的名称、位置和标准件的规格。

如看图10-35中的标题栏可知其名称为柱塞泵，泵是润滑系统中重要的组成部件。从明细栏及零件编号可知，该柱塞泵由22种、共35个零件组成，其中标准件5种、共13个。

（2）视图分析　阅读装配图时，应分析全图采用了哪些表达方法，为什么采用它们？并找出各视图间的投影关系，进而明确各视图所表达的内容。

柱塞泵装配图采用三个基本视图、一个“*A*”向视图和一个“*B*—*B*”剖视图。主视图表达了柱塞泵的外形，并用局部剖表达了柱塞的主要装配干线及两个单向阀的装配关系；俯视图为了表达柱塞泵的形状和四条装配干线，两处采用了局部剖视；左视图为了表达柱塞泵的形状和局部结构的内部形状也采用了局部剖视；“*A*”向视图表达了零件7（泵体）后面的形状，“*B*—*B*”剖视图表达了泵体内腔交角处的形状。

（3）工作原理和零件间装配关系　这里主要进行机器或部件的传动和运动分析，以了解该部件的工作原理和传动路线，其支承、调整、润滑、密封等结构形式，以及各零件间的接触面、配合面的性质与装配关系。有时要借助有关零件图才能看懂机器或部件的工作原理和装配关系。

柱塞泵的工作原理：柱塞泵外力由轴传入，带动凸轮旋转，借助弹簧的作用，使柱塞与凸轮保持接触；凸轮旋转时，柱塞产生往复运动，通过使泵腔容积变化而产生压力的变化，当泵腔内压力减小时，油通过进油口进入泵腔内，当泵腔内压力增加时，油从出油口喷出，从而实现输送油流的工作。使用两个单向阀控制油流方向。柱塞泵是利用柱塞运动变化实现上述功能的。

零件间的装配关系：泵套与泵体的两处配合尺寸ϕ30H7/h6和ϕ30H7/js6，它们的配合为基孔制下不同松紧要求的配合；柱塞与泵套的配合尺寸ϕ18H7/h6为基孔制间隙配合。

（4）尺寸分析　分析装配图上所标注的尺寸，明确部件的尺寸规格，零件间的配合性质和外形大小等。

1）性能规格尺寸：主视图上注出的M14×1.5为细牙普通螺纹，ϕ5表示了单向阀的口径。

2）装配尺寸：主视图上的ϕ30H7/h6，ϕ30H7/js6和ϕ18H7/h6等属于装配配合尺寸；主视图上的91为相对位置尺寸。

3）安装尺寸：尺寸120、74和4×ϕ9等为安装尺寸。

4）总体尺寸：尺寸175、90、122是柱塞泵的总体尺寸。

（5）零件分析　零件分析就是要弄清每个零件的结构形状、作用以及与相邻零件间的装配关系。一台机器或部件中的标准件和常用件一般容易看懂，对特制零件常从主要零件开始，并运用如下方法来区分和确定各零件的结构形状、功用和装配关系。

1）根据零件序号，对照明细栏，找出零件的规格、数量、材料，确定零件在装配图中的位置，并帮助了解零件的作用。

2）借助直尺、圆规，按投影关系找出某零件的其他视图，即可判别该零件的结构形状。

3）根据零件剖面线的方向和间隔的异同，区分零件的轮廓范围。

4）根据装配图上所标注的配合代号，可以了解零件间的配合关系。

5）根据常用零件、紧固件和常见结构的规定画法，可以识别有关零件，如齿轮、螺钉、轴承、密封结构等。

6）利用相互连接零件的接触面形状大致相同的特点；利用一般零件的结构对称的特点，特别是回转体以轴线为对称线的性质，可以帮助想象零件的结构形状。

对于柱塞泵中比较复杂的零件都要详细分析。例如，泵体是一个主要零件，应认真分析三视图和“*A*”向视图、“*B*—*B*”剖视图，并运用零件结构对称的特点想出泵体前端盖处的结构。由俯视图、左视图和“*A*”向视图可知，泵体底板处有安装用的四个螺栓孔和两定位销孔；泵体内部为空腔结构，以便容纳轴、凸轮、柱塞等运动件；前、后两面及左端部有孔，以便安装衬套、衬盖、泵套等零件，这样逐次分析即可得出泵体的完整结构。其他零件可也用同样方法一一分析清楚。

（6）归纳总结　对装配图进行上述分析后，还要进一步的综合分析。除了结构分析外，还要对技术要求、全部尺寸和拆装顺序等进行全面的分析，最后对机器或部件形成一个完整的概念，为下一步拆画零件图打下基础。柱塞泵的全貌参看图 10-31 所示柱塞泵立体图。

上述读装配图的方法和步骤仅是一个概括说明，实际上读装配图的几个步骤往往是交替进行的。只有通过不断实践，才能掌握读图的规律和提高读图的能力。

10.9.2　由装配图拆画零件图

由装配图拆画零件图是设计工作中的一个重要环节，应在看懂装配图的基础上进行。首先应明确零件的结构形状、选择恰当的表达方法，然后解决零件的尺寸和技术要求等问题。

1. 拆画零件图的要求

1）画图前，必须认真阅读装配图，全面了解设计意图，弄清楚工作原理、装配关系、技术要求和每个零件的结构形状。

2）画图时，不但要从设计方面考虑零件的作用和要求，而且要从工艺方面考虑零件的制造和装配，应使所画的零件图符合设计和工艺要求。

2. 拆画零件图的步骤

（1）零件分类　根据零件编号和明细栏，了解整台机器或部件所含零件的种数，然后将它们进行如下分类：

1）标准件：标准件大部分属于外购件，不需要画出零件图，只要将它们的序号及规定的标记代号列表即可。

2）常用零件：常用件要画零件图，其尺寸按装配图提供的或设计计算的结果来绘图（例如齿轮等）。

3）一般零件：一般零件是拆画零件图的主要对象，其中有一些借用件或特殊件等。若有现成的零件图可以借用，则不必再画零件图。

（2）分离零件　分离零件是拆画零件图关键的一步，它是在读懂装配图的基础上，按照零件各自真实结构和形状将其从装配图中分离出来，既不能丢失，也不能额外增加部分结构。

（3）确定表达方案　拆画零件图时，零件的表达方案是根据零件的结构形状特点考虑的，不强求与装配图一致。在多数情况下，壳体类、箱体类零件的主视图所选的位置可以与装配图一致。这样方便绘图，装配机器时也便于对照。对于轴套类零件，一般按加工位置选取主视图。

（4）处理零件结构形状

1）补画在装配图中被遮去的结构和线条，可以利用零件的对称性、常见结构的特点加以想象。

2）在装配图上允许不画的某些标准结构（如倒角、圆角、退刀槽等），在零件图中要补画出来。

3）有些在装配图中没有必要表达清楚的结构，在拆画零件图时，必须从设计和工艺的要求，将这些结构全部表达清楚，如图 10-45 和图 10-46 所示的例子。

4）在装配机器时，有些零件因铆合连接或卷边连接而变形，拆画零件图时要画出零件变形前的形状，如图 10-47 和图 10-48 所示的例子。

（5）零件图的尺寸来源

1）抄：装配图上已注出的尺寸，在有关零件图上直接标注。

2）查：两相配合零件的配合尺寸，应查出相应极限偏差数值，分别标注在对应的零件图上。重要的相对位置尺寸也要注出极限偏差数值；与标准件相关联的尺寸，如螺孔尺寸、销孔直径等，也应查表并标注在对应的零件结构上；明细栏中给定的尺寸参数，查取后应标注在对应的零件图上；标准结构如倒角、沉孔、螺纹退刀槽等的尺寸，也应从有关表格中查取。

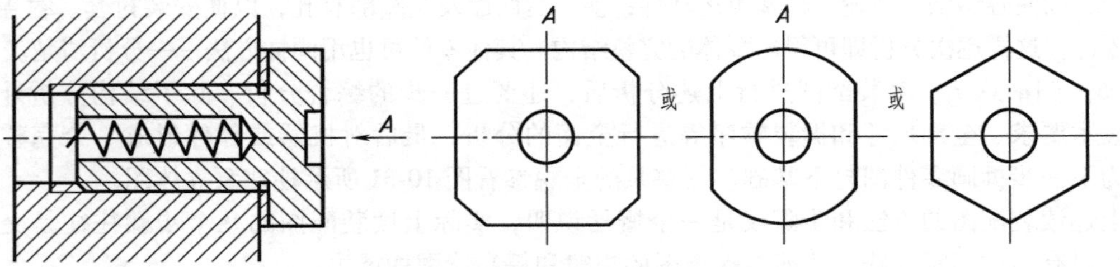

图 10-45　螺塞的形状

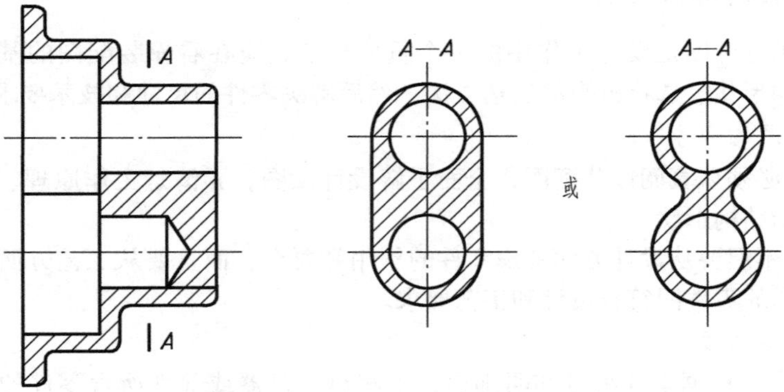

图 10-46　泵盖的断面形状

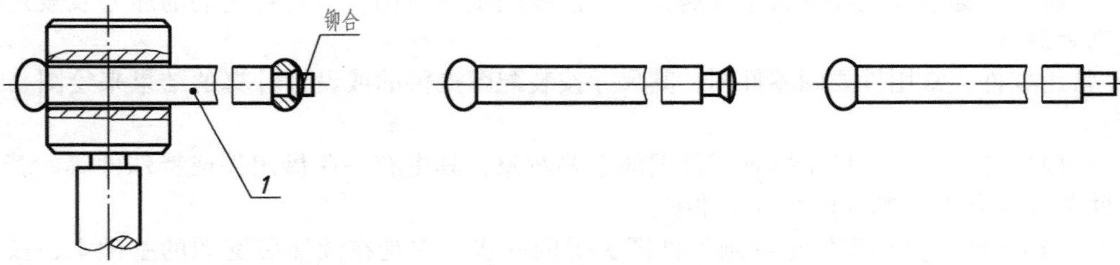

a) 装配图　　b) 零件1的错误形状　　c) 零件1的正确形状

图 10-47　画出铆合前的形状

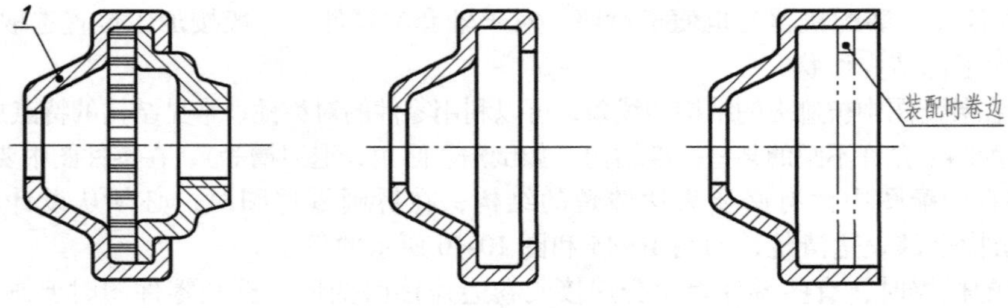

a) 装配图　　b) 零件1的错误形状　　c) 零件1的正确形状

图 10-48　画出卷边前的形状

3）算：根据装配图中给出的尺寸参数，计算出零件的有关尺寸，如齿轮分度圆直径和齿顶圆直径等。

4）量：除了前面可得的尺寸外，零件图的其他尺寸，都可由装配图中直接量取，把量得数值乘以对应比例的倒数，并尽量圆整以符合尺寸标准系列。

前面所述的零件图尺寸标注原理仍然适用，尺寸标注仍应综合考虑设计和工艺要求，标注得完整、清晰和合理。特别要注意的是：同一部件中关联零件间的关联尺寸应标注一致，如泵体和泵盖螺栓连接孔的定位尺寸必须一致。

（6）零件图中技术要求的确定　技术要求在零件图中占重要地位，它直接影响零件的加工质量，但它涉及许多专业知识，这里只简单介绍几种确定技术要求的方法，更多经验要靠以后慢慢积累。

1）抄：装配图中给出的技术要求，在零件图中照抄。如零件的材料、配合代号等。

2）类比：将拆画的零件和其他部件的类似零件相比较，取相似的技术要求，如表面结构参数、表面处理、几何公差等。

3）设计确定：根据理论分析、计算和经验确定技术要求的内容。

（7）检查完成全图　略。

3. 拆画零件图举例

以拆画图10-35所示柱塞泵装配图中的泵体7为例，说明拆画零件图时应注意的问题。

（1）构思零件的结构形状　根据零件序号7和剖面线的方向，在装配图的各视图上找到泵体的投影，确定泵体的整个轮廓，想出结构形状。从装配图中分离泵体7的图形，如图10-49所示；补全被遮挡部分投影后所得的视图，如图10-50所示。

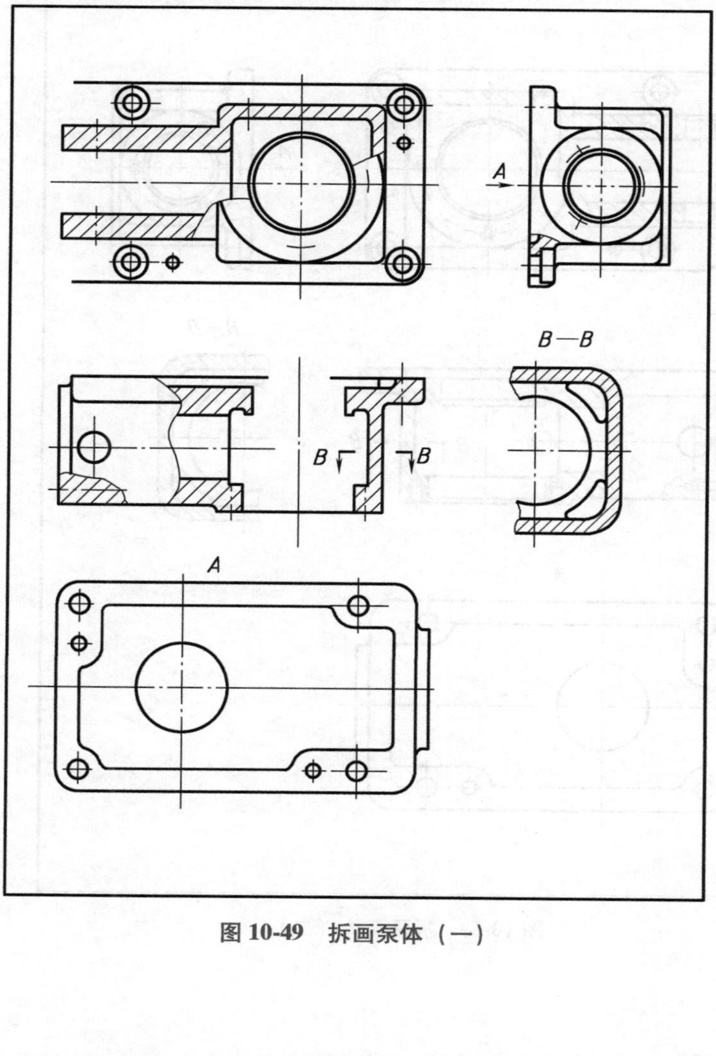

图10-49　拆画泵体（一）

从装配图中可看出，泵体右前面有一圆柱形凸台，内有 ϕ50H7 的孔，与 ϕ50h6 的衬盖相配合。在圆周上均布四个不通的螺纹孔，凸台伸入泵体内腔部分仍为圆柱体，因壁厚较薄，在四个螺孔处有四块加强肋板，与圆柱凸台连成一体，以便加工螺纹孔。其余结构仍可根据各视图上的投影关系，逐一构思其形状。

（2）确定表达方案　由于装配图中泵体 7 的主视图不符合零件的主视图选择原则，故其主视图应根据零件的结构特点重新选择，现将泵体 7 的安装基面朝下，主、俯、左三个视图仍然采用局部剖，并用 *A* 向局部视图和 *B*—*B* 剖视图表达泵体 7，如图 9-56 所示。

（3）补全零件的结构　装配图并没有把每个零件的所有结构都表达清楚，但零件图必须把每一个结构都表达清楚。如装配图中泵体 7 内腔的凸台厚度并没有表示出来，但应在零件图上表示清楚，故在主视图中用虚线画出。某些倒角等结构也应在零件图上表达出来，如图 9-56 所示。

（4）尺寸标注　在泵体零件图上标注尺寸时，首先把装配图上已注出的与泵体有关的尺寸直接标出，如 ϕ50H7、ϕ42H7、ϕ30H7、32、91 等。各螺孔的尺寸可根据明细栏中螺钉的规格确定，如 3×M6-6H、4×M6-6H；泵体左端两螺纹孔的尺寸可根据单向阀体的螺纹尺寸，查表取标准值确定，如 ϕ20、M14×1. 5-6H。

（5）技术要求　参考有关表面结构参数的资料，选定泵体各加工表面的结构参数；根据泵体加工、检验、装配等要求及柱塞泵的工作情况，注出相应的技术要求，如图 9-56 所示。

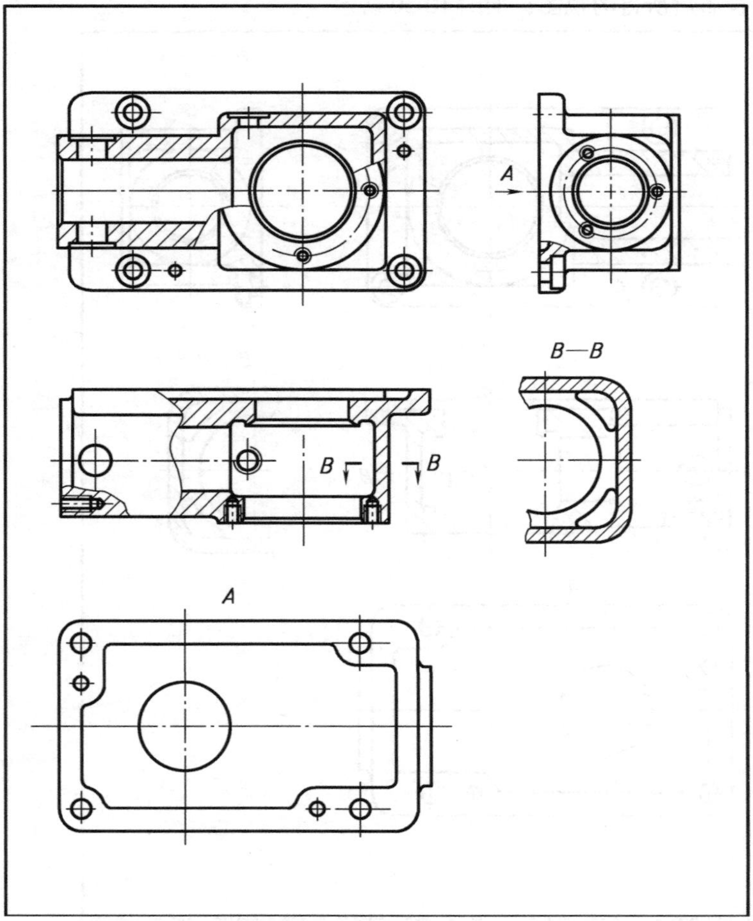

图 10-50　拆画泵体（二）

思政拓展
大国工匠：大任担当

附　　录

附录 A　标准结构（摘录）

一、普通螺纹（根据 GB/T 193—2003 和 GB/T 196—2003）

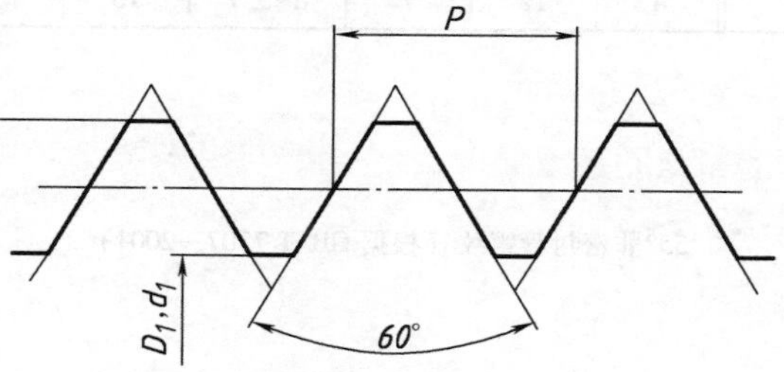

标记示例：

公称直径为 24mm，螺距为 3mm，右旋粗牙普通螺纹，中径和顶径公差带代号均为 6g，其标记：M24

公称直径为 24mm，螺距为 1.5mm，左旋细牙普通螺纹，中径和顶径公差带代号均为 6H，其标记：M24×1.5-6H-LH

内、外螺纹旋合的标记示例：M16-6H / 6g

附表 A1　普通螺纹直径与螺距、基本尺寸　　（单位：mm）

公称直径 D、d		螺距 P		粗牙小径	公称直径 D、d		螺距 P		粗牙小径
第一系列	第二系列	粗牙	细牙	D_1、d_1	第一系列	第二系列	粗牙	细牙	D_1、d_1
3		0.5	0.35	2.459	16		2	1.5,1	13.835
4		0.7	0.5	3.242		18	2.5	2,1.5,1	15.294
5		0.8		4.134	20				17.294
6		1	0.75	4.917		22			19.294
8		1.25	1,0.75	6.647	24		3		20.752
10		1.5	1.25,1,0.75	8.376	30		3.5	(3),2,1.5,1	26.211
12		1.75	1.5,1.25,1	10.106	36		4	3,2,1.5	31.670
	14	2	1.5,(1.25),1	11.835		39			34.670

注：应优先选用第一系列，括号内尺寸尽可能不用。

二、普通螺纹倒角和退刀槽（根据 GB/T 3—1997）、螺纹紧固件的螺纹倒角（根据 GB/T 2—2001）

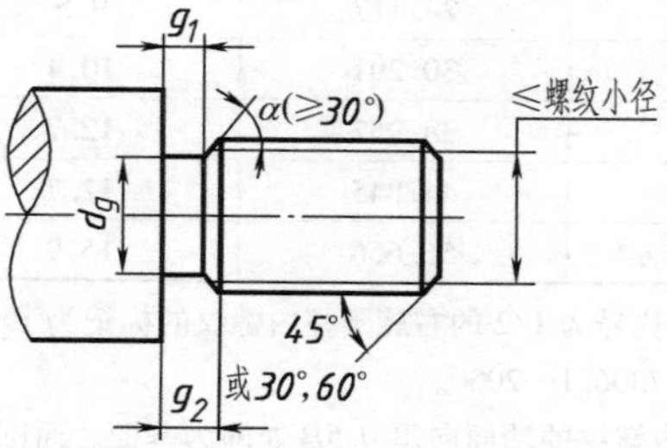

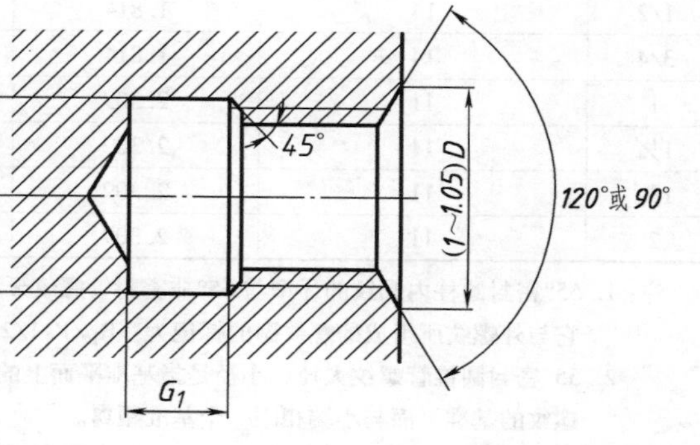

附表 A2　普通螺纹退刀槽尺寸　（单位：mm）

螺距	外螺纹			内螺纹		螺距	外螺纹			内螺纹	
	g_{2max}	g_{1min}	d_g	G_1	D_g		g_{2max}	g_{1min}	d_g	G_1	D_g
0.5	1.5	0.8	d-0.8	2		1.75	5.25	3	d-2.6	7	
0.7	2.1	1.1	d-1.1	2.8	D+0.3	2	6	3.4	d-3	8	
0.8	2.4	1.3	d-1.3	3.2		2.5	7.5	4.4	d-3.6	10	D+0.5
1	3	1.6	d-1.6	4		3	9	5.2	d-4.4	12	
1.25	3.75	2	d-2	5	D+0.5	3.5	10.5	6.2	d-5	14	
1.5	4.5	2.5	d-2.3	6		4	12	7	d-5.7	16	

注：1. D_g 公差为 H13。

2. D、d 为螺纹公称直径。

三、管螺纹

55°密封管螺纹（根据 GB/T 7306.2—2000）

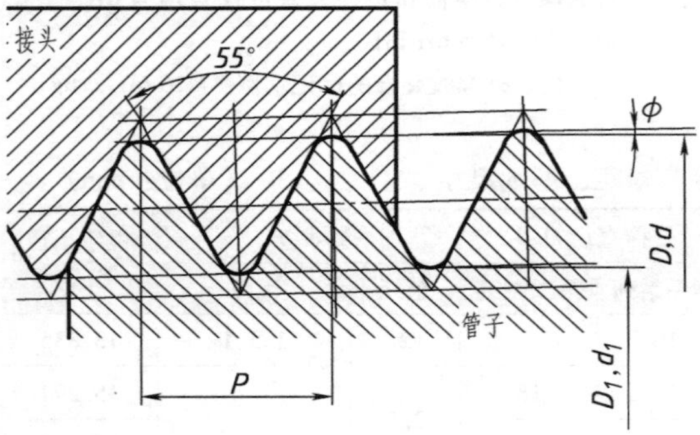

标记示例：

尺寸代号为 1/2 的右旋圆锥外螺纹的标记：$R_2$1/2

尺寸代号为 1/2 的右旋圆锥内螺纹的标记：Rc1/2

上述内、外螺纹所组成的螺纹副的标记：Rc/$R_2$1/2

当上述螺纹均为左旋时的标记：Rc/$R_2$1/2LH

55°非密封管螺纹（根据 GB/T 7307—2001）

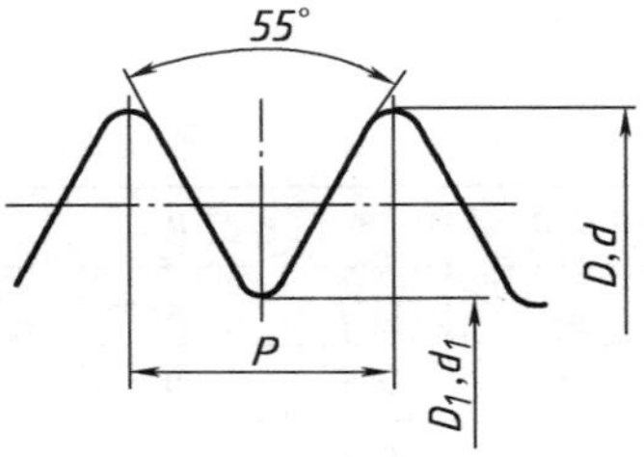

标记示例：

尺寸代号为 1/2 的 A 级右旋外螺纹的标记：G1/2A

尺寸代号为 1/2 的右旋内螺纹的标记：G1/2

上述右旋内、外螺纹所组成的螺纹副的标记：G1/2A

当上述螺纹为左旋时的标记：G1/2A-LH

附表 A3　管螺纹尺寸代号及基本尺寸　（单位：mm）

尺寸代号	每 25.4mm 内的牙数 n	螺距 P/mm	大径 $D=d$/mm	小径 $D_1=d_1$/mm	基准距离/mm
1/4	19	1.337	13.157	11.445	6
3/8	19	1.337	16.662	14.950	6.4
1/2	14	1.814	20.955	18.631	8.2
3/4	14	1.814	26.441	24.117	9.5
1	11	2.309	33.249	30.291	10.4
1¼	11	2.309	41.910	38.952	12.7
1½	11	2.309	47.803	44.845	12.7
2	11	2.309	59.614	56.656	15.9

注：1. 55°密封圆柱内螺纹的牙型与 55°非密封管螺纹牙型相同，尺寸代号为 1/2 的右旋圆柱内螺纹的标记为 Rp1/2；它与外螺纹所组成的螺纹副的标记为：Rp/$R_1$1/2。详见 GB/T 7306.1—2000。

2. 55°密封圆锥管螺纹大径、小径是指基准平面上的尺寸。圆锥内螺纹的端面向里 0.5P 处即为基面，而圆锥外螺纹的基准平面与小端相距一个基准距离。

3. 55°密封管螺纹的锥度为 1∶16，即 $\phi=1°47'24''$。

四、梯形螺纹（根据 GB/T 5796.2—2005 和 GB/T 5796.3—2005）

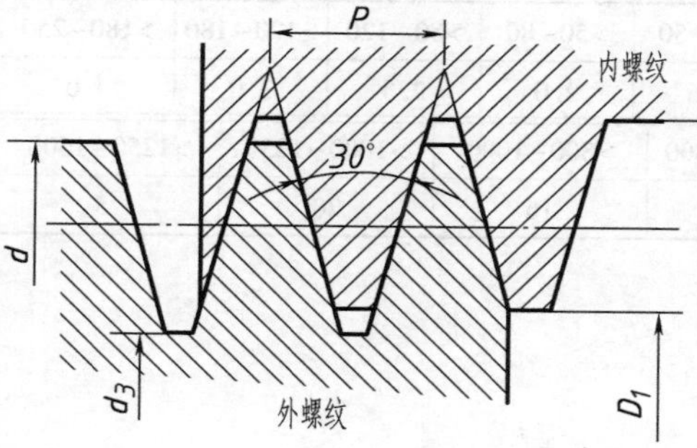

标记示例：

公称直径为 28mm、螺距为 5mm、中径公差带代号为 7H 的单线右旋梯形内螺纹，其标记：Tr28×5-7H

公称直径为 28mm、导程为 10mm、螺距为 5mm、中径公差带代号为 7e 的双线左旋梯形外螺纹，其标记：Tr28×10(P5)-7e

内、外螺纹旋合所组成的螺纹副的标记示例：Tr24×8-7H/7e

附表 A4　梯形螺纹直径与螺距系列、基本尺寸　　（单位：mm）

公称直径 d		螺距	大径	小径		公称直径 d		螺距	大径	小径	
第一系列	第二系列	P	D_4	d_3	D_1	第一系列	第二系列	P	D_4	d_3	D_1
16		2	16.500	13.500	14.000	24		3	24.500	20.500	21.000
		[4]		11.500	12.000			[5]		18.500	19.000
	18	2	18.500	15.500	16.000			8	25.000	15.000	16.000
		[4]		13.500	14.000		26	3	26.500	22.500	23.000
20		2	20.500	17.500	18.000			[5]		20.500	21.000
		[4]		15.500	16.000			8	27.000	17.000	18.000
	22	3	22.500	18.500	19.000	28		3	28.500	24.500	25.000
		[5]		16.500	17.000			[5]		22.500	23.000
		8	23.000	13.000	14.000			8	29.000	19.000	20.000

注：优先选用方框内的螺距。

五、零件倒角与倒圆（根据 GB/T 6403.4—2008）

型式

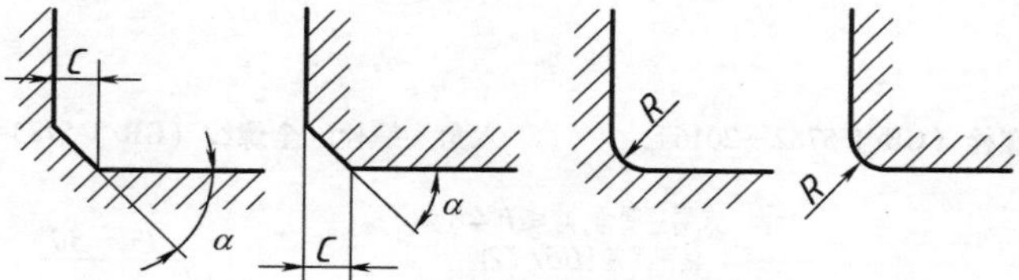

α一般为45°，也可采用30°或60°

装配型式

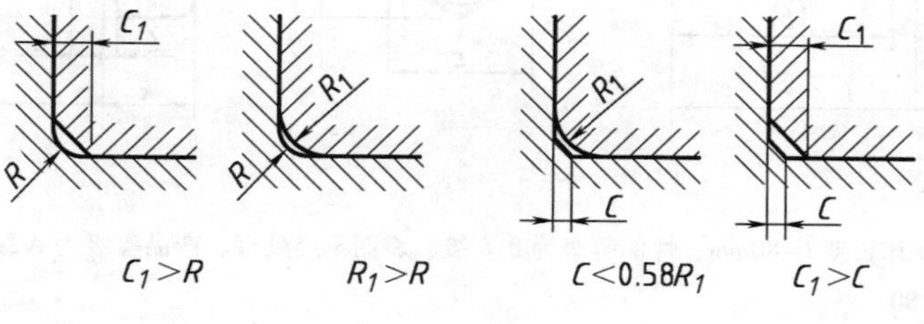

附表 A5　零件倒角与倒圆尺寸　　（单位：mm）

d、D	<3	>3~6	>6~10	>10~18	>18~30	>30~50	>50~80	>80~120	>120~180	>180~250
C、R	0.2	0.4	0.6	0.8	1.0	1.6	2.0	2.5	3.0	4.0

d、D	>250~320	>320~400	>400~500	>500~630	>630~800	>800~1000	>1000~1250	>1250~1600
C、R	5.0	6.0	8.0	10	12	16	20	25

六、砂轮越程槽（根据 GB/T 6403.5—2008）

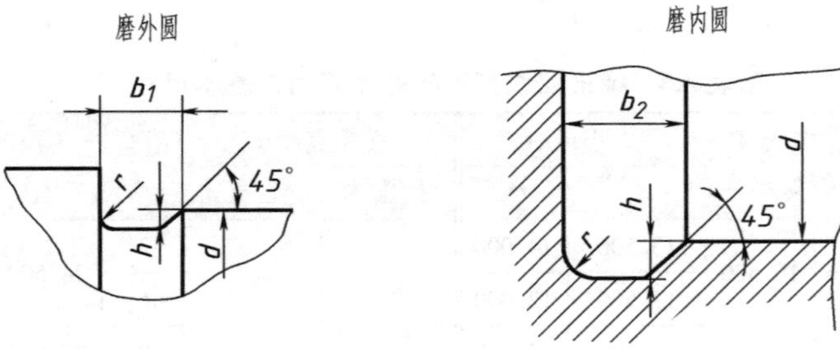

附表 A6　砂轮越程槽尺寸　　（单位：mm）

d	<10			>10~50		>50~100		>100	
b_1	0.6	1.0	1.6	2.0	3.0	4.0	5.0	8.0	10
b_2	2.0	3.0		4.0		5.0		8.0	10
h	0.1	0.2		0.3	0.4		0.6	0.8	1.2
r	0.2	0.5		0.8	1.0		1.6	2.0	3.0

附录 B　标准件（摘录）

一、六角头螺栓

六角头螺栓（GB/T 5782—2016）　　六角头螺栓　全螺纹（GB/T 5783—2016）

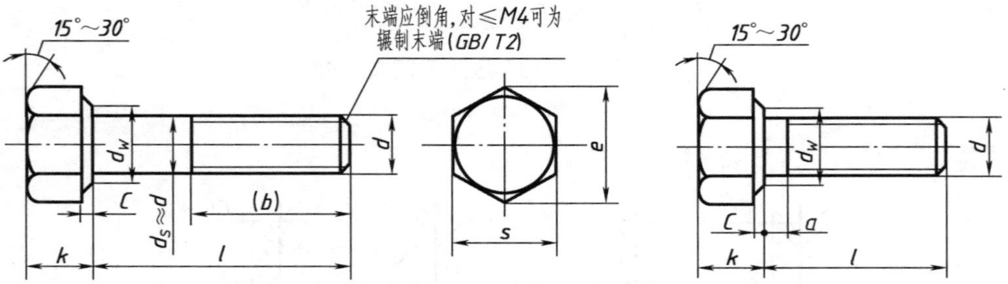

标记示例：

螺纹规格 d=M12、公称长度 l=80mm、性能等级为 8.8 级、表面不经处理、产品等级为 A 级的六角头螺栓，其标记：螺栓　GB/T 5782　M12×80

若为全螺纹，则其标记：螺栓　GB/T 5783　M12×80

附表 B1 六角头螺栓各部分尺寸 （单位：mm）

螺纹规格 d			M3	M4	M5	M6	M8	M10	M12	M16	M20	M24	M30	M36
e min	产品等级	A	6.01	7.66	8.79	11.05	14.38	17.77	20.03	26.75	33.53	39.98	—	—
		B	5.88	7.50	8.63	10.89	14.20	17.59	19.85	26.17	32.95	39.55	50.85	60.79
s 公称=max			5.5	7	8	10	13	16	18	24	30	36	46	55
k 公称			2	2.8	3.5	4	5.3	6.4	7.5	10	12.5	15	18.7	22.5
c	max		0.4	0.4	0.5	0.5	0.6	0.6	0.6	0.8	0.8	0.8	0.8	0.8
	min		0.15	0.15	0.15	0.15	0.15	0.15	0.15	0.2	0.2	0.2	0.2	0.2
d_w min	产品等级	A	4.57	5.88	6.88	8.88	11.63	14.63	16.63	22.49	28.19	33.61	—	—
		B	4.45	5.74	6.74	8.74	11.47	14.47	16.47	22	27.7	33.25	42.75	51.11
GB/T 5782—2016	b 参考	l≤125	12	14	16	18	22	26	30	38	46	54	66	—
		125<l≤200	18	20	22	24	28	32	36	44	52	60	72	84
		l>200	31	33	35	37	41	45	49	57	65	73	85	97
	l 范围		20~30	25~40	25~50	30~60	40~80	45~100	50~120	65~160	80~200	90~240	110~300	140~360
GB/T 5783—2016	a	max	1.5	2.1	2.4	3	4	4.5	5.3	6	7.5	9	10.5	12
		min	0.5	0.7	0.8	1	1.25	1.5	1.75	2	2.5	3	3.5	4
	l 范围		6~30	8~40	10~50	12~60	16~80	20~100	25~120	30~200	40~200	50~200	60~200	70~200

注：1. 标准规定螺栓的螺纹规格 d=M1.6~M64。

2. 标准规定螺栓公称长度 l 系列（单位为 mm）：2，3，4，5，6，8，10，12，16，20~65（5 进位），70~160（10 进位），180~500（20 进位）。GB/T 5782 的公称长度 l 为 12~500mm，GB/T 5783 的 l 为 2~200mm。

3. 产品等级 A、B 是根据公差取值不同而定的，A 级公差小，A 级用于 d=1.6~24mm 和 $l≤10d$ 或 l≤150mm 的螺栓，B 级用于 d>24mm 或 $l>10d$ 或 l>150mm 的螺栓。

4. 材料为钢的螺栓性能等级有 5.6、8.8、9.8、10.9。其中 8.8 级为常用。8.8 级前面的数字 8 表示公称抗拉强度（单位为 MPa）的 1/100，后面的数字 8 表示公称屈服强度（单位为 MPa）或公称规定塑性伸长应力（单位为 MPa）与公称抗拉强度（σ_b）的比值（屈强比）的 10 倍。

二、双头螺柱

GB/T 897—1988（$b_m=1d$）
GB/T 898—1988（$b_m=1.25d$）
GB/T 899—1988（$b_m=1.5d$）
GB/T 900—1988（$b_m=2d$）

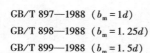

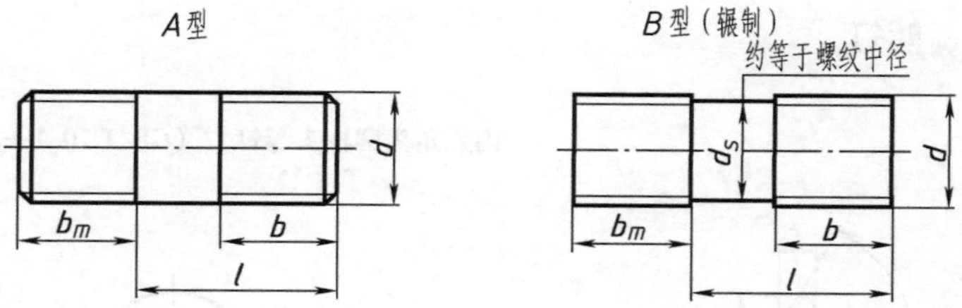

标记示例：

两端均为粗牙普通螺纹，d=10mm、l=50mm、性能等级为 4.8 级、不经表面处理、B 型、$b_m=1d$ 的双头螺柱，其标记：螺柱 GB/T 897 M10×50

若为 A 型，则其标记：螺柱 GB/T 897 AM10×50

附表 B2　双头螺柱各部分尺寸　　（单位：mm）

螺纹规格 d		M3	M4	M5	M6	M8	M10	M12	M16	M20	M24
b_m 公称	GB/T 897—1988	—	—	5	6	8	10	12	16	20	24
	GB/T 898—1988	—	—	6	8	10	12	15	20	25	30
	GB/T 899—1988	4.5	6	8	10	12	15	18	24	30	36
	GB/T 900—1988	6	8	10	12	16	20	24	32	40	48
$\frac{l}{b}$		$\frac{16\sim20}{6}$ $\frac{(22)\sim40}{12}$	$\frac{16\sim(22)}{8}$ $\frac{25\sim40}{14}$	$\frac{16\sim(22)}{10}$ $\frac{25\sim50}{16}$	$\frac{20\sim(22)}{10}$ $\frac{25\sim30}{14}$ $\frac{(32)\sim(75)}{18}$	$\frac{20\sim(22)}{12}$ $\frac{25\sim30}{16}$ $\frac{(32)\sim90}{22}$	$\frac{25\sim(28)}{14}$ $\frac{30\sim(38)}{16}$ $\frac{40\sim120}{26}$ $\frac{130}{32}$	$\frac{25\sim30}{16}$ $\frac{(32)\sim40}{20}$ $\frac{45\sim120}{30}$ $\frac{130\sim180}{36}$	$\frac{30\sim(38)}{20}$ $\frac{40\sim(55)}{30}$ $\frac{60\sim120}{38}$ $\frac{130\sim200}{44}$	$\frac{35\sim40}{25}$ $\frac{45\sim(65)}{35}$ $\frac{70\sim120}{46}$ $\frac{130\sim200}{52}$	$\frac{45\sim50}{30}$ $\frac{(55)\sim(75)}{45}$ $\frac{80\sim120}{54}$ $\frac{130\sim200}{60}$

注：1. GB/T 897—1988 和 GB/T 898—1988 规定的螺纹规格 d=M5~M48，公称长度 l=16~300mm；GB/T 899—1988 和 GB/T 900—1988 规定螺柱的螺纹规格 d=M2~M48，公称长度 l=12~300mm。

2. 螺柱公称长度 l 系列（单位为 mm）：12，(14)，16，(18)，20，(22)，25，(28)，30，(32)，35，(38)，40，45，50，(55)，60，(65)，70，(75)，80，(85)，90，(95)，100~260（10 进位），280，300，尽可能不采用括号内的数值。

3. 材料为钢的螺柱性能等级有 4.8、5.8、6.8、8.8、10.9、12.9，其中 4.8 级为常用。具体可参见附表 B1 的注 4。

三、螺钉

内六角头圆柱头螺钉　（GB/T 70.1—2008）

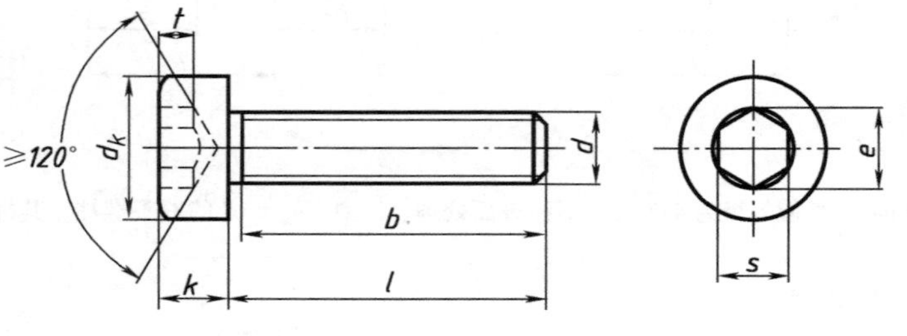

标记示例：

螺纹规格 d=M5、公称长度 l=20mm、性能等级为 8.8 级、表面氧化的 A 级内六角圆柱头螺钉，其标记：螺钉　GB/T 70.1　M5×20

附表 B3-1 内六角头螺钉各部分尺寸 （单位：mm）

螺纹规格 d	M2.5	M3	M4	M5	M6	M8	M10	M12	M16	M20	M24	M30	M36
d_k max	4.5	5.5	7	8.5	10	13	16	18	24	30	36	45	54
k max	2.5	3	4	5	6	8	10	12	16	20	24	30	36
t min	1.1	1.3	2	2.5	3	4	5	6	8	10	12	15.5	19
s	2	2.5	3	4	5	6	8	10	14	17	19	22	27
e	2.3	2.87	3.44	4.58	5.72	6.86	9.15	11.43	16	19.44	21.73	25.15	30.85
b(参考)	17	18	20	22	24	28	32	36	44	52	60	72	84
l范围	4~25	5~30	6~40	8~50	10~60	12~80	16~100	20~120	25~160	30~200	40~200	45~200	55~200

注：1. 标准规定螺钉的螺纹规格 d=M1.6~M64。

2. 公称长度 l 系列（单位为 mm）：2.5，3，4，5，6~16（2 进位），20~65（5 进位），70~160（10 进位），180~300（20 进位）。

3. 材料为钢的螺钉性能等级有 8.8、10.9、12.9，其中 8.8 级为常用。具体可参见附表 B1 的注 4。

开槽圆柱头螺钉（GB/T 65—2016）、开槽盘头螺钉（GB/T 67—2016）

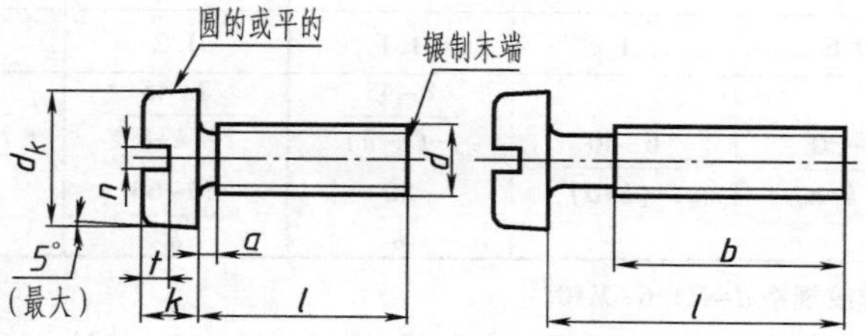

开槽沉头螺钉（GB/T 68—2016）

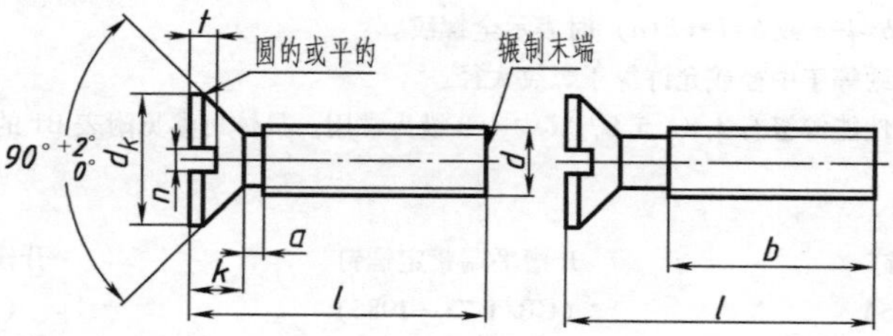

标记示例：

螺纹规格 d=M5、公称长度 l=20mm、性能等级为 4.8 级、不经表面处理的 A 级开槽圆柱头螺钉，其标记：螺钉 GB/T 65 M5×20

附表 B3-2 开槽螺钉各部分尺寸 （单位：mm）

螺纹规格 d	M3	M4	M5	M6	M8	M10
a max	1	1.4	1.6	2	2.5	3
b min	25	38	38	38	38	38
n 公称	0.8	1.2	1.2	1.6	2	2.5

（续）

螺纹规格 d			M3	M4	M5	M6	M8	M10
GB/T 65—2000	d_k 公称=max		5.5	7	8.5	10	13	16
	k 公称=max		2	2.6	3.3	3.9	5	6
	t min		0.85	1.1	1.3	1.6	2	2.4
	$\frac{l}{b}$		$\frac{4\sim30}{l-a}$	$\frac{5\sim40}{l-a}$	$\frac{6\sim40}{l-a}$ $\frac{45\sim50}{b}$	$\frac{8\sim40}{l-a}$ $\frac{45\sim60}{b}$	$\frac{10\sim40}{l-a}$ $\frac{45\sim80}{b}$	$\frac{12\sim40}{l-a}$ $\frac{45\sim80}{b}$
GB/T 67—2000	d_k 公称=max		5.6	8	9.5	12	16	20
	k 公称=max		1.8	2.4	3	3.6	4.8	6
	t min		0.7	1	1.2	1.4	1.9	2.4
	$\frac{l}{b}$		$\frac{4\sim30}{l-a}$	$\frac{5\sim40}{l-a}$	$\frac{6\sim40}{l-a}$ $\frac{45\sim50}{b}$	$\frac{8\sim40}{l-a}$ $\frac{45\sim60}{b}$	$\frac{10\sim40}{l-a}$ $\frac{45\sim80}{b}$	$\frac{12\sim40}{l-a}$ $\frac{45\sim80}{b}$
GB/T 68—2000	d_k 公称=max		5.5	8.40	9.30	11.30	15.80	18.30
	k 公称=max		1.65	2.7	2.7	3.3	4.65	5
	t	max	0.85	1.3	1.4	1.6	2.3	2.6
		min	0.6	1	1.1	1.2	1.8	2
	$\frac{l}{b}$		$\frac{5\sim30}{l-(k+a)}$	$\frac{6\sim40}{l-(k+a)}$	$\frac{8\sim45}{l-(k+a)}$ $\frac{50}{b}$	$\frac{8\sim45}{l-(k+a)}$ $\frac{50\sim60}{b}$	$\frac{10\sim45}{l-(k+a)}$ $\frac{50\sim80}{b}$	$\frac{12\sim45}{l-(k+a)}$ $\frac{50\sim80}{b}$

注：1. 标准规定螺钉的螺纹规格 d=M1.6~M10。

2. 公称长度 l 系列（单位为 mm）：2，2.5，3，4，5，6，8，10，12，（14），16，20，25，30，35，40，45，50，（55），60，65，70，（75），80（GB/T 65 的 l 长无 2.5，GB/T 68 的 l 长无 2），尽可能不采用括号内的数值。

3. 当表中 l/b 中的 $b=l-a$ 或 $b=l-(k+a)$ 时表示全螺纹。

4. 无螺纹部分杆径约等于中径或允许等于螺纹大径。

5. 材料为钢的螺钉性能等级有 4.8、5.8，其中 4.8 级为常用。具体可参见附表 B1 的注 4。

四、紧定螺钉

开槽锥端紧定螺钉（GB/T 71—1985）

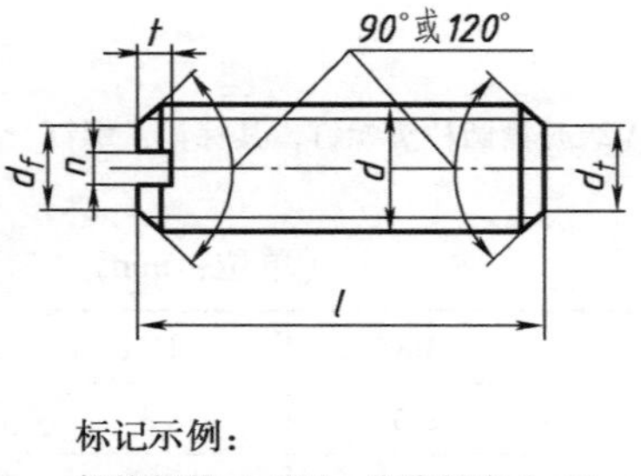

开槽平端紧定螺钉（GB/T 73—1985）

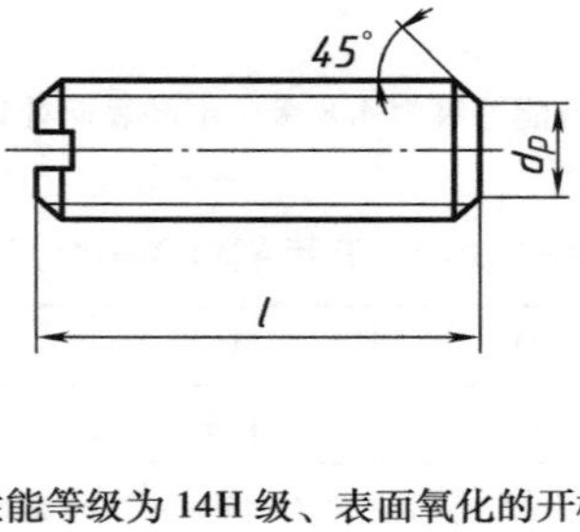

开槽长圆柱端紧定螺钉（GB/T 75—1985）

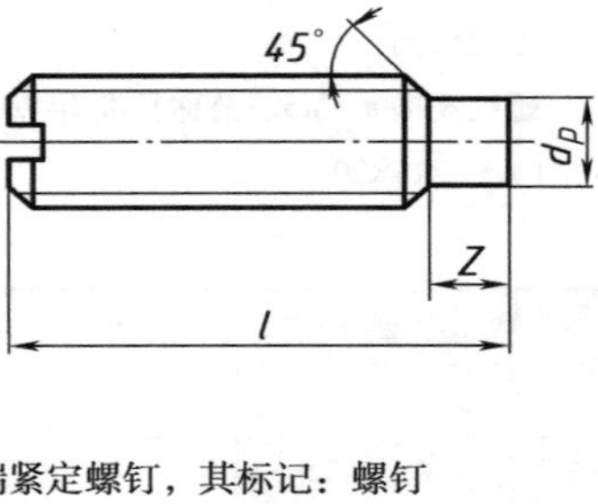

标记示例：

螺纹规格 d=M5、公称长度 l=12mm、性能等级为 14H 级、表面氧化的开槽锥端紧定螺钉，其标记：螺钉 GB/T 71　M5×12

附表 B4　紧定螺钉各部分尺寸　　（单位：mm）

螺纹规格 d			M2	M2.5	M3	M4	M5	M6	M8	M10	M12
$d_f \leqslant$			螺纹小径								
n			0.25	0.4	0.4	0.6	0.8	1	1.2	1.6	2
t	max		0.84	0.95	1.05	1.42	1.63	2	2.5	3	3.6
	min		0.64	0.72	0.8	1.12	1.28	1.6	2	2.4	2.8
GB/T 71—1985	d_t max		0.2	0.25	0.3	0.4	0.5	1.5	2	2.5	3
	l	120°	—	3	—	—	—	—	—	—	—
		90°	3~10	4~12	4~16	6~20	8~25	8~30	10~40	12~50	(14)~60
GB/T 73—1985 GB/T 75—1985	d_p	max	1	1.5	2	2.5	3.5	4	5.5	7	8.5
		min	0.75	1.25	1.75	2.25	3.2	3.7	5.2	6.64	8.14
GB/T 73—1985	l	120°	2~2.5	2.5~3	3	4	5	6	—	—	—
		90°	3~10	4~12	4~16	5~20	6~25	8~30	8~40	10~50	12~60
GB/T 75—1985	z	max	1.25	1.5	1.75	2.25	2.75	3.25	4.3	5.3	6.3
		min	1	1.25	1.5	2	2.5	3	4	5	6
	l	120°	3	4	5	6	8	8~10	10~(14)	12~16	(14)~20
		90°	4~10	5~12	6~16	8~20	10~25	12~30	16~40	20~50	25~60

注：1. GB/T 71—1985 和 GB/T 73—1985 规定螺钉的螺纹规格 d=M1.2~M12，公称长度 l=2~60mm；GB/T 75—1985 规定螺钉的螺纹规格 d=M1.6~M12，公称长度 l=2.5~60mm。

2. 公称长度 l 系列（单位为 mm）：2，2.5，3，4，5，6，8，10，12，（14），16，20，25，30，35，40，45，50，（55），60，尽可能不采用括号内的数值。

3. 材料为钢的紧定螺钉性能等级有 14H、22H，其中 14H 级为常用。性能等级的标记代号由数字和字母两部分组成，数字表示最低的维氏硬度的 1/10，字母 H 表示硬度。

五、螺母

1 型六角螺母（GB/T 6170—2015）、2 型六角螺母 GB/T 6175—2016

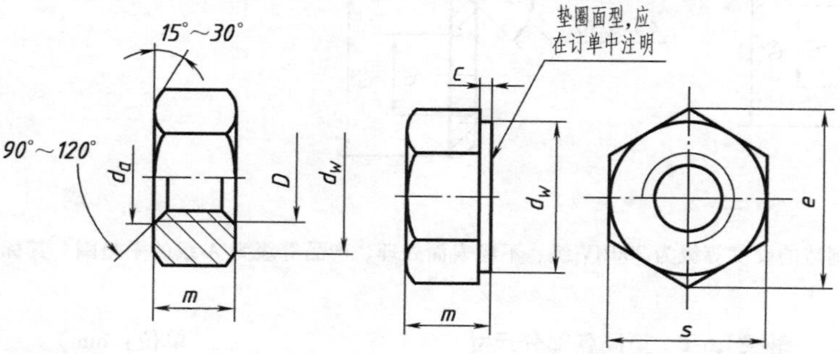

六角薄螺母（GB/T 6172.1—2016）

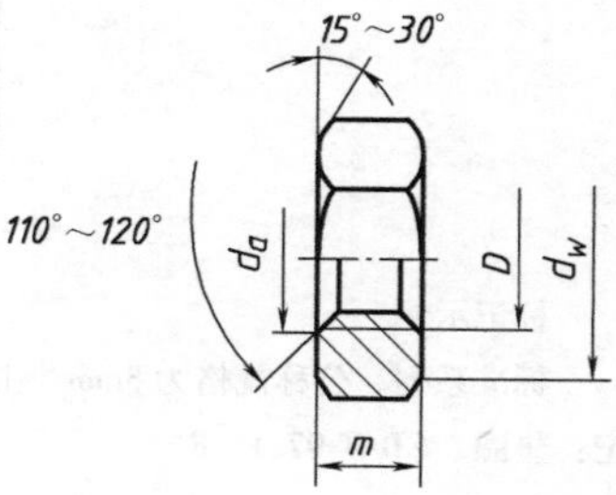

标记示例：

螺纹规格 D=M12、性能等级为 8 级、不经表面处理、产品等级为 A 级的 1 型六角螺母，其标记：螺母　GB/T 6170　M12

螺纹规格 D=M12、性能等级为 10 级、表面不经处理、产品等级为 A 级的 2 型六角螺母，其标记：螺母　GB/T 6175　M12

螺纹规格 D=M12、性能等级为 04 级、不经表面处理、产品等级为 A 级的六角薄螺母，其标记：螺母　GB/T 6172.1　M12

附表 B5　螺母各部分尺寸　　　　（单位：mm）

螺纹规格 D		M3	M4	M5	M6	M8	M10	M12	M16	M20	M24	M30	M36
e min		6.01	7.66	8.79	11.05	14.38	17.77	20.03	26.75	32.95	39.55	50.85	60.79
s	max	5.5	7	8	10	13	16	18	24	30	36	46	55
	min	5.32	6.78	7.78	9.78	12.73	15.73	17.73	23.67	29.16	35	45	53.8
c max		0.4	0.4	0.5	0.5	0.6	0.6	0.6	0.8	0.8	0.8	0.8	0.8
d_w min		4.6	5.9	6.9	8.9	11.6	14.6	16.6	22.5	27.7	33.2	42.8	51.1
d_a max		3.45	4.6	5.75	6.75	8.75	10.8	13	17.3	21.6	25.9	32.4	38.9
GB/T 6170—2015 m	max	2.4	3.2	4.7	5.2	6.8	8.4	10.8	14.8	18	21.5	25.6	31
	min	2.15	2.9	4.4	4.9	6.44	8.04	10.37	14.1	16.9	20.2	24.3	29.4
GB/T 6172.1—2016 m	max	1.8	2.2	2.7	3.2	4	5	6	8	10	12	15	18
	min	1.55	1.95	2.45	2.9	3.7	4.7	5.7	7.42	9.10	10.9	13.9	16.9
GB/T 6175—2016 m	max	—	—	5.1	5.7	7.5	9.3	12	16.4	20.3	23.9	28.6	34.7
	min	—	—	4.8	5.4	7.14	8.94	11.57	15.7	19	22.6	27.3	33.1

注：1. GB/T 6170 和 GB/T 6172.1 的螺纹规格为 M1.6~M64；GB/T 6175 的螺纹规格为 M5~M36。

2. 产品等级 A、B 是由公差大小确定的，A 级公差数值小。A 级用于 $D\leqslant 16$mm 的螺母，B 级用于 $D>16$mm 的螺母。

3. 钢制 1 型和 2 型螺母用与之相配的螺栓性能等级最高的第一部分数值标记，1 型螺母的性能等级有 6、8、10，其中 8 级为常用；2 型螺母有 10、12，其中 10 级为常用。薄螺母的性能等级有 04、05，其中 04 级为常用［第一位数字“0”表示这种螺栓、螺母组合件承载能力比淬硬芯棒测出的承载能力要小，第 2 位数字表示以淬硬芯棒测出的公称保证应力（单位为 MPa）的 1/100］。

六、垫圈

小垫圈—A 级（GB/T 848—2002）、平垫圈—A 级（GB/T 97.1—2002）、平垫圈　倒角型　A 级（GB/T 97.2—2002）

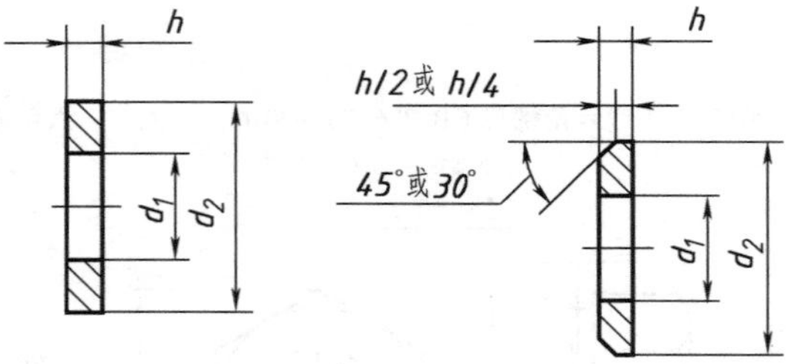

标记示例：

标准系列、公称规格为 8mm、由钢制造的硬度等级为 200HV 级、不经表面处理、产品等级为 A 级的平垫圈，其标记：垫圈　GB/T 97.1　8

附表 B6-1　垫圈各部分尺寸　　　　（单位：mm）

公称规格（螺纹大径 d）		3	4	5	6	8	10	12	14	16	20	24	30	36
内径 d_1		3.2	4.3	5.3	6.4	8.4	10.5	13	15	17	21	25	31	37
GB/T 848—2002	外径 d_2	6	8	9	11	15	18	20	24	28	34	39	50	60
	厚度 h	0.5	0.5	1	1.6	1.6	1.6	2	2.5	2.5	3	4	4	5

（续）

公称规格(螺纹大径 d)		3	4	5	6	8	10	12	14	16	20	24	30	36
GB/T 97.1—2002 GB/T 97.2—2002 *	外径 d_2	7	9	10	12	16	20	24	28	30	37	44	56	66
	厚度 h	0.5	0.8	1	1.6	1.6	2	2.5	2.5	3	3	4	4	5

注：1. * 适用于规格为 M5～M64 的标准六角螺栓、螺钉和螺母。

2. 硬度等级有 200HV、300HV。200HV 级表示材料刚的硬度，HV 表示维氏硬度，200 为硬度值。

3. 产品等级是由产品质量和公差大小确定的，A 级的公差较小。

标准型弹簧垫圈　GB/T 93—1987

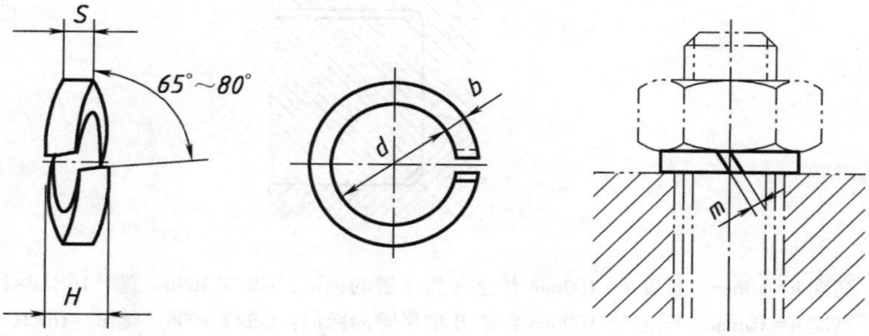

标记示例：

规格为 16mm、材料为 65Mn、表面氧化的标准型弹簧垫圈，其标记：垫圈　GB/T 93　16

附表 B6-2　标准型弹簧垫圈各部分尺寸　（单位：mm）

规格(螺纹大径)		4	5	6	8	10	12	16	20	24	30
d	max	4.4	5.4	6.68	8.68	10.9	12.9	16.9	21.04	25.5	31.5
	min	4.1	5.1	6.1	8.1	10.2	12.2	16.2	20.2	24.5	30.5
S(b)公称		1.1	1.3	1.6	2.1	2.6	3.1	4.1	5	6	7.5
H	max	2.75	3.25	4	5.25	6.5	7.75	10.25	12.5	15	18.75
	min	2.2	2.6	3.2	4.2	5.2	6.2	8.2	10	12	15
m≤		0.55	0.65	0.8	1.05	1.3	1.55	2.05	2.5	3	3.75

七、键

普通型　平键（GB/T 1096—2003）

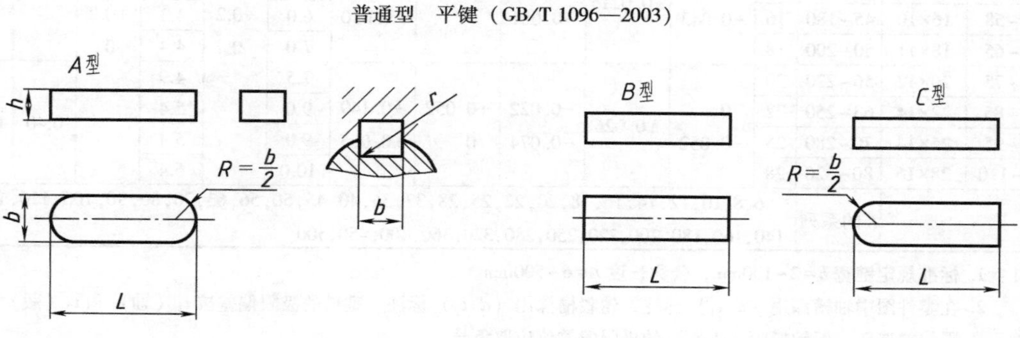

平键　键槽的剖面尺寸（GB/T 1095—2003）

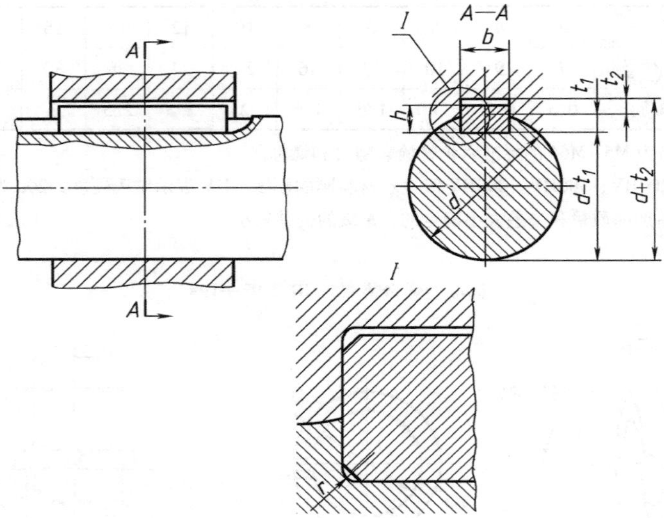

标记示例：

宽度 b=16mm、高度 h=10mm、长度 L=100mm 普通 A 型平键的标记：GB/T 1096　键　16×10×100

宽度 b=16mm、高度 h=10mm、长度 L=100mm 普通 B 型平键的标记：GB/T 1096　键 B　16×10×100

宽度 b=16mm、高度 h=10mm、长度 L=100mm 普通 C 型平键的标记：GB/T 1096　键 C　16×10×100

附表 B7　普通平键与键槽的尺寸与公差　　（单位：mm）

<table>
<tr><th colspan="3">键</th><th colspan="12">键槽</th></tr>
<tr><th colspan="3"></th><th colspan="6">宽度 b</th><th colspan="4">深度</th><th colspan="2" rowspan="2">半径 r</th></tr>
<tr><th rowspan="4">轴径（参考）</th><th rowspan="4">键尺寸 $b×h$</th><th rowspan="4">L 范围</th><th rowspan="4">公称尺寸</th><th colspan="5">极限偏差</th><th colspan="2">轴 t_1</th><th colspan="2">毂 t_2</th></tr>
<tr><th colspan="2">正常连接</th><th>紧密连接</th><th colspan="2">松连接</th><th rowspan="3">公称尺寸</th><th rowspan="3">极限偏差</th><th rowspan="3">公称尺寸</th><th rowspan="3">极限偏差</th><th colspan="2"></th></tr>
<tr><th rowspan="2">轴 N9</th><th rowspan="2">毂 JS9</th><th rowspan="2">轴和毂 P9</th><th rowspan="2">轴 H9</th><th rowspan="2">毂 D10</th><th colspan="2"></th></tr>
<tr><th>min</th><th>max</th></tr>
<tr><td>自 6~8</td><td>2×2</td><td>6~20</td><td>2</td><td rowspan="2">−0.004
−0.029</td><td rowspan="2">±0.0125</td><td rowspan="2">−0.006
−0.031</td><td rowspan="2">+0.025
0</td><td rowspan="2">+0.060
+0.020</td><td>1.2</td><td rowspan="5">+0.1
0</td><td>1.0</td><td rowspan="5">+0.1
0</td><td rowspan="3">0.08</td><td rowspan="3">0.16</td></tr>
<tr><td>>8~10</td><td>3×3</td><td>6~36</td><td>3</td><td>1.8</td><td>1.4</td></tr>
<tr><td>>10~12</td><td>4×4</td><td>8~45</td><td>4</td><td rowspan="3">0
−0.030</td><td rowspan="3">±0.015</td><td rowspan="3">−0.012
−0.042</td><td rowspan="3">+0.030
0</td><td rowspan="3">+0.078
+0.030</td><td>2.5</td><td>1.8</td></tr>
<tr><td>>12~17</td><td>5×5</td><td>10~56</td><td>5</td><td>3.0</td><td>2.3</td><td rowspan="3">0.16</td><td rowspan="3">0.25</td></tr>
<tr><td>>17~22</td><td>6×6</td><td>14~70</td><td>6</td><td>3.5</td><td>2.8</td></tr>
<tr><td>>22~30</td><td>8×7</td><td>18~90</td><td>8</td><td rowspan="2">0
−0.036</td><td rowspan="2">±0.018</td><td rowspan="2">−0.015
−0.051</td><td rowspan="2">+0.036
0</td><td rowspan="2">+0.098
+0.040</td><td>4.0</td><td rowspan="10">+0.2
0</td><td>3.3</td><td rowspan="10">+0.2
0</td></tr>
<tr><td>>30~38</td><td>10×8</td><td>22~110</td><td>10</td><td>5.0</td><td>3.3</td><td rowspan="5">0.25</td><td rowspan="5">0.40</td></tr>
<tr><td>>38~44</td><td>12×8</td><td>28~140</td><td>12</td><td rowspan="4">0
−0.043</td><td rowspan="4">±0.0215</td><td rowspan="4">−0.018
−0.061</td><td rowspan="4">+0.043
0</td><td rowspan="4">+0.120
+0.050</td><td>5.0</td><td>3.3</td></tr>
<tr><td>>44~50</td><td>14×9</td><td>36~160</td><td>14</td><td>5.5</td><td>3.8</td></tr>
<tr><td>>50~58</td><td>16×10</td><td>45~180</td><td>16</td><td>6.0</td><td>4.3</td></tr>
<tr><td>>58~65</td><td>18×11</td><td>50~200</td><td>18</td><td>7.0</td><td>4.4</td></tr>
<tr><td>>65~75</td><td>20×12</td><td>56~220</td><td>20</td><td rowspan="4">0
−0.052</td><td rowspan="4">±0.026</td><td rowspan="4">−0.022
−0.074</td><td rowspan="4">+0.052
0</td><td rowspan="4">+0.149
+0.065</td><td>7.5</td><td>4.9</td><td rowspan="4">0.40</td><td rowspan="4">0.60</td></tr>
<tr><td>>75~85</td><td>22×14</td><td>63~250</td><td>22</td><td>9.0</td><td>5.4</td></tr>
<tr><td>>85~95</td><td>25×14</td><td>70~280</td><td>25</td><td>9.0</td><td>5.4</td></tr>
<tr><td>>95~110</td><td>28×16</td><td>80~320</td><td>28</td><td>10.0</td><td>6.4</td></tr>
<tr><td colspan="2"></td><td>L 的系列</td><td colspan="12">6,8,10,12,14,16,18,20,22,25,28,32,36,40,45,50,56,63,70,80,90,100,110,125,140,160,180,200,220,250,280,320,360,400,450,500</td></tr>
</table>

注：1. 标准规定键宽 b=2~100mm，公称长度 L=6~500mm。

2. 在零件图中轴槽深用（$d-t_1$）标注，轮毂槽深用（$d+t_2$）标注。键槽的极限偏差按 t_1（轴）和 t_2（毂）的极限偏差选取，但轴槽深（$d-t_1$）的极限偏差值应取负号。

3. 键的材料常用 45 钢。

八、销

不淬硬钢和奥氏体不锈钢圆柱销（GB/T 119.1—2000）

淬硬钢和马氏体不锈钢圆柱销（GB/T 119.2—2000）

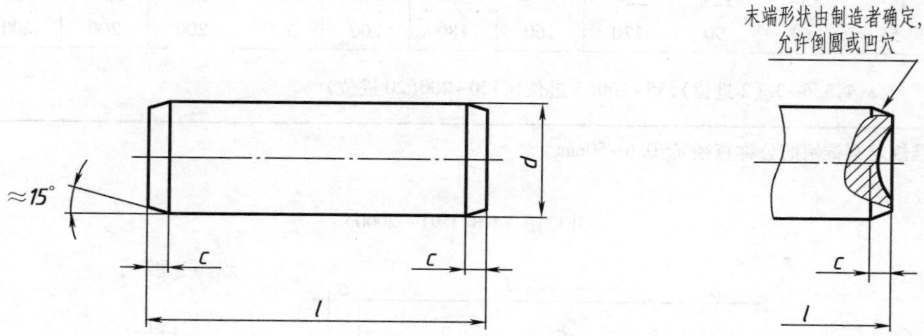

标记示例：

公称直径 d=6mm、公差为 m6、公称长度 l=30mm、材料为钢、不经淬火、不经表面处理的圆柱销，其标记：销 GB/T 119.1　6 m6×30

附表 B8-1　圆柱销各部分尺寸　　（单位：mm）

d		3	4	5	6	8	10	12	16	20	25	30	40	50
$c\approx$		0.5	0.63	0.8	1.2	1.6	2	2.5	3	3.5	4	5	6.3	8
l 范围	GB/T 119.1	8~30	8~40	10~50	12~60	14~80	18~95	22~140	26~180	35~200	50~200	60~200	80~200	95~200
	GB/T 119.2	8~30	10~40	12~50	14~60	18~80	22~100	26~100	40~100	50~100	—	—	—	—
公称长度 l(系列)		2,3,4,5,6~32(2 进位),35~100(5 进位),120~200(20 进位)												

注：1. GB/T 119.1—2000 规定圆柱销的公称直径 d=0.6~50mm，公称长度 l=2~200mm，公差有 m6 和 h8；GB/T 119.2—2000 规定圆柱销的公称直径 d=1~20mm，公称长度 l=3~100mm，公差仅有 m6。

2. 圆柱销的材料常用 35 钢。

3. GB/T 119.1—2000 中，公差为 m6，$Ra\leqslant 0.8\mu m$；公差为 h8，$Ra\leqslant 1.6\mu m$。GB/T 119.2—2000 中，$Ra\leqslant 0.8\mu m$。

圆锥销（GB/T 117—2000）

A 型（磨削）　　　　B 型（切削或冷镦）

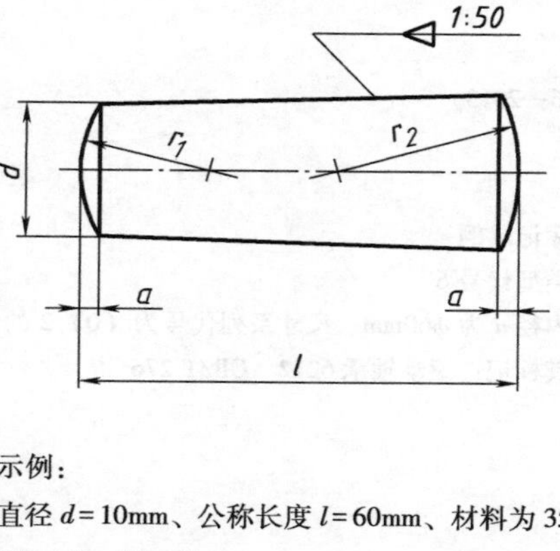

$r_1\approx d$

$r_2\approx a/2+d+(0.021)^2/8a$

标记示例：

公称直径 d=10mm、公称长度 l=60mm、材料为 35 钢、热处理硬度 28~38HRC、表面氧化处理的 A 型圆柱销，其标记：销 GB/T 117　10×60

附表 B8-2　圆锥销各部分尺寸　　（单位：mm）

d	4	5	6	8	10	12	16	20	25	30	40	50
$a\approx$	0.5	0.63	0.8	1	1.2	1.6	2	2.5	3	4	5	6.3
l 范围	14~55	18~60	22~90	22~120	26~160	32~180	40~200	45~200	50~200	55~200	60~200	65~200
公称长度 l(系列)	2,3,4,5,6~32(2 进位),35~100(5 进位),120~200(20 进位)											

注：标准规定圆锥销的公称直径 d=0.6~50mm。

开口销（GB/T 91—2000）

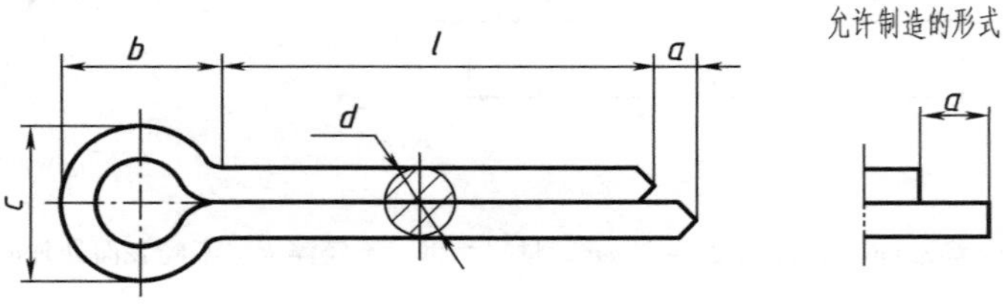

$a_{min}=a_{max}/2$

标记示例：

公称规格为 5mm、公称长度 l=50mm、材料为 Q215 或 Q235，不经表面处理的开口销，其标记：销　GB/T 91　5×50

附表 B8-3　开口销各部分尺寸　　（单位：mm）

公称规格		1	1.2	1.6	2	2.5	3.2	4	5	6.3	8	10	13
d max		0.9	1	1.4	1.8	2.3	2.9	3.7	4.6	5.9	7.5	9.5	12.4
c	max	1.8	2	2.8	3.6	4.6	5.8	7.4	9.2	11.8	15	19	24.8
	min	1.6	1.7	2.4	3.2	4	5.1	6.5	8	10.3	13.1	16.6	21.7
$b\approx$		3	3	3.2	4	5	6.4	8	10	12.6	16	20	26
a max		1.6	2.5				3.2	4				6.3	
l 范围		6~20	8~25	8~32	10~40	12~50	14~63	18~80	22~100	32~125	40~160	45~200	71~250
公称长度 l(系列)		4,5,6,8,10,12,14,16,18,20,22,25,28,32,36,40,50,56,63,71,80,90,100,112,125,140,160,180,200,224,250											

注：公称规格为销孔的公称直径，标准规定公称规格为 0.6~20mm，根据供需双方协议，可采用公称规格为 3mm、6mm、12mm 的开口销。

九、滚动轴承

深沟球轴承（GB/T 276—2013）

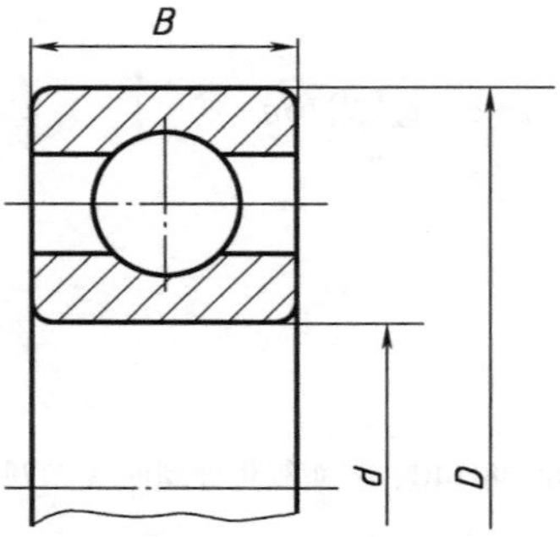

标记示例：

类型代号 6

内径 d 为 ϕ60mm、尺寸系列代号为（0）2 的深沟球轴承，其标记：滚动轴承 6212　GB/T 276

附表 B9-1 深沟球轴承各部分尺寸

轴承代号	尺寸/mm			轴承代号	尺寸/mm		
	d	*D*	*B*		*d*	*D*	*B*
尺寸系列代号(0)1				尺寸系列代号(0)3			
6000	10	26	8	6307	35	80	21
6001	12	28	8	6308	40	90	23
6002	15	32	9	6309	45	100	25
6003	17	35	10	6310	50	110	27
尺寸系列代号(0)2				尺寸系列代号(0)4			
6202	15	35	11	6408	40	110	27
6203	17	40	12	6409	45	120	29
6204	20	47	14	6410	50	130	31
6205	25	52	15	6411	55	140	33
6206	30	62	16	6412	60	150	35
6207	35	72	17	6413	65	160	37
6208	40	80	18	6414	70	180	42
6209	45	85	19	6415	75	190	45
6210	50	90	20	6416	80	200	48
6211	55	100	21	6417	85	210	52
6212	60	110	22	6418	90	225	54
6213	65	120	23	6419	95	240	55

注：表中括号“（）”，表示该数字在轴承代号中省略。

圆锥滚子轴承（GB/T 297—2015）

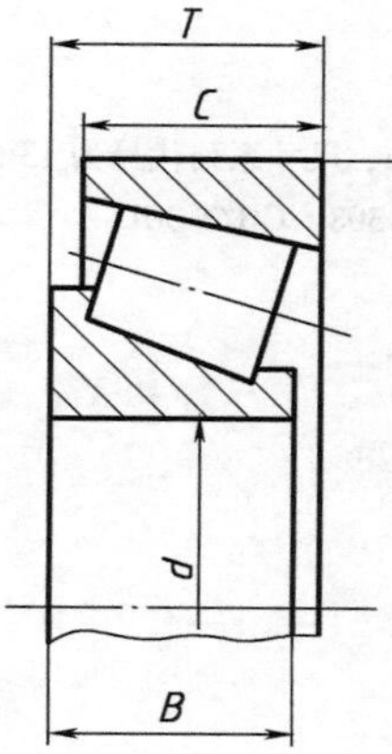

标记示例：

类型代号 3

内径 *d* 为 ϕ35mm、尺寸系列代号为 03 的圆锥滚子轴承，其标记：滚动轴承 30307 GB/T 297

附表 B9-2 圆锥滚子轴承各部分尺寸

轴承代号	尺寸/mm					轴承代号	尺寸/mm				
	d	*D*	*T*	*B*	*C*		*d*	*D*	*T*	*B*	*C*
尺寸系列代号 02						尺寸系列代号 23					
30207	35	72	18.25	17	15	32309	45	100	38.25	36	30
30208	40	80	19.75	18	16	32310	50	110	42.25	40	33

（续）

轴承代号	尺寸/mm					轴承代号	尺寸/mm				
	d	*D*	*T*	*B*	*C*		*d*	*D*	*T*	*B*	*C*
尺寸系列代号 02						尺寸系列代号 23					
30209	45	85	20.75	19	16	32311	55	120	45.5	43	35
30210	50	90	21.75	20	17	32312	60	130	48.5	46	37
30211	55	100	22.75	21	18	32313	65	140	51	48	39
30212	60	110	23.75	22	19	32314	70	150	54	51	42
尺寸系列代号 03						尺寸系列代号 30					
30307	35	80	22.75	21	18	33005	25	47	17	17	14
30308	40	90	25.25	23	20	33006	30	55	20	20	16
30309	45	100	27.25	25	22	33007	35	62	21	21	17
30310	50	110	29.25	27	23	尺寸系列代号 31					
30311	55	120	31.5	29	25	33108	40	75	26	26	20.5
30312	60	130	33.5	31	26	33109	45	80	26	26	20.5
30313	65	140	36	33	28	33110	50	85	26	26	20
30314	70	150	38	35	30	33111	55	95	30	30	23

推力球轴承（GB/T 301—2015）

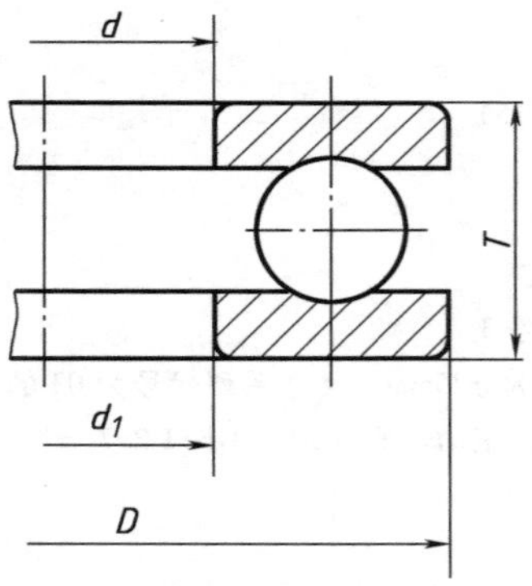

标记示例：

类型代号 5

轴圈内径 *d* 为 ϕ40mm、尺寸系列代号为 13 的推力球轴承，其标记：滚动轴承 51308 GB/T 301

附表 B9-3 推力球轴承各部分尺寸

轴承代号	尺寸/mm				轴承代号	尺寸/mm			
	d	d_1	*D*	*T*		*d*	d_1	*D*	*T*
尺寸系列代号 11					尺寸系列代号 12				
51112	60	62	85	17	51214	70	72	105	27
51113	65	67	90	18	51215	75	77	110	27
51114	70	72	95	18	51216	80	82	115	28

（续）

轴承代号	尺寸/mm				轴承代号	尺寸/mm			
	d	d_1	D	T		d	d_1	D	T
尺寸系列代号 12					尺寸系列代号 13				
51204	20	22	40	14	51304	20	22	47	18
51205	25	27	47	15	51305	25	27	52	18
51206	30	32	52	16	51306	30	32	60	21
51207	35	37	62	18	51307	35	37	68	24
51208	40	42	68	19	51308	40	42	78	26
51209	45	47	73	20	尺寸系列代号 14				
51210	50	52	78	22	51405	25	27	60	24
51211	55	57	90	25	51406	30	32	70	28
51212	60	62	95	26	51407	35	37	80	32

十、弹簧

圆柱螺旋压缩弹簧（GB/T 2089—2009）

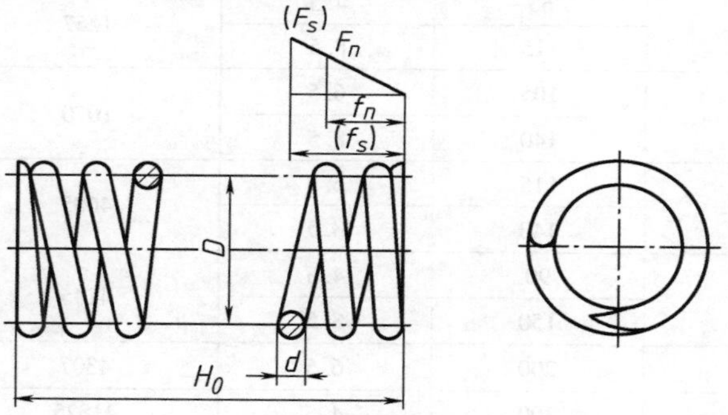

YA 型（冷卷两端圈并紧磨平型）

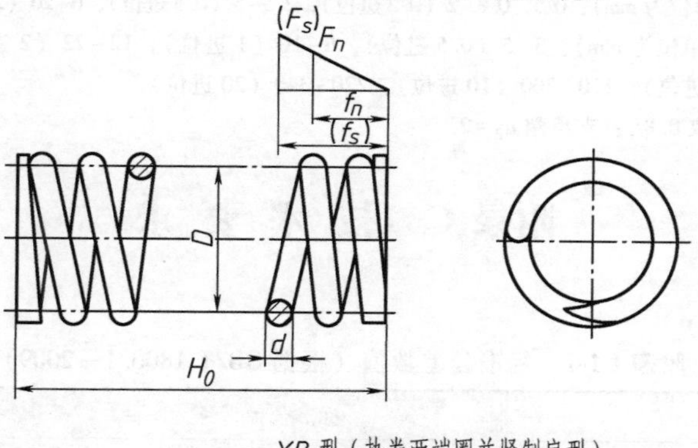

YB 型（热卷两端圈并紧制扁型）

标记示例：

YA 型、材料直径为 1.2mm、弹簧中径为 8mm、自由高度为 40mm、精度等级为 2 级、左旋的冷卷两端圈并紧磨平型的压缩弹簧，其标记：YA1.2×8×40 左 GB/T 2089

YB 型、材料直径为 30mm、弹簧中径为 160mm、自由高度为 200mm、精度等级为 3 级、右旋的热卷两端圈并紧制扁型的压缩弹簧，其标记：YB30×160×200-3 GB/T 2089

附表 B10　圆柱螺旋压缩弹簧（YA 型、YB 型）的主要尺寸及参数

材料直径 d/mm	弹簧中径 D/mm	自由高度 H_0/mm	有效圈数 n	最大工作负荷 F_n/N	最大工作变形量 f_n/mm
0.5	4	22	12.5	11	14
1	6	30	12.5	51	14
1.2	8	40	12.5	65	20
1.6	12	60	12.5	97	32
2	16	42	6.5	134	23
	20	55	6.5	107	36
2.5	20	38	4.5	204	19
		80	10.5		44
	25	48	4.5	163	30
		70	6.5		43
4.5	32	58	4.5	680	25
		100	8.5		45
	45	85	4.5	483	48
		180	10.5		115
6	38	65	4.5	1267	24
		115	8.5		47
	45	105	6.5	1070	49
		140	8.5		63
10	45	115	6.5	4605	28
		140	8.5		36
	50	90	4.5	4145	24
		150	8.5		45
12	80	200	6.5	4307	69
30	150	300	4.5	41825	79

注：1. 材料直径系列（单位为 mm）：0.5，0.8~2（0.2 进位），2.5~5（0.5 进位），6~20（2 进位），25~60（5 进位）。

2. 弹簧中径系列（单位为 mm）：3~5（0.5 进位），6~10（1 进位），12~22（2 进位），25，28，30，32，35，38，40~100（5 进位），110~200（10 进位），220~340（20 进位）。

3. F_n 取 $0.8F_s$；f_n 取 $0.8f_s$；支承圈 $n_2=2$。

附录C　技 术 要 求

一、极限与配合

附表 C1-1　标准公差数值（根据 GB/T 1800.1—2009）

公称尺寸/mm		标准公差等级																	
		IT1	IT2	IT3	IT4	IT5	IT6	IT7	IT8	IT9	IT10	IT11	IT12	IT13	IT14	IT15	IT16	IT17	IT18
大于	至	μm											mm						
—	3	0.8	1.2	2	3	4	6	10	14	25	40	60	0.1	0.14	0.25	0.4	0.6	1	1.4
3	6	1	1.5	2.5	4	5	8	12	18	30	48	75	0.12	0.18	0.3	0.48	0.75	1.2	1.8
6	10	1	1.5	2.5	4	6	9	15	22	36	58	90	0.15	0.22	0.36	0.58	0.9	1.5	2.2
10	18	1.2	2	3	5	8	11	18	27	43	70	110	0.18	0.27	0.43	0.7	1.1	1.8	2.7

（续）

公称尺寸/mm		标准公差等级																	
		IT1	IT2	IT3	IT4	IT5	IT6	IT7	IT8	IT9	IT10	IT11	IT12	IT13	IT14	IT15	IT16	IT17	IT18
大于	至	μm											mm						
18	30	1.5	2.5	4	6	9	13	21	33	52	84	130	0.21	0.33	0.52	0.84	1.3	2.1	3.3
30	50	1.5	2.5	4	7	11	16	25	39	62	100	160	0.25	0.39	0.62	1	1.6	2.5	3.9
50	80	2	3	5	8	13	19	30	46	74	120	190	0.3	0.46	0.74	1.2	1.9	3	4.6
80	120	2.5	4	6	10	15	22	35	54	87	140	220	0.35	0.54	0.87	1.4	2.2	3.5	5.4
120	180	3.5	5	8	12	18	25	40	63	100	160	250	0.4	0.63	1	1.6	2.5	4	6.3
180	250	4.5	7	10	14	20	29	46	72	115	185	290	0.46	0.72	1.15	1.85	2.9	4.6	7.2
250	315	6	8	12	16	23	32	52	81	130	210	320	0.52	0.81	1.3	2.1	3.2	5.2	8.1
315	400	7	9	13	18	25	36	57	89	140	230	360	0.57	0.89	1.4	2.3	3.6	5.7	8.9
400	500	8	10	15	20	27	40	63	97	155	250	400	0.63	0.97	1.55	2.5	4	6.3	9.7
500	630	9	11	16	22	32	44	70	110	175	280	440	0.7	1.1	1.75	2.8	4.4	7	11
630	800	10	13	18	25	36	50	80	125	200	320	500	0.8	1.25	2	3.2	5	8	12.5
800	1000	11	15	21	28	40	56	90	140	230	360	560	0.9	1.4	2.3	3.6	5.6	9	14
1000	1250	13	18	24	33	47	66	105	165	260	420	660	1.05	1.65	2.6	4.2	6.6	10.5	16.5
1250	1600	15	21	29	39	55	78	125	195	310	500	780	1.25	1.95	3.1	5	7.8	12.5	19.5
1600	2000	18	25	35	46	65	92	150	230	370	600	920	1.5	2.3	3.7	6	9.2	15	23
2000	2500	22	30	41	55	78	110	175	280	440	700	1100	1.75	2.8	4.4	7	11	17.5	28
2500	3150	26	36	50	68	96	135	210	330	540	860	1350	2.1	3.3	5.4	8.6	13.5	21	33

注：1. 公称尺寸大于 500mm 的 IT1~IT5 的标准公差数值为试行的。

2. 公称尺寸小于或等于 1mm 时，无 IT14~IT18。

附表 C1-2 轴的极限偏差数值（根据 GB/T 1800.2—2009） （单位：μm）

公差带代号 / 公称尺寸/mm	c	d	f			g		h						
	11	9	6	7	8	6	7	6	7	8	9	10	11	12
>0~3	-60 -120	-20 -45	-6 -12	-6 -16	-6 -20	-2 -8	-2 -12	0 -6	0 -10	0 -14	0 -25	0 -40	0 -60	0 -100
>3~6	-70 -145	-30 -60	-10 -18	-10 -22	-10 -28	-4 -12	-4 -16	0 -8	0 -12	0 -18	0 -30	0 -48	0 -75	0 -120
>6~10	-80 -170	-40 -76	-13 -22	-13 -28	-13 -35	-5 -14	-5 -20	0 -9	0 -15	0 -22	0 -36	0 -58	0 -90	0 -150
>10~18	-95 -205	-50 -93	-16 -27	-16 -34	-16 -43	-6 -17	-6 -24	0 -11	0 -18	0 -27	0 -43	0 -70	0 -110	0 -180
>18~30	-110 -240	-65 -117	-20 -33	-20 -41	-20 -53	-7 -20	-7 -28	0 -13	0 -21	0 -33	0 -52	0 -84	0 -130	0 -210
>30~40	-120 -280	-80 -142	-25 -41	-25 -50	-25 -64	-9 -25	-9 -32	0 -16	0 -25	0 -39	0 -62	0 -100	0 -160	0 -250
>40~50	-130 -290													
>50~65	-140 -330	-100 -174	-30 -49	-30 -60	-30 -76	-10 -29	-10 -40	0 -19	0 -30	0 -46	0 -74	0 -120	0 -190	0 -300
>65~80	-150 -340													

（续）

公差带代号 / 公称尺寸/mm	c	d	f			g		h						
	11	9	6	7	8	6	7	6	7	8	9	10	11	12
>80~100	-170 -390	-120 -207	-36 -58	-36 -71	-36 -90	-12 -34	-12 -47	0 -22	0 -35	0 -54	0 -87	0 -140	0 -220	0 -350
>100~120	-180 -400													
>120~140	-200 -450													
>140~160	-210 -460	-145 -245	-43 -68	-43 -83	-43 -106	-14 -39	-14 -54	0 -25	0 -40	0 -63	0 -100	0 -160	0 -250	0 -400
>160~180	-230 -480													
>180~200	-240 -530													
>200~225	-260 -550	-170 -285	-50 -79	-50 -96	-50 -122	-15 -44	-15 -61	0 -29	0 -46	0 -72	0 -115	0 -185	0 -290	0 -460
>225~250	-280 -570													
>250~280	-300 -620	-190 -320	-56 -88	-56 -108	-56 -137	-17 -49	-17 -69	0 -32	0 -52	0 -81	0 -130	0 -210	0 -320	0 -520
>280~315	-330 -650													
>315~355	-360 -720	-210 -350	-62 -98	-62 -119	-62 -151	-18 -54	-18 -75	0 -36	0 -57	0 -89	0 -140	0 -230	0 -360	0 -570
>355~400	-400 -760													
>400~450	-440 -840	-230 -385	-68 -108	-68 -131	-68 -165	-20 -60	-20 -83	0 -40	0 -63	0 -97	0 -155	0 -250	0 -400	0 -630
>450~500	-480 -880													

公差带代号 / 公称尺寸/mm	j	js	k		m		n		p		r	s	t	u
	7	6	6	7	6	7	6	7	6	7	6	6	6	6
>0~3	+6 -4	±3	+6 0	+10 0	+8 +2	+12 +2	+10 +4	+14 +4	+12 +6	+16 +6	+16 +10	+20 +14		+24 +18
>3~6	+8 -4	±4	+9 +1	+13 +1	+12 +4	+16 +4	+16 +8	+20 +8	+20 +12	+24 +12	+23 +15	+27 +19		+31 +23
>6~10	+10 -5	±4.5	+10 +1	+16 +1	+15 +6	+21 +6	+19 +10	+25 +10	+24 +15	+30 +15	+28 +19	+32 +23		+37 +28
>10~18	+12 -6	±5.5	+12 +1	+19 +1	+18 +7	+25 +7	+23 +12	+30 +12	+29 +18	+36 +18	+34 +23	+39 +28		+44 +33
>18~24	+13 -8	±6	+15 +2	+23 +2	+21 +8	+29 +8	+28 +15	+36 +15	+35 +22	+43 +22	+41 +28	+48 +35		+54 +41
>24~30													+54 +41	+61 +48

（续）

公差带代号 公称尺寸/mm	j 7	js 6	k 6	k 7	m 6	m 7	n 6	n 7	p 6	p 7	r 6	s 6	t 6	u 6
>30~40	+15 −10	±8	+18 +2	+27 +2	+25 +9	+34 +9	+33 +17	+42 +17	+42 +26	+51 +26	+50 +34	+59 +43	+64 +48	+76 +60
>40~50													+70 +54	+86 +70
>50~65	+18 −12	±9.5	+21 +2	+32 +2	+30 +11	+41 +11	+39 +20	+50 +20	+51 +32	+62 +32	+60 +41	+72 +53	+85 +66	+106 +87
>65~80											+62 +43	+78 +59	+94 +75	+121 +102
>80~100	+20 −15	±11	+25 +3	+38 +3	+35 +13	+48 +13	+45 +23	+58 +23	+59 +37	+72 +37	+73 +51	+93 +71	+113 +91	+146 +124
>100~120											+76 +54	+101 +79	+126 +104	+166 +144
>120~140	+22 −18	±12.5	+28 +3	+43 +3	+40 +15	+55 +15	+52 +27	+67 +27	+68 +43	+83 +43	+88 +63	+117 +92	+147 +122	+195 +170
>140~160											+90 +65	+125 +100	+159 +134	+215 +190
>160~180											+93 +68	+133 +108	+171 +146	+235 +210
>180~200	+25 −21	±14.5	+33 +4	+50 +4	+46 +17	+63 +17	+60 +31	+77 +31	+79 +50	+96 +50	+106 +77	+151 +122	+195 +166	+265 +236
>200~225											+109 +80	+159 +130	+209 +180	+287 +258
>225~250											+113 +84	+169 +140	+225 +196	+313 +284
>250~280	±26	±16	+36 +4	+56 +4	+52 +20	+72 +20	+66 +34	+86 +34	+88 +56	+108 +56	+126 +94	+190 +158	+250 +218	+347 +315
>280~315											+130 +98	+202 +170	+272 +240	+382 +350
>315~355	+29 −28	±18	+40 +4	+61 +4	+57 +21	+78 +21	+73 +37	+94 +37	+98 +62	+119 +62	+144 +108	+226 +190	+304 +268	+426 +390
>355~400											+150 +114	+244 +208	+330 +294	+471 +435
>400~450	+31 −32	±20	+45 +5	+68 +5	+63 +23	+86 +23	+80 +40	+103 +40	+108 +68	+131 +68	+166 +126	+272 +232	+370 +330	+530 +490
>450~500											+172 +132	+292 +252	+400 +360	+580 +540

附表 C1-3　孔的极限偏差数值（根据 GB/T 1800. 2—2009）　　（单位：μm）

公差带代号 / 公称尺寸/mm	A	B	C	D	E	F		G	H					
	11	12	11	9	8	8	9	7	6	7	8	9	10	11
>0~3	+330 +270	+240 +140	+120 +60	+45 +20	+28 +14	+20 +6	+31 +6	+12 +2	+6 0	+10 0	+14 0	+25 0	+40 0	+60 0
>3~6	+345 +270	+260 +140	+145 +70	+60 +30	+38 +20	+28 +10	+40 +10	+16 +4	+8 0	+12 0	+18 0	+30 0	+48 0	+75 0
>6~10	+370 +280	+300 +150	+170 +80	+76 +40	+47 +25	+35 +13	+49 +13	+20 +5	+9 0	+15 0	+22 0	+36 0	+58 0	+90 0
>10~18	+400 +290	+330 +150	+205 +95	+93 +50	+59 +32	+43 +16	+59 +19	+24 +6	+11 0	+18 0	+27 0	+43 0	+70 0	+110 0
>18~24 >24~30	+430 +300	+370 +160	+240 +110	+117 +65	+73 +40	+53 +20	+72 +20	+28 +7	+13 0	+21 0	+33 0	+52 0	+84 0	+130 0
>30~40	+470 +310	+420 +170	+280 +120	+142 +80	+89 +50	+64 +25	+87 +25	+34 +9	+16 0	+25 0	+39 0	+62 0	+100 0	+160 0
>40~50	+480 +320	+430 +180	+290 +130											
>50~65	+530 +340	+490 +190	+330 +140	+174 +100	+106 +60	+76 +30	+104 +30	+40 +10	+19 0	+30 0	+46 0	+74 0	+120 0	+190 0
>65~80	+550 +360	+500 +200	+340 +150											
>80~100	+600 +380	+570 +220	+390 +170	+207 +120	+126 +72	+90 +36	+123 +36	+47 +12	+22 0	+35 0	+54 0	+87 0	+140 0	+220 0
>100~120	+630 +410	+590 +240	+400 +180											
>120~140	+710 +460	+660 +260	+450 +200											
>140~160	+770 +520	+680 +280	+460 +210	+245 +145	+148 +85	+106 +43	+143 +43	+54 +14	+25 0	+40 0	+63 0	+100 0	+160 0	+250 0
>160~180	+830 +580	+710 +310	+480 +230											
>180~200	+950 +660	+800 +340	+530 +240											
>200~225	+1030 +740	+840 +380	+550 +260	+285 +170	+172 +100	+122 +50	+165 +50	+61 +15	+29 0	+46 0	+72 0	+115 0	+185 0	+290 0
>225~250	+1110 +820	+880 +420	+570 +280											
>250~280	+1240 +920	+1000 +480	+620 +300	+320 +190	+191 +110	+137 +56	+186 +56	+69 +17	+32 0	+52 0	+81 0	+130 0	+210 0	+320 0
>280~315	+1370 +1050	+1060 +540	+650 +330											

（续）

公差带代号 / 公称尺寸/mm	A	B	C	D	E	F		G	H					
	11	12	11	9	8	8	9	7	6	7	8	9	10	11
>315~355	+1560 +1200	+1170 +600	+720 +360	+350 +210	+214 +125	+151 +62	+202 +60	+75 +18	+36 0	+57 0	+89 0	+140 0	+230 0	+360 0
>355~400	+1710 +1350	+1250 +680	+760 +400											
>400~450	+1900 +1500	+1390 +760	+840 +440	+385 +230	+232 +135	+165 +68	+223 +68	+83 +20	+40 0	+63 0	+97 0	+155 0	+250 0	+400 0
>450~500	+2050 +1650	+1470 +840	+880 +480											

公差带代号 / 公称尺寸/mm	H	JS		K		M		N		P	R	S	T	U
	12	7	8	7	8	7	8	7	8	7	7	7	7	7
>0~3	+100 0	±6	±7	0 −10	0 −14	−2 −12	−2 −16	−4 −14	−4 −18	−6 −16	−10 −20	−14 −24		−18 −28
>3~6	+120 0	±6	±9	+3 −9	+5 −13	0 −12	+2 −16	−4 −16	−2 −20	−8 −20	−11 −23	−15 −27		−19 −31
>6~10	+150 0	±7	±11	+5 −10	+6 −16	0 −15	+1 −21	−4 −19	−3 −25	−9 −24	−13 −28	−17 −32		−22 −37
>10~18	+180 0	±9	±13	+6 −12	+8 −19	0 −18	+2 −25	−5 −23	−3 −30	−11 −29	−16 −34	−21 −39		−26 −44
>18~24	+210 0	±10	±16	+6 −15	+10 −23	0 −21	+4 −29	−7 −28	−3 −36	−14 −35	−20 −31	−27 −48		−33 −54
>24~30													−38 −54	−40 −61
>30~40	+250 0	±12	±19	+7 −18	+12 −27	0 −25	+5 −34	−8 −33	−3 −42	−17 −42	−25 −50	−34 −59	−39 −64	−51 −76
>40~50													−48 −70	−61 −86
>50~65	+300 0	±15	±23	+9 −21	+14 −32	0 −30	+5 −41	−9 −39	−4 −50	−21 −51	−30 −60	−42 −72	−55 −85	−76 −106
>65~80											−32 −62	−48 −78	−64 −94	−91 −121
>80~100	+350 0	±17	±27	+10 −25	+16 −38	0 −35	+6 −48	−10 −45	−4 −58	−24 −59	−38 −73	−58 −93	−78 −113	−111 −146
>100~120											−41 −76	−66 −101	−91 −126	−131 −166
>120~140	+400 0	±20	±31	+12 −28	+20 −43	0 −40	+8 −55	−12 −52	−4 −67	−28 −68	−48 −88	−77 −117	−107 −137	−155 −195
>140~160											−50 −90	−85 −125	−120 −159	−175 −215
>160~180											−53 −93	−93 −133	−131 −171	−195 −235

（续）

公差带代号 / 公称尺寸/mm	H	JS		K		M		N		P	R	S	T	U
	12	7	8	7	8	7	8	7	8	7	7	7	7	7
>180~200											−60 −106	−105 −151	−149 −195	−219 −265
>200~225	+460 0	±23	±36	+13 −33	+22 −50	0 −46	+9 −63	−14 −60	−5 −77	−33 −79	−63 −109	−113 −159	−163 −209	−241 −287
>225~250											−67 −113	−123 −169	−179 −225	−267 −313
>250~280	+520 0	±26	±40	+16 −36	+25 −56	0 −52	+9 −72	−14 −66	−5 −86	−36 −88	−74 −126	−138 −190	−198 −250	−295 −347
>280~315											−78 −130	−150 −202	−220 −272	−330 −382
>315~355	+570 0	±28	±44	+17 −40	+28 −61	0 −57	+11 −78	−16 −73	−5 −94	−41 −98	−87 −144	−169 −226	−247 −304	−369 −426
>355~400											−93 −150	−187 −244	−273 −330	−414 −471
>400~450	+630 0	±31	±48	+18 −45	+29 −68	0 −63	+11 −86	−17 −80	−6 −103	−45 −108	−103 −166	−209 −272	−307 −370	−467 −530
>450~500											−109 −172	−229 −292	−337 −400	−517 −580

二、几何公差

附表 C2　几何公差（根据 GB/T 1182—2008）

特征项目	符号	标注示例	说明
直线度公差	—	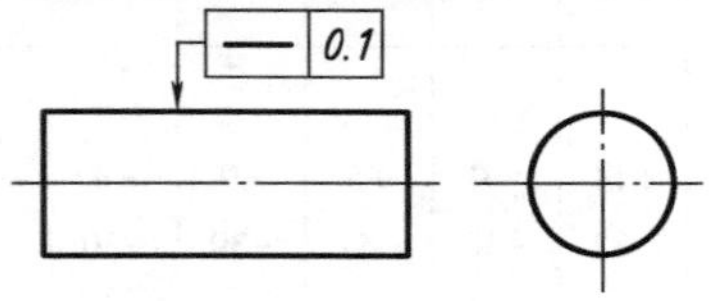	提取（实际）圆柱面的任一素线应限定在间距等于 0.1 的两平行平面之间
平面度公差	▱	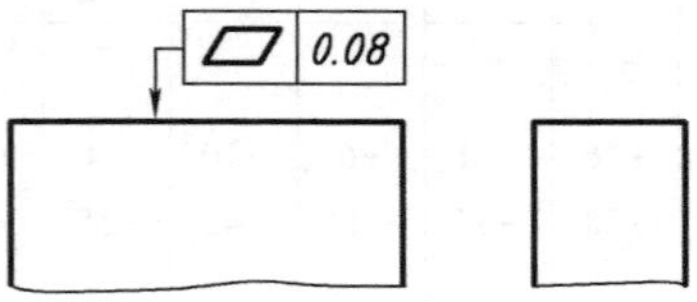	提取（实际）表面应限定在间距等于 0.08 的两平行平面之间
圆度公差	○	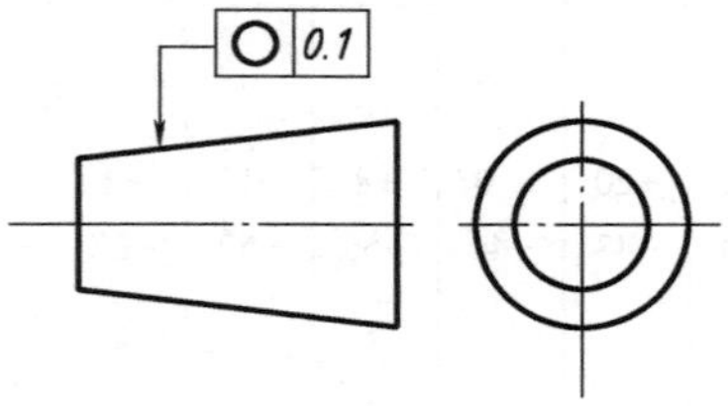	在圆锥面的任意横截面内，提取（实际）圆周应限定在半径差等于 0.1 的两同心圆之间

（续）

特征项目	符号	标注示例	说明
圆柱度公差	⌭	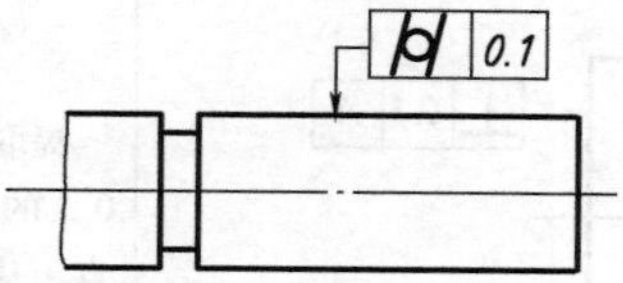	提取(实际)圆柱面应限定在半径差等于0.1的两同轴圆柱面之间
线轮廓度公差	⌒	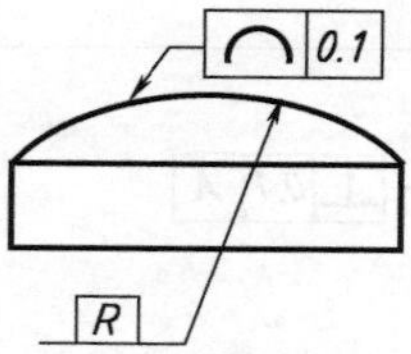 无基准要求 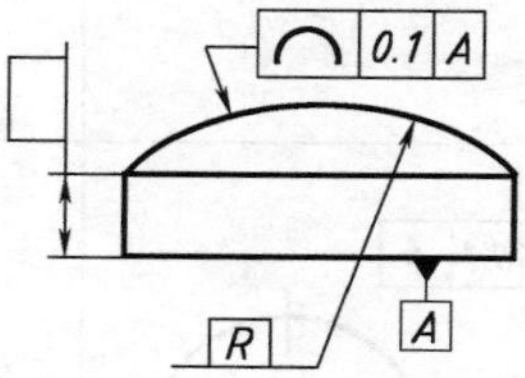 有基准要求	在任一平行于图示投影面的截面内,提取(实际)轮廓线应限定在直径等于0.1、圆心位于被测要素具有理论正确几何形状上的一系列圆的两包络线之间
面轮廓度公差	⌓	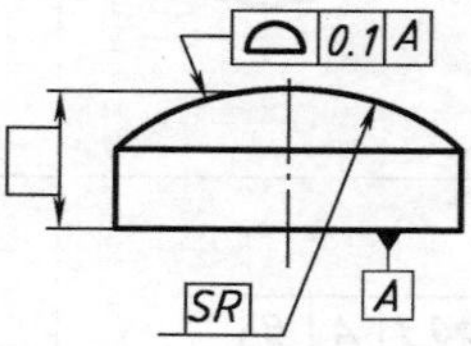	提取(实际)轮廓面应限定在直径等于0.1、球心位于由基准平面 *A* 确定的被测要素理论正确几何形状上的一系列圆球的两等距包络面之间
平行度公差	//	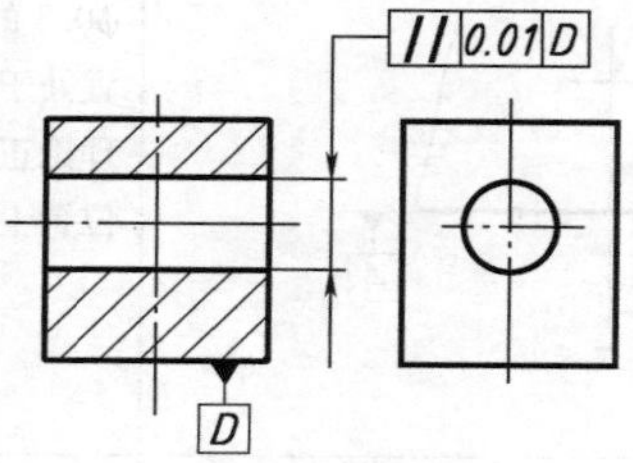	提取(实际)轴线应限定在间距等于0.01,且平行于基准平面 *D* 的两平行平面之间
		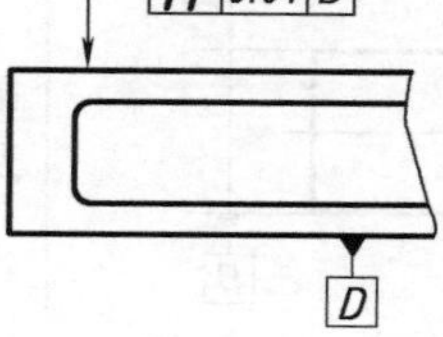	提取(实际)表面应限定在间距等于0.01,且平行于基准平面 *D* 的两平行平面之间

（续）

特征项目	符号	标注示例	说明
垂直度公差	⊥	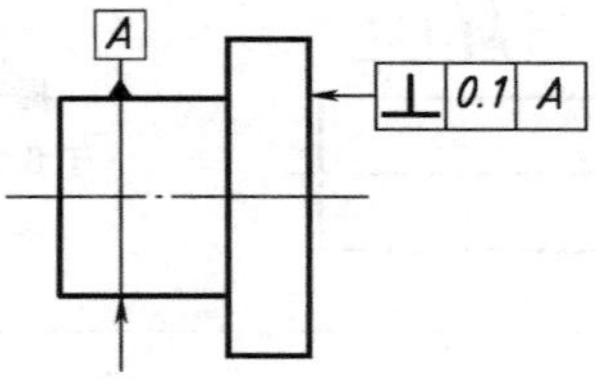	提取（实际）表面应限定在间距等于0.1的两平行平面之间。该两平行平面垂直于基准轴线 *A*
		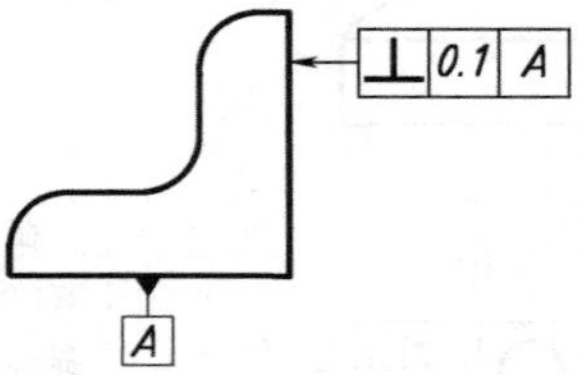	提取（实际）表面应限定在间距等于0.1、垂直于基准平面 *A* 的两平行平面之间
倾斜度公差	∠	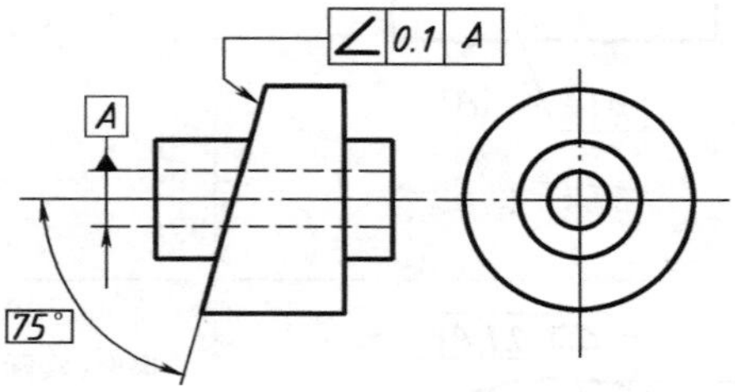	提取（实际）表面应限定在间距等于0.1的两平行平面之间。该两平行平面按理论正确角度75°倾斜于基准轴线 *A*
位置度公差	⌖	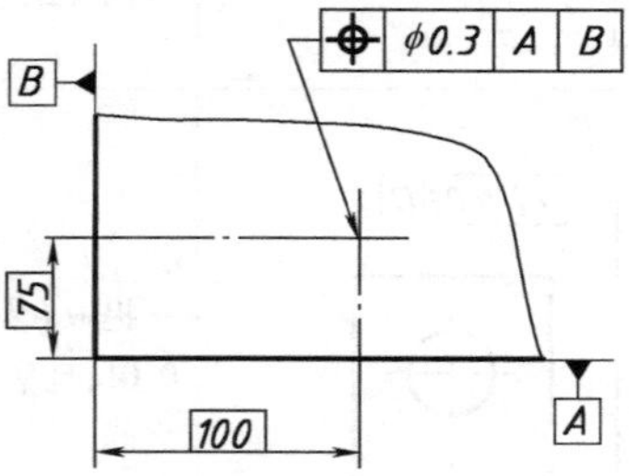	提取（实际）中心线应限定在直径等于 $\phi0.3$ 的圆柱面内。该圆柱面的轴线的位置处于由基准平面 *A* 和 *B*（基准直线）和理论正确尺寸100.75所确定的理论正确位置上
同心度和同轴度公差	◎	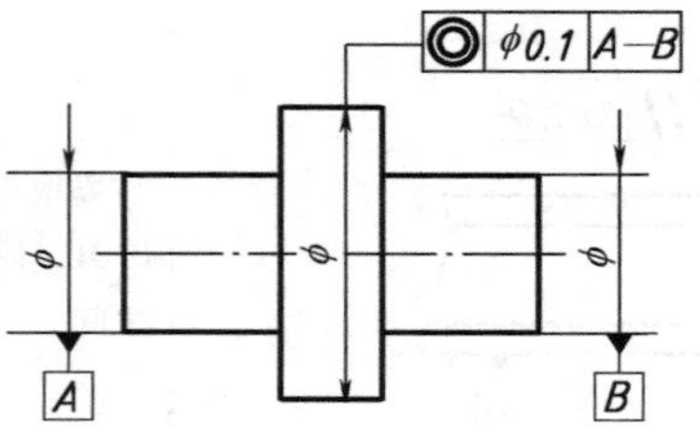	大圆柱面的提取（实际）中心线应限定在直径等于 $\phi0.1$、以公共基准轴线 *A—B* 为轴线的圆柱面内

（续）

特征项目	符号	标注示例	说明
对称度公差	⌯	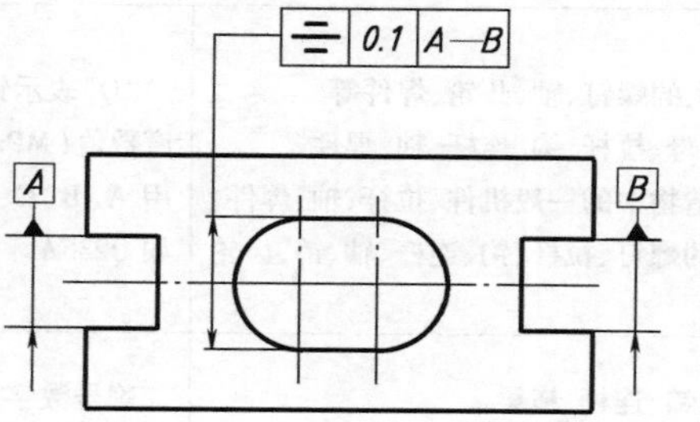	提取（实际）中心面应限定在间距等于 0.1、对称于公共基准中心平面 *A*—*B* 的两平行平面之间
圆跳动公差	↗	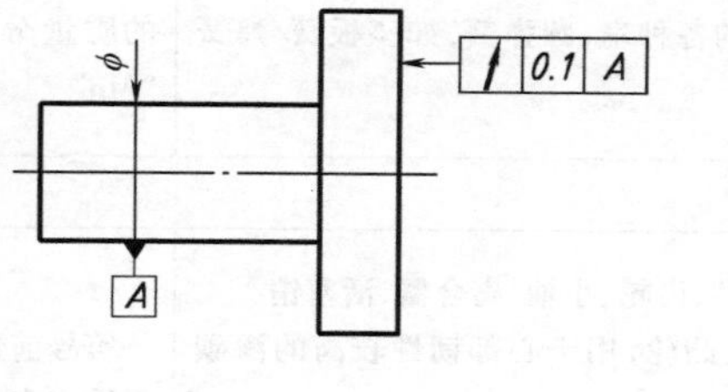	在与基准轴线 *A* 同轴的任一圆柱形截面上，提取（实际）圆应限定在轴向距离等于 0.1 的两个等圆之间（轴向圆跳动公差）
全跳动公差	⌰	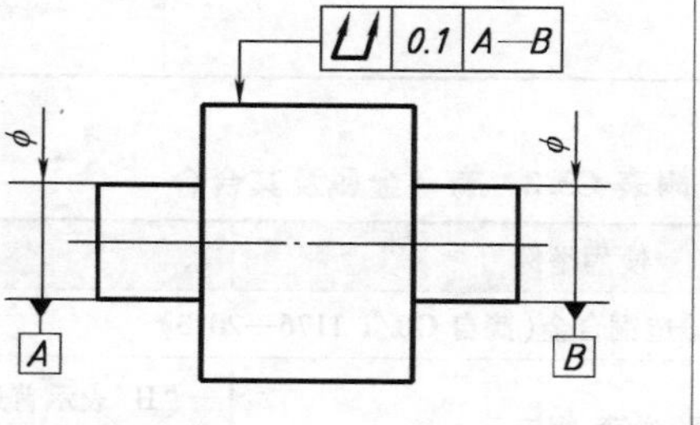	提取（实际）表面应限定在半径差等于 0.1、与公共基准轴线 *A*—*B* 同轴的两圆柱面之间（径向全跳动公差）

注：表中尺寸单位为 mm。

三、金属材料及其热处理和表面处理

附表 C3-1 铁和钢

牌号	统一数字代号	使用举例	说　明
1. 灰铸铁（摘自 GB/T 9439—2010）、工程用铸钢（摘自 GB/T 11352—2009）			
HT 150 HT 200 HT 350		中强度铸铁：底座、刀架、轴承座、端盖 高强度铸铁：床身、机座、齿轮、凸轮、联轴器、机座、箱体、支架	"HT"表示灰铸铁，后面的数字表示最小抗拉强度（MPa）
ZG 230-450 ZG 310-570		各种形状的机件、齿轮、飞轮、重负荷机架	"ZG"表示铸钢，第一组数字表示屈服强度（MPa）最低值，第二组数字表示抗拉强度（MPa）最低值

（续）

牌号	统一数字代号	使用举例	说　明
2. 碳素结构钢(摘自 GB/T 700—2006)、优质碳素结构钢(摘自 GB/T 699—2015)			
Q215 Q235 Q275		受力不大的螺钉、轴、凸轮、焊件等 螺栓、螺母、拉杆、钩、连杆、轴、焊件 金属构造物中的一般机件、拉杆、轴、焊件，以及重要的螺钉、拉杆、钩、连杆、轴、销、齿轮	“Q”表示钢的屈服强度，数字为屈服强度数值(MPa)，同一牌号下分质量等级，用 A、B、C、D 表示质量依次下降，例如 Q235A
30 35 40 45 65Mn	U20302 U20352 U20402 U20452 U21652	曲轴、轴销、连杆、横梁 曲轴、摇杆、拉杆、键、销、螺栓 齿轮、齿条、凸轮、曲柄轴、链轮 齿轮轴、联轴器、衬套、活塞销、链轮 大尺寸的各种扁、圆弹簧，如座板簧/弹簧发条	牌号数字表示钢中平均含碳量的万分数，例如：“45”表示平均碳的质量分数为 0.45%，数字依次增大，表示抗拉强度、硬度依次增加，断后伸长率依次降低。当锰的质量分数为 0.7% ~ 1.2% 时需注出“Mn”
3. 合金结构钢(摘自 GB/T 3077—2015)			
15Cr 40Cr 20CrMnTi	A20152 A20402 A26202	渗透零件、齿轮、小轴、离合器、活塞销 活塞销、凸轮，用于心部韧性较高的渗碳零件 工艺性好，汽车拖拉机的重要齿轮，供渗碳处理	符号前数字表示含碳量的万分数，符号后数字表示元素含量的百分数，当含量小于 1.5%时，不注数字

附表 C3-2　有色金属及其合金

牌号或代号	使用举例	说　明
1. 加工黄铜(摘自 GB/T 5231—2012)、铸造铜合金(摘自 GB/T 1176—2013)		
H62	散热器、垫圈、弹簧、螺钉等	“H”表示普通黄铜，数字表示铜的平均质量分数(%)
ZCuZn38Mn2Pb2 ZCuSn5Pb5Zn5 ZCuAl10Fe3	铸造黄铜：用于轴瓦、轴套及其他耐磨零件 铸造锡青铜：用于承受摩擦的零件，如轴承 铸造铝青铜：用于制造蜗轮、衬套和耐蚀性零件	“ZCu”表示铸造铜合金，合金中其他主要元素用化学符号表示，符号后数字表示该元素的含量平均百分数(%)
2. 铝及铝合金(摘自 GB/T 3190—2008)、铸造铝合金(摘自 GB/T 1173—2013)		
1060 1050A 2A12 2A13	适于制作储槽、塔、热交换器、防止污染及深冷设备 适用于中等强度的零件，焊接性能好	铝及铝合金牌号用 4 位数字或字符表示，部分新旧牌号对照如下： 新　旧 1060　L2 1050A　L3 2A12　LY12 2A13　LY13

（续）

牌号或代号	使用举例	说　明
ZAlCu5Mn （代号 ZL201） ZAlMg10 （代号 ZL301）	砂型铸造、工作温度在 175～300℃的零件，如内燃机缸头、活塞 在大气或海水中工作、承受冲击载荷、外形不太复杂的零件，如舰船配件、氨用泵体等	“ZAl”表示铸造铝合金，合金中的其他元素用化学符号表示，符号后数字表示该元素的平均质量分数（%）。代号中的数字表示合金系列代号和顺序号

附表 C3-3　常用热处理和表面处理（根据 GB/T 7232—2012 和 JB/T 8555—2008）

名称	有效硬化层深度和硬度标注举例	说　明	目　的
退火	退火 163～197HBW 或退火	加热—保温—缓慢冷却	用来消除铸、锻、焊件的内应力，降低硬度，以利切削加工，细化晶粒，改善组织，增加韧性
正火	正火 170～217HBW 或正火	加热—保温—空气冷却	用于处理低碳钢、中碳结构钢及渗碳零件，细化晶粒，增加强度与韧性，减少内应力，改善切削性能
淬火	淬火 42～47HRC	加热—保温—急冷 工件加热奥氏体化后以适当方式冷却获得马氏体或（和）贝氏体的热处理工艺	提高机件的强度及耐磨性。但淬火后引起内应力，使钢变脆，所以淬火后必须回火
回火	回火	回火是将淬硬的钢件加热到临界点（Ac_1）以下的某一温度，保温一段时间，然后冷却到室温	用来消除淬火后的脆性和内应力，提高钢的塑性和冲击韧性
调质	调质 200～230HBW	淬火—高温回火	提高韧性及强度、重要的齿轮、轴及丝杠等零件需调质
感应淬火	感应淬火有效硬化层深度 DS = 0.8 ～ 1.6mm，48～52HRC	用感应电流将零件表面加热—急速冷却	提高机件表面的硬度及耐磨性，而心部保持一定的韧性，使零件既耐磨又能承受冲击，常用来处理齿轮
渗碳淬火	渗碳淬火有效硬化层深度 DC = 0.8 ～ 1.2mm，58～63HRC	将零件在渗碳介质中加热、保温，使碳原子渗入钢的表面后，再淬火回火 渗碳深度 0.8～1mm	提高机件表面的硬度、耐磨性、抗拉强度等。适用于低碳、中碳（ω_C<0.4%）结构钢的中小型零件
渗氮	渗氮有效硬化层深度 DN =0.25～0.4mm，≥850HRC	将零件放入氨气内加热，使氮原子渗入钢表面。渗氮层 0.25～0.4mm，渗氮时间 40～50h	提高机件的表面硬度、耐磨性、疲劳强度和抗蚀能力。适用于合金钢、碳钢、铸铁件，如机床主轴、丝杠、重要液压元件中的零件
碳氮共渗淬火	碳氮共渗淬火有效硬化层深度 DC = 0.5 ～ 0.8mm，58～63HRC	钢件在含碳氮的介质中加热，使碳、氮原子同时渗入钢表面。可得 0.5～0.8mm 的硬化层	提高表面硬度、耐磨性、疲劳强度和耐蚀性。用于要求硬度高、耐磨的中小型、薄片零件及刀具等

（续）

名称	有效硬化层深度和硬度标注举例	说　明	目　的
时效	自然时效 人工时效	机件精加工前，加热到100～150℃后，保温5～20h，空气冷却，铸件也可自然时效（露天放一年以上）	消除内应力，稳定机件的形状和尺寸，常用于处理精密机件，如精密轴承、精密丝杠等
发蓝、发黑	—	将零件置于氧化剂内加热氧化，使表面形成一层氧化铁保护膜	防腐蚀、美化，如用于螺纹紧固件
镀镍	—	用电解方法在钢件表面镀一层镍	防腐蚀、美化
镀铬	—	用电解方法在钢件表面镀一层铬	提高表面硬度、耐磨性和耐蚀能力，也用于修复零件上磨损了的表面
硬度	HBW（布氏硬度见GB/T 231.1—2009） HRC（洛氏硬度见GB/T 230.1—2004） HV（维氏硬度见GB/T 4340.1—2009）	材料抵抗硬物压入其表面的能力 依测定方法不同而有布氏、洛氏、维氏等几种	检验材料经热处理后的力学性能 HBW用于退火、正火、调质的零件及铸件 HRC用于经淬火、回火及表面渗碳、渗氮等处理的零件 HV用于薄层硬化零件

附录D　计算机绘图操作演示

绘制内容	操作演示视频	绘制内容	操作演示视频
计算机绘图1：手柄茶壶，由零件图建立三维模型		计算机绘图7：端盖（1），根据零件图建立三维模型	
计算机绘图2：管路，建立三维模型并生成三视图		计算机绘图8：端盖（2），根据三维模型合理选择表达方案，进行尺寸和技术要求标注，完成零件图	
计算机绘图3：六角头螺栓，建立三维模型并生成三视图		计算机绘图9：支架2，根据零件图建立三维模型	
计算机绘图4：支架1，建立三维模型并生成局部剖视图，标注技术要求，完成零件图		计算机绘图10：底座泵体，根据零件图建立三维模型	
计算机绘图5：拔叉，建立三维模型并生成局部剖视图，标注技术要求，完成零件图		计算机绘图11：千斤顶，进行零件装配并生成装配图	
计算机绘图6：齿轮轴，根据零件图建立三维模型		计算机绘图12：齿轮油泵，进行零件装配并生成装配图	

参 考 文 献

［1］ 张京英，杨薇，佟献英．机械制图及数字化表达［M］．北京：机械工业出版社，2021.

［2］ 大连理工大学工程图学教研室．画法几何学［M］．7 版．北京：高等教育出版社，2011.

［3］ 大连理工大学工程图学教研室．机械制图［M］．7 版．北京：高等教育出版社，2013.

［4］ 朱冬梅，等．画法几何及机械制图［M］．6 版．北京：高等教育出版社，2008.

［5］ 焦永和，张京英，徐昌贵．工程制图［M］．北京：高等教育出版社，2008.

［6］ 胡宜鸣，孟淑华．机械制图［M］．北京：高等教育出版社，2001.

［7］ 王永智，林启迪．画法几何及机械制图［M］．北京：机械工业出版社，2003.

［8］ 林启迪．简明工程图学［M］．合肥：中国科学技术大学出版社，2010.

［9］ 丁一，何玉林．工程图学基础［M］．2 版．北京：高等教育出版社，2013.

［10］ 胡仁喜，等．Inventor 2008 中文版机械设计高级应用实例［M］．2 版．北京：机械工业出版社，2008.

［11］ 刘静华，唐科，杨民．计算机工程图学实训教程：Inventor 2008 版［M］．北京：北京航空航天大学出版社，2008.

［12］ Autodesk Inc. Autodesk Inventor 2008—2009 培训教程［M］．北京：化学工业出版社，2009.

［13］ 陈伯雄，董仁扬，张云飞．Autodesk Inventor Professional 2008 机械设计实战教程［M］．北京：化学工业出版社，2008.